EINFÜHRUNG IN DIE ELEKTRONIK

DIE EXPERIMENTALPHYSIK DES FREIEN
ELEKTRONS IM LICHTE DER KLASSISCHEN
THEORIE UND DER WELLENMECHANIK

VON

DR. OTTO KLEMPERER

PRIVATDOZENT FÜR PHYSIK AN DER UNIVERSITÄT KIEL

MIT 207 ABBILDUNGEN

BERLIN
VERLAG VON JULIUS SPRINGER
1933

ISBN-13:978-3-642-89949-2   e-ISBN-13:978-3-642-91806-3
DOI: 10.1007/978-3-642-91806-3

Vorwort.

Dieses Buch soll dem Physiker zur Einführung in das Gesamtgebiet der Elektronik dienen, indem es eine zusammenfassende kritische Darstellung des geordneten Tatsachenmaterials bietet. Das Buch wendet sich vorwiegend an solche Leser, welche in den Grundlagen der allgemeinen Physik bewandert sind, ohne sich spezieller mit der Elektronenphysik beschäftigt zu haben, also z. B. an die Studierenden in höheren Semestern oder an Fachmänner, die diesem Spezialgebiet bisher fernstanden. In diesem Sinne wird das Buch auch technischen Forschern oder Ingenieuren gute Dienste leisten, wenn sie sich z. B. mit elektrischen Entladungen in Gasen oder mit Glimmlicht, mit Gleichrichter- oder Verstärker- bzw. Senderöhren, mit Röntgenröhren, Photozellen, Kathodenstrahloszillographen und vielem anderen beschäftigen; für ihre Arbeiten bietet die Physik des freien Elektrons eine unumgängliche Grundlage.

In den letzten Jahren hat das Gebiet, welches hier zusammenfassend behandelt wird, eine bedeutende Erweiterung und Abrundung erfahren. Die neu entstandenen wellenmechanischen Theorien haben unsere heutigen Vorstellungen vom Wesen des Elektrons erst geschaffen; die Fermistatistik gab uns erst den Schlüssel zum Verständnis des Metallelektronengases und der damit zusammenhängenden Elektronenemissions-Phänomene. Die experimentelle Forschung der letzten Jahre hat mit der rapiden theoretischen Entwicklung Schritt gehalten. Infolge der Entwicklung der experimentellen Technik sind die Resultate früherer Messungen über Elektronenkonstanten, Elektronenemission und Wechselwirkung der Atome mit Elektronen gerade in letzter Zeit bedeutend verbessert und verfeinert worden, außerdem aber sind infolge der Anregungen durch die neuen Theorien ganze Gebiete, wie z. B. Beugung, Brechung und Polarisation der Elektronen neu entstanden. Wir stehen nun heute an einem gewissen Abschluß insofern, als wir die Tragweiten der neuen Theorien für das Gesamtgebiet der Elektronik einigermaßen übersehen können, und weil die Summe unserer experimentellen Einzelkenntnisse jetzt ausreicht, um aus der Fülle der Einzelheiten ein gerundetes Gesamtbild entstehen zu lassen. Insofern liegt heute ein gewisses Bedürfnis nach einer zusammenfassenden Darstellung der Elektronik vor, welchem dieses Buch Genüge leisten soll. Da die moderne Forschung bis zu ihren letzten Ergebnissen berücksichtigt worden ist, wird vielleicht auch der Spezialforscher hier einige Anregung finden.

Bei der Darstellung des Inhalts habe ich mich bemüht, die Ergebnisse und ihre Anwendungsmöglichkeiten in den Vordergrund zu stellen und ausführlich zu diskutieren. Erst in zweiter Linie wurde der experimentelle oder theoretische Weg geschildert, auf dem man zu diesen Ergebnissen gelangen kann. Ein Eingehen auf die mathematische Seite der Probleme ist hierbei vermieden worden; deshalb wurden von den Theorien nur Ansätze bzw. Voraussetzungen präzisiert und darauf die physikalisch bedeutsamen Folgerungen angegeben, zu denen man auf rein mathematischem Wege von diesen Voraussetzungen aus gelangen kann. Bei der Schilderung des experimentellen Teils ist immer nur das experimentell

Wichtige, d. h. die Versuchsanordnung hervorgehoben worden, aber ein Eingehen auf Apparate und technische Durchführung wurde vermieden. Besonderer Wert ist auf möglichst gute und zahlreiche Tabellen gelegt worden, welche das vorhandene Zahlenmaterial in kritisch zusammenfassender Übersicht wiedergeben sollen. Es ist das Endziel dieses Buches, ein einheitliches Bild vom Elektron zu entwerfen, soweit es sich auf Erfahrungen begründen läßt.

Die Anregung zu dieser Darstellung fand ich in eigenen Experimentalforschungen, an welchen ich während meiner Assistentenzeit an den Physikalischen Instituten in Würzburg (Prof. WAGNER †) und Kiel (Prof. GEIGER) gearbeitet habe. Meinem jetzigen Chef, Herrn Prof. Frh. RAUSCH VON TRAUBENBERG, sage ich meinen besten Dank für sein wohlwollendes Interesse am Erscheinen des Buches, Herrn Prof. UNSÖLD danke ich für seine freundliche Durchsicht der Korrekturen, ferner habe ich Herrn Dr. BAUER für aufmerksames Lesen der Korrekturen zu danken.

Kiel, im März 1933.

OTTO KLEMPERER.

Inhaltsverzeichnis.

Erster Teil.

Das freie Elektron.

Seite

Zweiter Teil.

Elektronenemission.

Dritter Teil.

Wechselwirkungen zwischen freien Elektronen und Atomen.

Tabelle 1. Zahlenwerte[1].

$$\left.\begin{aligned}
e &= 4{,}770 \cdot 10^{-10}\ \text{ESE.}\\
&= 1{,}591 \cdot 10^{-20}\ \text{EME.}\\
&= 1{,}591 \cdot 10^{-19}\ \text{Amp} \cdot \text{sec}
\end{aligned}\right\} \ \ . . \ \ \text{Ladung des Elektrons}$$

$m_0 = 9{,}03 \cdot 10^{-28}\ \text{g}$ . . . . Ruhemasse des Elektrons

$A_e = 5{,}479 \cdot 10^{-4}$ . . . . Atomgewicht des Elektrons

$$\left.\begin{aligned}
e/m_0 &= 0{,}5279 \cdot 10^{18}\ \text{ESE./g}\\
&= 1{,}761 \cdot 10^{7}\ \text{EME./g}\\
&= 1{,}761 \cdot 10^{8}\ \text{Amp} \cdot \text{sec/g}
\end{aligned}\right\} \ \ . \ \ \text{spezifische Elektronenladung}$$

$c = 2{,}998 \cdot 10^{10}\ \text{cm/sec}$ . . . . Lichtgeschwindigkeit im Vakuum

$h = 6{,}547 \cdot 10^{-27}\ \text{Erg} \cdot \text{sec}$ . . . Plancksches Wirkungsquantum

$k = 1{,}371 \cdot 10^{-16}\ \text{Erg/Grad}$ . . Boltzmannsche Konstante

$L = 6{,}064 \cdot 10^{23}$ . . . . Loschmidtsche Zahl pro Mol oder pro Grammat

$$\left.\begin{aligned}
m_H &= 1{,}0078 \cdot \frac{1}{L}\\
&= 1{,}6618 \cdot 10^{-24}\ \text{g}
\end{aligned}\right\} \ \ . . . . \ \ \text{Masse des Wasserstoffatoms}$$

$A_H = 1{,}0078$ . . . . Atomgewicht des Wasserstoffs

$m_{H+}/m_0 = 1838$ . . . . Masse des Protons/Masse des Elektrons

$\alpha = \dfrac{2\pi e^2}{h c} = 7{,}283 \cdot 10^{-3}$ . . . Sommerfeldsche Feinstrukturkonstante

$\dfrac{8\pi^2 m_0}{h^2} = 1{,}664 \cdot 10^{27}\ \text{g} \cdot \text{erg}^{-2}\text{sec}^{-2}$. Schrödingersche Konstante für das Elektron

$a = 0{,}528 \cdot 10^{-8}\ \text{cm}$ . . . . . Bohrscher Radius der Wasserstoffgrundbahn

Tabelle 2. Einheiten[2].

	Bezeichnung	1 elektrostatische CGS-Einheit ist gleich	1 elektromagnetische CGS-Einheit ist gleich
$\mathfrak{E}$	elektrische Feldstärke	300 Volt/cm	10^{-8} Volt/cm
$\mathfrak{H}$	magnetische Feldstärke	$\frac{1}{3}10^{-10}$ Gauß	1 Gauß
V	elektrisches Potential	300 Volt	10^{-8} Volt
q, Q	elektrische Ladung, Elektrizitätsmenge	$\frac{1}{3} \cdot 10^{-9}$ Amp·sec	10 Amp·sec $= 10$ Coulomb
J	Stromstärke	$\frac{1}{3} \cdot 10^{-9}$ Amp	10 Amp
C	Kapazität	$\frac{1}{9} \cdot 10^{-11}$ Farad $= \frac{1}{9} \cdot 10^{-5}$ Mikrofarad	10^{9} Farad $= 10^{15}$ Mikrofara

$$\left.\begin{aligned}
W &= \text{Arbeit}\\
E &= \text{Energie}\\
c &= \text{Wärmemenge}
\end{aligned}\right\} \ \cdot \ \left\{\begin{aligned}
&1\ \text{Erg}\\
&= 10^{-7}\ \text{Joule (Wattsec)}\\
&= 0{,}2390 \cdot 10^{7}\ \text{g cal}\\
&= 0{,}627 \cdot 10^{12}\ \text{Elektronenvolt}
\end{aligned}\right.$$

$$1\,e\text{-Volt} \left\{\begin{aligned}
&= 1{,}591 \cdot 10^{-12}\ \text{Erg}\\
&= 23\,054 \pm 4\ \text{g cal/Mol} = 23\ \text{kcal/Mol}\\
&= 8106\ \text{cm}^{-1} = \text{Termwert, Wellenzahl}
\end{aligned}\right.$$

p Druck: $1\ \text{Dyn/cm}^2 = 0{,}98 \cdot 10^{-6}\ \text{Atm.} = 7{,}5 \cdot 10^{-4}\ \text{mm Hg}$.

---

[1] Nach R. T. Birge: Rev. Mod. Phys. Bd. 1 (1929) S. 1.

[2] Es werden in diesem Buch nur absolute (keine internationalen) Einheiten benu

Erster Teil.

Das freie Elektron.

Kapitel 1.

Die Beschleunigung des Elektrons, Elektronenstrahlen.

§ 1. Einleitung. Kräfte, die auf das Elektron wirken. Geschwindigkeitszuwachs im elektrischen Feld. Linear- und Voltgeschwindigkeit. Relativistischer Massezuwachs. Beschleunigung des Elektrons im Magnetfeld. Das Elektron ist ein Baustein der Materie; es stellt eine sehr kleine, nicht mehr unterteilbare Masse mit einer elektrischen Ladung dar, es ist ein negativ geladenes elektrisches Elementarquantum. Unserer Wahrnehmung tritt das Elektron als ein Senkpunkt elektrischer Kraftlinien entgegen, infolgedessen äußert es im bewegten Zustand natürlich auch magnetische Wirkungen. Im Raume bemerken wir das Elektron einmal als ein korpuskulares Teilchen, ein anderes Mal als eine Wellengruppe. Über den inneren Aufbau des Elektrons wissen wir heute noch gar nichts. Die Elektronik muß zwar heute schon einer der exaktesten Teile der physikalischen Wissenschaft genannt werden, aber wir können dort das Elektron im wesentlichen nur durch seine Ladung und durch seine Masse beschreiben.

In diesem Sinne wollen wir mit dem Allereinfachsten beginnen, mit dem Verhalten des Elektrons im elektrischen und im magnetischen Felde. Bezeichnen wir die elektrische Feldstärke mit $\mathfrak{E}$, die magnetische Feldstärke mit $\mathfrak{H}$, so ist die Kraft, die das Elektron erfährt:

$$\mathfrak{K} = e\,(\mathfrak{E} + [u \cdot \mathfrak{H}]), \tag{1}$$

wo e die Ladung des Elektrons und u seine Geschwindigkeit bedeuten. Im folgenden wollen wir zunächst Gl. (1) diskutieren.

Ein ruhendes Elektron kann nach Gl. (1) nur durch die Wirkung eines elektrischen Feldes beschleunigt werden; die Beschleunigung $\dot{u}$ liegt in Richtung des elektrischen Feldvektors $\mathfrak{E}$ und ist seiner Größe proportional:

$$\dot{u} = \frac{e}{m} \cdot \mathfrak{E}. \tag{2}$$

Der Proportionalitätsfaktor e/m wird spezifische Elektronenladung genannt und entspricht dem Quotienten der Elektronenladung e und der Elektronenmasse m.

Die Geschwindigkeit, welche das Elektron nach dem Durchfallen einer bestimmten Potentialdifferenz des Feldes $\mathfrak{E}$ erreicht hat, kann durch diese Potentialdifferenz gemessen werden. So spricht man z. B. von der Geschwindigkeit „1 Elektronenvolt" abgekürzt: „1 e-Volt", welche das Elektron erreicht hat, wenn es gerade die Potentialdifferenz von 1 Volt frei durchfallen hat. Die Geschwindigkeit u des Elektrons, gemessen in cm/sec, welche der durchfallenden Potentialdifferenz $(V_1 - V_2)$ entspricht, ergibt sich aus der Energiegleichung:

$$e\,(V_1 - V_2) = \frac{m\,u^2}{2}, \tag{3}$$

welche die Änderung der potentiellen Energie und die kinetische Energie des Elektrons gleichsetzt. Da nun nach Tabelle 1 beim Elektron $e = 4{,}770 \cdot 10^{-10}$ statische Ladungseinheiten, die Potentialdifferenz 1 Volt $= {}^1/_{300}$ statische Spannungseinheit ist, so ist 1 Elektronenvolt

$$1{,}591 \cdot 10^{-12} \text{ Erg}$$

gleichzusetzen. Die in cm/sec ausgedrückte Lineargeschwindigkeit beträgt:

$$u = \sqrt{\frac{2\,e}{m}} \cdot \sqrt{V} = 5{,}93 \cdot 10^7 \sqrt{V_\text{Volt}}\,, \tag{4}$$

wenn wir hier nach Tabelle 1 die Elektronenmasse $m = 9{,}03 \cdot 10^{-28}$ g einsetzen.

Während wir nun zu jeder Voltgeschwindigkeit des Elektrons die kinetische Energie in Erg proportional setzen können, müssen wir — infolge des relativistischen Massezuwachses des Elektrons mit wachsender Energie — berücksichtigen, daß seine Lineargeschwindigkeit bedeutend langsamer ansteigt als es der Quadratwurzel der Voltgeschwindigkeit entspricht. Nach der Relativitätstheorie wächst für den ruhenden Beobachter eine bewegte Masse m mit Annäherung ihrer Geschwindigkeit u an die Lichtgeschwindigkeit c nach einem einheitlichen und einfachen Gesetze[1]:

$$m = \frac{m_0}{\sqrt{1 - \beta^2}} = m_0 + \frac{E_\text{kin}}{c^2}\,, \tag{5}$$

wo $\beta = u/c$ und E_kin die kinetische Energie (Erg) bedeuten. Nach Gl. (5) ergibt sich:

$$E_\text{kin} = m_0 c^2 \left(\frac{1}{\sqrt{1 - \beta^2}} - 1 \right) \tag{6}$$

und

$$V_\text{Volt} = \frac{300}{e} m_0 c^2 \left(\frac{1}{\sqrt{1 - \beta^2}} - 1 \right). \tag{7}$$

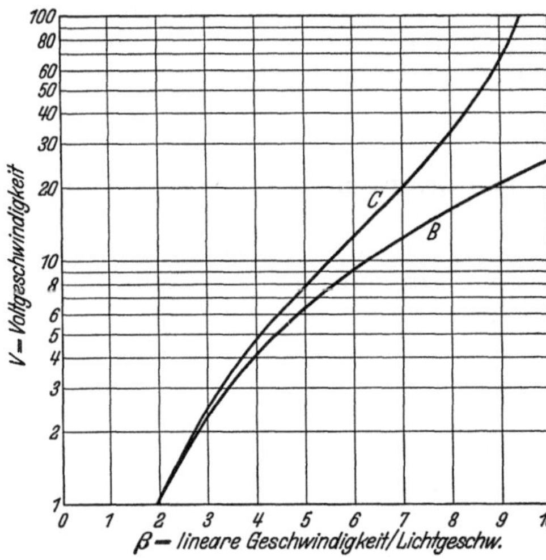

Abb. 1. Elektronenvoltgeschwindigkeit V als Funktion der linearen Geschwindigkeit β.

Erreicht ein Elektron solche Geschwindigkeiten, daß seine Masse m gegen seine Ruhemasse m_0 merklich verändert ist, so weichen die aus gegebenen Lineargeschwindigkeiten nach Gl. (4) klassisch berechneten Werte der Voltgeschwindigkeit von den nach Gl. (7) relativistisch berechneten, wahren Werten der Voltgeschwindigkeit merklich ab. Wir veranschaulichen uns den Gang dieser Abweichungen an Hand der Kurven in Abb. 1. Dort sind die Voltgeschwindigkeiten als Funktion der Lineargeschwindigkeiten aufgetragen[2]; man gelangt von zwei e-Volt bis zu einer Million e-Volt, wenn man die Einheit auf der Abszissenachse nacheinander als tausendstel, hundertstel und zehntel der Lichtgeschwindigkeit rechnet[3]. Dabei ist anzuwenden:

<hr>

[1] Die Unterscheidung einer longidutinalen und einer transversalen Masse des Elektrons, welche man bei vielen Autoren findet, bedeutet eine unnötige Komplizierung der Probleme und ist bedingt durch eine ungeeignete Auffassung der mechanischen Grundgesetze. Näheres hierüber siehe z. B. bei A. SOMMERFELD: Atombau und Spektrallinien, 3. Aufl., S. 566. Braunschweig 1922.

[2] KOSSEL, W.: In LANDOLT-BÖRNSTEIN: Phys.-Chem. Tabellen, Ergänzungsbd. (1927) S. 425.

[3] Eine genaue Tabelle über die e-Voltgeschwindigkeit als Funktion der Lineargeschwindigkeit findet man am Schluß dieses Kapitels.

für $\beta =$	Abszisseneinheit	Ordinateneinheit	Kurve
0,01 —0,1	$^1/_{1000}\ c$	1 e-Volt	B
0,1 —0,94	$^1/_{100}\ c$	100 e-Volt	B
0,001—0,01	$^1/_{10}\ c$	$10^4 e$-Volt	C

Aus dem Vergleich von Kurve C mit Kurve B erkennt man besonders eindrucksvoll das Zurückbleiben der Geschwindigkeit des relativistischen gegenüber der des klassischen Elektrons.

Ein Magnetfeld übt nach Gl. (1) keinerlei Kraftwirkungen auf ein ruhendes Elektron aus. Dagegen erfährt ein mit der Geschwindigkeit u bewegtes Elektron im Magnetfeld $\mathfrak{H}$ eine Beschleunigung[1]:

$$\dot{u} = \frac{e}{m}\,[u \cdot \mathfrak{H}]\,. \tag{8}$$

Dieses Vektorprodukt sagt bekanntlich aus: 1. daß die Beschleunigung die Größe $e/m \cdot |u| \cdot |\mathfrak{H}| \cdot \sin \alpha$ aufweist, wenn α den Winkel zwischen der momentanen Bewegungsrichtung des Elektrons und der magnetischen Kraftlinie bedeutet, und 2. daß diese Beschleunigung immer senkrecht zur momentanen Geschwindigkeit des Elektrons gerichtet ist in der in Abb. 2 angedeuteten Art[2]. Ein statisches Magnetfeld kann infolgedessen die kinetische Energie des Elektrons nicht verändern, es kann nur eine Krümmung der Bahn, nie eine Änderung des Absolutwertes der Geschwindigkeit

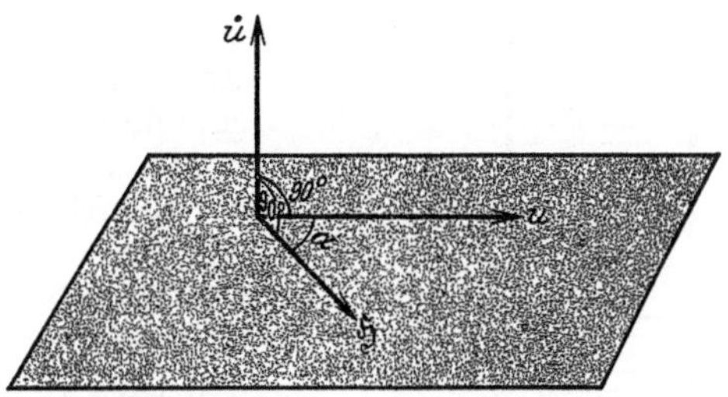

Abb. 2. Richtung der Beschleunigung $\dot{u}$, der Elektronengeschwindigkeit u und der magnetischen Feldstärke.

hervorrufen. Die Größe der vom Magnetfeld auf ein Elektron ausgeübten „wattlosen Kraft" macht man sich am besten klar, indem man sie mit der Kraft vergleicht, welche ein elektrisches Feld auf das Elektron ausübt. Es ergibt sich nämlich nach Gl. (1) für gleich große Kräfte:

$$\mathfrak{E} = u \cdot \mathfrak{H} \tag{9}$$

bzw. wenn $\mathfrak{E}$ in Volt/cm und $\mathfrak{H}$ in Gauß gemessen werden:

$$\mathfrak{E}_{\text{Volt/cm}} = u \cdot \mathfrak{H} \cdot 10^{-8}\,. \tag{9a}$$

Ein 1 e-Volt schnelles Elektron z. B. hat die Lineargeschwindigkeit von ca. $0,6 \cdot 10^8$ cm/sec; also würde auf dieses Elektron ein Magnetfeld von 100 Gauß die gleiche Kraft ausüben wie ein elektrisches Feld von 60 Volt/cm. Aber auf ein 100 e-Volt schnelles Elektron würde dasselbe Magnetfeld von 100 Gauß die gleiche Kraft ausüben wie ein elektrostatisches Feld von etwa 600 Volt/cm. Obwohl nun also das Magnetfeld auf schnellere Elektronen stärkere Kräfte ausübt, wird doch die Bahn des Elektrons um so weniger gekrümmt werden, je schneller das Elektron ist. Denn durch das Gleichsetzen der magnetischen Zwangskraft mit der Zentrifugalkraft des Elektrons erhält man

$$e \cdot u \cdot \mathfrak{H} = \frac{m\,u^2}{\varrho} \tag{10}$$

wo ϱ den Krümmungsradius der Elektronenbahn bedeutet.

---

[1] Die Größen e und $\mathfrak{H}$ entweder beide im elektrostatischen oder beide im elektromagnetischen Maßsystem gemessen.

[2] Infolge des negativen Vorzeichens der Elektronenladung hat der Vektor $[u \cdot \mathfrak{H}]$ in Gl. (8) entgegengesetzte Richtung wie der Vektor $\dot{u}$.

§ 2. Experimentelle Methoden zur Beschleunigung des Elektrons in einen feldfreien Raum hinein: Loch, Drahtnetz, Lenardfenster, Ionenschicht, Kathode mit starker Krümmung. Durch die bisher gegebenen Ausführungen wurde die Möglichkeit einer Beschleunigung von Elektronen erläutert. Wir wollen uns nun der praktischen Aufgabe der Erzeugung eines Strahls von bewegten Elektronen zuwenden. Jede gewünschte Elektronengeschwindigkeit läßt sich nach Gl. (3) durch Beschleunigung des Elektrons in geeigneten elektrischen Feldern erzeugen. Will man nun weiter das auf den gewünschten Betrag beschleunigte Elektron in einen feldfreien Raum befördern, so sind hierzu besondere experimentelle Anordnungen nötig, welche von der Trägheit des Elektrons Gebrauch machen. Am einfachsten verwendet man, wie in Abb. 3 als Elektronenquelle eine ebene Platte K und stellt dieser eine zweite ebene Platte A gegenüber, welche in der Mitte ein relativ enges Loch enthält. Während A geerdet ist, befindet sich K auf einem negativen elektrischen Potential, so daß die zwischen K und A befindliche Potentialdifferenz zur gewünschten Beschleunigung ausreicht. Die

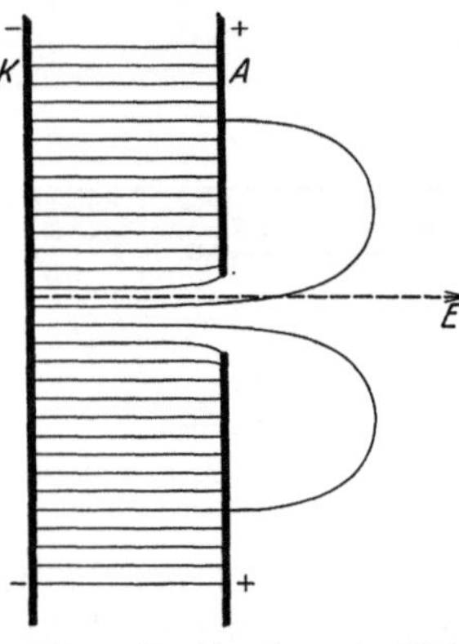

Abb. 3. Beschleunigung des Elektrons durch ein Loch hindurch.

zu K hingehenden elektrischen Kraftlinien werden im allgemeinen senkrecht zu den Ebenen K und A, also streng parallel laufen. Nur in der Nähe des Loches ist eine merkliche Verzerrung der Feldhomogenität zu konstatieren. Wie aus Abb. 3 ersichtlich ist, divergieren die Kraftlinien zu den Lochrändern hin und laufen zu einem geringen Teil sogar durch das Loch hindurch, um an der Rückseite der Platte A zu endigen. Die Beschleunigung der von K ohne Geschwindigkeit startenden Elektronen erfolgt nach Gl. (2) immer in Richtung der elektrischen Kraftlinien. Solange die kinetische Energie des Elektrons hinreichend klein ist, wird die Bahn des Elektrons den Kraftlinien folgen. Bei genügenden Geschwindigkeiten wird aber das Elektron infolge seiner Trägheit fast[1] geradeaus fliegen, auch wenn die elektrische Kraftlinie, auf der es anfänglich bewegt wurde, eine stärkere Krümmung erleidet. Wie in Abb. 3 gezeichnet ist, schneidet die Elektronenbahn E viele elektrische Kraftlinien. Infolgedessen gelingt es, den größten Teil der dem Loch gegenüber auf K startenden Elektronen als nahezu paralleles Bündel durch das Loch hindurchzuschießen, vorausgesetzt, daß das Loch klein gegen den Abstand von A und K ist[2], und daß man eine etwa vorhandene tangential zur Ebene K gerichtete Anfangsenergie der Elektronen gegen die elektrische Feldstärke vernachlässigen kann.

Wünscht man nicht nur ein schmales Bündel, sondern eine räumlich ausgedehnte Menge von Elektronen zu beschleunigen, so verwendet man an Stelle des einfachen Lochs in A viele Löcher, z. B. in Gestalt eines Siebes oder Drahtnetzes oder Drahtgitters. Dabei ist wie oben zu beachten, daß die Löcher bzw. Maschen genügend eng sind[3].

Theoretisch möchte es in dieser Hinsicht vielleicht vorteilhaft erscheinen, die Lochdurchmesser möglichst eng zu machen, jedoch ist hier praktisch infolge einer Auslösung von Sekundärelektronen (siehe Kap. 13) aus den Lochrändern bald eine Grenze gesetzt. Diese Sekundärelektronen haben bedeutend kleinere Geschwindigkeiten als die primären, und da ihre Anzahl relativ groß ist, so erhält

---

[1] Die genaue Bahn geht aus der Gl. (1) des folgenden Kapitels 2 hervor.

[2] Der Deutlichkeit wegen ist das Loch in unserer Abb. 3 übertrieben weit gezeichnet.

[3] Elektrostatische Felder von Netzen und Diaphragmen siehe A. WALTER u. L. INGE: Z. Physik Bd. 19 (1923) S. 192.

man ungünstigenfalls im feldfreien Raum hinter dem Loch keine einheitliche Geschwindigkeit, sondern eine ganze Geschwindigkeitsverteilung unter den Elektronen. Zum Beispiel[1] ergab sich für Elektronen, deren Primärgeschwindigkeit hinter dem Loch 200 e-Volt betrug, folgendes: Bei einem kreisförmigen Loch 2,06 mm $\varnothing$ und 0,2 mm Tiefe hatten 20 % der Elektronen weniger als 50 e-Volt, die übrigen hatten Geschwindigkeiten bis zu 200 e-Volt. Bei $\varnothing = 1{,}22$ mm hatten bereits 60 % weniger als 50 e-Volt, und bei $\varnothing = 0{,}13$ mm kam überhaupt keine meßbare Elektronenmenge über 60 e-Volt durch das Loch hindurch. In dem berichteten Beispiel handelt es sich vielleicht insofern um einen besonders krassen Fall, weil die Sekundärelektronenemission bei primären Geschwindigkeiten von etwa 200 e-Volt ein Maximum hat; bei anderen Geschwindigkeiten werden infolgedessen günstigere Erfahrungen gemacht. Insbesondere gelingt es, die Sekundäremission durch spezielle Kunstgriffe, wie z. B. Berußen der Lochränder erheblich herabzusetzen[2]. So gelingt es dann[3] bei 50-Volt-Elektronen, durch ein Loch von 0,2 mm $\varnothing$ 95 % aller Elektronen mit der Primärgeschwindigkeit hinter dem Loch zu erhalten.

Als weitere Methode, schnelle Elektronen im feldfreien Raum zu erhalten, sei das LENARDsche Fenster[4] genannt. Dieses besteht aus einer sehr dünnen Metallhaut, z. B. Aluminium- oder Berylliumfolie (Dicke $= 10^{-4}$ bis 10^{-6} cm), welche durch ihre metallische Leitfähigkeit das elektrische Feld begrenzt, welche aber von genügend schnellen Elektronen ($V \approx 20$ e-KV oder mehr) mit fast einheitlicher Geschwindigkeit durchsetzt wird (siehe Kap. 21).

Für spezielle Experimente sind noch eine Reihe besonderer Verfahren zur Beschleunigung der Elektronen in den feldfreien Raum hinein üblich geworden. Zum Beispiel bei Gasentladungen bedeckt sich unter gewissen Bedingungen die Kathode mit einer dünnen Schicht positiver Ionen, welche wie ein Beschleunigungsgitter wirken und gleichzeitig das Feld von der Kathode abschirmen[5]. Oft ist es vorteilhaft, durch eine stark gekrümmte Kathodenoberfläche das ganze Feld an der Kathode zu konzentrieren, so daß bei Verwendung großer, etwa ebener Anodenoberflächen der ganze Raum mit Ausnahme der Kathodennähe fast feldfrei ist. Man verwendet in dieser Weise als Kathoden Spitzen[6], sehr kleine Kügelchen[7] oder sehr feine Drähte[8].

§ 3. **Eigentümlichkeiten der Kathodenstrahlen: Statistische Schwankungen intensitätsarmer Strahlen, selbständiges Auseinanderbreiten intensiver Strahlen. Konzentration der Elektronenstrahlen.** Die theoretischen Überlegungen dieses und aller folgenden Beispiele beziehen sich zunächst immer auf ein einzelnes Elektron. Wenn nun auch, wie in Kap. 3 noch ausführlich gezeigt wird, jedes Elektron einzeln nachweisbar ist, so werden doch alle Experimente mit Hilfe von Elektronenstrahlen, den sog. „Kathodenstrahlen" ausgeführt, welche man sich als eine große Anzahl hintereinander, zum Teil sogar nebeneinander bewegter Elektronen vorstellen kann. Wichtig ist nun, daß in solchen Strahlen — gleichgültig, wie man sie auch erzeugen mag — die einzelnen Elektronen räumlich oder zeitlich nicht etwa in gleichen, sondern in vollständig unregelmäßigen Abständen

---

[1] LEHMANN, J. F., u. T. H. OSGOOD: Proc. Cambr. Phil. Soc. Bd. 22 (1925) S. 731.

[2] Das Berußen geschieht zweckmäßig mit Hilfe einer benzoldampfgesättigten Leuchtgasflamme.

[3] DALTON, R. H., u. W. P. BAXTER: Physic. Rev. Bd. 29 (1927) S. 248.

[4] LENARD, P.: Ann. Physik. Bd. 51 (1894) S. 233. — THALLER, R.: Physik. Z. Bd. 29 (1928) S. 841.

[5] LANGMUIR, J., u. H. A. JONES: Physic. Rev. Bd. 31 (1928) S. 357.

[6] Potentialverlauf siehe bei C. F. EYRING, S. S. MAKOWN u. R. A. MILLIKAN: Physic. Rev. Bd. 31 (1928) S. 900.

[7] Zum Beispiel M. RUSCH: Physik. Z. Bd. 26 (1925) S. 748. — O. KLEMPERER: Z. Physik. Bd. 51 (1928) S. 341.

[8] Potentialverlauf siehe bei H. BUSCH: Z. Physik Bd. 36 (1926) S. 188.

aufeinander folgen. Diese ungeordnete Folge wird z. B. beim Einzelnachweis der Elektronen eines Strahls als Schwankungserscheinung bemerkt, wenn man in aufeinanderfolgenden Zeitintervallen gleicher Länge (z. B. in einer Sekunde) die durch den Strahlquerschnitt fliegenden Elektronen abzählt und vergleicht. Diese Elektronenzahl N schwankt nämlich ganz beträchtlich. Bedeutet M den Durchschnittswert der verschiedenen Elektronenzahlen $N_1, N_2, N_3, \ldots$, so ist die Wahrscheinlichkeit $\Phi(N)$ dafür, daß im betrachteten Zeitintervall gerade N Elektronen durch den Strahlquerschnitt treten, gegeben durch[1]:

$$\Phi(N) = \frac{M^N}{N!} \exp. (-M) \tag{11}$$

Den Inhalt von Gl. (1) wollen wir uns in Anlehnung an ein aus der α-Strahl-literatur bekanntes Beispiel[2] veranschaulichen: Bei einem gegebenen Kathoden-strahl zählen wir zunächst 10000 Elektronen ab und beobachten, daß diese 10000 Elektronen in 2600 sec den Strahlquerschnitt passiert haben. Im Durchschnitt sind also $M = 10000/2600 = 3,85$ Elektronen je Sekunde durch den Querschnitt geflogen. Die „konstante" Stromstärke in unserem betrachteten Kathodenstrahl betrug also $6,1 \cdot 10^{-19}$ Ampere. Betrachtet man nun aber die in jeder einzelnen Sekunde tatsächlich durch den Querschnitt hindurchtretende Elektronenzahl, so findet man, daß in unseren 2600 sec 54 sec ohne Elektronen enthalten sind [$\Phi(N) = 54/2600$ für $N = 0$], ferner 210 sec mit je einem Elektron [$\Phi(N) = 210/2600$ für $N = 1$], ferner 407 sec mit je zwei Elektronen [$\Phi(N) = 407/2600$ für $N = 2$]; diese und alle weiteren Beobachtungen sind aus den Punkten der Abb. 4 ersichtlich. Dort ist auch die ganze, der Gl. (11) entsprechende Wahrscheinlichkeitskurve eingezeichnet.

Derartige Beobachtungspunkte fallen um so besser in die theoretische Kurve, je größer die Gesamtzahl der beobachteten Intervalle (hier Sekunden) gewählt wird. Für das Experiment ist es deshalb wichtig, diese Anzahl hinreichend groß zu wählen, damit der allein interessierende Durchschnittswert M genügend genau berechnet werden kann. Die Wahrscheinlichkeitsrechnung zeigt nämlich, daß die während der Zeit t gezählte totale Elektronenzahl $\sum_0^t N = N_1 + N_2 + \ldots N_t$ von der dem Durchschnitt M während dieser Zeit entsprechenden Zahl $M \cdot t$ um einen „mittleren Fehler" δ abweicht, welcher der Wurzel von $M \cdot t$ entspricht:

$$\delta = \sqrt{M \cdot t}. \tag{12}$$

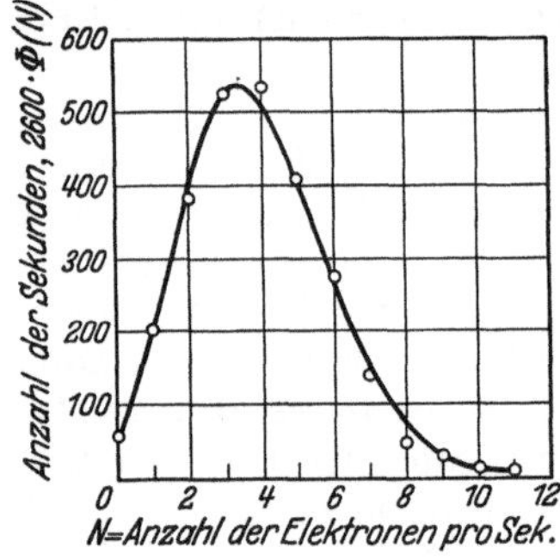

Abb. 4. Beispiel einer Elektronen-verteilung im Kathodenstrahl.

In dem obenerwähnten Beispiel wurden $\sum N = 10000$ Elektronen gezählt; also kann dort diese Zahl um etwa 100 Elektronen im Mittel, d. h. um 1% vom wahren Durchschnittswert abweichen; also der daraus bestimmte Mittelwert 3,85 Elektronen/sec wird ebenfalls einen Fehler von 1% enthalten. Zu beachten ist, daß es sich dabei um einen mittleren Fehler handelt, der wirkliche Fehler kann natürlich bedeutend größer oder kleiner sein. Zählt man geringere Mengen von Elektronen ab, so fallen die statistischen Schwankungen mehr ins Gewicht. Zum Beispiel für 1000 Elektronen beträgt der Fehler [Gl. (12)] 3%; für 100 Elektronen 10%. Sobald man aber mit einigermaßen intensiven Strahlen arbeitet, wird von den Schwankungen nichts mehr bemerkt.

[1] Bateman, H.: Philos. Mag. Bd. 20 (1910) S. 704.
[2] Rutherford, E., u. H. Geiger: Philos. Mag. Bd. 20 (1910) S. 698.

Bei größeren Elektronenkonzentrationen tritt eine eigentümliche Schwierigkeit auf; die Elektronen lassen sich nämlich dort nicht mehr in dem engen durch den Strahlquerschnitt gegebenen Zylinder zusammenhalten, da sie infolge ihrer gegenseitigen elektrischen Abstoßungen auseinandergetrieben werden. Den Abstoßungen wirken zwar magnetische Kräfte entgegen, die sich als Anziehungen zwischen den gleichgerichteten Stromfäden der Elektronen (= Konvektionsströme) verstehen lassen, doch überwiegen in allen Fällen, und ganz besonders bei den kleinen Elektronengeschwindigkeiten, die Abstoßungskräfte, so daß immer eine Strahlverbreiterung eintritt. Durch Aufstellung der Bewegungsgleichungen für die Elektronen im Mantel des zylinderförmig gedachten ursprünglich parallelen Elektronenbündels erhält man folgende Funktion für das Auseinanderbreiten des Strahls[1]:

$$x = \sqrt{\frac{m_0\, r^2}{4\, n\, e^2}}\,(1-\beta^2)^{-\frac{3}{4}}\beta^{\frac{3}{2}} c^{\frac{1}{2}} \int_1^R \frac{dR}{\sqrt{\ln R}} \quad (13)$$

Hier bedeutet e die Elektronenladung in EME, n die Zahl der je Sekunde durch den ursprünglichen Strahlquerschnitt hindurchtretenden Elektronen, welcher durch eine Kreisblende vom Radius r definiert sei. Im Abstande x von dieser Blende möge der Strahlradius auf den Betrag $(r \cdot R)$ angewachsen sein, so daß also $1/R$ das Verhältnis der beiden Strahlradien im Anfang und nach dem zurückgelegten Wege x cm bezeichnet[2].

Um die Größenordnung des Auseinanderbreitens zu kennzeichnen, mögen folgende Beispiele angegeben werden: Die vom Strahl transportierte Stromstärke, welche nötig ist, um bei einem anfänglichen Strahldurchmesser von 0,2 mm schon nach

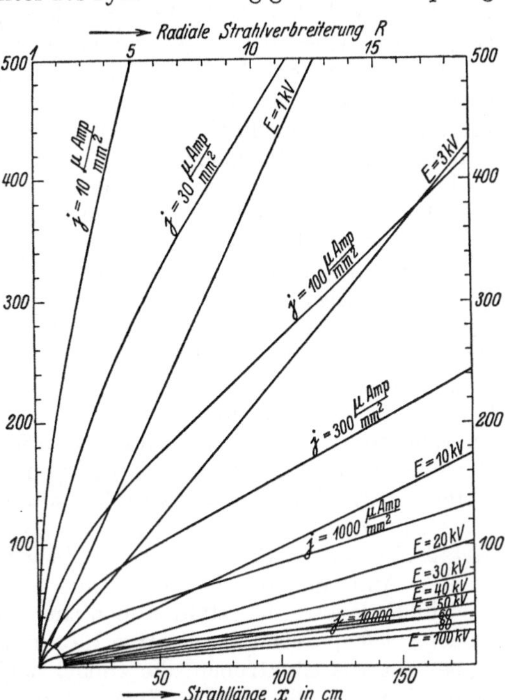

Abb. 5. Kurventafel zur Bestimmung des Auseinanderbreitens eines ursprünglich parallelen Elektronenstrahls. Nach KNOLL und RUSKA.

10 cm Strahlenweg eine Verdoppelung des Strahlendurchmessers zu bewirken, beträgt bei 1 e-Volt schnellen Elektronen ca. 10^{-9} Ampere, bei 200 e-Volt schnellen Elektronen ca. 10^{-6} Ampere und bei 30 e-Kilovolt schnellen Elektronen etwa 10^{-4} Ampere. Für Elektronengeschwindigkeiten oberhalb etwa 1 e-Kilovolt, wo geometrisch-optische Strahlenbetrachtungen wichtig werden, läßt sich die Ausbreitung bequem aus der Kurventafel in Abb. 5 ablesen. Zu diesem Zweck geht man von der auf der Abszisse aufgetragenen Strahllänge x aus und sucht den Schnittpunkt der zugehörigen Ordinate mit der zur Elektronengeschwindigkeit E KV gehörigen Geraden auf. Die durch diesen Schnittpunkt gelegte Parallele zur Abszissenachse ergibt einen zweiten Schnittpunkt mit der

---

[1] WATSON, E. E.: Philos. Mag. Bd. 3 (1927) S. 849. — McGREGOR-MORRIS u. R. MINES: J. Instn. electr. Engr. Lond. Bd. 63 (1925) S. 1065. — Siehe auch M. KNOLL u. E. RUSKA: Ann. Physik Bd. 12 (1932) S. 607.

[2] Für $R > 2$ ist das in Gl. (13) vorkommende $\int \dfrac{dR}{\sqrt{\ln R}}$ etwa gleich R.

Kurve der gemessenen Stromdichte $j\,\mu\,\text{Amp}/\text{mm}^2 = 10^{-6}\,\text{Ampere}/\text{mm}^2$. Die Abszisse dieses zweiten Schnittpunkts gibt die auf den Blendendurchmesser bezogene Vergrößerung R des Strahlendurchmessers in der Entfernung x von der Blende an.

Die experimentelle Technik hat aber auch Methoden entwickelt, welche ein solches Auseinanderbreiten des Strahls verhindern können. Hierbei hat sich für einige hundert e-Volt schnelle Elektronen die elektrostatische Wirkung von positiven Ionen bewährt, welche der Kathodenstrahl selbst längs seines Weges beim Durchgang durch ein hochverdünntes Gas erzeugt. Einige Strahlelektronen stoßen nämlich auf ihrem Wege mit den Gasatomen zusammen und ionisieren sie. Dabei erleiden sie Richtungsänderungen und werden aus dem Strahl ausgeschieden. Ebenso verlassen auch die aus den Gasatomen im Ionisierungsakt herausgeschlagenen Sekundärelektronen mit ihrer größeren als gaskinetischen Geschwindigkeit den Strahl. Gegenüber diesen Elektronen bleiben die positiven Ionen infolge ihrer relativ kleinen thermischen Geschwindigkeit zurück, sie häufen sich im Strahl an, bis Gleichgewicht zwischen den entstehenden und abfließenden Ladungen hergestellt ist. So entsteht ein radiales elektrisches Feld, das die schnellen Strahlelektronen zur Achse des Strahls hin und die positiven Ionen aus dem Strahl herauszutreiben sucht. Die entsprechende räumliche Ladungsverteilung in einem sonst feldfreien Raum läßt sich hierbei mit Hilfe eines FARADAY-Käfigs (Kap. 3) oder mit der LANGMUIR-Sonde (Kap. 6) austasten[1]. Um hochkonzentrierte Strahlen mit äußerst feinem Querschnitt, die sog. ,,Fadenstrahlen'', zu erhalten, benutzt man empirische Vorschriften, die allerdings recht genau innegehalten werden müssen. So bekommt man z. B. bei 1 m Strahllänge Fadenstrahlen von $^1/_2\,\text{mm}^2$ Querschnitt, die infolge des Gasleuchtens gut sichtbar sind, wenn man Strahlen von etwa 100—300 e-Volt in Argon oder Wasserstoff oder Quecksilberdampf von einigen Tausendstel mm Hg-Druck eintreten läßt[2]. Solche Fadenstrahlen kann man sogar durch lange enge Metallröhrchen (z. B. 30 cm Länge, $\varnothing = 2{,}5$ mm) hindurchleiten. Biegt man das Metallröhrchen (z. B. über 90^0), so ,,biegt'' sich der Elektronenstrahl mit, so daß er ohne Änderung der Intensität aus dem Röhrchen heraustritt[3].

Ein Fadenstrahl besteht nun nicht etwa aus streng parallel fliegenden Elektronen, welche durch die positive Raumladung parallel gehalten werden, sondern er besteht aus Elektronen, die zunächst ein wenig nach außen fliegen, aber alsbald wieder durch das zum Strahl radial gerichtete Potentialgefälle in Richtung zur Achse zurückgeworfen werden, so daß ihrer longitudialen Flugbewegung eine transversale Pendelbewegung um die Achse überlagert ist, so daß die umhüllende aller pendelnden Elektronen ein Zylinder ist[4]. Indessen ist für das Entstehen wohlausgebildeter Fadenstrahlen die Anfangsrichtung der Elektronen, also der Aufbau der Beschleunigungsanordnung nicht ganz unwesentlich. Als besonders zweckmäßig bei der Erzeugung der Fadenstrahlen haben sich besondere Kathoden- bzw. Anodenanordnungen bewährt, wie wir sie im folgenden Paragraphen in Abb. 11 und 12 zeigen werden.

Für Kathodenstrahlen mit Geschwindigkeiten bis hinauf zu etwa 70 e-Kilovolt ist eine andere Methode der elektrostatischen Zusammenschnürung praktisch erprobt: Auf einer Glasröhre, in welcher eine Gasentladung stattfindet, können

---

[1] ARNOT, F. L.: Proc. Roy. Soc., Lond. Bd. 129 (1930) S. 361.

[2] JOHNSON, J. B.: Physic. Rev. Bd. 17 (1921) S. 420. — BRÜCHE, E., u. W. ENDE: Z. Physik Bd. 64 (1930) S. 186; Physik. Z. Bd. 31 (1930) S. 1015. — ENDE, W.: Physik. Z. Bd. 32 (1931) S. 942.

[3] BRÜCHE, E.: Z. Physik, Bd. 78 (1932) S. 177.

[4] BRÜCHE, E.: Z. Physik Bd. 78 (1932) S. 26.

sich nämlich starke negative elektrische Aufladungen ausbilden. Solche Oberflächenladungen auf Isolatoren können viele tausend Volt betragen[1]. Man kann infolgedessen bei geeigneter Formgebung des Entladungsrohres auch Elektronen von erheblichen Geschwindigkeiten zu einem feinen Strahl konzentrieren.

In vielen Fällen ist es nicht nötig, den Strahl auf einer längeren Wegstrecke zusammenzuschnüren, sondern es genügt zu seiner Konzentrierung eine anfängliche Konvergenz der Elektronenrichtungen. Diese Konvergenz wird am besten durch geeignete Formgebung der Elektroden erzielt. Eine kalte Kathode kann man z. B. hohlspiegelförmig ausbilden, so daß die von ihr emittierten Elektronen, die zunächst in Richtung der elektrischen Kraftlinien fortfliegen, anfangs senkrecht zur Kathodenoberfläche — gegen einen Konvergenzpunkt hin gerichtet sind.

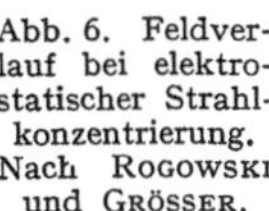

Abb. 6. Feldverlauf bei elektrostatischer Strahlkonzentrierung. Nach ROGOWSKI und GRÖSSER.

Ein anderes Beispiel für die Konzentrierung der Kathodenstrahlen durch Formgebung der Elektroden ist durch Abb. 6 erläutert[2]: Der etwa planen Kathode K, bei welcher die Elektronen z. B. von dem Glühdraht G geliefert werden können, steht die kegelförmige Anode A gegenüber, deren Spitze für den Durchtritt der Elektronen durchbohrt ist. Der in der Abbildung angedeutete Kraftlinienverlauf zeigt, daß auch hierbei die Elektronen in konvergierenden Richtungen beschleunigt werden.

Schließlich weisen wir in diesem Zusammenhang noch auf die Methoden der geometrischen Elektronenstrahloptik hin, die in Kap. 2 § 2 ausführlich behandelt werden sollen. Diese Methoden finden zu jeder Konzentrierung des Strahls Verwendung, nicht nur, wenn die Querschnittszunahme durch das erwähnte elektrostatische Auseinanderbreiten verursacht wird, sondern auch, wenn sie ganz allgemein durch die geometrisch optische Strahlstruktur bedingt ist. Man läßt hierbei den Elektronenstrahl entweder durch kurze Magnetspulen oder durch elektrisch aufgeladene Diaphragmen bzw. Kugelkondensatoren hindurchlaufen. Der Elektronenstrahl wird dadurch so konzentriert, wie man es aus der Optik der Lichtstrahlen bei Konvexlinien gewohnt ist.

§ 4. Erzeugung der Kathodenstrahlen: Gasentladungsröhren, Glühkathodenröhren usw. Zur Erzeugung intensitätsschwacher Strahlen benützt man am einfachsten eine oberflächlich rein geschabte oder eine amalgamierte Zinkplatte, an der man durch ultraviolettes Licht Photoelektronen (Kap. 10) auslösen und durch Netze oder Blenden hindurch auf jeden gewünschten Betrag beschleunigen kann.

Zur Erzeugung eines feinen Bündels schneller, intensiver Kathodenstrahlen ist die Gasentladung heute das beste Mittel[3]. In einer beispielsweise in Abb. 7 gezeigten Gasentladungsröhre gehen die Elektronen von einer auf Hochspannung liegenden Aluminiumkathode K aus, welche, um zu große Erwärmung während des Betriebes zu vermeiden, durch strömendes Öl gekühlt wird. Die Befreiung der Elektronen aus der Kathode erfolgt in Gasentladungsröhren durch den Aufprall positiver Ionen (siehe Kap. 14), welche bei der Entladung durch die Ionisation der Kathodenstrahlen (siehe Kap. 13) im Gase (am besten in Wasserstoff) erzeugt werden. Der Gasdruck in der Entladungsröhre beträgt größenordnungsmäßig $^1/_{1000}$ mm und wird je nach den erforderlichen Strahlgeschwindigkeiten

---

[1] JOFFE, A.: Ann. Physik Bd. 72 (1923) S. 461. — WEHNELT, A.: Z. Physik Bd. 48 (1928) S. 165.

[2] ROGOWSKI, W., u. W. GRÖSSER: Arch. Elektrotechn. Bd. 15 (1925) S. 377.

[3] Siehe z. B. W. E. PAULI: Physik. Z. Bd. 21 (1920) S. 11. — R. WIERL: Ann. Physik Bd. 8 (1931) S. 533. — M. KNOLL, K. KNOBLAUCH u. B. VON BORRIES: Elektrotechn. Z. Bd. 51 (1930) S. 966.

bzw. Strahlintensitäten einreguliert. R ist in der Abb. 7 beispielsweise ein Glas-
oder Quarzrohr von 60 cm Länge und 3 cm Weite, welches an der Stelle, wo
die Kathode sitzt, auf 8 cm aufgeweitet ist. Auf diesem Rohr bilden sich die
obenerwähnten konzentrierenden Wandladungen als Folge der Entladung
selbst aus. A ist ein wassergekühlter geerdeter Anodenkopf, auf den ein Teil
der Kathodenstrahlen aufprallt, während ein anderer Teil durch die feine Blende B
in den Versuchsraum eintritt.

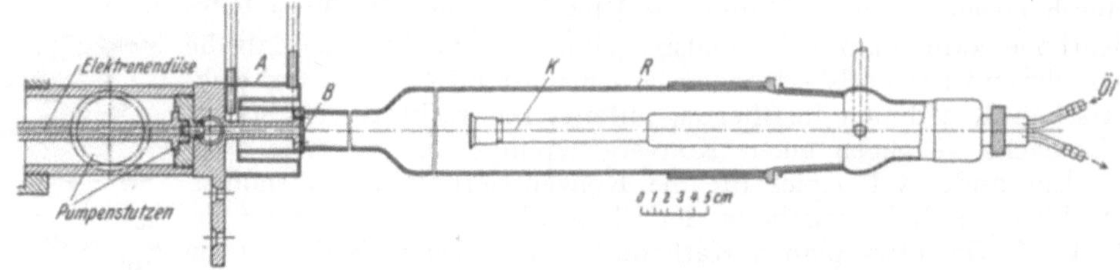

Abb. 7. Kathodenstrahl-Gasentladungsröhre mit ölgekühlter Kathode für große Strahlintensitäten. Nach WIERL.

Legt man keinen Wert auf ein engbegrenztes Bündel, so ist die im Hochvakuum betriebene Glühkathode der Gasentladung überlegen. Zum Beispiel in
Röntgenröhren hat die sog. COOLIDGE-Kathode — das ist eine glühende Wolframspirale in einem Konzentrierungszylinder — heute fast alle anderen Kathoden
verdrängt. Der Konzentrierungszylinder[1] ist hier ein die Kathode umschließendes
Metallhütchen, welches infolge seiner negativen Aufladung gegenüber der Antikathode die Elektronen größtenteils auf diese konzentriert. Ein feines Bündel
ist jedoch mit solcher Kathode nicht ohne weiteres zu erhalten, da sich kaum ein
paralleler Strahlenverlauf erzielen läßt. Man muß hierzu vielmehr einen Ka-
thodenkopf benützen, wie er in Abb. 8 abgebildet ist, bei welchem sich unmittelbar

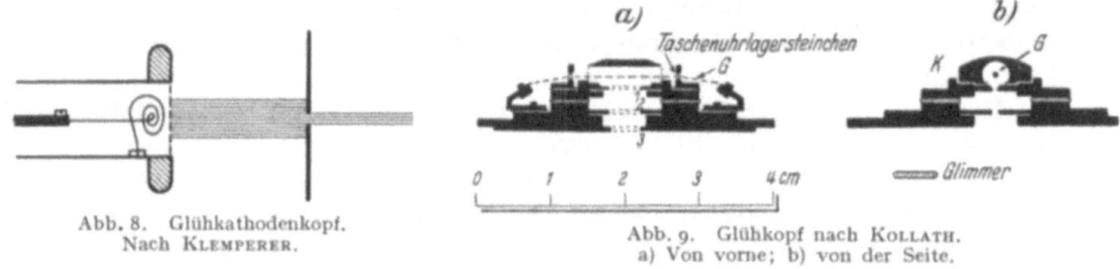

Abb. 8. Glühkathodenkopf.
Nach KLEMPERER.

Abb. 9. Glühkopf nach KOLLATH.
a) Von vorne; b) von der Seite.

vor der Kathode und leitend mit dieser verbunden ein Netz oder ein Diaphragma
befindet[2]. Bei Benutzung von Oxydkathoden (siehe Kap. 8) legt man, um ein
Zusammenbrechen der Glühelektronenentladung infolge von Gasresten zu ver-
hüten, zweckmäßig an das Diaphragma eine bestimmte Vorspannung[3].

Zur Erzeugung intensiver langsamer Kathodenstrahlen wird heute allgemein
die Glühkathode verwendet. Als besonders praktisch haben sich Glühköpfe
von der in Abb. 9, 10, 11 und 12 abgebildeten Art erwiesen[4]. In Abb. 9 läuft

---

[1] W. D. COOLIDGE: Physic. Rev. Bd. 2 (1914) S. 409; Gen. electr. Comp. Schenectady
1919 S. 58. — Siehe auch A. WEHNELT u. F. JENTSCH: Ann. Physik Bd. 28 (1909) S. 541. —
L. BINDER, H. FÖRSTER u. G. FRÜHAUF: Z. techn. Physik Bd. 11 (1930) S. 379. — A. MAT-
THIAS, M. KNOLL u. H. KNOBLAUCH: Ebenda Bd. 11 (1930) S. 276.

[2] EISENHUT, O.: Dissert., Heidelberg 1921. — KLEMPERER, O.: Ann. Physik Bd. 15 (1932)
S. 361.

[3] Siehe z. B. O. KLEMPERER: Ann. Physik Bd. 3 (1929) S. 849.

[4] KOLLATH, R.: Ann. Physik Bd. 87 (1928) S. 267. — LÖHNER, H.: Ebenda Bd. 6 (1930)
S. 67. — FUNK, H.: Ebenda Bd. 4 (1930) S. 157. — ENDE, W.: Physik. Z. Bd. 32 (1931) S. 942.
— DOBKE, G.: Z. techn. Physik Bd. 13 (1932) S. 433 .— BRÜCHE, E.: Z. Physik Bd. 78 (1932)
S. 26.

der Glühfaden, ein thorierter Wolframdraht von 0,05 mm Durchmesser, von den Befestigungsschrauben durch zwei isolierende Führungssteine (Lagersteinchen für Taschenuhren). Die kleine Blattfeder F spannt den Faden beim Glühen. In Abb. 10 ist ein feiner Wolframdraht spitzwinkelig umgebogen (Haarnadelform), und seine Enden sind in dickere Eisendrähte eingeklemmt; letztere sind in ein Glasröhrchen eingeschmolzen, das etwa $1/2$ mm oberhalb der W-Spitze abgesprengt ist. In Abb. 11 ist ein kleines mit Erdalkalioxyden bedecktes Nickelblättchen auf einen Wolframdraht aufgeschweißt und wird durch diesen auf die nötige Temperatur geheizt, so daß es Elektronen emittiert. Sehr dicht über dem Nickelblättchen ist in Form eines kegelförmigen Hütchens die Anode angebracht; durch eine feine Öffnung in der Kegelspitze treten die Elektronen in den Versuchsraum ein. Ein solcher Anodentrichter eignet sich besonders wegen seiner leichten Justierbarkeit zu Laboratoriumsversuchen mit gaskonzentrierten Fadenstrahlen. In technisch verwendeten Röhren hat sich die Anordnung der Abb. 12 als besonders brauch-

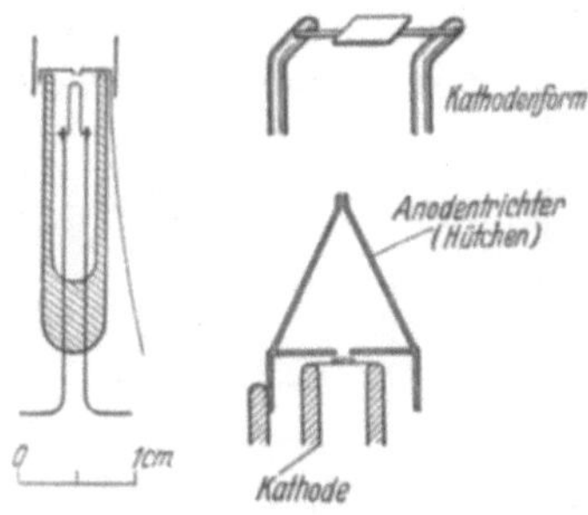

Abb. 10.
Glühkathode.
Nach FUNK.

Abb. 11. Glühkathode
mit Anodentrichter.
Nach ENDE.

bar erwiesen, sie liefert sehr gleichmäßige, strukturlose Kathodenstrahlen; die Glühkathode erreicht auch in gashaltigen Räumen außerordentlich lange Lebensdauer (bis zu ca. 3000 Stunden). Die Elektronenquelle K, die sich am oberen Ende eines durch einen Wolframwendel geheizten Röhrchens befindet, ist eine Hohlraumkathode. Die Elektronen, die an der Innenseite des mit Erdalkalioxyden belegten zylindrischen Kathodenkörpers emittiert werden, treten durch dessen vordere Öffnung aus; die Anordnung erinnert also an einen „absolut schwarzen Körper". Durch den zwischen den Anoden A_1 und A_2 gelegenen Zylinder Z wird der Strahl konzentriert.

Um bei ganz langsamen Elektronen einigermaßen homogene Geschwindigkeiten zu erhalten, ist es wichtig, die Emission von einer Stelle definierten Potentials ausgehen zu lassen. An einer gewöhnlichen Glühkathode muß nämlich zur Aufrechterhaltung des Heizstroms ein gewisses Potential (einige Volt) an den Enden des Glühfadens liegen, so daß die von den verschiedenen Stellen dieses Glühfadens emittierten Elektronen mit verschiedenem Anfangspotential starten. Sog. „Äquipotentialkathoden" vermeiden diese Undefiniertheit des Anfangspotentials[1]. In Abb. 13 ist beispielsweise in der Achse eines 3 mm engen Cu-Röhrchens R ein feiner glühender Wolframdraht isoliert ausgespannt. In der Mitte des

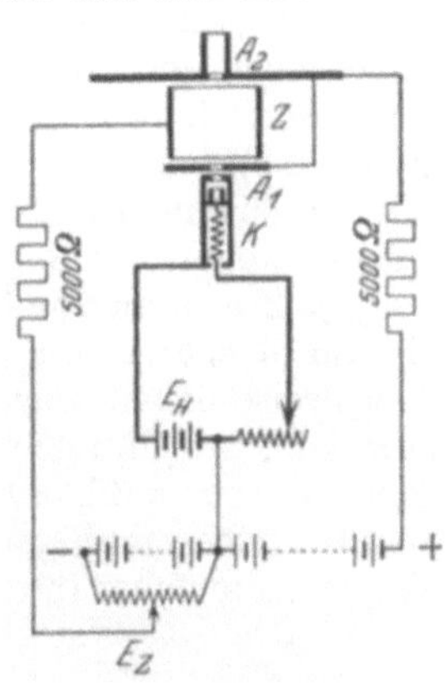

Abb. 12. Hohlraumkathode
mit Konzentrierungszylinder
und planen Anodenblenden.
Nach DOBKE.

W-Drahts trägt das Cu-Röhrchen rings herum einen Schlitz D von $1/2$ mm Breite. Wird nun zwischen Glühdraht und Röhrchen eine beschleunigende Spannung angelegt, so treten durch den Schlitz Elektronen sehr einheitlicher Geschwindigkeit aus. Eine andere Äquipotentialkathode, Abb. 14, ist der in Abb. 11 gezeigten Kathodenform ähnlich. Sie besteht aus einem pilzförmigen Nickelstück K, welches oben eine feine Erdalkalioxydschicht trägt. K ist auf

---

[1] HERTZ, G.: Z. Physik Bd. 22 (1924) S. 18; Physik. Z. Bd. 26 (1925) S. 868. — HERTZ, G. u. R. K. KLOPPERS: Z. Physik Bd. 31 (1925) S. 463. — ENDE, W.: Physik. Z. Bd. 32 (1931) S. 942.

dem zwischen den Polen P ausgespannten Wolframdraht D aufgehängt und wird von ihm durch Wärmeleitung geheizt. Der Zuführungsdraht Z bringt die Kathode auf das gewünschte Potential. Die Temperatur ist so niedrig, daß nur die Oxydkathode, aber noch nicht der W-Draht Elektronen emittiert (siehe Kap. 8). Als drittes Beispiel einer Äquipotentialkathode sei Abb. 15 angeführt. Diese besteht aus einer feinen Platinfolie K von ca. $^3/_{100}$ mm Dicke und 6 mm Breite, welche — wie links nebenstehend in der Aufsicht gezeichnet ist — auf der Oberseite einen Erdalkalioxydstrich von nur $^1/_2$ mm Breite trägt. Statt dieses Oxydstrichs kann auch ein breiterer Fleck benutzt werden, wenn man der Platin-

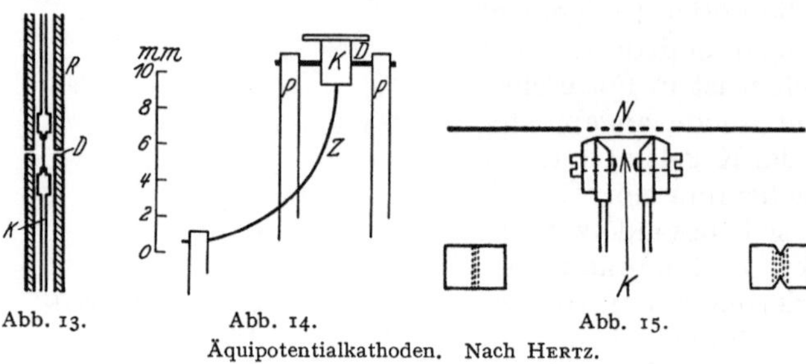

Abb. 13.   Abb. 14.   Abb. 15.
Äquipotentialkathoden.   Nach Hertz.

folie die unten rechts gezeichnete Form gibt, so daß infolge der höheren Stromdichte in der Mitte ein ziemlich scharfes Temperaturmaximum entsteht; es nimmt dann praktisch nur ein in diesem Maximum gelegener schmaler Streifen an der Elektronenemission teil.

Etwa $^1/_2$ mm von der Kathode entfernt befindet sich das Drahtnetz N, welches die Elektronen in den feldfreien Versuchsraum hinein beschleunigt. Eine weitere Äquipotentialkathode ist schließlich die schon oben beschriebene und in Abb. 12 abgebildete Hohlraumkathode.

Wenn es auch durch die genannten Äquipotentialkathoden gelingt, ein homogenes Ausgangspotential der Elektronen zu erzielen, so macht sich bei gesteigerten Ansprüchen doch noch eine Inhomogenität der Strahlen bemerkbar, welche von der Geschwindigkeitsverteilung der Temperaturbewegung (siehe z. B. Tabelle 20 in Kap. 8) herrührt. Diese Inhomogenität läßt sich nur eliminieren durch eine Geschwindigkeitsanalyse des Strahls mittels elektrischer oder magnetischer Felder, wovon im folgenden Kapitel die Rede sein soll.

§ 5. **Zusammenstellung von Formeln, Beziehungen und Zahlenwerten über die für das Elektron gebräuchlichen Geschwindigkeits- und Energiemaße.** Anhangsweise geben wir hier am Schluß dieses Kap. 1 eine Zusammenstellung von Formeln, Beziehungen und Zahlenwerten über die für das Elektron gebräuchlichen Geschwindigkeits- und Energiemaße, da diese in den folgenden Kapiteln dieses Buches und ganz besonders in vielen praktischen Fällen oft gebraucht werden. Zunächst führen wir die aus Gl. (7) des § 1 abgeleiteten Beziehungen an:

$$V_{\text{Volt}} = 0{,}5108 \cdot 10^6 \left(\frac{1}{\sqrt{1-\beta^2}} - 1 \right),\tag{14}$$

also:

$$\beta = \sqrt{1 - \left(\frac{1}{1 + \dfrac{e\,V_{\text{Volt}}}{300\,m_0\,c^2}} \right)^2} = \sqrt{1 - \left(\frac{1}{1 + \dfrac{V_{\text{Volt}}}{0{,}5108 \cdot 10^6}} \right)^2}.\tag{15}$$

Für Geschwindigkeiten bis etwa 300 Elektronenvolt gilt mit einem Fehler von höchstens 0,01 % die Näherungsgleichung:

$$V_{\text{Volt}} = 0{,}2554 \cdot 10^6 \cdot \beta^2.\tag{16}$$

Für mittlere Elektronengeschwindigkeiten verwendet man mit guter Genauigkeit die aus Gl. (14) entwickelte Näherungsgleichung:

$$V_{\text{Volt}} = 0{,}2554 \cdot 10^6\, \beta^2 \left(1 + \tfrac{3}{4}\beta^2 + \tfrac{5}{8}\beta^4 + \ldots\right).\tag{17}$$

Aus Gl. (10) des § 1 und aus den eben gegebenen Beziehungen ergeben sich:

$$\mathfrak{H}\varrho = \frac{m\,u}{e} = \sqrt{\frac{2\,m}{e}\,V} = 3{,}37\,\sqrt{V_\text{Volt}}\,; \tag{18}$$

Gl. (18) gilt nur für langsame Elektronen. Für größere Elektronengeschwindigkeiten erhalten wir die relativistischen Beziehungen:

$$\mathfrak{H}\cdot\varrho = \frac{m_0}{e}\cdot\frac{c\,\beta}{\sqrt{1-\beta^2}} = \frac{1702\,\beta}{\sqrt{1-\beta^2}} \tag{19}$$

$$= \sqrt{\frac{2\,m_0}{e}\left(V+\frac{e}{2\,m_0\,c^2}\right)V^2} = \sqrt{11{,}30\,V_\text{Volt} + 1{,}11\cdot10^{-5}\,V_\text{Volt}^2}\,. \tag{20}$$

also:

$$\beta = \frac{1}{\sqrt{1+\left(\dfrac{c\,m_0}{e\,\mathfrak{H}\varrho}\right)^2}} = \frac{1}{\sqrt{1+\dfrac{2{,}89\cdot10^6}{(\mathfrak{H}\varrho)^2}}}\,, \tag{21}$$

$$V_\text{Volt} = 0{,}5108\cdot10^6\left[\sqrt{1+\frac{(\mathfrak{H}\cdot\varrho)^2}{2{,}89\cdot10^6}} - 1\right]. \tag{22}$$

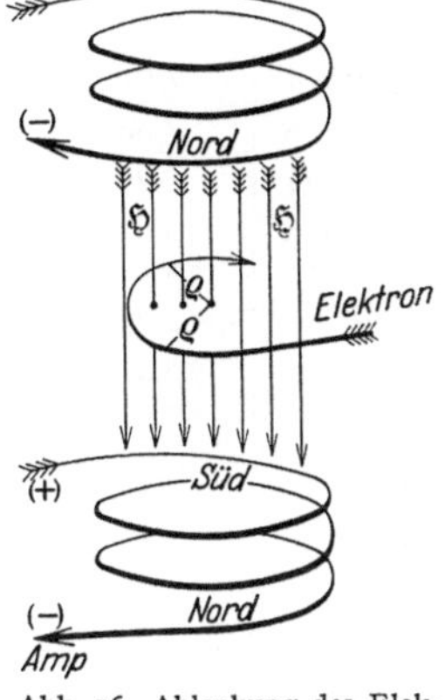

Abb. 16. Ablenkung des Elektrons im Kraftfeld einer Stromspule.

In den Gl. (18) bis Gl. (22) ist $\mathfrak{H}$ in Gauß, V in EME, V_Volt in Elektronenvolt und ϱ in Zentimeter gemessen.

Um für praktische Fälle schnell über den Ablenkungssinn des Kathodenstrahls im Magnetfeld orientiert zu sein, geben wir in Abb. 16 eine perspektivische Darstellung: Durch zwei Stromspulen fließt in Richtung der eingezeichneten Pfeile ein positiver elektrischer Strom. Es bilden sich also an den Enden der Spulen — wie in der Abbildung eingetragen — magnetische Nord- und Südpole aus. Die magnetischen Kraftlinien $\mathfrak{H}$ verlaufen also von oben nach unten, und der Elektronenstrahl (hier zwischen beiden Spulen) läuft in demselben Sinne wie der positive Strom im Draht der Spule.

Schließlich sei hier eine Zusammenstellung der vielen, in der Literatur gebräuchlichen Maße für die Geschwindigkeit oder kinetische Energie der Elektronen angeführt:

1. Lineargeschwindigkeit gemessen in cm/sec: u.

2. Elektronengeschwindigkeit im Verhältnis zur Lichtgeschwindigkeit: $\beta = u/c$.

3. Elektronenenergie, gemessen in ESE, EME oder in Volt des vom Elektron frei durchfallenen Feldes: siehe Gl. (4) bzw. Gl. (7) und Gl. (14).

4. Elektronenenergie, gemessen in Erg: siehe Gl. (3) bzw. Gl. (6).

5. Elektronengeschwindigkeit, gemessen in Wurzelvolt $(\sqrt{\text{Volt}})$, einem Maß, welches nur bei langsamen Elektronen gebräuchlich ist, wobei man nach Gl. (4) der Geschwindigkeit $5{,}93\cdot10^7$ cm/sec 1 Wurzelvolt zuordnet.

6. $\mathfrak{H}\cdot\varrho = $ Krümmungsradius $\cdot$ Magnetfeld, ein Maß, welches weder einer Geschwindigkeit noch einer Energie entspricht; siehe Gl. (10) und Gl. (19).

7. Elektronenenergie, gemessen durch die Frequenz ν, der nach der EINSTEINschen Gleichung [Kap. 10, Gl. (1)] zugeordneten elektromagnetischen Strahlung $V_\text{ESE} = \dfrac{h\nu}{e} = 1{,}3725\cdot10^{-17}\,\nu$

also $V_\text{Volt} = 4{,}1175\cdot10^{-15}\cdot\nu$, d. h. $4{,}12\cdot10^{-15}$ ist das Voltpotential, welches mit der Frequenz 1 verknüpft ist.

8. Elektronenenergie, gemessen durch das in der Röntgenphysik gebräuchliche $\nu/(R_\infty\cdot c)$, wo $R_\infty = 1{,}0973\cdot10^5$ cm^{-1} die RYDBERG-Konstante bedeutet: $\nu/(R\cdot c)$ multipliziert mit 13,54 ergibt die Elektronenenergie in e-Volt.

9. Elektronenenergie, gemessen durch die Wellenzahl $1/\lambda = \dfrac{\nu}{c}$ cm^{-1} der nach Ziffer (7) zugeordneten Strahlung: $V_\text{Volt} = 1{,}2336\cdot10^{-4}\,\nu/c = $ Termwert, ausgedrückt durch die Wellenzahl[1], d. h. die zu 1 e-Volt gehörende Strahlung hat eine Wellenlänge von 12 336 ÅE.

---

[1] Der Begriff des Terms wird in Kap. 7 noch genauer erläutert werden.

Tabelle 3.

β = Lineargeschwindigkeit/Lichtgeschwindigkeit.
Elektronenvolt bzw. Elektronenkilovolt.
$\mathfrak{H} \cdot \varrho$ = Magnetfeld (Gauß) · Krümmungsradius (cm).
m/m_0 = bewegte Elektronenmasse/Ruhemasse.

β	e-Volt	$\mathfrak{H} \cdot \varrho$	m/m_0
0,00198	1,00	3,37	1,00000
0,00280	2,00	4,76	—
0,00343	3,00	5,84	—
0,00396	4,00	6,74	—
0,00443	5,00	7,53	1,00001
0,00485	6,00	8,25	—
0,00500	6,38	8,50	—
0,00524	7,00	8,91	—
0,00560	8,00	9,53	—
0,00594	9,00	10,10	—
0,00626	10,0	10,65	1,00002
0,00886	20,0	15,06	1,00004
0,0100	25,54	17,0	1,00005
0,0109	30,0	18,45	1,00006
0,0125	40,0	21,3	1,00008
0,0140	50,0	24,6	1,00010
0,0198	100	33,7	1,00019
0,0200	102,2	34,06	1,00020
0,0280	200	47,6	1,00039
0,0300	230	51,04	1,00045
0,0343	300	58,3	1,00059
0,0400	408,7	68,1	1,00080
0,0442	500	75,3	1,00098
0,0500	638,5	85,0	1,00125
0,0560	800	95,2	1,00157
0,060	924,8	102,3	1,00181

β	e-Kilovolt	$\mathfrak{H} \cdot \varrho$	m/m_0
0,0626	1,00	106,6	1,00196
0,07	1,257	119,6	1,00246
0,08	1,644	136,7	1,00322
0,0883	2,000	151	1,00391
0,09	2,083	154,0	1,00408
0,10	2,575	171,3	1,00504
0,11	3,122	188,5	1,00611
0,12	3,720	205,9	1,00728
0,124	4,000	214	1,00783
0,13	4,373	223,4	1,00856
0,138	5,00	239	1,00967
0,14	5,083	241,0	1,00995
0,15	5,844	258,4	1,01144
0,16	6,668	276,1	1,01305
0,17	7,546	293,9	1,01477
0,18	8,479	311,9	1,01660
0,19	9,478	329,7	1,01855
0,195	10,00	340,0	1,01958
0,20	10,53	347,8	1,02062

β	e-Kilovolt	$\mathfrak{H} \cdot \varrho$	m/m_0
0,21	11,66	366,0	1,02281
0,22	12,83	384,2	1,02512
0,23	14,07	402,6	1,02755
0,24	15,38	421,3	1,03011
0,25	16,75	440,0	1,03280
0,26	18,18	458,8	1,0356
0,27	19,69	477,8	1,0385
0,28	21,28	496,8	1,0416
0,29	22,94	516,2	1,0449
0,30	24,66	535,9	1,0482
0,31	26,47	555,7	1,0518
0,32	28,36	575,3	1,0555
0,33	30,31	595,6	1,0593
0,34	32,37	616,0	1,0633
0,35	34,49	636,6	1,0675
0,36	36,70	657,5	1,0718
0,37	39,01	678,7	1,0763
0,38	41,42	700,0	1,0811
0,39	43,92	721,5	1,0860
0,40	46,53	743,5	1,0910
0,41	49,23	766,0	1,0963
0,414	50,00	775,0	1,0983
0,42	52,05	788,3	1,1019
0,43	54,97	811,4	1,1076
0,44	58,03	834,9	1,1135
0,45	61,19	858,6	1,1197
0,46	64,50	882,5	1,1262
0,47	67,91	907,3	1,1329
0,48	71,43	932,2	1,1399
0,49	75,17	957,6	1,1471
0,50	79,03	983,6	1,1547
0,51	83,04	1010	1,1625
0,52	87,20	1038	1,1707
0,53	91,57	1065	1,1792
0,54	96,08	1093	1,1881
0,548	100,0	1116	1,1955
0,55	100,8	1122	1,1973
0,56	105,8	1151	1,2070
0,57	110,9	1182	1,2170
0,58	116,2	1214	1,2275
0,59	121,9	1245	1,2385
0,60	127,7	1278	1,2500
0,61	133,8	1312	1,2619
0,62	140,2	1346	1,2745
0,63	147,0	1382	1,2876
0,64	154,1	1420	1,3014
0,65	161,3	1458	1,3159
0,66	169,2	1497	1,3310

β	e-Kilovolt	$\mathfrak{H}\cdot\varrho$	m/m_0	β	e-Kilovolt	$\mathfrak{H}\cdot\varrho$	m/m_0
0,67	177,2	1 538	1,3470	0,940	986,4	4 694	2,9310
0,68	185,8	1 580	1,3638	0,9411	1 000	4 739	2,9577
0,69	194,9	1 623	1,3815	0,942	1 010	4 782	2,9796
0,695	200,0	1 646	1,3920	0,944	1 038	4 874	3,0308
0,70	204,3	1 669	1,4002	0,946	1 065	4 971	3,0848
0,71	214,4	1 718	1,4200	0,948	1 094	5 074	3,1419
0,72	225,3	1 768	1,4409	0,95	1 125	5 183	3,2025
0,73	236,4	1 820	1,4631	0,952	1 158	5 299	3,2669
0,74	248,5	1 874	1,4867	0,954	1 192	5 420	3,3354
0,75	261,4	1 933	1,5118	0,956	1 231	5 551	3,4087
0,76	275,2	1 992	1,5386	0,958	1 271	5 691	3,4871
0,77	289,7	2 056	1,5672	0,960	1 313	5 841	3,5714
0,78	305,6	2 124	1,5980	0,962	1 360	6 002	3,6623
0,79	322,3	2 195	1,6310	0,964	1 411	6 178	3,7607
0,80	340,5	2 272	1,6666	0,966	1 465	6 365	3,8678
0,81	360,2	2 354	1,7052	0,968	1 525	6 573	3,9848
0,82	381,8	2 441	1,7471	0,970	1 591	6 796	4,1134
0,83	405,0	2 536	1,7928	0,972	1 662	7 048	4,2556
0,84	430,7	2 638	1,8430	0,974	1 743	7 324	4,4140
0,85	458,9	2 749	1,8983	0,976	1 834	7 637	4,5919
0,86	490,3	2 870	1,9596	0,978	1 938	7 990	4,7937
0,863	500,0	2 925	1,9907	0,980	2 057	8 391	5,0252
0,87	525,3	3 006	2,0281	0,982	2 194	8 869	5,2943
0,88	564,6	3 156	2,1053	0,984	2 356	9 410	5,6126
0,89	609,6	3 325	2,1931	0,986	2 553	10 080	5,9971
0,90	661,1	3 517	2,2941	0,988	2 796	10 890	6,4744
0,902	671,2	3 559	2,3162	0,990	3 110	11 960	7,0888
0,904	684,1	3 601	2,3390	0,991	3 305	12 620	7,4703
0,906	695,0	3 646	2,3625	0,992	3 536	13 380	7,9215
0,908	708,3	3 693	2,3868	0,993	3 814	14 320	8,4664
0,910	721,3	3 740	2,4119	0,994	4 160	15 480	9,1424
0,912	734,5	3 788	2,4379	0,9950	4 604	16 980	10,0125
0,914	748,2	3 838	2,4647	0,9955	4 881	17 900	10,5528
0,916	762,4	3 891	2,4926	0,9960	5 206	18 990	11,1915
0,918	777,3	3 942	2,5215	0,9965	5 600	20 310	11,9628
0,92	792,5	3 990	2,5515	0,9970	6 090	21 950	12,9196
0,922	808,5	4 058	2,5827	0,9975	6 718	24 050	14,1510
0,924	825,0	4 118	2,6151	0,9980	7 571	26 900	15,8193
0,926	842,2	4 179	2,6488	0,9985	8 819	31 070	18,2643
0,928	860,0	4 244	2,6839	0,9990	10 900	38 080	22,3663
0,930	879,1	4 311	2,7206	0,9995	15 630	53 860	31,6268
0,932	898,5	4 381	2,7589				
0,934	918,9	4 454	2,7989	$0,9_4\cdots871$	10^5	$3,349\cdot10^5$	196,77
0,936	940,3	4 531	2,8409	$0,9_6\cdots870$	10^6	$3,33\cdot10^6$	1958,7
0,938	962,8	4 610	2,8848	$0,9_8\cdots870$	10^7	$3,33\cdot10^7$	19587

Die wichtigsten von diesen Maßen haben wir zum praktischen Gebrauch in einer sehr ausführlichen Tabelle 3 vereinigt[1]. Dort ist der Wert e/m_0

---

[1] Die dort tabellierten Werte wurden erhalten durch Umrechnung einer Tabelle von M. G. FOURNIER: J. Physique Chim. Bd. 6 (1925) S. 29, welche $e/m_0 = 1,769\cdot10^7$ zugrunde legt. Die Zahlenwerte für Elektronenvolt und $\mathfrak{H}\cdot\varrho$ sind entsprechend unserer Kenntnis des e/m-Werts (Kap. 4 § 2) nur auf etwa 2 $^0/_{00}$ genau angegeben.

$= 1{,}761 \cdot 10^7$ EME/g zugrunde gelegt. Die erste Spalte enthält die Lineargeschwindigkeiten im Verhältnis zur Lichtgeschwindigkeit. Die zweite Spalte enthält die entsprechenden Elektronenenergien in e-Volt. In der dritten Spalte stehen die entsprechenden $\mathfrak{H} \cdot \varrho$-Werte gemessen in Gauß/cm. In der letzten Spalte sind schließlich die Quotienten der bewegten Elektronenmasse zur Ruhemasse aufgeführt.

Kapitel 2.

Die Elektronenbahn in elektrischen und magnetischen Feldern; Geschwindigkeitsanalyse.

§ 1. Elektronenbahnen: a) im homogenen elektrischen Längs- und Querfeld (Parabelbahn), b) im elektrischen Zentralfeld (Hyperbel- und Kreisbahn), c) im homogenen Magnetfeld (Kreis- und Spiralbahn), d) bei gleichzeitiger Einwirkung elektrischer und magnetischer Felder (Zykloidenbahn, geradlinige Bahn in gekreuzten Querfeldern, Magnetronanordnung). Aus den im vorigen Kapitel behandelten Bewegungsgesetzen eines Elektrons im elektrischen und magnetischen Felde lassen sich seine Bahnkurven in den verschiedenartigsten Spezialfällen der elektro-magnetischen Feldanordnung berechnen. Wir wollen hier nur einige solche Fälle betrachten, welche praktische Wichtigkeit erlangt haben, sei es, um bei bekannten Feldern Geschwindigkeitsbestimmungen und Messungen der spezifischen Elektronenladung auszuführen, sei es, um bei bekannter spezifischer Elektronenladung und Geschwindigkeit eine Austastung unbekannter Felder vorzunehmen.

Wir betrachten zunächst das Elektron im homogenen elektrischen Felde. Ein Elektron kann hier so lange longitudinal gegen das Feld anlaufen, als die parallel zu den Kraftlinien dieses Feldes gerichtete Komponente seiner Geschwindigkeit ausreicht, um nach Kap. 1 Gl. (3) dieses Feld zu überwinden. Wirkt aber, wie in Abb. 17, auf das mit der Geschwindigkeit u bewegte Elektron A das homogene elektrische Feld $\mathfrak{E}$ transversal, so daß seine Kraftlinien senkrecht zur ursprünglichen Richtung der Anfangsgeschwindigkeit u_0 stehen, so bleibt diese Geschwindigkeit u_0 senkrecht zu den Kraftlinien konstant, und nur in Richtung der Kraftlinien tritt eine Beschleunigung auf. Das Elektron wird infolgedessen eine der Wurfbahn analoge Parabel durchlaufen. Daraus ergibt sich eine Ablenkungsstrecke

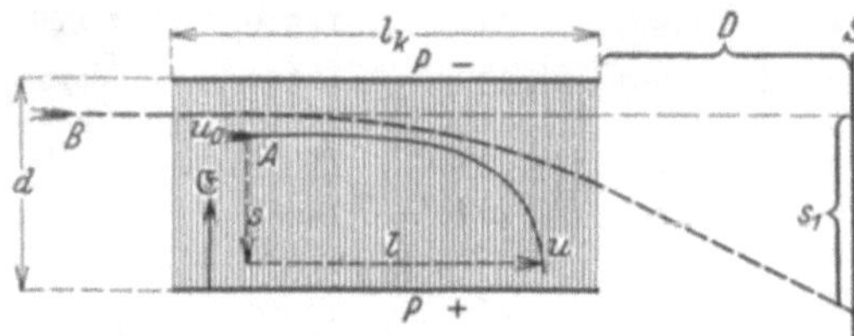

Abb. 17. Parabelbahn des Elektrons im homogenen elektrischen Felde.

$$s = \frac{1}{2}\, \dot{u}\, t^2 = \frac{e}{2m}\, \mathfrak{E}\, \frac{l^2}{u_0^2}, \tag{1}$$

wo die Beschleunigung $\dot{u}$ nach Gl. (2) von Kap. 1 und die Zeit t durch l/u_0, den Quotienten der Länge l des durchlaufenen Feldes und der Anfangsgeschwindigkeit u_0 eliminiert ist. Betrachtet man ferner ein Elektron B in Abb. 17, welches sich im homogenen räumlich begrenzten Querfeld von der Länge l_K bewegt, so ist die Ablenkungsstrecke s_1 dieses Elektrons in einem Abstand D vom Ende des elektrischen Feldes[1]

$$s_1 = \frac{e\,\mathfrak{E}}{m}\, \frac{l_K}{u_0^2}\left(D + \frac{l_K}{2}\right). \tag{2}$$

---

[1] Messungen am Querkondensator siehe S. 26.

Von praktischer Bedeutung ist ferner die Elektronenbahn im elektrischen Zentralfeld, nämlich einerseits bei der Behandlung des für die Gegenfeldmessung der Elektronengeschwindigkeit wichtigen Kugelkondensators, andererseits bei der Betrachtung des Durchgangs von Elektronen durch Atome, wo infolge der positiven Ladung des Atomkerns ein Zentralfeld existiert. Es soll hier nur ein COULOMBsches Feld betrachtet werden, dessen Kraft mit dem Quadrat der Entfernung abnimmt. Es läßt sich dann, wie durch Abb. 18 illustriert wird, folgendes zeigen[1]: Das Elektron beschreibt, aus dem Unendlichen kommend, einen Hyperbelzweig, in dessen innerem Brennpunkt das Anziehungszentrum liegt. Die Ladung des Anziehungszentrums sei Q. Der Zielabstand, d. h. der Abstand der Anfangsrichtung des Elektrons vom Zentrum, oder die Strecke, bis auf welche sich das Elektron dem Zentrum nähern würde, wenn es seine Anfangsrichtung beibehalten würde, sei p. Ferner sei die kleinste Annäherung der wirklichen Elektronenbahn an den Kern D, und der Ablenkungswinkel, d. h. der Winkel zwischen der ursprünglichen und der abgelenkten Richtung, sei ϑ. Bezeichnet man mit u_0 die Anfangsgeschwindigkeit des Elektrons, mit u_1 seine Geschwindigkeit in Kernnähe im Abstande D, so ist nach dem Flächensatze $p \cdot u_0 = D \cdot u_1$, und nach dem Energieprinzip $\dfrac{m\,u_0^2}{2} = \dfrac{m\,u_1^2}{2} - \dfrac{e\,Q}{D}$ wobei $-\dfrac{e\,Q}{D}$ die potentielle Energie im COULOMB-Felde des Kernes ist. Aus diesen einfachen Voraussetzungen läßt sich ableiten:

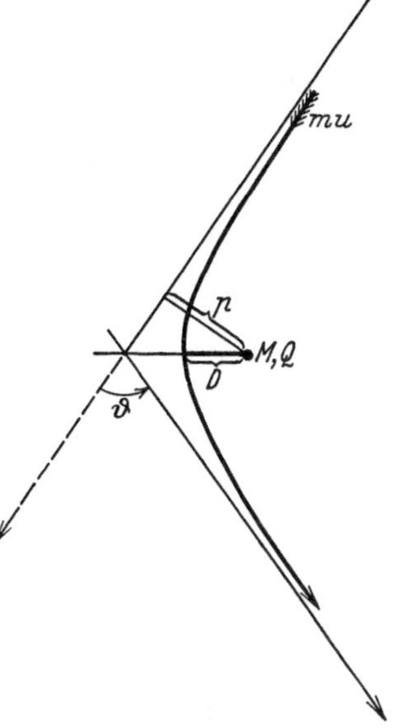

Abb. 18. Hyperbelbahn des Elektrons um ein festes Anziehungszentrum.

$$p = \frac{e\,Q}{m\,u_0^2} \cdot \operatorname{ctg}(\vartheta/2) \qquad (3)$$

$$D = \frac{e\,Q}{m\,u_0^2}\left(\frac{1}{\sin(\vartheta/2)} - 1\right). \qquad (4)$$

Es läßt sich also aus den bekannten Größen e, m, Q zu jedem meßbaren ϑ ein p und D berechnen. Die Geschwindigkeiten des Elektrons vor und nach dem „Stoß" sind gleich, solange das Elektron keine Energie auf das Anziehungszentrum übertragen kann, diese Voraussetzung ist nun aber für den Fall des Zusammenstoßes des Elektrons mit einem Atomkern immer erfüllt, da die Kernmasse M praktisch unendlich groß ist gegen die Elektronenmasse m.

Als ein Spezialfall soll hier noch das um ein festes positiv geladenes Zentrum kreisende Elektron betrachtet werden. Seine kinetische Energie ist

$$E_{\text{kin}} = \frac{m\,u^2}{2},$$

seine potentielle COULOMBsche Energie

$$E_{\text{pot}} = -\frac{e\,Q}{r}.$$

Da nun als Bedingung für die Beständigkeit des Systems ein Gleichgewicht zwischen der Anziehungskraft $\dfrac{e\,Q}{r^2}$ und der Fliehkraft $\dfrac{m\,u^2}{r}$ bestehen muß, so folgt daraus, daß während des Umlaufs die kinetische Energie des Elektrons

---

[1] RUTHERFORD, E.: Philos. Mag. Bd. 21 (1911) S. 669.

nur halb so groß ist wie seine potentielle, daß also die Voltgeschwindigkeit des umlaufenden Elektrons dem Betrage nach gleich groß ist wie seine in e-Volt gemessene Abreißarbeit W, d. h. die Arbeit, die aufgewandt werden muß, um das Elektron aus dem Anziehungsbereich des positiv geladenen Zentrums zu entfernen. Die Gesamtenergie E des Elektrons ergibt sich als Summe der kinetischen und potentiellen Energie, da beide mit entgegengesetztem Vorzeichen eingehen, gleich dem negativ genommenen Betrag der kinetischen Energie:

$$-E_{\text{pot}} = 2\,E_{\text{kin}} = 2\,W, \tag{5}$$

$$E = -E_{\text{kin}}. \tag{5a}$$

Dieser sehr wichtige Satz gilt, wie sich zeigen läßt[1], auch in sehr viel allgemeineren Fällen; nämlich bei beliebigen Bewegungsformen und COULOMBschen Zentralkräften ist der zeitliche Mittelwert der kinetischen Energie bis auf das Vorzeichen gleich der Hälfte des Mittelwerts der potentiellen Energie, wofern nur die Elektronengeschwindigkeit klein gegen die Lichtgeschwindigkeit c ist.

Im homogenen Magnetfeld[2] läuft ein senkrecht zur Kraftlinienrichtung bewegtes Elektron auf einer Kreisbahn, deren Radius durch die Gl. (10) bzw. (19) in Kap. 1 gegeben ist. Wir betrachten in Analogie zu den Verhältnissen der Abb. 17 die Strecke s_1, um welche der Elektronenstrahl durch das Magnetfeld $\mathfrak{H}$ auf einem, zum Strahlengang senkrecht aufgestellten Schirm abgelenkt wird. Befindet sich der Schirm im Abstande D vom Feldende, so ergibt sich bei der Feldlänge l aus Gl. (8) von Kap. 1 (für $s_1 \ll \varrho$):

$$s_1 = \frac{e}{m} \cdot \mathfrak{H} \cdot \frac{l}{u} \cdot \left(D + \frac{l}{2}\right). \tag{6}$$

Läuft das bewegte Elektron parallel zur magnetischen Kraftlinie, so bleibt seine Bahn geradlinig, weil keinerlei Kraftwirkung auf das Elektron ausgeübt wird. Aber schon ein kleiner Winkel α der Bewegungsrichtung gegen das Longitudinalfeld bewirkt eine Bewegung des Elektrons längs einer Schraubenlinie auf der Oberfläche eines Kreiszylinders, denn man kann sich die Geschwindigkeit des Elektrons in 2 zueinander senkrechte Komponenten zerlegt denken, nämlich in eine Längskomponente $u \cos \alpha$ und eine Querkomponente $u \sin \alpha$; erstere wird durch das Magnetfeld überhaupt nicht, letztere so beeinflußt, als ob die Längskomponente nicht vorhanden wäre. Die Projektion der Bahn auf eine zu $\mathfrak{H}$ senkrechte Ebene ist also ein Kreis, und die zum Durchlaufen des Kreises erforderliche Zeit t läßt sich berechnen zu

$$t = \frac{2\,\pi}{\mathfrak{H}} \cdot \frac{m}{e}, \tag{7}$$

sie ist also unabhängig von α, u und vom Radius ϱ des Kreises. Das heißt alle Elektronen, die gleichzeitig von einem Punkte P_1 ausgehen, müssen auch gleichzeitig wieder die durch diesen Ausgangspunkt laufende Kraftlinie erreichen. Der Punkt P_2, in welchem diese Kraftlinie wieder erreicht wird, ist aber je nach der Geschwindigkeit u und der Richtung (α) der einzelnen Elektronen verschieden:

$$P_1 P_2 = l = \frac{2\,\pi\,m}{\mathfrak{H}\,e} \cdot u \cos \alpha. \tag{8}$$

---

[1] Siehe z. B. bei A. SOMMERFELD: Atombau und Spektrallinien, S. 653. Braunschweig 1931.

[2] Ausgedehnte wirklich homogene Magnetfelder erzeugt man z. B. mit sog. „HELMHOLTZ-Spulen"; Näheres hierüber siehe bei P. LENARD u. A. BECKER in: WIEN-HARMS, Handbuch der Experimentalphysik Bd. 14 (1927) S. 397. — Allgemeines über die Feldverteilung in Spulen findet man bei A. SALB: Z. techn. Physik Bd. 4 (1923) S. 369.

Da sich nun cos α in der Nähe von $\alpha = 0$ nur wenig ändert, so werden alle nicht allzu stark divergierenden Elektronen, die mit gleicher Geschwindigkeit u durch einen Punkt P_1 hindurchfliegen, in einem davon um l entfernten Punkte P_2 wieder vereinigt[1].

Auch im inhomogenen longitudinalen Magnetfeld kann Wiedervereinigung divergenter Strahlen eintreten. Von besonderer praktischer Bedeutung ist es, daß sich eine kurze Spule in bezug auf Kathodenstrahlen wie eine Linse gegenüber Lichtstrahlen verhält, wir werden darauf im nächsten Paragraphen zurückkommen.

Ganz wesentlich wird die Betrachtung der Elektronenbahn kompliziert, wenn wir die gleichzeitige Einwirkung eines elektrischen und eines magnetischen Feldes ins Auge fassen[2]. Die Elektronen laufen hier im allgemeinen auf sehr unübersichtlichen Bahnen, welche nur in einigen Spezialfällen praktisches Interesse beanspruchen. In der Kombination eines longitudinalen elektrischen und eines transversalen magnetischen Feldes entstehen Zykloidenbahnen dadurch, daß die Elektronen vom elektrischen Feld dauernd eine konstante Beschleunigung erleiden, während ihre Bahnen vom Magnetfeld um so weniger herumgebogen werden, je mehr der Betrag ihrer Geschwindigkeit angewachsen ist. Während zunächst das Elektron immer schneller und schneller läuft, wird schließlich ein Punkt erreicht, wo seine Bahn umkehrt und gegen das elektrische Feld anläuft. In diesem Stadium wird das Elektron allmählich abgebremst, während infolgedessen die Wirkung des magnetischen Feldes zunimmt, so lange bis das Elektron stehen bleibt. Dann aber beginnt durch die elektrische Beschleunigung ein neues Anwachsen der Elektronengeschwindigkeit, und das ganze Spiel wiederholt sich von neuem.

In einem Spezialfall entartet die Zykloidenbahn zur geraden Linie. Wird nämlich ein Elektron von gegebener Geschwindigkeit in vollständig homogene senkrecht zueinander gerichtete elektrische und magnetische Felder senkrecht zur Richtung der beiden Kraftfelder hineingeschossen, so kann man bei geeigneter Wahl der Feldstärken erreichen, daß das Elektron unabgelenkt bleibt. Nach Kap. 1, Gl. (1) hebt sich die Wirkung des Feldes dann auf, wenn der Quotient von elektrischer (in EME. gemessen) und magnetischer Feldstärke (in Gauß gemessen) gleich der Elektronengeschwindigkeit (cm/sec) ist. Dieser Spezialfall, in dem also die Elektronenbahn geradlinig verläuft, hat in der „Methode der gekreuzten Querfelder" zur Messung von Elektronengeschwindigkeiten praktische Bedeutung gewonnen.

Ein anderer Spezialfall der gleichzeitigen Einwirkung elektrischer und magnetischer Felder hat einerseits für Geschwindigkeitsbestimmungen, andererseits bei einer gewissen Type von Verstärkerröhren, dem „Magnetron", einiges Interesse erlangt: Die Elektronen werden in einem logarithmischen elektrischen Felde, welches sich bei einer elektrischen Potentialdifferenz zwischen der Achse und dem Mantel eines Kreiszylinders zwischen diesen ausbildet, von der Achse nach außen hin beschleunigt. Diesem elektrischen Feld ist ein homogenes parallel zur Zylinderachse gerichtetes Magnetfeld überlagert[3]. Die Elektronen, welche ohne Magnetfeld radial nach außen laufen würden,

---

[1] Busch, H.: Arch. Elektrotechn. Bd. 18 (1927) S. 583. — Eine Konzentration von Kathodenstrahlen durch magnetische longitudinale Felder wurde schon bei W. Hittorf: Pogg. Ann. Bd. 136 (1869) S. 1 u. 197, und von E. Wiechert: Wied. Ann. Physik Bd. 69 (1899) S. 739, beschrieben.

[2] Allgemeine Behandlung siehe z. B. bei G. A. Schott: Electromagnetic radiation, Cambridge University Press 1912.

[3] Hull, A. W.: Physic. Rev. Bd. 18 (1921) S. 31.

werden durch das Magnetfeld, wie in Abb. 19 gezeichnet, abgelenkt, erreichen einen größten Abstand r_{max} von der Achse und kehren zur Achse zurück. Bezeichnen wir den Radiusvektor (Zylinderachse—Elektronenort) mit r, so ist der Drehimpuls des Elektrons $m \cdot r \cdot u_\vartheta$, wo u_ϑ seine Tangentialgeschwindigkeit bedeutet. Daraus kann abgeleitet werden[1]

$$u_\vartheta = \frac{e}{2\,m}\,\mathfrak{H}\,r. \tag{9}$$

Nehmen wir an, daß in der Zylinderachse, wo das Elektron mit der Geschwindigkeit Null startet, das Potential Null herrschen möge, und im Abstande r das Potential V ist, so ist der größtmögliche Abstand r_{max} des Elektrons von der Zylinderachse gegeben durch die sog. HULLsche Gleichung:

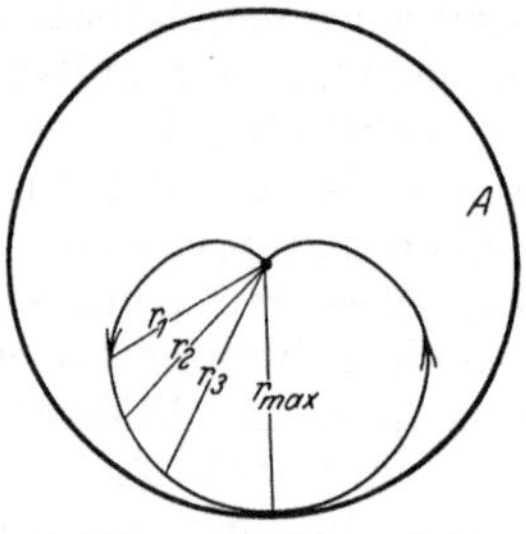

$$\mathfrak{H}\,r_{max} = \sqrt{\frac{8\,m}{e}\,V} \tag{10}$$

bzw. wenn wir V in Volt messen:

$$r_{max} = \frac{6{,}72}{\mathfrak{H}_{Gauß}} \cdot \sqrt{V_{Volt}}.$$

Abb. 19. Elektronenbahn im Magnetron.

§ 2. Geometrische Elektronenstrahloptik. Lochcameraabbildung. Elektrische Linse. Magnetische Linse. Elektronenstrahlmikroskop.

Nachdem wir bisher die Bahnen einzelner Elektronen in elektrischen und magnetischen Feldern studiert haben, wollen wir jetzt die Ausbreitung ganzer Strahlenbündel betrachten und in diesem Zusammenhang die Anschauungen der optischen Abbildung — wie wir sie von der geometrischen Lichtstrahlenoptik her gewohnt sind — auf das Gebiet der Kathodenstrahlen übertragen. Im einfachsten Fall stellen wir einem „Objekt", d. h. einer Elektronenquelle — also z. B. einer emittierenden Fläche oder irgendeinem beliebig geformten, von Elektronen durchflogenen Diaphragma — eine Lochblende gegenüber. Hinter der Lochblende bringen wir etwa eine photographische Platte an, auf welche die Elektronen hinfliegen. Die Experimente zeigen nun, daß auf der Platte ein Bild des Objekts entsteht, welches die charakteristischen Merkmale der Lochcameraabbildung aufweist, nämlich mit abnehmendem Lochdurchmesser zunehmende Schärfe und abnehmende Helligkeit[2].

In sehr schöner Weise lassen sich die Elektronenstrahlbilder durch geeignete elektrische Felder erzeugen. Hierzu muß man — indem man geladenen Elektroden geeignete Formen gibt — einen solchen Feldverlauf zu erreichen suchen, daß jedem Elektron während seines Laufs durchs Kraftfeld ein dem Achsenabstand proportionaler radialer Impuls erteilt wird. Wirken die Kräfte auf die Achse hin, so hat man eine „Sammellinse", wirken sie von der Achse weg, so hat man eine „Zerstreuungslinse". Experimentell einfache aber nicht im Sinne einer guten Optik wirkende elektrische Linsen erhält man durch koaxial zum Elektronenstrahl angebrachte aufgeladene Lochblenden[3]. Besser ist ein aus zwei konzentrischen Kugeln bestehender Kondensator, wie er etwa in Abb. 20 abgebildet ist[4]. Die Achse des Elektronenbündels B läuft dort durch den gemeinsamen Kugelmittelpunkt. Beide Kugeln tragen eine relativ weite Durchbohrung für den Durchtritt des Bündels. Zur Erhaltung des kugelsymmetrischen Feld-

[1] Siehe z. B. K. COLE: Physic. Rev. Bd. 28 (1926) S. 780.
[2] KNOLL, M., u. E. RUSKA: Ann. Physik Bd. 12 (1932) S. 607 u. 641; Z. Physik Bd. 78 (1932) S. 318.
[3] DAVISSON, C. J., u. C. J. CALBICK: Physic. Rev. Bd. 38 (1931) S. 585.
[4] KNOLL u. RUSKA: a. a. O.

verlaufs ist die Ein- und Austrittsöffnung des Strahls an der inneren Kugel mit feinem Drahtnetz überspannt. Die elektrische Sammellinse liefert Bilder, welche gegen das Objekt um 180° verdreht sind. Mit dem in Abb. 20 abgebildeten Kondensator (Kugeldurchmesser 1,5 und 6 cm) erhält man beispielsweise eine Linse von rund 15 cm Brennweite, wenn die an die Kugeln angelegte Potentialdifferenz rund $^1/_{10}$ der benützten Elektronenvoltgeschwindigkeit beträgt. Die Abbildung durch solche Kugelkondensatorlinsen ist leider dadurch beeinträchtigt, daß durch die Inhomogenitäten der abbildenden elektrischen Felder in der Nähe der Netzdrähte Bildfeinheiten verlorengehen können.

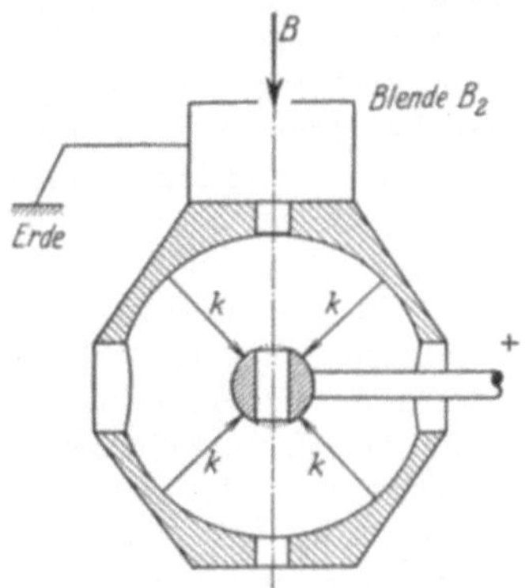

Abb. 20. Querschnitt durch die elektrische Linse (Kugelkondensator). Nach KNOLL und RUSKA.

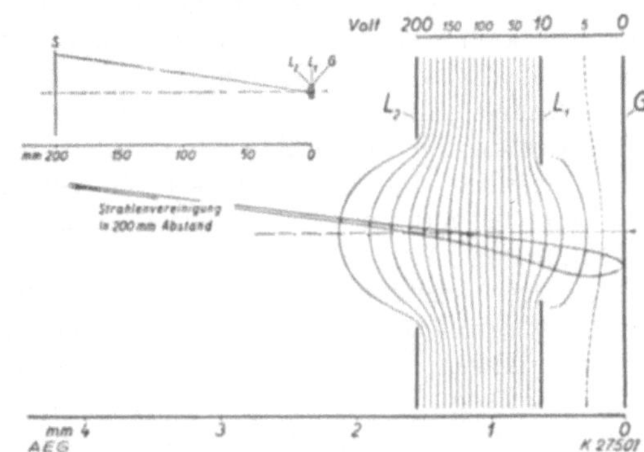

Abb. 21. Elektrisches Linsensystem. Nach BRÜCHE und JOHANNSON.

Mit sehr gutem Erfolg hat man als „elektrisches Linsensystem" zur Abbildung einer ebenen Fläche die Kombination von zwei geeigneten, elektrisch aufgeladenen Lochblenden angewandt[1]. In Abb. 21 ist das Potentialfeld zweier solcher Lochblenden, durch welche die Elektronen stufenweise beschleunigt werden, und der Verlauf der Elektronenstrahlen aufgezeichnet: Die geerdete Kathodenfläche G sitzt dort etwa $^1/_2$ mm vor der ersten auf etwa 10 Volt aufgeladenen Lochblende L_1. Etwa 1 mm hinter L_1 sitzt eine zweite Lochblende L_2 mit einem etwas größeren Durchmesser, sie ist auf rund 200 Volt aufgeladen. Das durch die beiden Blenden erzeugte elektrische Feld übt zunächst eine Sammelwirkung, dann eine geringe Zerstreuungswirkung auf die Elektronenstrahlen aus. In 20 cm Abstand vor den Lochblenden findet eine Strahlenvereinigung auf dem Fluoreszenzschirm S statt. Bei 200—800 e-Volt Elektronenendgeschwindigkeit können mit dem in Abb. 21 skizzierten Linsensystem vorzügliche Abbildungen in mehr als 100 facher Vergrößerung erzielt werden. Wir werden später in Kap. 8 bei der Behandlung der Glühemission von dieser Abbildungsmethode Gebrauch machen und dort — in Abb. 64 — eine durch die Elektronenlinse erhaltene Abbildung einer Oxydkathode zeigen.

Bei größeren Elektronengeschwindigkeiten liefert die sog. „magnetische Linse" besonders lichtstarke und scharfe Abbildungen. Als magnetische Linsen benutzt man stromdurchflossene Spulen, deren Höhe von der Breite des Wicklungsquerschnitts nicht stark abweicht. Die Brennweite einer solchen magnetischen Linse berechnet man aus Gl. (8) zu[2]:

$$f = 4 \frac{u^2}{\left(\dfrac{e}{m_0}\right)^2 \cdot \int \mathfrak{H}^2(x)\, dx}. \tag{11}$$

[1] BRÜCHE, E., u. H. JOHANNSEN: Naturwiss. Bd. 20 (1932) S. 353.
[2] BUSCH, H.: Arch. Elektrotechn. Bd. 18 (1927) S. 583. — Relativistische Korrektion siehe bei F. OLLENDORF u. G. WENDT: Z. Physik Bd. 76 (1932) S. 655.

Für praktische Zwecke ist es wichtig, die Zahl der für die Spulen notwendigen Amperewindungen ungefähr angeben zu können. Diese ergibt sich zu:

$$AW \approx 250 \sqrt{\frac{KV \cdot d}{f}} \tag{12}$$

wo f die gewünschte Brennweite, KV die verwendete Elektronengeschwindigkeit gemessen in e-Kilovolt und d den mittleren Spulendurchmesser bedeutet. Zur Konzentrierung von einigen e-KV schnellen Elektronen braucht man also praktisch eine kurze Spule von der Größenordnung 1000 Amperewindungen. Durch Steigern des Spulenstroms läßt sich die Brennweite beliebig verkürzen. Die Abbildungsfehler einer solchen magnetischen Linse durch sphärische Aberration sind ungefähr ebenso klein wie bei einer optischen Glaslinse, sie sind also für achsennahe Strahlen zu vernachlässigen. Als chromatische Aberration könnte man hier Abbildungsfehler bezeichnen, welche durch Inhomogenität der Elektronengeschwindigkeit erzeugt werden. Auch diese Fehler lassen sich bei genügender Homogenität des Elektronenstrahls vermeiden.

Von besonderer Wichtigkeit ist nun die Kombination von zwei Elektronenstrahllinsen. Versuche zeigen, daß auch in zusammengesetzten Systemen Bilder nach den Gesetzen der geometrischen Optik erhalten werden. Um Objekte in stark vergrößertem Maßstab abzubilden, benutzt man eine Anordnung von zwei Sammellinsen, zwischen welchen ein Zwischenbild entworfen wird, und hat dann ein sog. „Elektronenstrahlmikroskop"[1] vor sich. Für starke Vergrößerung muß die dem Objekt zunächstliegende Linse sehr nahe an dieses herangebracht werden. Das ist besonders leicht möglich bei elektrischen Linsen, da in deren Umgebung keine Feldstörungen auftreten. Will man magnetische Linsen benützen, so muß man die Spule vollständig in einen Eisenmantel einschließen, dessen Innenzylinder nur auf ein kurzes Stück durch einen ringförmigen Spalt unterbrochen wird[2]. Man erhält so eine gute Abschirmung der magnetischen Felder außerhalb der Spule. Die Elektronenstrahlmikroskope stehen noch ganz am Anfang ihrer Entwicklung, und man hat experimentell bisher nur einwandfreie Bilder mit relativ geringer Vergrößerung erreicht. Als eine vielleicht etwas übertriebene Möglichkeit sei angeführt, daß ein Elektronenstrahlmikroskop von etwa 1 m Strahllänge bei etwa dreistufiger Vergrößerung mit jedesmal 2 cm Objektweite und 30 cm Bildweite eine Endvergrößerung von $\left(\frac{30}{2}\right)^3 = 3375$ ergeben könnte. Die Bedeutung, welche ein solches Instrument z. B. für die unmittelbare Beobachtung von Emissionsvorgängen an einer Kathode oder für die Analyse von Raumladungsfeldern oder viele andere Probleme gewinnen könnte, liegt auf der Hand.

§ 3. Geschwindigkeitsanalyse: a) Gegenfeldmethode, b) Magnetische Ablenkungsmethode, c) Fokussierende Halbkreise, d) Magnetische Analyse zwischen koaxialen Flachzylindern, e) Methoden elektrischer Ablenkung; elektrische fokussierende Methode, f) Methode schwingender Sperrfelder, g) Weitere Methoden der Geschwindigkeitsmessung (Beugung, Streuabsorption, Reichweite). Bei gegebener Anordnung der elektrischen und der magnetischen Felder und bei gegebener Anfangsrichtung der Elektronen hängt die Elektronenbahn nur von der Anfangsgeschwindigkeit ab. Schießen wir also einen Strahl von Elektronen verschiedener Geschwindigkeit in eine gegebene Feldanordnung hinein, so wird jede Geschwindigkeit ihre eigene spezielle Bahn durchlaufen. Durch eine Anordnung von Blenden oder Auffängern wird es möglich sein, eine gewünschte

---

[1] KNOLL u. RUSKA: a. a. O. — BRÜCHE, E.: Naturwiss. Bd. 20 (1932) S. 49.
[2] GABOR, D.: Forsch. Hefte Stud.-Ges. Höchstspann. 1927 H. 1.

Elektronengeschwindigkeit auszusondern. Ferner gelingt es, durch Verschiebung der Blenden oder durch Variation der Felder sukzessive verschiedene Geschwindigkeiten hindurchzulassen und so die Analyse einer ursprünglichen Geschwindigkeitsverteilung am Elektronenstrahl vorzunehmen. Es sei hier eine Übersicht über die gebräuchlichsten Methoden gegeben.

Für die Messung kleinster Geschwindigkeiten kommt in erster Linie die Gegenfeldmethode in Betracht, bei welcher die Elektronen gegen ein elektrisches Feld anlaufen; man unterscheidet je nach der Art des Feldes verschiedene Ausführungsformen der Gegenfeldmethode. In der Anordnung von Abb. 22 z. B. liegt ein Zentralfeld vor. Hier gehen die Elektronen von einer sehr kleinen Elektrode K aus und laufen gegen ein elektrisches Feld an, welches durch das negative Potential einer im Verhältnis zu K sehr großen kugelförmigen Auffangeselektrode A gegeben ist. In einer anderen Ausführungsform, Abb. 23, liegt ein homogenes elektrisches Feld vor. Die Elektronen starten von der großen ebenen Elektrode K und laufen gegen die hierzu parallele, negativ geladene ebene

Abb. 22. Zentral-Gegenfeld-Methode.

Auffangeelektrode A an. Im Falle des Zentralfeldes kommen alle von K startenden Elektronen zum Auffänger A, deren anfängliche Voltgeschwindigkeit gleich oder größer ist als die zwischen K und A liegende Potentialdifferenz. Hierbei ist jedoch immer vorausgesetzt, daß die Kathode im Vergleich zur Anodenkugel als punktförmig angesehen werden kann. Wenn nun aber die Kathodendimensionen merklich groß sind, so werden von der Kathode auch Elektronen mit merklich großen Tangentialgeschwindigkeiten starten. Solche Elektronen werden möglicherweise nicht zur Anode gelangen, sondern auf einer Keplerbahn zur Kathode zurückfliegen, selbst wenn ihre kinetische Energie im Falle nur radial gerichteter Geschwindigkeit ohne weiteres ausreichen könnte, um die Potentialdifferenz zwischen K und A zu überwinden. Benutzt man ferner die Zentralfeldanordnung — im Gegensatz zu unserer Abb. 22 — in der Weise, daß die Zentralelektrode K als Anode, und die Kugel A als Kathode dient, von welcher die Elektronen starten, so werden je nach der Ausdehnung der Zentralelektrode alle Elektronen, deren Tangentialgeschwindigkeit relativ zur Radialgeschwindigkeit einen gewissen Betrag über-

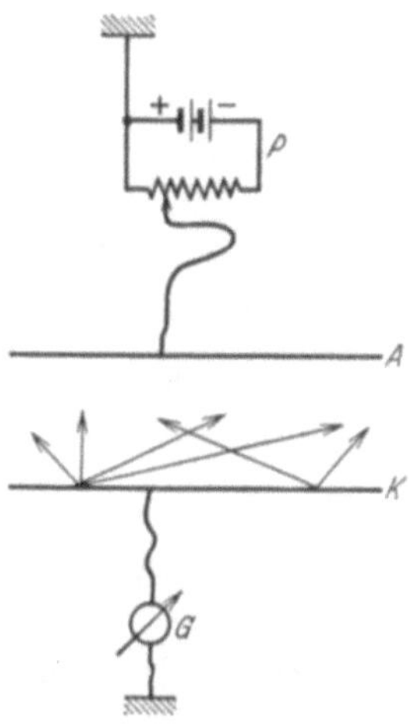

Abb. 23. Homogen-Gegenfeld-Methode.

steigt, an K vorbeischießen und nach A zurückgelangen[1]. Im Falle des Homogenfeldes erreichen nur solche Elektronen den Auffänger, bei denen die Normalkomponente ($\perp$ zur Oberfläche der Elektroden, $\parallel$ zum elektrischen Feld) der anfänglichen Voltgeschwindigkeit die besagte Potentialdifferenz überschreitet. In allen Fällen erhält man sog. „Gegenspannungskurven", wenn man die von K über das Galvanometer G abfließenden Ströme als Funktion der an A mittels einer Potentiometeranordnung P angelegten Gegenspannung aufträgt.

---

[1] Diskussion der Gegenfeldkurven bei H. E. Ives u. C. T. Fry: Astrophys. J. Bd. 56 (1922) S. 1 (Zentralanode). — P. Lukirsky: Z. Physik. Bd. 22 (1924) S. 355 (Zentralkathode).

Durch Differenzieren der Gegenspannungskurven erhält man die Geschwindigkeitsverteilungskurven der von K ausgehenden Elektronen[1].

Auf direktem Wege erhält man die Geschwindigkeitsverteilungskurve durch magnetische Geschwindigkeitsanalyse, wie in Abb. 24. Die von der Elektrode K ausgehenden Elektronen werden durch ein senkrecht zur Zeichenebene verlaufendes Magnetfeld auf Kreisbahnen gezwungen, mittels der Blenden B_1, $B_2 \ldots B_5$ wird eine bestimmte Kreisbahn ausgesondert. Die sich in ihr bewegenden Elektronen werden schließlich im Auffänger A gesammelt. Die in A als Funktion der magnetischen Feldstärke erhaltenen Ströme ergeben die Geschwindigkeitsverteilung[2].

Für die magnetische Analyse größerer Geschwindigkeiten benutzt man am besten die fokussierende Methode. Abb. 25 gibt den Querschnitt durch eine solche Anordnung. Die Elektronen gehen von K aus und laufen, durch ein möglichst homogenes senkrecht zur Zeichenebene gerichtetes Magnetfeld abgelenkt, auf Kreisbahnen durch die Blende B bis zum Punkt A. Der Mittelpunkt von B und die Punkte A und K bilden ein rechtwinkliges Dreieck, infolgedessen sind die Elektronenbahnen von K bis A nahezu Halbkreise. Auf der fokussierenden Eigenschaft der Halbkreise beruht nun der große Vorzug dieser Methode: Die Blende B kann, wie aus der Abbildung ersichtlich ist, relativ sehr weit gemacht werden, und trotzdem bleibt bei genügend kleinen Dimensionen von K die Schärfe des Auftreffpunktes A erhalten; die bei K divergierenden Bahnen konvergieren wieder nach A. Man verwendet hier meist als Indikator für die Elektronen eine photographische Platte P—P, welche in der einen Kathete des erwähnten rechtwinkligen Dreiecks liegen muß. Bei linienförmiger, senkrecht zur Zeichenebene angeordneter Elektronenquelle K findet man für jede Elektronengeschwindigkeit auf der Platte eine Linie[3] wieder. Hier sind beispielsweise die Auftreffpunkte A und A' zweier Elektronengeschwindigkeiten gezeichnet. Jede Elektronengeschwindigkeit berechnet sich aus $\mathfrak{H}\varrho$ (Tabelle 3), wo

$$2\varrho = \sqrt{\overline{BK}^2 + \overline{AB}^2}. \tag{13}$$

Um eine möglichst große Auflösung in bezug auf die Elektronengeschwindigkeiten zu erhalten, muß man offenbar ϱ möglichst groß wählen. In einem Extremfalle

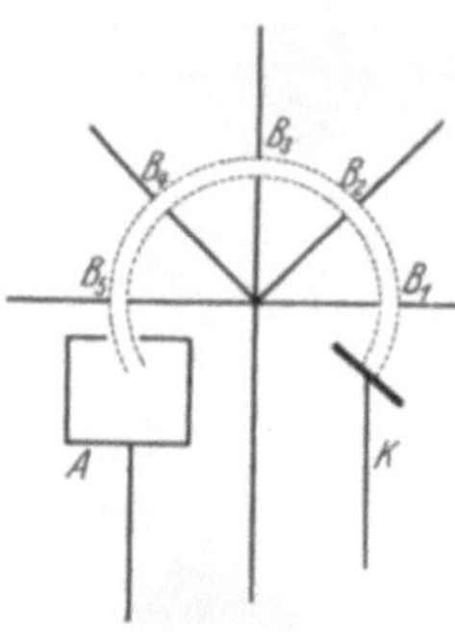

Abb. 24. Magnetische Geschwindigkeitsanalyse langsamer Elektronen.

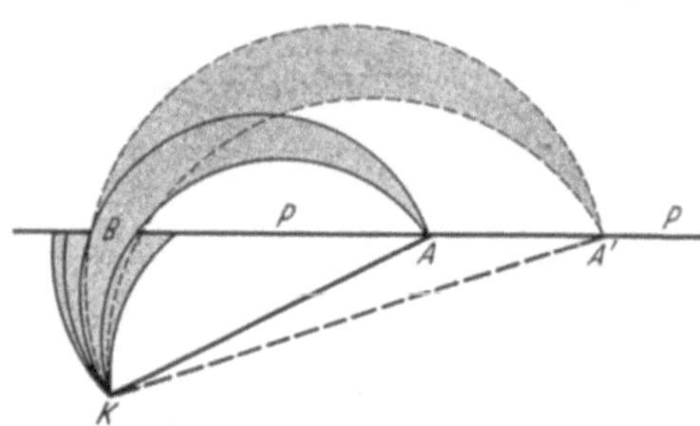

Abb. 25. Magnetische fokussierende Methode.

---

[1] Diskussion der Hauptfehlerquellen bei der Gegenfeldmethode (Elektronenreflexion usw.) siehe bei E. LADENBURG u. K. MARKAU: Verh. dtsch. physik. Ges. Bd. 10 (1908) S. 562. — Vgl. auch H. SKINNER u. S. H. PIPER: Philos. Mag. Bd. 7 (1929) S. 313.

[2] Diskussion geometrischer Einflüsse (Blendenweite und -höhe) siehe bei C. RAMSAUER: Heidelberger Akademie A. 1914 S. 19. — Untersuchungen über den Einfluß der Elektronenreflexion auf die Resultate siehe bei O. KLEMPERER: Z. Physik Bd. 16 (1923) S. 280.

[3] Diskussion des Abbildungsastigmatismus als Funktion der endlichen Ausdehnung von Blenden und von der Strahlenquelle siehe bei W. A. WOOSTER: Proc. Roy. Soc. Lond. Bd. 114 (1927) S. 729. — Diskussion des Einflusses der Inhomogenität des Magnetfeldes siehe bei D. R. HARTREE: Proc. Cambr. Soc. Bd. 21 (1923) S. 746.

gelang es bei einer Elektronengeschwindigkeit von 15 e-KV mit $\varrho = 13$ cm eine Dispersion von 1 Millimeter pro 150 e-Volt zu erreichen. Bei 45 e-KV wurde mit demselben $\varrho = 13$ cm eine Dispersion von 1 mm pro 600 e-Volt erhalten[1]. Die Linienbreite, die einer homogenen Geschwindigkeit zukommt, läßt sich ohne weiteres unter $^1/_{10}$ mm herabdrücken.

Außer den transversalen werden auch die longitudinalen Magnetfelder neuerdings in der Technik der Geschwindigkeitsanalyse verwendet. Abb. 26 zeigt das Schema einer hierzu üblichen Anordnung: Die Elektronen gehen divergent von K aus, passieren die Blende B und werden bei geeigneter Größe des Feldes $\mathfrak{H}$ (die Richtung von $\mathfrak{H}$ ist in der Abbildung durch Pfeile markiert) wieder in der Blende B_2 konzentriert [Gl. (8)], so daß sie diese passieren und zum Auffänger A gelangen können. Der Winkelbereich, in welchem die Elektronen divergieren, wird dabei durch den Ring RR begrenzt, während die exakt par-

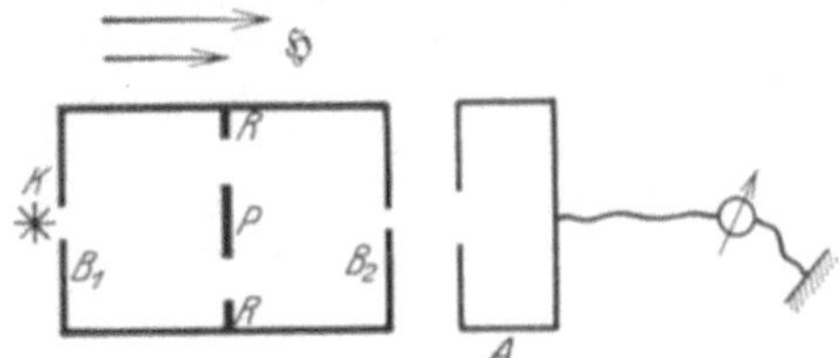

Abb. 26. Geschwindigkeitsanalyse im longitudinalen Magnetfeld.

allel zu $\mathfrak{H}$ fliegenden Elektronen, die also nicht der monochromatisierenden Wirkung des Magnetfeldes unterworfen sind, durch die Platte P abgeblendet werden. Die als Funktion von $\mathfrak{H}$ nach A gelangende Elektronenmenge stellt direkt die Geschwindigkeitsverteilung dar[2].

In allen Fällen, wo die bisher genannten magnetischen Methoden aus Intensitätsmangel versagen, und wo auf großes Auflösungsvermögen kein Wert gelegt wird, empfiehlt sich als ein Notbehelf die Anordnung der Abb. 27[3]: Die Elektronen starten von einem engen Zylinder K und können von einem zu diesem koaxial angeordneten weiten Zylinder A aufgefangen werden. Ein zur Zylinderachse parallel laufendes Magnetfeld $\mathfrak{H}$ zwingt die Elektronen auf Kreisbahnen, so daß alle Elektronen zum Auffänger A gelangen, deren Bahndurchmesser d_2 größer als die Summe der Zylinderradien ist, während alle Bahnen, deren Durchmesser d_1 kleiner als die Differenz der Zylinderradien ist, wieder nach K zurückgebogen werden. Eine gewisse Unschärfe der Auflö-

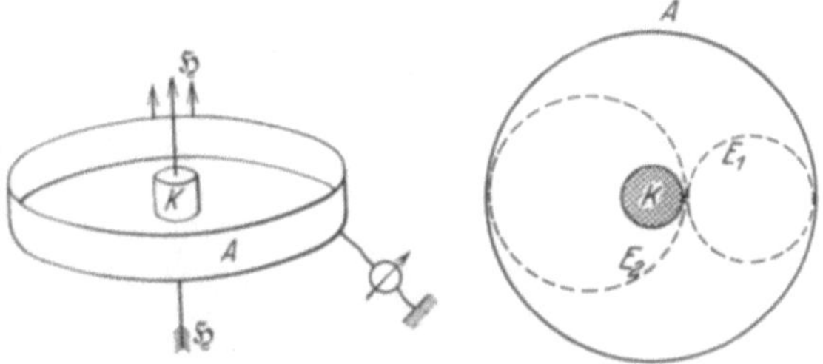

Abb. 27. Magnetische Geschwindigkeitsanalyse zwischen flachen koaxialen Zylindern.

sung wird durch die Bahnen bedingt, deren Durchmesser zwischen den beiden genannten d_1 und d_2 liegt; diese erreichen je nach ihrer Anfangsrichtung nur zum Teil den Auffänger. Man hat also, soweit das die Intensitätsverhältnisse zulassen, den Radius von K möglichst klein im Verhältnis zum Radius von A zu wählen, ferner wird man, um Spiralbahnen der Elektronen zu vermeiden, die Höhe der Zylinder möglichst herabsetzen.

---

[1] BROGLIE, M. DE: C. R. Acad. Sci., Paris Bd. 174 (1922) S. 939.

[2] RUSCH, M.: Ann. Physik Bd. 80 (1926) S. 707 (kleinste Geschwindigkeiten). — WOLF, F.: Ebenda Bd. 83 (1927) S. 849 (mittlere Geschwindigkeiten). — TRICKER, R. A.: Proc. Cambr. Phil. Soc. Bd. 22 (1924) S. 454; Proc. Roy. Soc., Lond. Bd. 109 (1925) S. 384 (größte Geschwindigkeiten).

[3] PASCHEN, P.: Ann. Physik Bd. 14 (1904) S. 389. — RUDBERG, E.: Proc. Roy. Soc., Lond. Bd. 120 (1928) S. 385.

Überlagert man dem Magnetfeld der eben besprochenen Anordnung, Abb. 27, noch ein elektrisches Feld durch Anlegen eines negativen Potentials an K, so erhält man daraus die bereits erwähnte Magnetronanordnung, welche entsprechend Gl. (10) zur Geschwindigkeitsanalyse verwendet werden kann.

An Stelle der magnetischen Ablenkung verwendet man immer dort, wo Störungen durch Streufelder verhängnisvoll werden können, die elektrische Ablenkung, da sich elektrische Felder räumlich viel besser begrenzen lassen. Als eine rohe, zur Analyse größerer Elektronengeschwindigkeiten benutzte Methode sei zunächst die Ablenkung im transversalen Sperrfeld erwähnt. Man benutzt, wie in Abb. 17, zur Erzeugung des Querfeldes $\mathfrak{E}$ einen ebenen Plattenkondensator, an dessen im Abstande d aufgestellten Platten PP die Potentialdifferenz V_K Volt angelegt ist. Es werden dann von allen Elektronen, die senkrecht zu $\mathfrak{E}$ in die Mittelebene des l_K cm langen Kondensators eintreten, nur solche den Kondensator passieren können, deren e-Voltgeschwindigkeit

$$V = V_K \frac{l_K^2}{2\,d^2},\tag{14}$$

während allen langsameren Elektronen der Durchgang gesperrt ist, da sie auf die eine Platte heraufgezogen werden[1]. Man erhält also das Integral einer Geschwindigkeitsverteilung.

Sehr viel präzisere Aussagen über die Elektronengeschwindigkeit erhält man bei Verwendung des Querfeldes im Sinne von Gl. (2), indem man die Ablenkungsstrecke s_1 auf der senkrecht zur Strahlrichtung aufgestellten photographischen Platte S ausmißt. Eine gewisse Schwierigkeit bildet bei den beiden zuletzt besprochenen Methoden die Berücksichtigung der Feldverzerrung am Rande der Kondensatorplatten, welche bei allen Absolutmessungen notwendig wird[2].

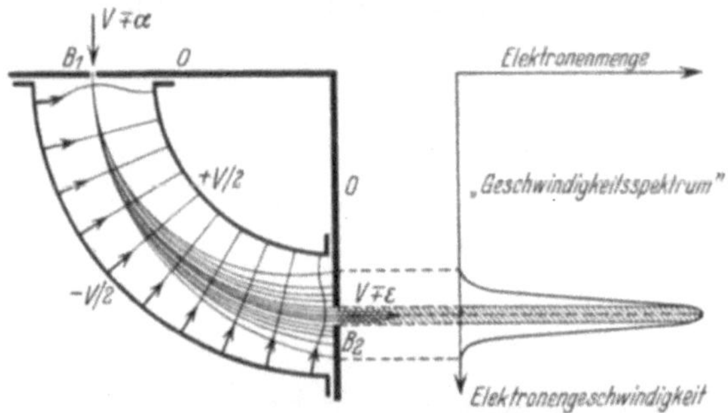

Abb. 28. Elektrostatische Homogenisierung. Nach LÖHNER.

Zur Homogenisierung langsamer Elektronen sehr geeignet ist die in Abb. 28 gezeichnete elektrostatische Ablenkung im Zylinderkondensator[3]. Hier treten die Elektronen vom Geschwindigkeitsbereich $V \pm \alpha$ durch die schmale Blende B_1 in den Zylinderkondensator, wo sie durch das Zentralfeld zwischen den beiden Zylindern abgelenkt werden und einen Bogen von 90^0 durchlaufen. Aus dem Geschwindigkeitsspektrum wird durch die Blende B_2 ein schmaler Bereich $V \pm \varepsilon$ ausgesondert (ε etwa $= V/10$).

Für Geschwindigkeitsmessungen eignet sich besonders wegen ihrer guten Intensitätsausnutzung eine elektrostatische fokussierende Methode. Es läßt sich rechnerisch[4] und experimentell[5] zeigen, daß der elektrostatische Zylinderkonden-

---

[1] Vgl. z. B. O. KLEMPERER: Ann. Physik Bd. 3 (1929) S. 849.

[2] Siehe z. B. W. KAUFMANN: Ann. Physik. Bd. 19 (1906) S. 487. — A. BUCHERER: Ebenda Bd. 28 (1909) S. 522.

[3] LÖHNER, H.: Ann. Physik Bd. 6 (1930) S. 66.

[4] HUGHES, A. L., u. V. ROJANSKI: Physic. Rev. Bd. 34 (1929) S. 284.

[5] HUGHES, A. L., u. J. MACMILLEN: Physic. Rev. Bd. 34 (1929) S. 291. — Siehe auch E. RUDBERG: Proc. Roy. Soc., Lond. Bd. 129 (1930) S. 628. — H. VOGES: Z. Physik Bd. 76 (1932) S. 390.

sator für die Elektronen die günstigsten fokussierenden Eigenschaften besitzt, wenn er einen Bogen von $\dfrac{\pi}{\sqrt{2}} = 127^0$ umfaßt. In Abb. 29 ist eine solche fokussierende Abordnung gezeichnet: Elektronen, welche bis zu 12^0 divergent in den schmalen Spalt S_1 eintreten, werden alle wieder auf den zweiten Spalt vereinigt.

Die Potentialdifferenz V_K, welche an die Zylinderplatten angelegt werden muß, um die Elektronen der Voltgeschwindigkeit V_0 durchtreten zu lassen, berechnet sich zu

$$V_K = 2\,V_0 \ln \frac{r_2}{r_1}, \qquad (15)$$

wo r_2 den Krümmungsradius des äußeren, r_1 den des inneren Kondensatorzylinders bedeutet. Beispielsweise war bei $r_2 = 60$, $r_1 = 50$ mm und den Schlitzbreiten $S_1 = 0{,}3$, $S_2 = 1{,}0$ mm und bei 10 mm Schlitzlänge: $V_K = 0{,}365\,V_0$; und das Auflösungsvermögen war hier

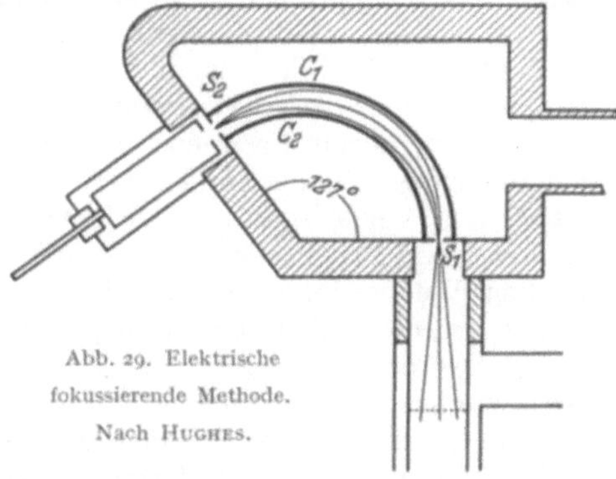

Abb. 29. Elektrische fokussierende Methode. Nach HUGHES.

bei dadurch gekennzeichnet, daß der Apparat einen 99,1 e-Voltstrahl von einem 100,7 e-Voltstrahl gerade noch trennen konnte.

Alle bisher referierten experimentellen Methoden setzen zur Ermittlung einer absoluten Elektronengeschwindigkeit eine Kenntnis der Bewegungsgesetze des Elektrons voraus. Unabhängig von allen elektronentheoretischen Voraussetzungen ist allein die jetzt noch zu besprechende Methode der Geschwindigkeitsmessung mit Hilfe schwingender Sperrfelder. Hier wird, wie in Abb. 30 gezeigt ist[1], ein Elektronenstrahl El, dessen homogene Geschwindigkeit u_0 zu bestimmen ist, durch die Blende B_1 in das hochfrequente elektrische Wechselfeld des Kondensators K_1 hineingeschossen. Der Strahl wird infolgedessen sehr rasch nach oben und unten abgelenkt. Durch die Blende B_2 wird aus dem breiten Fächer der abgelenkten Strahlen der unabgelenkte Strahl ausgeblendet, welcher nach jeder halben Periode — immer, wenn das Wechselfeld von K_1 gerade den Nullwert erreicht — durch B_2 als kurzer Stromstoß hindurchgeht. Diese Strom

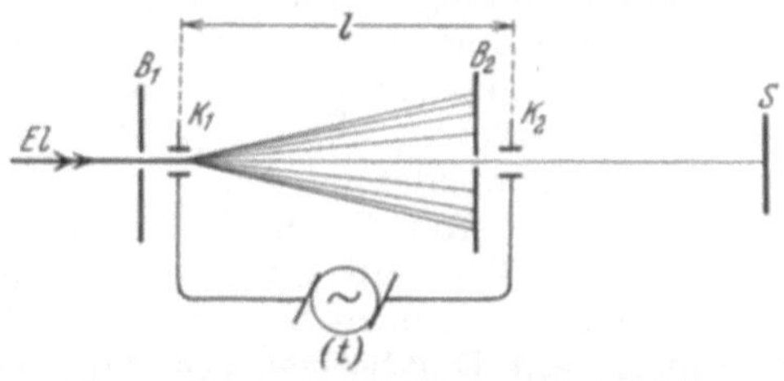

Abb. 30. Messung der Elektronengeschwindigkeit mit Hilfe von schwingenden Sperrfeldern.

stöße läßt man nun durch einen zweiten Kondensator K_2 hindurchgehen, an dem das gleiche Wechselfeld wie an K_1 liegt. Ist die Schwingungsphase beider Kondensatoren gleich, oder sind sie um ein ganzes Vielfaches der Halbperiode $t/2$ gegeneinander verschoben, so werden die elektrischen Felder in ihnen jede halbe Periode gleichzeitig verschwinden. Ist nun die Flugzeit der Elektronen von K_1 nach K_2 genau gleich $t/2$, so wird jedes durch K_1 hindurchgegangene Elektron auch K_2 unabgelenkt passieren, so daß man auf dem Leuchtschirm S ein scharfes Bild der Blende B_2 erhält. Die Geschwindigkeit des Strahls ist dann gegeben durch

$$u_0 = \frac{l}{n \cdot \dfrac{t}{2}}, \qquad (16)$$

---

[1] KIRCHNER, F.: Physik. Z. Bd. 25 (1924) S. 302; Ann. Physik Bd. 8 (1931) S. 976. — PERRY, C. T., u. E. L. CHAFFEE: Physic. Rev. Bd. 36 (1930) S. 904.

wo l den Abstand von K_1 und K_2 und n eine beliebige ganze Zahl bedeutet. Ist aber die Flugzeit l/u_0 der Elektronen von der halben Periode etwas verschieden, so wird das Elektron in K_2 ein gewisses elektrisches Feld mit abwechselnd positivem und negativem Vorzeichen antreffen, so daß die aus B_2 austretenden Stromstöße abwechselnd nach oben und unten abgelenkt werden, und man infolgedessen auf dem Schirm S zwei voneinander abgelenkte Bilder von B_2 erhält. In diesem Falle hat man die Periode des Wechselfeldes so lange zu ändern, bis die beiden Spaltbilder zusammenfallen. Zur Erzeugung der Wechselspannung an den Kondensatoren verwendet man ungedämpfte Schwingungen von Radiosenderöhren, deren Frequenz, entsprechend etwa einigen Metern Wellenlänge, sich außerordentlich genau kontrollieren bzw. messen läßt[1]. Die Methode arbeitet mit solcher Präzision, daß sich Elektronengeschwindigkeiten entsprechend einigen e-Kilovolt auf Bruchteile eines Promille genau bestimmen lassen. Statt der elektrischen Wechselfelder lassen sich prinzipiell auch magnetische Wechselfelder verwenden, die z. B. mit Hilfe von Spulen durch hochfrequente Teslaentladungen erzeugt werden können[2]. Derartige Anordnungen haben die ersten direkten Geschwindigkeitsmessungen an Elektronen geliefert, sind aber bisher nicht zu Präzisionsmessungen verwendet worden.

Zum Schluß möge in diesem Zusammenhang noch auf einige andersartige Methoden zur Geschwindigkeitsmessung hingewiesen werden, welche nicht auf der Ablenkung in elektrischen oder magnetischen Feldern beruhen, und welche deshalb erst in späteren Kapiteln ausführlich behandelt werden sollen. Hier ist zunächst die zwar noch wenig angewandte, aber trotzdem sehr aussichtsreiche Präzisionsmethode der Geschwindigkeitsmessung durch Beugungsversuche zu nennen. Trifft ein Elektronenstrahl z. B. auf ein Kristallgitter, so wird er von diesem unter einem gewissen Winkel abgebeugt. Wie in Kap. 19 noch ausführlich dargelegt werden soll, ist dieser Beugungswinkel eine Funktion der Geschwindigkeit der gebeugten Elektronen und kann deshalb zur Geschwindigkeitsbestimmung benutzt werden.

Wir erwähnen ferner zwei andere Methoden, welche zwar nur rohe orientierende Geschwindigkeitsmessungen auszuführen gestatten, die aber namentlich bei schnellen Elektronen infolge ihrer einfachen und leichten Durchführbarkeit häufig angewendet werden.

Die erste von diesen Methoden beruht auf Streuabsorptionsmessungen (vgl. Kap. 18). Die Intensität eines homogenen parallelen Strahlenbündels von schnellen Elektronen nimmt infolge ihrer Zerstreuung in allen möglichen Richtungen beim Durchsetzen von Materie exponentiell mit der durchsetzten Schichtdicke ab. Man bestimmt zunächst aus dem Exponentialgesetz der Intensitätsverminderung den Schwächungskoeffizienten, und aus diesem berechnet man dann nach empirischen Formeln direkt die Elektronengeschwindigkeit. Die zweite Methode beruht auf „Reichweitemessungen" (siehe Kap. 21). Beim Durchgang der Elektronen durch Materie wird nämlich ihre Geschwindigkeit ganz allmählich aufgezehrt. Hierbei wird die Bahnlänge des Elektrons bis zur völligen Abbremsung als Reichweite bezeichnet. Diese Reichweite ist im feldfreien Raume eine empirisch bekannte Funktion der Anfangsgeschwindigkeit. Elektronenreichweiten, welche Geschwindigkeiten von wenigen e-Kilovolt an aufwärts entsprechen, lassen sich durch Ausmessen der (z. B. in der Nebelkammer, siehe Kap. 3) sichtbar gemachten Elektronenbahnen in Gasen erhalten. Bei sehr großen Geschwindigkeiten, von etwa einigen hundert e-Kilovolt aufwärts, wo die

---

[1] Am genauesten läßt sich die Frequenz mit der Piezoquarzröhre bestimmen. Siehe E. Giebe u. A. Scheibe: Z. Physik Bd. 33 (1925) S. 335.

[2] Wiechert, E.: Ann. Physik Bd. 69 (1899) S. 739.

Elektronenbahnen genügend gradlinig sind, lassen sich auch Reichweitemessungen in festen Körpern vornehmen, indem man elektrometrisch nachweist, welche Schichtdicken die Elektronen zu durchdringen vermögen.

Kapitel 3.
Nachweis freier Elektronen.

§ 1. Übersicht. Wir verfügen heute über eine ganze Reihe sehr verschiedenartiger Nachweismittel für freie Elektronen. Alle diese lassen sich in zwei große Gruppen einteilen: Die Methoden der ersten Gruppe beruhen auf der Messung der Elektronenladung, die zweite Gruppe enthält alle Nachweismethoden, welche die Auswirkungen der kinetischen Energie der Elektronen ins Auge fassen. Hier ist zunächst die Wärmemenge zu beobachten, welche beim Aufprall der Kathodenstrahlen entsteht. Die meisten Nachweismethoden unserer zweiten Gruppe beruhen jedoch auf dem Nachweis der Sekundärelektronen, welche das schnelle Primärelektron aus Atomen herausschlägt, bzw. auf weiteren Sekundärprozessen, welche dieser Elektronenbefreiung folgen, wie z. B. Ionenbildung in Gasen oder chemische Umsetzungen (Photographie) oder Leuchterscheinungen usw. Die Voraussetzung genügend großer kinetischer Energien der Elektronen schließt dabei aber nicht aus, daß auch beliebig langsame Elektronen mit den Nachweismethoden unserer zweiten Gruppe erkannt werden, denn man hat es ja in der Hand, langsame Elektronen vor dem Eintritt in den speziellen Nachweisapparat beliebig (wie z. B. in Abb. 3) vorzubeschleunigen.

Unsere zweite Gruppe ist dem direkten Ladungsnachweis oft an Empfindlichkeit um ein Vielfaches überlegen, jedoch kranken die indirekten Nachweismittel meist noch daran, daß uns heute die Ergiebigkeit der genannten Sekundärprozesse als Funktion von der Elektronengeschwindigkeit oder sogar der Elektronenmenge nicht restlos quantitativ bekannt ist.

§ 2. Ladungsnachweis durch: Auffangplatte, Faradaykäfig, Lochkäfig, Paraffinkondensator. Empfindlichkeit des Ladungsnachweises. Markierung der Strahlenladung auf Isolatorenoberflächen. Zum quantitativen elektrometrischen Ladungsnachweis müssen die Elektronen irgendwie aufgefangen und dem Elektrometer zugeführt werden. Im einfachsten Falle genügt hierzu eine Metallplatte, jedoch muß dafür Sorge getragen werden, daß diese Platte gegenüber dem umgebenden Raum auf genügend hohes positives Potential aufgeladen ist, so daß die von der Platte ausgelösten Sekundärelektronen oder reflektierten und rückwärts gestreuten Primärelektronen diese nicht verlassen können, sondern elektrostatisch festgehalten werden. Das Potential der Auffangplatte muß also etwa so groß wie die Voltgeschwindigkeit der aufzufangenden Elektronen sein.

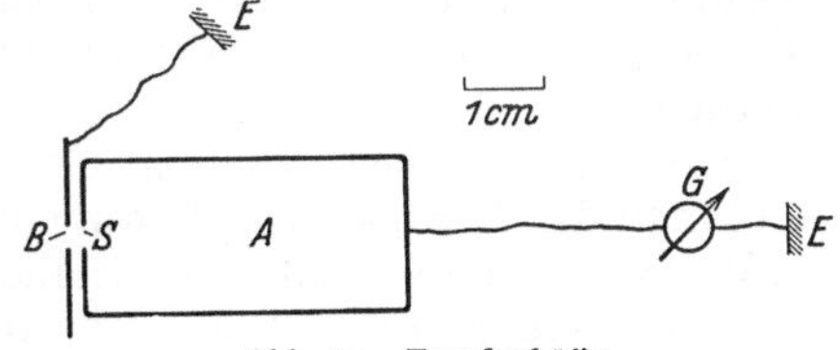

Abb. 31. Faradaykäfig.

Ganz ohne ein solches Hilfspotential fängt man Elektronen beliebiger Geschwindigkeit im sog. „Faradaykäfig" auf. Dieser besteht, wie z. B. Abb. 31 zeigt, aus einem metallischen Hohlkörper A, der mit dem Galvanometer G verbunden wird. Durch eine relativ kleine Öffnung S tritt der Elektronenstrahl in den Käfig ein. Da Sekundärelektronen und reemittierte Primärelektronen die Oberfläche im Inneren des Hohlkörpers diffus verlassen, ist ihre Wahrscheinlichkeit, aus der Öffnung wieder herauszugelangen, verschwindend klein. Vor dem Käfig hat man eine geerdete Blende B anzubringen, damit nicht seine Außenseite von Elektronen getroffen werden kann.

Eine Abart des Faradaykäfigs ist der sog. „Lochkäfig". Wie in Abb. 32 gezeigt ist, tritt ein paralleler, durch B_1 ausgeblendeter Elektronenstrahl in einen einseitig offenen Metallzylinder A ein. Der durch die Blende B_2 gebildete Abschluß des Zylinders läßt einen gewissen Bruchteil der vorn eingetretenen Elektronenmenge wieder hinten austreten. Das Verhältnis der Blendenquerschnitte B_1/B_2 gibt uns bei konstanter Elektronenkonzentration das Verhältnis der eintretenden zur durchgegangenen Elektronenmenge. Da man nun den im Zylinder zurückgehaltenen Bruchteil der Gesamtmenge galvanometrisch durch G bestimmen kann, so hat man in dem durch B_2 hindurchtretenden Strahl eine dauernd kontrollierbare Elektronenmenge zur Verfügung, die zu weiteren Experimenten quantitativ verwendbar ist[1].

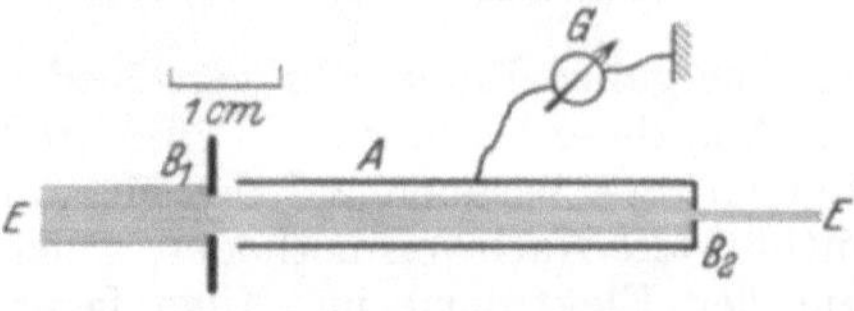

Abb. 32. Lochkäfig zum Dosieren.

Neben dem Faradaykäfig wird in vereinzelten Fällen zum Ladungsnachweis, und zwar besonders von schnelleren Elektronen, der „Paraffinkondensator" benutzt[2]. Er besteht aus einer Metallplatte, welche zur Verhinderung von Ladungsverlust an die Umgebung mit einer etwa $1/_{100}$ mm dicken Paraffinschicht bedeckt ist. Zum Schutz gegen Störungen ist auf die Paraffinoberfläche eine äußerst dünne Metallschicht aufgestäubt, welche geerdet wird. Die auffallenden Elektronen werden zum Teil die Paraffinschicht durchsetzen und von der Metallplatte aufgenommen, zum Teil im Paraffin steckenbleiben. Die Ladung des ersten Teils wird direkt, diejenige des zweiten Teils durch ihre Influenzwirkung elektrometrisch gemessen. Bei kurzen Aufladungszeiten bzw. schwachen Strahlintensitäten sind die dem Elektrometer zufließenden Ströme der zu messenden Elektronenmenge proportional.

Die Empfindlichkeit der auf Ladungsnachweis beruhenden Methoden ist durch die Strom- bzw. Spannungsempfindlichkeit und Kapazität der benutzten Elektrometer[3] begrenzt. Mit üblichen hochempfindlichen Faden- oder Quadrantelektrometern gelingt wohl noch der Nachweis von 10000 Elektronen; mit dem empfindlichsten heute existierenden Duantenelektrometer[4] erreicht man als unterste Grenze den Nachweis von mindestens 2000 Elektronen. Durch Anwendung von Verstärkerröhren kann die elektrometrische Empfindlichkeitsgrenze infolge unumgänglicher Störungserscheinungen keineswegs erweitert werden[5].

Ohne Elektrometer gelingt der Ladungsnachweis von Elektronen dadurch, daß man den Kathodenstrahl auf eine Isolatorschicht (z. B. Glasplatte) auftreffen läßt und diese Schicht nachträglich auf der Vorder- oder auf der Rückseite mit Schwefel-Mennige-Pulver bestäubt. Die Elektronen bleiben nämlich im Isolator stecken, so daß die geladenen Pulverteilchen elektrostatische Kraftlinienbilder markieren können. Diese Methode kann z. B. zum Nachweis eines schnell vorbeigeschwenkten Elektrodenstrahls (Diagrammzeichnen im Kathodenoszillograph) benutzt werden; ihre Empfindlichkeit erreicht jedoch nur den Nachweis von mindestens ca. 10^{10} Elektronen auf einen 1 cm langen Strich[6].

---

[1] Zum Beispiel O. KLEMPERER: Ann. Physik Bd. 3 (1929) S. 857.

[2] LENARD, P.: Ann. Physik Bd. 64 (1898) S. 288. — EISENHUT, O.: Heidelberger Akad. A. (1921) S. 6. — THALLER, R.: Physik. Z. Bd. 29 (1928) S. 841.

[3] Zum Beispiel W. JÄGER: Elektr. Meßinstrumente. Leipzig 1922.

[4] HOFFMANN, G.: Physik. Z. Bd. 25 (1924) S. 6.

[5] JAEGER, R., u. A. KUSSMANN: Physik. Z. Bd. 28 (1927) S. 645.

[6] SELENYI, P.: Z. Physik Bd. 47 (1928) S. 895.

§ 3. Nachweis der Elektronen aus der bei ihrem Aufprall entstandenen Wärme.
In gewissen Fällen empfiehlt sich an Stelle der elektrometrischen oder galvanometrischen Messung der quantitative Nachweis der Elektronenstrahlung mit Hilfe der bei ihrem Aufprall entstehenden Wärmemenge. Das ist z. B. bei Gasentladungen der Fall, wenn man die auf die Anode gelangende Elektronenmenge zu messen wünscht. Der gesamte elektrisch gemessene Strahl besteht dort nämlich nicht nur aus Elektronen, sondern zum großen Teil auch aus positiven Ionen, welche entgegengesetzt zum Elektronenstrahl die Entladungsbahn durchfliegen. Als ein anderes Beispiel sei bei Röntgenröhren die Messung der die Röntgenstrahlen erzeugenden Elektronenmenge genannt. Man erhält dort durch elektrometrische Messungen falsche Werte, weil ein erheblicher Teil der Elektronen infolge von Rückstreuung ohne wesentlichen Geschwindigkeitsverlust wieder aus der Antikathode heraustritt und deshalb weder zur Röntgenstrahl- noch zur Wärmeerzeugung beiträgt, wohl aber als Strommenge, die von der Kathode ausgeht, mitgemessen wird[1]. Die von den auftreffenden Kathodenstrahlen erzeugte Wärmemenge wird bei kleinen Intensitäten direkt mit der Thermosäule oder mit dem Bolometer gemessen[2]. Bei größeren Intensitäten mißt man zweckmäßig die Temperaturerhöhung des Kühlwassers, welches die Antikathode mit konstanter Geschwindigkeit durchströmt[3], oder die Erwärmung von Eiswasser, welches in abgemessener Menge in die betreffende Elektrode hineingefüllt wird[4].

§ 4. Elektronennachweis durch die beim Stoß entstandenen Ionen: Nebelkammer; Ionisationskammer; Spitzenzähler als Proportionalzähler und als Auslösungszähler; Elektronenzählrohr. Zusammenbrechen von Raumladungen durch positive Ionen. Der elektrometrische Nachweis der Elektronenstrahlen versagt überall dort, wo ihre Intensitäten zu gering sind. In solchen Fällen ermöglicht erst ein Nachweis der ausgelösten Sekundärelektronen die Registrierung der primären Elektronenstrahlung.

Die einzige Methode, welche quantitativ jedes einzelne Elektron nachzuweisen gestattet und gleichzeitig dabei die ganze Elektronenbahn übersehen läßt, ist die Nebelmethode. Hierbei durchsetzt ein relativ schnelles Elektron ein mit Wasserdampf übersättigtes Gas und schlägt dabei aus den auf seinem Wege liegenden Gasmolekülen sekundäre Elektronen heraus. An den dadurch entstandenen Ionen kondensiert sich der Wasserdampf in feinen Tröpfchen, welche direkt beobachtet oder photographiert werden können[5]. Die auf diesem Prinzip aufgebaute Apparatur zeigt Abb. 33. In einem Metallzylinder M bewegt sich gleitend der Kolben K. Ein Glasring R sitzt auf dem Zylinder M und ist durch eine Glasplatte P abgeschlossen, so daß hierdurch freier Einblick und Photographie ermöglicht

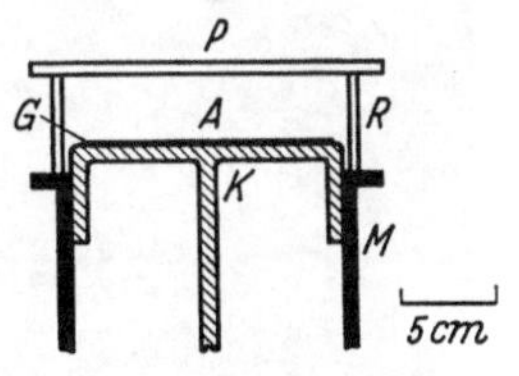

Abb. 33. Nebelkammer. Nach WILSON.

ist. Der Kolben K ist mit einer Gelatinschicht G bedeckt, infolgedessen ist der über ihm befindliche mit Luft gefüllte Raum A dauernd wasserdampfgesättigt. Ein schnelles Herabschlagen des Kolbens K erzeugt eine adiabatische Expansion des Gases in A. Infolge der daraus resultierenden plötzlichen Ab-

---

[1] Nach F. WISSHAK: Ann. Physik Bd. 5 (1930) S. 532, bestimmt man so beispielsweise aus der an einer Silberantikathode erzeugten Wärmemenge nur 60% von der Elektronenmenge, die nach galvanometrischen Messungen durch die Röntgenröhre hindurchströmt.

[2] CADY, W.: Ann. Physik Bd. 1 (1900) S. 678.

[3] KULENKAMPFF, H.: Ann. Physik Bd. 69 (1922) S. 548.

[4] GÜNTHERSCHULZE, A.: Z. Physik Bd. 62 (1930) S. 600; Bd. 68 (1931) S. 162.

[5] WILSON, C. T. R.: Proc. Roy. Soc., Lond. Bd. 87 (1912) S. 293; Bd. 104 (1923) S. 192.

kühlung übersättigt sich der vorhandene Wasserdampf. Werden nun unmittelbar nach erfolgter Expansion Elektronen in A hineingeschossen (z. B. β-Strahlen oder Elektronen, die durch Röntgenstrahlen aus den Gasmolekülen in A befreit werden), so schlägt sich der Wasserdampf auf den längs der Elektronen-

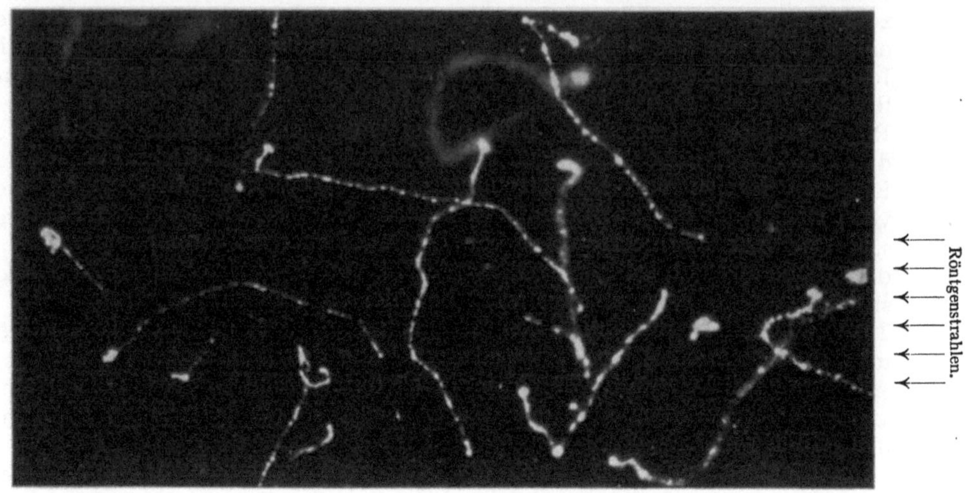

Abb. 34. Nebelbahnen von Elektronen mit etwa 24 e-KV Anfangsgeschwindigkeit in Luft von 53 cm Hg-Druck. Nach WILSON.

bahn erzeugten Ionen nieder. Zum Beispiel zeigen die Abb. 34—36 in dieser Weise sichtbar gemachte Elektronenbahnen. Die Anwendbarkeit der Nebelmethode

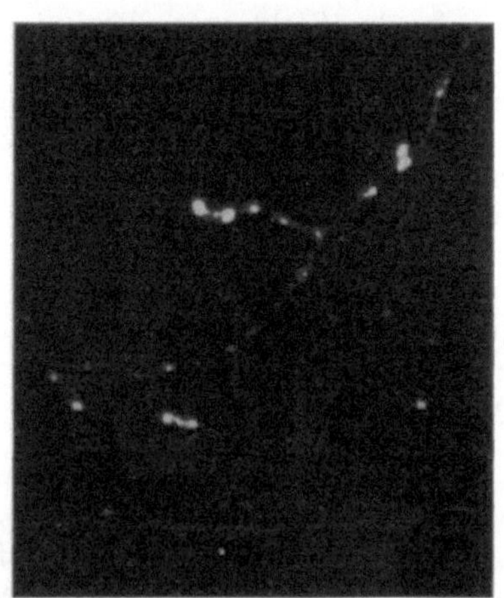

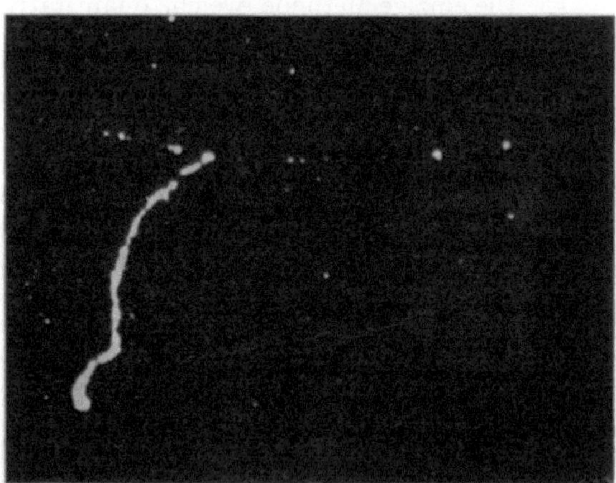

Abb. 35. 20 e-KV-Elektron in Luft von 20 cm Hg-Druck. Nach WILSON.

Abb. 36. 150 e-KV-Primärelektron mit 22 e-KV-Sekundärelektron in Sauerstoff von $^2/_3$ Atm.-Druck: $\mathfrak{H} = 1400$ Gauss. Nach WILLIAMS und TERROUX.

ist infolge der in der Kammer notwendigen Gasfüllung auf relativ wenige Probleme der Elektronik begrenzt; und auch dort läßt sie sich zunächst nur zur Untersuchung relativ schneller Elektronen anwenden. Denn die Bahnlänge eines Elektrons ist infolge seiner Abbremsung durch die Moleküle des Gases begrenzt. Diese Bahnlänge des Elektrons nimmt mit abnehmender Anfangsgeschwindigkeit sehr schnell ab. In Luft von Atmosphärendruck beträgt sie beispielsweise für ein 5 e-KV schnelles Elektron nur noch etwa 1 mm. 5 KV-Elektronen sind deshalb in gewöhnlichen Nebelkammern, welche etwa unter Atmosphärendruck arbeiten, kaum noch zu bemerken. Da jedoch die Reichweiten der Elektronen dem Gasdruck in der Nebelkammer umgekehrt proportional sind, gelingt es durch besonders konstruierte Tiefdruckkammern[1], in denen der Gasdruck nur noch ein paar Zentimeter beträgt, Elektronen von wenigen hundert e-Volt Geschwindigkeit zu erkennen. Jedes Nebeltröpfchen erfordert einen Energieaufwand des Primärelektrons von ca. 30 e-Volt. Die einzelnen Tröpfchen liegen um so dichter zusammen, je langsamer das betreffende Primärelektron ist. Bei den schnellen Elektronen liegen auch bei Atmosphärendruck die Einzeltröpfchen mehrere Millimeter weit auseinander, so daß sie mit dem bloßen Auge erkannt werden können. Bei den langsamsten Elektronen lassen sich die Einzeltröpfchen auch bei tiefen Drucken nur mikrophotographisch erkennen.

Technisch sehr viel einfacher als die Sichtbarmachung ist die elektrometrische Registrierung der vom Elektron erzeugten Ionen. Diese läßt sich in einer sog. „Ionisationskammer" durchführen[2], wie z. B. in Abb. 37 abgebildet ist. Der Elektronenstrahl läuft, aus dem Vakuum kommend, in das Röhrchen D hinein und passiert an dessen Ende eine Zelluloidfolie[3] von etwa 0,1 μ-Stärke, welche auf einer einige Zehntel Millimeter weiten Blende aufgespannt ist und das Gas in der Ionisationskammer gegen das Vakuum abschließt. Die Folie liegt möglichst im Zentrum des halbkugelförmigen Auffängers A, welcher mit dem Elektrometer E verbunden ist. Nach dem Eintreten in den Gasraum werden die

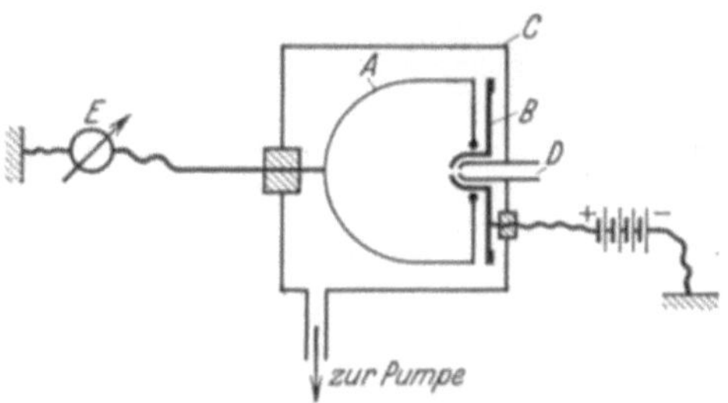

Abb. 37. Ionisationskammer.

Elektronen nach allen möglichen Richtungen zerstreut und ionisieren längs ihres Weges die Gasatome. An die Elektrode B wird positives Potential gelegt, und es besteht infolgedessen zwischen B und A ein annähernd radiales Feld, dessen größte Stärke an den Stellen größter Ionendichte eine Wiedervereinigung der Ionen verhindert, und welches die negativen Ionen auf die Halbkugel A treibt. Der Gasdruck in der Kammer ($^1/_{1000}$ mm bis zu einigen Atmosphären) wird je nach der Elektronengeschwindigkeit so gewählt, daß die Elektronen nicht auf A auftreffen, sondern daß ihre ganze Bahnlänge zur Ionisation ausgenützt wird. Der Strahlennachweis durch die Ionisationskammer ist — namentlich für schnelle Elektronen — recht empfindlich, da jedes Primärelektron eine große Anzahl von Ionenpaaren erzeugt. In Luft wird beispielsweise für je 32 Volt Elektronenenergie ein Ionenpaar erzeugt. Die Zahl der erzeugten Ionenpaare ist der Elektronenenergie proportional, z. B. werden von einem 32 KV-Elektron 1000 Ionenpaare in der Kammer erzeugt. Bei dieser Kenntnis ist es nun auch möglich, aus dem gemessenen Ionenstrom bei bekannter Primärelektronenenergie die Anzahl der in die Kammer eingetretenen Primärelektronen quantitativ anzugeben. Ein im Zelluloidfenster etwa auftretender Energieverlust des Primärelektrons muß

---

[1] KLEMPERER, O.: Z. Physik. Bd. 45 (1927) S. 225. — PETROWA, J.: Ebenda Bd. 55 (1929) S. 621.

[2] Zum Beispiel A. EISL: Ann. Physik. Bd. 3 (1929) S. 277 (Kathodenstrahlen). — W. WILSON: Proc. Roy. Soc., Lond. Bd. 85 (1911) S. 240 (β-Strahlen).

[3] Hergestellt durch Auftropfen von Zaponlack auf Wasser, siehe z. B. E. ANGERER: Technische Kunstgriffe bei physikalischen Untersuchungen. Braunschweig 1924.

natürlich berücksichtigt werden; er läßt sich nach den später in Kap. 21 gegebenen
Erläuterungen genau angeben und infolgedessen eliminieren. Die an B angelegte
positive Spannung wird so groß gewählt, daß gerade Sättigungsstrom bei E
gemessen wird, d. h. daß alle Ionen vor ihrer Wiedervereinigung zu den Auffangeelektroden gelangen.

Der in A aufgefangene Ionenstrom steigt bei wachsender Spannung zwischen
A und B zunächst langsam an, erreicht dann seinen Sättigungswert, der bei
weiterer Spannungssteigerung zunächst nicht überschritten wird. Steigert man
aber die Spannung immer weiter, so tritt schließlich wieder ein Anwachsen des
Stromes ein, welches durch Stoßionisation der im Felde beschleunigten Sekundärelektronen zustande kommt. Die durch den primären Ionisationsprozeß zunächst
erzeugten Sekundärelektronen erhalten nämlich in den starken Feldern derartige
Geschwindigkeiten, daß auch sie längs ihres Weges zur Auffangeelektrode
ionisieren können.

Von der Stoßionisation macht man in Ionisationskammern zweckmäßig
dann Gebrauch, wenn die nachzuweisende Elektronenmenge zu gering ist, als
daß sie durch einfache Sättigungsstrommessungen vom Elektrometer angezeigt
werden könnte. Für quantitative Messungen hat man die Anordnung
so zu wählen, daß die gemessene Strommenge der zu untersuchenden
Elektronenzahl stets proportional, und daß der Faktor der Stromverstärkung durch Stoßionisation gut definiert ist. Diese Bedingungen
sind z. B. in dem sog. „Proportionalzähler"[1] erfüllt, welcher ein positiv
geladenes Metallkügelchen in der gas

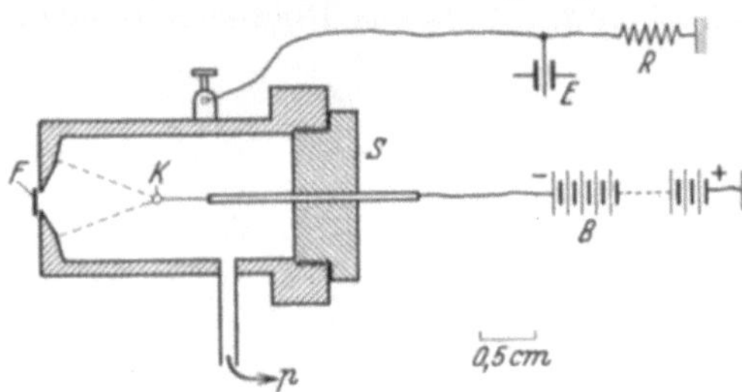

Abb. 38. Spitzenzähler. Nach GEIGER.

gefüllten Ionisierungskammer trägt (wie in Abb. 38). Wählt man die Kügelchen
genügend klein, so läßt sich schon (infolge der durch die Geometrie bedingten
hohen Feldstärke) bei verhältnismäßig niedrigen Spannungen sehr hohe Multiplikation des primären Stroms durch die Stoßisonisation erreichen. Die höchste im
Zähler überhaupt erreichbare Multiplikation ist etwa 10000fach. Diese „obere
Proportionalitätsgrenze" wird im Proportionalzähler in Luft beispielsweise für
Kügelchen von 0,1 mm ⌀ bei etwa 2000 Volt und für Kügelchen von 1 mm ⌀
bei 5600 Volt erreicht.

Erhöht man die am Kügelchen liegende Spannung noch weiter, so sind die
durch Stoßionisation entstandenen Ströme der im Zähler erzeugten Ionenmenge
nicht mehr proportional, im Extremfall sogar von ihr unabhängig. Die Ströme
wachsen dabei so stark an, daß es gelingt, jedes einzelne Elektron elektrometrisch
nachzuweisen[2]. Man erhält für jedes einzelne Elektron im Zähler einen Stromstoß
von 10^{-10}—10^{-12} Amp · sec. In diesem Falle spricht man vom „Auslösungszähler"
oder, da sich der genannte „Auslöseeffekt" nur bei Verwendung sehr kleiner Kügelchen erreichen läßt, vom „Spitzenzähler". Die Registrierung der im Zähler übergehenden Stromstöße wird z. B., wie in Abb. 38 gezeigt ist, ausgeführt: Man verbindet das Kügelchen K mit dem Hochspannungspol der Batterie B und das über einen
etwa $10^9\,\Omega$ großen Widerstand R geerdete Gehäuse mit einem Fadenelektrometer E.
Der Auslösungszähler läßt sich im Gegensatz zum Multiplikationszähler sowohl
mit positiver als auch mit negativer Aufladung des Kügelchens betreiben.

---

[1] GEIGER, H., u. O. KLEMPERER: Z. Physik Bd. 49 (1928) S. 753. Der Proportionalzähler wird dort „Multiplikationszähler" genannt.
[2] GEIGER, H.: Verh. dtsch physik. Ges. 1913 S. 534.

Betrachten wir z. B. etwa die Wirkungsweise des Auslösungszählers mit negativ geladenem Kügelchen[1]: Ein Elektron, welches in den Zähler eindringt, möge primär längs seines Weges eine gewisse Anzahl von Ionen erzeugen. Von diesen werden die positiven zum Kügelchen gelangen und dort, wie in Kap. 14 noch erläutert werden soll, mit einer gewissen Wahrscheinlichkeit Elektronen befreien. Diese Elektronen werden im starken elektrischen Feld des Kügelchens derartig beschleunigt, daß sie durch Stoß längs ihres Weges viele neue Ionen erzeugen. Von diesen fluten die positiven zur Spitze zurück und lösen dort neue Elektronen aus. Dieser Vorgang wiederholt sich nun des öfteren, der Strom wächst dabei lawinenartig an, und zwar so lange, bis die Entladung automatisch abreißt. Das automatische Abreißen der Entladung im Zähler hat je nach dem herrschenden Gasdruck und der Zählerspannung verschiedene Ursachen: Bei hohen Drucken und negativem Kügelchenpotential ist eine Raumladung, die sich vor dem Kügelchen ausbildet, am Abreißen schuld; bei tiefen Drucken kommt infolge zu langsamen Abfließens der Ladung durch den Rückflußwiderstand R eine Erniedrigung der Zählerspannung zustande, so daß die Entladung aufhört. Der Auslösungszähler beginnt je nach Druckverhältnissen, Kügelchendurchmesser und Gasfüllung bei ganz bestimmten Spannungen zu arbeiten. Zum Beispiel beträgt diese „Einsatzspannung" bei negativem Kügelchen von 0,1 mm Durchmesser in Luft von Atmosphärendruck ca. 1700 Volt, bei 10 cm Luftdruck ca. 700 Volt. In Wasserstoff genügen etwa $^2/_3$ der entsprechenden Spannung in Luft. Bei positiv geladenem Zählerkügelchen sind die Spannungen etwas höher, aber von derselben Größenordnung wie bei negativem Kügelchen.

Es werden vom Zähler keineswegs alle Elektronen im ganzen Zählergehäuse gezählt, sondern nur solche Elektronen, die in einem gewissen „wirksamen Raum" eine genügende Ionenzahl erzeugen. Der wirksame Raum, welcher in der Abb. 38 durch punktierte Linien eingezeichnet ist, hat etwa die Gestalt eines Kegels, dessen Spitze im Kügelchen des Zählers liegt. Dieser Kegel ist bei der Einsatzspannung sehr schmal, breitet sich aber mit wachsender Spannung sehr schnell aus[2]. Die eintretenden Elektronen werden mit maximal möglicher Ökonomie gezählt, wenn man die Arbeitsspannung des Zählers so hoch über der Einsatzspannung wählt, daß die Basis des wirksamen Raums das Eintrittsfenster F genügend weit überdeckt. Für den Nachweis der Elektronen im Vakuum verschließt man die Zähleröffnung F mit einer ca. 0,1 μ dicken Zelluloidfolie und füllt das Gehäuse mit Luft von einigen Zentimeter Hg-Druck. Infolge einer Streuabsorption im Zelluloidhäutchen hängt die Ökonomie, mit welcher die einzelnen freien Elektronen gewählt werden, von deren Geschwindigkeit ab. Bei 3 KV Elektronengeschwindigkeit beginnt der Zähler zu registrieren, bis etwa 5 e-KV wächst die Ökonomie rapide und steigt von da ab nur noch wenig, um bei höchsten Elektronengeschwindigkeiten wieder abzunehmen. In einem mit 1 cm Luftdruck gefüllten Zähler wurde die Ökonomie von 5 KV schnellen Elektronen auf etwa 30—40 % geschätzt[3]. Bei positiv geladenem Kügelchen ist die Ökonomie ein wenig größer als bei negativ geladenem, doch empfiehlt sich trotzdem das Arbeiten mit negativem Kügelchen, weil dann der Zähler unempfindlicher gegen Spannungsschwankungen ist und größere Stromstöße liefert. Elektronen unter 5 e-KV bis herab zu den kleinsten Elektronengeschwindigkeiten lassen sich im Zähler nach entsprechender Vorbeschleunigung einwandfrei registrieren[4]. Höchste Geschwindigkeiten, z. B. β-Strahlen, registriert man, um genügende Dichte der

---

[1] KLEMPERER, O.: Z. Physik Bd. 51 (1928) S. 341; Physik. Z. Bd. 29 (1928) S. 947.
[2] HILD, K.: Dissert., Kiel 1930.
[3] HORNBOSTEL, J.: Ann. Physik Bd. 5 (1930) S. 991.
[4] HORNBOSTEL, J.: a. a. O.

primären Ionenmenge zu erhalten, am besten bei 1 oder mehreren Atmosphären Druck im Zähler[1].

Jeder Spitzenzähler registriert nur Elektronen, die in eine relativ kleine Öffnung eintreten. Will man einzelne Elektronen über eine größere Fläche zählen, so benutzt man das Elektronenzählrohr[2]. Dieses besteht aus einem Zylinder, in dessen Achse ein dünner, auf hohes elektrisches Potential aufgeladener Draht ausgespannt ist. Die Arbeitsweise des Zählrohrs ist der des Spitzenzählers analog.

Ein hochempfindlicher Nachweis für das Neuauftreten freier Elektronen geschieht auf dem Umweg über das gleichzeitig entstandene positive Ion [3]. Hierzu wird eine Raumladung benutzt, welche sich um eine Glühkathode herum infolge ihrer Elektronenemission ausbildet. Sobald nun in diese Raumladung ein positives Ion hineingelangt, bricht sie zusammen, und die Glühemission der Kathode, welche vorher durch die Raumladung abgedrosselt war, steigt plötzlich an. Unter geeigneten Bedingungen kann so ein einziges Ion die Emission von 10^6 Elektronen verursachen. Die Methode hat sich beim Nachweis der Befreiung von Elektronen mit kleinen Anfangsgeschwindigkeiten aus Gasen bestens bewährt[4].

§ 5. Photographische Wirkung der Elektronen. Sensibilisierte Platten. Intensitätsschwärzungskurven bei verschiedenen Elektronengeschwindigkeiten. Empfindlichkeit des photographischen Nachweises. Photographische Relativmessung von Elektronenmengen.

Überall, wo es sich darum handelt, eine ganze Verteilung von Elektronenstrahlen gleichzeitig zu übersehen, wie z. B. bei der Aufnahme von magnetischen Geschwindigkeitsspektren oder von Beugungsdiagrammen der Elektronen ist der photographische Nachweis am besten geeignet. Durch eine Anordnung, wie beispielsweise in Abb. 39, gelingt es leicht, photographische Platten oder Filme im Vakuum in den Strahlengang hineinzubringen und auszuwechseln[5]. In einer solchen Kammer wird zunächst der Strahlengang der Elektronen El mit Hilfe eines durchscheinenden Leuchtschirms L justiert, dann wird der auf eine Rolle R aufgespulte Faden, welcher den Film bzw. die Platte F heben oder senken kann, mit Hilfe des vakuumdichten Schliffs S von außen abgerollt und dadurch ein Stück des Films in den Strahlengang hineingebracht, so daß eine photographische Aufnahme gemacht werden kann.

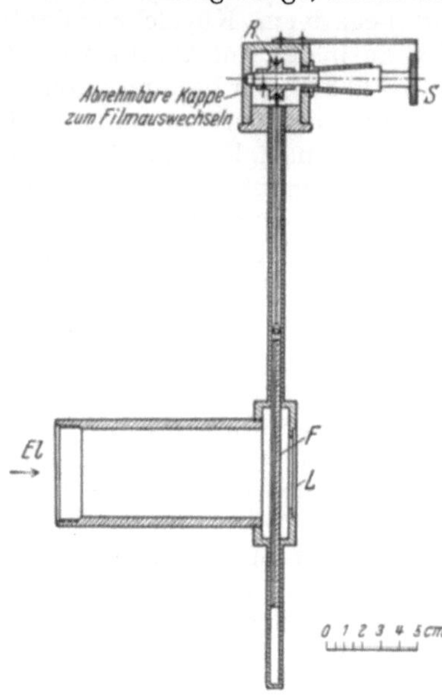

Abb. 39. Filmkammer mit Leuchtschirm und Filmauswechselvorrichtung. Nach MARK und WIERL.

Für eine solche direkte Photographie ist es wichtig, je nach der benützten Elektronengeschwindigkeit eine geeignete photographische Schicht auszuwählen;

---

[1] RIEHL, N.: Z. Physik Bd. 46 (1928) S. 478.

[2] GEIGER, H., u. W. MÜLLER: Physik. Z. Bd. 29 (1928) S. 839; Bd. 30 (1929) S. 489. — CURTIS, L. F.: Bur. Stand., J. Res. Bd. 4 (1930) S. 601; Bd. 5 (1930) S. 115. — SCHULZE, W.: Z. Physik Bd. 78 (1932) S. 92.

[3] HERTZ, G.: Z. Physik Bd. 18 (1923) S. 307. — KINGDON, K. H.: Physic. Rev. Bd. 21 (1923) S. 408. — COHN, H.: Ann. Physik Bd. 87 (1928) S. 543.

[4] Siehe z. B. in Kap. 11, § 1

[5] Zum Beispiel E. SCHÖBITZ: Physik. Z. Bd. 32 (1931) S. 37. — WIERL, R.: Ann. Physik Bd. 8 (1931) S. 536.

wegen der Bedeutung des photographischen Nachweises wollen wir in dieser Hinsicht auf einige spezielle Einzelheiten eingehen.

Für den Nachweis langsamer Elektronen sind gelatinearme Platten, wie z. B.: Schumannplatten[1], besonders empfindlich. Unter den handelsüblichen gelatinereichen Platten sind zum Nachweis langsamer Elektronen die Platten mit feinem Korn, wie z. B. die Reproduktions- oder die Diapositivplatten, den lichtempfindlichen grobkörnigen Platten vorzuziehen. Die gelatinereichen Platten können in ihrer Empfindlichkeit gegenüber langsamen Elektronen durch Tränken mit fluoreszierenden Substanzen (Maschinenöl, Eosin- oder Fluoreszeinlösungen) um ein Vielfaches gesteigert werden[2].

Die erwähnte Schumannplatte ist bei Elektronengeschwindigkeiten bis herauf zu etwa 1 e-KV einige hundertmal empfindlicher als die feinkörnigen gelatinereichen Platten[3]. Geht man aber zu größeren Elektronengeschwindigkeiten über, so wird dieses Verhältnis ein ganz anderes: Für Elektronen zwischen 20 und 100 e-KV wurde eine 7mal größere Empfindlichkeit der gelatinereichen Platte gegenüber der Schumannplatte festgestellt[4]. Für den Nachweis sehr schneller Elektronen (100 e-KV und mehr) benützt man am besten Platten mit möglichst dicker Emulsionsschicht, also etwa die sog. Röntgenplatten. Derartig schnelle Elektronen haben nämlich so große Reichweiten, daß sie dünne Emulsionsschichten leicht durch-

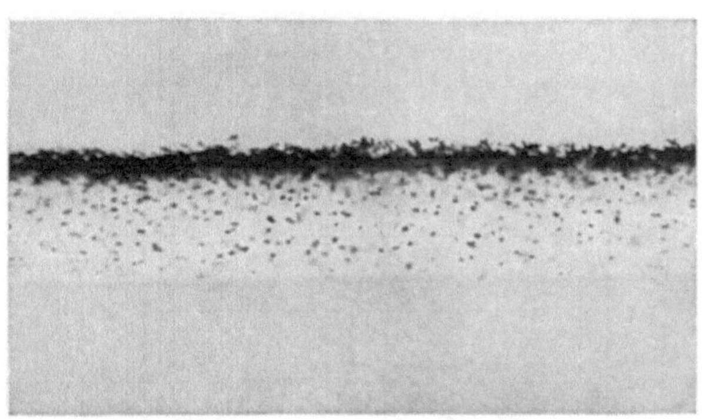

Abb. 40.   Mikrophotographie der durch 8,4-e-KV-Elektronen geschwärzten Bromsilbergelatineemulsion.   Nach SEITZ und HARIG.

dringen und infolgedessen den größten Teil ihrer kinetischen Energie ungenutzt in der Glasplatte verlieren würden[5].

Zur Erklärung der photographischen Wirksamkeit der Elektronen muß darauf hingewiesen werden, daß die Reduktion des Bromsilberkorns durch zwei verschiedene Elementarprozesse eingeleitet werden kann, nämlich erstens durch die direkte Wechselwirkung des Elektrons mit dem AgBr-Molekül, und zweitens durch eine indirekte Wirkung. Diese indirekte Wirkung vollzieht sich über eine Licht- oder Röntgenstrahlung, welche vom Elektron an der Oberfläche der Emulsionsschicht erregt wird. Der indirekte Prozeß wird in der Regel um so mehr ins Gewicht fallen, je langsamer die nachzuweisenden Elektronen sind. Die langsamen Elektronen können nämlich infolge ihrer geringen Reichweite nur wenig in die Emulsionsschicht eindringen, während die bei ihrer Bremsung entstehende weiche Röntgenstrahlung zu bedeutend größeren Tiefen gelangt. Nach relativ kurzer Bestrahlung sind durch die direkte Wirkung bald alle in der Nähe der Oberfläche verfügbaren Bromsilberkörner entwicklungsfähig gemacht, und es ist eine Sättigung des Primäreffekts erreicht. Die weitere Schwärzung·der Platte kann nur durch die Tiefenwirkung des Sekundäreffekts

<hr>

[1] SCHUMANN, V.: Ann. Physik Bd. 5 (1901) S. 349.
[2] COLE, K.: Physic. Rev. Bd. 28 (1926) S. 781.
[3] WEIDNER, V.: Ann. Physik Bd. 12 (1932) S. 239.
[4] BECKER, A., u. E. KIPPHAN: Ann. Physik Bd. 10 (1931) S. 15.
[5] ELLIS, C. D., u. G. H. WOOSTER: Proc. Roy. Soc., Lond. Bd. 114 (1927) S. 266.

erreicht werden. Beispielsweise zeigt Abb. 40 die Mikrophotographie von einem Querschnitt senkrecht durch die entwickelte Schicht einer durch 8,4 KV-Elektronen geschwärzten Agfa-Kontrastplatte[1]. Man erkennt, daß bei der hier gewählten Expositionsdauer die Nähe der Oberfläche sehr viel stärker geschwärzt ist als die Tiefe. Bei weiterer Exposition würde bald die erwähnte Sättigung der oberflächlichen Schwärzung erreicht sein.

Durch einen solchen Sättigungseffekt wird ein ganz charakteristischer Verlauf der Intensitätsschwärzungskurve hervorgerufen. Das geht z. B. deutlich aus der Abb. 41 hervor. Dort sind als Ordinaten die Schwärzungen S, d. h. die BRIGGSchen Logarithmen der Lichtundurchlässigkeit aufgetragen. Zum Beispiel bedeutet $S = 1$ bzw. $S = 2$, daß nur $^1/_{10}$ bzw. $^1/_{100}$ der auffallenden Lichtintensität durchgelassen wird. Als Abszissen sind die Logarithmen der Stromdichte i (= Amp./cm²) mal der Expositionszeit t (in Sekunden) aufgetragen. Man bemerkt ein Ansteigen der Schwärzung mit $(i \cdot t)$ bis zu einer ersten Sättigungsstufe, deren Höhe von der Elektronengeschwindigkeit abhängt. Dann folgt der durch Sekundärwirkung bedingte weitere Anstieg. Nach Überschreiten der größten Schwärzungen tritt bei weiterer Steigerung der Dosis $(i \cdot t)$ Solarisation, d. h. Rückbildung der Schwärzung ein.

In Abb. 41 ist für die Abszisse nur das Produkt $(i \cdot t)$ wesentlich. Bei diesen Versuchen konnte nämlich experimentell nachgewiesen werden, daß

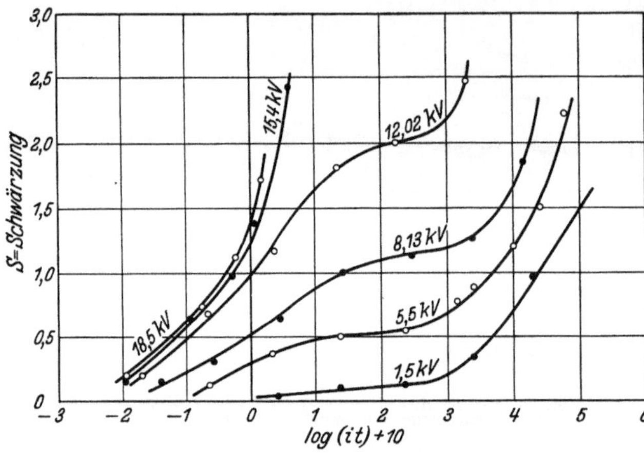

Abb. 41. Photographische Schwärzungskurven von Kathodenstrahlen. Nach SEITZ und HARIG.

die Expositionszeit t oder die Stromdichte i an sich völlig gleichgültig ist, für die Schwärzung kommt nur das Produkt $(i \cdot t)$ in Betracht, d. h. das sog. „Reziprozitätsgesetz" ist erfüllt[2]. Im allgemeinen gilt aber das Reziprozitätsgesetz nicht, d. h. es macht einen Unterschied in der Schwärzung aus, ob man die gleiche Dosis der Platte auf einmal übermittelt, oder ob man diese Dosis über längere Zeiträume verzettelt. Man beschreibt diesen Sachverhalt durch die Beziehung:

$$S = f\,(i\,t^p) \tag{1}$$

wo p, der sog. „SCHWARZSCHILDTsche Exponent" nur für den Spezialfall der Gültigkeit des Reziprozitätsgesetzes = 1 ist. Für Lichteinwirkung ist das Reziprozitätsgesetz bekanntlich nicht erfüllt[3], dagegen wird es bei allen Untersuchungen mit nicht zu langsamen Kathodenstrahlen mit guter Genauigkeit bestätigt[4]. Allein bei Kathodenstrahlen, deren Geschwindigkeiten zwischen 30 und 600 e-Volt lagen, deren Einwirkung auf das Bromsilber wohl also größtenteils auf dem Umwege über Fluoreszenzlicht erfolgte, wurde für einige Emulsionen

[1] SEITZ, W., u. W. HARIG: Physik. Z. Bd. 30 (1929) S. 758.
[2] NACKEN, M. J.: Physik. Z. Bd. 31 (1930) S. 296.
[3] Näheres siehe z. B. bei J. EGGERT u. W. NODDACK: Naturwiss. Bd. 15 (1927) S. 57.
[4] Siehe die in diesem Paragraph zitierten Arbeiten von BECKER u. KIPPHAN, ELLIS u. WOOSTER, WEIDNER; ferner W. BOTHE: Z. Physik Bd. 8 (1922) S. 243; Bd. 13 (1923) S. 106.

$p = 0,9$ gemessen[1]. Ein Exponent $p \neq 1$ scheint jedoch bei Kathodenstrahlen zu den Ausnahmefällen zu gehören, und in der Regel beobachtet man, daß bis zu kleinsten Elektronengeschwindigkeiten hinab das Reziprozitätsgesetz gültig ist[2].

Zur quantitativen Beschreibung der photographischen Wirksamkeit muß also diese im allgemeinen nur als Funktion der Elektronendichte ($i \cdot t$) und als Funktion der Elektronengeschwindigkeit (V in e-Volt) angegeben werden. In sehr vielen Fällen findet man, daß bei jeder gegebenen Elektronengeschwindigkeit die Schwärzung in weiten Grenzen linear mit dem lg (it) zunimmt. Die Abhängigkeit der Schwärzung von der Elektronengeschwindigkeit zeigt einen komplizierten, nur empirisch festgelegten Verlauf, der sehr stark von der Plattensorte und von der Entwicklungsart abhängt. Bei größeren Elektronengeschwindigkeiten und überall, wo die Einwirkung der Elektronen in obenerwähnter Weise direkt auf das Bromsilberkorn erfolgt, kann die Schwärzung S bis nahe zum Auftreten solarisationsartiger Erscheinungen mit guter Genauigkeit durch eine quantentheoretisch ableitbare Beziehung[3]:

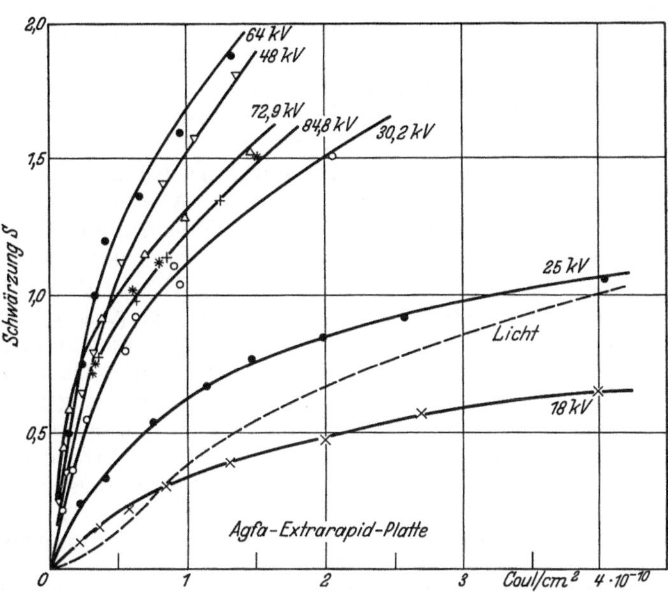

Abb. 42. Schwärzungskurven. Nach BECKER und KIPPHAN.

$$S = C \cdot \lg (i \cdot t) \, f(V) + 1 \qquad (2)$$

dargestellt werden, wo C eine für die Entwicklungsart und die Plattensorte charakteristische Konstante bedeutet und $f(V)$ bei gegebener Plattensorte nur von der Elektronenvoltgeschwindigkeit V abhängt[4]. Um eine größenordnungsmäßige Anschauung von Gl. (2) zu geben, sei beispielsweise angeführt, daß bei einer gelatinereichen Platte bei Elektronendichten (it) zwischen 10^{-9} und 10^{-10} Amp. $\cdot$ sec/cm² die Konstante C etwa 0,5 bis 1 betrug, während die Größe $f(V)$ bei $V = 18\ e$-KV etwa $4 \cdot 10^{10}$ und bei $V = 85\ e$-KV etwa $3 \cdot 10^{11}$ ausmachte.

Nach dieser Übersicht mögen schließlich noch einige Kurven und Zahlenangaben zusammengestellt werden. Wir zeigen zunächst in Abb. 42 einige Schwärzungskurven der Agfa-Extrarapidplatte, nämlich Schwärzungen als Funktion der Elektronendichte, welche verschiedenen jeweils konstanten Elektronengeschwindigkeiten zwischen 18 und 85 e-KV zukommen[5]. In diese Abbildung

---

[1] WHIDDINGTON, R., u. J. E. TAYLOR: Proc. Roy. Soc., Lond. Bd. 136 (1932) S. 651.
[2] WEIDNER: a. a. O.
[3] SILBERSTEIN, L.: Philos. Mag. Bd. 44 (1922) S. 257; Bd. 45 (1923) S. 1062.
[4] Siehe die in diesem Paragraph zitierten Arbeiten von BECKER u. KIPPHAN, ELLIS u. WOOSTER und von WEIDNER.
[5] BECKER u. KIPPHAN: a. a. O.

ist punktiert die Schwärzungskurve für das weiße sichtbare Licht eingetragen. Man beachte, daß diese Kurve, im Gegensatz zu den Kurven für Kathodenstrahlen nicht im Koordinatenanfang beginnt, sondern einen Schwellenwert besitzt.

Die Emulsionsschicht der Extrarapidplatte ist 0,018 mm dick und hat eine mittlere Dichte von 1,71 g/cm³. Es ist anzunehmen, daß diese Schicht von etwa 50 KV-Elektronen gerade durchsetzt wird, während schnellere Elektronen in die Glasplatte eindringen und in dieser entweder steckenbleiben oder rückgestreut werden bzw. Sekundärstrahlung auslösen. Wahrscheinlich aus diesem Grunde überschneiden die in der Abb. 42 reproduzierten Kurven für 72,9 e-KV und 84,8 e-KV andere Kurven, welche bei niedrigeren Geschwindigkeiten, z. B. 48 e-KV und 64 e-KV aufgenommen wurden. Ein ähnliches Aussehen wie die Kurven in Abb. 42 zeigen Schwärzungskurven für andere Plattensorten[1] sowie für andere Elektronengeschwindigkeiten.

Der Charakter der Schwärzungskurven wird — wie erwähnt — in fast allen Fällen durch Gl. (2) richtig dargestellt. Alle Schwärzungskurven zeigen zunächst sehr steilen Anstieg, um bei weiterer Steigerung der Elektronendichte allmählich abzuflachen. Um die einzelnen Schwärzungskurven in bezug auf Absolutwerte vergleichen zu können, führen wir den Begriff der Anfangsempfindlichkeit ein: Als Empfindlichkeit bezeichnet man in der photographischen Technik die Gradation der Schwärzung, d. h. diejenige Schwärzungsänderung, welche eine gegebene kleine Elektronenmenge hervorruft. Da nun diese Gradation infolge des stark gekrümmten Verlaufs der Schwärzungskurve sehr verschieden ist, so wollen wir hier willkürlich nur die Anfangsempfindlichkeit betrachten, d. h. die Schwärzung, die von ganz geringen Elektronendichten erzeugt wird. Sie ist gegeben durch die Neigung der Schwärzungskurve im Koordinatenanfang.

Tabelle 4. Anfangsempfindlichkeiten von photographischen Platten gegenüber Elektronenstrahlen. Nach BECKER, KIPPHAN, WEIDNER.

Strahlgeschwindigkeit in e-Volt	Elektronenladung in Coulomb/cm² zur Erzeugung einer Schwärzung $S = 0,05$		
	Matterplatte	Agfa-Extrarapid	SCHUMANN. gelatinearm
40	$1,44 \cdot 10^{-6}$	$18 \cdot 10^{-6}$	$2,93 \cdot 10^{-8}$
50	$1,18 \cdot 10^{-6}$	$10 \cdot 10^{-6}$	$1,4 \cdot 10^{-8}$
60	$0,65 \cdot 10^{-6}$	$0,88 \cdot 10^{-6}$	$9,67 \cdot 10^{-9}$
80	$0,65 \cdot 10^{-6}$	$0,88 \cdot 10^{-6}$	$7,53 \cdot 10^{-9}$
200	$0,65 \cdot 10^{-6}$	$0,88 \cdot 10^{-6}$	$2,6 \cdot 10^{-9}$
400	$0,405 \cdot 10^{-6}$	$0,607 \cdot 10^{-6}$	$1,13 \cdot 10^{-9}$
600	$0,232 \cdot 10^{-6}$	$0,376 \cdot 10^{-6}$	$7,7 \cdot 10^{-10}$
800	$0,115 \cdot 10^{-6}$	$0,303 \cdot 10^{-6}$	$6,32 \cdot 10^{-10}$
1130	—	$0,169 \cdot 10^{-6}$	$3,9 \cdot 10^{-10}$
18000	$8,2 \cdot 10^{-12}$	$8,2 \cdot 10^{-12}$	$6,8 \cdot 10^{-11}$
28600	$2 \cdot 10^{-12}$	—	$1,5 \cdot 10^{-11}$
30200	—	$1,9 \cdot 10^{-12}$	—
53700	$0,9 \cdot 10^{-12}$	—	$6,6 \cdot 10^{-12}$
84800	$6 \cdot 10^{-13}$	$6,5 \cdot 10^{-13}$	—
10^6		$(2 \cdot 10^{-12})$	—

Eine Übersicht über die absoluten Größen der Anfangsempfindlichkeiten gibt Tabelle 4. Dort sind für drei verschiedene Plattensorten über den ganzen heute bekannten Geschwindigkeitsbereich diejenigen Elektronendichten notiert, welche zur Erzeugung einer anfänglichen Schwärzung $S = 0,05$ ausreichen.

---

[1] Schumannplatten zeigen im Gebiet mittlerer Geschwindigkeiten den großen Vorteil, daß die Schwärzung weitgehend linear mit der Elektronendichte ansteigt.

Die Abhängigkeit der Empfindlichkeit von der Strahlgeschwindigkeit für sehr langsame Elektronen findet man bei drei verschiedenen Plattensorten in Abb. 43 aufgezeichnet. Unterhalb 22 e-Volt sind auch für allergrößte Elektronendichten (10^{-2} Coulomb/cm^2) keine Schwärzungen beobachtet worden. Oberhalb 22 e-Volt steigen alle Kurven ganz langsam an. Ein starkes Ansteigen wird erst bei etwa 35 e-Volt bemerkt, oberhalb dieser Geschwindigkeit braucht man zur Hervorrufung einer deutlichen Schwärzung nur etwa den hundertsten Teil der Ladungsdichte wie unterhalb. Von einer Sprungstelle bei 60 e-Volt an steigt die Empfindlichkeit der Schumannplatte streng geradlinig an, die Empfindlichkeiten der gelatinereicheren Platten sind von dort bis zu etwa 200 e-Volt geschwindigkeitsunabhängig und zeigen dann von 200 e-Volt ab aufwärts erst allmähliches und dann immer steileres Anwachsen der Empfindlichkeit. Die Ordinaten der Kurven von Abb. 43 sind bei 60 e-Volt alle willkürlich auf gleiche Höhe reduziert worden. Die absoluten Größen der Empfindlichkeitswerte an dieser Stelle entnehme man der Tabelle 4.

Mit weiter zunehmender Elektronengeschwindigkeit steigt — wie gesagt — die Empfindlichkeit der Platte erst langsam an, dann, in der Nähe von 25 e-KV, d. h. bei der Anregungsspannung des Silbers (hier wird die charakteristische Röntgenstrahlung angeregt) steigt sie schneller, um dann eine längere Strecke der Elektronenenergie proportional weiter zu wachsen. Erst bei größten Geschwindigkeiten nimmt die Empfindlichkeit wieder ab. Diese Abnahme erfolgt mit wachsender Geschwindigkeit immer schneller; bei Elektronen-

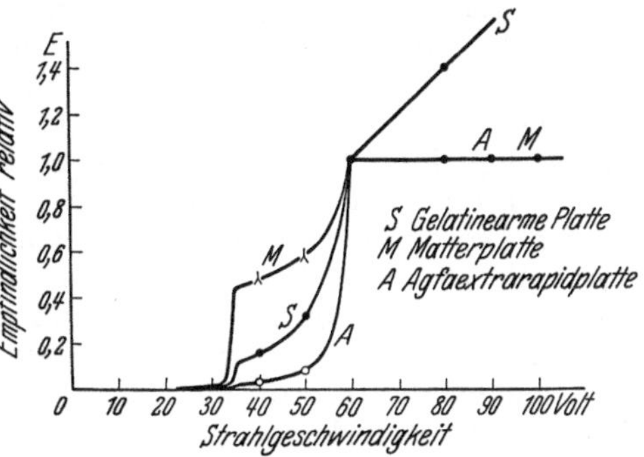

Abb. 43. Anfängliche Schwärzung von photographischen Platten bei konstanter Elektronendichte als Funktion der Elektronengeschwindigkeit. Nach WEIDNER.

geschwindigkeiten von einigen 100 e-KV sinkt sie sogar schneller als die reziproke Elektronenenergie[1]. Im Gebiet größter Empfindlichkeit gelingt günstigstenfalls der photographische Nachweis von etwa 10 Elektronen je Quadratzentimeter.

Wenn auch der Verlauf der Intensitätsschwärzungskurven durch die eben referierten Ergebnisse in großen Zügen bekannt ist, so muß für genaue Intensitätsbestimmungen aus Schwärzungen der photographischen Platte doch in allen Spezialfällen jedesmal eine den entsprechenden Bedingungen angepaßte Ausmessung der Schwärzungskurve vorgenommen werden. Handelt es sich um die Auswertung eines Diagramms, welches bei einer einheitlichen Elektronengeschwindigkeit erhalten wurde, so kommt man besonders schnell zum Ziel, wenn man das betreffende Diagramm mehrmals unter verschiedenen Expositionszeiten aufnimmt[2]. Die einzelnen auszuphotometrierenden Linien kommen in jeder dieser Aufnahmen im gleichen, aber unbekannten Intensitätsverhältnis vor, während in den verschiedenen Aufnahmen die Intensitätsverhältnisse für jede bestimmte Linie durch die Verhältnisse der Expositionszeiten bekannt sind. Vergleichen wir beispielsweise 2 Linien, die wir A und B nennen wollen, und die jedesmal gleichzeitig in den einzelnen verschieden stark exponierten Aufnahmen als $A'B'$, $A''B''$ usw. vorliegen. Gesucht ist dann das Intensitätsverhältnis

[1] ELLIS, C. D., u. G. H. ASTON: Proc. Roy. Soc., Lond. Bd. 119 (1928) S. 645.

[2] Ein ähnliches Verfahren wurde von H. B. DORGELO: Physik. Z. Bd. 26 (1925) S. 756 in der optischen Linienphotometrie erprobt. Anwendung dieses Verfahrens auf die Ausmessung von Elektronenbeugungsphotographien siehe bei H. MARK u. R. WIERL: Z. Physik Bd. 60 (1930) S. 741.

$A/B = A'/B' = A''/B''$; gegeben sind die Schwärzungen A, B, A', B', A'', B'' und die Intensitätsverhältnisse $A/A'/A'' = B/B'/B''$. Man zeichnet jetzt die beiden Intensitätsschwärzungskurven $A—A'—A''$ und $B—B'—B''$ auf: Ordinate = Schwärzung, Abszisse in logarithmischer Skala = relative Intensität, wobei für jede Kurve der schwärzeste Teil etwa A und B willkürlich zu 100% festgelegt wird. Schließlich nimmt man eine Abszissenverschiebung der einen Kurve $A—A'—A''$ vor, so daß sie die andere Kurve $B—B'—B''$ überdeckt. Diese Abszissenverschiebung ist infolge der log-Skala gleich dem gesuchten Intensitätsverhältnis A/B. Voraussetzung für die Anwendung der geschilderten Methode ist, daß die Linien A und B der gleichen Elektronengeschwindigkeit zugehören; für den Vergleich von Linien mit verschiedenen Elektronengeschwindigkeiten kompliziert sich diese Methode dadurch, daß man auf die auszumessende Platte noch ein bekanntes Vergleichsspektrum heraufphotographieren muß; wir können darauf nicht näher eingehen.

§ 6. Kathodenstrahlphosphoreszenz. Verschiedene Phosphore. Ökonomie und spezifische Helligkeit als Funktion der Elektronengeschwindigkeit. β-Szintillationen. Zum Zwecke rascher Orientierung über den Verlauf der Elektronenstrahlen ist der Phosphoreszenzschirm am meisten geeignet. So ist es z. B. zur Justierung eines Strahlengangs zweckmäßig, die Umgebung der Blenden, welche die Elektronen zu passieren haben, mit phosphoreszierender Substanz zu bedecken[1], so daß ein seitliches Abweichen aus der vorgeschriebenen Bahn sofort am Aufleuchten des Phosphors bemerkt wird. Weiter dient der Phosphoreszenzschirm zur Orientierung über räumliche Kathodenstrahlverteilungen an Stelle der photographischen Platte. Er erreicht zwar in allen solchen Fällen die Empfindlichkeit der Platte nicht, wo diese die Elektronenwirkung über längere Zeiten summieren kann. Jedoch verdient der Phosphoreszenzschirm den Vorzug überall da, wo sich die räumliche Elektronenverteilung rasch verändert, und wo ein Auswechseln der Platte Schwierigkeiten macht.

Zum Nachweis der Elektronenstrahlen kommen unter der großen Menge der heute bekannten phosphoreszierenden Substanzen[2] hauptsächlich folgende 4 Phosphore in Betracht: Die SIDOTsche Blende, die BALMAINsche Leuchtfarbe, das Kalziumwolframat und das LENARDsche Keton. Als Fluoreszenzschirme für schnelle Kathodenstrahlen sind auch gewöhnliche Glasplatten brauchbar, die zur Vermeidung von Aufladungen mit einem hauchdünnen Metallüberzug bestäubt sind[3].

Am häufigsten wird die grünleuchtende SIDOTsche Blende (Zn-S-Phosphor) verwendet[4], und zwar wegen ihrer großen Leuchtkraft und wegen ihrer Haltbarkeit und Beständigkeit z. B. gegenüber Feuchtigkeitseinflüssen. Ebenfalls sehr günstige Lichtausbeute ergibt die bläulich strahlende BALMAINsche Leuchtfarbe (Ca-S-Phosphor) mit 0,24 pro Mille Wismutzusatz; dieser Phosphor hat aber die unangenehme Eigenschaft, sehr lange noch nach Aufhören des Elektronenbombardements nachzuleuchten. Im Gegensatz hierzu leuchtet reines

---

[1] Zu diesem Zweck trägt man alkoholische Schellacklösung oder auch eine Wasserglaslösung möglichst dünn auf die Metalloberfläche und pudert darüber die phosphoreszierende Substanz.

[2] Allgemeines über Phosphore und deren Zusammensetzung siehe bei P. PRINGSHEIM: Fluoreszenz und Phosphoreszenz. Berlin 1929. — Ferner bei P. LENARD, F. SCHMIDT u. R. TOMASCHEK in WIEN-HARMS Handbuch der Experimentalphysik Bd. 23 (1928).

[3] Siehe z. B. M. KNOLL u. E. RUSKA: Ann. Physik Bd. 12 (1932) S. 613.

[4] GIESEL, F., u. J. ZENNECK: Physik. Z. Bd. 10 (1909) S. 377. — ROGOWSKI, W., u. E. RÜHLEMANN: Arch. Elektrotechn. Bd. 24 (1930) S. 691. — KNOLL, M.: Z. techn. Physik Bd. 12 (1931) S. 54. — Ein für den Kathodenstrahlnachweis ganz besonders geeignetes Präparat wird von Buchlers Chininfabrik in Braunschweig hergestellt.

Kalziumwolframat[1] fast gar nicht nach. Diese Substanz eignet sich auch wegen ihres kurzwelligen violetten Lichtes besonders zur Sensibilisierung photographischer Platten für Kathodenstrahlen, bzw. sie wird vorteilhaft angewendet, wo das Bild des Phosphoreszenzschirms mit einer außerhalb der Versuchsapparatur stehenden photographischen Kamera aufgenommen werden soll. Kalziumwolframat hat aber den großen Nachteil, relativ stark auf Röntgenstrahlen zu reagieren, so daß es überall dort, wo diese anwesend sind, zum Nachweis der Elektronen ungeeignet ist. In diesem Falle sind aber phosphoreszierende Substanzen, die aus leichten Atomen bestehen, gut brauchbar; so z. B. ganz besonders das LENARDsche Keton, das ist das Pentadezylparatolylketon[2]. Dieses leuchtet kaum nach, reagiert kaum auf Röntgenstrahlen, vermag aber noch $5 \cdot 10^{-17}$ Coulomb/cm^2 Elektronen von ca. 10 e-KV, die mit einem Entladungsschlage herankommen, als eben gut sichtbares Leuchten nachzuweisen[3].

Die Phosphoreszenz bei Kathodenstrahlerregung ist ganz ähnlich wie bei Lichterregung, jedoch bemerkt man bei beiden Erregungsarten charakteristische Unterschiede[4], z. B. sind zur Erzielung optimaler Lichtausbeuten die quantitativen Verhältnisse in der chemischen Zusammensetzung, besonders was den Schwermetallzusatz anlangt, in beiden Fällen verschieden zu wählen. Die Wellenlängen im Emissionsspektrum eines Phosphors sind zwar von der Erregungsart unabhängig, aber die spektrale Intensitätsverteilung ist bei beiden Erregungsarten eine andere[5].

Für quantitative Messungen ist die Abhängigkeit der Lichtausbeute von der Elektronendichte und -geschwindigkeit wichtig. Für nicht zu große Elektronendichten findet man genaue Proportionalität zwischen Leuchtintensität und Elektronendichte. Bei gleichbleibender Elektronendichte wächst die Leuchtintensität mit der Elektronengeschwindigkeit, und zwar von den kleinsten Geschwindigkeiten (100 e-Volt) so allmählich, daß kein Schwellenwert aufzufinden ist. Von etwa 1 e-KV ab wächst sie proportional der Voltgeschwindigkeit der Elektronen und bleibt oberhalb etwa 3 e-KV allmählich wieder hinter dieser Proportionalität zurück. In Abb. 44 findet man beispielsweise für die blaue Spektralbande eines Ca-S-Bi-Phosphors die spezifische Helligkeit, das ist die zur Elektronenstromdichte 1 Amp./cm^2 gehörige Leuchtintensität pro Quadratzentimeter als Funktion der Elektronenvoltgeschwindigkeit aufgetragen. Ähnliches Verhalten wie das in Abb. 44 behandelte Beispiel zeigen auch die anderen Banden, aus denen sich das Phosphoreszenzspektrum zusammensetzt, und zwar bei allen bisher untersuchten Phosphoren.

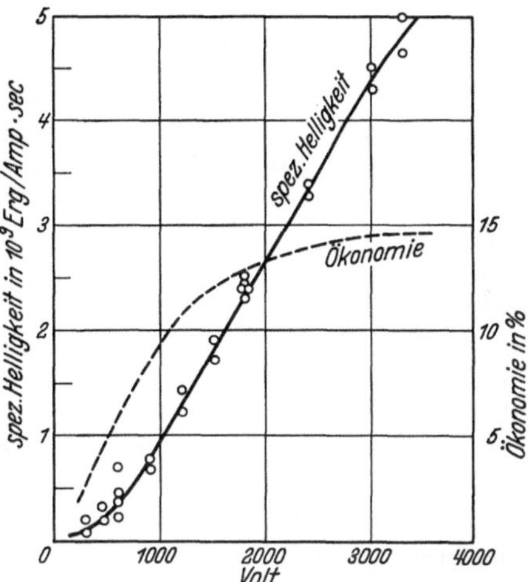

Abb. 44. Ökonomie und spezifische Helligkeit der blauen Bande des Ca-S-Bi-Phosphors. Nach ERNST.

<hr>

[1] Untersuchungen über die Helligkeit des Leuchtens von Kalziumwolframat siehe bei A. GÜNTHERSCHULZE u. F. KELLER: Z. Physik Bd. 77 (1932) S. 528.

[2] Zur Herstellung von Schirmen tränkt man Zigarettenpapier mit der geschmolzenen Substanz.

[3] LENARD, P.: Ann. Physik u. Chem. Bd. 51 (1894) S. 230.

[4] STADLER, R.: Ann. Physik Bd. 80 (1926) S. 741.

[5] ERNST, H. W.: Ann. Physik Bd. 82 (1927) S. 1051.

In Abb. 44 ist außerdem eingetragen der Verlauf der besonders vom beleuchtungstechnischen Standpunkt aus wichtigen Ökonomie des Phosphoreszenzvorgangs, und zwar als der Quotient der (z. B. in Erg gemessenen) Lichtstrahlung der betrachteten Bande zur auffallenden Elektronenenergie. Diese Ökonomie ist in den meisten Fällen am größten bei etwa 2—4 KV Elektronengeschwindigkeit und erreicht bei unserem besonders günstigen Spezialbeispiel dort fast 15%, übertrifft also sogar unsere günstigsten Glühlampen. Dieser Vorsprung des Phosphors vor der Glühlampe wird sogar noch größer, wenn man in beiden Fällen die Lichtmenge, die man pro Watt zugeführter elektrischer Energie erhält, photometrisch ermittelt. Denn bei 100% Ökonomie würde z. B. bei der spektralen Intensitätsverteilung der Hefnerkerze ein Watt nur 9 HK äquivalent sein; strahlt aber die Lichtquelle allein im Reizmaximum unserer Netzhaut (grüngelb), so entsprechen bei 100% Ökonomie 65 HK einem Watt. Bei geringeren Spannungen, z. B. der einer Lichtleitung (220—440 Volt), ist die Ökonomie der Phosphoreszenz allerdings so klein, daß dort ein Phosphor eine technisch sehr unökonomische Lichtquelle darstellt[1].

Bei sehr großen Elektronengeschwindigkeiten wird wegen der großen Eindringungstiefe der Elektronen ihre Phosphoreszenzerregung relativ unökonomisch. Zum Beispiel gelingt es nie, von einzelnen β-Strahlen solche Szintillationen zu sehen, wie man sie von α-Teilchen mit ähnlicher kinetischer Energie leicht erhalten kann. Offenbar reicht die vom β-Strahl dem phosphoreszierenden Kriställchen zugeführte Energie nie zur Erzeugung eines sichtbaren Lichtblitzes aus. Zum Beispiel ist der Durchmesser eines Sidot-Blende-Kriställchens 25 μ. Man schätzt, daß ein β-Teilchen von RaE auf seinem Wege durch ein solches Kriställchen nur etwa 14 e-KV von seiner etwa 300 e-KV betragenden Anfangsenergie verliert. Von Untersuchungen der Szintillation des α-Teilchens wissen wir, daß diesem Energieverlust eine Phosphoreszenzausstrahlung von etwa 660 Quanten grünen Lichts entspricht. Gebraucht man ein Mikroskop von z. B. einer numerischen Apertur 0,65, so treten in unserem Falle nur 80 Lichtquanten ins Auge ein. Nun ist aber nachgewiesen worden, daß unter solchen Umständen etwa 300 Lichtquanten notwendig sind, damit eine Szintillation sichtbar wird, infolgedessen ist die Szintillation des Einzel-β-Teilchens zu schwach, als daß sie gesehen werden könnte. Lichteindrücke werden erst wahrgenommen, wenn viele β-Teilchen ein Kriställchen innerhalb der Relaxationszeit unseres Auges (d. h. innerhalb $^1/_{10}$ sec) treffen, und zwar ist nach experimentellen Befunden die Elektronendichte hierfür mindestens so groß zu wählen, daß 70 β-Teilchen pro Sekunde auf ein Zn-S-Kriställchen auftreffen[2].

Kapitel 4.

Ladung und Masse des Elektrons.

§ 1. **Bestimmung der Elementarladung: a) Einzeltröpfchenmethode, b) Nebelmethoden, c) e aus der Valenzladung und der aus Röntgenmessungen ermittelten LOSCHMIDTschen Zahl, d) aus dem Schroteffekt, e) aus der Erhöhung der Glühemission durch äußere Felder, f) EDDINGTONs Spekulation.** Die Elektronenladung e kann heute als wichtigste allgemeine physikalische Konstante gelten, da eine sehr große Anzahl wichtiger anderer physikalischer Konstanten auf dem e-Wert basieren. Aus diesem Gesichtspunkt heraus sind eine ganze Reihe, auf

---

[1] KORDATZKI, W., A. SCHLEEDE u. F. SCHRÖTER: Physik. Z. Bd. 27 (1926) S. 392.
[2] CHARITON, J., u. C. A. LEA: Proc. Roy. Soc., Lond. Bd. 122 (1928) S. 335.

verschiedensten Methoden beruhender Präzisionsbestimmungen ausgeführt worden. Wir wollen als Resultat den Wert

$$e = (4{,}770 \pm 0{,}01) \cdot 10^{-10}\,\mathrm{ESE} = (1{,}591 \pm 0{,}003) \cdot 10^{-19}\,\mathrm{Amp./sec}$$

vorwegnehmen, welchen wir allen Angaben dieses Buches zugrunde legen. Dieser e-Wert ergab sich aus jahrelangen Versuchen nach der sog. ,,Einzeltröpfchenmethode‘‘[1]. Bei dieser wird ein kleines Tröpfchen, z. B. ein Öltröpfchen, dessen Radius von der Größenordnung $\approx 1\,\mu$ sein soll, ultramikroskopisch beobachtet. Das Tröpfchen hat, z. B. durch Anlagerung eines Ions im ionisierten Gase, ein elektrisches Elementarquantum aufgenommen. Es fällt nun in der Luft mit konstanter Geschwindigkeit herab; aus dieser Fallgeschwindigkeit wird zunächst die Größe bzw. das Gewicht des Tröpfchens gewonnen. Denn durch das Gesetz von STOKES[2]

$$\Re_0 = 6\,\pi\,r\,\eta\,u \tag{1}$$

ist der Reibungswiderstand $\Re_0$ eines mit der Geschwindigkeit u im Medium von der Viskosität η bewegten Kügelchens vom Radius r bestimmt. Ein fallendes Tröpfchen nimmt eine konstante Geschwindigkeit an, sobald der Reibungswiderstand die Größe der nach abwärts gerichteten Kraft = (Gewicht minus Auftrieb)

$$\Re_1 = \tfrac{4}{3}\,\pi\,r^3\,(\varrho_1 - \varrho_2)\,g \tag{2}$$

erreicht hat, wo ϱ_1 die Dichte des Tröpfchens, ϱ_2 diejenige des umgebenden Mediums (Luft) und g die Erdbeschleunigung bedeutet. Die Geschwindigkeit u_1 des unter dem Einfluß der Schwerkraft fallenden Tröpfchens ergibt sich also durch Gleichsetzung von Gl. (1) und (2). Betrachtet man nun ein solches Tröpfchen in einem elektrischen Felde, dessen (negative) Feldstärke $\mathfrak{E}$ der Schwerkraft entgegengesetzt gerichtet ist, so wird das mit der Elementarladung e geladene Tröpfchen eine Kraft

$$\Re_2 = e \cdot \mathfrak{E}$$

erfahren. Aus $\Re_0 = \Re_1 - \Re_2$ ergibt sich dann die Steiggeschwindigkeit des Tröpfchens im Felde zu:

$$u_2 = \frac{\Re_1 - \Re_2}{6\,\pi\,r\,\eta} = \frac{\tfrac{4}{3}\,\pi\,r^3\,(\varrho_1 - \varrho_2)\,g - e \cdot \mathfrak{E}}{6\,\pi\,r\,\eta}. \tag{3}$$

Durch Elimination von r erhält man aus Gl. (2) und (3) die Elektronenladung

$$e = \frac{u_1 - u_2}{\mathfrak{E}} \cdot 18\,\pi\,\eta \cdot \sqrt{\frac{\eta\,u_1}{2\,g\,(\varrho_1 - \varrho_2)}}. \tag{4}$$

Abb. 45 zeigt eine Versuchsanordnung, mit der die besten Präzisionsbestimmungen der Elektronladung ausgeführt wurden. In einem großen Ölbad G, welches eine weitgehende Temperaturkonstanz sichert, ist ein Kupfergefäß K angebracht. Dieses ist sehr massiv und vollkommen dicht, so daß der Druck in ihm variiert werden kann (Manometer S, Pumpstutzen e). Im Inneren von K befindet sich der eigentliche Versuchskondensator, bestehend aus den planparallelen Metallplatten M, N, deren Abstand mit $0{,}01\,{}^0/_0$ Sicherheit angegeben wird. Zur Erzeugung der zur Beschleunigung der Öltröpfchen notwendigen Feldstärke $\mathfrak{E} = V/d$ wird durch die Batterie B die Potentialdifferenz V Volt an die Kondensatorplatten angelegt. Die zu beobachtenden Öltröpfchen werden

---

[1] MILLIKAN, R. A.: Physic. Rev. Bd. 2 (1913) S. 136; Bd. 35 (1930) S. 1231. — Ein besonders einfacher Demonstrationsversuch siehe bei E. REGENER: Physik. Z. Bd. 12 (1911) S. 135.

[2] Das hier zugrunde gelegte STOKESsche Gesetz gilt nur näherungsweise (R. A. MILLIKAN: Physic. Rev. Bd. 1 (1913) S. 218). Für seine Präzisionsmessungen wandte MILLIKAN ein graphisches Verfahren zur Elimination des unbekannten Fallgesetzes an.

von einer Zerstäubungsanlage A geliefert und fallen durch das kleine in M eingebohrte Loch p in den Beobachtungsraum zwischen M und N. Hier werden sie durch die Beleuchtungsvorrichtung a, w, d belichtet und durch ein zehn- bis hundertfach vergrößerndes Mikroskop (in Abb. 45 nicht gezeichnet), welches im Winkel von 60° gegen die Beleuchtungsvorrichtung aufgestellt ist, beobachtet. Die Geschwindigkeit der Tröpfchen wird mit Okularskala und Stoppuhr festgestellt. Schließlich ist X eine Röntgenröhre, durch deren Strahlung einem Luftmolekül oder dem Öltröpfchen selbst photoelektrisch Elektronen entrissen werden können. Die Tröpfchen werden also hier durch den Photoeffekt entweder direkt oder indirekt durch Anlagerung eines aufgeladenen Luftmoleküls bzw. eines aus diesem Molekül befreiten Elektrons auf den Betrag einer oder mehrerer (positiver bzw. negativer) Elementarladungen aufgeladen. Die Ele-

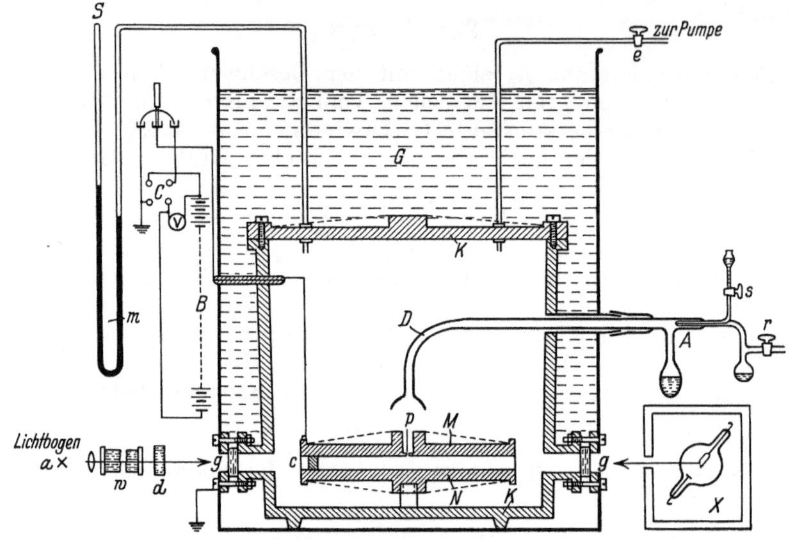

Abb. 45. Versuchanordnung zur Einzeltröpfchenmethode. Nach MILLIKAN.

mentarladung selbst erhält man als größten gemeinsamen Teiler der einzelnen Tröpfchenladungen.

Die Einzeltröpfchenmethode hat sich aus der Nebelmethode entwickelt, bei welcher eine ganze Wolke von geladenen Tröpfchen erzeugt wurde, z. B. durch die bei der Elektrolyse von Gasen mitgerissenen Flüssigkeitsteilchen[1] oder durch adiabatische Expansion vorher bestrahlten Wasserdampfs[2]. Aus der Fallgeschwindigkeit der Nebelwolke ergibt sich das mittlere Gewicht der einzelnen Tröpfchen, aus dem Gewicht der ganzen kondensierten Wassermenge die Zahl N der Tröpfchen. Bestimmt man noch elektrometrisch die Gesamtladung Q der Tröpfchen, so ergibt sich daraus $e = Q/N$. Der große Fortschritt der Einzeltröpfchenmethode gegenüber den erwähnten Vieltröpfchenmethoden besteht in der präzisen, durch die statistischen Schwankungen der Tröpfchengröße unbeeinflußten Einzelbeobachtung, welche zum erstenmal die genau definierte, quantenhafte und nicht unterteilbare Größe der Elementarladung ergeben hat[3].

---

[1] TOWNSEND, J. S.: Philos. Mag. Bd. 45 (1898) S. 125, 469.

[2] THOMSON, J. J.: Philos. Mag. Bd. 46 (1898) S. 528; Bd. 5 (1903) S. 354. — WILSON, H. A.: Ebenda Bd. 5 (1903) S. 429.

[3] EHRENHAFT und seine Mitarbeiter, welche ebenfalls nach der Einzeltröpfchenmethode Beobachtungen angestellt haben, bezweifelten viele Jahre lang die Existenz eines bestimmten

Eine andere Methode zur Präzisionsbestimmung von e geht über die Messung der Valenzladung F und der LoschmidTschen Zahl L. Die Elektrolyse, welche überhaupt den Ausgangspunkt der Elektronenvorstellung gegeben hat, lieferte die erste Möglichkeit einer Abschätzung der Größe des elektrischen Elementarquantums. Vom Äquivalentgewicht (das ist Atomgewicht/Wertigkeit, also z. B. bei Kupfer 63/2 g), wird bei der Elektrolyse unabhängig von der betreffenden Substanz immer ein und dieselbe Elektrizitätsmenge, die sog. Valenzladung, transportiert. Diese Valenzladung F ist gleich der LoschmidTschen Zahl L (= Zahl der Moleküle in Mol.) multipliziert mit der Elektronenladung e:

$$F = e \cdot L \,. \tag{5}$$

Während nun die Valenzladung seit langem mit größter Genauigkeit bestimmt werden konnte, ist es erst in letzter Zeit gelungen, eine hiervon unabhängige Methode der Präzisionsbestimmung der LoschmidTschen Zahl und dadurch auch eine Präzisionsbestimmung der Elektronenladung zu erreichen. Die neue Methode[1] der L-Bestimmung geht über die Bestimmung der absoluten Wellenlänge von Röntgenstrahlen, welche mit geritzten optischen Strichgittern aus dem Beugungswinkel bei streifender Inzidenz mit hoher Genauigkeit erhalten werden kann[2].

Mit einer genau bekannten Wellenlänge λ eines monochromatischen Röntgenstrahls kann man dann durch Beugungsversuche am Kristall den Netzebenenabstand d dieses Kristalls ausmessen. (d ist z. B. beim Steinsalzkristall der Abstand eines Na-Atoms von einem Cl-Atom.) Man erhält nämlich d nach der bekannten BraGGschen Gleichung

$$n \cdot \lambda = 2\,d \cdot \sin \varphi \tag{6}$$

durch Messung der Beugungsglanzwinkel φ; n ist eine ganze Zahl, die Ordnungszahl der Beugung. Über den so bekannt gewordenen Netzebenenabstand d erhält man — bei anderweitig bekanntem spezifischen Gewicht ϱ und Atomgewicht A — nunmehr sofort die gesuchte LoschmidTsche Zahl L [also nach Gl. (5) auch die Elementarladung e] aus der Beziehung:

$$d^3 \cdot \varrho = \frac{A}{L} \,. \tag{7}$$

Diese Beziehung setzt das mittlere Gewicht der Elementarzelle eines geeigneten Kristalls gleich dem mittleren Gewicht des Einzelatoms A/L (z. B. bei NaCl ist $A = \dfrac{23,0 + 35,5}{2}$).

Neben den genannten fundamentalen Präzisionsmethoden gibt es noch eine Reihe anderer Verfahren zur Messung der Elektronenladung, welche zwar keine derartig genauen Werte geliefert haben, die aber trotzdem für die Elektronik

---

Elementarquantums und glaubten, den Wert der Ladungseinheit nur als einen statistischen Mittelwert bestätigen zu können. Diese Ansicht muß heute als endgültig widerlegt angesehen werden.

[1] Die beste von den älteren Methoden zur direkten Bestimmung der LoschmidTschen Zahl benutzt die Konzentrationszunahme kolloidaler Teilchen in dem bei der BrownSchen Bewegung erreichten Sedimentationsgleichgewicht. — WESTGREN, A.: Z. anorg. allg. Chem. Bd. 95 (1915) S. 231.

[2] BÄCKLIN, E.: Dissert., Upsala 1928. — CORK, J. M.: Physic. Rev. Bd. 35 (1930) S. 1456. — BEARDEN, J. A.: Ebenda Bd. 37 (1931) S. 1210; Bd. 38 (1931) S. 2089. Man erhält so (BEARDEN, a. a. O.) aus Resultaten am Kalkspat schließlich $e = (4,806 \mp 0,003) \cdot 10^{-10}\,\mathrm{ESE}$. Möglicherweise erhält man diesen über Erwarten großen e-Wert infolge von Kristallunvollkommenheiten, welche einen zu kleinen L-Wert bedingen; doch ist eine endgültige Entscheidung zwischen diesem e-Wert und dem aus der Einzeltröpfchenmethode gewonnenen heute noch nicht gefallen.

von prinzipiellem Interesse sind. Wir führen zunächst die auf dem sog. „Schroteffekt" beruhenden Präzisionsmessungen an. Unter dem Schroteffekt versteht
man gewisse Schwankungserscheinungen bei der Emission eines sehr schwachen
elektrischen Stromes. Ein solcher intensitätsschwacher Strom ist nämlich, wie
wir bereits in Kap. 1 § 3 ausgeführt haben, entsprechend den zufälligen Häu-
fungen unabhängig voneinander durch den Strahlquerschnitt tretender Elektronen, gewissen unregelmäßigen Schwankungen unterworfen. Es lassen sich
hierauf, wie gesagt, die Wahrscheinlichkeitsgesetze für gänzlich ungeordnete
Verteilung von gleichartigen Elementarereignissen anwenden. Bezeichnet man

mit M die gemittelte Teilchenzahl pro Sekunde, mit $\overset{t}{\underset{0}{\sum}} N$ die tatsächlich im
Zeitintervall t übergehende Zahl, so ist nach Gl. (12) von Kap. 1 die Abweichung
vom Mittelwert durch den mittleren Fehler $\delta = \sqrt{M \cdot t}$ bestimmt. Bezeichnen
wir mit

$$J = eM \tag{8}$$

den über lange Zeiträume gebildeten Mittelwert des Emissionsstroms, mit

$$I = \frac{e}{t} \sum_0^t N \tag{9}$$

den Mittelwert des Stroms im Zeitintervall t, so ergibt sich für die mittlere
Stromschwankung

$$j = I - J = \frac{e}{t} \sum_0^t N - e \cdot M = \frac{e}{t} \sqrt{M \cdot t} = \sqrt{\frac{e}{t} J}. \tag{10}$$

Es wäre also prinzipiell möglich, die mittlere Stromstärke J und j die mittlere
Abweichung davon, während des Zeitintervalls t zu messen, und schließlich
daraus die Größe der Elementarladung e zu berechnen[1].

Praktisch ist die Messung der Stromschwankungen nicht direkt durchführbar. Dagegen gelingt es, wie z. B. in Abb. 46 schematisch angedeutet ist,
die infolge des Schroteffekts am Ent-
ladungsrohr R auftretenden Spannungsschwankungen auf einen Schwingungskreis zu übertragen, der parallel zu R
geschaltet ist, und dessen Widerstand W,
Kapazität C und Selbstinduktion L bekannt sind. Die dort angeregte Schwin-
gungsamplitude ist nach Verstärkung
durch einige Verstärkerröhren V der
Messung zugänglich: Zum Beispiel wird

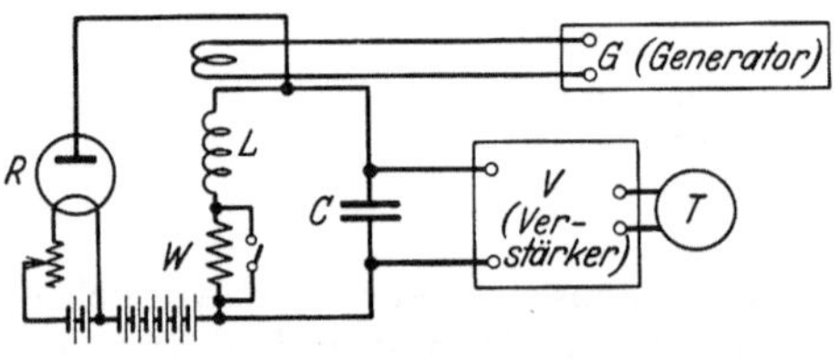
Abb. 46. Messung der Elektronenladung
mit Hilfe des Schroteffekts.

bei genau bekanntem Verstärkungsfaktor der Anordnung der verstärkte Endstrom
mit einem Thermokreuz T gemessen bzw. mit dem Endeffekt eines sinusförmigen
Wechselstroms verglichen, der vom Generator G mit genau bekannter Amplitude
auf den Schwingungskreis übertragen werden kann. Das Prinzip dieser Methode
macht man sich leicht an Hand einer mechanischen Analogie klar: Ein schweres
Fadenpendel hänge in einer Flüssigkeit, so daß es durch eine — der Elongation
aus seiner Ruhelage proportionale — Kraft in die Ruhelage zurückgetrieben
und durch einen Reibungswiderstand proportional seiner Geschwindigkeit ge-

[1] SCHOTTKY, W.: Ann. Physik Bd. 57 (1918) S. 541; WIEN-HARMS Handbuch der Experimentalphysik Bd. 13 II (1928) S. 270. — FÜRTH, R.: Physik. Z. Bd. 23 (1922) S. 354. —
Quantenmechanisch: H. FRÖHLICH: Z. Physik Bd. 71 (1931) S. 715.

bremst wird. Läßt man jetzt in vollständig unregelmäßiger Reihenfolge viele kleine gleich schwere und gleichgerichtete Geschosse gegen das schwere Pendel fliegen, so wird dieses unregelmäßig um seine Ruhelage pendeln mit einer Amplitude, deren mittleres Quadrat der Masse der Geschosse proportional ist. Die Berechnung der Elektronenladung aus der Amplitude des in bekannter Weise dimensionierten elektrischen Schwingungskreises wird nach einer Entwicklung der Schwankungen des Glühelektronenstroms in eine FOURIERsche Reihe ausgeführt, wobei dann berücksichtigt werden muß, daß jede Komponente dieser Reihe in verschiedenem Verhältnis verstärkt wird. Bei 725000 Perioden pro Sekunde ($\lambda = 415$ m) konnten mit Hilfe eines abgestimmten Hochfrequenzverstärkers und eines Thermoelementes als Indikator einigermaßen präzise Bestimmungen ausgeführt werden[1]. Die genauesten Resultate konnten erreicht werden, indem statt des abgestimmten Schwingungskreises einfach ein Ohmscher Widerstand (ca. 50000 Ω), also ein aperiodischer Kreis, verwendet wurde[2]. Bei Frequenzen von ca. 10^5 Per/sec und mit einer ca. 10^6 fachen Spannungsverstärkung resultierte ein e-Wert, welcher innerhalb der angegebenen maximalen Fehlergrenze von $1\,\%$ mit dem nach der Einzeltröpfchenmethode gewonnenen e-Wert übereinstimmt. Die Genauigkeit der Messung ist in erster Linie durch störende Raumladungseffekte begrenzt; Versuche an intensitätsarmen lichtelektrisch ausgelösten Strömen[3] haben bisher noch keine genaueren Resultate ergeben.

Bei einer anderen Methode wird die Erhöhung der glühelektrischen Emission durch äußere elektrostatische Felder gemessen. Ist J_0 der Emissionsstrom einer Glühkathode bei der absoluten Temperatur T und bei unendlich schwachen äußeren Feldern, so läßt sich — wie in Kap. 9 noch ausführlich begründet werden soll — der Emissionsstrom J bei einem außen angelegten Feld $\mathfrak{E}$ angeben zu:

$$J = J_0 \exp\left(\frac{e^{\frac{3}{2}}\,\mathfrak{E}^{\frac{1}{2}}}{k\,T}\right),\qquad (11)$$

wo $k = Re/F$ die BOLTZMANNsche Konstante bedeutet. Setzt man nun für die Gaskonstante R und die Valenzladung F die anderweitig bekannten Werte ein und mißt $\mathfrak{E}$ in Volt/cm, J in Ampere, so ergibt sich aus Gl. (11) die Elektronenladung:

$$e = 1{,}311\; T^2 \left(\frac{\varDelta \lg J}{\varDelta\,\mathfrak{E}^{\frac{1}{2}}}\right)^2 \cdot 10^{-10}\;\text{ESE}.\qquad (12)$$

Derartige Messungen haben wegen der großen experimentellen Schwierigkeiten bisher nur e-Werte mit einer Genauigkeit von ein paar Prozent ergeben[4], immerhin sollten sie bei ihrer prinzipiellen Originalität hier nicht unerwähnt bleiben.

Schließlich sei wegen ihres allgemeinen Interesses eine zum e-Wert führende Spekulation erwähnt, welche zwar auf komplizierten theoretischen Überlegungen basiert, die nicht als bindend angesehen werden können, die aber in erstaunlicher Weise frei von speziellen Voraussetzungen sind. Aus dem PAULIschen Ausschließungsprinzip (siehe Kap. 7) und aus der DIRACschen Theorie (siehe Kap. 5) wird gefolgert[5], daß zur vollkommenen Bestimmung des Elektrons 16 Koordinaten in einem 16 dimensionalen Raum-Zeit-Kontinuum notwendig sind. Die elektrischen Abstoßungskräfte zweier Elektronen können nun auf quantenmecha-

---

[1] HULL, J. W., u. N. H. WILLIAMS: Physic. Rev. Bd. 25 (1925) S. 147.
[2] WILLIAMS, N. H., u. H. B. VINCENT: Physic. Rev. Bd. 28 (1926) S. 1250.
[3] KINGSBURY, B. A.: Physic. Rev. Bd. 38 (1931) S. 1458.
[4] BRUYNE, N. A. DE: Proc. Roy. Soc., Lond. Bd. 120 (1929) S. 423.
[5] EDDINGTON, A. S.: Proc. Roy. Soc., Lond. Bd. 122 (1929) S. 358; Bd. 126 (1930) S. 696; Bd. 138 (1932) S. 17.

nische Wechselwirkungen zurückgeführt werden; man kann die beiden Elektronen in symmetrischer Weise zum Austausch bringen. Man erhält hieraus für das Elektronenpaar 136 Freiheitsgrade als verallgemeinerte Rotationen und Translationen im Raume plus 1 Freiheitsgrad, welcher sich auf die Änderung des Intervalls zwischen beiden Elektronen bezieht. Die Zahl dieser 137 Freiheitsgrade soll identisch sein mit dem reziproken Wert der SOMMERFELDschen Feinstrukturkonstanten[1]: $\alpha = \dfrac{2\,\pi\,e^2}{h\,c}$, so daß hierdurch der Wert des elektrischen Elementarquantums auf die Werte des Wirkungsquants h und der Lichtgeschwindigkeit c zurückgeführt ist.

§ 2. Spezifische Elektronenladung: Direkte Bestimmung mit Hilfe a) elektrischer Beschleunigung und magnetischer oder sonstiger Geschwindigkeitsmessung, b) elektrischer und magnetischer Querfelder. Von größter Wichtigkeit für unsere ganze Elektronik ist die genaue Kenntnis der sog. „spezifischen Elektronenladung" $= e/m =$ Verhältnis von Ladung und Masse des freien Elektrons. Die Bestimmung von e/m-Werten ist das Ziel sehr zahlreicher experimenteller Arbeiten gewesen. Über 50 e/m-Bestimmungen liegen heute vor; die älteren dienten hauptsächlich zur Klärung der Natur der Kathodenstrahlung; spätere Messungen dienten der Präzisionsbestimmung des e/m-Wertes selbst und seiner Abnahme mit wachsender Elektronengeschwindigkeit[2]. Wir können das schließliche Ergebnis der vielen Arbeiten und langjährigen Forschungen vorausnehmen, indem wir angeben:

$$e/m = (1{,}761 \pm 0{,}002) \cdot 10^8 \ \text{Amp.sec/gramm}.$$

Ferner: Die Änderung dieses Wertes bei wachsender Geschwindigkeit erfolgt nach der Relativitätstheorie:

$$\frac{e/m}{e/m_0} = \sqrt{1 - \beta^2}$$

durch Masseänderung (siehe Kap. 1), während die Ladung konstant bleibt. (β bedeutet hier wieder das Verhältnis der Elektronengeschwindigkeit zur Lichtgeschwindigkeit.)

Die direkten e/m-Bestimmungen arbeiten mit einer Beschleunigung bzw. Ablenkung des Elektrons in elektrischen und magnetischen Feldern. Es ist hierbei immer irgendeine Kombination der beiden Felder nötig, um so die Elektronengeschwindigkeit eliminieren zu können. Unter den bisher praktisch angewendeten Kombinationen lassen sich 2 große Gruppen unterscheiden:

1. Methoden der elektrischen Beschleunigung und magnetischen Ablenkung,
2. Methoden des elektrischen und magnetischen Querfeldes.

Bei der ersten Gruppe erhalten die Elektronen zunächst ihre Geschwindigkeit durch ein bekanntes elektrisches Potentialgefälle V, dann werden die Radien ϱ ihrer Kreisbahnen im bekannten homogenen Magnetfeld $\mathfrak{H}$ gemessen[3]. Es ergibt sich nach Kap. 1 und 2:

$$\frac{e}{m} = \frac{2\,V}{\mathfrak{H}^2 \varrho^2} \cdot 10^9 \tag{13}$$

---

[1] Nach den hier zugrunde gelegten Werten von e, h, c würde sich $1/\alpha = 137{,}29$ ergeben, siehe Tabelle 1.

[2] Zusammenfassend: A. BESTELMEYER im Handbuch der Radiologie Bd. 5. Leipzig 1919. — W. GERLACH im Handbuch der Phys. von GEIGER-SCHEEL Bd. 22 (1926) S. 41.

[3] Siehe z. B. A. SCHUSTER: Proc. Roy. Soc., Lond. Bd. 47 (1890) S. 526. — P. LENARD: Ann. Physik Bd. 64 (1898) S. 279. — Ferner die Präzisionsbestimmungen: E. ALBERTI: Ann. Physik Bd. 39 (1912) S. 1133. — J. CLASSEN: Physik. Z. Bd. 9 (1908) S. 762. — A. BESTELMEYER: Ann. Physik Bd. 35 (1911) S. 909.

in Amp.sec/gramm, wenn V in Volt, $\mathfrak{H}$ in Gauß und ϱ in Zentimetern gemessen wird. Als Beispiel der Methode elektrischer Beschleunigung und magnetischer Ablenkung sei eine Anordnung in Abb. 47 skizziert. Hier gehen die Elektronen von der Glühkathode K aus, werden zur Anode A durch ein bekanntes Potentialgefälle von ca. 1000 Volt beschleunigt. Nachdem sie dann unter dem Einfluß eines senkrecht zur Zeichenebene verlaufenden Magnetfeldes ihre halbkreisförmige Bahn durchlaufen haben, treffen sie auf eine photographische Platte P. Es wird die gleiche Aufnahme bei kommutiertem Magnetfeld wiederholt; ϱ ist dann gleich dem vierten Teil des Abstandes der beiden Schwärzungspunkte.

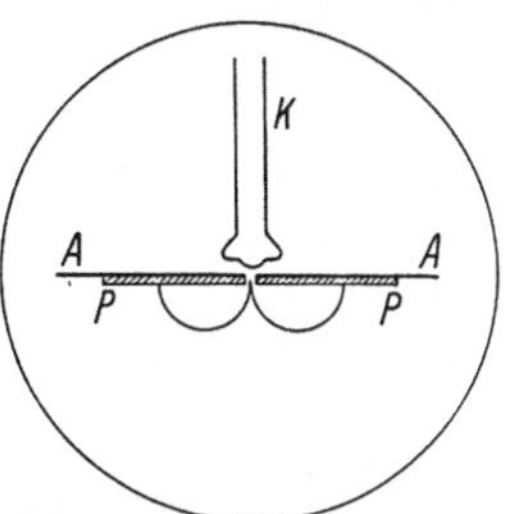

Abb. 47. *e/m*-Bestimmung.
Nach CLASSEN.

Zu unserer Gruppe 1 gehört ferner die *e/m*-Bestimmung mit der Magnetronanordnung[1] (siehe Kap. 2 § 1, Abb. 19). Hier werden die von einem axialen Draht ausgehenden und gegen eine Zylinderfläche elektrisch beschleunigten Elektronen durch ein diesem elektrischen Feld überlagertes transversales Magnetfeld abgelenkt. Dieses Magnetfeld wird so lange gesteigert, bis gerade keine Elektronen mehr auf dem Zylinder ankommen. *e/m* ergibt sich aus der HULLschen Gleichung [Kap. 2, Gl. (10)].

Ebenfalls zu Gruppe 1 gehört eine Präzisionsmethode zur *e/m*-Bestimmung, welche von der in Kap. 2 beschriebenen konzentrierenden Wirkung eines longitudinalen Magnetfeldes auf ein divergentes Elektronenbündel Gebrauch macht[2]. Hier werden die Elektronen zunächst durch ein bekanntes elektrisches Potentialgefälle (ca. 4 KV) beschleunigt und dann mit Hilfe eines kurzen, senkrecht zu ihrer Bahn verlaufenden magnetischen Drehfeldes divergent gemacht, so daß sie nacheinander einen Kegelmantel beschreiben. Hierauf durchlaufen sie ein parallel zur Kegelachse gerichtetes homogenes Magnetfeld, welches sich nach Kap. 2, Gl. (8) so dimensionieren läßt, daß alle Elektronen in einem bestimmten Punkt konzentriert werden. Im Prinzip handelt es sich hier also um die Messung der Ganghöhe einer Schraubenbahn, welche Elektronen nach bekannter Beschleunigung im bekannten Magnetfeld beschreiben.

Im Anschluß an unsere Gruppe 1 seien noch zwei weitere Methoden angeführt, in welchen man die Elektronen zwar auch (wie in Gruppe 1) durch ein genau bekanntes elektrisches Feld beschleunigt, dann aber die erreichte Elektronengeschwindigkeit durch besondere (nichtmagnetische) Messungen bestimmt.

Hier ist erstens eine alte *e/m*-Bestimmung zu erwähnen[3], welche die Elektronengeschwindigkeit aus der beim Aufprall entstandenen und bolometrisch gemessenen Wärmeenergie $\left(N \cdot \dfrac{m\,u^2}{2}\right)$ und der von den Elektronen transportierten und elektrometrisch gemessenen Ladungsmenge ($N \cdot e$) bestimmt (N = Anzahl der Elektronen). Diese Methode kann prinzipielles Interesse beanspruchen, doch werden die Messungen zu sehr durch Auftreten von Sekundärstrahlung und Rückstreuung — Erscheinungen, die wir später noch eingehend besprechen werden — erschwert.

---

[1] GREINACHER, H.: Verh. dtsch. physik. Ges. Bd. 14 (1912) S. 856. — Hierzu gehört auch die Anordnung von J. J. THOMSON: Philos. Mag. Bd. 48 (1899) S. 547, wo die Elektronen im homogenen (nicht wie oben im zentralen) elektrischen Felde beschleunigt und gleichzeitig im homogenen Magnetfeld abgelenkt werden.

[2] BUSCH, H.: Physik. Z. Bd. 23 (1922) S. 438. — WOLF, F.: Ann. Physik Bd. 83 (1927) S. 849. — Siehe auch R. A. R. TRICKER: Proc. Roy. Soc., Lond. Bd. 109 (1925) S. 384. (*e/m*-Veränderlichkeit bei großen Elektronengeschwindigkeiten.)

[3] THOMSON, J. J.: Philos. Mag. Bd. 44 (1897) S. 302.

Zweitens ist hier unsere modernste und beste Präzisionsmethode zu nennen, bei welcher die Elektronengeschwindigkeit mit Hilfe der in Kapitel 2 (siehe Abb. 30) erläuterten Methode der schwingenden Sperrfelder auf etwa 1 pro Mille genau gemessen wird[1]. Die Bestimmung erfordert: 1. eine möglichst genaue Messung der Entladungsspannung durch die Kompensationsmethode mit Hilfe von Normalelementen, 2. die genaue Bestimmung des Abstandes der Mitten der beiden die Sperrfelder erzeugenden Kondensatoren, z. B. mit einem Kathetometer, 3. die genaue Bestimmung der elektrischen Schwingungsfrequenz, z. B. mit Hilfe von Schwebungen und mit einem Piezoquarzresonator. Benützt man größere Entladungsspannungen, so ist das Auflösungsvermögen der Apparatur nicht so groß wie bei kleineren Entladungsspannungen. Im letzteren Falle bildet aber die Unsicherheit des Kontaktpotentials eine Hauptschwierigkeit.

Wir gehen dann zu unserer zweiten Gruppe der direkten e/m-Bestimmungen über, in welcher Elektronen von einer nicht genauer bekannten Geschwindigkeit in eine Kombination von elektrischen und magnetischen Feldern eintreten, welche beide senkrecht zur Bewegungsrichtung der Elektronen stehen. Während nun unsere 1. Gruppe schließlich zu Präzisionsmessungen des Absolutwertes von e/m_0 vervollkommnet wurde, sind in der jetzt zu besprechenden zweiten Gruppe hauptsächlich leistungsfähige Methoden zur Messung der Abhängigkeit der e/m-Werte von der Elektronengeschwindigkeit entwickelt worden. Hier ist zunächst eine Methode der gekreuzten Querfelder zu nennen[2], bei welcher Elektronen nicht näher bekannter Geschwindigkeit zunächst durch ein elektrisches Transversalfeld abgelenkt werden. In einem anschließenden Versuch wird dann ganz die gleiche Ablenkung derselben Strahlen allein durch ein magnetisches Transversalfeld hervorgebracht. Die Kombination beider Resultate ergibt nach Kap. 2, Gl. (1) und (6), den e/m-Wert.

Mit gleichzeitiger Wirkung der beiden gekreuzten Felder $\mathfrak{E}$ und $\mathfrak{H}$ arbeitet eine Kompensationsmethode[3], bei welcher die beiden Fehler zweckmäßig so dimensioniert werden, daß sich ihre Beschleunigung auf das Elektron nach Kap. 1 Gl. (9) kompensieren. Dadurch wird die Geschwindigkeit des Strahls bekannt; eine Ablenkungsmessung entweder im elektrischen oder im magnetischen Querfeld allein ergibt darauf den e/m-Wert. Abb. 48 zeigt eine solche Anordnung: Die von einem Radiumpräparat Ra ausgehenden β-Strahlen durchsetzen das homogene elektrische Feld des Plattenkondensators C, während gleichzeitig ein senkrecht zur Zeichenebene

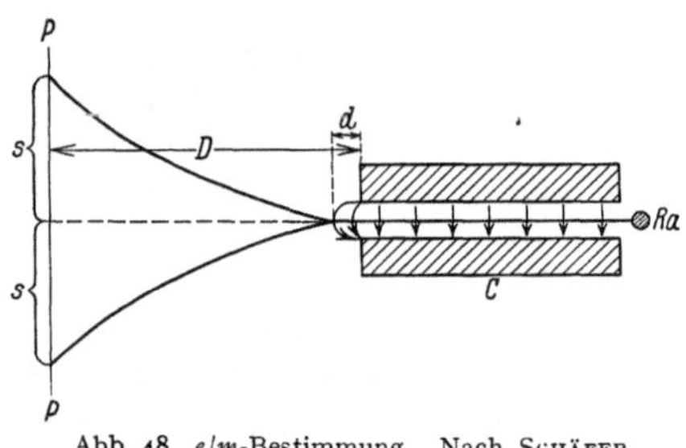

Abb. 48. e/m-Bestimmung. Nach Schäfer und Neumann.

verlaufendes Magnetfeld auf sie einwirkt. Unter den ursprünglich sehr verschieden schnellen β-Strahlen treten nur solche von einer ganz bestimmten Geschwindigkeit gradlinig durch den Kondensator hindurch, alle übrigen werden bei hinreichend engem Plattenabstand nicht mehr heraus können. Dieser austretende Strahl steht weiterhin unter der alleinigen Wirkung desselben Magnet-

---

[1] Kirchner, F.: Physik. Z. Bd. 25 (1924) S. 302; Ann. Physik Bd. 8 (1931) S. 975; Bd. 12 (1932) S. 503 (2 e-KV). — Perry, C. T., u. E. L. Chaffee: Physic. Rev. Bd. 36 (1930) S. 409 (10—20 e-KV).

[2] Thomson, J. J.: Philos. Mag. Bd. 44 (1897) S. 293. — Guije, C., S. Radnowski u. C. Lavachy: Mém. Soc. Phys. Genève Bd. 39 (1921) S. 273 (Präzisionsbestimmung über Veränderlichkeit von e/m zwischen 12 und 140 e-KV).

[3] Wien, W.: Ann. Physik Bd. 65 (1898) S. 440. — Bucherer, A.: Ebenda Bd. 28 (1909) S. 513 (25—200 e-KV). — Neumann, G.: Ebenda Bd. 45 (1914) S. 529 (40—400 e-KV).

feldes und trifft nach Zurücklegung einer Kreisbahn auf die im Abstand D vom Kondensatorende aufgestellte photographische Platte P. Der Abstand der bei der Kommutation des Magnetfeldes erzeugten Schwärzungslinien sei $2s$; man erhält dann nach Kap. 1 und Kap. 2:

$$\frac{e}{m} = \frac{\mathfrak{E}}{\mathfrak{H}^2} \cdot \frac{2\,s}{(D^2 + s^2)} \, . \tag{14}$$

Als Korrektion ist hierbei in erster Linie das Streufeld des Kondensators C zu berücksichtigen, welches in Abb. 48 durch über den Kondensatorrand hinausgreifende elektrische Kraftlinien angedeutet ist. Dieses Streufeld wirkt so, als ob der Kondensator um ein Stück d größer wäre, so daß also in Gl. (14) an Stelle des gemessenen Abstandes D vom Rande des Kondensators bis zur photographischen Platte eine kleinere Strecke $D_0 = (D - d)$ einzusetzen ist. Die genaue Ermittlung der Größe d bildet eine Hauptschwierigkeit bei der an sich sehr leistungsfähigen Methode.

Zur Gruppe 2 gehört weiter die Methode der parallelen Querfelder[1]. Sie ist zwar wenig geeignet zur Ausführung von Präzisionsmessungen, doch haben ihre Resultate ein ganz besonders eindrucksvolles Dokument von der Veränderlichkeit der Elektronenmasse geliefert. Wir wollen uns die Versuchsanordnung durch Abb. 49 veranschaulichen: N und S bedeuten die Pole eines starken Elektromagneten, A und B die Pole eines geladenen Kondensators. Ein feines β-Strahlbündel aller möglichen Geschwindigkeiten, welches von einem Radiumpräparat ausgeht, läuft zunächst senkrecht zur Zeichenebene durch den Punkt P. Senkrecht zur Anfangsrichtung dieses Strahlbündels liegt parallel und hinter der

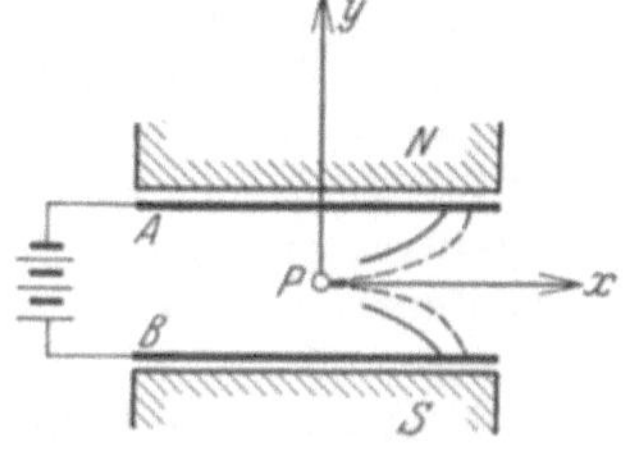

Abb. 49. e/m-Bestimmung. Nach KAUFMANN.

Zeichenebene die photographische Platte. Das magnetische Feld lenkt die Elektronen in der x-Richtung (nach rechts) ab; das elektrische Feld bewirkt eine Zusatzablenkung in Richtung auf die positive Kondensatorplatte, also je nach der Polung des Kondensators in Richtung $\pm y$ (also in unserer Zeichnung nach oben oder nach unten). Nicht relativistisch gerechnet wäre die magnetische Ablenkung in der x-Richtung proportional $\left(\frac{e}{m}\right)\frac{1}{u}$, die elektrische in der y-Richtung wäre proportional $\left(\frac{e}{m}\right)\frac{1}{u^2}$. Auf der photographischen Platte müßten sich also die β-Strahlen mit verschiedenen Geschwindigkeiten u als Kurvenäste

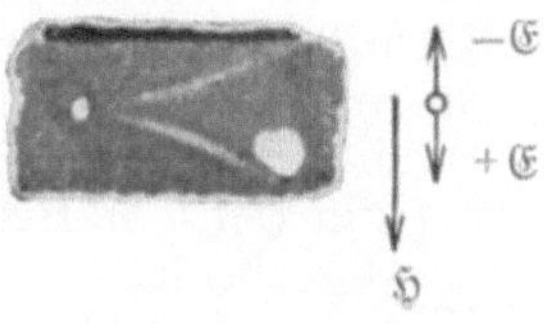

Abb. 50. Dispersion eines Elektronenbündels verschiedener Geschwindigkeiten in parallelen elektrischen und magnetischen Querfeldern. Originalaufnahme nach KAUFMANN.

$y = \text{const} \cdot \frac{m}{e} \cdot x^2$ aufzeichnen, das wären bei konstantem e/m zwei in Abb. 49 punktiert eingezeichnete Parabeläste, welche sich im Nullpunkt ($x = 0$, $y = 0$) berühren sollten. Wie nun die Originalaufnahme in Abb. 50 zeigt, berühren sich die experimentell erhaltenen beiden Kurvenäste keineswegs in dem als Durchstoßpunkt der unabgelenkten γ-Strahlen gekennzeichneten Nullpunkt, sondern verlaufen, wie es auch in der Abb. 49 durch ausgezogene Kurven angedeutet ist, unter einem gewissen Winkel gegeneinander geneigt zusammen. Hält man nun an der gleichen Ladung aller Elektronen fest, so bedeutet das Versuchsresultat, daß ihre Masse mit wachsender Geschwindigkeit unbegrenzt zunimmt.

---

[1] KAUFMANN, W.: Ann. Physik Bd. 19 (1906) S. 487.

§ 3. Indirekte Bestimmung der spezifischen Elektronenladung: a) Aus der elektromotorischen Kraft an mechanisch beschleunigten Leitern. b) Aus optischen Präzisionsmessungen. c) Aus Brechungsquotienten von Röntgenstrahlen. Die im folgenden referierten indirekten Methoden zur e/m-Bestimmung sind nicht nur für die Entwicklung der Atomphysik von großer Wichtigkeit gewesen, sondern zum Teil haben sie auch Resultate von hoher Präzision geliefert. Obwohl sie alle an unfreien, im Atomverband befindlichen Elektronen ausgeführt werden, sollen sie im Rahmen unserer Darstellung der Vollständigkeit halber anhangsweise Erwähnung finden.

Von großer prinzipieller Wichtigkeit sind die e/m-Bestimmungen aus der an beschleunigten Leitern auftretenden elektromotorischen Kraft. Sie ergeben zwar keine genauen Werte, aber sie haben zuerst direkt gezeigt, daß die Elektrizität in Metallen durch freie Elektronen fortgeleitet wird[1]. Das Prinzip ist hierbei folgendes: Erfährt ein Metallstück die mechanische Beschleunigung b und ist m die Masse eines Elektrons, so versucht die Trägheitskraft $m \cdot b$ das Elektron relativ gegen die Metallatome zu bewegen. Das gibt denselben Stromeffekt wie eine elektrische Feldstärke vom Betrag $\dfrac{m}{e} b$. Gemessen wird dann der bei einer bekannten mechanischen Beschleunigung auftretende elektrische Strom, welcher mit einem bei bekannter elektrischer Potentialdifferenz fließenden Strome verglichen wird.

Zu den genauesten e/m-Bestimmungen, welche wir heute besitzen, gehören die optischen. Hier sind die Untersuchungen erstens des Zeemaneffekts, zweitens eines Vergleichs der Wellenlängen der H- und He$^+$-Spektrallinien zu nennen.

Bei normalem Zeemaneffekt[2] wird im einfachsten Falle eine einfache Spektrallinie von der Frequenz v unter dem Einfluß einer magnetischen Feldstärke $\mathfrak{H}$ in 3 Linien aufgespalten, von denen die beiden äußeren, wie die Theorie ergibt, einen Frequenzunterschied

$$\varDelta v = \frac{1}{4\,\pi} \cdot \mathfrak{H} \cdot \frac{e}{m} \tag{15}$$

aufweisen. e/m ist aus der angelegten Feldstärke $\mathfrak{H}$ und den spektroskopisch mit hoher Präzision bestimmbaren Wellenlängenwerten λ und $\varDelta \lambda$ bei bekannter Lichtgeschwindigkeit c auf etwa 1 pro Mille genau zu ermitteln. Mittelwerte aus mehr als 100 verschiedenen sehr genauen Aufnahmen von Zeemaneffekten ergaben Resultate, die in bester Übereinstimmung mit den neuesten Resultaten der direkten e/m-Bestimmung sind[3].

Die ebenfalls sehr genaue e/m-Bestimmung aus den Linienspektren von H und He$^+$ geht auf eine im folgenden § 4 zu besprechende Bestimmung des „Atomgewichts" vom Elektron $A_e = m/m_\mathrm{H}$ zurück[4]. Wir haben dann

$$e/m = F/A_e ,$$

wo F, die FARADAYsche Konstante, sich als Valenzladung aus elektrochemischen Untersuchungen mit größter Genauigkeit feststellen läßt.

---

[1] TOLMAN, R. C., u. T. D. STEWART: Physic. Rev. Bd. 9 (1917) S. 169. — TOLMAN, R. C., S. KARRER u. E. W. GUERNSEY: Ebenda Bd. 21 (1923) S. 525. — TOLMAN, R. C., u. L. M. MOTT-SMITH: Ebenda Bd. 28 (1926) S. 794.

[2] Zusammenfassend E. BACK u. A. LANDE: Zeemaneffekt. Berlin 1925.

[3] BABCOCK, H. D.: Astrophys. J. Bd. 58 (1923) S. 149; Bd. 69 (1929) S. 43. — CAMPBELL, J. S., u. W. V. HOUSTON: Physic. Rev. Bd. 39 (1932) S. 601.

[4] PASCHEN, F.: Ann. Physik. Bd. 50 (1916) S. 901. — HOUSTON, W. V.: Physic. Rev. Bd. 30 (1927) S. 608.

Neuerdings ist eine Methode der e/m-Bestimmung aus dem Brechungsquotienten χ der Röntgenstrahlen ausgearbeitet worden[1]. Dieser Brechungsquotient ist nach der klassischen Dispersionstheorie unter Annahme sehr schwach
gebundener Elektronen und sehr harter Röntgenstrahlung gegeben durch

$$\chi = 1 - \frac{n\,e^2}{2\,\pi\,m\,v^2}\,, \tag{16}$$

wo n die Elektronenanzahl im Kubikzentimeter und v die Frequenz der Röntgenstrahlen bedeutet (quantenmechanisch läßt sich unter gewissen Voraussetzungen
dasselbe ableiten). Ersetzen wir

$$n = L\varrho\,\frac{Z}{M}\,; \quad v = \frac{c}{\lambda}\,; \quad L\,e = F,$$

so ergibt sich

$$\frac{e}{m} = \frac{2\,\pi\,M}{\varrho\cdot F\cdot Z}\cdot\frac{1-\chi}{\lambda^2} \tag{17}$$

in elektromagnetischen Einheiten, wo M das Molekulargewicht der brechenden
Substanz, ϱ ihre Dichte, Z die Elektronenzahl im betreffenden Molekül, F die
Valenzladung und λ die Wellenlänge der benutzten Röntgenstrahlen bedeutet.
χ wurde mit großer Genauigkeit aus Messungen der Totalreflexion von monochromatischen Röntgenlinien am Quarz bestimmt. Die Exaktheit des erhaltenen e/m-Wertes ist nur durch die Genauigkeit der Messung dieses Brechungsquotienten und der absoluten Wellenlänge[2] der benutzten Röntgenstrahlen begrenzt, vorausgesetzt, daß die bei der Ableitung der Gl. (16) benutzten Voraussetzungen wirklich exakte Gültigkeit haben.

§ 4. **Elektronenmasse: a) durch Berechnung aus e und e/m, b) aus der
Comptonverschiebung, c) aus der Veränderlichkeit der Rydbergkonstanten. —
Unmöglichkeit eines Nachweises von schwerer Masse der Elektronen.** Aus den
oben mitgeteilten Werten der Ladung e und der spezifischen Ladung e/m_0 ergibt
sich die Größe der Elektronenmasse

$$m_0 = (9{,}035 \pm 0{,}02)\cdot 10^{-28}\ \text{g}.$$

Es gibt noch zwei weitere Methoden der m-Bestimmung, welche von den Daten
für e und e/m_0 unabhängig sind.

Die erste beruht auf dem Comptoneffekt, bei dem es sich — wie in Kap. 12
noch ausführlicher erläutert werden soll — um den Zusammenstoß zwischen
einem Röntgenquant und einem ruhenden freien Elektron handelt. Nach dem
Zusammenstoß mit dem Elektron beobachtet man eine Ablenkung des Röntgenquants im Winkel θ und eine dazugehörige Wellenlängenänderung $\varDelta\lambda$. Aus
Energie- und Impulserhaltungssatz folgt:

$$\varDelta\lambda = \frac{h}{m\,c}\,(1 - \cos\theta)\,. \tag{18}$$

Es kann bei anderweitig bekanntem h (PLANCKsches Wirkungsquantum) und c
(Lichtgeschwindigkeit) durch Präzisionsmessung von θ und $\varDelta\lambda$ die Elektronenmasse auf Bruchteile eines Prozents genau erhalten werden[3].

Eine sehr genaue m-Bestimmung erhält man über einen Vergleich m/m_H der
Elektronenmasse mit der anderweitig bekannten Protonenmasse, welcher sich

[1] STAUSS, H. E.: Physic. Rev. Bd. 36 (1930) S. 1101. — BEARDEN, J. A.: Ebenda Bd. 38
(1931) S. 835; Bd. 39 (1932) S. 1.

[2] Vgl. S. 47.

[3] KALLMANN, H., u. H. MARK: Naturwiss. Bd. 14 (1925) S. 3. — SHARP, H. M.: Physic.
Rev. Bd. 26 (1925) S. 691. — GINGRICH, H. S.: Ebenda Bd. 36 (1930) S. 1050. — NUT-
TING, F. L.: Ebenda Bd. 36 (1930) S. 1267.

aus der Betrachtung der relativen Wellenlängen des H- und He$^+$-Spektrums ergibt[1]. Die Methode ist auf Grund des BOHR-SOMMERFELDschen Atommodells verständlich, in welchem ein einziges Elektron den positiven Kern umkreist. Aus den Spektren bestimmt man die sog. „Rydbergkonstanten"[2] für Wasserstoff (R_H) und für ionisiertes Helium (R_{He^+}). Die Rydbergkonstante R_∞ für einen unendlich schweren Atomkern läßt sich nach der BOHRschen Theorie ausrechnen; von ihr unterscheiden sich R_H und R_{He^+} infolge der Mitbewegung des leichten Kerns bei der Bewegung des Elektrons. Es ergibt sich aus dieser Vorstellung:

$$R_\mathrm{H} = \frac{R_\infty}{1 + m/m_\mathrm{H}} \quad \text{und} \quad R_{\mathrm{He}^+} = \frac{R_\infty}{1 + m/m_\mathrm{He}}, \tag{19}$$

wo m_H bzw. m_He die Massen des Protons bzw. des Heliumkerns bedeuten. Aus den Gleichungen kann R_∞ eliminiert werden, infolgedessen ist bei Kenntnis von m_H und $m_\mathrm{He} = 4 m_\mathrm{H}$ die Bestimmung der Elektronenmasse praktisch auf die Bestimmung der Differenz $R_\mathrm{He} - R_\mathrm{H}$ zurückgeführt. Aus $R_\mathrm{He} - R_\mathrm{H} = 44{,}64 \pm 0{,}02$ cm^{-1} ergibt sich $m/m_\mathrm{H} = 1/1838$.

Bei allen eben aufgeführten m-Bestimmungen wurde die Elektronenmasse durch ihre Trägheit nachgewiesen. Irgendwelche Gravitationswirkungen auf das Elektron sind bisher nicht experimentell untersucht worden. Irgendwie die Fallgeschwindigkeit im Erdfeld nachzuweisen, ist deshalb nicht durchführbar, weil alle Kraftwirkungen, welche auf das Elektron — sei es von anderen Elektronen, sei es von der auch im besten Vakuum immer noch vorhandenen sehr großen Zahl von Molekülen — ausgeübt werden, immer sehr groß sind gegen die Erdanziehungskraft. Irgendwie ein Gewicht des Elektrons nachzuweisen, ist gänzlich aussichtslos, man überlege nur, daß ca. 1 mg Elektronen, welche unserer Erde zugeführt würden, diese auf 250 Millionen Volt aufladen müßten, trotz ihrer kolossalen Ausbreitung auf diese riesige Kapazität von 700 Mikrofarad.

<h2 style="text-align:center">Kapitel 5.</h2>

<h1 style="text-align:center">Das Elektron als Korpuskel und als Welle.</h1>

§ 1. **Koordination der Begriffe „Korpuskel" und „Welle".** Die klassische Theorie sieht im Elektron ein elektrisch geladenes kleines Korpuskel, dessen Orts- und Impulskoordinaten sich gleichzeitig beliebig genau definieren lassen. Durch Anwendung von bekannten Gesetzen der klassischen Mechanik und Elektrodynamik auf dieses Korpuskel versuchte man zunächst das Verhalten des Elektrons zu beschreiben und hoffte auf diese Weise allen Erfahrungen der Elektrophysik gerecht zu werden. Später sind dann aber eine Reihe von Erscheinungen bekanntgeworden, aus denen hervorgeht, daß man allein mit dem einfachen klassischen Bild des Elektrons nicht mehr auskommen kann.

Zur Erklärung gewisser experimenteller Tatsachen (z. B. der Beugung eines Elektronenstrahls) ordnet man dem Elektron eine Welle zu, welche die Bahn des bewegten Teilchens bestimmen soll.

Zur Veranschaulichung des Verhaltens der Elektronen werden wir im folgenden teils von der Partikelvorstellung, teils von der Wellenvorstellung Gebrauch machen. — Die Bilder „Welle" bzw. „Partikel" sind jedoch noch mehr oder weniger unvollkommenen Analogien, die wir nur dann nötig haben, wenn wir uns ein solches Bild vom Elektron entwerfen wollen, welches auf Begriffe und Erfahrungen

---

[1] PASCHEN, F.: Ann. Physik Bd. 50 (1916) S. 901. — HOUSTON, W. V.: Physic. Rev. Bd. 30 (1927) S. 608.

[2] Die Wasserstoffserien lassen sich bekanntlich darstellen durch $1/\lambda = R_\mathrm{H}\,(1/n^2 - 1/m^2)$, wo λ die Wellenlängen in Zentimeter, n und m ganze Zahlen bedeuten.

des täglichen Lebens zurückgeht. Für die mathematische Ordnung der Phänomene besitzen wir das Schema der Quanten- und Wellenmechanik, das allen Erfahrungen im Gebiet der Atomdimensionen gerecht wird. Eine direkte Anschauung haben wir in diesem Gebiet leider nicht mehr. Aus dem gleichzeitigen Bestehen beider Bilder kann geschlossen werden, daß für die Anwendbarkeit eines jeden dieser Bilder von der Natur Grenzen gesetzt sind. Die Grenzen, bis zu denen das Partikelbild anwendbar bleibt, können z. B. aus dem Wellenbild ermittelt werden. Nur die kritiklose gleichzeitige Anwendung von Korpuskel- und Wellenbild führt zu unmittelbaren Widersprüchen. Die gegenseitigen Kompetenzen der Korpuskel- und der Wellenvorstellung werden durch ein einfaches Prinzip, die sog. Unbestimmtheitsrelation, geregelt; wir werden hierauf im folgenden eingehen.

§ 2. Innere Energie, Kohäsionsenergie und magnetische Energie des klassischen Kugelelektrons. Elektronenradius. Im Anschluß an die bisher (Kap. 1—3) referierten Erfahrungen wollen wir mit dem Partikelbild beginnen. Am unmittelbarsten zeigen die beim Einzelnachweis der Elektronen dargelegten Tatsachen, wie z. B. die Markierung einzelner Elektronen in der Nebelkammer, daß die einzelnen Elektronenstrahlen diskreten Charakter haben, und daß es zweckmäßig ist, sich diese Strahlen aus einzelnen schnellfliegenden Korpuskeln bestehend vorzustellen. Wenn wir nun das Bild eines einzelnen Korpuskels ins Auge fassen, so erhebt sich zunächst die Frage nach seiner räumlichen Ausdehnung. Die Idee eines punktförmigen Ladungsträgers ist nach der klassischen Feldphysik nicht möglich, denn in seiner Nähe müßte die Energiedichte unendlich groß werden. Wir sind also klassisch zur Annahme eines endlichen Elektronenradius gezwungen. Um einen Anhalt über dessen Größe zu erlangen, übertragen wir ein uns makroskopisch geläufiges Bild in kleinste Dimensionen und können dann das Elektron als Kügelchen mit dem Radius r auffassen, auf dessen Oberfläche[1] die Ladung e gleichmäßig verteilt ist. Diese Ladung sucht sich nun durch gegenseitige Abstoßung auseinanderzutreiben. Wenn das Elektron aber eine stabile Größe hat, so müssen Kohäsionskräfte diesen Abstoßungskräften das Gleichgewicht halten. Eine einfache Rechnung zeigt[2], daß hierfür die Kohäsionsenergie gerade ein Drittel der Ladungsenergie betragen muß. Da nun letztere für eine geladene Kugel $e^2/2r$ ausmacht, so ist die Gesamtenergie

$$E = 2/3 \cdot e^2/r \, . \tag{1}$$

Die Gesamtenergie des ruhenden Elektrons ist aber aus dem Äquivalenzprinzip von Masse und Energieinhalt bekannt:

$$E = m_0 c^2 \tag{2}$$

als Produkt von Masse und Quadrat der Lichtgeschwindigkeit[3]. Man erhält deshalb aus Gl. (1) und Gl. (2):

$$r = 2e^2/3m_0c^2 = 2 \cdot 10^{-13} \text{ cm} \, . \tag{3}$$

Eine ganz andere Überlegung führt nun zu dem gleichen Resultat: Ein bewegtes Elektron besitzt die kinetische Energie

$$E_{\text{kin}} = m u^2/2 \, , \tag{4}$$

Diese muß äquivalent sein der Energie des Magnetfeldes, welches von der bewegten Ladung erzeugt wird. Diese Energie berechnet sich zu[4]:

$$E = \frac{e^2}{3r} \cdot \frac{u^2}{c^2} \, . \tag{5}$$

---

[1] Irgendeine andere Ladungsverteilung ändert die Resultate nicht wesentlich.

[2] ABRAHAM, M.: Theorie der Elektrizität, Bd. 2, Aufl. 4. Leipzig 1920.

[3] Numerisch berechnet man für das ruhende Elektron: $E = 0,812 \cdot 10^{-6}$ Erg $= 0,51$ Millionen e-Volt.

[4] ABRAHAM, M.: Theorie der Elektrizität, Bd. 2, Aufl. 4. Leipzig 1920.

Gleichsetzung von Gl. (4) und Gl. (5) liefert aber genau Gl. (3). Daß hier zwei verschiedene Methoden zu demselben Resultat führen, ist nicht überraschend, weil beide von der Selbstenergie des Elektrons ausgehen. Es fragt sich nun aber, ob wir die Gesetze, die wir aus unserer makroskopischen Anschauung gewonnen haben, ohne weiteres auf so kleine Gebilde wie das Elektron anwenden dürfen.

Auf einem hiervon vollständig unabhängigen Wege kann man eine obere Grenze des Elektronenradius abschätzen. Betrachtet man nämlich die später noch in Kap. 12 ausführlich behandelte Streuung der elektromagnetischen Strahlung an Elektronen, so kann man diesen Vorgang als Durchgang von Lichtquanten durch ein „Elektronengas" auffassen und den streuenden Elektronen einen Wirkungsquerschnitt πr^2 gegenüber den Lichtquanten beimessen. Man erhält so unter Zugrundelegung des bei langwelliger Röntgenstrahlung gültigen klassischen Streuungsgesetzes einen Elektronenradius, welcher höchstens $\sqrt{6}$ mal größer sein kann als der in Gl. (2) angegebene Radius[1]. Bei Zugrundelegung des quantenmechanischen Streuungsgesetzes [KLEIN-NISHINAsche Streuformel, siehe Kap. 12, Gl. (14)] erhält man Elektronenradien der erwähnten Größenordnung nur für relativ langwellige Röntgenstrahlung, dagegen würde sich mit gegen o abnehmender Röntgenwellenlänge ein gegen o abnehmender Elektronenradius extrapolieren lassen.

Nach quantentheoretischen Vorstellungen könnte man versuchen, dem Elektronenradius einen gewissen Sinn beizulegen, indem man den Konfigurationsraum in endliche Zellen einteilt und die Kantenlänge der Zellen mit dem Elektronenradius identifiziert[2]. Hieraus ergeben sich jedoch gewisse Schwierigkeiten, weil die Einführung einer kleinsten Länge mit der Forderung relativistischer Invarianz nicht in Einklang zu bringen ist. Die nähere Untersuchung zeigt[3], daß zwischen der klassischen Theorie und der Quantenmechanik hinsichtlich der Selbstenergie des Elektrons so tiefgehende Unterschiede bestehen, daß korrespondenzmäßige Betrachtungen nichts mehr bedeuten können. Die Selbstenergie kann quantenmechanisch auch bei einem punktförmigen Elektron endlich bleiben, so daß für die Einführung eines endlichen Elektronenradius zunächst noch keine Notwendigkeit besteht.

§ 3. **Die HEISENBERGsche Unbestimmtheitsrelation.** Es soll nunmehr untersucht werden, unter welchen Bedingungen eine Aussage über den Ort des Elektrons sinnvoll ist, oder allgemeiner, wie genau eine Aussage über den Elektronenort möglich ist. Wir bezeichnen die drei Ortskoordinaten x, y, z des Elektrons durch q, die drei Impulskoordinaten p_x, p_y, p_z durch p; diese sind gegeben durch $p = m\dot{q}$. Bezeichnen wir ferner die Ungenauigkeit der Ortsbestimmung mit Δq und die Ungenauigkeit der Impulsbestimmung mit Δp, so sagt ein fundamentales Prinzip, die sog. „HEISENBERGsche Unbestimmtheitsrelation", aus, daß das Produkt der Ungenauigkeiten der Impuls- und Ortsbestimmung bestenfalls von der Größe des Wirkungsquantums h sein kann:

$$\Delta p \cdot \Delta q \gtrless h. \tag{6}$$

Es ist also unter allen Umständen prinzipiell unmöglich, gleichzeitig eine genaue Aussage über Impuls- und Ortskoordinate eines Elektrons zu machen[4].

---

[1] BORN, M.: Naturwiss. Bd. 20 (1932) S. 269. — GUTH, E.: Ebenda Bd. 20 (1932) S. 470.

[2] FÜRTH, R.: Z. Physik Bd. 57 (1929) S. 429; Physik. Z. Bd. 30 (1929) S. 895. — GREINACHER, H.: Z. Physik Bd. 60 (1930) S. 285.

[3] HEISENBERG, W.: Z. Physik Bd. 65 (1930) S. 4. — BORN, M., u. G. RUMER: Ebenda Bd. 69 (1931) S. 141.

[4] HEISENBERG, W.: Z. Physik Bd. 43 (1927) S. 172. — BOHR, N.: Naturwiss. Bd. 16 (1928) S. 245. — Zusammenfassend: W. HEISENBERG: Die physikalischen Prinzipien der Quantentheorie. Leipzig 1930.

Die Gültigkeit der Gl. (6) sieht man leicht ein, wenn man berücksichtigt, daß es zur Bestimmung des Elektronenorts nötig ist Experimente zu machen, bei denen der Impuls des Elektrons gestört werden muß. Es läßt sich eine ganze Reihe solcher Experimente ausdenken: z. B. kann man zur Feststellung des Elektronenorts ein Mikroskop benützen, durch welches man das Elektron mit kurzwelligstem Licht betrachtet. Bei einem solchen „HEISENBERGschen γ-Strahl-Mikroskop" ist die Wellenlänge des auffallenden Lichts möglichst klein, damit man durch Beugungsphänomene wenig gestört wird und deshalb den Elektronenort sehr genau messen kann. Wir bezeichnen den halben Öffnungswinkel des vom Elektron ausgehenden und in das Mikroskopobjektiv gestreuten Strahlenbündels mit ε; die Wellenlänge bzw. Frequenz des auf das Elektron fallenden Lichts sei λ bzw. ν. Die Genauigkeit der Ortsmessung in der x-Richtung ist dann nach optischen Gesetzen

$$\Delta x \approx \frac{\lambda}{\sin \varepsilon}. \tag{7}$$

Durch das ins Mikroskop gestreute Lichtquant empfängt das Elektron einen Rückstoß (Comptoneffekt, s. Kap. 12). Dieser Rückstoß ist von der Größenordnung $\frac{h\nu}{c}$, er ist jedoch nicht genau bekannt, da er vom Ablenkungswinkel des gestreuten Lichtquants abhängt; dieser Ablenkungswinkel ist aber innerhalb des Strahlenbündels vom halben Öffnungswinkel ε unbekannt. Die Unsicherheit des Rückstoßes in der x-Richtung beträgt:

$$\Delta p_x = \frac{h\nu}{c} \cdot \sin \varepsilon \tag{8}$$

Aus Gl. (7) und Gl. (8) folgt aber die genannte Unschärferelation.

Die notwendige Unschärfe der Ortsbestimmung eines Elektrons ist überraschend groß: Führen wir z. B. die Geschwindigkeitsbestimmung eines Elektrons auf 1 e-Volt genau aus, so ist nach Gl. (4) von Kap. 1 $\Delta u = 6 \cdot 10^7$ cm/sec. Es ist also durch Gl. (6) eine Unschärfe des Elektronenorts gegeben zu:

$$\Delta x \geqq \frac{h}{m \cdot \Delta u} = \frac{6 \cdot 10^{-27}}{9 \cdot 10^{-28} \cdot 6 \cdot 10^7} \approx 10^{-7}\,\text{cm}\,,$$

d. h. die Unschärfe ist etwa 10 mal so groß wie der Durchmesser eines Wasserstoffatoms.

Allgemein gültig ist die Unschärferelation für jedes Paar kanonisch konjugierter Variabler. Wählt man als solches Paar z. B. Energie und Zeit, so folgt, daß für stationäre Zustände, in denen die Energie einen genau festgelegten Wert hat, alle Aussagen über zeitliche Bewegungsvorgänge des Elektrons verwaschen werden. Zum Beispiel erübrigt sich in den Eigenzuständen im Atom, wo die Energie des Elektrons scharf definiert ist, die Vorstellung von zeitlich durchlaufenen Elektronenbahnen. Nur die durchschnittliche Verweilzeit des Elektrons an jedem Orte, die sog. „Dichte der SCHROEDINGERschen Ladungswolke", läßt sich in diesem Falle bestimmen.

§ 4. **DE BROGLIEsche Wellenlänge. Phasenwelle, Wellengruppen. Ausbreitung der Elektronenwelle im Magnetfeld und im elektrischen Feld. Brechungsquotient. Anlaufen gegen den Potentialsprung.** Wir sind in diesem Kapitel von einer klassischen Vorstellung des korpuskularen Elektrons ausgegangen und haben dann versucht, diese Vorstellung so weit zu vervollkommnen, daß sie sich auch reibungslos in den Zusammenhang moderner Erfahrungen einordnen läßt. Wir beginnen jetzt von ganz andersartigen Erfahrungen auszugehen, welche uns zur Annahme der Vorstellung einer Elektronenwelle zu zwingen scheinen. Lassen wir z. B. einen engen Strahl von Elektronen homogener Geschwindigkeit auf ein Beugungsgitter auftreffen, so wird er genau wie eine Welle von diesem in verschiedene Richtungen abgebeugt[1] (man betrachte in diesem Zusammenhang die besonders überzeugenden Photographien der Elektronenbeugungsspektren der Abb. 155 und 163 in Kap. 19). Aus den Beugungsglanzwinkeln Θ und der Gitterkonstanten d folgt aus der Beugungsformel die Wellenlänge λ der Elektronenwelle

$$n \cdot \lambda = 2\,d \cdot \sin\Theta . \tag{9}$$

Rein experimentell findet man, daß die Wellenlänge nur von der Elektronengeschwindigkeit u abhängig ist, und zwar gilt mit größter Genauigkeit:

$$\lambda = h/m\,u , \tag{10}$$

die sog. „DE BROGLIEsche Beziehung". Berücksichtigt man die relativistische Veränderlichkeit der Elektronenmasse, so erhält man unter Benutzung der in Kap. 1 abgeleiteten Gleichungen die folgenden, für den praktischen Gebrauch wichtigen Beziehungen zwischen der de-Broglie-Welle des Elektrons λ, seiner Lineargeschwindigkeit im Verhältnis zur Lichtgeschwindigkeit $\beta = u/c$, seinem Krümmungsradius ϱ im Magnetfeld $\mathfrak{H}$ und schließlich seiner kinetischen Energie V gemessen in elektromagnetischen Einheiten bzw. V_{Volt} gemessen in Elektronenvolt:

$$\lambda = \frac{h}{m_0 \cdot c}\,\sqrt{\frac{1-\beta^2}{\beta^2}} , \tag{11}$$

$$\lambda = \frac{h}{e} \cdot \frac{1}{\mathfrak{H} \cdot \varrho} , \tag{12}$$

$$\lambda = \sqrt{\frac{h^2}{2\,e\,m_0\,V}\left(\frac{1}{1+\dfrac{e\,V}{2\,c^2\,m_0}}\right)} , \qquad \text{(in CGS-Einh.)} \tag{13}$$

$$\lambda_{\text{AE}} = \frac{12,21}{\sqrt{V_{\text{Volt}}}} \cdot \frac{1}{\sqrt{1 + 9{,}82 \cdot 10^{-7}\,V_{\text{Volt}}}} . \tag{14}$$

So ergibt sich z. B. für 1 e-Volt schnelle Elektronen unter Zugrundelegung der Werte von Tabelle 1 eine Wellenlänge $\lambda = 12{,}210 \mp 0{,}01$ AE. Eine Zusammenstellung von Wellenlängenwerten für Elektronen mit Geschwindigkeiten zwischen 0,1 und 10^6 Volt findet man in Tabelle 5[2]. Diese Wellenlängen sind, wie man sieht, von der Größenordnung der Wellenlängen von Röntgen- oder γ-Strahlen. Zum Vergleich sei angeführt: Die Aluminium-K-Strahlung: $\lambda = 8{,}3$ AE, die Blei-K-Strahlung: $\lambda = 0{,}12$ AE und die härtesten beim radioaktiven Zerfall beobachteten γ-Wellen von der Größenordnung: $\lambda = 0{,}005$ AE.

Über den inneren Mechanismus der DE BROGLIEschen Schwingung können wir uns heute noch keine rechte Vorstellung machen. Formal läßt sich die Elektronengeschwindigkeit u als die Geschwindigkeit einer Wellengruppe auffassen. Die Geschwindigkeit U der zugehörigen sog. „Phasenwelle" (einer Art modulierten Trägerwelle) ist dann gegeben durch

$$U \cdot u = c^2 . \tag{15}$$

---

[1] Einzelheiten über Elektronenbeugung an Kristallgittern oder an optischen Strichgittern siehe in Kap. 19.

[2] Die Daten der Tabelle 5 sind unverändert einer Tabelle von E. RUPP: Ann. Physik Bd. 10 (1931) S. 945, entnommen, wo ein wenig andere Werte für e, m und h zugrunde gelegt sind als in unserer Tabelle 1. Die mit Benutzung unserer e-, m_0- und h-Werte errechneten Daten unterscheiden sich von denen der Tabelle 5 nur um rd. 1 pro Mille.

Tabelle 5. De-Broglie-Wellenlänge des Elektrons als Funktion seiner Voltgeschwindigkeit.

e-Volt: 0,1 e-Volt: 10 e-Volt: 1000	λ: 10^{-8} cm λ: 10^{-9} cm vgl. Spalte 3	λ relativistisch korrigiert für e-Volt: 1000 in 10^{-11} cm	e-Volt: 0,1 e-Volt: 10 e-Volt: 1000	λ: 10^{-8} cm λ: 10^{-9} cm vgl. Spalte 6	λ relativistisch korrigiert für e-Volt: 1000 in 10^{-11} cm
1	38,67	386,5	80	4,324	41,63
2	27,35	273,2	90	4,076	39,07
3	22,33	222,9	100	3,867	36,90
4	19,34	193,0	120	3,531	33,39
5	17,29	172,5	140	3,268	30,64
6	15,79	157,4	160	3,057	28,42
7	14,62	145,7	180	2,882	26,57
8	13,67	136,2	200	2,735	25,00
9	12,89	128,3	250	2,446	21,91
10	12,23	121,7	300	2,333	19,62
12	11,16	111,0	350	2,067	17,83
14	10,34	102,7	400	1,934	16,38
16	9,668	95,94	450	1,823	15,18
18	9,115	90,35	500	1,729	14,16
20	8,647	85,63	600	1,579	12,52
30	7,061	69,59	700	1,462	11,25
40	6,115	59,98	800	1,367	10,23
50	5,469	53,39	900	1,289	9,388
60	4,993	48,51	1000	1,223	8,683
70	4,622	44,71			

Wir ordnen dieser „Phasengeschwindigkeit" U und der DE BROGLIEschen Wellenlänge λ nach der bekannten Beziehung

$$\lambda \cdot \nu = U \tag{16}$$

eine Frequenz ν zu, so daß nach Gl. (10), Gl. (15) und Gl. (16):

$$\nu = m\,c^2/h = \frac{m_0\,c^2}{h} \cdot \frac{1}{\sqrt{1 - \beta^2}}. \tag{17}$$

Gl. (17) ist uns aber sofort verständlich, wenn wir die innere Elektronenenergie Gl. (2) nach der bekannten Quantengleichung

$$E = h \cdot \nu$$

einer Frequenz zuordnen[1]. Die Frequenz der de-Broglie-Welle ist also durch Masse und Geschwindigkeit des Elektrons gegeben, sie läßt sich aber in keiner Weise experimentell direkt erkennen. Bemerkbar werden nur Wellengruppen, welche durch Superposition von unbegrenzten harmonischen Wellenzügen der Phasenwellen entstehen, wenn deren Frequenz ein wenig voneinander verschieden ist[2]. Bei solcher Überlagerung wird nämlich in der Nachbarschaft einer Stelle, wo gerade Phasenübereinstimmung herrscht, eine beträchtliche Amplitude durch Interferenz entstehen, während sich sonst überall die Wellen durch Interferenz auslöschen. Die Stelle der beträchtlichen Amplitude wandert als sog. „Wellenpaket" mit der „Gruppengeschwindigkeit" vorwärts. Die Gruppengeschwindigkeit ist durch die Art der Dispersion (d. h. Abhängigkeit zwischen U und ν) bestimmt, sie ist hier stets kleiner als die Phasengeschwindigkeit, weil nach Gl. (15) und Gl. (17) die Phasengeschwindigkeit mit steigender Frequenz abnimmt.

---

[1] BROGLIE, L. DE: Ann. Physique Bd. 10 (1925) S. III. Untersuchungen zur Quantentheorie, deutsche Übersetzung: Leipzig 1927.
[2] FLAMM, L.: Physik. Z. Bd. 27 (1926) S. 600; Naturwiss. Bd. 15 (1927) S. 569.

In Abb. 51 haben wir eine derartige Wellengruppe aufgezeichnet. Der Abstand zweier Maxima innerhalb dieser Wellengruppe entspricht der DE BROGLIEschen Wellenlänge λ; in Abb. 51 sind in der ganzen Wellengruppe mehr als 20 Wellenlängen zu sehen. Diese „Ausdehnung" der ganzen Wellengruppe hängt vom Frequenzbereich ab, und dieser ist nur durch die äußeren Umstände gegeben, unter denen das Elektron beobachtet wird. Nach der Unbestimmtheitsrelation Gl. (6) muß nämlich die Ortskoordinate des Elektrons um so unschärfer werden, je genauer der Impuls des Elektrons gemessen wird.

Die Gruppengeschwindigkeit, d. h. also die Geschwindigkeit, mit der das Wellenpaket fortschreitet, ist, wie gesagt, mit der Geschwindigkeit des Elektrons identisch; trotzdem darf das Elektron nicht mit dem Wellenpaket identifiziert werden, denn die Punkte der Phasenübereinstimmung werden auseinanderlaufen, also das Wellenpaket, wie wir es eben skizziert haben, fließt allmählich auseinander. Wir fassen deshalb das Wellenpaket nur als das anschauliche Bild einer Wahrscheinlichkeitsfunktion auf, die uns über das zukünftige Verhalten des Elektrons gewisse Aufschlüsse gibt. Dem Auseinanderfließen des Wellenpakets entspricht

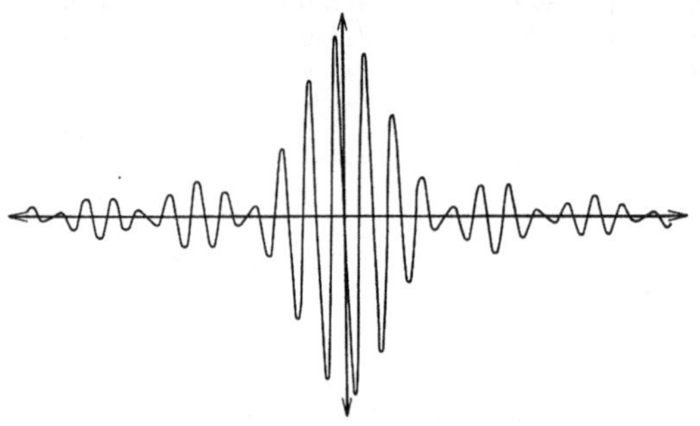

Abb. 51. Wellengruppe.

es im Sinne der oben erläuterten HEISENBERGschen Unbestimmtheitsrelation, daß mit zunehmender Zeit für den Ort des Elektrons ein immer größeres Gebiet in Betracht kommt, so daß aus der Ungewißheit des Anfangszustandes eine zunehmende Ungewißheit der Zukunft folgt.

Wir wenden uns nun wieder der praktischen Seite zu, indem wir fragen, in welcher Weise sich das Verhalten des Wellenelektrons vom Verhalten eines geladenen kleinen Masseteilchens unterscheidet. Bereits erwähnt haben wir die Beugungserscheinungen, welche immer und bei jeder beliebigen Welle dort bemerkt werden, wo ihr Hindernisse, wie z. B. Spalte, Schirmchen usw., von der Größenordnung der Wellenlänge in den Weg gestellt werden. Es fragt sich nun weiter, ob die in den ersten Kapiteln erörterten Bewegungen des Elektrons in ausgedehnten elektrischen und magnetischen Feldern durch die Wellennatur des Elektrons irgendwie beeinflußt werden.

Hier läßt sich als ganz allgemeines Prinzip das EHRENFESTsche Theorem[1] anführen, nach welchem sich der Ladungspunkt eines Wellenpakets im Falle eines konstanten, homogenen Feldes auf der klassischen Bahn bewegt und daher in jedem Bahnpunkte die klassische Geschwindigkeit und Beschleunigung besitzt.

Für die Bewegung des Elektrons im homogenen Magnetfeld läßt sich weiter aus der im folgenden Paragraph besprochenen DIRACschen Theorie ableiten[2], daß die wellenmechanische Bahn mit den klassischen (Kap. 1 und Kap. 2) Voraussagen übereinstimmt, bis auf Terme von der Größenordnung des Quotienten $\lambda/\varrho =$ de-Broglie-Wellenlänge durch Krümmungsradius der Elektronenbahn. Da dieses λ/ϱ in allen experimentellen Fällen vor der Größenordnung 10^{-8} bis 10^{-10} ist, so liegt es immer unter der Grenze des Beobachtbaren.

Für die Bewegung des Elektrons im elektrischen Feld läßt sich leicht einsehen, daß dieses auf die Elektronenwellen in derselben Weise einwirkt wie ein

---

[1] EHRENFEST, P.: Z. Physik 45 (1927) S. 455.
[2] HUFF, L. D.: Physic. Rev. Bd. 38 (1931) S. 501.

brechendes Medium, etwa auf Lichtwellen: Es bewirkt eine Änderung der Wellenlänge. Ist nämlich E_{kin} die kinetische Energie des Elektrons und V (x, y, z)
seine elektrische potentielle Energie im Punkte (x, y, z), dann wird seine Geschwindigkeit in diesem Punkte $\sqrt{2(E_{kin} - V)/m}$ betragen bzw. seine Wellenlänge nach Gl. (10)

$$\lambda = \frac{h}{\sqrt{2\,m\,(E_{kin} - V)}} \,. \tag{18}$$

Der Brechungsquotient für die de-Broglie-Welle ergibt sich als Quotient der
Wellenlängen im „freien Raum", d. h. wo das Feld verschwindet, und beim
Potential V zu:

$$\chi = \sqrt{\frac{E_{kin} - V}{E_{kin}}} \,. \tag{19}$$

Die Elektronenbahn im elektrischen Feld ist deshalb durch den Weg einer Welle
in einem Medium mit variablem Brechungsquotienten vorgezeichnet. Für
schwache Felder ist dieser Weg identisch mit der in Kap. 2 beschriebenen Bahn
eines geladenen Korpuskels. In starken Feldern aber können merkliche Abweichungen auftreten. Stellen wir uns beispielsweise vor, daß ein Elektronenstrahl gegen einen „Potentialsprung" anläuft. Dem Potentialsprung entspricht ein rücktreibendes elektrostatisches Feld, dessen Ausdehnung klein
ist gegenüber der DE BROGLIEschen Wellenlänge, welches jedoch so stark ist,
daß es die Elektronen auch auf dieser kurzen Strecke merklich verlangsamt.
Die Korpuskelelektronen würden nun nach der NEWTONschen Mechanik alle
durch den Potentialsprung hindurchfliegen (außer wenn der Potentialsprung zu
groß dazu ist; in diesem Falle würden sie alle reflektiert werden). Dagegen
wird ein DE BROGLIEscher Wellenzug, welcher das wahre Verhalten der Elektronen anzeigt, verschiedene Wellenlänge vor und nach dem Potentialsprung
haben. Daher wird er sich ähnlich wie ein Licht-Wellen-Zug beim Eintritt in
ein brechendes Medium (z. B. Glas) oder wie eine Schallwelle beim Übergang
vom einen in einen anderen Stoff verhalten; d. h. der Wellenzug wird z. T.
am Potentialsprung reflektiert werden, und z. T. wird er durch den Potentialsprung hindurchtreten. Unglücklicherweise kann man dieses Verhalten nicht durch
ein direktes Experiment beweisen, da es unmöglich ist, genügend sprunghafte
Felder zu erzeugen, so daß die Elektronen auf Wegstrecken von größenordnungsmäßig 10^{-8} cm merklich abgestoppt werden. Es werden uns aber im zweiten
Teil dieses Buches bei der Elektronenemission Beispiele entgegentreten, aus
denen hervorgeht, daß Elektronen durch die Barriere eines starken atomaren
Kraftfeldes tatsächlich noch hindurchschlüpfen können, wo sie nach klassischen
Prinzipien ohne weiteres zurückgehalten werden müßten.

§ 5. **Wellenmechanik. SCHRÖDINGERsche Gleichung. ψ-Funktion und Aufent-
haltswahrscheinlichkeit des Elektrons. Eigenwerte. DIRACsche Gleichungen.
Elektronenspin.** In dem Bestreben, für die de-Broglie-Wellen eine ihnen entsprechende Wellenoptik zu entwickeln, ist die Wellenmechanik entstanden. Wie
bei FRESNEL der optische Vorgang durch eine skalare Wellengleichung erfaßt
werden kann, so können wir das Verhalten der de-Broglie-Wellen beschreiben
durch die SCHRÖDINGERsche Gleichung[1]:

$$\Delta\psi + \frac{8\,\pi^2\,m}{h^2} \cdot (E - V) \cdot \psi = 0, \tag{20}$$

wo E die Gesamtenergie und V die potentielle Energie des Elektrons bedeuten.
ψ ist der SCHRÖDINGERsche Skalar (auch Wellenfunktion genannt), eine Funktion,

---

[1] SCHRÖDINGER, E.: Gesammelte Abhandlungen zur Wellenmechanik. Leipzig 1927. —
Siehe auch A. SOMMERFELD: Wellenmechanischer Ergänzungsband. Braunschweig 1929.

die man sich nicht ohne weiteres anschaulich vorstellen kann. Erst das Quadrat der Amplitude von ψ ist anschaulich, es gibt uns ein Maß für die Chance, daß das Elektron pro Zeiteinheit innerhalb eines gegebenen Volumens anzutreffen sei. Verzichtet man zunächst auf die Vorstellung einzelner diskreter Elektronen und auf die Vorstellung individueller Bahnen, so trifft man die elektrodynamischen Wirkungen (Kräfte, Ausstrahlungen) richtig, wenn man so rechnet, als ob die Ladung des Elektrons kontinuierlich im Raume verteilt wäre. Die ψ-Funktion ist dann eine mathematische Hilfsgröße, und ihrer mit e multiplizierten Norm $e\psi\psi^* = e|\psi|^2$ kommt die physikalische Bedeutung der Ladungsdichte im Raume zu. Durch die ψ-Funktion ist also die Verteilung einer „Ladungswolke" definiert. Wir wollen jedoch dieser Ladungswolke nur statistische Bedeutung zumessen, indem wir sie uns als Gesamtheit der möglichen Elektronenbahnen vorstellen. Die Ladungsdichte aber soll nur die Aufenthaltswahrscheinlichkeit des Elektrons in jeder Einzellage kennzeichnen.

Die große Bedeutung der SCHRÖDINGERschen Gleichung beruht darauf, daß durch sie das physikalische Problem der Quantelung der Energie auf das mathematische Problem der Eigenwerte von Differentialgleichungen zurückgeführt wird. Wünscht man bei gegebener Potentialverteilung $V(x, y, z)$ das resultierende Verhalten der Elektronen zu kennen, so kommt es nur darauf an, solche Integrale von ψ zu finden, die im ganzen Gültigkeitsbereich der Koordinaten mit Einschluß der Randpunkte endlich, eindeutig und stetig sind. Für das Elektron im feldfreien Raume ($V = 0$) folgt beispielsweise sofort als Lösung der SCHRÖDINGERschen Gleichung

$$\psi = a \cdot \exp(i\,k\,x), \tag{21}$$

wo a die Amplitude und $k = 2\pi m u/h = \dfrac{2\pi}{\lambda}$ ist. Infolgedessen ist die räumliche Periode unserer ψ-Funktion, d. h. die Wellenlänge $\lambda = 2\pi/k = h/mu$, wie in Gl. (10). Kompliziertere Bedingungen, wie sie z. B. durch die Feldverteilung im Atom oder durch das periodische Feld einer Lichtwelle gegeben sind, werden wir bei der Behandlung von Störungs- und Beugungsproblemen zu betrachten haben. Es ergeben sich daraus Lösungen für ψ, welche uns wichtige theoretische Voraussagen über die Winkelverteilung der Elektronen bei der Betrachtung von Emissionsprozessen oder der Wechselwirkung zwischen Atomen und Elektronen zu machen gestatten.

Das gegenwärtig beste Mittel zur Beschreibung des Verhaltens des Elektrons sind die DIRACschen Gleichungen[1]. In ihnen treten an Stelle des einen SCHRÖDINGERschen Skalars ψ vier Funktionen ψ_1, ψ_2, ψ_3, ψ_4. Die DIRACschen Gleichungen beschreiben im Gegensatz zur einfachen SCHRÖDINGERschen Gl. (20) auch das Verhalten des relativistischen Elektrons; von einer relativistisch verallgemeinerten Schrödingergleichung[2] sind sie wesentlich verschieden. Wir wollen darauf verzichten, die DIRACschen Gleichungen hier anzuschreiben, weil ihre Behandlung über den Rahmen dieses Buches hinausgehen würde. Wir begnügen uns darauf hinzuweisen, daß die DIRACschen Gleichungen Differentialgleichungen erster Ordnung sind, durch welche das äußere elektromagnetische Feld und die vier ψ-Funktionen des Elektrons miteinander verknüpft werden.

---

[1] DIRAC, P. A. M.: Proc. Roy. Soc., Lond. Bd. 117 (1928) S. 610; Bd. 118 (1928) S. 351. — DARWIN, C. G.: Ebenda Bd. 118 (1928) S. 654. — Zusammenfassend: P. A. M. DIRAC: The principles of quantum mechanics (deutsche Übersetzung) Leipzig 1930. — C. RUMER: Physik. Z. Bd. 32 (1931) S. 601.

[2] SCHRÖDINGER, E.: Ann. Physik. Bd. 81 (1926) S. 109. — GORDON, W.: Z. Physik Bd. 40 (1926) S. 117.

Aus den DIRACschen Gleichungen folgt rein formal ohne irgendeine Zusatzhypothese, daß dem Elektron ein magnetisches Moment von der Größe des BOHRschen Magnetons

$$\mu = \frac{e_{\text{ESE}}}{m}\,\frac{h}{4\,\pi\,c} = 0{,}917 \cdot 10^{-20}\,\frac{\text{Erg}}{\text{Gauß}} \tag{22}$$

zukommen muß. Es folgt ferner, daß das Elektron auch einen mechanischen Drehimpuls von der Größe

$$\mathfrak{g} = \frac{h}{4\,\pi} \tag{23}$$

besitzen muß, dessen Achse mit der Richtung des magnetischen Moments übereinstimmt. Nach Gl. (22) und Gl. (23) ist $\dfrac{\mu}{\mathfrak{g}} = \dfrac{e_{\text{EME}}}{m} = 1{,}76 \cdot 10^7$ EME/gr[1]. Man kann sich anschaulich das magnetische Moment des Elektrons dadurch entstanden denken, daß seine Ladung um die erwähnte Achse rotiert. Aus einer solchen Vorstellung heraus ist die Bezeichnung „Elektronenspin" entstanden, doch hat ein solches Bild keine tiefere Bedeutung, da es in keiner Weise kontrollierbar ist. Es sei noch bemerkt, daß die DIRACschen Gleichungen für das Elektron auch in imaginäres elektrisches Moment ergeben, dessen Betrag gleich dem des magnetischen Moments [Gl. (22)] ist.

Experimentell läßt sich die Existenz des Elektronenspins in erster Linie aus spektroskopischen Erfahrungstatsachen beweisen, die übrigens schon vor der Aufstellung der DIRACschen Gleichungen zur Entdeckung des Spins und zur richtigen Angabe seines Betrages geführt haben[2]. Ferner kann man aus den Ergebnissen gewisser Streuungsexperimente mit Elektronenstrahlen auf die Existenz des Elektronenspins schließen; wir werden darauf noch in Kap. 17 eingehen. In diesem Zusammenhange muß jedoch erwähnt werden, daß das magnetische Moment als Eigenschaft eines einzelnen freien Elektrons aus theoretischen Gründen prinzipiell nicht beobachtet werden kann[3].

Abgesehen von einigen Schwierigkeiten formaler Natur bildet schon heute die DIRACsche Theorie ein machtvolles Instrument zur Beschreibung des Verhaltens vom Elektron. Ihre Überlegenheit gegenüber der SCHRÖDINGERschen Theorie wird uns z. B. besonders bei der Behandlung des Comptoneffekts (in Kap. 12) oder der Streuung von Elektronen (in Kap. 17) entgegentreten. Wir werden aber auch im folgenden bemerken (Kap. 15), daß der Gültigkeit der DIRACschen Theorie gewisse Grenzen gezogen sind, nämlich da, wo es sich um Kernprobleme handelt und überall dort, wo die innere Konstitution des Elektrons selbst in Frage kommt. Die NEWTONsche Mechanik versagt bei Dimensionen von der Größe der Atome, und es tritt dort an ihre Stelle die Wellenmechanik. Wahrscheinlich versagt aber auch unser feinstes Instrument, die DIRACsche Wellenmechanik, wenn wir zu den Dimensionen des Atomkerns herabsteigen.

---

[1] Im Gegensatz hierzu ergibt sich für das Verhältnis von magnetischem und mechanischem Moment, welches dem Bahnumlauf des Elektrons im BOHRschen Wasserstoffatom entspricht, $\dfrac{\mu}{\mathfrak{g}'} = \dfrac{e_{\text{EME}}}{2\,m}$.

[2] UHLENBECK, G. E., u. S. GOUDSMIT: Naturwiss. Bd. 13 (1925) S. 953.

[3] Siehe z. B. N. F. MOTT: Proc. Roy. Soc., Lond. Bd. 124 (1929) S. 425.

Kapitel 6.

Das Elektronengas.

§ 1. Definition und praktische Bedeutung des Elektronengases. Nach der Betrachtung einzelner freier Elektronen wollen wir jetzt ganze Schwärme von freien Elektronen betrachten. Solche Schwärme verhalten sich in vieler Beziehung wie Gase, und man kann deshalb versuchen, diese „Elektronengase" mit .Hilfe statistischer und thermodynamischer Methoden zu beschreiben. Die statistischen Methoden werden uns hierbei zur Angabe von Verteilungsfunktionen verhelfen, welche uns aussagen, für wieviele Elektronen unseres Schwarms wir annehmen dürfen, daß sie sich in bezug auf Lage, Bewegungsgröße usw. innerhalb bestimmter enger Grenzen befinden. Die thermodynamischen Methoden werden uns bei der Aufstellung von Gleichgewichtsbedingungen wichtige Dienste leisten.

Die praktische Bedeutung der Physik des Elektronengases liegt nun darin, daß wir ihre Gesetze auf Elektronenschwärme im Hochvakuum, nämlich auf die sog. „Elektronenwolken" oder „Raumladungen" sowie auch auf viele Probleme des Elektrizitätsdurchgangs durch molekulare Gase, ja sogar auf die Leitungselektronen im Inneren von Metallen anwenden dürfen. Ein Elektronenschwarm in einem molekularen Gase kann nämlich in vielen Fällen mit großer Annäherung wie ein freies Elektronengas behandelt werden[1]; ja sogar für die metallischen Leitungselektronen läßt sich zeigen[2], daß sie sich in vielen Beziehungen sehr angenähert wie ein Gas vollkommen freier Elektronen verhalten; die positiven Metallionen des Kristallgitters übernehmen dabei nur die Rolle eines Gefäßes, welches das unter hohem Druck komprimierte Elektronengas zusammenhält. Das Verhalten des Metallelektronengases kann nur auf Grund der FERMI-DIRACschen Quantenstatistik verstanden werden, deren Wesen wir hier in kurzen Zügen erläutern wollen. Von den meisten Anwendungen dieser Statistik (z. B. metallische Leitfähigkeit usw.) werden wir in diesem Buche absehen, da sie über den Rahmen einer Physik des freien Elektrons weit hinausgehen; wir beschränken uns darauf, die allgemeinen Gesichtspunkte so weit zu erklären, als sie für das Verständnis der im folgenden Teil II behandelten Elektronenemission der Metalle notwendig sind.

§ 2. Anwendung der Maxwellstatistik auf das Elektronengas: Geschwindigkeiten der Elektronen. Temperatur, Dichte, einseitige Strömung, mittlere freie Weglängen. Zur Erläuterung der Eigenschaften des Elektronengases wird es nützlich sein, einige gaskinetische Begriffe und Formeln der klassischen Statistik hier kurz zu referieren. Wegen der theoretischen Begründung dieser Formeln und Begriffe müssen wir auf Lehrbücher der kinetischen Gastheorie[3] verweisen; wir wollen hier nur — abgesehen von kurzen Erläuterungen — ihre Anwendungsmöglichkeiten auf die Elektronik beleuchten.

Wir postulieren zunächst einmal, daß sich die Elektronen in vollkommen ungeordneter Bewegung befinden. Ferner soll ihre Konzentration so klein sein, daß ihre COULOMBsche Abstoßungsenergie gegenüber ihrer kinetischen Energie im Mittel vernachlässigt werden kann. Wir können dann das Elektronengas als ideales Gas behandeln und definieren zunächst die absolute Temperatur dieses idealen Gases durch die bekannte Beziehung:

$$\bar{E}_{\text{kin}} = \tfrac{3}{2} k T, \tag{1}$$

[1] LANGMUIR, I.: z. B. Z. Physik Bd. 46 (1928) S. 271.
[2] BLOCH, F.: Z. Physik Bd. 52 (1928) S. 555; Bd. 59 (1930) S. 208.
[3] Siehe z.B. CLEMENS SCHÄFER: Einführung in die theoretische Physik Bd. 2. Leipzig 1929.

wo $\bar{E}_{\text{kin}}$ die mittlere kinetische Energie des in der Temperaturbewegung befindlichen Elektrons und $k = 1{,}371 \cdot 10^{-16}$ Erg/Grad die BOLTZMANNsche Konstante
bedeutet. Durch die mittlere kinetische Energie $\bar{E}_{\text{kin}}$ ist das ,,mittlere Geschwin-
digkeitsquadrat`` $\bar{u}^2$ definiert:

$$\bar{E}_{\text{kin}} = \frac{m\,\bar{u}^2}{2}\,, \tag{2}$$

welches in einer vereinfachten Theorie gleich dem Quadrat einer einheitlich an-
zusetzenden Elektronengeschwindigkeit $\bar{u}$ wäre[1]. In Wirklichkeit sind jedoch
in unserem Elektronengase sehr viele verschiedene Geschwindigkeiten u_1, u_2,
u_3, ... u_N vorhanden. Bilden wir aus diesen die wirkliche durchschnittliche
oder mittlere Geschwindigkeit

$$u_m = \frac{u_1 + u_2 + u_3 + \cdots + u_N}{N}\,, \tag{3}$$

wo N die im betrachteten Volumen befindliche Anzahl von Elektronen bedeutet,
so ist das Quadrat dieser mittleren Geschwindigkeit u_m^2 bekanntlich vom mittleren Geschwindigkeitsquadrat $\bar{u}^2$ zu unterscheiden. Wir haben, wie hier nicht
näher begründet werden soll:

$$\bar{u}^2 = \tfrac{3}{8}\,\pi\,u_m^2 = \frac{3\,kT}{m} \tag{4}$$

Eine MAXWELLsche Verteilung der einzelnen Elektronengeschwindigkeiten u_1,
u_2, u_3 ... ergibt sich aus:

$$dN = \left[N\left(\frac{m}{2\,\pi\,kT}\right)^{\frac{3}{2}} \cdot \exp\left(-\frac{m}{2}\,\frac{(\xi^2 + \eta^2 + \zeta^2)}{kT}\right)\right] d\xi\,d\eta\,d\zeta. \tag{5}$$

Diese Gleichung entspricht dem GAUSSschen Fehlergesetz, welches bekanntlich
angibt, wie sich die Fehler eines Resultats um den Mittelwert gruppieren. Sie
bezeichnet hier die Anzahlen dN derjenigen Elektronen, deren Geschwindigkeiten im Bereich $\xi + d\xi$, $\eta + d\eta$, $\zeta + d\zeta$ liegen; N bedeutet die Gesamtzahl
der Elektronen im betrachteten Volumen, ξ, η, ζ sind die Komponenten der
Geschwindigkeit u, und m ist die Elektronenmasse. Die graphische Darstellung
der Gl. (5) ergibt für jede Geschwindigkeitskomponente eine Kurve von
symmetrischer Form, die sog. ,,Glockenkurve`` (siehe Abb. 54 punktierte Kurve).

Die anschauliche Geschwindigkeitsverteilung, welche die Geschwindigkeiten
unabhängig von ihren Richtungen enthält, ergibt sich aus Gl. (5) zu

$$dN' = 4\pi\,u^2\left[N\left(\frac{m}{2\,\pi\,kT}\right)^{\frac{3}{2}} \cdot \exp\left(-\frac{m\,u^2}{2\,kT}\right)\right] d\,u. \tag{6}$$

dN' bedeutet hier die Zahl der Elektronen, deren Geschwindigkeit zwischen u
und $(u + du)$ liegt. Die Wahrscheinlichkeit dafür, daß ein Elektron die Geschwindigkeit u mit dem Spielraum du besitze, ist gleich dN'/N. Gl. (6) ist
in Abb. 56 als punktierte Linie eingezeichnet. Wir sehen hier die unsymmetrische
Kurve der Geschwindigkeitsverteilung. Das Ordinatenmaximum dieser Kurve
gehört zur Abszisse $\hat{u}$, der wahrscheinlichsten oder maximal vertretenen Geschwindigkeit. $\hat{u}$ ist kleiner als die mittlere Geschwindigkeit u_m und kleiner als die
Wurzel aus dem mittleren Geschwindigkeitsquadrat $\bar{u}$:

$$\hat{u}^2 = \frac{\pi}{4}\,u_m^2 = \tfrac{2}{3}\,\bar{u}^2 = \frac{2\,kT}{m}\,. \tag{7}$$

---

[1] An Stelle des in der Literatur oft gebrauchten Symbols $\sqrt{\bar{u}^2}$ soll hier $\bar{u}$ geschrieben
werden.

Wir können nun die Temperatur unseres Elektronengases durch die mittlere Voltgeschwindigkeit $\bar{V}$ oder durch die wahrscheinlichste Voltgeschwindigkeit $\hat{V}$ der Elektronen ausdrücken, und erhalten nach Gl. (1) bis (4) und nach Kap. 1 Gl. (4):

$$\frac{m\,\bar{u}^2}{2} = \frac{e}{300}\cdot\bar{V} = \frac{3\,k\,T}{2} \\ T = 7730\,\bar{V} = 11590\,\hat{V} \Bigg\} . \tag{8}$$

Daraus folgt z. B., daß die wahrscheinlichste Elektronenvoltgeschwindigkeit bei 2000^0 nur 0,17 e-Volt, bei Zimmertemperatur sogar nur 0,03 e-Volt beträgt.

Für praktische Versuche ist es ferner wichtig, zu wissen, welche Elektronenmenge dN'' im ruhenden Elektronengase bei gegebener Temperatur T und Dichte n auf die Flächeneinheit pro Sekunde auftrifft, um so die Stromdichte i voraussagen zu können, welche auf einen ins Elektronengas hineingebrachten Leiter auftrifft. Aus Gl. (5) berechnet sich[1] die durch das Quadratzentimeter pro Sekunde mit beliebiger Geschwindigkeit hindurchfliegende Elektronenmenge zu

$$dN'' = n\cdot\sqrt{\frac{k\,T}{2\,\pi\,m}}, \tag{9}$$

wo n die Anzahl der Elektronen pro Kubikzentimeter bedeutet. Hierbei stellt:

$$\sqrt{\frac{k\,T}{2\,\pi\,m}} \tag{9a}$$

die mittlere Geschwindigkeit einer einseitigen Strömung dar. Aus der Zahl der strömenden Elektronen dN'' erhalten wir durch Multiplikation mit $e = 1{,}6\cdot 10^{-19}$ Amp·sec die Stromdichte:

$$i = e\cdot dN'' = 2{,}5\cdot 10^{-14}\cdot n\sqrt{T}\,(\text{Amp./cm}^2). \tag{10}$$

So findet man beispielsweise, daß für eine einseitige Strömung von 1 Amp./cm² bei $T = 2000^0$ eine Dichte des Elektronengases von ca. 10^{12} Elektronen pro Kubikzentimeter nötig ist.

Die idealen Gasgesetze können beim Elektronengas — trotz der COULOMBschen Kräfte der Elektronen aufeinander — angewendet werden, solange die Konzentration n der Elektronen so klein bleibt, daß die durch Gl. (1) definierte mittlere kinetische Energie des in der Temperaturbewegung befindlichen Elektrons groß bleibt gegenüber der potentiellen Energie

$$\bar{E}_{\text{pot}} = e^2/\bar{r} \tag{11}$$

zweier Elektronen, die sich im mittleren Abstand $\bar{r}$ gegenüberstehen[2]. Daraus ergibt sich als Bedingung für n

$$n \ll \left(\frac{3}{2}\,\frac{k\,T}{e^2}\right)^3 = 10^9\cdot T^3. \tag{12}$$

Praktisch genügt es, zu verlangen, daß die kinetische Energie hundertmal größer bleiben soll als die potentielle:

$$\bar{E}_{\text{kin}} > 100\,\bar{E}_{\text{pot}}. \tag{13}$$

Auf Grund dieser Bedingung dürfen wir beispielsweise bei 3000^0 noch eine Elektronendichte $n = 10^{13}$ Elektronen/cm³ oder bei Zimmertemperatur noch $n = 10^{10}$ Elektronen/cm³ zulassen. Solche Dichten werden aber selbst bei den

---

[1] Siehe z. B. W. SCHOTTKY: In WIEN-HARMS Handbuch der Experimentalphys. Bd. 13, II (1928) S. 34.
[2] LAUE, M. v.: Ann. Physik Bd. 58 (1919) S. 695.

stärksten experimentell erreichbaren Raumladungen oder Elektronenströmen im Vakuum auch nicht annähernd erreicht.

Aus der Bedingung Gl. (13) läßt sich nun eine sinngemäße Definition des Wirkungsquerschnitts der Elektronen im Elektronengase angeben: Ein Elektron möge in die Wirkungssphäre eines anderen Elektrons eintreten, wenn die potentielle Abstoßungsenergie der beiden den hundertsten Teil der kinetischen Energie des einzelnen ausmacht. Wir erhalten als Radius der Wirkungssphäre

$$r = \frac{100\,e^2}{3\,kT}\,. \tag{14}$$

Daraus folgt die Definition der mittleren freien Weglänge und ihre Beziehung zur Stromdichte i in Gl. (10):

$$l = \frac{1}{4\sqrt{2}\,\pi r^2 n} = \frac{T^{\frac{5}{2}}}{i}\cdot 2,5\cdot 10^{-4}\,\mathrm{cm}\,. \tag{15}$$

Die freie Weglänge bei $T = 2000^0$ und $i = 1$ Amp./cm^2 beträgt beispielsweise: $l = 5\cdot 10^4$ cm. Die mittlere Zahl der Zusammenstöße eines unserer Elektronen in der Sekunde, das ist die Stoßzahl, ergibt sich zu

$$z = \frac{u_m}{l}\,. \tag{16}$$

In dem eben genannten Beispiel würde sich z zu rund 10^3 ergeben. Die Zusammenstöße der Elektronen untereinander sind also so selten, daß beim Anlegen eines äußeren Potentials das Elektronengas fortgetrieben werden kann, ohne daß sich seine Geschwindigkeitsverteilung ändert.

§ 3. Untersuchung des Elektronengases mit der Langmuirsonde. Das Langmuirsche Plasma. Zur experimentellen Untersuchung eines Elektronengases kann man in dieses metallische Elektroden als Sonden einführen. Auf solche Sonden kann man dann die Elektronen durch äußere elektrische Felder hintreiben, um dadurch Konzentration, Geschwindigkeitsverteilung und Potential des Elektronengases zu bestimmen[1]. Man kann beispielsweise ebene, zylindrische oder kugelförmige Metallelektroden, sog. „Langmuirsonden", in das Elektronengas hineinbringen und ein variables Potential V an eine solche Sonde anlegen. Der Elektronenstrom J, welcher als Funktion von V auf dieser Sonde aufgefangen wird, berechnet sich unter Zugrundelegung einer MAXWELLschen Geschwindigkeitsverteilung zu

$$J = J_0 \exp\left(\frac{Ve}{kT}\right), \tag{17}$$

wo J_0 die ungerichtete Elektronenstromstärke im Elektronengas bedeutet, welche sich z. B. aus der Stromdichte i in Gl. (10) ergibt. Bei Anwendung von Gl. (17) geht man zur praktischen Untersuchung eines Elektronengases in der Weise vor, daß man die Logarithmen der zur Langmuirsonde fließenden Ströme als Funktion ihres Potentials etwa graphisch aufträgt. Ergibt nun diese halblogarithmische Kurve eine Gerade, so ist dadurch das Bestehen einer Maxwellverteilung nachgewiesen. Die Neigung dieser Geraden, welche $e/kT = 11590/T$ beträgt, gibt uns ein Mittel zur Berechnung der Temperatur unseres Elektronengases in die Hand.

Von sehr großer praktischer Bedeutung ist nun die Tatsache, daß man Langmuirsonden in gleichmäßig ionisierte Gase unter tiefen Drucken (z. B. Edelgase oder Quecksilberdampf von 10^{-5} bis 10^{-2} mm Hg-Druck) eingeführt hat, und

---

[1] LANGMUIR, J., u. H. MOTT-SMITH: Gen. electr. Rev. Bd. 27 (1924) S. 449; Physic. Rev. Bd. 28 (1926) S. 727. — LANGMUIR, J.: Physic. Rev. Bd. 26 (1925) S. 585. — SEELIGER, R., u. R. HICHERT: Ann. Physik Bd. 11 (1931) S. 817.

daß man bei einer gegen das mittlere Potential des Gases negativ aufgeladenen Sonde eine Geradlinigkeit der genannten halblogarithmischen Kurve feststellen konnte, und zwar über einen Bereich von Stromstärken im Verhältnis $1:100000$. Unter anderem erkennt man aus dieser Feststellung, daß sich die Elektronen durch das z. T. ionisierte Atomgas ebenso wie ein ungebundenes, freies Elektronengas hindurchbewegen. Das betreffende ionisierte Gas verhält sich also offenbar wie eine homogene isotrope Mischung von drei Gasen: dem Elektronengas, dem Ionengas und dem Atomgas. Eine solche Mischung wird als „LANGMUIRsches Plasma" bezeichnet.

Wir wollen als Beispiel die Verhältnisse in einem ionisierten Quecksilberdampf näher ansehen, besonders wegen ihrer Wichtigkeit für das Verständnis des technischen Quecksilberdampfgleichrichters und des sog. „Thyratrons", in welchem durch ein Gitter im Quecksilberdampf relativ starke Elektronenströme gesteuert werden können. Wir betrachten zu diesem Zweck ein mit Quecksilberdampf gefülltes Entladungsrohr, welches eine Wolframglühkathode und ihr gegenüber in einigem Abstand eine Anode von verhältnismäßig großer Fläche enthält. An die Anode werden etwa $+40$ (oder mehr) Volt angelegt, während die etwa geerdete Glühkathode auf so hohe Temperatur geheizt wird, daß sie einen Elektronenstrom von 5 bis 50 Milliamp. aussendet. Die von der Kathode emittierten Elektronen schlagen aus den Hg-Dampfatomen viele Sekundärelektronen heraus und erzeugen somit eine starke gleichmäßige Ionisation. Abgesehen von der unmittelbaren Umgebung der Elektroden und der Glaswände des Entladungsrohres ist die Leitfähigkeit des Hg-Dampfes so hoch, daß von den schwachen hindurchgehenden Strömen nur schwache elektrische Felder aufrechterhalten werden können.

Das Potential im Entladungsrohr ist annähernd gleich dem Potential der Anode. Nahe der Glühkathode besteht ein Kathodenfall, durch den die Elektronen beschleunigt werden, so daß sie mit gleichmäßiger Geschwindigkeit durch das Entladungsrohr fliegen, bis sie mit Atomen zusammenstoßen. Man erhält so einen gleichmäßig ionisierten Hg-Dampf, bestehend aus dem Elektronengas, dem Quecksilberionengas und dem Quecksilberatomgas. Durch Sondenmessungen von der oben beschriebenen Art findet man, daß die Elektronen eine MAXWELLsche Geschwindigkeitsverteilung aufweisen. Dieser Temperaturbewegung des Elektronengases überlagert sich in gewissen Fällen eine Strömung der Elektronen in Richtung auf die Anode; diese Strömung soll hier nicht weiter betrachtet werden. Die positiven Ionen stören bei der erwähnten Sondenmessung in keiner Weise, sie umgeben die Sonde als verhältnismäßig dünne Schicht, welche das Sondenfeld nach außen hin abschirmt. Die Menge der von der Sonde eingefangenen positiven Ionen ist dabei vom Sondenpotential unabhängig.

Die Temperatur des Elektronengases ist abhängig von den Entladungsbedingungen: Sie fällt mit steigendem Druck, ist aber nahezu unabhängig von der Stromdichte. So ergab z. B. ein Quecksilberlichtbogen bei Stromstärken von 0,1 bis 5 Amp. in einem Rohr von 3 cm Durchmesser Elektronentemperaturen von etwa 30000^0, beim Quecksilberdampfdruck 1 Dyn/cm², 20000^0 bei 5 Dyn/cm² und 10000^0 bei 33 Dyn/cm². Die Temperatur der Quecksilberdampfatome war hierbei von der Größenordnung der Zimmertemperatur. Die hohen beobachteten Elektronentemperaturen sind dadurch zu erklären, daß die von der Kathode ausgehende gerichtete Elektronenbewegung durch die Wirkung der Atome in mehr oder weniger ungerichtete Bewegung verschiedener Geschwindigkeiten degradiert wird, so daß schließlich einheitliche Gruppen von Elektronen mit MAXWELLschen Geschwindigkeitsverteilungen resultieren.

Neben der Temperatur des Elektronengases interessiert uns sein mittleres elektrisches Potential. Auch dieses gewinnt man aus der halblogarithmischen Stromspannungskurve der Sonde. Denn die zwischen Sondenstrom und Sondenspannung herrschenden Gesetzmäßigkeiten sind völlig verschieden, je nachdem es sich um ein beschleunigendes oder ein verzögerndes Feld handelt. Die halblogarithmische Stromspannungskurve ist nur bei einem die Elektronen verzögernden Felde eine Gerade. Ein Knick, d. h. eine plötzliche Änderung der Neigung tritt in dem Augenblick ein, wo sich die Sonde auf dem Potential des Gasraumes befindet. Beim Potential des Gasraumes ist keine positive Ionenschicht mehr um die Sonde gelagert, und der Stromwert J in Gl. (17) ergibt dann allein (infolge $V = 0$) den ungerichteten Elektronenstrom vom ungestörten Elektronengas. Der ungerichtete positive Ionenstrom kann hierbei gegenüber dem Elektronenstrom vernachlässigt werden, da er entsprechend der Wurzel aus dem Massenverhältnis der Ladungsträger einige hundertmal kleiner ist als der Elektronenstrom. Die Dichte n des Elektronengases läßt sich aus dem bei $V = 0$ gemessenen $i = J_0$/Sondenoberfläche mit Hilfe von Gl. (10) berechnen.

§ 4. Raumladungserscheinungen. LANGMUIR-SCHOTTKYsches Gesetz. Als eine weitere praktisch wichtige Angelegenheit wollen wir den Einfluß eines reinen Elektronengases im Vakuum auf den Verlauf eines elektrischen Feldes betrachten.

Als einfachsten Fall fassen wir den Potentialverlauf zwischen zwei unendlich großen ebenen Elektroden ins Auge. Wie in Abb. 52 gezeichnet ist, sei die linke Elektrode auf das negative elektrische Potential V_i (positives Elektronenpotential)[1] aufgeladen, die rechte sei geerdet. Befinden sich nun zunächst keine Elektronen zwischen den beiden Elektroden, so ist der Potentialverlauf durch die punktierte Gerade gegeben. Lassen wir jetzt (z. B. durch Erwärmung der Kathode) aus der Kathode eine genügende Menge Elektronen austreten, so modifiziert sich die Potentialverteilung, bis ein stationärer Zustand ent-

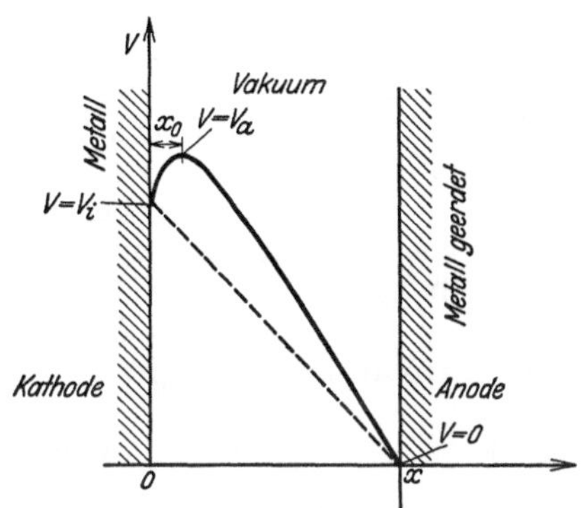

Abb. 52. Potentialverteilung mit —— und ohne — — — Raumladung.

steht, indem sich eine Elektronenwolke als sog. „Raumladung" vor der Kathode lagert. Auf dieser Raumladung endigen die von der Anode ausgehenden elektrischen Kraftlinien, so daß hierdurch das elektrische Feld abgeschirmt wird. Die Potentialverteilung im Elektronengas ist nach der POISSONschen Differentialgleichung

$$\frac{d^2 V}{d x^2} = -4 \pi n e. \tag{18}$$

Durch die an jeder betreffenden Stelle gerade herrschende Elektronenladungsdichte $|n e|$ bestimmt und läßt sich in allen Fällen durch Integration der Gl. (18) genau berechnen[2]. Wäre die Anfangsgeschwindigkeit der von der Kathode startenden Elektronen etwa gleich Null, so wäre der Strom begrenzt in dem Augen-

---

[1] Hier wie im folgenden sei das Potential eines Punktes in bezug auf das Elektron dann als positiv bezeichnet, wenn ein positiver Arbeitsbetrag nötig ist, um das Elektron an diesen Punkt zu bringen.

[2] SCHOTTKY, W.: Physik. Z. Bd. 15 (1914) S. 624, 656; Ann. Physik. Bd. 44 (1914) S.1011. — LANGMUIR, J.: Physic. Rev. Bd. 2 (1913) S. 450; Physik. Z. Bd. 15 (1914) S. 348, 516. — BARTLETT, R. S.: Physic. Rev. Bd. 37 (1931) S. 959. — WATERMAN, A. T.: Ebenda Bd. 38 (1931) S. 1497.

blick, wo an der Kathode die Potentialkurve parallel zur x-Achse verläuft. Wenn aber die Elektronen eine Anfangsgeschwindigkeit besitzen, so kann das Potential im Elektronengas sogar höher werden als an der Kathode. Vor der Kathode türmt sich infolge der negativen Ladung der Wolke ein Potentialberg auf, der für den weiteren Austritt von Elektronen aus der Elektrode ein Hindernis bildet, welches sie nur durchfliegen können, wenn ihre Anfangsenergie genügend groß ist. Dagegen kommen alle Elektronen, welche das Maximum des Potentialberges V_a überflogen haben, sicher zur Anode. Die Lage und Größe dieses Potentialberges kann man beispielsweise experimentell abtasten, indem man an verschiedenen Stellen durch die Elektronenwolke einen feinen Elektronenstrahl hindurchschießt, aus dessen elektrostatischer Ablenkung die Potentialverteilung in der Raumladung berechnet werden kann[1].

Besonders wichtig sind die Raumladungserscheinungen deshalb, weil durch sie die Gesetzmäßigkeiten der Stromspannungscharakteristik beim Stromübergang im Vakuum bestimmt werden. Der Verlauf solcher Charakteristiken bildet beispielsweise die Grundlage für die ganze Theorie der Verstärkerröhren. Durch Berücksichtigung der Bewegungsgesetze der Elektronen in den durch die Raumladung erzeugten elektrischen Feldern findet man das LANGMUIR-SCHOTTKYsche Gesetz

$$J = K \cdot V^{\frac{3}{2}} \tag{19}$$

für die Stromstärke J bei der zwischen den beiden Elektroden liegenden Potentialdifferenz V. Dieses Gesetz gilt für ganz beliebig geformte Kathoden und Anoden. Mit der Form ändert sich nur die Konstante K. Für einfache geometrische Anordnungen läßt sich K auch zahlenmäßig berechnen. Für die wichtige zylindrische Anordnung, bei der ein l cm langer Glühdraht von einem Metallrohr von r cm Radius umgeben ist, ergibt die Theorie[2]: $K = 1{,}46 \cdot 10^{-5}\, l/r$. In Abb. 53 ist beispielsweise der durch die Raumladung bedingte Verlauf einer Stromspannungskurve aufgezeichnet, welcher einer zylindrisch gebauten Verstärkerröhre mit den Dimensionen $l/r = 10$ entspricht. In Gl. (19) kommt die Zahl der von der Kathode emittierten Elektronen überhaupt nicht vor. Die Größe des Elektronenstromes ist also im Raumladungsgebiet unabhängig von der Stärke der Elektronenemission der Glühkathode. Bei verschiedenen Heizströmen der Glühkathode (mit der Heizstromstärke wächst die Anzahl der emittierten Elektronen!) haben die Charakteristiken der Verstärkerröhre zunächst denselben Verlauf. Erst wenn die elektrischen Felder zwischen Kathode und Anode so stark gewählt werden, daß alle aus der Kathode emittierten Elektronen sofort zur Anode herübergezogen werden, hört die Raumladung auf zu bestehen, und der Strom J wird nicht mehr durch die Gl. (19) bestimmt, sondern erreicht seinen sog. „Sättigungswert" J_s. Für drei verschiedene Heizstromstärken unserer Glühkathode sind in Abb 53 die Sättigungswerte J_s', J_s'', J_s''' eingezeichnet. Je stärker die Heizung bzw. die Elektronenemission, um so später biegt die Charakteristik aus der $J = K \cdot V^{\frac{3}{2}}$-Kurve ab.

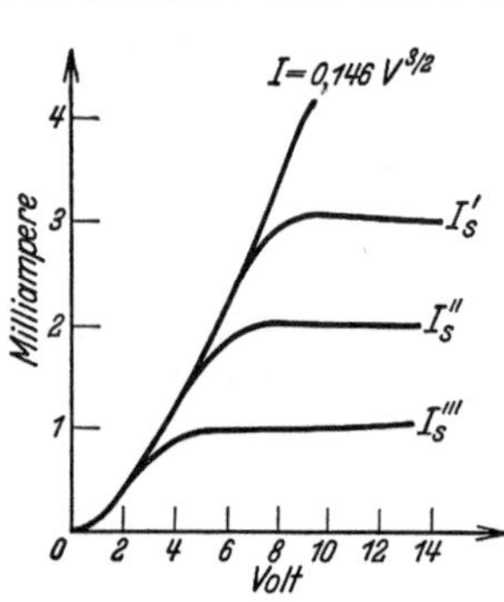

Abb. 53. Durch Raumladung bedingte Charakteristik einer Glühkathodenröhre.

§ 5. **Dielektrizitätskonstanten des Elektronengases.** Noch auf einem ganz anderen Gebiet hat die Betrachtung des Elektronengases praktisches Interesse erlangt. Bei der Ausbreitung elektromagnetischer Wellen in der Radiotelegraphie

<hr>

[1] WEHNELT, A., u. H. BLEY: Z. Physik Bd. 35 (1926) S. 338.
[2] LANGMUIR, J., u. K. B. BLODGETT: Physic. Rev. Bd. 22 (1923) S. 347.

spielt die sog. Heavisideschicht eine Rolle. Dies ist eine Schicht von Elektronenwolken, die sich in ungefähr 100 km Höhe befindet und beispielsweise durch
ultraviolette Sonnenstrahlung oder zum kleinen Teil auch durch Höhenstrahlung
erzeugt und aufrechterhalten wird[1]. Die brechende Wirkung der Heavisideschicht auf die Radiowellen beruht auf der Dielektrizitätskonstante ε des
Elektronengases. Infolgedessen hat sich das Interesse in einer außerordentlich
großen Anzahl von Arbeiten diesem Thema zugewandt. Im reinen Elektronengas
oder auch in der Atmosphäre, wenn der Druck des Molekülgases so klein ist,
daß Zusammenstöße zwischen Molekülen und Elektronen vernachlässigt werden
können, berechnet sich nach der DRUDE-LORENTZschen Dispersionstheorie die
Dielektrizitätskonstante des Elektronengases zu[2].

$$\varepsilon = 1 - \frac{e^2\,n}{\pi \cdot m \cdot \nu^2}. \tag{20}$$

ε ist also kleiner als eins, nimmt linear mit wachsender Elektronendichte n ab
und ist insbesondere eine Funktion der Frequenz ν der elektromagnetischen Welle.
m und e bedeuten Elektronenmasse und Elektronenladung (in ESE). Gl. (20) läßt
sich im Laboratorium experimentell verifizieren, indem man von einer Glühkathode emittierte Elektronen zwischen die Platten eines Kondensators (im Vakuum
oder im sehr verdünnten Gase) hineinschießt und dann die Kapazität dieses
Kondensators als Funktion von n und ν etwa nach der DRUDEschen Methode
bestimmt[3].

Gl. (20) ist natürlich nur dann gültig, wenn der Einfluß des Atomgases
auf das Elektronengas vernachlässigt werden kann. Anderenfalls würden die
von der elektromagnetischen Welle erzeugten Elektronenschwingungen durch
häufige Zusammenstöße mit Atomen gestört werden. Solche Störung läßt sich
in erster Näherung als eine zusätzliche Reibung auffassen, durch welche der
Welle dauernd Energie entzogen wird. Die elektromagnetische Welle wird also
durch Absorption geschwächt. Es läßt sich ferner zeigen, daß bei Zusammenstößen der Elektronen mit Atomen ε kleiner erscheint, als durch Gl. (20) vorausgesagt wird. Weitere Komplikationen können auftreten, wenn etwa ein schwaches
Magnetfeld auf das Elektronengas einwirkt. Es treten dann Eigenfrequenzen
bzw. eine anomale Dispersion auf. Diese Einzelheiten können wir hier aber nicht
näher betrachten.

§ 6. **Das Metallelektronengas. Fermistatistik. Elektronengeschwindigkeiten.
Nullpunktsenergie. Spezifische Wärme. Geschwindigkeitsverteilung und ihre
Änderung mit der Temperatur. Halbwertsgeschwindigkeit. Entartungskriterium.
Auftreffen auf eine Fläche.** Wir wenden uns im folgenden dem Metallelektronengase zu. Wir betrachten ein Metallstück und fassen dieses als ein von einem
Elektronengas erfülltes und von einer Wand umgebenes Gebiet auf. In einem
derartigen Elektronengase haben wir es mit geradezu ungeheuren Elektronendichten — größenordnungsmäßig $n = 10^{22}$ Elektronen pro Kubikzentimeter —
zu tun, die unter einem Druck von vielen Tausenden von Atmosphären stehen[4].

---

[1] Die hierbei gleichzeitige Anwesenheit von positiven Ionen kann für das hier interessierende Problem vernachlässigt werden. Da die Masse des Elektrons mindestens rund
2000mal kleiner ist als diejenige eines Ions, so braucht die Elektronendichte zur Erzeugung
des gleichen Effektes auf die elektromagnetischen Wellen auch höchstens nur $^1/_{2000}$ der erforderlichen Ionendichte zu sein.

[2] LARMOR, J.: Philos. Mag. Bd. 48 (1924) S. 1025.

[3] BERGMANN, L., u. W. DÜRING: Ann. Physik Bd. 1 (1929) S. 1041. — APPLETON, E. V.,
u. E. C. CHILDS: Philos. Mag. Bd. 10 (1930) S. 969. — BENNER, S.: Dissert., Stockholm 1931.

[4] Für das am Anfang dieses Kapitels betrachtete klassische Elektronengas im Hochvakuum lassen sich Drucke von der Größenordnung von nur etwa Millionstel Atmosphären
berechnen.

Solche Konzentrationen sind nur infolge einer ungeheuren elektrostatistischen „Wandfestigkeit" möglich, indem nämlich jedes Elektron, das aus dem Metall herauszutreten sucht, durch die nach außen hin nicht neutralisierte Anziehung der positiven Metallgitterionen zurückgehalten wird. Trotz des räumlich periodischen Potentialfeldes dieses Ionengitters können wir jedoch im Innern des Metalls die Elektronen für viele Zwecke als vollkommen frei und ungebunden behandeln[1]. Bei den erwähnten hohen Konzentrationen haben nun die Gesetze der klassischen Statistik für das Elektronengas keine Gültigkeit mehr, es tritt hier an Stelle der MAXWELLschen die FERMIsche Statistik[2]. Die Fermistatistik beruht auf dem PAULIschen Ausschließungsprinzip. Dieses Prinzip wurde ursprünglich bei der Behandlung der Elektronensysteme, welche in den Atomen die Kerne umgeben, aufgestellt; wir kommen darauf im folgenden Kap. 7 zurück. Im Spezialfall des Elektronengases postuliert das Pauliprinzip, daß jede Zelle im Phasenraum nur mit einem einzigen, bzw. bei Berücksichtigung des Spins, mit zwei Elektronen besetzt oder unbesetzt sein könne. Um den Begriff des Phasenraumes zu erläutern, erinnern wir daran, daß man dort den Bewegungszustand und die Lage eines Massenpunktes darstellt, indem man seine Ortskoordinaten (x, y, z) und seine Impulskoordinaten $(p_x = m\dot{x},\ p_y = m\dot{y},\ p_z = m\dot{z})$ in einem sechsdimensionalen Koordinatensystem aufträgt. Der Massenpunkt hat drei Freiheitsgrade; bei einem System von f Freiheitsgraden erhält der Phasenraum $2f$ Dimensionen. Die Quantentheorie fordert nun, daß der Phasenraum im Falle *eines* Massenpunktes $(f = 3)$ in Elementarzellen von der Größe h^3 (allgemein h^f) eingeteilt werde, wo h das PLANCKsche Wirkungsquantum bedeutet.

Wir denken uns nun den durch p_x, p_y, p_z definierten *Impuls*raum in konzentrische Kugelschalen von endlicher Dicke zerlegt, deren Zentrum im Nullpunkt des Impulsraumes liegt. Jede dieser Kugelschalen enthält dann eine endliche Anzahl von Zellen und kann infolgedessen nach dem oben angegebenen Ausschließungsprinzip nur mit einer bestimmten Anzahl von Elektronen besetzt sein. Da der Impuls jedes Elektrons durch seinen Abstand vom Nullpunkt des Impulsraumes bestimmt ist, kann die Energie des Elektronengases nie unter einen gewissen Minimalbetrag herabsinken. Denken wir uns das Elektronengas mehr und mehr abgekühlt, so nähert sich seine Energie einem Grenzwert, der sog. Nullpunktsenergie. In einer Kugel, deren Radius durch die Elektronendichte gegeben ist, werden dann nämlich alle Zellen mit je zwei Elektronen besetzt sein. Außerhalb dieser Kugel sind überhaupt keine Elektronen vorhanden. Steigt aber die Temperatur des Elektronengases, so dringen die Elektronen in Zellen außerhalb der genannten Kugel vor, so daß die peripheren Zellen innerhalb dieser Kugel zum Teil von Elektronen frei werden.

Zur Erläuterung dieser Vorstellung betrachten wir beispielsweise als einfachsten Fall ein Elektronengas, welches in einen rechteckigen Kasten eingeschlossen ist. Die Energie E_z eines jeden Elektrons ordnen wir, entsprechend seinen drei Freiheitsgraden, drei Quantenzahlen z_1, z_2, z_3 zu:

$$E_z = h\nu\,(z_1 + z_2 + z_3) = z h\nu , \tag{21}$$

wobei ν eine Grundfrequenz bedeutet, welche durch die Größe des „Gefäßes", in welchem das Elektronengas eingeschlossen ist, gegeben wird. Die freien Elektronen im Metall sind also ähnlich gequantelt wie z. B. die akustischen

---

[1] BLOCH, F.: Z. Physik Bd. 52 (1928) S. 555; Bd. 32 (1931) S. 881. — PEIERLS, R.: Ann. Physik Bd. 5 (1930) S. 121.

[2] FERMI, E.: Z. Physik Bd. 36 (1926) S. 902. — PAULI, W.: Ebenda Bd. 41 (1927) S. 81. — SOMMERFELD, A.: Ebenda Bd. 47 (1928) S. 1. — Zusammenfassend: L. BRILLOUIN: Die Quantenstatistik und ihre Anwendung auf die Elektronentheorie der Metalle. Berlin (1931).

Eigenschwingungen der Luft in einem Resonator, die Quantenzahlen lassen sich wellenmechanisch vergleichen mit der Anzahl der Knoten, durch die die Eigenschwingungen des Resonators unterteilt und in Grund- und Oberschwingungen unterschieden werden.

Nach Gl. (21) entsteht nun zunächst die Frage, durch wieviel Komplexionen der Eigenwert $z\,h\,v$ bei einem einzelnen Elektron realisiert werden kann, denn hierdurch ist die größtmögliche Anzahl aller Elektronen bei einer gegebenen Energie E_z bestimmt.

Diese gesuchte Anzahl der Komplexionen entspricht offenbar der Anzahl der Lösungen der Gleichung

$$z_1 + z_2 + z_3 = z , \tag{22}$$

welche wir folgendermaßen veranschaulichen können:

Gegebenes z $= (z_1 + z_2 + z_3)$	Daraus folgende mögliche Werte von			Anzahl der Komplexionen $N(z)$
	z_1	z_2	z_3	
0	0	0	0	1
1	0	0	1	3
	0	1	0	
	1	0	0	
2	0	1	1	6
	1	1	0	
	1	0	1	
	0	0	2	
	0	2	0	
	2	0	0	
3	—	—	—	10
				usw.

Berücksichtigen wir nun noch ferner, daß infolge der zwei möglichen Spinorientierungen des Elektrons für jeden Translationszustand eine doppelte Elektronenbesetzung erlaubt ist, so folgt daraus, daß im Elektronengase zu jeder Energie $z\,h\,v$ höchstens $2\,N(z)$ Elektronen vorkommen können. D. h., daß

$$
\begin{aligned}
\text{höchstens} \quad &2 \quad \text{Elektronen mit der Energie} \quad 0 \\
,, \quad &6 \quad ,, \quad ,, \quad ,, \quad ,, \quad h\,v \\
,, \quad &12 \quad ,, \quad ,, \quad ,, \quad ,, \quad 2\,h\,v \\
,, \quad &20 \quad ,, \quad ,, \quad ,, \quad ,, \quad 3\,h\,v \\
& \cdots \cdots \cdots \cdots \cdots \cdots \\
,, \quad &(z+1)(z+2) \quad ,, \quad ,, \quad ,, \quad ,, \quad z\,h\,v
\end{aligned}
$$

vorkommen können. Also schon beim absoluten Nullpunkt, wo sich alle Partikel des idealen klassischen Gases in absoluter Ruhe befinden würden, muß man im FERMIschen Gase infolge der beschränkten Anzahl von „Plätzen" mit geringen Partikelenergien eine ganz bestimmte Energieverteilung für die einzelnen Elektronen annehmen. Die Anzahl $d\,N(E)$ der Elektronen von der Energie E bis $(E + dE)$ bei einer Gesamtzahl von N Elektronen und einer Dichte von n Elektronen/cm³ berechnet sich für $0^0\,K$ unter den oben skizzierten Voraussetzungen zu

$$d\,N(E) = 4\,\pi \cdot \frac{N}{n} \cdot \frac{(2\,m)^{\frac{3}{2}}}{h^3} \cdot E^{\frac{1}{2}} \cdot d\,E . \tag{23}$$

Die Gesamtenergie eines Elektronengases kann demnach nie unter eine bestimmte Anzahl von Energieelementen herabsinken. Beim absoluten Nullpunkt haben wir die erwähnte Nullpunktsenergie, die sich pro Kubikzentimeter des Elektronengases von der Dichte n berechnet zu:

$$\boldsymbol{\Sigma} E = (n\,E_0) = \tfrac{3}{5}\,\frac{h^2\,n}{2\,m}\left(\frac{3\,n}{8\,\pi}\right)^{\frac{2}{3}}. \tag{24}$$

Beispielsweise haben wir im Silber eine Elektronendichte $n = \varrho\,\dfrac{L}{A} = 5{,}9 \cdot 10^{22}$, die sich aus seinem spezifischen Gewicht ϱ, seinem Atomgewicht A und der LOSCHMIDTschen Zahl L unter der Annahme ergibt, daß auf jedes Atom ein freies Metallelektron kommen soll. Aus Gl. (24) folgt $n \cdot E_0 = 3 \cdot 10^{11}$ Erg/cm³, d. h. daß in einem Kubikzentimeter Silber im Elektronengase auch beim absoluten Nullpunkt noch die erstaunliche Energiemenge von ca. 3000 Meterkilogramm enthalten ist.

Mit steigender Temperatur ändert sich nun die Energie unseres Elektronengases nur erstaunlich wenig. Wir haben für das Kubikzentimeter als Gesamtenergie bei der Temperatur T:

$$n \cdot E_T = n \cdot E_0 + n \cdot E_1 , \quad \text{wo} \quad n \cdot E_1 = 8{,}6 \cdot 10^{-6}\, n^{\frac{1}{3}}\, T^2 . \tag{25}$$

So haben wir für Silber bei 2000° nach obigen Daten $nE_1 = 1{,}3 \cdot 10^9$ Erg/cm³, was gegen das oben berechnete $nE_0 = 3 \cdot 10^{11}$ Erg/cm³ nicht merklich in Betracht kommen kann. Aus diesem Grunde ist z. B. die spezifische Wärme[1] des Metallelektronengases verschwindend gering.

Um eine anschauliche Vorstellung zu gewinnen, wollen wir die FERMIsche Geschwindigkeitsverteilung mit der MAXWELLschen vergleichen. In der zur Gl. (5) analogen Form lautet das FERMIsche Verteilungsgesetz:

$$dN = \frac{2\,m^3}{n\,h^3} \cdot \frac{N \cdot d\xi\,d\eta\,d\zeta}{\exp\left\{\dfrac{\left[\dfrac{m}{2}\,(\xi^2 + \eta^2 + \zeta^2) - E_h\right]}{kT}\right\} + 1} , \tag{26}$$

bzw. erhält man an Stelle der in Gl. (6) gegebenen Geschwindigkeitsverteilung

$$dN' = 4\,\pi\,u^2 \left\{ \frac{\dfrac{2\,m^3}{n\,h^3}\,N}{\exp\left[\dfrac{\left(\dfrac{m\,u^2}{2} - E_h\right)}{kT}\right] + 1} \right\} d u . \tag{27}$$

Die Größe E_h werden wir weiter unten [Gl. (31)] sogleich erklären. In Abb. 54 stellen wir zunächst nach Gl. (5) als punktierte Kurve eine Geschwindigkeitsverteilung nach MAXWELL, als durchgezogene eine solche nach FERMI dar. Die MAXWELLsche Kurve haben wir bereits oben an Hand von Gl. (5) diskutiert. Ihre Glockenform würde bei wachsender Temperatur immer breiter und flacher werden. Die FERMIsche Kurve verläuft nun aber zunächst parallel der Abszisse, erst bei sehr großen Geschwindigkeiten tritt eine exponentielle Abnahme ein. Die Veränderung der Fermiverteilung mit wachsender Temperatur übersieht man am besten nach Einführung zweier

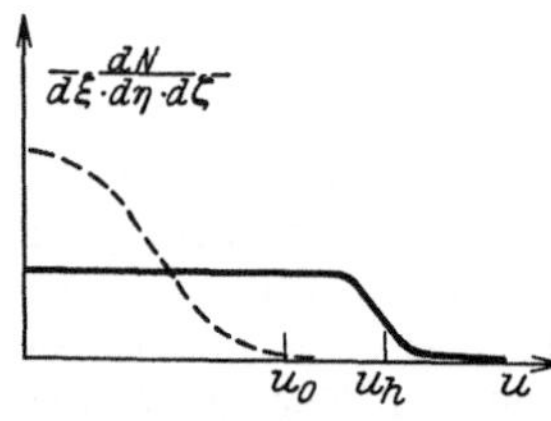

Abb. 54. MAXWELLsche – – – und FERMIsche ——— Geschwindigkeitverteilung.

Hilfsgrößen u_h und u_0. Man bezeichnet diejenige Geschwindigkeit, bei der die Ordinate auf die Hälfte des maximalen Wertes gesunken ist, als Halbwertsgeschwindigkeit u_h, welche sich nach FERMI ergibt zu

$$u_h = \frac{h}{2\,m} \sqrt[3]{\frac{3\,n}{\pi}} . \tag{28}$$

---

[1] Die spezifische Wärme ergibt sich aus der Änderung des Energieinhalts nach der Temperatur.

Weiter wird die Fermiverteilung charakterisiert durch einen der Nullpunktsenergie Gl. (24) entsprechenden Mittelwert der Geschwindigkeit u_0, welcher gegeben ist durch

$$E_0 = \frac{m\,u_0^2}{2}\,, \qquad (29)$$

also

$$u_0 = \sqrt{\tfrac{3}{5}} \cdot u_h = 0{,}774\,u_h\,. \qquad (30)$$

Infolge von Gl. (25) gibt u_0 auch bei beliebigen experimentell vorkommenden Temperaturen einen Mittelwert von u an, welcher vergleichbar ist mit der durch Gl. (2) gegebenen Wurzel aus dem mittleren Geschwindigkeitsquadrat. In scharfem Gegensatz zur klassischen Theorie sind aber sowohl u_0 als auch u_h von der Temperatur fast unabhängig. Die Veränderung der Fermiverteilung mit wachsender Temperatur übersieht man am besten in Abb. 55. Beim absoluten Nullpunkt haben wir (durchgezogene Kurve) eine Parallele zur x-Achse mit einem scharfen Knick bei der Geschwindigkeit u_h. Mit steigender Tem

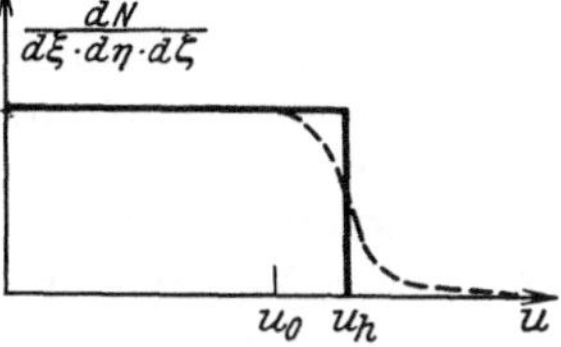

Abb. 55. Fermiverteilung bei $T = 1500^0$ – – –, bei $T = 0^0$ ———.

peratur rundet sich dieser Knick immer mehr ab, aber so, daß nach Gl. (28) die Halbwertsgeschwindigkeit u_h unverändert bleibt. Beim absoluten Nullpunkt ist die Halbwertsgeschwindigkeit u_h identisch mit der Höchstgeschwindigkeit. Die ihr entsprechende Energie ist

$$E_h = \left\{\frac{3\,n}{\pi}\right\}^{\tfrac{2}{3}} \cdot \frac{h^2}{8\,m}\,, \qquad (31)$$

also $5/_3$mal größer als E_0 in Gl. (24).

Im e-Voltmaß haben wir nach Kap. 1 § 1 und nach den vorhin gegebenen Erläuterungen:

$$V_h = E_h \cdot 300/e = 26{,}0\left(\frac{j\cdot\varrho}{A}\right)^{\tfrac{2}{3}}\,, \qquad (32)$$

wo j die Anzahl der Leitungs- (Valenz-) Elektronen pro Atom[1], ϱ die Dichte und A das Atomgewicht des betreffenden Metalls bedeuten; also für den vorhin betrachteten Fall des Silbers haben wir: $V_h = 5{,}6$ e-Volt. In abgekürzter Weise wird V_h häufig als Nullpunktsenergie bezeichnet.

Ein direkt anschauliches Bild der FERMIschen Geschwindigkeitsverteilung sieht man in Abb. 56, wo eine der Gl. (27) entsprechende Kurve aufgezeichnet

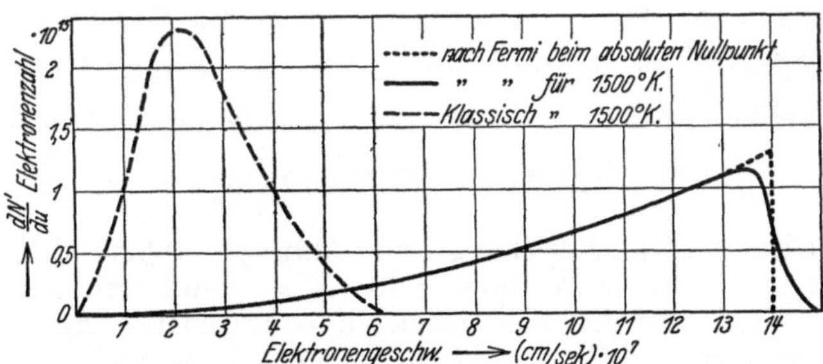

Abb. 56. Geschwindigkeitsverteilungskurve für $n = 5.9 \cdot 10^{22}$ Elektronen/cm³: ······ beim absoluten Nullpunkt nach FERMI, ——— bei 1500° K nach FERMI, – – – bei 1500° K klassisch.

wurde. Hier sind als Abszissen die Elektronengeschwindigkeiten in cm/sec, als Ordinaten die Anzahlen der Elektronen von dieser Geschwindigkeit mit dem Spielraum $\varDelta u = 1$ cm/sec aufgetragen. Es wurde hier für die Elektronengesamtzahl $N = n = 5{,}9 \cdot 10^{22}$ gewählt, wie es der obenerwähnten Elektronendichte im Silber entspricht. In der Abb. 56 sieht man die zu einer Temperatur

---

[1] Da in vielen Fällen der hier in Betracht kommende j-Wert nicht sicher bekannt ist, wird die Berechnung von V_h bzw. E_h ungewiß.

$T = 1500^0$ gehörende klassische Verteilung als gebrochene Linie eingetragen. Ferner ist die zur gleichen Temperatur gehörige Fermiverteilung als durchgezogene Linie zu erkennen. Die punktierte Kurve ist die Fermiverteilung des gleichen Elektronengases beim absoluten Nullpunkt, welche bei der häufigsten und gleichzeitig größten Geschwindigkeit scharf abbricht; das entspricht der oben erwähnten scharfen Abgrenzung der im Impulsraum mit Elektronen besetzten Zonen durch eine Kugel. Man sieht, daß bei der Fermiverteilung die häufigste Geschwindigkeit, welche dem Maximum der Verteilungskurve entspricht, mit wachsender Temperatur abnimmt, und sich dem klassisch wahrscheinlichsten Wert immer mehr nähert.

Beim Vergleich von Gl. (6) mit Gl. (27) erkennt man, daß die Fermiverteilung bei wachsender Temperatur schließlich in die klassische übergeht. Bei der Dichte und Temperatur, wie sie bei unseren Metallelektronen im Laboratorium vorkommt, kann aber dieser Fall nie erreicht werden, so daß also dort die in Abb. 56 gezeichnete Maxwellverteilung nicht existieren kann. Wenn die Mehrzahl der Zellen des Phasenraumes mit Elektronen voll besetzt ist, d. h. wenn

$$\frac{n\,h^3}{2 \cdot (2\,\pi\,m\,kT)^{\frac{3}{2}}} \tag{33}$$

sehr groß ist gegen 1, haben wir den Fall der Entartung, d. h. Fermistatistik, vor uns, wenn aber der Ausdruck (33) gegen 1 verschwindet, haben wir klassische

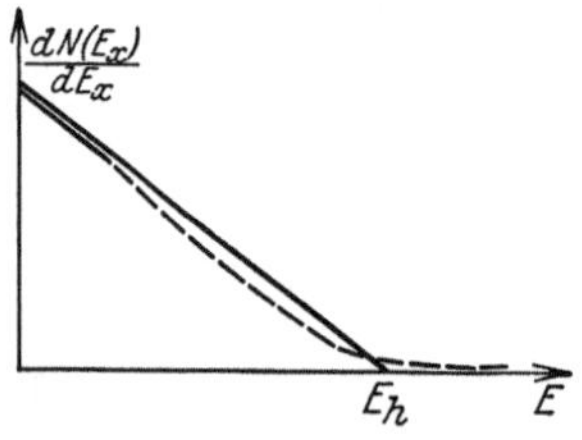

Abb. 57. FERMIsche Verteilungskurve der die Oberfläche treffenden Elektronen.

Statistik. Daraus folgt, daß wir reine Maxwellverteilung immer dann haben, wenn $n \ll 10^{15}\,T^{\frac{3}{2}}$; oder, wenn unsere Elektronendichte bei Zimmertemperatur klein gegen 10^{19} bzw. bei 3000^0 klein gegen 10^{21} ist.

Für die in den folgenden Kapiteln behandelten Probleme der Elektronenemission aus Metallen interessiert uns besonders der Bruchteil der kinetischen Energie des Elektrons, welcher seiner normal gegen die Metalloberfläche gerichteten Geschwindigkeitskomponente zukommt. Bezeichnen wir diese Energie der gegen die Fläche $x =$ const. gerichteten Geschwindigkeitskomponente ξ mit $E_x = \frac{m\,\xi^2}{2}$, so berechnet sich aus Gl. (26) die Anzahl $dN(E_x)$ derjenigen Elektronen, welche mit der Energie E_x pro Sekunde auf die Flächeneinheit auftreffen, zu:

$$dN(E_x) = \frac{4\,\pi\,m\,N}{n\,h^3}\,kT \left\{ \ln\left(1 + \exp\left[\frac{E_h - E_x}{kT}\right]\right)\right\} dE_x. \tag{34}$$

Diese wichtige Beziehung ist in Abb. 57 graphisch dargestellt. Die durchgezogene Kurve gibt die Verteilung für $T = 0$ und stellt eine Gerade dar, welche die Abszisse bei der maximalen Nullpunktsenergie E_h schneidet. Für höhere Temperaturen erhält man die gebrochene Linie, welche für $E_x > E_h$ einen exponentiellen, also MAXWELLschen Abfall zeigt. Die Elektronen, deren $E_x > E_h$, sind dabei wesentlich seltener als diejenigen, deren $E_x < E_h$.

§ 7. Thermodynamik des Elektronengases. Mikrophase. Chemisches Potential. Freie Energie. Entropie. Gleichgewichtszustände. Austrittsarbeit.

Zum Schluß dieses Kapitels wollen wir kurz auf die Methode der thermodynamischen Betrachtung von Elektronengasen eingehen[1]. Wir wollen zu diesem Zweck ver-

[1] LAUE, M. v.: Thermodynamik der Glühelektronen. In MARX Handbuch der Radiologie, Bd. 6. Leipzig 1925. — SCHOTTKY, W., u. H. ROTHE: Glühelektroden. In WIEN-HARMS Handbuch der Experimentalphys., Bd. 13 (1928). — SCHOTTKY, W.: Thermodynamik. Berlin 1929.

suchen, in bezug auf Elektronengase eine Anschauung und Anwendung von wichtigen Begriffen, wie z. B. „chemisches Potential", „freie Energie", „Entropie" usw. zu vermitteln. Die Thermodynamik ist gegenüber der Statistik da im Vorteil, wo man nicht über alle speziellen Vorstellungen vom Verhalten der einzelnen Partikeln verfügt; ihr Anwendungsgebiet erstreckt sich auf die Betrachtung von Gleichgewichtszuständen. Beispielsweise faßt man die Metallelektronenemission auf als Einstellung eines Gleichgewichts zwischen Metallelektronengas und Raumladungselektronengas. Die beiden Elektronengase entsprechen thermodynamischen Phasen, deren Gleichgewichtszustand dadurch charakterisiert ist, daß bei der Verschiebung eines Elektrons von einer Phase in die andere Arbeit aufgewandt werden muß. Um dieser Bedingung zu genügen, müssen die elektrischen Potentiale V_i und V_a der beiden Phasen durch die sog. „Elektronenaffinitäten" oder „chemischen Potentiale" μ_i und μ_a kompensiert sein, nämlich:

$$\mu_i + L e V_i = \mu_a + L e V_a \tag{35}$$

(L = LOSCHMIDTsche Zahl, e = Elektronenladung). Die weitere Aufgabe ist dann, die Berechnung der aus dieser Bedingung folgenden Gleichgewichtskonzentrationen. Aus diesen ergeben sich dann Voraussagen über beobachtbare Effekte, wie etwa in unserem obengenannten Beispiel über die Emission einer Glühkathode.

Von größter Wichtigkeit ist es, bei diesen Betrachtungen von Einzelphasen so geringer Dimensionen auszugehen, daß das Potential in ihnen nicht merklich schwankt und im Zusammenhang damit Druck und Dichte wohldefiniert sind. Man spricht in diesem Falle von den „Mikrophasen" oder von einer „Einzelphasen- oder μ-Thermodynamik". Die Größe des chemischen Potentials einer solchen Mikrophase ist gegeben durch:

$$\mu = \frac{\delta E_f}{\delta N}, \tag{36}$$

d. h. durch eine Beziehung zwischen der HELMHOLTZschen freien Energie E_f und der Zahl der pro Mol vorhandenen Elektronen N. μ ist also ein „Arbeitskoeffizient nach der Teilchenzahl". In unserem Beispiel der Metallelektronenemission möge μ_i diejenige Arbeit sein, die aufzuwenden ist, wenn der Metallelektrode bei konstanter Temperatur ein Mol Elektronen entzogen wird. Die in Gl. (36) enthaltene freie Energie E_f ist definiert durch Gesamtenergie E und Entropie S:

$$E_f = E - T \cdot S. \tag{37}$$

Prinzipiell gelingt es also, μ aus diesen Größen zu berechnen.

Die Gesamtenergie E ist für das ideale klassische Elektronengas nach Gl. (1) gegeben. Die Entropie S desselben Gases ist pro Mol gegeben durch[1]:

$$S = L k \left(\tfrac{5}{2} + \ln \left[\frac{(2 \pi m)^{\frac{3}{2}} k^{\frac{5}{2}}}{h^3} \right] + \tfrac{5}{2} \ln T - \ln p \right). \tag{38}$$

Das chemische Potential μ_a eines idealen Gases ist mit dessen freier Energie pro Mol identisch, deshalb ergibt sich aus Gl. (1) und Gl. (36) bis (38), wenn man noch statt des Druckes p die Konzentration n_a in Mol/cm³ einführt:

$$\mu_a = L k T \left\{ \ln n_a - \tfrac{3}{2} \ln T - \ln \left(\frac{(2 \pi m k)^{\frac{3}{2}}}{h^3 L} \right) \right\} + L \cdot E_a. \tag{39}$$

---

[1] Vgl. z. B. M. PLANCK: Theorie der Wärmestrahlung, 5. Aufl. (1923) S. 201.

E_a möge eine innere Eigenenergie des idealen Elektronengases der Raumladung bezeichnen. Diese kann nach rein klassischen Gesetzen als Null angenommen werden[1], in Rücksicht auf das statistische Gewicht des Spins wird aber:

$$L \cdot E_a = - L\,kT \cdot \ln 2 . \tag{40}$$

Die Gleichgewichtskonzentration n_a (Anzahl der Mole von Elektronen pro Kubikzentimeter) einer Raumladung mit einem Metallelektronengas vom chemischen Potential μ_i ergibt sich nun mit Benutzung von Gl. (36) und Einsetzen des quantenmechanischen Wertes für E_a bei einer Auflösung der Gl. (39) nach n_a zu:

$$n_a = 2 \cdot \frac{(2\,\pi\,m\,k)^{\frac{3}{2}}}{L\,h^3} \cdot T^{\frac{3}{2}} \exp\left\{ \frac{\mu_i + eL\,(V_i - V_a)}{L\,kT} \right\} . \tag{41}$$

Da nun T und n_a der Messung zugänglich sind, gelingt es, aus experimentellen Daten die im Exponenten von Gl. (41) stehende Größe

$$W = \frac{\mu_i + eL\,(V_i - V_a)}{L} \tag{42}$$

zu erhalten. In dieser meßbaren Größe W sind bei unserem Beispiel der Metallemission folgende Größen enthalten: $V_i =$ das meßbare elektrische Potential des Metalls, ferner $V_a =$ die zunächst unbekannte Größe des elektrischen Potentialmaximums der Raumladung, entsprechend der höchsten Erhebung des in Abb. 52 gezeichneten Potentialberges, ferner μ_i, das chemische Potential des Elektronengases im Metall. Dieses kann man sich zusammengesetzt denken aus einem chemischen Potential des kräftefreien Fermigases, d. h. aus seiner maximalen Nullpunktsenergie E_h und aus einer konstanten negativen chemischen Energie $-E_c$ gegen den Außenraum:

$$-\frac{\mu_i}{L} = E_h - E_c . \tag{43}$$

Wir sehen aus diesen thermodynamischen Betrachtungen unter anderem, daß für die Beherrschung der Emissionsvorgänge am wichtigsten eine genaue Kenntnis von W ist. W stellt seiner Größe nach eine Austrittsarbeit dar, und wir wollen deshalb im nächsten Teil dieses Buches, welcher sich mit der Emission des Elektrons befaßt, mit einer Behandlung des Begriffs der Austrittsarbeit beginnen.

---

[1] Näheres über die innere Eigenenergie idealer Gase siehe z. B. bei M. PLANCK: Ebenda S. 127.

Zweiter Teil

Elektronenemission.

Kapitel 7.
Abreißarbeiten der Elektronen.

§ 1. Energieniveaus in Einzelatomen und in Kristallen. Gitterpotentiale, Energiezonen und Energieterme. Äußere Austrittsarbeit, innere Austrittsarbeit und Richardsonarbeit. Um ein Elektron aus dem Atomverbande zu befreien, muß ihm auf irgendeine Weise mindestens so viel Energie zugeführt werden, als gerade der Summe von potentieller und kinetischer Energie des gebundenen Elektrons entspricht. Wir wollen hier zunächst verschiedene Arten der Bindung des Elektrons erläutern, um dann in den folgenden Kapiteln eingehend die verschiedenen Möglichkeiten zu besprechen, wie dem Elektron Energie zugeführt werden kann, und wie diese Energie bei der Befreiung des Elektrons wirksam ist.

Wir unterscheiden drei praktisch wichtige Arten der Elektronenbindung, nämlich diejenige der Metallelektronen, dann die Bindung der Elektronen in der Elektronenhülle einzelner freier Atome oder Moleküle und schließlich die Bindung der Elektronen im Innern des Atomkerns.

Die Metallelektronen haben wir in Kap. 6 als ein entartetes Gas behandelt, welches sich auf einem konstanten gegen den Außenraum negativen Niveau von der Energie E_c befindet, das durch die starken Kraftfelder des Ionengitters bedingt ist. Die Kraftfelder an der Oberfläche lieferten uns die „Wandfestigkeit des Gefäßes", von dem unser Elektronengas eingeschlossen ist. Betrachten wir im Rahmen dieses Schemas zunächst den Fall, daß in unserem „Gefäß" nur ein einzelnes ruhendes Elektron vorhanden ist. Um dieses Elektron aus dem Metall ins Vakuum zu befördern, müßte die Arbeit $W_a = E_c$ aufgewendet werden. W_a wollen wir die „äußere Austrittsarbeit" nennen[1]. W_a läßt sich als ein mittleres Gitterpotential im Kristall auffassen und als solches berechnen zu[2]:

$$W_a = \tfrac{2}{3}\pi n_1 \int_0^\infty Q(r)\, r^4\, dr,\qquad(1)$$

wo n_1 die Anzahl der Atome pro Kubikzentimeter und $Q(r)$ die später (in Kap. 16) noch genauer diskutierte wellenmechanische Ladungsmenge der Elektronen des einzelnen Atoms in der Kugelschale im Abstand r vom Kern darstellt.

Wir müssen jedoch hierzu bemerken, daß ein einheitliches Gitterpotential eine stark idealisierende Annahme bedeutet. In exakterer Weise hätte man so vorzugehen, daß man das Potential in der Schrödingergleichung Kap. 5, Gl. (20), als dreifache periodische Funktion der Koordination auffaßt und in eine Fourierreihe nach den Beiträgen der einzelnen Netzebenen (hkl) entwickelt[3]. An Stelle

---

[1] SOMMERFELD, A.: Z. Physik Bd. 47 (1928) S. 1.
[2] BETHE, H.: Ann. Physik Bd. 87 (1928) S. 55, § 10.
[3] BETHE, H.: a. a. O. § 11. — MORSE, P. M.: Physic. Rev. Bd. 35 (1930) S. 1310; Rev. Mod. Phys. Bd. 3 (1931) S. 77. — Siehe auch F. BLOCH: Physik. Z. Bd. 32 (1931) S. 881.

eines konstanten mittleren Potentials $V_0 = W_a$ steht dann in der Wellengleichung eine dreifache Entwicklung nach dem Koeffizienten V_{hkl}, welche die Form hat:

$$V = \Sigma V_{hkl} \exp \cdot \left(2\pi i \left[\frac{hx}{a} + \frac{ky}{b} + \frac{lz}{c}\right]\right). \tag{2}$$

Eine qualitative Übersicht, wie sich in einem Kristallgitter ein solches Potentialfeld gegenüber den Elektronen verhält, ergibt sich aus Abb. 58. Hier ist in (a) zunächst die Potentialkurve für ein einzelnes Atom gezeichnet. Ein Elektron kann sich dort entweder auf einer diskreten Bahn befinden, oder wenn seine Energie vergrößert wird, fliegt es aus der Mulde hinaus. Der erste Fall wird durch die diskreten Eigenwerte beschrieben, die in Abb. 58a durch die horizontalen Linien dargestellt sind. Das anschließende Gebiet der kontinuierlichen Eigenwerte ist schraffiert. In Abb. 58b ist dann das Potentialfeld im Kristall dargestellt. Durch die Wechselwirkung der einzelnen

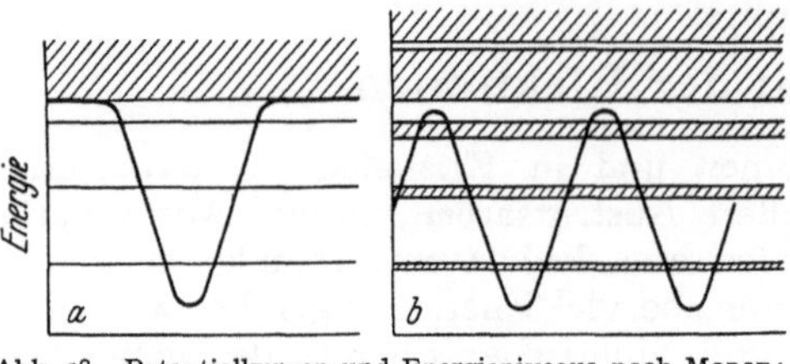

Abb. 58. Potentialkurven und Energieniveaus nach MORSE: a) für ein einzelnes Atom, b) für einen Kristall.

Atome tritt nach der Quantenmechanik eine Aufspaltung der Energieniveaus auf: 1. werden die diskreten Eigenwerte, die beim Einzelatom unendlich scharf waren, verbreitert, 2. entstehen im kontinuierlichen Spektrum Gebiete, innerhalb derer Lösungen nicht vorkommen können. Unter dem Grundniveau nimmt man zweckmäßig eine Reihe von breiten Zonen an, auf denen sich Elektronen befinden können, die aber untereinander durch Unterbrechungen getrennt sind. Da die Störungen durch das Ionengitter immer stärker werden, je näher man einem Gitterion kommt, so werden die Energiezonen, in welchen sich die Elektronen aufhalten, immer enger und gehen schließlich in die energetisch scharfen Terme des Röntgenspektrums über, auf welche wir hier in § 4 eingehen werden. Auf den periodischen Verlauf des Kristallpotentials wollen wir später in Kap. 19 bei der Elektronenbeugung zurückkommen.

Die zunächst behandelten Probleme der Elektronenemission lassen sich größtenteils aus der einfachen Annahme einer einheitlichen inneren potentiellen Energie $V_0 = W_a$ verstehen. Diese Annahme ist dadurch begründet, daß in gewissen Gebieten im Metallinneren die Schwankungen des Potentials klein sind gegen die kinetische Energie der Elektronen. Man kommt deshalb der Wirklichkeit sehr nahe, wenn man zunächst ein Grundniveau annimmt, auf welchem sich das Metallelektronengas befindet, und welches um die Größe der äußeren Austrittsarbeit W_a unter dem Außenpotential o liegt.

Um einen Überblick über die in Betracht kommenden Größen von W_a zu vermitteln, haben wir hier in Tabelle 6 die nur ganz ungefähr bekannten Werte

Tabelle 6. Äußere Austrittsarbeiten von Metallen.

Metall	Bi	K	Zr	Pb	Mo W	Fe Ag Au	Zn	Cu	Ni	Al
W_a (e-Volt) . .	4	7	10	11	13	14	15	16	16	17

der äußeren Austrittsarbeiten von Metallen notiert. Die hier tabulierten Werte sind speziell als Potentialsprünge, welche den Brechungsquotienten der Metalle gegenüber den Elektronenwellen charakterisieren, in einer noch später in Kap. 19 ausführlich erklärten Weise gemessen worden. W_a-Werte können der Größe nach auch noch auf ganz anderen experimentellen Wegen abgeschätzt werden. Erwähnt sei in diesem Zusammenhange nur die Ermittlung von W_a aus der magnetischen Suszeptibilität[1] oder aus bestimmten Röntgenstrahlwellenlängen, welche absorbiert[2] oder emittiert[3] werden, wenn ein Elektron z. B. aus der K-Schale des Metallatoms in das Energieniveau von W_a gehoben wird bzw. von W_a in die K-Schale hinunterfällt.

Obwohl nun W_a das Energieniveau charakterisiert, auf welchem sich das Metallelektronengas als Ganzes befindet, so ist doch die Arbeit, welche aufgewandt werden muß, um ein Elektron aus dem Metall zu befreien, beträchtlich kleiner als W_a. Wir haben ja schon in Kap. 6 darauf hingewiesen, daß im Elektronengase ein beträchtlicher Druck herrscht, welcher hier den Austritt eines Elektrons günstigstenfalls um einen Arbeitsbetrag W_i erleichtert. Zur Befreiung eines Elektrons aus dem Metall ist also nur eine Arbeit

$$W = W_a - W_i \qquad (3)$$

notwendig. Wir wollen W_i als „innere Austrittsarbeit" und W einfach als Austrittsarbeit oder als „Richardsonarbeit" bezeichnen. W_i ist nichts anderes als V_h, die durch Gl. (32) in Kap. 6 charakterisierte Nullpunktsenergie (Maximalwert der kinetischen Energie) unseres Elektronengases. Die „effektive" Austrittsarbeit W, welche bei allen Emissionsfragen allein in Betracht kommt, setzt sich also aus einem potentiellen Glied W_a und einem kinetischen Glied W_i zusammen; z. B. findet man für Wolfram theoretisch $W_i = V_h = 9{,}1$ e-Volt, experimentell aus dem Brechungsquotienten der de-Broglie-Welle $W_a =$ ca. $13\,e$-Volt und experimentell aus Emissionsbeobachtungen $W = W_a - W_i = 4{,}5\,e$-Volt.

Mit den in Kap. 6 eingeführten chemischen und elektrischen Potentialen kann unsere Austrittsarbeit W in folgenden Zusammenhang gebracht werden: Nach Gl. (43) in Kap. 6 ist $- \mu_i = L \cdot (E_h - E_c)$ und bei verschwindend kleiner Konzentration der Raumladung ($n_a \rightarrow$ o) geht $V_a \rightarrow$ o*. Nach Kap. 6, Gl. (39) st μ_a dann auch sehr klein und jedenfalls gegen μ_i zu vernachlässigen, so daß

$$W \approx \frac{\mu_i}{L} \qquad (4)$$

ist.

§ 2. Verlauf des Potentials an der Metalloberfläche. Bildkrafthypothese. Maximale Feldstärke an der Oberfläche. Elektronennapf. Nach diesen Erläuterungen über die Art der metallischen Austrittsarbeit wollen wir versuchen, ein Bild über den Verlauf des Potentials an der metallischen Oberfläche zu entwerfen. Dieser ist für Berechnungen des Durchganges der Elektronen durch die Oberfläche wichtig. Will man den Potentialverlauf nicht einfach als plötzlichen Potentialsprung idealisieren, so kann man ihn in bedeutend besserer Annäherung an die wirklichen Verhältnisse aus der sog. Bildkraft abschätzen[4]. Befindet sich nämlich die Ladung e im Abstande x von einer unendlichen leitenden Ebene, so ist die auf die Ladung ausgeübte Kraft so, als wenn sich jenseits der Ebene im Inneren ebenfalls im Abstand x von der Ebene eine entgegengesetzte gleiche Ladung (das „Bild" der Ladung) befände. Die Kraft ist also $e^2/4x^2$, das ihr entsprechende sog. „Bildkraftpotential" $- e/4x$. Da nun mit zunehmendem Abstand x von der Oberfläche die Bildkraft sehr schnell abnimmt, so kann sie schon bei etwa $x_2 = 10^{-4}$ cm vernachlässigt werden; andererseits ist die Bildkrafthypothese nur korrekt, solange man nicht in Abstände von atomarer Größen-

---

[1] ROSENFELD, L.: Naturwiss. Bd. 17 (1929) S. 49.

[2] KRONIG, R. DE L.: Z. Physik Bd. 70 (1931) S. 317.

[3] MOND, J. M. W. DU: Physic. Rev. Bd. 38 (1931) S. 839.

* Das später zu besprechende Bildkraftpotential soll willkürlicherweise hier immer als ein Teil von μ_i aufgefaßt werden.

[4] DEBYE, P.: Ann. Physik Bd. 33 (1910) S. 441. — SCHOTTKY, W.: Z. Physik. Bd. 14 (1923) S. 63.

ordnung kommt, also etwa bis $x_1 = 10^{-7}$ cm. In Abständen $x < x_1$ wird der Potentialabfall im wesentlichen durch die Raumladung des positiven Ionengitters verursacht, aus dem sich der Metallkristall aufbaut[1]. Der Potentialverlauf muß also bis zum Abstande etwa x_1 durch das Bildkraftpotential dargestellt werden und fällt von dort bis $x = 0$ auf den Wert der ganzen äußeren Austrittsarbeit $—W_a$ herab.

Für viele Zwecke ist es nun sehr nützlich, diesen letzten Abfall folgendermaßen wie in Abb. 59 zu schematisieren: Im Abstand $x \geqq x_2 \approx 10^{-4}$ cm von der Metalloberfläche sei das Potential $= 0$, von x_2 bis zum Abstand $x_1 \approx 10^{-7}$ cm möge es im Sinne des Bildkraftpotentials verlaufen und infolgedessen bei x_1 den Wert $—e/4\,x_1$ erreichen. Da nun der weitere Verlauf der Potentialfunktion unbekannt ist, extrapolieren wir die Kurve gradlinig in Richtung ihrer Tangente, und zwar wählen wir x_1, also den Beginn unserer geradlinigen Extrapolation so aus, daß unsere Potentialkurve bei dem Ordinatenwert $—W$, der Richardsonarbeit, einen verschwindend kleinen Abszissenwert $x = x_0$ ($\ll x_1$) erreicht. Der letzte Teil der Potentialkurve von x_0 bis $x = 0$ soll der inneren Austrittsarbeit W_i entsprechen; er braucht in den meisten Fällen nicht besonders beachtet zu werden, weil hier die anziehende Kraft durch den Binnendruck des FERMISCHEN Elektronengases kompensiert ist.

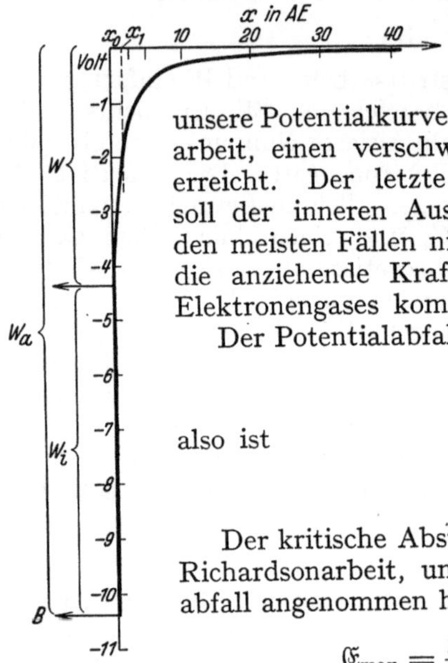

Der Potentialabfall von x_2 bis x_0 hat also den absoluten Wert

$$W = \frac{300\,e_{\mathrm{ESE}}}{2\,x_1}\ \mathrm{Volt}, \tag{5}$$

also ist

$$x_1 = 300\,\frac{e}{2\,W}. \tag{6}$$

Der kritische Abstand x_1 ist also, wie gesagt, eine Funktion der Richardsonarbeit, und da wir von x_1 ab einen linearen Potentialabfall angenommen haben, so beträgt die Feldstärke dort

$$\mathfrak{E}_{\mathrm{max}} = \frac{300\,e_{\mathrm{ESE}}}{4\,x_1^2} = 6{,}97 \cdot 10^6\,W^2\ \mathrm{Volt/cm}, \tag{7}$$

das ist gleichzeitig die größte Feldstärke, welche ein austretendes Elektron zu überwinden hat; sie ist proportional dem Quadrat der Richardsonarbeit und beträgt beispielsweise bei Wolfram ca. 10^8 Volt/cm, bei Na ca. 10^7 Volt/cm.

Abb. 59. Schema des Potentialverlaufs an der Metalloberfläche.

Durch ein grobes, aber sehr anschauliches Bild können wir uns diese Vorstellung vom Austritt der Metallelektronen erleichtern[2]: Die Elektronen rollen wie Billardkugeln auf dem Boden eines Napfes umher, dessen „Rand" durch die Kurve des Potentialverlaufes in Abb. 59 dargestellt wird, während die Lage des „Bodens" B und somit die Höhe des Randes durch W_a gegeben sind. Die in Bewegung befindlichen Kugeln rollen zum Teil, soweit ihre kinetische Energie ausreicht, den Rand hinauf und rollen dann wieder auf den Boden des Napfes herunter; nur Kugeln, deren Energie genügend groß ist, um auf die ganze Höhe des Randes hinaufzurollen, verlassen den Napf und kommen ins Freie.

§ 3. **Richardsonarbeiten: Numerische Daten für reine Substanzen; Ursachen der Schwankungen bei den experimentellen Ergebnissen. Veränderungen der Richardsonarbeit bei Adsorption von Fremdatomen. Doppelschichtbildung.** Durch die bisher gegebenen Definitionen scheint die Austrittsarbeit W des Elektrons

---

[1] FRENKEL, J.: Z. Physik Bd. 51 (1928) S. 232.
[2] SCHOTTKY, W.: a. a. O.

Tabelle 7. Bereiche der beobachteten Richardsonarbeiten elementarer Substanzen in e-Volt.

Z	Metall	W	Z	Metall	W
3	Li	2,3—2,4	38	Sr	1,8—2,2
6	C	3,9—4,8	42	Mo	3,3—4,6
11	Na	1,8—2,1	46	Pd	4,3—5,8
12	Mg	1,8—3,7	47	Ag	3,0—4,7
13	Al	1,8—3,9	48	Cd	2,6—4,0
14	Si	4,8	50	Sn	3,4—4,5
19	K	1,0—2,0	55	Cs	0,7—1,8
20	Ca	1,7—3,3	56	Ba	1,8—2,3
26	Fe	4,0—4,7	58	Ce	2,1
27	Co	3,9—4,3	73	Ta	4,0—4,9
28	Ni	3,0—4,6	74	W	4,2—5,4
29	Cu	4,0—4,8	78	Pt	3,0—6,7
30	Zn	3,0—4,1	79	Au	4,3—4,7
32	Ge	4,8—4,9	80	Hg	4,0—4,7
33	As	5,2	81	Tl	3,4
34	Se	4,6—5,6	82	Pb	3,5—4,1
37	Rb	1,2—1,5	83	Bi	3,7—4,8
			90	Th	2,7—3,6
			92	U	3,3

aus einer kristallinisch definierten chemisch vollkommen reinen Metalloberfläche als charakteristische Materialkonstante präzise festgelegt zu sein. Betrachten wir uns aber einmal in Tabelle 7 eine Zusammenstellung von experimentellen Austrittsarbeiten, die in später beschriebener Weise (Kap. 8 und Kap. 10) aus glühelektrischen oder lichtelektrischen Emissionsmessungen erhalten wurden, so sind wir über die Unschärfe der Angaben überrascht. Die Daten stellen die Ergebnisse einer sehr großen Anzahl heute vorliegender Messungen an reinen mikrokristallinen Oberflächen dar[1]. Die Schwankungsgrenzen unserer Tabelle

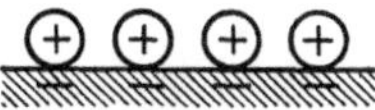

Abb. 60. Schema der Adsorption von Fremdatomen, welche die Austrittsarbeit der Elektronen erniedrigen.

geben nicht etwa ein Maß für die Meßgenauigkeit, sondern sie stellen die Extremdaten der vorliegenden widerspruchsvollen Literaturangaben über scheinbar sauber ausgeführte Messungen dar. An diesen außerordentlichen Schwankungen ist wohl nur in seltenen Fällen ungenügende Reinheit des Materials schuld. Für viel verhängnisvoller halten wir Absorption von Gasen im Metallinneren und ganz besonders Adsorption von Gasen oder anderen Fremdatomen an der Metalloberfläche; beide Vorgänge lassen sich kaum vollständig ausschalten und können in unkontrollierbarer Weise die Meßresultate erheblich verändern.

Der Mechanismus einer Erniedrigung der Austrittsarbeit durch Adsorption von Fremdatomen wird durch Abb. 60 erläutert. Die adsorbierten Atome sind dort elektropositiver als das Unterlagemetall und geben deshalb ihr Valenzelektron zu diesem hin. Infolgedessen entsteht eine elektrische Doppelschicht mit der positiven Seite nach außen, durch welche der Austritt der Elektronen so stark erleichtert werden kann, daß die experimentell resultierende Richardsonarbeit geringer ist als die Richardsonarbeit des reinen Unterlagemetalls und sogar auch geringer als diejenige des adsorbierten Elements. Für den Fall, daß ein Element adsorbiert wird, welches elektronegativer ist als das Unterlagemetall, tritt der entgegengesetzte Effekt ein insofern, als eine elektrische Doppelschicht mit negativer Seite nach außen hin gebildet wird und infolgedessen eine Vergrößerung der Richardsonarbeit resultiert.

---

[1] LANDOLT-BÖRNSTEIN: Physikalisch-Chemische Tabellen.

Nach diesen Überlegungen kann man heute wohl nur die Resultate an einigen sehr schwer schmelzbaren Metallen, welche nach den Gesichtspunkten modernster Hochvakuumtechnik entgast und bei höchsten Temperaturen ausgeglüht wurden, den reinen elementaren Substanzen selbst zuschreiben. Wir führen hier die Richardsonarbeiten an: Von Platin = 6,3, von Palladium = 5,0, von Wolfram = 4,5 und von Tantal = 4,0 Volt. Diese Werte dürften auf $^1/_{10}$ Volt reproduzierbar sein, obwohl die Meßgenauigkeiten $^1/_{100}$ Volt erreichen.

Die Aufmerksamkeit möge noch auf einen anderen Punkt gerichtet werden: Bei Einkristallen ist die Richardsonarbeit für die verschiedenen Indizesflächen in der Regel etwas verschieden[1]. Die bisher ausgeführten Messungen beziehen sich aber zum größten Teil auf polykristalline Oberflächen. Die gemessenen Austrittsarbeiten müssen deshalb je nach der Meßmethode eine verschiedene Größe zeigen, da die verschiedenen Teile der Oberfläche mit verschiedenem Gewicht in das Resultat eingehen. Bei der später in Kap. 10 erläuterten Methode der direkten Messung der lichtelektrischen langwelligen Grenze sind für das Resultat die Partien kleinster Austrittsarbeit maßgebend, während z. B. bei der später in Kap. 8 erläuterten glühelektrischen Emission als Austrittsarbeit ein gewisser Mittelwert über die einzelnen verschiedenen Austrittsarbeiten der Oberfläche eingeht. Da nun schon die nach verschiedenen Methoden gewonnenen Ergebnisse an chemisch reinen Oberflächen voneinander abweichen können, so sind derartige Abweichungen natürlich ganz selbstverständlich, wenn sich z. B. auf der Metalloberfläche kleine Inselchen von herabgesetzter Austrittsarbeit befinden, die durch Gasbeladung oder durch Verunreinigungen entstanden sind.

Trotz aller starken Unterschiede in den Einzelergebnissen für ein und dasselbe Element läßt sich ein systematischer Gang der Richardsonarbeit im periodischen System der Elemente deutlich erkennen:

1. Innerhalb jeder Atomgruppe (z. B. Erdalkalimetalle, Ca, Sr, Ba) nimmt W mit wachsendem Atomgewicht deutlich ab.

2. Innerhalb jeder Periode (z. B. K, Ca, ... Fe, Co, Ni) wächst W mit steigender Gruppenzahl.

Die Einzelergebnisse für die Austrittsarbeiten der reinen Metalle liegen alle zwischen 1 und 7 e-Volt.

§ 4. Ionisierungsspannungen für Außenelektronen von Atomen. Abreißarbeiten der inneren Atomelektronen. Scharf zu unterscheiden von der metallischen Austrittsarbeit ist die Austrittsarbeit des Elektrons aus einzelnen freien Atomen. So beträgt z. B. die Austrittsarbeit aus dem kompakten Kaliummetall, das ist die Richardsonarbeit, etwa 1 e-Volt, während die Austrittsarbeit aus dem dampfförmigen Kalium, welche „Ionisierungsspannung" genannt wird, 4,3 e-Volt ausmacht. Diese Ionisierungsspannung entspricht der Abreißarbeit des sog. Leuchtelektrons, d. h. des äußeren Elektrons im Atomverbande, welches die Emission der optischen Linienspektren veranlaßt, und dessen Energiezustände wir aus Spektralbeobachtungen mit größter Präzision kennen.

Tabelle 8 gibt uns Auskunft über die heute bekannten Zahlenwerte der Ionisierungsspannungen der Atome. Hierzu ist zu bemerken, daß die meisten dieser Werte als Seriengrenzen der Hauptserie aus den optischen Spektren gewonnen wurden. Auf die Messung der Ionisierungsspannung durch Elektronenstoßversuche werden wir in Kap. 13 § 1 eingehen.

Im Atom existieren meistens eine ganze Reihe von Elektronen, welche in schalenartiger Anordnung um den Atomkern angeordnet sind. Man spricht in der Röntgenspektroskopie von der K-, L-, M-, N-Schale usw. Jedes Elektron

---

[1] Zum Beispiel J. H. DILLON: Physic. Rev. Bd. 38 (1931) S. 408. — A. NITZSCHE: Ann. Physik Bd. 14 (1932) S. 463.

Tabelle 8. Ionisierungsspannungen der Atome in e-Volt.

	I	II	III	IV	V	VI	VII	VIII	o
H 13,54									He 24,47
	Li 5,37	Be 9,50	B 8,34	C 11,22	N 14,5	O 13,56	F 18,6		Ne 21,47
	Na 5,12	Mg 7,61	Al 5,96	Si 8,12	P 10,3	S 10,31	Cl 12,96		Ar 15,68
	K 4,32	Ca 6,08	Sc 6,57	Ti 6,81	V 6,76	Cr 6,74	Mn 7,40	Fe 7,83 Co 7,81 Ni 7,61	
	Cu 7,69	Zn 9,35	Ca 5,97	Ge 7,85	As 9,96	Se 9,5	Br 11,8		Kr 13,94
	Rb 4,16	Sr 5,67	Y 6,5	Zr 6,0	Nb —	Mo 7,35		Ru 7,5 Rh 7,7 Pd 8,3	
	Ag 7,54	Cd 8,95	Tn 5,76	Sn 7,37	Sb 8,35	Te —	J 10,4		X 12,08
	Cs 3,88	Ba 5,19	La 5,5	Ce 6,9					
					Ta —	W —		Os — Ir — Pt 8,9	
	Au 9,19	Hg 10,39	Te 6,08	Pb 7,38	Bi 7,25	Po —			Em 10,60
		Ra 5,4	Ac —	Th —	Pa —	U —			

ist entsprechend seiner Zugehörigkeit zu einer bestimmten Schale durch eine bestimmte Abreißarbeit charakterisiert, welche hier z. B. in Elektronenvolt angegeben werden soll. In der Spektroskopie ist es üblich geworden, die durch $h \cdot c$ dividierten Erg-Werte der stationären Atomzustände anzugeben. Diese

Tabelle 9. Abreißarbeiten der verschiedenen Gruppen
von Atomelektronen in e-Kilovolt.

Element	$W(K)$	$W(L_I)$	$W(M_I)$	$W(N_I)$
92 U	115,0	21,7	5,54	1,44
90 Th	109,0	20,5	5,17	1,33
83 Bi	90,1	16,4	4,01	0,96
82 Pb	87,6	15,8	3,85	0,89
81 Tl	85,2	15,3	3,71	0,86
80 Hg	82,9	14,8	3,57	0,82
79 Au	80,5	14,4	3,43	0,79
78 Pt	78,1	13,9	3,30	0,71
77 Ir	76,0	13,4	3,17	0,67
76 Os	73,8	13,0	3,05	0,64
74 W	69,3	12,1	2,81	0,59
73 Ta	67,4	11,7	2,71	0,57
72 Hf	65,4	11,3	2,60	0,54
66 Dy	53,8	9,03	2,04	0,42
58 Ce	40,3	6,54	1,43	0,29
56 Ba	37,4	5,99	1,29	0,25
55 Cs	35,9	5,71	1,21	0,23
53 J	33,2	5,18	1,08	0,19
52 Te	31,8	4,93	1,01	0,17
51 Sb	30,4	4,96	0,94	0,15

Element	$W(K)$	$W(L_I)$	$W(M_I)$	$W(N_I)$
50 Sn	29,1	4,49	0,88	0,13
49 In	27,9	4,28	0,83	0,12
48 Cd	26,7	4,07	0,77	0,11
47 Ag	22,5	3,79	0,72	0,10
46 Pd	24,4	3,64	0,67	0,08
45 Rh	23,2	3,43	0,62	0,07
44 Ru	22,1	3,24	0,59	0,06
42 Mo	20,0	2,87	0,51	0,06
40 Zr	18,0	2,51	0,43	0,05
38 Sr	16,1	2,19	0,35	—
37 Rb	15,2	2,05	0,30	—
36 Kr	14,3	—	—	—
35 Br	13,5	1,77	0,26	—
34 Se	12,7	1,64	0,22	—
33 As	11,9	1,52	0,20	—
30 Zn	9,65	1,20	0,14	—
29 Cu	8,86	—	—	—
28 Ni	7,71	—	—	—
26 Fe	7,10	—	0,096	—

Element	$W(K)$
25 Mn	6,54
24 Cr	5,98
23 Va	5,45
22 Ti	4,95
21 Sc	4,49
20 Ca	4,03
19 K	3,59
18 A	3,19
17 Cl	2,82
16 S	2,46
15 P	2,14
14 Si	1,83
13 Al	1,55
12 Mg	1,30
11 Na	1,07
10 Ne	0,87
9 F	0,68
8 O	0,52
7 N	0,40
6 C	0,288
5 B	0,190
4 Be	0,115
3 Li	0,065
2 He	0,0245
1 H	0,0135

werden in cm^{-1} gemessen und als „Termwerte" bezeichnet (vgl. Kap. 1 § 5). In einem Atom haben die K-Elektronen die größte, die anderen Elektronen entsprechend der Reihenfolge der Buchstaben kleinere Abreißarbeiten. Für verschiedene Atome sind die entsprechenden Abreißarbeiten um so größer, je größer die Ordnungszahl Z des betreffenden Atoms ist; z. B. wachsen die K-Abreißarbeiten $W(K)$ angenähert proportional $(Z-1)^2$ (MOSELEYs Gesetz). In Tabelle 9 findet man die Abreißarbeiten der K-, L-, M-Schalen der wichtigsten Elemente aufgeführt[1]. Innerhalb der einzelnen Schalen unterscheiden sich die Elektronen in bezug auf ihre Abreißarbeit relativ wenig. In Tabelle 9 sind der Übersichtlichkeit wegen nur die Abreißarbeiten der in der betreffenden Schale jeweils am festesten gebundenen Elektronen angegeben[2].

§ 5. Elektronengruppen in Atomen. Quantenzahlen, Termbezeichnungen: Röntgenterme, optische Terme für Ein- und Mehrelektronensysteme. Wie sich die Elektronen in bezug auf die einzelnen Schalen verteilen, möge am Beispiel der 36 leichtesten Elemente durch Tabelle 10 klar gemacht werden. Man erkennt dort, daß in jeder Schale nur eine bestimmte Anzahl Plätze zu vergeben sind, welche sich bei steigender Atomnummer meistens sukzessive mit Elektronen anfüllen[3]. Die maximale Besetzungszahl der einzelnen Schalen ergibt sich zwanglos aus dem PAULIschen Ausschließungsprinzip, welches aussagt, daß innerhalb eines Atoms der gleiche Quenatenzustand nur von einem Elektron besetzt werden kann, oder — anders ausgedrückt — daß in einem Atom solche Elektronen, die in ihren sämtlichen Quantenzahlen übereinstimmen, ausgeschlossen sein sollen. Auf die Quantenzahlen kann natürlich im Rahmen dieses Buches nicht näher eingegangen werden[3]. Es sei nur erwähnt, daß sie immer bei der Angabe von Energie und Drehimpuls der Atomelektronen als Faktoren des Wirkungsquants h auftreten, und so für jedes Elektron eine präzise Charakterisierung seines Zustandes (Energie, Drehimpuls, Spinrichtung usw.) geben. Wellenmechanisch hängen die Quantenzahlen mit den Zahlen der Knotenpunkte der Eigenfunktion zusammen, die zwischen den Grenzpunkten für die betreffende Koordinate liegen; man denke an das Analogon der schwingenden Saite, wo die Ordnungszahl einer Oberschwingung durch die Anzahl der Knotenpunkte gemessen wird, die zwischen den festgehaltenen Enden der Saite liegen.

In der Literatur findet man hauptsächlich folgende Quantenzahlen, welche hier nur ganz kurz charakterisiert werden mögen:

1. Die Hauptquantenzahl n, welche beim alten BOHRschen Wasserstoffmodell die Hauptachse der Keplerellipse des umlaufenden Elektrons bestimmt, und welche sehr angenähert umgekehrt proportional der Quadratwurzel seiner Energie ist.

2. Die Azimutalquantenzahl k, welche den Drehimpuls der Umlaufsbewegung des Elektrons mißt, und welche in der oben erwähnten Keplerellipse für die Exzentrizität maßgebend ist. (Der Quotient n/k ist gleich dem Quotienten a/b der großen Halbachse a und der kleinen Halbachse b der Keplerellipse.)

2a. Die Nebenquantenzahl $l = k-1$, welche in der Wellenmechanik an Stelle der Azimutalquantenzahl k tritt.

3. Die Quantenzahl s des Elektronenspins.

4. Die innere Quantenzahl j, welche sich aus l und s zusammensetzt, und welche im Atom ein Maß für das gesamte Impulsmoment gibt. Die Anzahl der verschiedenen möglichen j-Werte gibt die Unterteilung eines Terms an (Multiplizität).

---

[1] Größtenteils nach M. SIEGBAHN: Spektroskopie der Röntgenstrahlen, 2. Aufl. Berlin 1931.

[2] Über totale und stufenweise Ionisierungsspannung siehe Kap. 13 § 2.

[3] Näheres hierüber siehe z. B. bei A. SOMMERFELD: Atombau und Spektrallinien, 5. Aufl. Braunschweig (1931).

Tabelle 10. Elektronengruppen in Atomen.

Element	Ordnungszahl	Bezeichnung des Grundterms	K $1,0$ / $1\,s$	L_I $2,0$ / $2\,s$	L_{II+III} $2,1$ / $2\,p$	M_I $3,0$ / $3\,s$	$M_{II\,bis\,V}$ $3,1$ / $3\,p$	$M_{II\,bis\,V}$ $3,2$ / $3\,d$	N $4,0$ / $4\,s$	N $4,1$ / $4\,p$	Röntgentermbezeichnung (Quantenz.: n,l — opt. Termbez.)
H	1	$1\ ^2S_{\frac12}$	1	—	—	—	—	—	—	—	
He	2	$1\ ^1S_0$	2	—	—	—	—	—	—	—	
Li	3	$2\ ^2S_{\frac12}$	2	1	—	—	—	—	—	—	
Be	4	$2\ ^1S_0$	2	2	—	—	—	—	—	—	
B	5	$2\ ^2P_{\frac12}$	2	2	1	—	—	—	—	—	
C	6	$2\ ^3P_0$	2	2	2	—	—	—	—	—	
N	7	$2\ ^4S_{\frac32}$	2	2	3	—	—	—	—	—	
O	8	$2\ ^3P_2$	2	2	4	—	—	—	—	—	
F	9	$2\ ^2P_{\frac32}$	2	2	5	—	—	—	—	—	
Ne	10	$2\ ^1S_0$	2	2	6	—	—	—	—	—	
Na	11	$3\ ^2S_{\frac12}$	Neon-Konfiguration			1	—	—	—	—	
Mg	12	$3\ ^1S_0$	Neon-Konfiguration			2	—	—	—	—	
Al	13	$3\ ^2P_{\frac12}$	Neon-Konfiguration			2	1	—	—	—	
Si	14	$3\ ^3P_0$	Neon-Konfiguration			2	2	—	—	—	
P	15	$3\ ^4S_{\frac32}$	Neon-Konfiguration			2	3	—	—	—	
S	16	$3\ ^3P_2$	Neon-Konfiguration			2	4	—	—	—	
Cl	17	$3\ ^2P_{\frac32}$	Neon-Konfiguration			2	5	—	—	—	
A	18	$3\ ^1S_0$	Neon-Konfiguration			2	6	—	—	—	
K	19	$4\ ^2S_{\frac12}$	Argon-Konfiguration					—	1	—	
Ca	20	$4\ ^1S_0$	Argon-Konfiguration					—	2	—	
Se	21	$4\ ^2D_{\frac32}$	Argon-Konfiguration					1	2	—	
Ti	22	$4\ ^3F_2$	Argon-Konfiguration					2	2	—	
V	23	$4\ ^4F_{\frac32}$	Argon-Konfiguration					3	2	—	
Cr	24	$4\ ^7S_3$	Argon-Konfiguration					5	1	—	
Mn	25	$4\ ^6S_{\frac52}$	Argon-Konfiguration					5	2	—	
Fe	26	$4\ ^5D_4$	Argon-Konfiguration					6	2	—	
Co	27	$4\ ^4F_{\frac92}$	Argon-Konfiguration					7	2	—	
Ni	28	$4\ ^3F_4$	Argon-Konfiguration					8	2	—	
Cu	29	$4\ ^2S_{\frac12}$	Argon-Konfiguration					10	1	—	
Zn	30	$4\ ^1S_0$	Argon-Konfiguration					10	2	—	
Cu	31	$4\ ^2P_{\frac12}$	Argon-Konfiguration					10	2	1	
Ge	32	$4\ ^3P_0$	Argon-Konfiguration					10	2	2	
As	33	$4\ ^4S_{\frac32}$	Argon-Konfiguration					10	2	3	
Se	34	$4\ ^3P_2$	Argon-Konfiguration					10	2	4	
Br	35	$4\ ^2P_{\frac32}$	Argon-Konfiguration					10	2	5	
Kr	36	$4\ ^1S_0$	Argon-Konfiguration					10	2	6	

Erläuterungen der Bezeichnungsweise siehe im Folgenden dieses § 5.

5. Die magnetische Quantenzahl m, welche als Projektion der inneren Quantenzahl j auf die Richtung eines äußeren Magnetfeldes aufzufassen ist.

Diese Quantenzahlen können im Fall eines Elektrons folgende Werte annehmen:

$$\left.\begin{aligned}
n &= 1, 2, 3 \ldots\ldots\ldots\ \infty \\
k &= 1, 2, 3 \ldots\ldots\ldots\ n \\
l &= k - 1 = 0, 1, 2, 3 \ldots (n-1) \\
s &= \tfrac12 \\
j &= l \mp s = l \mp \tfrac12,\ \text{aber} > 0 \\
-j &\leqq m \leqq +j,\ \text{aber } (j-m)\ \text{stets} \\
&\qquad\qquad\qquad \text{ganzzahlig.}
\end{aligned}\right\} \tag{8}$$

Hierzu ist zu bemerken, daß infolge gegenseitiger Verknüpfung zur Beschreibung des Quantenzustandes eines Elektrons 4 Quantenzahlen genügen, z. B. n, l, j, m. Nach dem oben angeführten Ausschließungsprinzip dürfen die Elektronen eines Atoms höchstens in 3 von diesen Quantenzahlen übereinstimmen, und daraus ergibt sich die Gruppierung in die obenerwähnten Schalen und deren maximal mögliche Besetzungszahl, wie noch einmal deutlich aus Tabelle 11 hervorgeht.

Die K-, L-, M-, N- ... Schalen unterscheiden sich durch die Größe der Hauptquantenzahl n, ihre Untergruppierungen sind durch die verschiedenen Größen der Quantenzahlen l und j bedingt, so unterscheidet man eine dreifach unterteilte L-Schale: L_I, L_II, L_III; eine fünffach unterteilte M-Schale usw. Die äußersten Schalen (O, P, Q) sind — selbst bei den schwersten Atomen — nur zum Teil oder gar nicht mit Elektronen ausgefüllt.

Die optische Terminologie[1] geht von der Nebenquantenzahl aus, die Buchstabensymbole

$$s, \; p, \; d, \; f, \; g \ldots \qquad (9)$$

entsprechen

$$l = 0, \; 1, \; 2, \; 3, \; 4 \ldots$$

also kann z. B. ein s-Elektron einer K-, L_I-, M_I-, N_I-Schale usw. angehören, ein p-Elektron einer L_II-, L_III-, M_II-, M_III-Schale usw. Neben die Buchstaben wird dann, wie aus Tabelle 11 ersichtlich, vorn die Hauptquantenzahl und hinten die um $^1/_2$ vermehrte innere Quantenzahl ($j + ^1/_2$) angefügt.

Tabelle 11. Termbezeichnungen und Quantenzahlen.

Röntgenterm nach Bohr und Coster	Optischer Term	Quantenzahlen n	l	j	Maximale Besetzung
K_I	$1\,s$	1	0	$^1/_2$	2
L_I	$2\,s$		0	$^1/_2$	2
L_II	$2\,p_1$	2	1	$^1/_2$	2
L_III	$2\,p_2$		1	$^3/_2$	4
M_I	$3\,s$		0	$^1/_2$	2
M_II	$3\,p_1$		1	$^1/_2$	2
M_III	$3\,p_2$	3	1	$^3/_2$	4
M_IV	$3\,d_2$		2	$^3/_2$	4
M_V	$3\,d_3$		2	$^5/_2$	6
N_I	$4\,s$		0	$^1/_2$	2
N_II	$4\,p_1$		1	$^1/_2$	2
N_III	$4\,p_2$		1	$^3/_2$	4
N_IV	$4\,d_2$	4	2	$^3/_2$	4
N_V	$4\,d_3$		2	$^5/_2$	6
N_VI	$4\,f_3$		3	$^5/_2$	6
N_VII	$4\,f_4$		3	$^7/_2$	8
O_I	$5\,s$		0	$^1/_2$	2
O_II	$5\,p_1$		1	$^1/_2$	2
O_III	$5\,p_2$	5	1	$^3/_2$	4
O_IV	$5\,d_2$		2	$^3/_2$	4
O_V	$5\,d_3$		2	$^5/_2$	6
⋮	⋮	⋮	⋮	⋮	⋮
P_I	$6\,s$		0	$^1/_2$	2
P_II	$6\,p_1$	6	1	$^1/_2$	2
P_III	$6\,p_2$		1	$^3/_2$	4
⋮	⋮	⋮	⋮	⋮	⋮
Q_I	$7\,s$	7	0	$^1/_2$	2
⋮	⋮	⋮	⋮	⋮	⋮

Maximale Besetzung: L-Schale 8, M-Schale 18, N-Schale 32, O-Schale (50), P-Schale (72).

Die bis eben erklärten Terme entsprechen nur solchen Konfigurationen, wo das betrachtete Elektron allein einem Rumpf von kleinen Dimensionen mit wesentlich fester gebundenen Elektronen gegenübersteht. Das ist z. B. bei den meisten röntgenspektroskopischen Termen oder bei den optischen Alkalitermen und selbstverständlich auch bei den Wasserstoffatomtermen tatsächlich der Fall. Die meisten optischen Terme aber, wie z. B. alle solche von Atomen mit mehreren Valenzelektronen, entstehen durch enges Zusammenwirken mehrerer Elektronen in einem „Mehrelektronensystem". Es entstehen so komplizierte Terme, deren Quantenzahlen als „Gruppenquantenzahlen" bezeichnet werden[2]. Betrachten wir z. B. ein Zweielektronensystem wie etwa die Valenzelektronen der Erd-

---

[1] Näheres siehe z. B. bei F. Hund: Linienspektren und periodisches System der Elemente. Berlin 1927.

[2] Russell, H. N., u. F. A. Saunders: Astrophys. J. Bd. 61 (1925) S. 38. — Näheres z. B. bei F. Hund, a. a. O. und bei A. Sommerfeld: Atombau und Spektrallinien. Braunschweig 1931.

alkalien. Den Bahncharakter dieser beiden Elektronen können wir allgemein durch die Quantenzahlen l_1 und l_2 kennzeichnen. Aus l_1 und l_2 resultiert ein Term, der durch eine Gruppenquantenzahl L gekennzeichnet sein möge, welche sich vektoriell und ganzzahlig aus l_1 und l_2 zusammensetzt derart, daß:

$$l_1 + l_2 \geq L \geq |l_1 - l_2| \tag{10}$$

Die Terme mit den resultierenden Nebenquantenzahlen

$$L = 0, \quad 1, \quad 2, \quad 3, \ldots \text{ usw.}$$

werden als

$$S\text{-}, \quad P\text{-}, \quad D\text{-}, \quad F\text{-} \ldots \text{ Terme}$$

bezeichnet.

Beispielsweise kann nach Gl. (10) ein D-Term mit der Nebenquantenzahl $L = 2$ entstanden sein aus: $l_1 = 0$ mit $l_2 = 2$

oder ferner aus: $l_1 = 1$ mit $l_2 = 1$ bzw. $= 2$ bzw. $= 3$
oder ferner aus: $l_1 = 2$ mit $l_2 = 0$ bzw. $= 1$ bzw. $= 2$ bzw. $= 3$ bzw. $= 4$.

Die Spinvektoren s_1 und s_2 unserer beiden Elektronen, welche für jedes einzelne Elektron gleich $^1/_2$ sind, setzen sich einfach algebraisch zusammen:

$$\mathfrak{S} = s_1 \pm s_2 = \left\{ \begin{array}{l} 1 \text{ Triplett} \\ 0 \text{ Singulett} \end{array} \right\} \tag{11}$$

Die Zusammensetzungen von der Art der Gl. (10) und Gl. (11) werden als „Russell-Saunders-Kopplungen" bezeichnet.

Die verschiedenen Möglichkeiten der vektoriellen Zusammensetzung der resultierenden Quantenzahlen L und $\mathfrak{S}$ zur Quantenzahl des Totaldrehimpulses J machen wir uns für ein System von mehreren Elektronen an Hand der Tabelle 12 klar: Es kommen alle nicht negativen Zahlen in Betracht, die gleich oder um eine ganze Zahl kleiner als $(L + \mathfrak{S})$ und andererseits auch nicht kleiner sind als der Betrag des Unterschieds zwischen L und $\mathfrak{S}$. Die Anzahl dieser Möglichkeiten ist für die Multiplizität des betreffenden Terms maßgebend. Wenn beispielsweise $\mathfrak{S}$ den Wert Null hat, so beschränkt sich J auf den Wert von L (Singuletts); hat $\mathfrak{S}$ den Wert $^1/_2$, so kann J die beiden Werte $(L + ^1/_2)$ und $(L - ^1/_2)$ annehmen (Dubletts); bzw. für $\mathfrak{S} = 1$ ergibt sich $(L + 1)$, L und $(L - 1)$ (Tripletts)[1]. Im ersten Falle (gerade Multiplizität) ist J also halbzahlig, im zweiten (ungerade Multiplizität) aber ganzzahlig.

Tabelle 12. Zusammensetzung des Totaldrehimpulses eines Elektronensystems.
(Die möglichen Werte von J bei gegebenen Werten von L und $\mathfrak{S}$.)

Term:	S	P	D	F	
	$L = 0$	$L = 1$	$L = 2$	$L = 3$	Maximale Multiplizität bei gegebenem $\mathfrak{S}$
$\mathfrak{S} = 0$	0	1	2	3	Singuletts
$\mathfrak{S} = ^1/_2$	$^1/_2$	$^1/_2, ^3/_2$	$^3/_2, ^5/_2$	$^5/_2, ^7/_2$	Dubletts
$\mathfrak{S} = 1$	1	0, 1, 2	1, 2, 3	2, 3, 4	Tripletts
$\mathfrak{S} = ^3/_2$	$^3/_2$	$^1/_2, ^3/_2, ^5/_2$	$^1/_2, ^3/_2, ^5/_2, ^7/_2$	$^3/_2, ^5/_2, ^7/_2, ^9/_2$	Quartetts
$\mathfrak{S} = 2$	2	1, 2, 3	0, 1, 2, 3, 4	1, 2, 3, 4, 5	Quintetts
$\mathfrak{S} = ^5/_2$	$^5/_2$	$^3/_2, ^5/_2, ^7/_2$	$^1/_2, ^3/_2, ^5/_2, ^7/_2, ^9/_2$	$^1/_2, ^3/_2, ^5/_2, ^7/_2, ^9/_2, ^{11}/_2$	Sextetts
⋮	⋮	⋮	⋮	⋮	usw.
Max. Multipl. bei gegeb. L . . .	Singuletts	Tripletts	Quintetts	Septetts	

---

[1] Die Höchstzahl der Multiplizität, die erreicht wird, ist 9 (Nonetts).

Zur Bezeichnung eines Terms ist folgende Symbolik üblich geworden: An den sich aus der resultierenden Nebenquantenzahl ergebenden großen Buchstaben schreibt man als Index links oben die Multiplizität und als Index rechts unten die innere Gruppenquantenzahl J an[1]. Vor das ganze kann noch die Hauptquantenzahl gesetzt werden[2]. Beispielsweise bedeutet:

$$3\,^2P_{\frac{1}{2}}$$

daß die effektive Hauptquantenzahl dieses Terms $= 3$ ist, daß also an ihm Elektronen der M-Schale beteiligt sind; ferner, daß die resultierende Nebenquantenzahl (entsprechend P) hier $= 1$ ist; ferner, daß die dem Totaldrehimpuls entsprechende innere Quantenzahl $J = {}^1/_2$ ist, und schließlich, daß die Multiplizität $= 2$ ist, so daß es sich hier um einen Dublett-Term handelt.

§ 6. Abreißarbeiten der Elektronen aus Molekülen. Die Systematik der Mehr-Elektronen-Terme der Atome kann in analoger Weise auf die Moleküle übertragen werden. Die Verhältnisse liegen hier jedoch wesentlich komplizierter, insbesondere ist zu beachten, daß die Kernverbindungsachsen bzw. die darauf senkrecht stehenden Rotationsachsen eine ausgezeichnete Richtung für die Elektronenimpulse ergeben, deren Einfluß auf die einzelnen Komponenten berücksichtigt werden muß. Wir können hierauf im Rahmen dieses Buches nicht eingehen[3]. Da nun in den Molekülen die äußeren Elektronen der in ihnen enthaltenen Atome zu abgeschlossenen Gruppen zusammengetreten sind,

Tabelle 13. Ionisierungsspannungen von Molekülen in e-Volt.

H_2	$= 15,4$	H_2O	$= 13,0$
N_2	$= 15,8$	H_2S	$= 10,4$
O_2	$= 12,5$	CO_2	$= 14,3$
NO	$= 9,3$	HCN	$= 15,0$
CO	$= 13,9$		
HCl		NH_3	$= 11,1$
HBr	$\Big\} = 13$	CH_4	$= 14,4$
HJ		C_2H_2	$= 12,3$
Cl_2	$= 13,0$	C_2H_4	$= 12,2$
Br_2	$= 12,0$	C_2H_6	$= 12,8$
J_2	$= 9,5$	C_6H_6	$= 9,6$

muß nun die Ionisierungsspannung des Moleküls eine ganz andere sein als die Ionisierungsspannungen der Atome, aus denen dieses Molekül zusammengesetzt ist. In Tabelle 13 haben wir Ionisierungsspannungen einiger Molcküle zusammengestellt; diese geben jeweils die Abreißarbeit des am lockersten gebundenen Elektrons aus seinem ungestörten Zustande an. Beispielsweise ist die Ionisierungsspannung des Wasserstoffmoleküls, d. h. die Arbeit, die notwendig ist, um H_2 in das chemisch unbeständige H_2^+ und ein Elektron zu zerlegen, zu 15,4 e-Volt angegeben. Demgegenüber findet man in Tabelle 8 die Ionisierungsspannung des Wasserstoffatoms zu 13,5 e-Volt angegeben.

Die Abreißarbeit eines Elektrons aus dem Molekül kann nun ferner ganz verschiedene Werte annehmen je nach der Art der Zerlegung in die molekularen Bestandteile, welche aus dem Ionisierungsakt resultieren. Tritt z. B. beim Wasserstoff eine Ionisierung unter gleichzeitiger Zerlegung in H und H^+ ein, so muß eine Arbeit von 16 e-Volt aufgewandt werden. Weiter sind beim H_2-Molekül Ionisierungsakte möglich, bei denen seine Bestandteile mit einer bestimmten endlichen Energie (E_{kin}) auseinanderfliegen. Die verschiedenen minimalen Zer-

---

[1] In der Literatur ist es vielfach aus drucktechnischen Gründen üblich, die Indizes rechts unten — bei geraden Multiplizitäten, d. h. bei halbzahligen J um ${}^1/_2$ erhöht — ganzzahlig zu schreiben.

[2] Von dieser rationellen, dem periodischen System angepaßten Hauptquantenzahl ist eine oft an dieser Stelle des Termsymbols angeschriebene konventionelle normierte Laufzahl zu unterscheiden.

[3] Näheres bei R. MECKE in GEIGER-SCHEEL: Handb. d. Phys. Bd. 21 (1929) S. 599, und bei W. WEIZEL in WIEN-HARMS: Handb. d. Experimentalphys. 1. Erg.-Bd. (1931).

legungsarbeiten, die in dieser Weise möglich sind, haben wir in Tabelle 14 für Wasserstoff und noch einige andere Moleküle aufgeführt[1]. Der Ionisierungsprozeß des Moleküls wird aber noch in ganz anderer Weise kompliziert. Die Abreißarbeit eines Elektrons ist nämlich etwas verschieden, je nachdem gerade vorhandenen Abstand der im Molekül vereinigten Atomkerne. Die Atomkerne befinden sich keineswegs in starren Abständen von einander, sondern diese Abstände können um eine Ruhelage, die durch ein Potentialminimum ausgezeichnet ist, schwingen. Auf die Anregung solcher Schwingungen werden wir später in Kap. 20 zurückkommen. An dieser Stelle sei nur betont, daß dem scharfen Grundzustand des Atoms beim Molekül eine Reihe eng benachbarter Zustände entsprechen, die sich durch ihre Rotations- und Schwingungsenergie unterscheiden. Damit hängt zusammen, daß eine gewisse Unschärfe der Ionisierungsspannung des Moleküls vorgetäuscht wird bzw. daß bei angeregtem Schwingungszustand eine höhere Ionisierungsspannung gefunden werden kann, als es der Abreißarbeit des Elektrons aus dem im Grundzustande befindlichen Molekül entspricht.

Tabelle 14. Zerlegungsarbeiten beim Abreißen eines Elektrons vom Molekül.

Molekül	Zugeführte Energie (e-Volt)	Resultat
H_2	15,4	$H_2^+ + e$
	18,0	$H + H^+ + e$
	26,0	$H + H^+ + e + E_{kin}$
	46,0	$H^+ + H^+ + 2e + E_{kin}$
N_2	15,8	$N_2^+ + e$
	24,0	$N^+ + N + e$
O_2	12,5	$O_2^+ + e$
	18,6	$O^+ + O + e$
CO	13,9	$CO^+ + e$
	21,2	$C^+ + O + e$
	23,5	$C + O^+ + e$
CO_2	14,3	$CO_2^+ + e$
	19,0	$CO + O^+ + e$
	19,7	$CO^+ + O + e$
	26,7	$C^+ + O + O + e$
H_2O	13,0	$H_2O^+ + e$
	17,3	$OH^+ + H + e$
	18,2	$OH + H^+ + e$

§ 7. Elektronen in Atomkernen. Schließlich seien noch einige Worte über die anfangs erwähnte Bindung der Elektronen im Atomkern[2] gesagt. Wir wissen, daß jeder Atomkern eine gewisse Anzahl N von Elektronen enthält, wo

$$N = A - Z \qquad (12)$$

durch das ganzzahlig[3] genommene Atomgewicht A und die Ordnungszahl Z gegeben ist. Denn das Atomgewicht bedeutet die Anzahl der Wasserstoffkerne und damit zugleich die Anzahl der positiven Ladungen, und durch Z wird die vom Kern nach außen wirkende Ladung gegeben. Der Unterschied zwischen beiden muß also durch Kernelektronen kompensiert sein. Die Elektronen befinden sich im Atomkern entweder als sog. „freie Kernelektronen", welche mit Protonen zu „Neutronen" zusammengeschlossen sind, oder sie sind zu je 2 zusammen mit 4 Protonen fest zu Heliumkernen (α-Teilchen) vereinigt. Das Atomgewicht des H beträgt nach den genausten Messungen 1,0078, dasjenige des He 4,002. Beim Zusammentritt zu He haben also die 4 H-Kerne einen Massendefekt erlitten, der auf das Grammatom He berechnet gegeben wird durch:

$$\Delta m = 4 \cdot 1{,}0078 - 4{,}002 = 0{,}029 \text{ g} . \qquad (13)$$

Die Masse der zwei Elektronen, welche zur Masse der 4 H-Kerne hinzukommt, erhöht diese Zahl noch um eine Einheit der letzten Dezimale. Der Massendefekt erklärt die große Stabilität der Heliumkerne, er gibt ein Maß für die Bindungs-

---

[1] Smyth, H. D.; Rev. Mod. Phys. Bd. 3 (1931) S. 348.

[2] Gamow, G.; Der Bau des Atomkerns und die Radioaktivität. Leipzig 1932.

[3] Aston, F. W.; Proc. Roy. Soc., Lond., Bd. 115 (1927) S. 487: Bd. 126 (1930) S. 511; Bd. 130 (1931) S. 302.

festigkeit seiner Elementarbestandteile. Nach dem Prinzip der Trägheit der Energie Gl. (2) in Kap. 5 entspricht dem Massendefekt Δm ein Energieverlust

$$\Delta E = 0{,}03\, c^2 \text{ Erg pro Mol,}$$

d. h. $\Delta E = 2{,}8 \cdot 10^7$ Elektronenvolt pro 1 Heliumatom. Dieser ungeheure Arbeitsaufwand ist erforderlich, um einen He-Kern in seine Urbestandteile zu zerlegen. Der Massendefekt des Neutrons läßt sich auf etwa $1\text{—}2 \cdot 10^6$ Elektronenvolt abschätzen[1].

Ähnliche Überlegungen, wie wir sie hier für den He-Kern aufgeführt haben, lassen sich auch auf alle anderen Atomkerne übertragen. Man bezeichnet als „Packungseffekt" die Abweichung eines massenspektroskopisch gemessenen Atomgewichts von seiner durch das H^+-Gewicht definierten Ganzzahligkeit[2]. Dieser Packungseffekt entspricht der Energie, welche zur Zerlegung des betreffenden Kernes in seine Urbestandteile aufgewendet werden muß. Wenn es sich aber nur um die Abspaltung eines einzelnen Elektrons, also nur um eine partielle Auflösung des Kerns handelt, so hat man die Packungseffekte der Atomkerne im Ausgangsszutand und im Endzustand in Rechnung zu setzen. Hierfür existieren jedoch noch keine ausreichenden experimentellen Daten.

Weitere Aufschlüsse über die Abreißarbeiten von Kernelektronen könnte man versucht sein aus den γ-Strahlspektren zu erwarten, in Analogie dazu, daß Spektrallinien im Sichtbaren und im Röntgengebiet die sichersten Aufschlüsse über die Elektronenterme in der Atomhülle ergeben haben. Es scheint jedoch sehr unwahrscheinlich, daß die γ-Strahlen beim Platzwechsel eines Kernelektrons emittiert werden, vielmehr ist man zu der Annahme gezwungen, daß die γ-Emission den Sprüngen von α-Teilchen oder Protonen zugeordnet werden muß[3]. Im ganzen muß also gesagt werden, daß unsere Kenntnisse über die Bindung der Kernelektronen in α-Teilchen gering sind, und daß wir über die Bindung der „freien" Kernelektronen so gut wie gar nichts wissen. In Kap. 15 werden wir bei der Behandlung der β-Emission noch einmal auf die Kernelektronen zurückkommen.

Kapitel 8.

Glühelektronen-Emission[4].

§ 1. Glühelektrischer Sättigungsstrom. Richardsongleichung und ihre Theorie. Experimentelle Darstellung: Richardsongerade. Die einfachste und älteste Methode, Elektronen aus dem Verband der Atome zu befreien, besteht darin, daß man den betreffenden Körper erhitzt. Bei der Erhitzung z. B. eines Metalles wird den Metallelektronen durch die Wärmezufuhr so viel kinetische Energie mitgeteilt, daß sie zum Teil imstande sind, die im vorigen Kapitel erläuterte Richardsonarbeit zu überwinden und ins Freie zu gelangen. Zur Beherrschung der Erscheinungen dieser „Glühemission" gehört die genaue Kenntnis der Menge und der Geschwindigkeitsverteilung der emittierten „Glühelektronen" als Funktion von Temperatur und Material des emittierenden Körpers.

---

[1] CHADWICK, J.: Proc. Roy. Soc., Lond. Bd. 136 (1932) S. 692.

[2] ASTON: a. a. O., bezieht die Atomgewichte auf $O = 16{,}000$ und dividiert die Abweichung von der so definierten Ganzzahligkeit durch das obenerwähnte ganzzahlig abgerundete Atomgewicht A. Die erhaltene Zahl nennt er den „Packungseffekt pro Proton".

[3] KUHN, W.: Z. Physik Bd. 43 (1927) S. 56.

[4] Zusammenfassend: O. W. RICHARDSON: In MARX, Handbuch der Radiologie, Bd. 4. Leipzig 1927. — W. SCHOTTKY, H. ROTHE u. H. SIMON: In WIEN-HARMS, Handbuch der Experimentalphysik, Bd. 13 (1928) Teil II. — S. DUSHMAN: Rev. Mod. Phys. Bd. 2 (1930) S. 381.

Bei exakten experimentellen Untersuchungen werden die verschiedenen Materialien meist in Form dünner Drähte ($\varnothing = {}^1/_{100}$—${}^3/_{10}$ mm) oder Folien verwendet und durch elektrische Heizung auf die erforderliche Temperatur gebracht. Die Temperatur wird durch optische Pyrometer gemessen — wobei darauf Rücksicht genommen werden muß, daß das Emissionsvermögen an der Metalloberfläche nicht $= 1$ ist — oder sie wird aus dem elektrischen Widerstand des Körpers berechnet. Höchstes Vakuum, beste Oberflächenreinigung und Entgasung sind bei glühelektrischen Untersuchungen ganz besonders notwendig.

Die einfachsten Untersuchungen erstrecken sich auf den Sättigungsstrom J, welcher dann gemessen wird, wenn alle aus dem erhitzten Körper austretenden Elektronen zur Auffangeelektrode hinübergezogen werden, also dann, wenn die Emissionsstromstärke unabhängig von der an die Elektroden angelegten elektrischen Spannung wird. Dieser Sättigungsstrom ist außerordentlich stark temperatur- und materialabhängig. Tabelle 15 zeigt z. B. die experimentellen Sättigungsstromdichten i ($= I$ pro Quadratzentimeter Oberfläche) für einige häufig untersuchte Glühkathoden, nämlich Platin, Wolfram, thoriertes Wolfram und Bariumoxyd. Man sieht, daß bei den verschiedenen Materialien oder Temperaturen die Emission sich um viele Zehnerpotenzen ändert.

Tabelle 15. Sättigungsströme in Amp/cm² für Glühkathoden.

Kathode	Absolute Temperatur				
	500⁰	1000⁰	1500⁰	2000⁰	2500⁰
Platin	—	—	10^{-10}	$5 \cdot 10^{-6}$	—
Wolfram	—	10^{-15}	10^{-7}	10^{-3}	1
Wolfram, thoriert	—	10^{-7}	10^{-2}	10	(1)
Ba-Oxyd (formiert)	10^{-6}	1	—	—	—

Solche experimentellen Werte werden mit ihren ungeheuren Größenunterschieden ausgezeichnet dargestellt durch die RICHARDSONsche Gleichung[1]:

$$i = A_0 T^2 \exp. \; (- b/T); \tag{1}$$

hier bedeutet T die absolute Temperatur des emittierenden Körpers;

$$A_0 = \frac{4 \pi m k^2 e}{h^3} = 120 \frac{\text{Amp.}}{\text{cm}^2 \cdot \text{Grad}} \tag{2}$$

ist eine universelle Konstante[2], während

$$b = \frac{e W}{k} = 1{,}16 \cdot 10^4 W \tag{3}$$

(e in Amp · sec, k in Joule/Grad, W in e-Volt) eine Materialkonstante darstellt, die der Richardsonarbeit W proportional ist.

Theoretisch erhält man die Richardsongleichung auf vielen Wegen. Zum Beispiel ist sie unmittelbar abzuleiten aus thermodynamischen Betrachtungen über die Gleichgewichtskonzentration zwischen dem Elektronengase im Metall

---

[1] Gl. (1) wurde ursprünglich in der Form

$$i = A_1 \sqrt{T} \cdot \exp. \left(\frac{-b_1}{T} \right) \tag{1a}$$

aufgestellt. Diese Gleichung geht aber immer in Gl. (1) über, wenn die spezifische Wärme des Elektronengases $= 0$ gesetzt wird, zu welcher Annahme man nach allen neueren Anschauungen gezwungen ist.

[2] Bei Vernachlässigung des Elektronenspins erhält A_0 den in der Literatur häufig angegebenen Wert $A_0 = \dfrac{60 \, \text{Amp}}{\text{cm}^2 \cdot \text{Grad}}$.

und im Außenraum [Kap. 6, Gl. (41)] und der zu dieser Konzentration führenden einseitigen Strömung [Kap. 6, Gl. (10)][1]. Man kann auch direkt die CLAUSIUS-CLAPEYRONsche Gleichung, welche bekanntlich die Verdampfungswärme als Funktion von Temperatur, Spannungskoeffizient und vom Volumen beider Phasen angibt, auf die Verdampfung von Elektronen aus dem festen Körper anwenden[2]. Die erste, und zwar eine von RICHARDSON selbst gegebene Ableitung[3] der Gl. (1) benutzt das schon obenerwähnte kinetische Bild eines im Metall eingeschlossenen Elektronengases, das mit steigender Temperatur immer stärkere translatorische Bewegung erhält, so daß einzelne genügend schnelle Elektronen die Abreißarbeit überwinden und das Metall verlassen können. Die gaskinetische Betrachtungsweise des Emissionsvorganges ist aber erst neuerdings durch die in Kap. 6 beschriebene Anwendung der Fermistatistik auf das Metallelektronengas zu einer wirklich vollkommenen Theorie geworden. Wir hatten in Kap. 6, Gl. (34), die Zahl der Elektronen angegeben, welche (bei einer FERMIschen Geschwindigkeitsverteilung) mit der kinetischen Energie E_x auf die Oberflächeneinheit auftreffen. Die Dichte des hieraus folgenden Emissionsstromes erhalten wir sofort, wenn wir alle Energiewerte E_x, welche größer sind als die äußere Austrittsarbeit ($E_x > W_a$), ins Auge fassen. Es ist hierfür diese Gl. (34) von W_a bis ∞ zu integrieren und mit der Elektronenladung zu multiplizieren, und man erhält so direkt Gl. (1) dieses Kapitels. Bemerkenswerterweise kommt dann W_a nur noch in der Verbindung $W_a - W_i = W$ vor[4].

Eine exakte experimentelle Prüfung der Richardsongleichung und zugleich die experimentelle Bestimmung der Konstanten A und b geschieht am besten folgendermaßen: Man logarithmiert Gl. (1) und erhält:

$$y = m x + c, \tag{4}$$

wo
$$y = \lg i - 2 \lg T$$
$$x = 1/T$$
$$m = -b \cdot \lg 2{,}718 \left(= \frac{W}{1{,}98 \cdot 10^{-4}}\right)$$
$$c = \lg A .$$

gesetzt sind. Bei graphischer Auftragung von y gegen x erhält man eine Gerade, die sog. „Richardsongerade", aus deren Neigung sich b, und aus deren Schnitt mit der y-Achse ($1/T = 0$) sich A ergibt.

Tabelle 16. Emissionsströme des Wolframs in Abhängigkeit von der Temperatur gemessen; beispielsweise Auswertung dieser Meßdaten (nach ZWIKKER).

Spalte —➤ 1	2	3	4	5
T (absol.) gemessen	i (Amp/cm²) gemessen	$2 \cdot \lg T$	$\lg i - 2 \lg T$	$1/T$
2000	0,000978	6,602	—9,612	$5{,}00 \cdot 10^{-4}$
2100	0,00398	6,644	—9,044	$4{,}76 \cdot 10^{-4}$
2200	0,0140	6,688	—8,642	$4{,}55 \cdot 10^{-4}$
2300	0,0425	6,724	—8,196	$4{,}35 \cdot 10^{-4}$
2400	0,119	6,760	—7,685	$4{,}16 \cdot 10^{-4}$
2500	0,324	6,796	—7,285	$4{,}00 \cdot 10^{-4}$

[1] SCHOTTKY, W.: Z. Physik Bd. 34 (1925) S. 645. — LAUE, M. v.: Jb. Radiol. u. Elektr. Bd. 15 (1918) S. 205 u. 257.
[2] WILSON, H. A.: Philos. Trans. Roy. Soc., Lond. Bd. 202 (1903) S. 258; Physic. Rev. Bd. 24 (1924) S. 38.
[3] RICHARDSON, O. W.: Proc. Cambr. Phil. Soc. Bd. 11 (1901) S. 286.
[4] Nach Kap. 7 ist $W_i = E_h$ (Nullpunktsenergie).

Als Beispiel hierfür sollen die Kurve in Abb. 61 und die Angaben von Tabelle 16 dienen. Die in Spalte 1 und 2 dieser Tabelle angegebenen Daten sind experimentell an reinem vorzüglich entgastem Wolfram erhalten worden[1], hierbei können die pyrometrisch gemessenen Temperaturwerte auf 5^0 genau angegeben werden. Aus diesen Daten sind in Spalte 4 und 5 die Werte von $(\lg i - 2\lg T)$ und $(1/T)$ berechnet, welche man in Abb. 61 als Ordinaten- und Abszissenwerte aufgetragen findet. Die in Spalte 3 notierten Werte von $(2 \cdot \lg T)$ lassen erkennen, daß ihre Änderungen — im Gegensatz zur Veränderlichkeit der Werte von Spalte 4, welche also nur durch das relativ starke Anwachsen von $\lg i$ bedingt sind — so gering sind, daß eine genauere Feststellung des Exponenten von T aus experimentellen Daten nicht möglich erscheint. Die Gerade in Abb. 61 läßt in der oben gekennzeichneten Weise die sich aus den gesamten experimentellen Daten für i und T ergebenden Werte $A = 100$ und $b = 53000$ gewinnen.

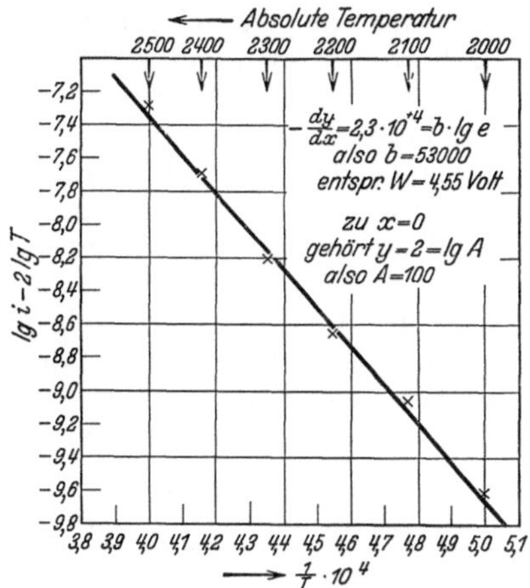

Abb. 61. Richardsongerade für Wolfram. Nach ZWIKKER.

§ 2. **Temperaturkoeffizient der Richardsonarbeit. Wahre und scheinbare Größe der A-Werte. Oberflächenbesetzung mit Fremdatomen. Funktionaler Zusammenhang zwischen der Richardsonarbeit, ihrem Temperaturkoeffizienten und dem A-Wert.** Die in Abb. 61 eingetragenen A- und b-Werte sind nicht mehr in eindeutiger Weise durch die experimentellen Daten der Tabelle 16 festgelegt, sobald man eine Temperaturabhängigkeit von b zuläßt; vielmehr kann man dann immer einen dieser Werte willkürlich annehmen, wodurch erst der andere festgelegt ist. In Tabelle 17 sind beispielsweise die nach Gl. (1) und Gl. (4) mit den experimentellen Daten der Tabelle 16 verträglichen Werte von m als Funktion der Temperatur notiert, und zwar für die willkürlich festgesetzten Werte

$$A = 10, \quad A = 60, \quad A = 100 \quad \text{und} \quad A = 1000 \frac{\text{Amp}}{\text{cm}^2 \cdot \text{Grad}}.$$

Tabelle 17. **m-Werte der Gl. (4) entsprechend einer veränderlich angenommenen Austrittsarbeit — als Funktion der Temperatur T und des willkürlich gewählten A — für die Daten von Tabelle 16.**

T	für $A = 10$	für $A = 60{,}2$	für $A = 100$	für $A = 1000$
2000	$m = 21238$	$m = 22780$	$m = 23230$	$m = 25220$
2100	21120	22770	23200	25320
2200	20990	22730	23200	25420
2300	20980	22720	23230	25570
2400	20850	22730	23230	25640
2500	20740	22670	23200	25730

(Diese m-Werte mal $1{,}98 \cdot 10^{-4}$ ergeben W in e-Volt.)

Man sieht aus dieser Zusammenstellung, daß bei veränderter Temperatur die beste Konstanz der b-Werte dann vorhanden ist, wenn $A \approx 100$ gesetzt wird. Dies bedeutet, daß die experimentellen Daten der Tabelle 16 gerade unter Verwendung des theoretischen A-Wertes $= A_0$ von Gl. (2) in der Darstellung von Abb. 61 eine Gerade ergeben.

---

[1] ZWIKKER, C.: Koninkl. Akad. Amsterdam, Proc. Bd. 29 (1926) S. 792.

Aus unserer Tabelle 17 würde dieser bevorzugte A-Wert leicht zu erkennen sein, wenn man die m-Werte bzw. die ihnen proportionalen b-Werte als Funktion der Temperatur aufträgt [$b = f(T)$]. Man erhält dann für jeden der A-Werte eine Gerade, im ganzen eine Schar von Geraden, welche sich alle im Punkte b_0 schneiden mögen. Unter diesen Geraden befindet sich eine horizontale Gerade (d. h. von temperaturunabhängigem b-Wert), und diese gehört in unserem Beispiel bemerkenswerterweise zum theoretischen A-Wert $= A_0$. Das ist aber durchaus nicht bei allen Experimenten der Fall, vielmehr gehört bei vielen anderen Kathodenmaterialien die erwähnte horizontale Gerade zu einem A-Wert $\neq A_0$. Wenn wir nun an dem theoretischen A-Wert festhalten wollen, so können wir solche experimentellen Daten nur durch die Annahme eines temperaturabhängigen b-Wertes deuten. Der allgemeine empirische Befund und seine Deutung sind also folgendermaßen:

Alle Messungen über die Temperaturabhängigkeit des glühelektrischen Emissionsstromes ergeben gerade Linien (Richardsongeraden), wenn sie nach Art der Gl. (4) graphisch aufgetragen werden. Aus den Schnittpunkten dieser Richardsongeraden mit der Ordinate erhält man einen A-Wert, der im allgemeinen vom universellen A_0-Wert der Gl. (2) abweicht. Diesem empirischen A-Wert läßt sich ein temperaturunabhängiger aus der Neigung der Richardsongeraden empirisch gefundener b-Wert zuordnen. In Tabelle 18 haben wir eine Zusammenstellung solcher empirischen A- und b-Werte für einige chemisch reine, möglich gut entgaste Metalle, sowie für einige Oxydkathoden notiert. Betrachtet man im Zusammenhange hiermit das gesamte heute experimentell vorliegende Material, so findet man, daß sich die empirischen A-Werte in den Extremen um den ungeheuren Faktor 10^{30} unterscheiden. Das ist aber in dem oben angedeuteten Sinne nur so zu verstehen, daß die Abweichung des experimentellen A-Wertes von der universellen Konstante A_0 als Folge einer in Wirklichkeit vorhandenen Temperaturabhängigkeit von b aufgefaßt werden muß. Wir schreiben deshalb:

Tabelle 18.
Konstanten der Glühelektronenemission.

Element	A	$b \cdot 10^{-4}$	W
Ca	60	2,60	2,24
Cs	162	2,10	1,81
Mo	60	5,15	4,44
Ni	26	3,21	2,77
Pt	17000	7,25	6,27
Ta	60	4,72	4,07
Th	60	3,89	3,35
W	60	5,24	4,52
Hf	(55000)	(5,95)	(3,80)
Oxydkathoden			
CaO	10^{-4}—10^{+5}	2,05	1,77
SrO	10^{-4}—10^{+5}	1,47	1,27
BaO	10^{-4}—10^{+5}	1,15	0,99

$$A = A_0 \cdot \exp. (-\alpha) . \tag{5}$$

Die Richardsongleichung Gl. (1) nimmt dann die allgemeinere Form an:

$$i = A_0 \cdot T^2 \exp\left(\frac{-(b + \alpha T)}{T}\right), \tag{6}$$

wo α den Temperaturkoeffizienten der Austrittsarbeit bedeutet, welcher nur in ganz vereinzelten Fällen gleich Null wird. Aus der Tatsache, daß sich die Emissionsmessungen an allen Kathoden über große Temperaturbereiche als Richardsongerade darstellen lassen, folgt nun, daß der nach Gl. (5) definierte Temperaturkoeffizient:

$$\alpha = \ln A_0 - \ln A \tag{7}$$

in diesen Bereichen eine temperaturunabhängige Konstante sein muß, oder daß sich, wie schon oben erwähnt,

$$b = b_0 + \alpha T \tag{8}$$

als lineare Temperaturfunktion darstellen läßt.

In dem oben betrachteten Beispiel des Wolframs wäre der Spezialfall verwirklicht, daß $A = A_0$ und $\alpha = 0$ ist. Als Gegenstück hierzu liefern beispielsweise die Messungen am Hafnium[1] die in Tabelle 18 notierten Werte $A = 55\,000$ und $b = 59\,500$, welche man z. B. aus der Neigung und aus dem Ordinatenschnittpunkt der Richardsongerade enthält, wenn man die am Hafnium gewonnenen Werte nach Art der Abb. 61 aufzeichnet. Nach dem oben Gesagten müssen wir nun aber die Meßresultate am Hafnium so deuten, daß $A_0 = 120$ und nach Gl. (5) $A = 55\,000 = 120 \cdot \exp. (-\alpha)$, also $\alpha = -6{,}127$ ist. Die Austrittsarbeit hätte also nur bei $T = 0$ den obigen Wert $b_0 = 59\,500$ (entsprechend $W = 3{,}8$ e-Volt). Bei $T = 2000^0$ z. B. hätten wir $b = b_0 - 12\,250 = 47\,250$ zu setzen. Die Austrittsarbeit des Hafniums beträgt nach dieser Auffassung bei 0^0 absoluter Temperatur $W = 3{,}8\,e$-Volt und nimmt pro Temperatursteigerung von 1000^0 etwa um $0{,}55\ e$-Volt ab.

Wir nehmen heute an, daß derartig starke Temperaturabhängigkeiten der Austrittsarbeit nicht dem reinen Metall, sondern irgendwelchen Oberflächenschichten zukommen. Das sieht man z. B. schon daraus, daß dem reinen Wolfram ein $A \approx 120$ zukommt; wird dasselbe Wolfram aber oxydiert, so steigt A auf 10^{11}; wird aber das Wolfram mit einer Zäsiumhaut bedeckt, so beträgt A nur $3 \cdot 10^{-3}$ Amp./cm^2 Grad. Allgemein wird durch elektronegative Schichten A vergrößert, durch elektropositive verkleinert. Wir schließen also, daß die Übereinstimmung des experimentell gefundenen A-Wertes mit dem theoretischen A_0-Wert — wie wir sie z. B. beim Wolfram finden konnten — darauf hinweist, daß hier eine wirklich reine und gasfreie Oberfläche vorlag. Im anderen Falle aber — wie z. B. beim Hafnium — ist die Befreiung der Oberfläche von Fremdatomen scheinbar auch durch äußerst sorgfältige Vorbehandlung nicht gelungen. Ferner wollen wir die Existenz eines Temperaturkoeffizienten α der Austrittsarbeit als Anzeichen für eine Oberflächenbesetzung mit Fremdatomen ansehen.

Von großem Interesse ist nun ein experimenteller Befund über einen funktionalen Zusammenhang zwischen α und b_0. Es hat sich nämlich gezeigt, daß sich beim Entgasen eines gegebenen Materials der Temperaturkoeffizient α der Austrittsarbeit stets gleichzeitig mit der Austrittsarbeit selbst ändert, und zwar kann für ein und dasselbe Metall α nur in annähernd linearer Abhängigkeit mit b_0 variieren[2]. Die Linie, welche α als Funktion von b_0 darstellt, besitzt für jedes Metall eine charakteristische Steilheit, Versuche, in welchen die Beladung eines Kathodenmaterials mit verschiedenen Fremdatomen studiert wurde, erweitern diese Aussage dahin, daß bei einem gegebenen Kathodenmetall durch beliebige Fremdatome b_0 nur in angenähert linearer Abhängigkeit mit α geändert werden kann[3]. Die genannten Ergebnisse werden durch Abb. 62 illustriert. Dort sind als Abszissen die den Temperaturkoeffizienten α nach Gl. (5) bzw. nach

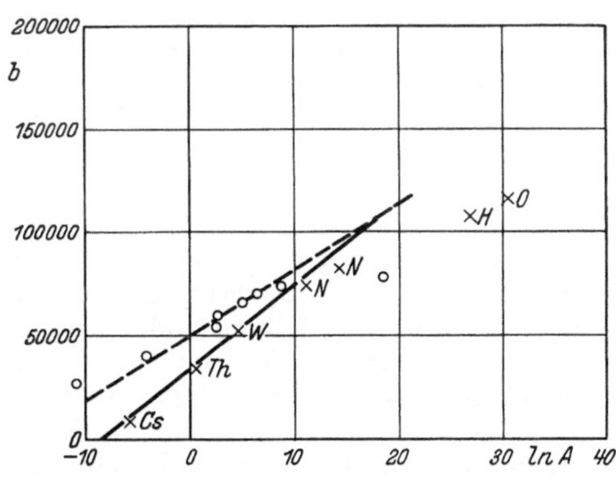

Abb. 62. Zusammenhang zwischen den in der Richardsongleichung auftretenden Konstanten A und b: — — — Platinkathode in verschiedenen Entgasungszuständen (o). Wolframkathode ———; die bei den (×) stehenden Buchstaben bedeuten die bedeckende Substanz. Nach ZWIKKER.

<hr>

[1] ZWIKKER, C.: a. a. O.
[2] BRIDGE, L. A. DU: Proc. nat. Acad. Sci. U.S.A. Bd. 17 (1929) S. 788.
[3] ZWIKKER, C.: Physik. Z. Bd. 30 (1929) S. 578.

Gl. (7) proportionalen Werte von $\ln A$ aufgetragen; Ordinaten sind die b_0-Werte. Die gebrochene Linie stellt den Zusammenhang zwischen den durch kleine Kreise dargestellten experimentellen Daten dar, welche an einer Platinkathode in verschiedenen Entgasungszuständen gemessen wurden. Die kleinen Kreuze, denen die durchgezogene Linie angepaßt ist, zeigen Messungsergebnisse für die Anlagerung verschiedener Atome an einer Wolframkathode: Bei Anlagerung einer Schicht aus elektropositiven Atomen werden sowohl A als auch b_0 kleiner, bei Anlagerung elektronegativer Atome werden A und b_0 größer.

Die Deutung der experimentellen Ergebnisse geschieht zwanglos durch folgende Annahme: Die Fremdatome lagern sich im Sinne von Abb. 60 (Kap. 7) derart auf die Kathode auf, daß eine elektrische Doppelschicht entsteht. Diese Doppelschicht bewirkt eine Änderung des Potentialsprungs an der Oberfläche, also eine Änderung der Austrittsarbeit W. Die Temperaturabhängigkeit des Dipolmomentes veranlaßt das Auftreten eines von Null abweichenden Wertes des Temperaturkoeffizienten α. Empirisch findet man[1], daß

$$b = b_0 + 2\,T_0 \ln \frac{A_0}{A}. \tag{9}$$

sein muß. Die Konstante T_0 bedeutet hier der Größe nach ungefähr diejenige Temperatur, bei der die Glühelektronen-Emissionsmessungen an dem reinen Kathodenmaterial ausgeführt wird. T_0 gibt die Neigung unserer Geraden in Abb. 62; wir sehen, daß diese Neigung, wie erwartet, für Wolfram größer ist als für Platin.

Die Verhältnisse werden nun aber noch in unübersichtlicher Weise dadurch kompliziert, daß sich bei der Besetzung mit Fremdatomen nicht nur die Austrittsarbeit, sondern — wie schon in Kap. 7, § 3, erwähnt wurde — auch der ganze Potentialverlauf an der Oberfläche verändert. Es werden sich Potentialmulden bzw. Potentialberge ausbilden, durch welche die auf die Oberfläche auftreffenden Elektronen nach innen zurückgeworfen werden; die Oberfläche wird für den Durchgang der Elektronen z. T. undurchlässig. Zur Berücksichtigung dieser Tatsache kann man als Faktor von A_0 in Gl. (1) einen ,,Transmissionskoeffizienten'' einführen, durch welchen der A-Wert erniedrigt wird[2]. Der Koeffizient kann im Falle des erwähnten Potentialberges sehr kleine Werte ($\approx 0{,}02$) annehmen. Für den Fall einer reinen Oberfläche — deren Oberflächenpotential etwa durch den Verlauf der Kurve in Abb. 59 angedeutet wurde — berechnet sich der Transmissionskoeffizient zu 0,93, so daß er bei den Emissionsvorgängen an reinen Kathoden wohl nicht beobachtbar sein kann[3].

§ 3. Die praktisch wichtigen Glühkathoden mit Fremdatomen auf ihrer Oberfläche: a) Wolframkathode im Alkalidampf, b) thorierte Wolframkathode, c) Oxydkathoden, ihre Herstellung und Formierung. Die Besetzung der Kathode mit Fremdatomen ist für viele praktische Zwecke von größter Wichtigkeit geworden[4]. Die Emissionsverhältnisse dieser Kathoden hängen, wie im vorangehenden Paragraph gezeigt wurde, in erster Linie vom Kathodenmaterial, von der Art der Fremdatome und von deren Besetzungsdichte ab. Wir wollen hier einige Vertreter von technisch besonders wichtigen Kathoden näher betrachten, nämlich die thorierte Wolframkathode, die Wolframkathode im Alkalidampf und die Erdalkalioxydkathoden.

Die thorierte Wolframkathode besteht aus einer Legierung von Wolfram mit rund 1% Thoriumgehalt. Während des Betriebs sitzt auf der Kathodenober-

---

[1] ZWIKKER: a. a. O.

[2] NORDHEIM, L.: Z. Physik Bd. 46 (1928) S. 833; Physik. Z. Bd. 30 (1929) S. 181.

[3] NORDHEIM, L.: Proc. Roy. Soc., Lond. Bd. 121 (1928) S. 626.

[4] Zusammenfassend: K. BECKER: Physik. Z. Bd. 32 (1931) S. 489.

Tabelle 19. Die Emissionskonstanten von Thor als Adsorptionsschicht
und im massiven Zustand.

Kathode	W (e-Volt)	$\alpha\,\dfrac{e\text{-Volt}}{1000^0}$	A
Wolfram, massiv	4,6	0	100
Thorium, massiv	3,4	0,06	60
Wolfram, thoriert	2,6	0,2	10

fläche eine etwa einatomige Thoratomschicht; diese wirkt aber nicht einfach
wie ein Fenster mit der dem Thor zukommenden Austrittsarbeit, sondern sie
erzeugt im oben erläuterten Sinne eine elektrische Doppelschicht. Wie aus
Tabelle 19 hervorgeht, sind Austrittsarbeit b_0 und ihr Temperaturkoeffizient α
bei der mit Thorium bedeckten Wolframkathode ganz anders als bei einer
massiven Thoriumkathode. Die adsorbierten Thoratome bilden Dipole, die an
der Grenzschicht Metall-Vakuum gebildete elektrische Doppelschicht steht mit
der positiven Seite nach außen, so daß der Elektronenaustritt erleichtert wird[1].
Atomare Anziehungskräfte halten die Th-Atome an der Oberfläche fest, durch
ihre Temperaturbewegung aber können sie diese Anziehung zum Teil überwinden
und verdampfen, so daß sich zu jeder Temperatur ein Gleichgewichtszustand
und so eine gewisse Besetzungsdichte der Oberfläche ausbildet. Beim W-Th-
Problem ist dieser Gleichgewichtszustand durch die Zahl der aus dem Inneren
der Kathode nachdiffundierenden Thoratome charakterisiert.

Als ein weiteres Beispiel betrachten wir eine
Wolframkathode im Zäsiumdampf[2]. Hier wirkt u. a.
der Dampfdruck im Außenraum auf die Besetzungsdichte mitbestimmend. Die Besetzungsdichte der
Cs-Atome ist also von der Dichte des Zäsiumdampfes
und außerdem von der Temperatur der Wolframkathode abhängig. Aus Abb. 63 erkennen wir, daß
die Elektronenemission des Wolframs im ungesät-
tigten Zäsiumdampf mit wachsender Kathodentemperatur bis zu einem Maximum bei etwa 650^0 abs.
zunimmt. Bei dieser Temperatur ist die günstigste
Besetzungsdichte erreicht, nämlich $\approx 4\cdot 10^{14}$ Cs-
Atome/cm². Aus dem bekannten Atomradius des
Zäsiums ergibt sich, daß diese Dichte einer etwa
monomolekularen Besetzung entspricht. Mit wachsender Temperatur der W-Kathode werden dann
immer mehr Cs-Atome von dieser wegfliegen, die
Besetzungsdichte sinkt und damit sinkt auch der
Emissionsstrom, um bei höchsten Temperaturen die
Emission des reinen Wolframs im Vakuum (siehe
linke Kurve in Abb. 63) zu erreichen. Nimmt man
ähnliche Versuche in gesättigtem Cs-Dampf vor[3],
so findet man das der monomolekularen Besetzung

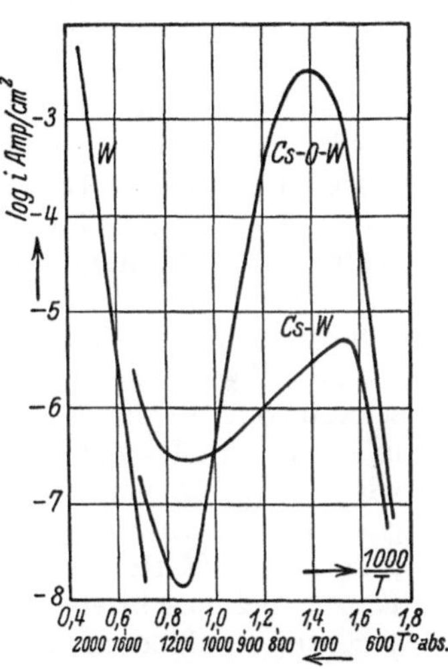

Abb. 63. Elektronenemission von
reinem Wolfram und sauerstoff-
beladenem Wolfram im ungesättig-
ten Zäsiumdampf. Die linke Kurve
stellt zum Vergleich die Elektronenemission des reinen Wolframs im
Vakuum dar. Nach Becker.

entsprechende Emissionsmaximum bei um so höheren Temperaturen, je größer die
Temperatur und somit die Dichte des gesättigten Zäsiumdampfes ist. Aus den
experimentellen Daten berechnet sich eine Austrittsarbeit des Wolfram im gesättigten Zäsiumdampf zu 1,36 e-Volt, während sie für reines Wolfram 4,54 e-Volt beträgt.

[1] Langmuir, J.: Physic. Rev. Bd. 22 (1923) S. 357.
[2] Becker, J. A.: Physic. Rev. Bd. 28 (1926) S. 341.
[3] Langmuir, J., u. K. H. Kingdon: Physic. Rev. Bd. 21 (1923) S. 380; Bd. 23 (1924)
S. 112; Proc. Roy. Soc., Lond. Bd. 61 (1925) S. 107.

Die Erniedrigung der Austrittsarbeit bei Anwesenheit von Cs-Atomen erklärt sich wieder durch die Bildung einer elektrischen Doppelschicht. Die Valenzelektronen der an der Oberfläche des Wolfram adsorbierten Cs-Atome werden vom Wolfram angezogen, so daß eine positive Schichtseite nach dem Außenraum zu entsteht[1]. Wird die Zäsiumschicht größer als eine Atomdicke, dann sind die neu hinzukommenden Cs-Atome nicht mehr elektrisch orientiert, und die Austrittsarbeit muß erniedrigt werden.

Die elektrische Polarisation der Oberfläche ist um so stärker, je reaktionsfähiger die die Doppelschicht bildenden Atome sind. Deshalb hat z. B. die Bedeckung des Wolframs mit Zäsiumatomen eine einzige hundertmal größere Emission zur Folge als wie die Bedeckung mit Kaliumatomen[2], deren Ionisationsspannung größer ist als die des Zäsiums. Deshalb steigt z. B. auch die Emission ganz bedeutend, wenn zwischen dem Wolfram und dem Zäsium noch eine Sauerstoffschicht vorhanden ist. Wie aus der Cs-O-W-Kurve in Abb. 63 zu erkennen ist, wird dort das Emissionsmaximum infolge der stärkeren Anziehung des Cs durch das oxydierte Wolfram erst bei höheren Temperaturen erreicht als bei dem oben beschriebenen Cs-W-System. Das Cs-O-W hat die erstaunlich niedrige Richardsonarbeit von 0,7 e-Volt.

Gewisse Verwandtschaft mit den eben behandelten Problemen zeigen die sog. „Oxydkathoden"[3]. Im einfachsten Falle bestehen diese aus einem Platindraht, auf welchen eine Paste von Erdalkalioxyden aufgetragen ist[4]. Neben diesem sog. „Pasteverfahren" ist das „Schmelzverfahren" üblich geworden, bei dem dem man z. B. die wasserlöslichen Erdalkalinitrate in CO_2-Atmosphäre auf dem Kerndraht durch Erhitzung schmilzt und ins Oxyd verwandelt. Schließlich sei noch das Metalldampfverfahren[5] erwähnt, bei welchem auf den vorher oxydierten Kerndraht (am besten Wolfram) das reine Erdalkalimetall im Vakuum aufgedampft wird. Bei den ersten beiden Verfahren erreicht die Kathode erst ihre volle Emissionsfähigkeit, nachdem sie einige Stunden in Emissionsschaltung geglüht hat. Während dieses sog. „Formierungsprozesses" wächst der Emissionsstrom durch eine allmähliche Abnahme der Austrittsarbeit auf etwa das Hundertfache des Anfangswertes.

Das Wesen des Formierungsprozesses besteht nach unseren heutigen Anschauungen[6] in der Bildung von Inselchen aus metallischem Erdalkali, welches in etwa einmolekularer Schichtdicke an der Oberfläche der Kathode adsorbiert wird. Daß die Emission der Oxydkathoden von den einzelnen Inselchen ausgeht, kann man z. B. sehr schön aus der Abb. 64 ersehen. Sie stellt eine Photographie des Mittelbereichs einer planen Oxydkathode dar, welche mit dem in Kap. 2, § 2 beschriebenen Elektronenstrahlmikroskop unter etwa 70facher Vergrößerung aufgenommen wurde[7]. Man erkennt die einzelnen Emissionszentren

---

[1] LANGMUIR, J.: a. a. O.

[2] KILIAN, T. J.: Physic. Rev. Bd. 27 (1926) S. 578. — MEYER, E.: Ann. Physik Bd. 4 (1930) S. 357.

[3] Zusammenfassend: A. WEHNELT: Erg. exakt. Naturwiss. Bd. 4 (1925) S. 86.

[4] Rezept zur bequemen Selbstherstellung bei Laboratoriumsversuchen: Ein Gemisch von 90 % CaO, 5 % SrO, 5 % BaO wird kurz mit Wasser aufgekocht; dann läßt man den dickflüssigen Brei auf einen Platindraht auffließen, der durch elektrischen Strom dabei auf etwa 100—300° erhitzt wird. Die Dicke der Oxydschicht wird etwa gleich dem Radius des Drahtes $\approx 1/_{10}$ mm.

[5] ESPE, W.: Z. techn. Physik Bd. 10 (1929) S. 489.

[6] BECKER, I. A.: Physic. Rev. Bd. 34 (1930) S. 1321. — BECKER, I. A., u. R. W. SEARS: Ebenda Bd. 38 (1931) S. 2193.

[7] BRÜCHE, E.: Naturwiss. Bd. 20 (1932) S. 49. BRÜCHE, E. und W. JOHANNSON: Ann. Physik Bd. 15 (1932) S. 145; siehe auch M. KNOLL, F. HOUTERMANS und W. SCHULZE: Z. Physik Bd. 78 (1932) S. 340.

von der Größenordnung 10 μ, die sich als helle Flecke auf unserem Bilde markieren. Die auf dem Bilde sichtbaren Geraden stammen von einem auf der Kathode mit ca. $^1/_4$ mm Strichabstand eingekratzten Netz. Die Abbildung wurde mit einigen hundert Volt schnellen Elektronen ausgeführt.

Die Stromleitung zu diesen Inselchen hin erfolgt dann wahrscheinlich elektrolytisch, indem Metallionen von der Oberfläche zum Kerndraht wandern, dort ein Elektron aufnehmen und sich dann als Atome durch Diffusionsprozesse wieder an die Oberfläche zurückbewegen[1]. Nach dieser Vorstellung wird der oft beobachtete Parallelismus zwischen elektrischer Leitfähigkeit und glühelektrischer Emission der Oxyde verständlich.

Infolge elektrolytischer Zersetzung geben die Oxydkathoden auch nach weitgehender Entgasung bei der Emission ständig noch etwas Gas ab; deshalb ist infolge einer Emission von Gasionen eine Sättigungsstromstärke meist nicht zu erreichen. Der Sättigung wirkt ferner der sog.

Abb. 64. Mikrophotographie einer Oxydkathodenoberfläche durch das Elektronenstrahlmikroskop (ca. 70fache Vergrößerung). Nach Brüche.

„Aufheizeffekt" entgegen; beim Durchgang des Emissionsstromes durch die Oxydschicht findet eine starke Erwärmung statt: Durch Erhöhung der Anodenspannung tritt Erhöhung des Emissionsstroms, dadurch aber auch stärkere Aufheizung ein, wodurch rückwirkend wieder eine erhöhte Emission verursacht wird.

Bei Betrachtung all dieser komplizierten Vorgänge ist es verständlich, daß die Literaturangaben über Emission der Oxydkathoden heute noch wenig einheitlich sind. Wir haben in Tabelle 18 die Emissionskonstanten der drei reinen Erdalkalioxyde angeführt. Dabei haben wir solche Daten aus der Literatur ausgewählt, welche den am besten emittierenden, d. h. den bestformierten Kathoden zukommen. Die A-Konstanten schwanken je nach dem Grad der Formierung zwischen 10^{-4} und 10^{+5} Amp/cm² Grad. Gemische der verschiedenen Oxyde ergeben in manchen Fällen höhere Emission als jedes der reinen Oxyde für sich, wahrscheinlich infolge katalytischer Wirkungen auf die Dissoziation bei den elektrolytischen Vorgängen.

§ 4. Einfluß von Aggregatzustand, Modifikation usw. auf die glühelektrischen Konstanten. Neben den ungeheuren Änderungen der Emissionskonstanten, welche alle durch Fremdatome auf der Oberfläche hervorgerufen werden, sind solche Änderungen, welche durch Strukturänderungen des reinen Metalls selbst bedingt sind, relativ klein; doch lassen sie sich deutlich feststellen; z. B. bemerkt man sie bei Änderungen der Modifikation oder des Aggregatzustandes der emittierenden Kathode.

Speziell beim Schmelzpunkt der Metalle sind nach Überwindung großer experimenteller Schwierigkeiten (Glühemission des Schmelztiegels, Fremdatome im Schmelzfluß usw.) sprunghafte Änderungen der Emission erkannt und gemessen worden[2]. Bei den völlig reinen Metallen zeigten sich die Konstanten A

---

[1] REIMANN, A. L., u. R. MURGOCI: Philos. Mag. Bd. 9 (1930) S. 440. — REIMANN, A. L., u. R. L. TRELOAR: Ebenda Bd. 12 (1931) S. 1073. — Siehe auch H. J. SPANNER: Ann. Physik Bd. 75 (1924) S. 609.

[2] RICHARDSON, O. W., u. A. F. YOUNG: Proc. Roy. Soc., Lond. Bd. 104 (1923) S. 611; Bd. 107 (1925) S. 377 (Kalium). — GOETZ, A.: Z. Physik Bd. 42 (1927) S. 329; Bd. 43 (1927) S. 531. — AMEISER, J.: Ebenda Bd. 69 (1931) S. 111 (Cu, Ag, Au).

und b der Richardsongleichung temperaturunabhängig, einerseits im festen, andererseits im flüssigen Zustand. Der Schmelzpunkt kennzeichnet sich durch eine Diskontinuität der Richardsongeraden in dem Sinne, daß die Elektronenemission beim Übergang in den flüssigen Zustand sinkt, was parallel geht mit einer bedeutenden Erhöhung der Richardsonarbeit, z. B. bei Silber von 3,5 auf 4,5 Volt, bei Kupfer von 4,3 auf 7,0 Volt.

Andere sprunghafte Änderungen der Austrittsarbeit hat man bei Modifikationsänderungen der Kathode gefunden, wie beispielsweise bei den Umwandlungspunkten des Eisens[1]. Eine geringe kontinuierliche Änderung der Richardsonarbeit, welche sich auf eine Änderung der äußeren Austrittsarbeit W_a bzw. des chemischen Potentials μ_i mit der Temperatur zurückführen ließe, ist bisher noch nicht beobachtet worden. Diese Temperaturabhängigkeit einerseits von W_a ist aber als Folge der Änderung des Atomgitterabstandes (nach Kap. 7) zu erwarten; andererseits wird man eine Temperaturabhängigkeit von μ_i nach Vorstellungen der in Kap. 6 erläuterten μ-Thermodynamik als Folge einer Änderung der spezifischen Wärme des emittierenden Metalls erwarten können[2].

§ 5. **Geschwindigkeiten der Glühelektronen. Abkühlungseffekte durch die Elektronenemission.** Neben der Größe der Sättigungsströme interessieren uns die Geschwindigkeiten der Glühelektronen. Einen Überblick über die hier vorkommenden Größenordnungen erhalten wir durch Tabelle 20, aus der die Ge-

Tabelle 20. Anfangsgeschwindigkeiten der Glühelektronen einer Wolframkathode von $T = 2400^0$ (nach LANGMUIR).

90 %	der emittierten Elektronen übersteigen eine Energie von						0,022 e-Volt
75 %	,,	,,	,,	,,	,,	,,	,, 0,059 ,,
50 %	,,	,,	,,	,,	,,	,,	,, 0,143 ,,
25 %	,,	,,	,,	,,	,,	,,	,, 0,29 ,,
10 %	,,	,,	,,	,,	,,	,,	,, 0,48 ,,
1 %	,,	,,	,,	,,	,,	,,	,, 0,95 ,,
0,1 %	,,	,,	,,	,,	,,	,,	,, 1,42 ,,
0,0001 %	,,	,,	,,	,,	,,	,,	,, 2,85 ,,

schwindigkeitsverteilung der von einer 2400[0] heißen Wolframkathode emittierten Elektronen ersichtlich ist. Die heute vorliegenden experimentellen Untersuchungen haben übereinstimmend eine MAXWELLsche Geschwindigkeitsverteilung bei den emittierten Glühelektronen festgestellt[3], und zwar im besten Falle[4] mit einer Versuchsgenauigkeit von ca. 5 %. Die meisten und auch die zuverlässigsten Messungen hierüber wurden nach der in Kap. 2 erläuterten Gegenfeldmethode ausgeführt. Die experimentelle Hauptschwierigkeit dabei besteht in der Herstellung einer Äquipotentialkathode, d. h. es darf kein Spannungsabfall längs des Glühdrahtes auftreten. Eine zweckmäßige Methode ist dafür z. B. die automatische Unterbrechung des Glühstroms in schnellem Wechsel, und zwar immer in den Momenten, wo die Geschwindigkeitsmessungen ausgeführt werden[4]. Beträgt die Unterbrecherfrequenz einige hundert Perioden pro Sekunde, so hat man schon vollständig gleichmäßiges Glühen der Kathode.

Theoretisch müssen die Geschwindigkeiten der emittierten Elektronen durch die im Innern des Metalls herrschende Fermiverteilung bedingt sein. Aus dem Metallelektronengase können aber nur diejenigen Elektronen das Metall verlassen, deren kinetische Energie, soweit sie der normal auf die Oberfläche gerichteten Geschwindigkeitskomponente zukommt, größer als die äußere Austrittsarbeit ist ($E_x > W_a$). Das sind aber nur solche Elektronen, deren Geschwindig-

---

[1] SILJEHOLM, G.: Ann. Physik Bd. 10 (1931) S. 207.
[2] SCHOTTKY, W. in WIEN-HARMS Handbuch, a. a. O. S. 94.
[3] DEMSKI, A.: Physik. Z. Bd. 30 (1929) Bd. 291.
[4] GERMER, L. H.: Physic. Rev. Bd. 25 (1925) S. 795.

keiten auf dem exponentiellen (MAXWELLschen) Ast unserer Fermiverteilungskurve (Abb. 54 bzw. 57) liegen; infolgedessen wird die im Außenraum beobachtete Geschwindigkeitsverteilungskurve einer MAXWELLschen sehr ähnlich sein. Die mittlere Elektronenenergie sowie die Breite der Verteilungskurve wird proportional der absoluten Temperatur zunehmen.

Wenn nun dem Metallelektronengase bei der Emission gerade immer nur die größten Geschwindigkeiten entzogen werden, so ist es klar, daß durch jeden Emissionsakt seine Temperatur und somit auch die Temperatur der ganzen Glühkathode erniedrigt wird. Experimentell ist diese Temperaturerniedrigung leicht zu beobachten, wenn man die Glühkathode z. B. als einen Zweig in eine Wheatstonesche Brücke einschaltet. Sobald man einen Emissionsstrom fließen läßt, kann man eine durch die Temperaturänderung bewirkte Widerstandsänderung der Kathode beobachten. Da wir nun für die austretenden Elektronen eine MAXWELLsche Geschwindigkeitsverteilung nachgewiesen haben, so läßt sich aus Gl. (9a) in Kap. 6 der mittlere Energietransport E eines Elektrons bei einseitiger Strömung durch die Kathodenoberfläche zu $E = 2 \cdot k \cdot T$ berechnen. Der Überschuß $\varDelta E$ dieser Energie E, über die beim Elektronenaustritt zu leistende Arbeit $e \cdot W$ ergibt die im Mittel verbrauchte Wärmeleistung[1]:

$$\varDelta E = eW - 2kT .\tag{10}$$

Nach dieser Beziehung lassen sich durch Messung von Temperaturen T und von Wärmeleistungen $\varDelta E$ Bestimmungen der Richardsonarbeit W ausführen[2]. Die Resultate solcher Messungen stehen in bester Übereinstimmung mit den nach § 1 dieses Kapitels aus der Temperaturabhängigkeit der Sättigungsströme gewonnenen Werten.

§ 6. **Ionisation heißer Gase, SAHAsche Formel.** Wir betrachten noch die Befreiung von Elektronen aus Gasatomen unter dem Einfluß hoher Temperaturen. Dieser Vorgang kann theoretisch als eine Art von thermischer Dissoziation aufgefaßt werden, deren Produkte Elektronen und positive Ionen sind. Der Dissoziationsgrad kann als Funktion von Temperatur und Druck unter Anwendung des NERNSTschen Wärmesatzes berechnet werden[3]. Es ergibt sich auf Grund dieser Vorstellungen die sog. „SAHAsche Formel", welche wir in folgender Form anschreiben[4]:

$$\overset{10}{\lg}(n_E \cdot n_P) = \overset{10}{\lg} n_A - 5040\,\frac{W}{T} + \tfrac{3}{2}\overset{10}{\lg}T + 15{,}385 .\tag{11}$$

Hier bedeuten n_E, n_P und n_A die Anzahlen der Elektronen, der positiven Ionen und der neutralen Atome im Kubikzentimeter, W die Ionisierungsspannung der Gasatome in e-Volt und T die absolute Temperatur.

Unter gewöhnlichen Bedingungen (Zimmertemperatur, Atmosphärendruck) ist nach Gl. (11) die thermische Ionisation der Gase so gering, daß sie selbst mit unseren empfindlichsten Nachweisapparaten (Elektronenzählrohr, siehe Kap. 3, § 4) nicht bemerkt werden könnte. Große Bedeutung hat aber die SAHAsche Formel in der Astrophysik für die Interpretation der Fixsternspektren gewonnen[5]. Auch bei Laboratoriumsversuchen hat sich die SAHAsche Formel

[1] RICHARDSON, O. W.: Philos. Trans. Roy. Soc., Lond. Bd. 201 (1903) S. 516.

[2] DAVISSON, C., u. L. H. GERMER: Physic. Rev. Bd. 20 (1922) S. 300; Bd. 24 (1924) S. 666. — MICHEL, G., u. H. J. SPANNER: Z. Physik.Bd. 35 (1925) S. 395.

[3] EGGERT, J.: Physik Z. 20 (1919) S. 570. — SAHA, M. N.: Philos. Mag. Bd. 40 (1920) S. 472; Bd. 44 (1922) S. 1128; Z. Physik Bd. 6 (1921) S. 40.

[4] LANGMUIR, J., u. K. H. KINGDON: Proc. Roy. Soc., Lond. Bd. 107 (1925) S. 61. — FOWLER, R. H.: Statistische Mechanik. Deutsche Übersetzung. Leipzig 1931.

[5] Siehe z. B. A. PANNEKOEK: Die Ionisation in den Atmosphären der Himmelskörper. Im Handbuch der Astrophys. Bd. 3. Berlin 1930.

in einigen Fällen erfolgreich anwenden lassen; nämlich auf die Ionisation des Gases zwischen den Elektroden eines Lichtbogens[1], ferner auf die Leitfähigkeit von Flammen,, welche Alkalimetalldämpfe enthalten[2] und schließlich auf die Ionisation von Atomen beim Aufprall auf glühende Metalloberflächen[3], wir können jedoch im Rahmen unserer Darstellung hierauf nicht näher eingehen.

Kapitel 9.

Elektronenemission unter der Wirkung elektrostatischer Felder.

§ 1. Erhöhung der Glühelektronenemission durch äußere Felder. Theorie der Erniedrigung der Austrittsarbeit. Experimentelle Ergebnisse für reine Kathoden und für Kathoden, deren Oberfläche mit Fremdatomen besetzt ist. Im vorigen Kapitel wurde vom Sättigungsstrome der Glühemission gesprochen, welcher dann erreicht sein sollte, wenn alle aus der Oberfläche der Kathode austretenden Elektronen mit Hilfe eines äußeren Feldes zur Anode hinübergetrieben werden. Strenggenommen läßt sich diese Definition nicht aufrechterhalten, denn auch im Sättigungsgebiet ist immer eine gewisse, wenn auch sehr geringe Spannungsabhängigkeit des Emissionsstromes zu bemerken. Die Befreiung des Elektrons aus der Metalloberfläche geschieht eben nicht ,,plötzlich", wenn das Elektron die Oberfläche passiert, sondern die Kräfte, mit denen das Elektron an das Metall gebunden ist, nehmen allmählich ab und erstrecken sich in solche Entfernungen von der Oberfläche, in welchen noch eine Beeinflussung durch äußere Feldstärken erfolgen kann. Immerhin sind zu einer Beeinflussung des glühelektrischen Sättigungsstromes recht erhebliche Feldstärken notwendig; z. B. findet man, daß zu einer Verdoppelung der Emission bei einer $1000^0\,K$ heißen Glühkathode etwa 24 KV/cm und bei einer $2000^0\,K$ heißen Glühkathode sogar etwa 96 KV/cm

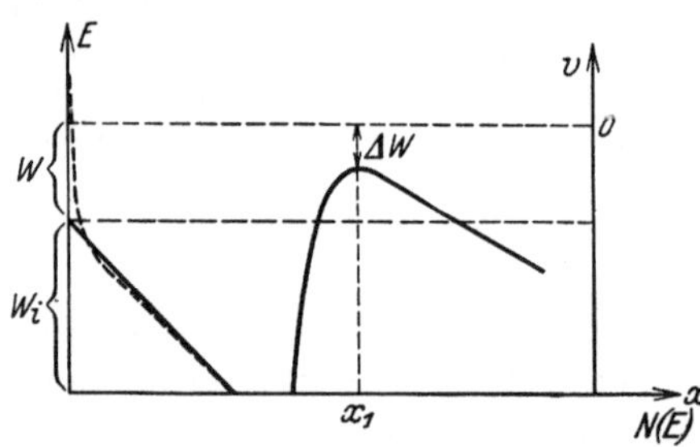

Abb. 65. Verteilung der Normalkomponenten der Elektronenenergie und die Deformation des elektrischen Potentialverlaufs an der Oberfläche.

notwendig sind. Zur Verzehnfachung des glühelektrischen Emissionsstromes braucht man bei den besagten Temperaturen sogar 270 bzw. 1080 KV/cm.

Wir können uns in klassischer Betrachtungsweise[4] einfach vorstellen, daß sich dem in Kap. 7 erläuterten Bildkraftpotential $e/4x$ das Potential der äußeren Feldstärke $(\mathfrak{E} \cdot x)$ an jeder Stelle des Raumes überlagert. Infolgedessen steigt das Potential für ein Elektron aus dem Metallinneren nicht wie in Abb. 59 (Kap. 7) bis zum Wert Null an, sondern es erreicht, wie man aus der Superposition der genannten Potentiale berechnet, und wie in Abb. 65 ausgeführt ist, bereits im Abstande

$$x_1 = \tfrac{1}{2}\sqrt{\frac{e}{\mathfrak{E}}} \tag{1}$$

[1] COMPTON, K. T.: Physic. Rev. Bd. 21 (1923) S. 266. — ENGEL, A. VON, u. M. STEEN-BECK: Naturwiss. Bd. 19 (1931) S. 212; Wiss. Veröff. Siemens-Konz. Bd. 10 (1931) S. 155. — ORNSTEIN, L. S., u. Mitarbeiter: Physik. Z. Bd. 32 (1931) S. 517; Z. Physik Bd. 77 (1932) S. 72.

[2] WILSON, H. A.: Proc. Roy. Soc. London 119 (1928) S. 1.

[3] LANGMUIR, J., u. K. H. KINGDON: a. a. O. — Siehe auch P. B. MOON u. M. L. E. OLI-PHANT: Proc. Roy. Soc., Lond. Bd. 137 (1932) S. 463.

[4] SCHOTTKY, W.: Z. Physik Bd. 14 (1923) S. 80.

ein Maximum, welches um den Betrag

$$\Delta W = \sqrt{e\mathfrak{E}} \tag{2}$$

unter dem Nullpotential liegt. Wir haben infolgedessen statt der früheren Austrittsarbeit W jetzt eine neue $W_1 = W - \Delta W$ zu setzen. Im Voltmaß ergibt sich aus Gl. (2)

$$\Delta W = 3{,}79 \cdot 10^{-4}\sqrt{\mathfrak{E}_{\text{Volt/cm}}} \text{ Volt} . \tag{2a}$$

Die in der Richardsongleichung Gl. (1) von Kap. 8 vorkommende Größe b wird durch das außen angelegte Feld $\mathfrak{E}$ um den Betrag

$$\Delta b = \frac{e^{\frac{3}{2}}}{k} \sqrt{\mathfrak{E}} \tag{3}$$

erniedrigt. Wird $\mathfrak{E}$ wieder in Volt/cm ausgedrückt, so ergibt sich aus Gl. (3)

$$\Delta b = 4{,}39\sqrt{\mathfrak{E}_{\text{Volt/cm}}} \text{ Grad} \tag{3a}$$

und die Glühelektronenemission ist bei der Einwirkung äußerer Felder infolgedessen gegeben zu

$$i = i_0 \exp\left(\frac{\Delta b}{T}\right), \tag{4}$$

wo i_0 den durch die Richardsongleichung [Kap. 8, Gl. (1)] gegebenen Sättigungsstrom bedeutet. Die Erhöhung des Glühelektronenstromes bzw. die Erniedrigung der Richardsonarbeit durch die äußeren Felder wird häufig als „Schottkyeffekt" bezeichnet.

Die Glühemission unter Einwirkung des äußeren elektrischen Feldes besteht in der anschaulichen Sprache der in Kap. 7 erwähnten SCHOTTKYschen Analogie in einer Herabbiegung des Randes des Elektronennapfes, so daß mehr Elektronen aus diesem herausrollen können. Diese klassische Vorstellungsweise bleibt korrekt, wenn wir nur die Emission der Elektronen vom exponentiellen Ast der Fermiverteilung betrachten; also solche Elektronen mit MAXWELLscher Geschwindigkeitsverteilung (siehe Abb. 65 punktierte Kurve an der linken Seite). Diese Elektronen hätten im Falle sehr kleiner äußerer Feldstärken das Metall wohl auch verlassen, wenn sie nicht sofort wieder durch die Bildkraft zurückgezogen worden wären.

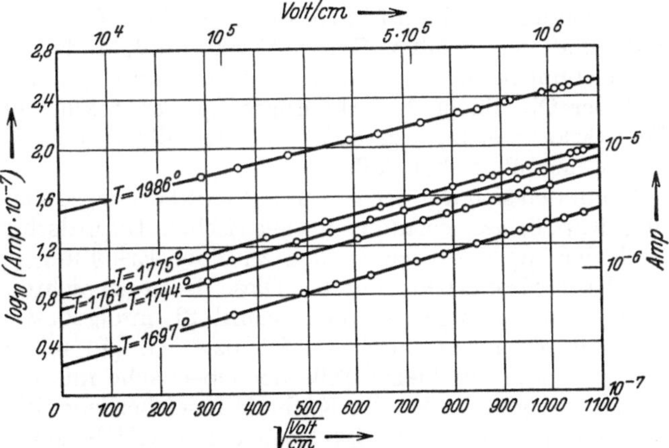

Abb. 66. Glühemissionsströme einer Wolframkathode unter der Einwirkung äußerer Felder. Nach DE BRUYNE.

Die experimentellen Ergebnisse über die Glühemission bei Einwirkung äußerer Felder sind für nicht zu niedrige Temperaturen bzw. nicht zu hohe Feldstärken mit Gl. (4) in ausgezeichneter Übereinstimmung[1]. Das geht z. B. für eine Wolframkathode aus Abb. 66 hervor, wo als Ordinaten die BRIGGschen Logarithmen der

---

[1] BRUYNE, N. A. DE: Proc. Roy. Soc., Lond. Bd. 120 (1928) S. 423. — PFORTE, W. S.: Z. Physik Bd. 49 (1928) S. 46.

Emissionsströme, als Abszissen die Wurzeln aus den an der Kathode liegenden elektrischen Feldstärken $(\sqrt{\text{Volt/cm}})$ aufgetragen sind. Die experimentellen Punkte liegen auf geraden Linien, den sog. „Schottkygraden“, welche nach den Voraussagen der Gl. (4) für 4 verschiedene Kathodentemperaturen gezeichnet wurden. Die Neigungen dieser Geraden ergeben sich nach Gl. (3) bzw. Gl. (4) zu:

$$\frac{\Delta \overset{10}{\lg} i}{\Delta \sqrt{\mathfrak{E}_{\text{Volt/cm}}}} = \frac{1{,}91}{T}\,, \tag{5}$$

wo i in Amp/cm^2 und V in Volt gemessen sind. Diese Neigungen sind also den absoluten Temperaturen der Kathode proportional.

Ebenfalls in Übereinstimmung mit der Theorie wird die Feldstärke (Volt/cm) gefunden, bei welcher der Emissionsstrom auf den n-fachen Wert gegenüber dem Sättigungsstrom bei ganz kleinen Feldstärken gesteigert wird, nämlich:

$$\mathfrak{E}_{\text{Volt/cm}} = 0{,}272\, T^2\, (\overset{10}{\lg} n)^2\,; \tag{6}$$

dieser Beziehung entsprechen auch die eingangs dieses Paragraphen genannten Zahlenbeispiele.

Die Ausführung der Messungen wird am besten an einer wenige hundertstel Millimeter dicken Drahtkathode vorgenommen, welche einige Zentimeter in der Achse einer ca. 1 cm weiten zylindrischen Anode ausgespannt ist. Die an der Kathode liegenden Feldstärken sind dann etwa 100mal größer als die an den Elektroden angelegte Potentialdifferenz. Für Gleichmäßigkeit der Felder längs der ganzen zur Anode emittierenden Kathodenstrecke sorgt man zweckmäßig durch 2 zylindrische Schutzringe, welche an beiden Seiten in Verlängerung der Anode angebracht und auf Anodenpotential gehalten werden.

Besonders sei darauf hingewiesen, daß die Glühkathodenoberfläche möglichst glatt und von größter Reinheit sein muß, andernfalls man sofort erhebliche Abweichungen der experimentellen Resultate von der Theorie erhält. Rauhigkeit der Oberfläche bewirkt durch Spitzenwirkung große lokale Steigerung der Feldstärke, welche sich nicht aus der allgemeinen Geometrie der Elektrodenanordnung überschen läßt.

Befinden sich auf der Kathode Fremdatome, so können sich die in Kap. 7, § 3, und Kap. 8, § 2, erläuterten elektrischen Doppelschichten ausbilden, welche je nach der Art der Fremdatome zu einer Erhöhung oder zu einer Erniedrigung der Richardsonarbeit führen. Diese Doppelschichten werden durch die außen angelegten hohen Feldstärken beeinflußt, infolgedessen muß man Abweichungen von der einfachen durch Gl. (3) bzw. Gl. (4) gegebenen Gesetzmäßigkeit erwarten. Sind nur kleine Teile der Oberfläche mit Fremdatomen besetzt, so hat man an einigen Stellen der Kathode Inselchen vor sich, welche Kontaktpotentialdifferenzen gegen die übrige Kathodenoberfläche zeigen. Dadurch werden starke lokale elektrische Felder direkt an der Oberfläche verursacht, welche das Problem der Emission unter der Einwirkung äußerer Felder noch komplizierter machen. Experimentell findet man infolgedessen, daß die Abweichungen von der einfachen Theorie Gl. (3) ihrer Größe nach nicht nur von der Art der Fremdatome, sondern auch von deren Besetzungsdichte abhängig sind. In allen Fällen sind aber diese Abweichungen um so größer, je schwächer die außen angelegten Felder sind und je niedriger die Kathodentemperaturen gewählt werden.

Am eingehendsten hat man diese Verhältnisse an thorierten Wolframkathoden untersucht[1]. Man findet bei Untersuchung der glühelektrischen

[1] BECKER, J., u. D. MÜLLER: Physic. Rev. Bd. 31 (1928) S. 431. — REYNOLDS, N. B.: Ebenda Bd. 35 (1930) S. 158. — COMPTON, K. T., u. J. LANGMUIR: Rev. Mod. Phys. Bd. 2 (1930) S. 156.

Emissionsströme in Abhängigkeit von den außen angelegten Feldstärken ein Verhalten, wie es durch Abb. 67 charakterisiert ist, nämlich: Zuerst sehr starkes Ansteigen der Emission mit der Feldstärke, dann bei höheren Feldstärken langsameres Ansteigen der Emission, schließlich bei sehr hohen Feldstärken Übergang zu dem normalen Verhalten der reinen Oberflächen; unsere Kurve geht dort in eine Schottkygerade über.

Bei verschiedenen Besetzungsdichten mit Thoratomen hat man folgende Erfahrungen gemacht: Die Abweichungen von der Schottkygeraden wachsen zunächst mit steigender Besetzungsdichte. Bei einer etwa 70proz. Bedeckung der Wolframoberfläche mit Thoriumatomen sind sie am allerstärksten und werden bei noch größeren Besetzungsdichten wieder geringer. Wie schon oben erwähnt, war auch hier bei allen W-Th-Kathoden das anfängliche Anwachsen des Emissionsstromes mit der Feldstärke um so ausgesprochener, je niedriger die Kathodentemperatur. Bei allen W-Th-Kathoden wurde unabhängig von den jeweiligen Umständen der obenerwähnte Übergang zu den normalen Gesetzmäßigkeiten der reinen Kathoden bei Feldstärken von etwa 10 KV/cm beobachtet.

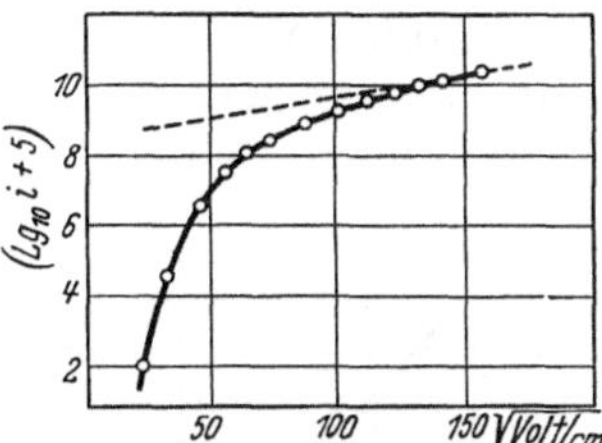

Abb. 67. Emissionsströme des thorierten Wolframs bei $T = 1380^0\,K$ als Funktion der Feldstärke: o-o-o Experimentelle Kurve nach BECKER u. MÜLLER; – – – Gleichung (4) entsprechende Schottkygerade.

§ 2. **Autoelektronische Entladung. Experimente. Quantenmechanische Überlegungen. Vergleich zwischen experimentellen und theoretischen Ergebnissen; Partialspitzen, Feldquotienten, Oberflächenquotienten.** Starke Abweichungen von der einfachen klassischen Theorie zeigen die Emissionsströme aller Kathoden, wenn man zu hinreichend großen Feldern bzw. zu geringen Temperaturen übergeht. Hier versagt offenbar die klassische Vorstellung; z. B. findet man entgegen den Aussagen von Gl. (4), daß unterhalb etwa 900^0 K bis herab zum absoluten Nullpunkt die Emission einer Wolframkathode unter dem Einfluß der elektrischen Felder temperaturunabhängig ist[1]. Ferner ist bei solchen „kalten" Kathoden die Abhängigkeit des Emissionsstromes von der Feldstärke [im Gegensatz zu Gl. (4)] empirisch[2] gegeben durch[3]

$$i = C \cdot \mathfrak{E}^2 \exp\left(-\frac{a}{\mathfrak{E}}\right), \qquad (7)$$

wo a und C Konstanten bedeuten [siehe Gl. (8) und Gl. (9)].

Steigert man allmählich eine zwischen zwei beliebigen kalten Elektroden liegende elektrische Potentialdifferenz, so setzt ziemlich plötzlich an der Kathode eine Elektronenemission ein, die sog. „Autoelektronische Entladung"[4]. Das Einsetzen der Emission erfolgt bei einer bestimmten kritischen Feldstärke, größenordnungsmäßig bei 10^6 Volt/cm.

Diese verhältnismäßig hohen Feldstärken lassen sich z. B. schon bei Spannungen von einigen hundert Volt erreichen, wenn die Elektroden im Abstand von

---

[1] PIERSOL, R. J.: Physic. Rev. Bd. 31 (1928) S. 441.

[2] Die elektrische Feldstärke $\mathfrak{E}$ kommt in Gl. (7) zweimal vor, doch tritt der Einfluß des Faktors $\mathfrak{E}^2$ größenordnungsmäßig gegen den des Exponenten von $1/\mathfrak{E}$ zurück, so daß er experimentell nicht erfaßt wird. Da es von der Theorie gefordert wird, so sei $\mathfrak{E}^2$ schon hier in der Formel aufgenommen.

[3] MILLIKAN, R. A., u. C. F. EYRING: Physic. Rev. Bd. 27 (1926) S. 51. — MILLIKAN, R. A., u. C. C. LAURITSEN: Proc. nat. Acad. Sci. U.S.A. Bd. 14 (1928) S. 45; Physic. Rev. Bd. 33 (1929) S. 598.

[4] LILIENFELD, J. E.: Leipzig-Ber. Bd. 72 (1920) S. 31; Physik. Z. Bd. 23 (1922) S. 506.

etwa ein tausendstel Millimeter einander gegenüberstehen. Untersuchungen dieser Art[1] ergeben jedoch keine quantitativ verwertbaren Resultate, weil es nicht möglich ist, die Oberfläche im Vergleich zu den kleinen Entfernungen genügend glatt und sauber zu erhalten. Neuere Untersuchungen liegen bei einigen 10000 Volt vor, an Kathoden in Form von etwa $^1/_{100}$ mm dicken Drähten und an Spitzen. Aber auch hier können nur bei höchstem Vakuum, größter Sauberkeit und bester Entgasung der Elektroden brauchbare Resultate erhalten werden.

Bei einer Erhöhung der Feldstärke über den kritischen Wert hinaus beobachtet man ungeheuer starkes Anwachsen der Emission. Man erhält [vgl. Gl. (7)] gerade Linien, wenn man den Logarithmus der Stromstärke gegen den reziproken Wert der Feldstärke aufträgt. Abb. 68 zeigt eine derartige Gerade; die dort eingetragenen Ströme wurden von einem 0,00123 cm starken thorierten Wolframdraht von 5 mm Länge, also etwa 2 mm[2] Oberfläche emittiert. Das Eigentümliche einer solchen Charakteristik ersieht man besonders daraus, daß die erste Verdoppelung der Feldstärke von 0,5 auf $1 \cdot 10^6$ Volt den Strom auf das etwa Millionenfache steigert, während die Verdoppelung von 1,5 auf $3 \cdot 10^6$ den Strom nur auf den hundertfachen Betrag erhöht. Ebensolche Gerade wie in Abb. 68 hat man auch für die Entladung von Spitzen[2] verschiedenster Schärfe gefunden; es zeigte sich hierbei besonders deutlich, daß für die Emission nicht die Spannung, sondern nur die Feldstärke an der Kathodenoberfläche wesentlich ist. In bezug auf verschiedene Metalle ergab sich, daß jene geraden Charakteristiken um so

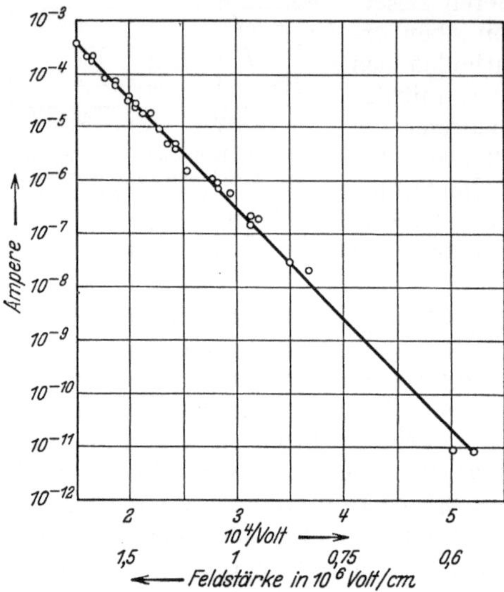

Abb. 68. Autoelektronischer Emissionsstrom von thoriertem Wolframdraht in Abhängigkeit von der Feldstärke. Nach MILLIKAN und LAURITSEN.

flacher und die kritische Feldstärke um so kleiner gefunden wurde, je geringer die Richardsonarbeit der betreffenden Kathode ist.

Neuerdings ist es nun auch gelungen, die Gl. (7), aus welcher die gerade Stromspannungscharakteristik hervorgeht, mit Hilfe der Wellenmechanik abzuleiten. Hierbei wird zunächst wie bei der klassischen Behandlung die Deformation des Potentials an der Oberfläche betrachtet: Die äußere Austrittsarbeit W_a wird um den Betrag ΔW_a vermindert. Im Gegensatz zur klassischen Betrachtung jedoch wird berücksichtigt, daß die gegen den Potentialberg anlaufenden Elektronen eine FERMIsche Geschwindigkeitsverteilung besitzen[3]. Ferner ist es für das Eintreten der Emission durchaus nicht notwendig, daß $(W_a - \Delta W_a)$ den Betrag der kinetischen Energie der Elektronen unterschreitet, denn nach der Quantenmechanik besitzen die Elektronen eine endliche Wahrscheinlichkeit, durch den Potentialberg hindurchzuschlüpfen. Der Emissionsstrom wird erhalten durch Integration über die Zahl der Elektronen als Funktion

[1] Siehe z. B. G. HOFFMANN: Z. Physik Bd. 4 (1921) S. 363.
[2] EYRING, C. F., S. S. MACKOWN u. R. A. MILLIKAN: Physic. Rev. Bd. 31 (1928) S. 900.— Research staff of the G. E.: Philos. Mag. Bd. 1 (1926) S. 609.
[3] HOUSTON, W. V.: Z. Physik Bd. 31 (1928) S. 448.

ihrer Energie, soweit diese der normal gegen die Oberfläche gerichteten Geschwindigkeitskomponente zukommt [Kap. 6, Gl. (34)]. Wesentlich ist hierbei, daß diese Elektronenzahl mit einem von der genannten Energie abhängigen Transmissionskoeffizienten multipliziert werden muß, welcher durch den quantenmechanischen Durchgangseffekt durch die Potentialschwelle gegeben ist[1].

In der schon im vorigen Paragraphen gezeigten Abb. 65 ist dieses Verfahren folgendermaßen veranschaulicht: Nach Kap. 6, Gl. (34), stellt die links durchgezogene Kurve für tiefe Temperatur die zur Oberfläche normalen Energiekomponenten der Metallelektronen dar. Im richtigen Maßstab dazu zeigt die rechte Kurve den Potentialverlauf an der Oberfläche. Aus der Rechnung erhält man für die Materialkonstanten der Gl. (7) in CGS-Einheiten:

$$C = \frac{e}{2\,\pi\,h} \cdot \frac{W_i^{\frac{1}{2}}}{W_a \cdot W^{\frac{1}{2}}}, \tag{8}$$

$$a = \frac{8\,\pi}{3\,h} \cdot \sqrt{2\,m\,W^3} \tag{9}$$

bzw. wenn die Arbeiten W, W_i und W_a in e-Volt, die Feldstärken $\mathfrak{E}$ in Volt/cm und die Stromdichten i in Amp/cm² gemessen werden, ergibt sich:

$$C = 6{,}2 \cdot 10^{-6} \sqrt{\frac{W_i}{W \cdot W_a^2}} \tag{8a}$$

$$a = 6{,}8 \cdot 10^7 \cdot W^{\frac{3}{2}}. \tag{9a}$$

Beim Vergleich dieser theoretischen Werte mit der Erfahrung zeigt sich nun aber, daß die experimentelle kritische Feldstärke um etwa eine Zehnerpotenz niedriger ist, als es die Koeffizienten Gl. (8) und Gl. (9) erwarten lassen. Der Grund hierfür liegt aber nur darin, daß nicht die aus der Geometrie der Anordnung erwarteten Feldstärken (Grobfeldstärken) in Betracht kommen, sondern wesentlich größere Potentialgradienten, welche an einzelnen Stellen der Oberfläche durch mikroskopische Rauheiten erzeugt werden (Feinfeldstärken). Denn bei einem bestimmten angelegten Potential wird nicht ein mittlerer Potentialgradient, sondern nur dessen lokale Übersteigerung und eine dadurch verursachte elektronische Spitzenwirkung die Emissionserscheinungen beherrschen[2]. In der Tat hat man selbst bei besten Vakuumverhältnissen bei der autoelektronischen Emission ein protuberanzenartiges Hervorbrechen der Entladung an einzelnen Punkten der Kathode durch die dort verursachten Leuchterscheinungen feststellen können. Tritt aber die Emission an solchen spitzenartigen Stellen sehr kleiner Oberfläche auf, so kann noch als weitere Komplikation bei großen Stromstärken eine Schwächung des Emissionsstroms durch die OHMschen Übergangswiderstände dieser Partialspitzen in Betracht kommen.

Der „Feldquotient" $B = \dfrac{\mathfrak{E}_f}{\mathfrak{E}_g}$ zwischen der wirklich vorhandenen Feinfeldstärke $\mathfrak{E}_f$ und der gemessenen Grobfeldstärke $\mathfrak{E}_g$, sowie der „Oberflächenquotient" G zwischen der wirklich emittierenden und der gesamten Kathodenoberfläche kann nun einigermaßen abgeschätzt werden[3]. Man kann nämlich,

---

[1] FOWLER, R. H., u. L. NORDHEIM: Proc. Roy. Soc., Lond. Bd. 119 (1928), S. 173. — NORDHEIM, L.: Physik. Z. Bd. 30 (1929) S. 187; Proc. Roy. Soc., Lond. Bd. 121 (1928) S. 626.

[2] SCHOTTKY, W.: Z. Physik Bd. 14 (1923) S. 80.

[3] STERN, T. E., B. S. GOSSLING u. R. H. FOWLER: Proc. Roy. Soc., Lond. Bd. 124 (1929) S. 699.

um den eben skizzierten Verhältnissen Rechnung zu tragen, in Gl. (7) an Stelle von $i \dots I/G$ und an Stelle von $\mathfrak{E} \dots \mathfrak{E}_f$ einsetzen, und erhält dann:

$$\ln I - \ln G = \ln C - 2\ln \mathfrak{E}_f - a/\mathfrak{E}_f . \tag{10}$$

Durch Differentiation erhält man:

$$d\ln I / d\,\mathfrak{E}_g^{-1} = -2\,\mathfrak{E}_g - a/B ; \tag{11}$$

bei bekannter Richardsonarbeit ist nach Gl. (9a) auch a bekannt, es kann also durch Einsetzen experimenteller Werte von I und $\mathfrak{E}_g$ in die Gl. (11) zunächst B gewonnen werden. Führt man dann in Gl. (10) die nunmehr bekannten wahren Feldstärkenwerte $\mathfrak{E}_f = B \cdot \mathfrak{E}_g$ ein, so ergibt sich aus dieser Gleichung bei bekanntem C-Wert Gl. (8a) aus den gemessenen $\mathfrak{E}_g$- und I-Werten die Größe des Oberflächenquotienten G.

Aus den vorliegenden experimentellen Daten ergeben sich Feldquotienten B zwischen 1,5 und 115 und Oberflächenquotienten G zwischen 10^{-5} und 10^{-10}.

In Gl. (7) kommt die Temperatur nicht vor. Das läßt sich nach den theoretischen Überlegungen auch insofern verstehen, als die Fermiverteilung des Metallelektronengases durch die Temperatur kaum beeinflußt wird. Der geringe Einfluß der Temperatur erstreckt sich nämlich nach den Ausführungen in Kap. 6 nur auf relativ sehr wenige Elektronen, welche zum exponentiellen Ast der Fermiverteilungskurve gehören. Dieser exponentielle Ast kommt aber für den oben besprochenen Schottkyeffekt in Betracht. Für eine den empirischen Resultaten genügende Beschreibung reicht es jedoch aus, eine additive Überlagerung der durch Schottkyeffekt bewirkten Entladung [Gl. (4)] und der autoelektronischen Entladung [Gl. (7)] anzunehmen[1]. Dieses ist um so mehr berechtigt, als die autoelektronische Entladung fast nur von den Partialspitzen ausgeht, während die für den Schottkyeffekt in Betracht kommenden Elektronen von der gesamten Oberfläche emittiert werden.

§ 3. **Weitere Phänomene der Elektronenbefreiung durch hohe elektrische Felder: a) beim Photoeffekt, b) beim Starkeffekt.** Schließlich möge darauf hingewiesen werden, daß auch noch andere Phänomene der Elektronenbefreiung unter der Einwirkung starker elektrischer Felder beobachtet worden sind; z. B. ist die Einwirkung solcher Felder auf den lichtelektrischen Effekt genauer untersucht worden; wir wollen im folgenden Kapitel noch darauf zurückkommen.

Über die Möglichkeit einer Ionisation von freien Atomen durch starke elektrische Felder können uns optische Versuche Aufklärung geben. Beobachtet man z. B. die Intensität von Wasserstoff-Emissions-Linien als Funktion der Stärke eines äußeren elektrischen Feldes beim Starkeffekt, so bemerkt man, daß diese Linien bei gewissen kritischen Feldstärken — von der Größenordnung 10^6 Volt/cm — verschwinden[2]. Daraus geht hervor, daß die einzelnen atomaren Anregungszustände Existenzgrenzen bei diesen Feldstärken besitzen, und es läßt sich deshalb der Schluß ziehen, daß durch elektrische Felder von eben dieser Größenordnung (10^6 Volt/cm) Elektronen aus den freien H-Atomen herausgerissen werden können. Ein direkter elektrometrischer Nachweis von solchen Ionisierungsakten durch hohe elektrische Felder dürfte wegen der hohen experimentellen Schwierigkeiten nicht leicht möglich sein.

---

[1] BRUYNE, N. A. DE: Physic. Rev. Bd. 35 (1930) S. 173.

[2] TRAUBENBERG, H. RAUSCH VON, u. R. GEBAUER: Naturwiss. Bd. 18 (1930) S. 132, 417; Z. Physik Bd. 71 (1931) S. 291. — Theorie siehe bei C. LANCZOS: Ebenda Bd. 68 (1931) S. 204.

Kapitel 10.

Lichtelektrische Elektronenemission der Metalle[1].

§ 1. Allgemeines: Trägheitsloses Einsetzen. Proportionalität von Elektronenmenge und Lichtintensität. Abhängigkeit der Elektronenmaximalgeschwindigkeit von der Lichtfrequenz. Die Elektronenemission der Metalle unter der Einwirkung des ultravioletten bzw. sichtbaren Lichtes wird als lichtelektrischer Effekt oder als Photoeffekt bezeichnet. Wir interessieren uns hier für den lichtelektrischen Elementarprozeß, welcher in der Energie- und Impulsübertragung vom Lichtquant auf das Elektron und dem daraus folgenden Austritt des Elektrons aus dem Metall besteht; im Zusammenhang damit wollen wir z. B. nach der Wahrscheinlichkeit eines solchen Elementarprozesses sowie nach den Geschwindigkeiten und Richtungen der emittierten Elektronen fragen. Von den Anwendungsmöglichkeiten der lichtelektrischen Elektronenemission und von speziellen lichtelektrischen Zellen[2] soll hier nicht die Rede sein.

Drei Tatsachen sind für das Verständnis des Elementarprozesses von besonderer Bedeutung:

1. Einsetzen und Aufhören der Emission findet trägheitslos, d. h. ohne nachweisbare Verzögerung mit dem Einsetzen und Aufhören der Belichtung statt[3].

2. Die Zahl der emittierten Elektronen ist mit der Lichtintensität streng proportional[4].

3. Die maximale kinetische Energie, mit der die Elektronen emittiert werden, wächst linear mit der belichtenden Frequenz.

Der Einzelprozeß des Photoeffektes besteht in der Absorption eines Lichtquants von der Größe $h \cdot \nu$ und in unmittelbar darauf folgender Emission eines Elektrons aus dem Metall. Die dritte der oben angeführten Beobachtungen wird ausgedrückt durch die „EINSTEINsche Gleichung"[5], welche ursprünglich aus der experimentell gefundenen[6] Unabhängigkeit der lichtelektrischen Elektronenenergie von der Beleuchtungsintensität gefolgert wurde:

$$E_{\max} = h \cdot \nu - W. \tag{1}$$

Hier bedeuten: $E_{\max}$ die kinetische Energie der schnellsten bei der Emission vorkommenden Elektronen, h die PLANCKsche Konstante, ν die Frequenz des Lichtes und W (hier ebenso wie $E_{\max}$ in Erg gemessen) die in Kap. 7 erörterte Austrittsarbeit.

Die lineare Abhängigkeit der maximalen Elektronenenergie von der Lichtfrequenz findet man experimentell, wenn man z. B. elektrometrisch das Potential mißt, auf welches sich ein isoliertes Metallstück maximal unter der Bestrahlung einer gegebenen Wellenlänge aufladen kann[7]. Zu Präzisionsbestimmungen von $E_{\max}$ ist die Methode des elektrischen Gegenfeldes (Kap. 2, § 3) besser geeignet[8].

[1] Zusammenfassend: B. GUDDEN: Die lichtelektrischen Erscheinungen. Berlin 1928.

[2] Zusammenfassend: H. SIMON u. R. SUHRMANN: Lichtelektrische Zellen und ihre Anwendung. Berlin 1932. — R. FLEISCHER u. H. TEICHMANN: Die lichtelektrische Zelle und ihre Herstellung. Dresden 1932.

[3] MARX, E., u. K. LICHTENECKER: Ann. Physik Bd. 41 (1913) S. 124. — LAWRENCE, E. O., u. J. W. BEAMS: Physic. Rev. Bd. 32 (1928) S. 478. — Die Verzögerungszeiten sind nachweislich kleiner als 10^{-8} sec.

[4] Nachgewiesen bei Beleuchtungen von 10^{-2} bis $10^{-15} \dfrac{\mathrm{cal}}{\mathrm{sec} \cdot \mathrm{cm}^2}$. — ELSTER, J., u. H. GEITEL: Physik. Z. Bd. 14 (1913) S. 741.

[5] EINSTEIN, A.: Ann. Physik Bd. 17 (1905) S. 132.

[6] LENARD, P.; Ann. Physik Bd. 8 (1902) S. 149.

[7] LADENBURG, E.: Verh. dtsch. physik. Ges. Bd. 9 (1907) S. 504.

[8] MILLIKAN, R. A.: Physic. Rev. Bd. 7 (1916) S. 18 u. 355; Physik. Z. Bd. 17 (1916) S. 218. — LUKIRSKY, P., u. S. PRILEŽAEV: Z. Physik Bd. 49 (1928) S. 236.

Trägt man wie in Abb. 69 die gemessenen Maximalenergien der Elektronen als Funktion der Frequenzen des wirkenden monochromatischen Lichtes auf, so erhält man entsprechend Gl. (1) sehr genau eine Gerade. Die Neigung dieser Geraden ist gegeben durch

$$\frac{d\,E_{\max}}{d\,\nu} = h \tag{2}$$

bzw.

$$\frac{d\,(V_{\mathrm{Volt}}/300)}{d\,\nu} = \frac{h}{e}. \tag{2a}$$

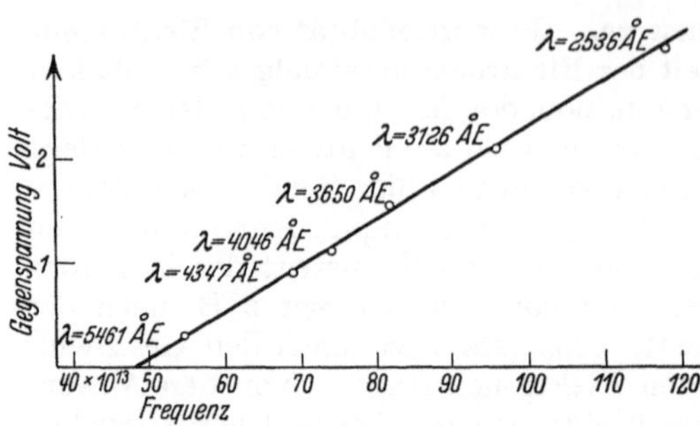

Abb. 69. Höchstenergien der von Natrium lichtelektrisch emittierten Elektronen als Funktion der Frequenz des wirkenden monochromatischen Lichtes. Nach MILLIKAN.

Also durch Messung von Gegenspannungen (Volt) und von Lichtfrequenzen (ν) läßt sich der Quotient des PLANCKschen Wirkungsquantums und der Elementarladung erhalten. Die Methode ist so genau, daß sie zur Präzisionsbestimmung von h benutzt werden konnte.

§ 2. Langwellige Grenze: Bestimmung aus Maximalenergien bei verschiedenen Frequenzen. Direkte Messung elektrometrisch, im Schwebekondensator oder mit Spitzenzähler. Ihre Bestimmung aus der Gesamtemission bei „schwarzer" Bestrahlung. Ergebnisse über die Lage der langwelligen Grenze an reinen Metallen und an Oberflächen, die mit Fremdatomen besetzt sind.

Die Gerade in Abb. 69 schneidet die Abszisse bei einer Frequenz $\nu_0 = W/h$. Für Frequenzen $\nu < \nu_0$ findet also keine lichtelektrische Emission mehr statt, es existiert also beim lichtelektrischen Effekt eine „langwellige Grenze", welche dadurch gekennzeichnet ist, daß die kinetische Energie der schnellsten Elektronen, welche die Energie $h\nu_0$ aufgenommen haben, gerade nicht mehr ausreicht, um die Austrittsarbeit W zu überwinden. Die der langwelligen Grenze zukommende Wellenlänge ergibt sich zu:

$$\lambda_0 = \frac{c}{\nu_0} = \frac{h \cdot c}{W_{\mathrm{Erg}}} = \frac{1{,}234 \cdot 10^{-4}}{W_{\mathrm{Volt}}} \; \mathrm{cm}. \tag{3}$$

Auf die experimentelle Bestimmung der maximalen kinetischen Energien der emittierten Elektronen kommen wir im folgenden § 3 zurück.

Wünscht man aus der Beobachtung dieser maximalen Elektronenenergien bei einigen verschiedenen monochromatischen Belichtungen die langwellige Grenze zu erhalten, so zeichnet man wie in Abb. 69 die Gerade $E_{\max} = f(\nu)$ und extrapoliert aus deren Schnittpunkt mit der ν-Achse die der langwelligen Grenze zukommende Frequenz ν_0.

Als eine andere wichtige experimentelle Methode zur Ermittlung der langwelligen Grenze kommt ihre direkte Bestimmung aus dem lichtelektrischen Sättigungsstrom in Betracht. Bei dieser Methode bestrahlt man das zu untersuchende Material mit monochromatischem Licht, dessen Wellenlänge sukzessive immer größer und größer gewählt wird. Ein genügendes elektrisches Feld muß dabei von dem als Kathode geschalteten bestrahlten Material alle emittierten Elektronen hinwegführen, so daß man Sättigungsströme beobachten kann. Diese Sättigungsströme mißt man etwa mit Hilfe möglichst empfindlicher Galvanometer bzw. Elektrometer und stellt die langwelligste Strahlung fest, bei der gerade noch Elektronenemission nachgewiesen werden kann. Da mit Annäherung an die langwellige Grenze die emittierte Elektronenmenge sehr stark absinkt, so mißt man auf diese Weise immer nur eine Wellenlänge, welche kürzer als die langwellige Grenze ist. Wie nahe man an die langwellige Grenze herankommt, wird in erster Linie eine Frage der Empfindlichkeit des Meßinstrumentes sein.

Als ein sehr empfindliches Mittel zur Ermittlung der langwelligen Grenze hat sich deshalb ein Schwebekondensator erwiesen[1], wie er z. B. in Kap. 4, § 1, bei der Bestimmung der Elektronenladung durch die Einzeltröpfchenmethode ausführlich beschrieben wurde. Ein sehr kleines geladenes Partikelchen des zu untersuchenden Metalles wird in einer Edelgasatmosphäre zwischen zwei Kondensatorplatten mikroskopisch beobachtet. Seine Schwerebeschleunigung ist zunächst durch das elektrische Feld des Kondensators kompensiert. Sobald aber durch intensive Belichtung mit genügend kurzer Wellenlänge dem Partikelchen durch Photoeffekt ein Elektron entzogen ist, wird es durch das elektrische Feld plötzlich nach oben gerissen[2]. Ein großer Nachteil dieser Methode liegt darin, daß natürlich nie im Hochvakuum gearbeitet, sowie auf Reinigung und Entgasung der Oberfläche geachtet werden kann. Diese Schwierigkeit fällt bei einer anderen Methode weg, bei der die Emission einzelner Elektronen von sehr reinen Oberflächen im Hochvakuum mit dem in Kap. 3, § 4, beschriebenen Spitzenzähler beobachtet wird[3].

Als ein dritter Weg zur Bestimmung der langwelligen Grenze sei hier die Beobachtung der Gesamtelektronenemission bei Belichtung des betreffenden Materials mit der vom schwarzen Körper ausgehenden Strahlung erwähnt; wir kommen darauf noch später in § 8 ausführlich zurück.

Auf die genaue Bestimmung der langwelligen Grenzen ist eine große Anzahl von experimentellen Arbeiten verwandt worden. Trotzdem ist ihre einwandfreie Ermittlung als Materialkonstante nur in wenigen Fällen gelungen. Aus den Zahlenangaben der Tabelle 21 geht beispielsweise hervor, in wie weiten Grenzen die Resultate scheinbar zuverlässiger Messungen an ein und demselben Metall schwanken können. Der Grund hierfür liegt zum großen Teil darin, daß schon die geringsten Verunreinigungen oder Gasbeladungen der Oberfläche sehr starke Verschiebungen der langwelligen Grenze erzeugen können. Solche Verschiebungen können konform mit der Änderung der glühelektrisch gemessenen Austrittsarbeit verlaufen, wenn sie beispielsweise durch Okklusion von Gasen oder durch gleichmäßige Oberflächenbelegungen verursacht sind. Wie schon in Kap. 7, § 3, erwähnt wurde, unterscheiden sich aber die glühelektrisch und lichtelektrisch gemessenen Austrittsarbeiten, sobald die untersuchte Oberfläche nicht mehr homogen ist, sondern einzelne Inselchen enthält, die andere Austrittsarbeiten als das Unterlagemetall aufweisen. In diesem Fall darf man sogar nicht einmal mehr identische Resultate für die langwelligen Grenzen als Ergebnisse der obenerwähnten drei lichtelektrischen Methoden erwarten.

Von größtem Einfluß auf die Lage der langwelligen Grenze ist die Schichtdicke des emittierenden Materials. Es läßt sich experimentell leicht feststellen, daß λ_0 mit abnehmender Schichtdicke — größenordnungsmäßig etwa von 10^{-7} cm ab — erst nach längeren Wellen hinrückt, um dann bei allerdünnsten Schichten wieder nach kürzeren Wellen zurückzuwandern[4]. Hierauf werden wir in § 6 bei Besprechung der Empfindlichkeitskurven noch zurückkommen, hier sei jedoch schon darauf hingewiesen, daß die langwellige Grenze bei gegebener

---

[1] MEYER, E., u. W. GERLACH: Ann. Physik Bd. 45 (1914) S. 177. — TAUBES, S.: Ebenda Bd. 76 (1925) S. 629. — YANG, V. C.: Ebenda Bd. 76 (1925) S. 333. — LUKIRSKY, P., N. GUDRIS u. L. KULIKOWA: Z. Physik Bd. 37 (1926) S. 308.

[2] Die Photoelektronen müssen eine endliche Anfangsgeschwindigkeit besitzen, um aus dem Anziehungsbereich des Partikelchens zu entkommen. Näheres bei E. MEYER u. W. GERLACH: a. a. O.

[3] BAUER, H.: Z. Physik Bd. 71 (1931) S. 532.

[4] IVES, H. E., u. A. R. OLPIN: Physic. Rev. Bd. 34 (1929) S. 117.

Tabelle 21. Bereiche der beobachteten langwelligen Grenzen
des lichtelektrischen Effekts an reinen Metallen.

Metall	λ_0 (AE)	Metall	λ_0 (AE)
Li	5180— 5280	C	2570—2870
Na	5820— 6860	Si	2570
K	6110—26800		
Rb	8520—10300	Ce	5990
Cs	9080—11600	Th	3450—4580
Cu	2560— 3210	Ge	2550—2880
Ag	2620— 3990	Sn	2740—3620
Au	2600— 2850	Pb	2980—3550
Mg	3310— 6980	As	2360
Ca	3700— 7270	Sb	3070
Sr	5740— 6890	Bi	2560—3300
Ba	5380— 7770		
		Ta	2510—3000
Zn	3010— 4080	Mo	2850—3830
Cd	3050— 4750	W	2300—2860
Hg	2600— 3050	Pd	2310—2870
		Pt	1900—3400
Al	3130— 6970		
Tl	3600	Fe	2580—3150
		Co	2880—3150
		Ni	2700—3360

Schichtdicke sehr stark von der Unterlage abhängig ist, auf welcher die emittierende Schicht sich befindet. Daraus kann wohl der Schluß gezogen werden, daß die genannten dünnen Schichten adsorptiv an die Unterlage gebunden sind, und daß deshalb — durch die Entstehung einer elektrischen Doppelschicht im Sinne von Abb. 60 in Kap. 7 — die Austrittsarbeit der Photoelektronen herabgesetzt wird.

§ 3. **Lichtelektrische Geschwindigkeitsverteilung: Theorie. Messung. Definition der Höchstgeschwindigkeit. Abhängigkeit von der erregenden Wellenlänge, vom Material usw.** Wir haben bisher nur von den maximalen Elektronenenergien E_{max} bei der lichtelektrischen Emission gesprochen. Aber auch bei Bestrahlung mit streng monochromatischem Licht werden neben der Maximalenergie auch noch alle möglichen kleineren Elektronenenergien ($E < E_{max}$) emittiert. Diese Tatsache einer lichtelektrischen Geschwindigkeitsverteilung wird uns nach Kap. 6 und Kap. 7 verständlich. Die Elektronen haben im Metall eine FERMIsche Geschwindigkeitsverteilung, und im Falle des lichtelektrischen Effekts wird sich die ursprüngliche Energie des Elektrons der vom Lichtquant erhaltenen Energie hinzuaddieren.

Die Wahrscheinlichkeit der Übertragung eines Energiequants aus der Strahlung auf ein Elektron ist ziemlich unabhängig von der Geschwindigkeit des Elektrons. Es wird sich also die Fermiverteilung in der Geschwindigkeitsverteilung der emittierten Elektronen wiederspiegeln. Es addiert sich bei allen Elektronen die Energie E_1, welche der Normalkomponente der ursprünglichen Geschwindigkeit zukommt, zur Energie E_2, welche der Normalkomponente ihres vom Lichtquant empfangenen Impulses entspricht. Nur die Elektronen werden das Metall verlassen können, deren $E_x = (E_1 + E_2) > W_a$, d. h., bei denen der Energiebetrag E_x zur Überwindung der äußeren Austrittsarbeit ausreicht.

Die Breite der Geschwindigkeitsverteilung ist für ein gegebenes ($h \cdot \nu$) wesentlich durch die Geschwindigkeitsverteilung der Elektronen im Metallinneren bestimmt. Irgendwelche Geschwindigkeitsverluste der austretenden Elektronen kommen bei kleinen Geschwindigkeiten nur sehr wenig in Betracht[1]. Ist $h \cdot \nu < W_a$, so treten die Elektronen aus mit einer kinetischen Energie im Außenraum zwischen o und $(h \cdot \nu - W)$; ist aber $h \cdot \nu > W_a$, so erwartet man Energien der ausgelösten Elektronen im wesentlichen zwischen $(h \cdot \nu - W)$ und $(h \cdot \nu - W_a)$; doch werden bei diesen größeren Geschwindigkeiten auch schon infolge sekundärer Streuprozesse einige noch langsamere Elektronen vorhanden sein.

Bei monochromatischer Bestrahlung ist also zu erwarten, daß die Geschwindigkeitsverteilung von der Wellenlänge des Lichts, von innerer und äußerer Austrittsarbeit des belichteten Metalls und außerdem vom Verlauf des Potentials an der Oberfläche (z. B. Doppelschichten) abhängt.

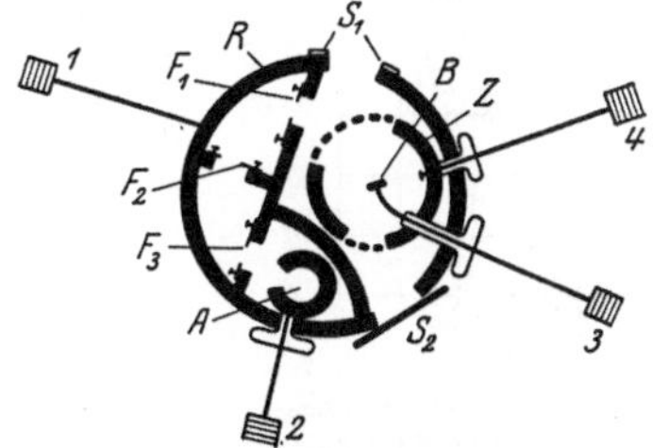

Abb. 70. Apparat zur Ermittlung der lichtelektrischen Geschwindigkeitsverteilung (natürliche Größe). Nach KLEMPERER.

Experimentell erhält man die Geschwindigkeitsverteilung auf direktem Wege durch magnetische Geschwindigkeitsanalyse[2], indirekt durch Anwendung der Gegenspannungsmethode[3], denn Integration der Gegenspannungskurve liefert dort erst die Geschwindigkeitsverteilungskurve. Abb. 70 zeigt einen Apparat, welcher ein Arbeiten nach beiden Methoden ermöglicht:

Wegen der geringen Geschwindigkeiten der Photoelektronen ist man bei magnetischer Analyse auf kleinste Dimensionierung des Apparats angewiesen. Die Elektronen, die vom belichteten Plättchen B ausgehen, werden magnetisch auf Kreisbahnen gezwungen; mittels der Blenden F wird eine Kreisbahn von gegebenem Krümmungsradius ausgesondert, und die Anzahl der auf ihr zum Auffänger A gelangenden Elektronen als Funktion der magnetischen Feldstärke bestimmt. Die Gegenspannungskurve erhält man durch Messung der von B abfließenden Ströme als Funktion des an den Zylinder Z angelegten elektrischen Potentials.

Die Gegenspannungsmethode ist vornehmlich geeignet für die Untersuchung der Höchstgeschwindigkeiten. Man erhält z. B. mit dem in Abb. 70

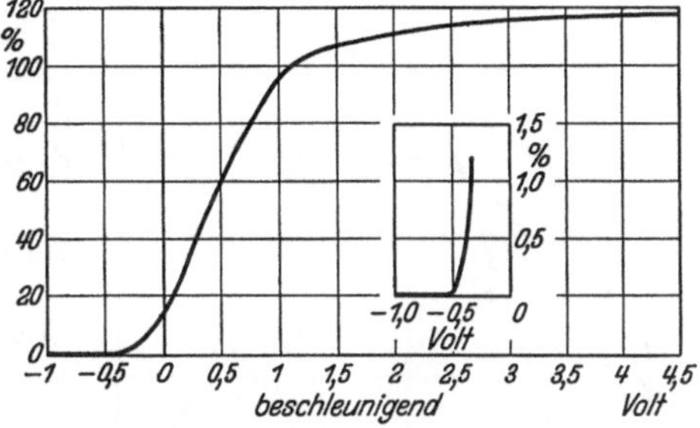

Abb. 71. Lichtelektrische Gegenspannungskurve. Nach KLEMPERER.

Abb. 71a. Einmündung der Kurve in die Abszisse in 40fach vergrößertem Ordinatenmaßstab.

gegebenen Apparat die Gegenspannungskurve Abb. 71[4], aus welcher man ersieht, daß die Kurve die Abszisse in einem bestimmten Punkte berührt, in Übereinstimmung damit, daß bei Zimmertemperaturen, wo diese Kurve aufgenommen wurde, der exponentielle Teil der Fermiverteilung hinter dem Gros der Elektronen, deren Geschwindigkeit W_i entspricht, ganz zurücktritt.

---

[1] Siehe Kap. 20 und Kap. 22. Die langsamen Photoelektronen verlieren entweder ihre ganze Energie (Absorption) oder plötzlich einen wesentlichen Teil davon; nie findet man allmähliche Aufzehrung ihrer Energie.

[2] RAMSAUER, C.: Ann. Physik Bd. 45 (1914) S. 961 u. 1121. — KLEMPERER, O.: Z. Physik Bd. 16 (1923) S. 280.

[3] Unter vielen anderen siehe hauptsächlich: O. W. RICHARDSON u. K. T. COMPTON: Philos. Mag. Bd. 24 (1912) S. 41. — P. LUKIRSKY u. S. PRILEŽAEV: a. a. O.

[4] Die Absolutwerte der Geschwindigkeiten sind hier gegen die Abszissenwerte um die Größe der Kontaktspannung verschoben, welche sich dem angelegten elektrischen Feld überlagert.

Die Änderung der lichtelektrischen Geschwindigkeiten mit der Wellenlänge des erregenden Lichts wird aus Abb. 72 und Abb. 73 deutlich. In Abb. 72 sind für $\lambda = 2500$, 2300 und 2100 AE die am Platin im Zentralfelde (Kap. 2, § 3) erhaltenen Gegenspannungskurven aufgezeichnet[1]; durch Differenzieren dieser Gegenspannungskurven erhält man die in Abb. 73 gezeigten Geschwindigkeitsverteilungskurven. Man erkennt dort, daß die Maximalgeschwindigkeit bei abnehmender Wellenlänge wächst[2], und daß deshalb die bei der Geschwindigkeit o beginnenden Kurven immer breiter werden[3]. Die häufigste Elektronenenergie ist ungefähr halb so groß wie die Maximalenergie.

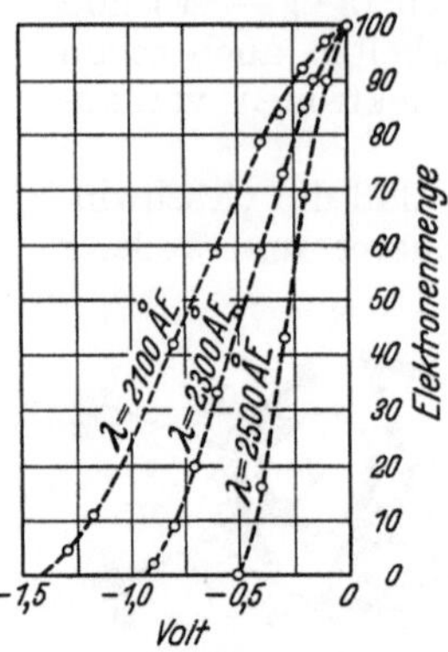

Abb. 72. Gegenspannungskurven für eine mit 2500, 2300 und 2100 AE belichtete Platinkathode. Nach RICHARDSON und COMPTON.

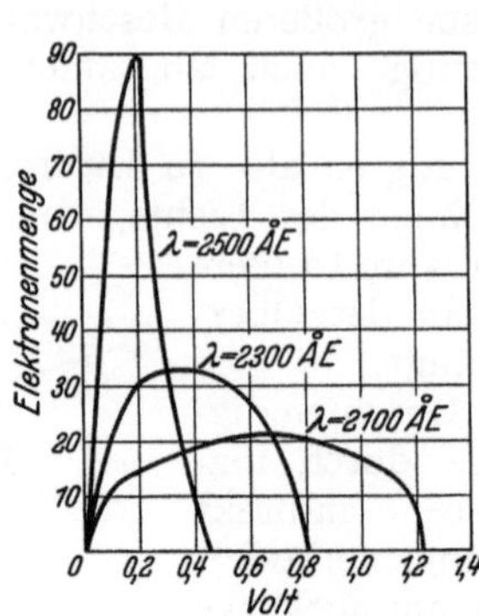

Abb. 73. Durch Differentiation von Abb. 72 erhaltene lichtelektrische Geschwindigkeitsverteilungskurven.

Ferner zeigen die experimentellen Ergebnisse, daß nicht nur durch verschiedene Wellenlängen[4], sondern auch durch verschiedenes Kathodenmaterial[4] und durch Oberflächenbeschaffenheit[5] oder durch den Entgasungszustand[6] die Form der Verteilungskurve verändert wird. Ja sogar die Dicke der lichtelektrisch emittierenden Schicht, bzw. ihre Unterlage, sind auf die Geschwindigkeitsverteilung von bedeutendem Einfluß. Zum Beispiel zeigt Abb. 74 drei an Platinoberflächen mit der gleichen Wellenlänge 2537 AE aufgenommene Geschwindigkeitsverteilungskurven.

Diese zeigen sehr verschiedenes Aussehen, obwohl allen dieselbe langwellige Grenze zukommt. Kurve 1 gehört zu einer sehr dünnen Platinschicht ($\approx 10^{-6}$ cm) auf Al-Unterlage, Kurve 3 gehört zu einer ähnlich dicken Schicht auf Glasunterlage, während Kurve 2 an einer sehr dicken Pt-Schicht aufgenommen wurde[7]. Bei den an Metallschichten auf Glas gemessenen Verteilungskurven beobachtet man allgemein: Je dünner die Schicht, um so unsymmetrischer wird die Kurve, um so schwächer besetzt ist das Gebiet der kleinen Geschwindigkeiten, um so näher rückt die wahrscheinlichste Ge-

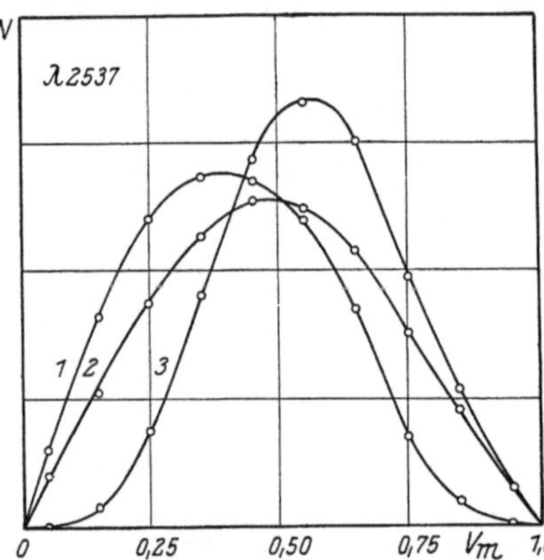

Abb. 74.   Geschwindigkeitsverteilungskurven: 1. $\approx 10^{-6}$ cm Pt auf Al. 2. Undurchsichtig dicke Pt-Schicht. 3. $\approx 10^{-6}$ cm Pt auf Glas. Nach LUKIRSKY u. PRILEŽAEV.

[1] RICHARDSON, O. W., u. K. T. COMPTON: Philos. Mag. Bd. 24 (1912) S. 575.

[2] Obenerwähnte EINSTEINsche Gleichung.

[3] Zeichnet man die Kurven so auf, daß die Maxima der Mengen und die Maxima der Geschwindigkeiten auf den gleichen Betrag reduziert werden, so ergibt sich bei genauer Betrachtung keine universelle Form der Kurve.

[4] LUKIRSKY, P., u. S. PRILEŽAEV: a. a. O. — HEROLD, F.: Ann. Physik Bd. 85 (1928) S. 587. — BENNEWITZ,W.: Ebenda Bd. 83 (1927) S. 913.

[5] KLEMPERER, O.: a. a. O.

[6] KLUGE, J.: Ann. Physik Bd. 82 (1927) S. 432.

[7] LUKIRSKY, P., u. S. PRILEŽAEV: a. a. O.

schwindigkeit an die maximale und um so „monochromatischer" werden die Elektronengeschwindigkeiten[1].

§ 4. Richtungsverteilung. Neben den Geschwindigkeiten interessieren uns dann die Richtungen der emittierten Photoelektronen. Hierbei konnte jedoch nichts festgestellt werden, was für den Mechanismus des Elementarprozesses Bedeutung hat. Denn die Elektronen verlassen — wahrscheinlich infolge sekundärer Streuprozesse — die Oberfläche vollständig diffus, d. h. die Menge ist in Richtung der Oberflächennormale am größten und nimmt mit dem Kosinus des Emissionswinkels in allseitiger Symmetrie ab[2]. Übereinstimmend damit ergab auch die Untersuchung sehr dünner Metallschichten, welche einerseits von hinten, andererseits von vorne belichtet wurden, keinerlei Bevorzugung irgendeiner Emissionsrichtung[3].

§ 5. Lichtelektrische Ausbeute (Definitionen). Spektrale Empfindlichkeitskurven. Wir kommen dann zur Ökonomie oder Ausbeute des lichtelektrischen Effekts. Aus dem bisher Gesagten geht darüber nur hervor, daß höchstens ebenso viel Elektronen emittiert werden können als Quanten $h \cdot \nu$ absorbiert werden. Experimentelle Angaben der Ökonomie werden gewöhnlich in Coulomb pro Kalorie verzeichnet. Da eine Kalorie aus $\lambda \cdot 2{,}13 \cdot 10^{15}$ Lichtquanten (λ gemessen in AE), ferner ein Coulomb aus $6{,}28 \cdot 10^{18}$ Elektronen besteht, so erhält man beispielsweise für die hypothetisch maximal mögliche Ökonomie (100 %) bei 5000 AE (grünes Licht) $1{,}06 \cdot 10^{19}$ Elektronen pro Kalorie, bzw. 1,69 Coulomb pro Kalorie. Bei 2500 AE (ultraviolett) wäre z. B. diese maximal mögliche 100 %-Ökonomie in Coulomb/cal ausgedrückt nur halb so groß wie diejenige bei 5000 AE. Um eine schnelle Übersicht zu erleichtern, haben wir in Tabelle 22 für eine Reihe von verschiedenen Wellenlängen λ (Spalte 2) die in Coulomb/cal berechneten Ausbeuten (Spalte 4) notiert, welche in der oben erläuterten Weise der Emission je eines Elektrons pro ein Lichtquant $h \cdot \nu$ entsprechen. Außerdem sind noch in Spalte 1 dieser Tabelle die entsprechenden Frequenzen ν und in Spalte 3 die dem Lichtquant $h \cdot \nu$ nach Gl. (3) entsprechende e-Voltäquivalente aufgeschrieben.

Tabelle 22. **Maximal mögliche Ökonomie des lichtelektrischen Effekts bei verschiedenen Frequenzen bzw. Wellenlängen.**

Frequenz $\nu \cdot 10^{15}$	Wellenlänge λ in AE	e-Voltäquivalent	Coul/cal bei 100% Quantenausbeute
0,15	20 000	0,615	6,8
0,20	15 000	0,82	5,1
0,30	10 000	1,23	3,4
0,375	8 000	1,54	2,7
0,50	6 000	2,057	2,04
0,60	5 000	5,46	1,69
0,75	4 000	3,08	1,36
1,00	3 000	4,114	1,02
1,18	2 537	4,85	0,864
1,50	2 000	6,16	0,68
2,00	1 500	8,23	0,51

Bei der Angabe der lichtelektrischen Ökonomie wird, wie gesagt, die eingestrahlte Energie (cal) mit der ausgelösten Elektronenmenge (Coulomb) ver-

---

[1] LUKIRSKY, P., u. S. PRILEŽAEV: a. a. O. — HEROLD, F.: a. a. O.
[2] GARDENER, W.: Physic. Rev. Bd. 8 (1916) S. 70. — IVES, H., H. R. OLPIN u. A. L. JOHNSRUD: Ebenda Bd. 32 (1928) S. 57 fanden kleine Abweichungen von der obenerwähnten Verteilung bei der Belichtung von Na und K mit polarisiertem Licht.
[3] PARTSCH, A., u. W. HALLWACHS: Ann. Physik Bd. 41 (1913) S. 247.

glichen. Zur Messung der eingestrahlten Energie genügt es aber nicht, einfach die auffallende Strahlungsenergie (z. B. mit der Thermosäule) zu messen, sondern es ist mit Hilfe der Reflexions- bzw. Absorptionseigenschaften des Metalls nur die eindringende, bzw. sogar nur die absorbierte Energie zu berücksichtigen.

Die lichtelektrische Ökonomie als Funktion der Wellenlänge des eingestrahlten Lichtes wird durch die sog. „spektrale Empfindlichkeitskurve" gegeben. Man findet nun, daß der Verlauf der Empfindlichkeitskurve durch die optischen Eigenschaften des Metalls, seine Absorptionsverhältnisse in bezug auf die Photoelektronen und ganz besonders durch die Austrittsarbeiten W, W_i und W_a gegeben ist. Außerdem aber zeigt sich, daß die Empfindlichkeitskurve in hohem Maße von Oberflächenbeschaffenheit und Gasbeladung des untersuchten Metalls abhängt. Der Einfluß der Gasbeladung überwiegt manchmal derart stark, daß in zahlreichen älteren Arbeiten irrtümlicherweise die im Metall absorbierten Gase als Träger des lichtelektrischen Effektes angesehen worden sind.

Als Beispiel einer spektralen Verteilung der lichtelektrischen Ökonomie geben wir in Abb. 75 drei Kurven, welche an Platin bei Zimmertemperatur aufgenommen wurden[1]; und zwar gehört die erste zu einer Folie, welche einmal 15 sec lang bei 1400° C geglüht wurde, so daß vielleicht gerade die Oberflächenhäute beseitigt wurden, ohne daß der Gasgehalt des Metalls wesentlich dadurch beeinflußt ist. Die zweite Kurve wurde nach 75 Minuten und die dritte nach 750 Minuten langem intermittierendem Ausglühen auf 1500° C erhalten. Neben der Ökonomieveränderung geht hier auch die erwähnte Änderung der langwelligen Grenze einher. Eine solche Abhängigkeit der langwelligen Grenze von der spektralen Verteilung der Ökonomie braucht aber nicht immer zu bestehen. Im Gegenteil gibt es Fälle starker Veränderungen der spektralen Empfindlichkeitsverteilung, bei denen die Lage der langwelligen Grenze erhalten bleibt[2]. Ähnlich wie die in Abb. 75 gezeigten spektralen Empfindlichkeitskurven von Platin verhalten sich diejenigen von anderen Metallen[3]. Es soll hier nicht weiter auf diese Kurven eingegangen werden, da der Verlauf der Ökonomieverteilung in allen Fällen sehr ähnlich ist und fast mehr vom Entgasungs- und Oberflächenzustand der Kathode als von der Art des betreffenden Metalls abhängt.

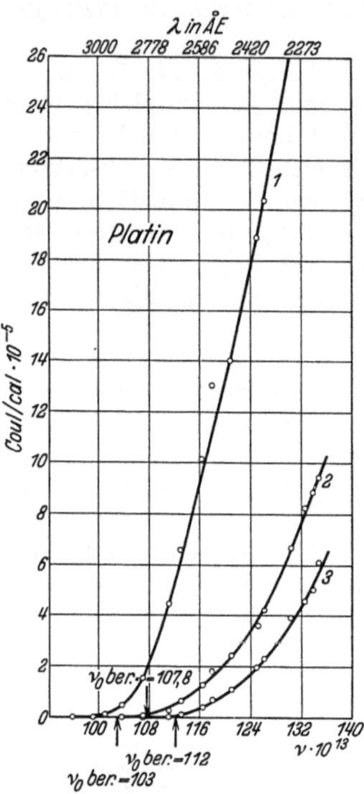

Abb. 75. Spektrale Verteilung der lichtelektrischen Ökonomie des Platins bei verschiedenem Entgasungszustand. Nach SUHRMANN.

§ 6. Selektive Effekte. Ausbeuten an Doppelschichten (Oberflächenhäute; sensibilisierte Oberflächen). Eine Reihe von Metallen, unter ihnen ganz besonders die Alkalimetalle, zeigen einen eigentümlichen Verlauf der lichtelektrischen Empfind-

[1] SUHRMANN, R.: Z. Physik Bd. 35 (1925) S. 63.
[2] WARNER, A. H.: Physic. Rev. Bd. 33 (1929) S. 815 und Bd. 38 (1931) S. 1871 (am Wolfram).
[3] Zum Beispiel R. SUHRMANN: a. a. O. (Pt, Au, Ag). — S. WERNER: Dissert., Upsala 1913 (Au, Ag, Cu, Pt, Bi. Kathodenzerstäubt). — R. POHL u. P. PRINGSHEIM: Verh. dtsch. physik. Ges. Bd. 12 (1910) S. 215 und 349 (K, Na); Bd. 15 (1913) S. 111 (Ca).

lichkeitskurve. Zum Beispiel ergaben Untersuchungen am Kalium[1], wie beispielsweise in Abb. 76 und 77 zu erkennen ist, daß die Ökonomie mit abnehmender Wellenlänge nur bis zu einem Maximum ansteigt, dann aber sich vermindert, um erst später bei noch kürzeren Wellenlängen wieder zuzunehmen. Derartige Maxima bei den Empfindlichkeitskurven verschiedener Metalle zeigen stets ein resonanzkurvenähnliches Aussehen mit einer Halbwertsbreite von rund 1000 AE. Besonders kennzeichnend ist für diese Maxima ihre Abhängigkeit von der Orientierung des elektrischen Vektors der auslösenden Lichtwelle. Wie beispielsweise aus Abb. 76 zu erkennen ist, zeigen Kurven ($\mathfrak{E}\parallel$), bei deren Aufnahme schräg einfallendes polarisiertes Licht verwendet wurde, dessen elektrischer Vektor parallel zur Einfallsebene orientiert ist, stets ein bedeutend höheres Maximum als die mit unpolarisiertem Licht gewonnenen Kurven. Kurven ($\mathfrak{E}\perp$), bei deren Aufnahme der elektrische Vektor senkrecht zur Einfallsebene orientiert ist, zeigen dagegen in der Regel kein Maximum[2]. Es hat nach solchen Erfahrungen den Anschein, als ob sich hier zwei verschiedene Effekte überlagern, ein „selektiver lichtelektrischer Effekt", der nur bei einer geeigneten Orientierung ($\mathfrak{E}\parallel$) der Lichtwelle auftritt, und ein „normaler lichtelektrischer Effekt", welcher nicht an diese Orientierung gebunden ist. Selektive Effekte sind am ausgesprochensten bei den Alkalimetallen; in weniger ausgeprägter Form konnten sie auch noch an einigen Erdalkalimetallen[3] und auch an einigen Schwermetallen[4] experimentell nachgewiesen werden. Eine Übersicht über die Wellenlängen λ_sel der selektiven

Tabelle 23. Wellenlängen der Maxima selektiver lichtelektrischer Effekte.

Metall	Li	Na	K	Rb	Cs	Ca	Mg Al Ag	Cu
λ_sel (AE)	2800	3350	4400	4750	5300	3600	≈ 2500	≈ 2000

Natrium, sensibilisiert mit	λ_sel (AE)	Natrium, sensibilisiert mit	λ_sel (AE)
H	3400	Tetrachlorkohlenstoff	3650
O	≈ 4000	Benzol	4750
K	3900	Kryptozyanin	5460

Ausbeutenmaxima einiger Metalle geben wir in Tabelle 23. Beim Vergleich dieser λ_sel mit den gemäß Gl. (3) berechneten Wellenlängen $\lambda_a = \dfrac{1{,}234 \cdot 10^{-4}}{W_a}$ und $\lambda_i = \dfrac{1{,}234 \cdot 10^{-4}}{W_i}$ (wo W_a und W_i die in e-Volt gemessenen äußeren und inneren Austrittsarbeiten des Elektronengases für das betreffende Metall bedeuten), bemerkt man, daß bei den reinen Metallen entsprechend den Voraussagen einer weiter unten skizzierten Theorie stets

$$\lambda_a < \lambda_\text{sel} < \lambda_i \text{ ist.} \tag{4}$$

Ungeheuer viel stärker als bei den reinen Oberflächen tritt der selektive Effekt bei den durch Abb. 60 in Kap. 7 gekennzeichneten Doppelschichten auf, welche durch Adsorption des zu untersuchenden Metalls auf einem geeigneten Grundmaterial gebildet werden. So können nach dem „Aufdampfverfahren" die

---

[1] ELSTER, J., u. H. GEITEL: 1891. — POHL, R., u. P. PRINGSHEIM: Verh. dtsch. physik. Ges. Bd. 11 (1909) S. 715 und Bd. 12 (1910) S. 215. — SUHRMANN, R., u. H. THEISSING: Z. Physik Bd. 52 (1928) S. 453.
[2] Das kleine Maximum in unserer Kurve kommt wohl nur dadurch zustande, daß die Bedingung der parallelen Orientierung des elektrischen Vektors in bezug auf die Oberfläche des Metalls infolge von Oberflächenrauhigkeiten nicht ganz streng erfüllt ist.
[3] POHL, R., u. P. PRINGSHEIM: ELSTER- und GEITEL-Festschrift 1915. — DÖPEL, R.: Z. Physik Bd. 33 (1925) S. 237.
[4] GROSS, F.: Z. Physik Bd. 6 (1921) S. 361.

Alkaliatome in monoatomaren Schichten z. B. auf Schwermetalle[1] oder auf Metalloxyde[2] aufgedampft werden. Nach einem anderen Verfahren, welches auch als „Sensibilisierung" der Alkalioberfläche bezeichnet wird, erzeugt man eine fein verteilte Alkalischicht auf heterogenem Grundmaterial, indem man geeignete Gase oder Dämpfe mit der Oberfläche des kompakten Alkalimetalls reagieren läßt[3]. Im letzteren Falle bildet sich auf der leitenden Metallunterlage eine verbindungbildende Zwischensubstanz, welche elementares Alkalimetall in feiner Verteilung auf ihrer Oberfläche trägt.

Als ein Beispiel für das Verhalten einer nach dem Aufdampfverfahren hergestellten Alkalihaut zeigen wir in Abb. 76 die spektrale Empfindlichkeitskurve einer unsichtbar dünnen, auf einem Platinspiegel aufgedampften Kaliumschicht. Zum Vergleich betrachte man die Kurve 1 der Abb. 77, welche dem reinen kompakten Kalium zukommt. Es fällt zunächst auf, daß die dünne Schicht im Maximum etwa

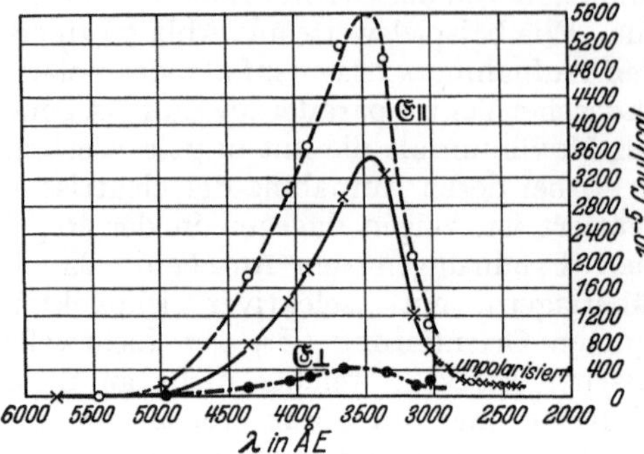

Abb. 76. Spektrale Empfindlichkeitskurve einer unsichtbar dünnen Kaliumschicht. Nach SUHRMANN u. THEISSING.

100 mal so viel emittiert als das kompakte Kalium (beachte den 100 fachen Ordinatenmaßstab der Abb. 77 im Verhältnis zur Abb. 76). Weiter bemerkt man, daß sich die Lage des Maximums mit abnehmender Schichtdicke zum Violett hin verschiebt. Geht man mit der Schichtdicke noch weiter herab, etwa so, daß das Kalium nur noch in einigen unzusammenhängenden Inselchen auf der Platinunterlage sich befindet, so sinkt die Höhe des selektiven Maximums schließlich so weit herab, daß man nur noch einen normalen Photoeffekt beobachten kann. Anscheinend erfolgt bei allen Oberflächenbesetzungen die Elektronenauslösung im Trägermetall, während die Alkaliatome in der Hauptsache nur die Austrittsarbeit der Metalloberfläche herabsetzen[4].

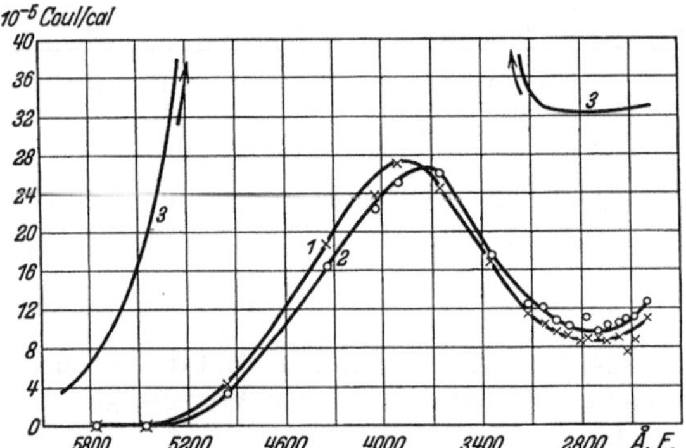

Abb. 77. Empfindlichkeitskurve des kompakten Kaliums: 1. nach dem Aufdestillieren, 2. nach 6stündigem Stehen in Wasserstoff von Atmosphärendruck, 3. nach dem Durchgang einer Glimmentladung. Nach SUHRMANN u. THEISSING.

Besonders interessant sind Ergebnisse, welche man an sehr dünnen Alkalischichten erhalten hat, welche auf Quarzplatten oder auf sehr dünnen, durchsichtigen Schwermetallfolien aufgedampft waren. Dort kann man

[1] IVES, H. E.: Astrophysic. J. Bd. 60 (1924) S. 209. — SUHRMANN, R., u. H. THEISSING: Z. Physik Bd. 55 (1929) S. 701.

[2] CAMPBELL, N. R.: Philos. Mag. Bd. 6 (1928) S. 663. — KOLLER, L. R.: Physic. Rev. Bd. 36 (1930) S. 1639 (Alkali auf Oxyde des Cu bzw. Ag). — BOER, J. H., u. M. C. TEVES: Z. Physik Bd. 65 (1930) S. 489 (Zäsium auf Zäsiumoxyd bzw. Zäsiumfluorid).

[3] OLPIN, A. R.: Physic. Rev. Bd. 36 (1930) S. 251; Bd. 38 (1931) S. 1745. — SUHRMANN, R.: Physik. Z. Bd. 29 (1928) S. 811; Bd. 30 (1929) S. 939; Bd. 32 (1931) S. 929. — FLEISCHER, R.: Ann. Physik Bd. 82 (1927) S. 75, 243.

[4] SUHRMANN, R. und A. SCHALLAMACH: Z. Physik Bd. 79 (1932) S. 153. — BRADY, J. J.: Physic. Rev. Bd. 41 (1932) S. 613.

ıämlich unmittelbar den in der Alkalihaut absorbierten Bruchteil der Energie am durchgehenden Licht messen. Man findet, daß der mit der normalen Kurve verbundene Vektor $\mathfrak{E}\perp$ nicht merklich absorbiert wird, während die Lichtabsorption für $\mathfrak{E}\|$ den gleichen Verlauf wie die lichtelektrische Empfindlichkeitskurve zeigt[1]. Daraus kann der Schluß gezogen werden, daß die wahren Elektronenausbeuten, d. h. die Ausbeuten, bezogen auf die in der Alkalihaut absorbierte Lichtenergie, kein selektives Maximum zeigen, sondern nur die Ausbeuten, welche — wie in unserer Kurve Abb. 76 — auf einfallende Lichtenergie bezogen sind[2]. Es ist sehr wahrscheinlich, daß für absorbierte Energie das Quantenäquivalentgesetz gilt, und daß infolgedessen — wie in unserer Tabelle 22 — die wahren Ausbeuten von langen nach kurzen Wellen hin allmählich abfallen[3]. Für die Gültigkeit des Quantenäquivalentgesetzes sprechen auch die hohen Ausbeuten, welche man an den obenerwähnten Alkalihäuten — bezogen auf absorbierte Energie — erhalten hat. So ergab sich z. B. an einer Kaliumhaut auf einer Goldfolie bei Belichtung mit der Wellenlänge 4360 AE eine Ausbeute von 0,38 Coul/cal entsprechend einer Ökonomie von etwa 26%[4]. Zum Vergleich sei angeführt, daß die auf eindringende Energie bezogene Ökonomie am kompakten Platin nach Kurve 1 in Abb. 77 in der Nähe der langwelligen Grenze bei $\lambda = 3132$ AE zu $4,23 \cdot 10^{-8}$ Coul/cal, also zu $0,25 \cdot 10^6$ Lichtquanten pro ein befreites Elektron gemessen wurde. Bei $\lambda = 2225$ wurde in dem genannten Beispiel (Abb. 77, Kurve 1) eine Ausbeute von $3,39 \cdot 10^{-4}$ Coul/cal erreicht, d. h. es genügten dort $2,23 \cdot 10^3$ Quanten $h\nu$ zur Befreiung eines Elektrons.

Wir kommen dann zu dem obengenannten Sensibilisierungsverfahren. Auch bei den durch Sensibilisierung erzeugten dünnen Schichten ist die Ökonomie ungeheuer viel größer als beim kompakten Metall. Besonders auffällig ist eine durch die Sensibilisierung oft hervorgerufene außerordentlich starke Verschiebung der spektralen Lage des selektiven Ausbeutemaximums[5]; einige in Tabelle 23 aufgenommene Angaben demonstrieren diese Verschiebung am Beispiel des Natriums. Am längsten bekannt und auch am besten erforscht ist die Sensibilisierung des Kaliums durch Hydrierung[6]. Beispielsweise ist Kurve 3 in Abb. 77 an einer K-Oberfläche aufgenommen worden, die durch Glimmentladung im Wasserstoffgase hydriert worden ist. Bei einer ganz bestimmten Konzentration der gebildeten K-H-Moleküle, auf denen die K-Atome sozusagen kolloidal aufgelagert sind[7], erhält man optimale lichtelektrische Ausbeuten. Diese werden beim selektiven Maximum zu 0,03 Coul/cal entsprechend einer Quantenausbeute von ca. 2% (bezogen auf eindringende Lichtenergie) bestimmt[8]. Das in Abb. 77 nicht mehr sichtbare Maximum der Kurve 3 ist etwa 100mal höher als das der reinen K-Fläche zukommende Maximum der Kurve 1. Kurve 2 in dieser Abbildung wurde an der reinen K-Fläche nach sechsstündigem Stehen in Wasserstoff von Atmosphärendruck aufgenommen und demonstriert hier, daß eine einfache Beladung der Oberfläche mit H_2-Molekülen keine lichtelektrische

---

[1] FLEISCHMANN, R.: Nachr. d. Gesellsch. d. Wiss. zu Göttingen (1932) S. 252.

[2] Wo die Photoelektronen am „leichtesten" befreit werden können, ist die Lichtabsorption am stärksten.

[3] SUHRMANN, R.: Physik. Z. Bd. 32 (1931) S. 929.

[4] FLEISCHER, R.: Physik. Z. Bd. 32 (1931) S. 217.

[5] Manchmal treten an sensibilisierten Oberflächen mehrere selektive Maxima auf. Vgl. OLPIN: a. a. O.

[6] Siehe z. B. J. ELSTER u. H. GEITEL: Physik. Z. Bd. 11 (1910) S. 257. — R. SUHRMANN u. H. THEISSING: Z. Physik Bd. 52 (1928) S. 453. — R. FLEISCHER u. H. TEICHMANN: Ebenda Bd. 61 (1930) S. 227. — P. LUKIRSKY u. S. RIJANOFF: Ebenda Bd. 75 (1932) S. 75.

[7] Untersuchung derartiger hydrierter Oberflächen durch Elektronenbeugung: W. KLUGE u. E. RUPP: Physik. Z. Bd. 32 (1931) S. 163; Z. Physik Bd. 77 (1932) S. 82.

[8] POHL, R., u. P. PRINGSHEIM: Verh. dtsch. physik. Ges. Bd. 15 (1913) S. 173.

Sensibilisierung erzeugen kann. Ähnlich wie die Hydrierung können auch eine geringe Oxydierung, Sulphatierung und viele andere chemische Beeinflussungen der Oberfläche eine ungeheure Steigerung der lichtelektrischen Ausbeute hervorrufen. Anscheinend handelt es sich in allen Fällen um die genannte Sensibilisierung durch Doppelschichtbildung bzw. Atomadsorption. Erwähnt sei in diesem Zusammenhange, daß man derartige Sensibilisierungen nicht nur bei Alkalien beobachtet hat: z. B. sind bei der Photoelektronenemission von LENARDschen Phosphoren, welche im wesentlichen aus Erdalkalisulfiden mit ganz geringem Schwermetallzusatz bestehen, starke selektive Maxima im sichtbaren Spektralgebiet und langwellige Grenzen bei ca. 5000 AE. beobachtet worden[1].

§ 7. Theoretisches über die lichtelektrischen Ausbeuten. Theoretisch kann der Verlauf der Empfindlichkeitskurve bzw. die absolute Größe der Ökonomie von der Wellenmechanik in großen Zügen richtig wiedergegeben werden[2]. Allgemein wird der lichtelektrische Effekt als Störungsproblem mit Hilfe der SCHRÖDINGERschen Gleichung Kap. 5, Gl. (20), behandelt. Die in dieser Gleichung auftretende ursprüngliche potentielle Energie des Elektrons wird vermehrt durch das elektrische Wechselfeld der in das Metall eindringenden Lichtwelle. Bei gegebenem Störungsfelde der Lichtwelle sind Lösungen der SCHRÖDINGERschen Differentialgleichung (ψ-Funktionen) zu ermitteln, deren Eigenwerte (Energien der austretenden Elektronen) eine kontinuierliche Folge bilden entsprechend der Geschwindigkeitsverteilung der austretenden Elektronen. Die Häufigkeit der Elektronenemission in verschiedene Richtungen kann aus der ψ-Funktion berechnet werden. Als Bindung der Photoelektronen in ihrem Anfangszustand kommt hier in Betracht: 1. Der Potentialsprung an der Grenze Metall-Vakuum (Oberflächeneffekt), 2. die Abweichungen des Potentials im Metallinneren von seinem Mittelwert (Volumeneffekt). Beim Volumeneffekt kann man nur dann merkliche Ausbeuten erhalten, wenn die Geschwindigkeit der Photoelektronen ausreicht, um an die Oberfläche zu kommen und diese zu verlassen. Für den Photoeffekt im sichtbaren Gebiet ist also anzunehmen, daß die meisten Photoelektronen nur in unmittelbarer Nähe der Oberfläche ausgelöst werden.

Die Durchrechnung des Oberflächenphotoeffekts ergibt nun überraschenderweise ohne irgendwelche zusätzliche Annahme, daß nur die zur Metalloberfläche normalen Komponenten[3] des elektrischen Vektors der Lichtwelle wirksam sind. Das entspricht der erwähnten Abhängigkeit des selektiven Effekts von der Polarisationsrichtung des einfallenden Lichtes. Der Resteffekt des tangential zur Oberfläche schwingenden Lichtes erzeugt den erwähnten normalen Photoeffekt. Dieser braucht aber nicht notwendig ein Volumeneffekt zu sein, vielmehr kann er häufig als Oberflächeneffekt aufgefaßt werden, welcher durch die von der atomistischen Struktur bedingten Rauhigkeiten der Oberfläche ermöglicht ist. Hierdurch wird auch verständlich, daß der selektive Effekt für langsamere Elektronen ausgesprochener in Erscheinung tritt als für schnellere, da die Rauhigkeiten relativ stärker ins Gewicht fallen, je kleiner die DE BROGLIsche Wellenlänge der austretenden Elektronen ist. Bei den Schwermetallen muß man außerdem schon infolge ihrer großen Austrittsarbeit ein starkes Zurücktreten des selektiven Effekts erwarten.

Die Lage des Maximums beim selektiven Effekt ergibt sich richtig aus der allgemeinen Theorie des Oberflächeneffekts nach Einführung der speziellen

---

[1] K. GÖGGEL: Ann. Physik Bd. 67 (1922) S. 301. — H. GÖTHEL: Ebenda Bd. 9 (1931) S. 865.

[2] FRÖHLICH, H.: Ann. Physik Bd. 7 (1930) S. 103; Z. Physik Bd. 75 (1932) S. 539. — TAMM, J., u. S. SCHUBIN: Z. Physik Bd. 68 (1931) S. 97.

[3] Entspricht dem oben eingeführten $\mathfrak{E}_{||}$ zur Einfallsebene.

Werte für die innere und die äußere Austrittsarbeit des Elektronengases im betreffenden Metall. Die geringen absoluten Ökonomien der Oberflächeneffekte sind verständlich, wenn man bedenkt, daß nur die Absorption des Lichtes in einer etwa 10^{-7} cm dicken Oberflächenschicht für den Photoeffekt verantwortlich zu machen ist, während alle in größeren Tiefen absorbierten Lichtquanten nur in seltenen Fällen zur Elektronenemission beitragen. Das ungeheure Anwachsen der Ökonomie des selektiven Effekts bei monoatomaren Schichten oder bei sensibilisierten Oberflächen ist wahrscheinlich auf eine spezielle Durchlässigkeit der Oberfläche für die Elektronen zurückzuführen[1]. Bildet sich nämlich an der Oberfläche eine Potentialmulde von der Weite d aus, so ist wellenmechanisch eine besondere Durchlässigkeit für DE BROGLIsche Wellenlängen um $\lambda = 2d/n$ herum zu erwarten, wo n eine ganze Zahl bedeutet. Möglicherweise ist dann das erwähnte starke Anwachsen der Lichtabsorption in der Gegend des selektiven Effekts durch die gute Austrittsmöglichkeit der Photoelektronen ursächlich bedingt.

§ 8. **Emission bei Belichtung mit der Strahlung eines schwarzen Körpers.** Von der Tatsache einer experimentell bekannten lichtelektrischen Empfindlichkeitskurve ausgehend, läßt sich die lichtelektrische Gesamtemission ausrechnen, welche bei der Bestrahlung des betreffenden Metalls mit dem Licht eines „schwarzen" Strahlers zu erwarten ist. Man hat zu diesem Zweck die Ökonomien bei den einzelnen Wellenlängen mit den zugehörigen Werten der die Energieverteilung des schwarzen Strahlers darstellenden PLANCKschen Strahlungsformel zu multiplizieren und dann die Fläche, welche der so erhaltenen „schwarzen Gesamtempfindlichkeitskurve "entspricht, zu integrieren[2]. Die auf diesem indirekten Wege erhaltene Gesamtemission ist nun vollständig gleich der Emission, welche bei Bestrahlung des betreffenden Körpers mit dem weißen Licht des „schwarzen" Strahlers experimentell direkt erhalten wird[3].

Ganz unabhängig von solchen Experimenten berechnet sich die Gesamtausbeute bei „schwarzer" Bestrahlung aus thermodynamischen und statistischen Betrachtungen[4] zu:

$$i = M \cdot T^2 \cdot \exp\left(-b/T\right). \tag{5}$$

Hier bedeutet i den Strom (Amp), der vom Metall emittiert wird, wenn dieses mit dem Licht bestrahlt wird, welches ein Quadratzentimeter des „schwarzen" Körpers im Raumwinkel 1 senkrecht zur Oberfläche aussendet. T ist die absolute Temperatur des „schwarzen" Körpers, und b ist nach Kap. 8, Gl. (3) ein Maß für die Austrittsarbeit, also auch für die langwellige Grenze. Gl. (5) ist ganz analog der Richardsongleichung Kap. 8, Gl. (1), jedoch ist die dort auftretende universelle Konstante A_0 ungeheuer viel größer als das hier entsprechende M. Man kann die Ergebnisse $i = f(T)$ für die lichtelektrische Emission ganz im Sinne der Gl. (4) von Kap. 8 als Richardsongeraden auftragen und daraus genaue Werte für M und b entnehmen. Beispielsweise erhält man durch Verwertung der in Abb. 75 gezeichneten Empfindlichkeitskurven des Platins für Kurve (1) bzw. Kurve (3) M (1) $= 6{,}2 \cdot 10^{-6}$, M (3) $= 1{,}7 \cdot 10^{-6}$; b (1) $= 49230$, b (3) $= 53640$. Die aus diesen b-Werten erhaltenen langwelligen Grenzen sind in Abb. 75 durch Pfeile gekennzeichnet, sie liegen bei etwas kürzeren Wellen, als es die direkte Bestimmung aus der Einmündung der Empfindlich-

---

[1] FOWLER, R. H.: Proc. Roy. Soc., Lond. Bd. 128 (1930) S. 123. — FRENKEL, J.: Physic. Rev. Bd. 38 (1931) S. 315. — OLPIN, A. R.: Ebenda Bd. 38 (1931) S. 1745.
[2] SUHRMANN, R.: Z. Physik Bd. 33 (1925) S. 63; Bd. 54 (1929) S. 99.
[3] ROY, S. C.: Proc. Roy. Soc., Lond. Bd. 112 (1926) S. 599.
[4] RICHARDSON, O. W.: Philos. Mag. Bd. 23 (1912) S. 594; Bd. 27 (1914) S. 476. — WILSON, W.: Proc. Roy. Soc., Lond. Bd. 93 (1917) S. 359. — ROY, S. C.: Philos. Mag. Bd. 50 (1925) S. 250.

keitskurve in die ν-Achse ergibt. Der Unterschied in den Resultaten über die langwellige Grenze ist offenbar dadurch zu erklären, daß man bei der Beobachtung der Einmündung der Empfindlichkeitskurve eine langwellige Grenze bei Zimmertemperatur mißt, während die aus den Empfindlichkeitskurven gewonnenen lichtelektrischen Richardsongeraden eine langwellige Grenze ergeben, welche der Temperatur des absoluten Nullpunkts zukommt.

§ 9. **Äußere Beeinflussung des Photoeffekts durch: a) Temperatur (Verschmierung der langwelligen Grenze, ihre Extrapolation). b) Starke elektrische Felder (Verschiebung der langwelligen Grenze. Vergrößerung der Emissionsströme).** Die aus den Betrachtungen des ·vorigen Paragraphen folgende Änderung der langwelligen Grenze mit der Temperatur ist nur eine Folge der Temperaturabhängigkeit der FERMIschen Geschwindigkeitsverteilung der Metallelektronen im Bereich der relativ großen Elektronengeschwindigkeiten[1]; denn bei der langwelligen Grenze verlassen gerade nur die schnellsten Elektronen das Metall, während bei kürzeren Wellenlängen neben der lichtelektrischen Maximalgeschwindigkeit auch noch die langsameren Elektronen das Metall verlassen können, bei denen die Summe beider Energien ausreicht, um die äußere Austrittsarbeit W_a zu überwinden. Da nun beim absoluten Nullpunkt den allermeisten Elektronen die maximale Nullpunktsenergie zukommt, welche nach Kap. 7 gleich der inneren Austrittsarbeit W_i ist, so wird bei einer Hubarbeit $h \cdot \nu_0 = W$ (langwellige Grenze), welche sich W_i hinzuaddiert, W_a gerade überwunden werden. Bei tiefen Temperaturen ist deshalb die langwellige Grenze ziemlich scharf definiert, d. h. der lichtelektrische Strom setzt einigermaßen plötzlich ein, wenn die Wellenlänge des bestrahlenden monochromatischen Lichtes allmählich kürzer und kürzer gewählt wird. Bei höheren Temperaturen dagegen, wo nach Kap. 6 die Fermiverteilung keine scharfe Maximalgeschwindigkeit mehr besitzt, und ein exponentieller Abfall der Geschwindigkeitsverteilung nach den größeren Geschwindigkeiten hin bemerkbar wird, ist die langwellige Grenze „verschmiert", d. h. die Empfindlichkeitskurve mündet nicht mehr an einem wohldefinierten Punkte in die λ-Achse ein, sondern schmiegt sich derselben mehr oder weniger allmählich an, während sie im ganzen nach längeren Wellen hin vorrückt. Die Frequenz ν_0, welche der langwelligen Grenze beim absoluten Nullpunkt entsprechen würde, berechnet sich nach diesen Vorstellungen aus der lichtelektrischen Stromstärke J, welche bei beliebigen Temperaturen T und bei beliebigen Frequenzen ν (nahe der langwelligen Grenze) erhalten wird, aus folgender Gleichung[2]:

$$\lg \frac{J}{T^2} = F\left(\frac{h\,(\nu - \nu_0)}{k\,T}\right) + \text{const},\tag{6}$$

wo F eine bekannte Funktion des Arguments $\dfrac{h\,(\nu - \nu_0)}{k\,T}$ darstellt[3]. Es ist also möglich, aus experimentellen Daten über die Abhängigkeit: Emissionsstrom ... Temperatur bei verschiedenen Wellenlängen — die wahre langwellige Grenze zu extrapolieren. Ferner ist nach den oben skizzierten Vorstellungen zu erwarten, daß der zu kürzeren Wellen gehörige Teil der spektralen Empfindlichkeitskurve, bei dem der geringe exponentielle Abfall der Fermiverteilung keine Rolle spielt, von der Temperatur unbeeinflußt bleibt. Dieses Verhalten ist auch bei direkten Experimenten beobachtet worden[4], Abb. 78 zeigt z. B. den Verlauf der Empfind-

---

[1] Vgl. Abb. 57 in Kap. 6.

[2] FOWLER, R. H.: Physic. Rev. Bd. 38 (1931) S. 45.

[3] DU BRIDGE, L. A.: Physic. Rev. Bd. 39 (1932) S. 108; dort sind numerische Tabellen und Kurven über den Verlauf der Funktion F zu finden.

[4] IVES, H. E., u. A. L. JOHNSRUD: J. opt. Soc. Amer. Bd. 11 (1925) S. 565 (am Kalium). — WINCH, R. P.: Physic. Rev. Bd. 37 (1931) S. 1269 (Ag). — WARNER, A. H.: Ebenda Bd. 38 (1931) S. 1871 (Wolfram).

lichkeitskurve am Silber nahe der langwelligen Grenze. Die Kurven wurden direkt elektrometrisch gewonnen, und zwar bei Zimmertemperatur und bei 600° C. Ein weiterer wichtiger Temperatureinfluß ist bei den Wellenlängen des selektiven Effekts an einer K-Na-Legierung beobachtet worden[1]: Bei Abkühlung von der Destillationstemperatur der Metalle bis zur Zimmertemperatur zeigte bei der Belichtung mit polarisiertem Licht die Emission für $\mathfrak{E} \parallel$ zur Einfallsebene keine Änderung, während sich die Ausbeute für $\mathfrak{E} \perp$ zur Einfallsebene um das Achtfache verminderte. Es ist nicht unwahrscheinlich, daß durch diese Beobachtung die Temperaturempfindlichkeit des in § 7 erläuterten Volumeneffekts, der sich an dieser Stelle nahe seiner langwelligen Grenze befindet, nachgewiesen wurde. Die langwellige Grenze des Oberflächeneffekts befindet sich jedoch noch weit von den Wellenlängen des selektiven Effekts entfernt, deshalb ist hier für den Oberflächeneffekt ($\mathfrak{E} \parallel$) auch gar keine Veränderung der Ausbeute durch die Temperatur zu erwarten[2].

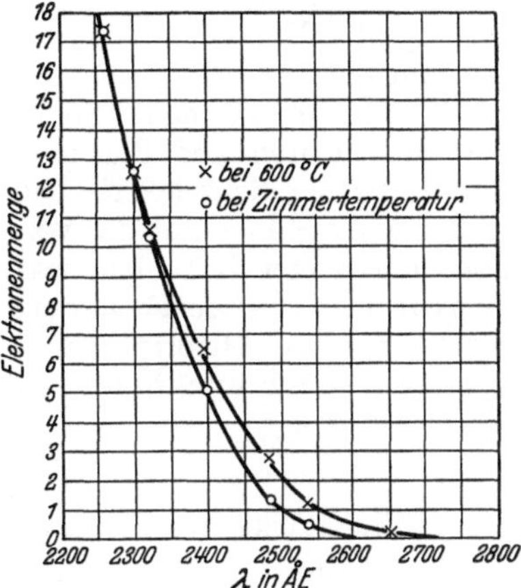

Abb. 78. Empfindlichkeitskurven von Silber bei Zimmertemperatur (o) und bei 600° C (×). Nach WINCH.

Zum Schluß möge noch von der Einwirkung starker elektrischer Felder auf den lichtelektrischen Effekt gesprochen werden. Nach Kap. 9, Gl. (2), kann man durch das äußere Feld $\mathfrak{E}$ (Volt/cm) folgende Erniedrigung $\Delta\nu$ für die Frequenz ν_0 der langwelligen Grenze erwarten:

$$\Delta\nu = 0{,}9 \cdot 10^{11} \sqrt{\mathfrak{E}_{\text{Volt/cm}}}. \tag{7}$$

Beispielsweise müßte durch ein Feld von 10^5 Volt/cm an der Oberfläche des Metalls eine Frequenzänderung $\Delta\nu = 3 \cdot 10^{13}$ hervorgerufen werden; das würde beispielsweise bei einer Grenzfrequenz $\nu_0 = 1{,}1 \cdot 10^{15}$ (Platin, Wolfram) einer Wellenlängenänderung von nur etwa 70 AE entsprechen; bei $\nu_0 = 0{,}5 \cdot 10^{15}$ (Kalium) würde dieselbe Feldstärke schon eine Verschiebung der langwelligen Grenze von rund 300 AE ausmachen. An reinen Metallen sind bisher die Verschiebungen der langwelligen Grenze durch äußere Felder noch nicht experimentell untersucht worden, wohl aber hat man solche Verschiebungen an mit Fremdatomen bedeckten Kathoden einer genauen Prüfung unterzogen[3], denn dort waren nach Kap. 9 bedeutend größere Effekte zu erwarten, als sich aus Gl. (7) voraussagen lassen. So konnte z. B. an einem mit einer monoatomaren Kaliumschicht bedeckten Wolframdraht durch Anlegen von 36 KV/cm eine Verschiebung der langwelligen Grenze von 5620 AE auf 5880 AE beobachtet werden. Die größte bisher beobachtete Verschiebung betrifft eine oxydierte und dann mit Kalium bedeckte Wolframkathode. Durch die Feldstärke 69 KV/cm verschob sich λ_0 von 8800 AE bis ins ultrarote auf 10600 AE, entsprechend einer Erniedrigung der Austrittsarbeit um 0,23 e-Volt. Bei noch größeren Feldern ist die Beobachtung durch eine unabhängig von der Belichtung stattfindende autoelektronische Entladung erschwert, deren Ströme im hier erwähnten Gebiet

---

[1] IVES, H. E., u. A. L. JOHNSRUD: Astrophysic. J. Bd. 60 (1924) S. 231.

[2] Temperaturabhängigkeit der langwelligen Grenze bei Alkalihäuten wurde von R. SUHRMANN und H. THEISSING: Z. Physik Bd. 73 (1932) S. 709 untersucht.

[3] LAWRENCE, E. O., u. B. L. LINFORD: Physic. Rev. Bd. 34 (1929) S. 1492; Bd. 36 (1930) S. 482. — LINFORD, B. L.: Ebenda Bd. 36 (1930) S. 1100. — HUXFORD, W. S.: Ebenda Bd. 38 (1931) S. 379.

schon von der Größenordnung der Photoströme sind, und welche bei weiterer Steigerung der Feldstärke ungeheuer stark wachsen.

Durch die äußeren Felder wird nicht nur die Lage der langwelligen Grenze, sondern auch der ganze übrige Verlauf der lichtelektrischen Empfindlichkeitskurve verschoben. Bei allen Wellenlängen tritt durch Anlegen der Felder eine Vergrößerung der Ökonomie zutage[1]. Am stärksten ist diese Vergrößerung allerdings in der Nähe der langwelligen Grenze. Der Effekt betrifft also am meisten die langsamsten Photoelektronen, welche die Metallfläche nicht ohne äußeres Feld verlassen können. So konnte z. B. bei $\lambda = 3130$ AE an monoatomaren Kaliumschichten auf Platin durch Anlegen von wenigen 100 Volt eine Verdoppelung der lichtelektrischen Emission beobachtet werden, während der Einfluß solcher Felder auf die von der Wellenlänge $\lambda = 2400$ AE erzeugte Emission noch kaum merklich klein war. Quantitativ kann das Anwachsen eines Emissionsstromes I bei gegebener erregender Wellenlänge — auf Grund der im Kap. 9, § 1, skizzierten Theorie und in Übereinstimmung mit den experimentellen Ergebnissen — als Funktion der an die Kathode angelegte Feldstärke $\mathfrak{E}$ dargestellt, werden durch:

$$I = I_0 \cdot \exp \left(\text{const} \cdot \sqrt{\mathfrak{E}} \right), \tag{8}$$

wo I_0 die Stärke des Emissionssättigungsstroms bei verschwindendem äußeren Feld bedeutet. Trägt man also lg I/I_0 gegen $\sqrt{\text{Volt}/\text{cm}}$ auf, so erhält man gerade Linien, welche alle in den Koordinatenanfangspunkt münden, und welche bei einem gegebenen Kathodenmaterial um so steiler sind, je näher die erregende Wellenlänge an der langwelligen Grenze liegt. Freilich läßt sich der wahre Wert der an der Oberfläche liegenden Felder in den meisten Fällen nicht genauer definieren, die angelegte „Grobfeldstärke" ist oft wesentlich niedriger als die wirkliche „Feinfeldstärke". Die für den Effekt verantwortlichen Feldstärken kommen oft nur durch hohe Potentialgradienten an kleinen Unebenheiten der Oberfläche zustande. Beispielsweise sind für jede benützte Wellenlänge die eben erwähnten Geraden bei einer Natriumschicht auf Platinmohr ungeheuer viel steiler als für eine Natriumschicht auf blankem Platin gefunden worden. Der Effekt des äußeren Feldes war überhaupt nicht mehr zu beobachten, wenn sich auf der blanken Platinfläche nur so wenig Natriumatome befanden, daß die spektrale Empfindlichkeitskurve normal anstieg.

Kapitel 11.

Photoeffekt am Einzelatom.

§ 1. Lichtelektrische Emission von Gasen und Dämpfen: Langwellige Grenzen, Ausbeutekurven, Richtungsverteilung der Photoelektronen bei Alkalidämpfen. Der Photoeffekt am Einzelatom ist in gewisser Hinsicht übersichtlicher als der im vorigen Kapitel erläuterte Effekt an Metallen. Im Gegensatz zu den bei der Metallemission gemachten Erfahrungen ist hier z. B. in den Elementarakten die Geschwindigkeit der aus einem gegebenen Niveau emittierten Elektronen einheitlich; die beobachtete Richtungsverteilung der emittierten Elektronen entspricht den Emissionsrichtungen in den Elementarprozessen; die beobachtete Ökonomie erscheint nicht durch sekundäre Absorptionsprozesse modifiziert, usw.

Durch sichtbares Licht kann ein Photoeffekt an einzelnen Atomen von Gasen oder Dämpfen hervorgerufen werden. Einwandfreie Resultate liegen an Alkali-

---

[1] SUHRMANN, R.: Naturwiss. Bd. 16 (1928) S. 336; Physik. Z. Bd 32. (1931) S. 929.

lämpfen vor[1]. Da in den Dämpfen relativ wenig Licht absorbiert wird, und die
>efreiten Elektronenmengen deshalb sehr klein sind, so muß man, um zuverlässige
Resultate zu erhalten, zu besonders empfindlichen Nachweismethoden greifen.
Man hat hier erfolgreich den Zusammenbruch einer Elektronenraumladung als
Nachweis der durch die Photoeffekte entstandenen positiven Alkaliionen benutzt
siehe Kap. 3, § 4). Die Anordnung geht aus Abb. 79 hervor. Eine Wolfram-
glühkathode W ragt in einen allseitig geschlossenen Platinzylinder Pt, dessen
Stirnfläche als Netz ausgebildet ist. Dieses ist in einem evakuierten Quarz-
kolben Qu untergebracht, in

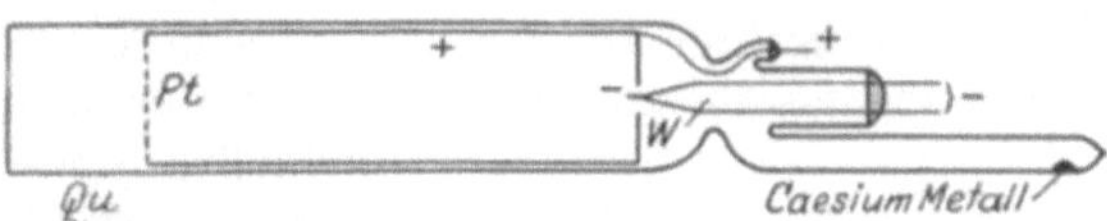

Abb. 79. Messung der lichtelektrischen Emission im Zäsiumdampf.
Nach FOOTE und MOHLER.

einem Rohransatz befindet
sich etwas Zäsiummetall, welches bei geeigneter Temperatur den Kolben mit seinem
Dampfdruck erfüllt. Ent-
stehen durch Photoeffekt Cs-
Ionen, so werden diese allmählich auf die Kathode hingezogen und bewirken
durch Neutralisation der dort befindlichen Raumladung ein Anwachsen des von W
ausgehenden Emissionsstroms. Bei Untersuchung der Emission als Funktion
der belichtenden Wellenlänge erhält man eine spektrale Verteilung der lichtelektrischen Wirkung, wie sie
in Abb. 80 dargestellt ist. Die
lichtelektrische Emission setzt
bei einer langwelligen Grenze
$\lambda_0 = 3184$ AE, welche der Seriengrenze, also der Ionisierungsspannung des Zäsiumatoms
(Kap. 7, § 4) entspricht, scharf
ein. Bei λ_0 beginnt die Emission unmittelbar mit einem
Maximum, und fällt nach kurzen Wellen hin in einer für das
absorbierende Atom charakteristischen Weise ab.

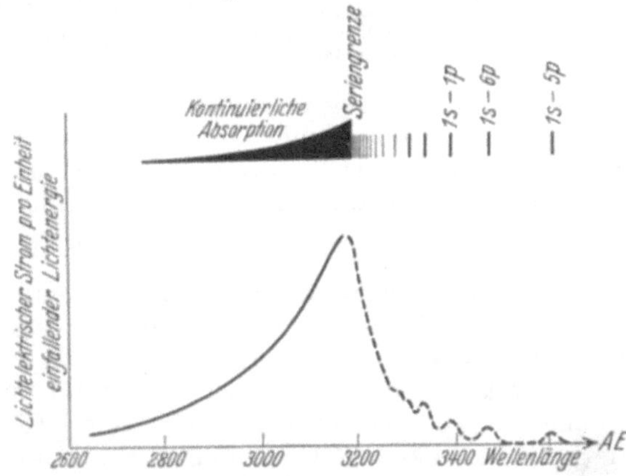

Abb. 80. Spektrale Verteilung der lichtelektrischen Wirkung
im Zäsiumdampf. Nach FOOTE u. MOHLER.
Oben das Absorptionsspektrum des Zäsiumdampfes schematisch.

Theoretisch ergibt sich die
Wahrscheinlichkeit eines Photo-
prozesses an Alkaliatomen als
Funktion der erregenden Wellen-
länge in ungefährer Übereinstimmung mit dem Experiment: Das Grenzkon-
tinuum des Lichtabsorptionsspektrums läßt sich mit Hilfe der SCHRÖDINGER-
schen Gleichung berechnen, wenn das äußere Feld des betreffenden Atoms als
bekannt vorausgesetzt werden kann[2].

Auf der langwelligen Seite unserer Kurve heben sich (in Abb. 80 punktiert
gezeichnet) eine Reihe von kleineren Maxima heraus, welche an den Stellen
der optischen Serienlinien liegen. Ihre Breite ist hier nur durch die Spaltbreite
des Monochromators hervorgerufen, in Wirklichkeit handelt es sich um sehr
schmale Emissionsbereiche. Es ließ sich nun aber zeigen, daß diese Emission

---

[1] FOOTE, P. D., u. E. L. MOHLER: Physic. Rev. Bd. 26 (1925) S. 195; Bd. 27 (1926)
S. 37. — LITTLE, E. M.: Ebenda Bd. 30 (1927) S. 109, 963. — LAWRENCE, E. O., u. N. E.
EDLEFSEN: Ebenda Bd. 34 (1929) S. 233, 1056. — Zusammenfassend F. L. MOHLER: Rev.
mod. Physic. Bd. 1 (1929) S. 216.
[2] TRUMPY, B.: Z. Physik Bd. 71 (1931) S. 720. — PHILLIPS, M.: Physic. Rev. Bd. 39
(1932) S. 905.

auf der langwelligen Seite λ_0 nicht etwa direkten lichtelektrischen Effekten am Cs-Atom zukommt, sondern durch sekundäre Prozesse von der Art

$$\overline{Cs} + Cs = Cs_2^+ + e \qquad (1)$$

hervorgerufen wird; d. h. ein Atom Cs geht unter Aufnahme eines Lichtquants in den angeregten Zustand $\overline{Cs}$ über und lagert sich dann an ein Cs-Atom unter Abgabe eines Elektrons an[1].

Die Richtungsverteilung der aus den einzelnen Atomen emittierten Photoelektronen konnte nach einer durch Abb. 81 erläuterten Methode bestimmt werden[2]: Ein Kaliumatomstrahl wird senkrecht von einem polarisierten ultravioletten Lichtstrahl getroffen. Die Richtung, in der die Photoelektronen aufgefangen werden, ist durch die Blenden B_1 und B_2 definiert und steht senkrecht zum Lichtstrahl und zum Atomstrahl an der Stelle, wo diese sich durchdringen. Man dreht dann die Polarisationsebene des Lichtstrahls und mißt die zum Auffänger A gelangende Elektronenmenge. Es ergibt sich, daß diese Elektronenmenge proportional $\cos^2\varphi$ ist, wo φ den in der Abb. 81 eingezeichneten Winkel zwischen der Emissionsrichtung der Elektronen und dem elektrischen Vektor $\mathfrak{E}$ des polarisierten Lichtes angibt.

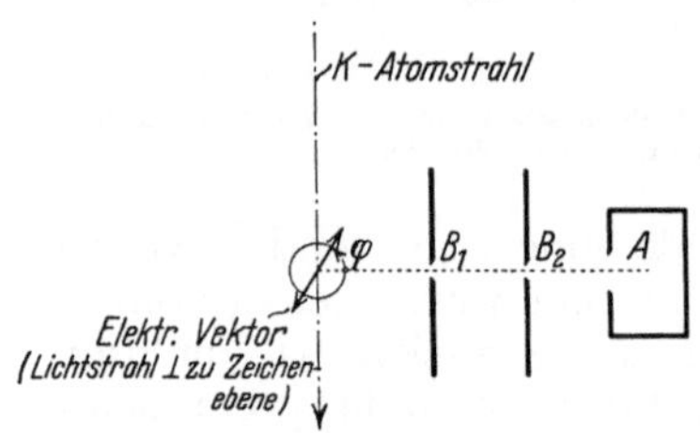

Abb. 81. Messung der Richtungsverteilung der von polarisiertem Licht in Kaliumdampf aus gelösten Elektronen. Nach Kraus.

Dieses Resultat entspricht den theoretischen Erwartungen: Unter der Annahme, daß die Wahrscheinlichkeit der Photoemission proportional dem Quadrat der in die betreffende Richtung fallenden Feldstärkekomponente ist, erhält man[3] für die Intensität der Elektronenemission:

$$I(\vartheta, \varphi) \sim \sin^2\vartheta \cdot \cos^2\varphi, \qquad (2)$$

wo ϑ den Winkel zwischen Photoemission und Lichtstrahlrichtung, und φ den eben erwähnten Winkel um die Strahlrichtung herum bedeutet (Richtung des elektrischen Vektors $\mathfrak{E}$ der Lichtwelle: $\vartheta = \pi/2$; $\varphi = 0^0$). Ganz das gleiche Resultat erhält man wellenmechanisch[4] für die Elektronenemission bei Einwirkung langwelliger Strahlen auf wasserstoffähnliche Atome, wenn man nach der SCHRÖDINGERschen Gleichung die Störung betrachtet, welche durch das elektrische Wechselfeld der Lichtwelle im Atom erzeugt wird. Die Eigenfunktionen des gestörten Atoms im kontinuierlichen Bereich ergeben die Intensität des Elektronenstromes in die verschiedenen Richtungen.

§ 2. **Lichtelektrische Emission von festen Isolatoren: Messungen der langwelligen Grenzen, Ausbeuten.** Anhangsweise mögen an dieser Stelle einige Worte über die lichtelektrische Emission von Isolatoren gesagt sein. Man ist hier zwar nicht berechtigt, von einer lichtelektrischen Wirkung auf Einzelatome, ja vielleicht nicht einmal auf einzelne Moleküle zu sprechen, da die gegenseitige Einwirkung der molekularen Kraftfelder in festen Körpern sehr groß ist; immerhin wirkt hier das Licht auf die an Einzelzentren gebundenen Elektronen und nicht, wie bei den im vorigen Kapitel beschriebenen Erscheinungen, auf ein Metallelektronengas ein.

---

[1] MOHLER, F. L., u. C. BOECKNER: Bur. Stand. J. Res. Bd. 5 (1930) S. 51. — FREUDENBERG, K.: Z. Physik Bd. 67 (1931) S. 417.
[2] KRAUS, A.: Naturwiss. Bd. 19 (1931) S. 617; Ann. Physik Bd. 14 (1932) S. 103. — CHAFFEE, M. A.: Physic. Rev. Bd. 37 (1931) S. 1233.
[3] AUGER, P., u. F. PERRIN: J. Physique Bd. 8 (1927) S. 93.
[4] WENTZEL, G.: Z. Physik Bd. 40 (1926) S. 574; Bd. 41 (1927) S. 828. — BECK, G.: Ebenda Bd. 41 (1927) S. 443.

Die lichtelektrischen Effekte an einem Dielektrikum werden durch die mit
der Emission verbundenen Aufladungen der Oberfläche kompliziert und sind
deshalb der experimentellen Untersuchung schwer zugänglich[1]. Brauchbare, für
die betreffenden Moleküle charakteristische Resultate ergaben nur solche Bestimmungen von langwelligen Grenzen, welche nach den in Kap. 10, § 2, erläuterten Methoden durch direkte Messungen im Schwebekondensator[2] oder mit
dem Spitzenzähler[3] erhalten wurden. Bei diesen Methoden genügt nämlich eine
so geringe Elektronenemission, daß die Aufladung der Isolatoroberfläche nicht
störend in Betracht kommt.

Als Resultate können für alle Isolatoren wohldefinierte kurzwellige Grenzen
angegeben werden, welche in der Gegend um 2000 AE herum liegen. Die Bindung
der Elektronen in Isolatoren ist also bemerkenswert fest. Die Ausbeuten an
Photoelektronen werden einige hundert bis einige tausendmal kleiner als wie bei
den Metallen gefunden.

§ 3. Durchgang von Röntgenstrahlen durch Materie. Röntgenphotoeffekt. Photoeffekte an Einzelatomen liegen bei der Absorption von Röntgenquanten vor[4].
Die Intensität eines Röntgenstrahlbündels wird bei seinem Durchgang durch

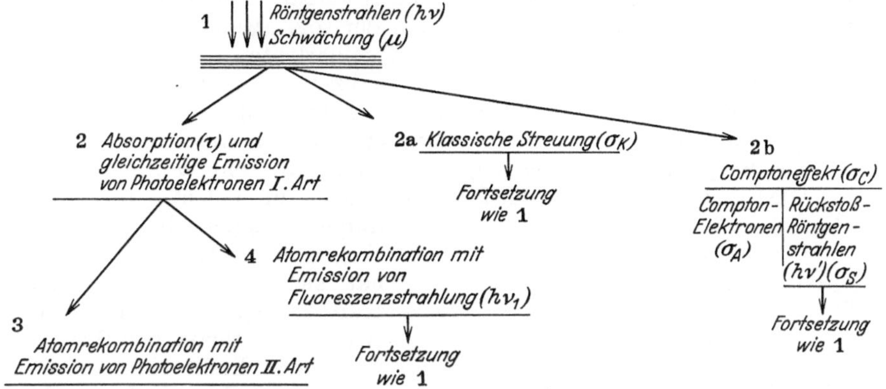

Abb. 82. Durchgang der Röntgenstrahlen durch Materie.

Materie erfahrungsgemäß geschwächt[5]. Der Endeffekt einer derartigen Wechselwirkung zwischen Röntgenquanten und Atomen besteht immer in der Befreiung von Elektronen[6]. Das Schema Abb. 82 zeigt uns die verschiedenen
möglichen Wege, auf denen sukzessive dieser Endeffekt erreicht wird. Auf

---

[1] TARTAKOWSKY, P.: Z. Physik Bd. 58 (1929) S. 394. — FLEISCHMANN, R.: Ann. Physik
Bd. 5 (1930) S. 73.

[2] KELLY, M. J.: Physic. Rev. Bd. 16 (1920) S. 260 (Öl, Paraffin, Schwefel, Schellack). —
LUKIRSKY, L., N. GUDRIS u. L. KULIKOWA: Z. Physik Bd. 37 (1926) S. 308. — GUDRIS, N.,
u. L. KULIKOWA: Ebenda Bd. 45 (1927) S. 801 (Alkali- und Schwermetallhalogenide).

[3] BAUER, H.: Z. Physik Bd. 71 (1931) S. 532 (Hartgummi, Bernstein, Schwefel, Paraffin).

[4] Die konventionelle Unterscheidung des ultravioletten Lichtes von der Röntgenstrahlung
geschieht meistens durch eine Grenze ungefähr in der Gegend von 400 AE (entspr.   30 e-Volt),
wo alle Materie ein Maximum der Absorption aufweist. Von diesem Maximum ab sinkt
die Absorption einerseits mit abnehmender Röntgenwellenlänge, andererseits mit zunehmender Lichtwellenlänge.

[5] Zusammenfassend: A. H. COMPTON: x-rays and electrons. New York 1926. — W. BOTHE:
In GEIGER-SCHEELS Handbuch der Physik Bd. 23 (1926) S. 307. — M. L. DE BROGLIE:
Physique des rayons X et gamma. Paris 1928. — F. KIRCHNER: In WIEN-HARMS' Hand-
buch der Experimentalphysik Bd. 24, I (1930).

[6] Die kinetische Energie der Elektronen kann schließlich — durch Vermittlung von
Stößen zweiter Art — in ungeordnete Wärmebewegung von Atomen übergeführt werden.

die nach der Photoemission eintretenden Regenerationsprozesse des Atoms kommen wir noch in § 7 und § 8 dieses Kapitels zurück; auf die kohärente (klassische) Streuung und auf den Comptoneffekt werden wir in Kapitel 12 ausführlicher eingehen. Hier wollen wir zunächst nur den direkten Vorgang (1) → (2) aus der Fülle der Erscheinungen herausheben und allein ihn betrachten. Wie beim lichtelektrischen Effekt der Metalle beobachtet man auch beim Röntgenphotoeffekt, daß das Einsetzen und das Aufhören der Emission praktisch trägheitslos mit der Bestrahlung vor sich gehen[1]. Ferner stellt man fest, daß die Zahl der emittierten Elektronen proportional mit der Röntgenintensität wächst, während ihre maximale Geschwindigkeit wiederum nur von der auslösenden Wellenlänge und von der Austrittsarbeit der Elektronen abhängt.

Die maximale Energie der Photoelektronen ist wieder durch die EINSTEINsche Gleichung [Kap. 10, Gl. (1)] gegeben. Bei den relativ großen Energiequanten der Röntgenstrahlen kommen jedoch für W nicht nur die Abreißarbeiten der äußeren Atomelektronen, sondern sogar viel häufiger die Abreißarbeiten der Elektronen aus den inneren K-, L-, M-, ... Schalen in Betracht. Die Energiequanten ($h\nu$) der als „hart" bezeichneten (kurzwelligen) Röntgenstrahlen sind von derselben Größenordnung wie etwa die Abreißarbeiten der K-Elektronen der schweren Elemente. Die Energiequanten der sog. „weichen" (langwelligen) Röntgenstrahlen sind etwa so groß wie die Abreißarbeiten — äußerer (M-, N-, O- ...) Elektronen von schweren Atomen — bzw. — innerer (K-, L-) Elektronen von leichten Atomen (vgl. Kap. 7, § 4, Tabelle 9).

§ 4. Geschwindigkeiten der Röntgenphotoelektronen. Fokussierende Methode. Deutung von korpuskularen Spektren. Ergebnisse mit sehr weichen Röntgenstrahlen. Die Geschwindigkeiten der Photoelektronen untersucht man am besten durch magnetische Ablenkung. Wegen ihrer geringen Intensitäten hat sich hier besonders die in Kap. 2, § 3, beschriebene fokussierende Methode bewährt. Man kann hier dirckt eine Anordnung im Sinne der dort gegebenen Abb. 25 benutzen[2], besser jedoch arbeitet man, um eine größere Röntgenstrahlmenge ausnutzen zu können, mit einer gewissen Abwandlung dieser Anordnung, wie sie in Abb. 83 dargestellt ist[3]. Die

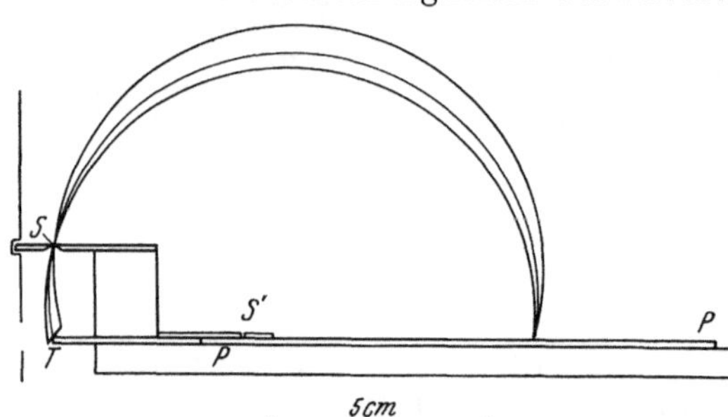

Abb. 83. Geschwindigkeitsanalyse der Röntgenphotoelektronen. Nach ROBINSON.

Röntgenstrahlen fallen dabei auf eine etwa $^1/_2$ cm breite Platte T des zu untersuchenden Materials, von welcher die Photoelektronen nach allen Richtungen emittiert werden. Ein schmales aber divergentes Bündel wird durch den einige Zehntel Millimeter breiten Spalt S ausgesondert und durch ein sehr homogenes Magnetfeld auf der photographischen Platte P fokussiert. Bestrahlt man eine genügend dünne Materialschicht mit einer monochromatischen Röntgen-

---

[1] KIRCHNER, F.: Ann. Physik Bd. 78 (1925) S. 278 (Verzögerungszeit $< 10^{-9}$ sec).

[2] In den ursprünglichen Anordnungen von ROBINSON und von DE BROGLIE war die emittierende Fläche von T sehr schmal, der Spalt S dagegen relativ breit.

[3] ROBINSON, H., u. W. F. RAWLINSON: Philos. Mag. Bd. 28 (1914) S. 277. — ROBINSON, H.: Proc. Roy. Soc., Lond. Bd. 104 (1923) S. 455. — ROBINSON, H., u. A. M. CASSIE: Ebenda Bd. 113 (1926) S. 282. — ROBINSON, H., u. C. L. YOUNG: Ebenda Bd. 128 (1930) S. 92. — BROGLIE, M. DE: J. Physique Radium Bd. 2 (1921) S. 265. — LEDRUS, R.: C. R. Bd. 176 (1923) S. 383 (Diskussion der Dispersion). — AKKER, J. A. VAN DEN, u. E. C. WATSON: Physic. Rev. Bd. 37 (1931) S. 1631 (mit Elektronenzählrohr).

welle, so erscheint auf der Platte eine Reihe scharfer Linien, von denen jede genau der EINSTEINschen Gleichung unter Berücksichtigung des betreffenden W entspricht. Die Schärfe der Linien deutet auf eine jeweils homogene Elektronengeschwindigkeit. Bestrahlt man jedoch nicht eine dünne Schicht, sondern einen massiven Körper, so erhält man Geschwindigkeitsverteilungen der emittierten Elektronen, weil diese zum Teil mehr oder weniger tief im festen Körper ausgelöst werden und beim Durchgang bis zur Oberfläche Geschwindigkeitsverluste (Kap. 21) erleiden. Auf diese Weise entstehen, wie z. B. die Aufnahme in Abb. 84 zeigt, die den Geschwindigkeitsverteilungen entsprechenden Banden. Nach der Seite größerer Geschwindigkeiten hin sind diese Banden scharf begrenzt, während sie nach kleineren Geschwindigkeiten hin allmählich abfallen. Die scharfen Bandkanten rühren von den an der Oberfläche emittierten Elektronen her; sie entsprechen den ursprünglichen Geschwindigkeiten, welche nach der EIN-STEINschen Gleichung erwartet wer-

den. Die Deutung nach dieser Gleichung erfolgt, indem man für W die
den verschiedenen Atomniveaus entsprechenden Abreißarbeiten dort einsetzt; für $h\nu$ hat man einerseits die
einfallende monochromatische Röntgenwelle, andererseits die durch Fluoreszenz im bestrahlten Material sekundär entstandenen Röntgenstrahlen

Abb. 84. Magnetisches Spektrum der aus Silber durch die Wolfram-K-Strahlung ausgelösten Elektronen. Nach DE BROGLIE.

zu berücksichtigen, deren Wellenlängen sich aus der Differenz zweier atomarer Energieniveaus des bestrahlten Körpers ergeben. So hat man beispielsweise das in Abb. 84 abgebildete, durch die Wolfram-$K_{\alpha,\beta}$-Strahlung angeregte „Korpuskulare Spektrum" des Silbers folgendermaßen deuten können:

$$E_{\max} \quad = \quad h\nu \quad - \quad W$$

	emittierte Elektronenenergie	Röntgenquant	Ausgangsenergieniveau	
Abb. 84:	Kante (1) $=$	$\mathrm{Ag}\,K_\alpha$	$-$	L (Ag)
,,	(2) $=$	$\mathrm{Ag}\,K_\alpha$	$-$	M (Ag)
,,	(3) $=$	$\mathrm{Ag}\,K_\beta$	$-$	M (Ag)
,,	(4) $=$	Wolfram K_α	$-$	K (Ag)
,,	(5) $=$	Wolfram K_α	$-$	K (Ag)
,,	(6) $=$	Wolfram K_β	$-$	K (Ag)

$$(3)$$

In dieser Weise konnten die Ergebnisse von Experimenten mit allen nicht zu weichen Röntgenstrahlen restlos geklärt werden, und sie haben wichtige Aufschlüsse über die Größe der Abreißarbeiten der Elektronen aus den einzelnen atomaren Energieniveaus vermittelt. Die Geschwindigkeitsanalyse der von sehr weichen Röntgenstrahlen emittierten Photoelektronen begegnen aber noch erheblichen experimentellen Schwierigkeiten. Zunächst mal sind die weichen Röntgenstrahlen so leicht absorbierbar, daß man die Röntgenröhre vom photoelektrischen Untersuchungsrohr nicht wie bei harten Strahlen durch Fenster trennen kann, sondern man muß statt der Fenster elektrische Sperrfelder benützen. Infolgedessen besteht die Gefahr, daß von der Anode des Röntgenrohres reflektierte Elektronen in die Versuchskammer eindringen und sich den Photoströmen überlagern. Eine weitere Schwierigkeit besteht hier im Intensitätsmangel infolge der relativ geringen Elektronenausbeuten. Von 1500 bis herab zu 150 e-Volt gelang noch die Geschwindigkeitsanalyse der Photoelektronen mit der fokussierenden Methode unter Verwendung von photographischen Schumannplatten (Kap. 3,

§ 5)[1]. Für noch weichere Strahlen ist man aber auf andere Methoden angewiesen; z. B. gelang es, einige rohe Resultate durch Anwendung der Gegenfeldmethode im Kugelkondensator (Kap. 2, § 3) zu erhalten[2].

Als sehr brauchbar erwies sich hier die in Kap. 2, § 3 (siehe auch Abb. 27), beschriebene magnetische Analyse zwischen koaxialen Flachzylindern[3]. Nach dieser Methode wurde z. B. die in Abb. 85 dargestellte Geschwindigkeits-verteilung gefunden. Man unterscheidet dort zwei Maxima: Das erste bei etwa 270 Volt entspricht direkt dem $h\nu$ der erregenden Röntgen-strahlung. Eine wesentliche Austrittsarbeit dieser Elektronen ist nicht zu bemerken, ihre Geschwin-digkeitsverteilung ist wie bei den in Abb. 84 ge-zeigten Banden durch die Geschwindigkeitsver-luste beim Durchgang durch den emittierenden Körper bis zur Oberfläche verursacht. Das zweite Maximum ist Sekundärelektronen zuzuschreiben, welche durch die Photoelektronen aus den durch-querten Atomen herausgeschlagen werden. Für diese Erklärung spricht unter anderem der Um-stand, daß durch Ausheizen des emittierenden

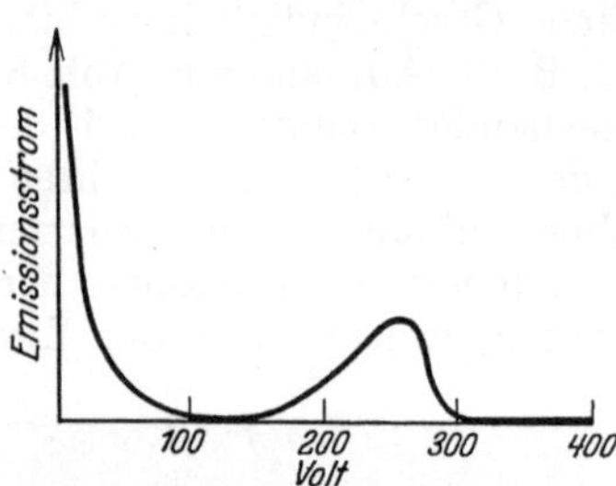

Abb. 85. Geschwindigkeitsverteilung der Photoelektronen, welche von ausgeheiztem Kupfer bei Bestrahlung mit Kohle-K_α-Röntgenstrahlen emittiert werden.   Nach RUDBERG.

Körpers auf ca. 400° das erste Maximum nicht beeinflußt wird, während sich hierdurch das zweite meistens um mehr als 50% erniedrigt.

§ 5. **Richtungsverteilung. Asymmetrie der Verteilung bei kurzen Wellen. Elek-tronenemission an dünnen Folien nach „vorne" und nach „hinten". Messung von longitudinalen Richtungsverteilungen in Gasen mit Spitzenzähler und mit Nebelkam-mer. Azimutale Richtungsverteilung.** Während nun die Geschwindigkeiten der Photoelektronen im Sinne von Gl. (3) ganz unabhängig von der Richtung sind, in welcher sie emittiert werden, sind die Geschwindig-keitsverteilungen ein wenig richtungsabhängig. Die Emission erfolgt bevorzugt in eine bestimmte Rich-tung, welche je nach der emittierten Elektronen-geschwindigkeit und nach dem Ausgangsniveau des emittierten Elektrons etwas verschieden ist.   In § 1 dieses Kapitels erwähnten wir schon, daß bei relativ langwelliger Strahlung die Intensitätsvertei-lung durch eine einfache Winkelfunktion Gl. (2) ge-geben ist. Für kurzwelliges Röntgenlicht wird die Verteilungsfunktion, welche nach Gl. (2) symme-trisch um die Polarisationsrichtung des einfallenden Strahls verläuft, unsymmetrisch, und zwar wird sie in Richtung des Röntgenstrahls nach vorne hin ver-schoben.   Abb. 86 zeigt beispielsweise ein Polar-

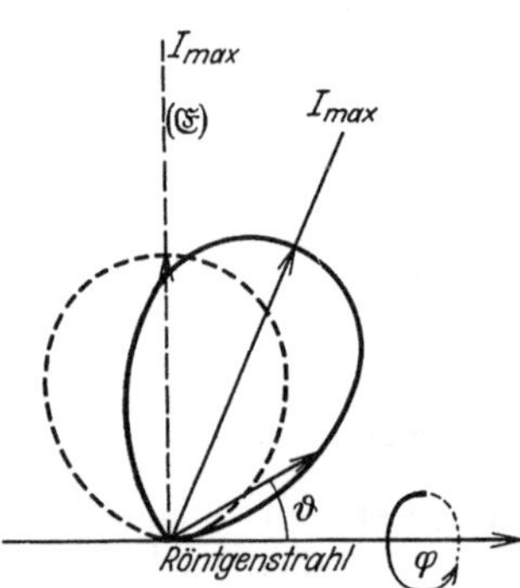

Abb. 86.   Schema der Richtungs-verteilung.

diagramm der Intensitätsverteilung in einer Ebene, welche durch den elektrischen Vektor 𝔈 des polarisierten Strahls und durch den Röntgenstrahl selbst definiert ist. Die punktierte Kurve gibt die Richtungsverteilung für die aus einer ab-geschlossenen Schale durch langwellige Strahlung emittierten Photoelektronen im Sinne der Gl. (2). Die durchzogene Kurve stellt die analoge Richtungsverteilung für die Emission unter der Wirkung kurzwelliger Strahlung dar und demonstriert die Art der Verschiebung für die ganze Verteilung nach „vorne" hin. Die Sym-

[1] BECKER, J. A.: Physic. Rev. Bd. 22 (1923) S. 524; Bd. 24 (1924) S. 478.
[2] LUKIRSKY, P.: Z. Physik Bd. 22 (1924) S. 35.
[3] RUDBERG, E.: Proc. Roy. Soc., Lond. Bd. 120 (1928) S. 385.

netrielinie der Verteilung wird durch die Richtung maximaler Emission I_{max}
gegeben. I_{max} ist um so mehr nach vorne geneigt, je kürzer die Wellenlänge und
e kleiner die Abreißarbeit der betreffenden Photoelektronen ist. Für die einzelnen
Schalen (K, L_I, L_{II} usw.) ist die Gestalt der Richtungsverteilungskurve etwas
verschieden. Die Verschiebung der Richtungsverteilung nach vorne kann angenähert durch folgende Beziehung dargestellt werden:

$$I(\vartheta, \varphi) \sim (1 + \gamma \cos \vartheta) \sin^2 \vartheta \cdot \cos^2 \varphi. \tag{4}$$

Klassisch läßt sich die für die Verschiebung charakteristische Größe γ aus dem
Strahlungsdruck folgern[1]. Das Verhältnis des Impulses vom Röntgenquant und
des Elektronenimpulses ergibt nämlich:

$$\gamma = \frac{h\nu/c}{m\beta c} \approx \frac{\beta}{2}, \tag{5}$$

wo $\beta = u/c$ das Verhältnis der emittierten Elektronengeschwindigkeit zur Lichtgeschwindigkeit bedeutet. Nach der SCHRÖDINGERschen Wellenmechanik ergibt
sich für nicht zu kurze Röntgenwellen in angenäherter Übereinstimmung mit
dem Experiment, aber im Gegensatz zum klassisch theoretischen Resultat ein
ungefähr doppelt so großes γ als in Gl. (5)[2]. Danach nimmt das Photoelektron
merkwürdigerweise durchschnittlich etwa doppelt so viel Vorwärtsimpuls auf,
als es von der Strahlung erhält, so daß das Atom selbst einen Rückstoß etwa im
Betrage des Strahlungsimpulses erfahren muß.

Aus weiter unten referierten Experimenten geht nun weiter hervor, daß die
Winkelverteilung bei sehr kurzen Wellenlängen noch stärker nach „vorn" eilt,
als es die Gl. (4) mit dem wellenmechanischen γ-Wert voraussagt.

In befriedigender Übereinstimmung mit der Erfahrung — auch für relativ
kurze Röntgenwellen — steht eine Verteilungsfunktion, welche sich für die
Emission der K-Schale näherungsweise aus der DIRACschen Theorie berechnen
läßt[3], nämlich:

$$I(\vartheta, \varphi) \sim \frac{\sin^2 \vartheta \cdot \cos^2 \varphi}{(1 - \beta \cdot \cos \vartheta)^4}. \tag{6}$$

Aus dieser Gl. (6) ergibt sich auch in Übereinstimmung zu den weiter unten
referierten experimentellen Ergebnissen, daß der „Halbierungswinkel" ϑ_0,
welcher durch die Neigung der Symmetrielinie (I_{max} in Abb. 86) gegen die
Strahlrichtung definiert wird, gegeben ist durch:

$$\cos \vartheta_0 = \beta \tag{7}$$

Experimentell hat man die Asymmetrie der Richtungsverteilung zuerst an
dünnen Folien beim Vergleich ihrer Photoelektronenemission an der Seite des Ein-
tritts (hinten) und der des Austritts (vorn) der Röntgenstrahlen festgestellt[4]. Interessant ist der Vergleich der nach hinten und der nach vorn emittierten Geschwindigkeitsverteilungen[5], wie er beispielsweise in einer Anordnung nach Art der Abb. 87
durchgeführt werden kann. Die Röntgenstrahlen treffen hier auf eine im Zentrum
befindliche Folie auf, die emittierten Elektronen werden hinten und vorne in

[1] RICHARDSON, O. W.: Philos. Mag. Bd. 25 (1913) S. 144.
[2] SOMMERFELD, A., u. G. SCHUR: Ann. Physik Bd. 4 (1930) S. 409 und 433. —
FISCHER, J.: Ebenda Bd. 8 (1931) S. 821 und Bd. 11 (1931) S. 489.
[3] SAUTER, F.: Ann. Physik Bd. 9 (1931) S. 217 und Bd. 11 (1931) S. 454.
[4] BEATTY, R. T.: Proc. Cambr. Phil. Soc. Bd. 15 (1910) S. 492. — COOKSEY, C. D.:
Philos. Mag. Bd. 24 (1912) S. 37.
[5] SEITZ, W.: Ann. Physik Bd. 73 (1924) S. 182. — WATSON, E. C.: Physic. Rev.
Bd. 30 (1927) S. 479.

Halbkreisen durch ein homogenes Magnetfeld auf photographische Platten $P \ldots P$ fokussiert. Die erhaltenen korpuskularen Spektren können direkt verglichen werden. Man kann so nicht nur deutlich feststellen, wieviel mehr Elektronen sich nach vorne bewegen, sondern man erkennt auch, daß die Emission der K- und L_I-Schale bedeutend asymmetrischer ist als die der L_{II}- und L_{III}-Schale.

Die ganze Verteilungskurve der Emission über alle Richtungen kann bei Gasen mit dem Spitzenzähler aufgenommen werden[1]. Wie in Abb. 88 angedeutet ist, passiert hierbei ein durch Bleiblenden B begrenztes Strahlenbündel R die Meßkammer K, welche mit dem zu untersuchenden Gase bei geringem Druck gefüllt ist. Nur die etwa bei M emittierten Photoelektronen kommen durch die Blende F hindurch und werden im Spitzenzähler Z, der um M drehbar angeordnet ist, registriert.

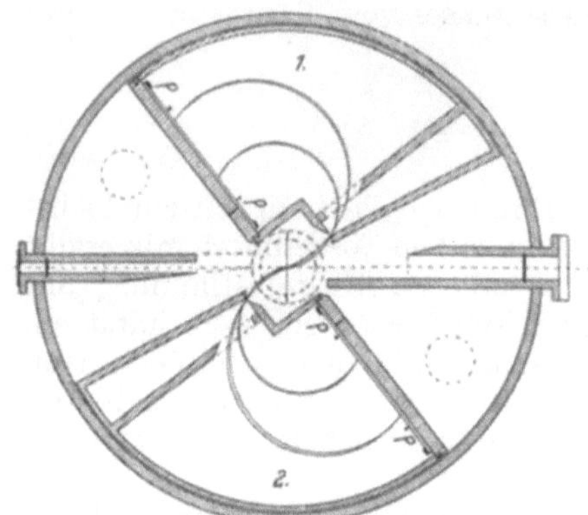

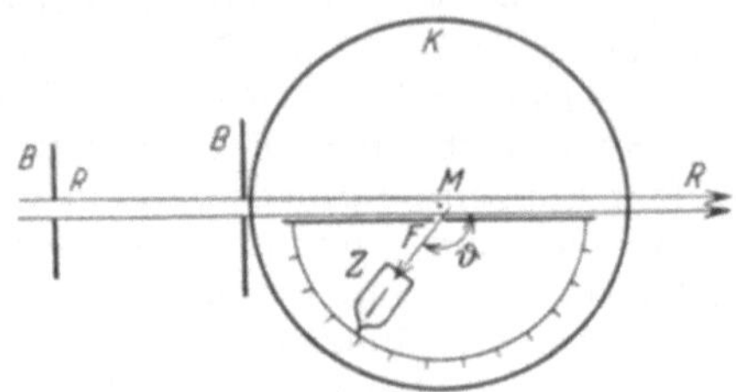

Abb. 87. Vergleich der Geschwindigkeitsverteilungen der Röntgenphotoemission nach „hinten" und „vorne". Nach WATSON.

Abb. 88. Messung der Richtungsverteilung der Photoelektronen mit dem Spitzenzähler. Nach BOTHE.

Am erfolgreichsten sind die Untersuchungen der Richtungsverteilung mit der Nebelkammer gewesen. Man photographiert hierbei die Nebelbahn des Photoelektrons (siehe z. B. Abb. 34 in Kap. 3) aus zwei Richtungen und entnimmt aus solchen Aufnahmen seine räumliche Anfangsrichtung. Bei den Aufnahmen mögen zunächst die photographischen Platten parallel zum Röntgenstrahl orientiert sein. Man erhält dann wie in den vorhin referierten Versuchen — entsprechend der Darstellungsweise von Abb. 86 — $I = f(\vartheta)$, d. h. die longitudinale Richtungsverteilung[2]. In dieser Weise sind fast alle experimentellen Resultate gewonnen worden, die wir eingangs dieses Paragraphen erwähnt haben.

Um eine größenordnungsmäßige Anschauung von der oben erwähnten Asymmetrie der Winkelverteilung zu vermitteln, sollen hier nur noch einige Zahlenbeispiele angeschrieben werden. Wir betrachten die (in Abb. 86 durch I_{max} bezeichnete) Symmetrielinie der Winkelverteilung, welche den erwähnten „Halbierungswinkel" ϑ_0 für die räumliche Intensität kennzeichnet: $\vartheta_0 = \measuredangle (I_{max},$ Röntgenstrahlen). In guter Übereinstimmung mit Gl. (7) wurde für die Emission der K-Schale des Argons gefunden: Für die Röntgenwellenlängen:

$$\lambda = 0{,}7\,\text{AE} \ldots \vartheta_0 = 77^0; \quad \lambda = 0{,}2\,\text{AE} \ldots \vartheta_0 = 69^0;$$
$$\lambda = 0{,}135\,\text{AE} \ldots \vartheta_0 = 58^0 . \tag{8}$$

Die diesen Werten entsprechenden Mengenverhältnisse der Austrittsstrahlung zur Eintrittsstrahlung wären ≈ 2, $\approx 2{,}5$ und ≈ 7. Also bei der kürzesten betrach-

[1] BOTHE, W.: Z. Physik Bd. 26 (1924) S. 59. — FRÄNZ, H.: Ebenda Bd. 39 (1926) S. 92.
[2] WILSON, C. T. R.: Proc. Roy. Soc., Lond. Bd. 104 (1923) S. 1. — AUGER, P.: J. Physique Bd. 8 (1927) S. 25. — C. R. Bd. 187 (1928) S. 1141 und Bd. 188 (1919) S. 447. — WILLIAMS, E. J., J. M. NUTTAL u. H. S. BARLOW: Proc. Roy. Soc., Lond. Bd. 121 (1928) S. 611. — ANDERSON, C.: Physic. Rev. Bd. 35 (1930) S. 1140. — LUTZE, E.: Ann. Physik Bd. 9 (1931) S. 853 (sehr kurzwellige Röntgenstrahlen).

teten Wellenlänge gehen etwa siebenmal so viel Photoelektronen nach „vorn" als nach „hinten".

Zur Untersuchung der azimutalen Winkelverteilung hat man die photographischen (Stereo-) Aufnahmen der Nebelkammer senkrecht zur Röntgenstrahlrichtung zu machen[1]. Der Röntgenstrahl selbst muß jetzt — im Gegensatz zu den bisher erwähnten Experimenten — polarisiert sein. Die Verteilung $I = f(\varphi)$ gruppiert sich in der nach Gl. (2) bzw. Gl. (6) vorausgesagten Art um den elektrischen Vektor der Röntgenwelle und ist unabhängig von der auslösenden Wellenlänge, der Bindungsenergie des emittierten Elektrons und der Art des emittierenden Atoms.

§ 6. Gesamtausbeute an Photoelektronen: Theoretische Erwartungen. Messungen in der Nebelkammer. Ausbeuten aus den verschiedenen Elektronenschalen. Die Gesamtausbeute an Photoelektronen (Summe über alle Richtungen) erhält man theoretisch entweder durch klassische Behandlung des Oszillators im elektrischen Wechselfelde[2] oder durch korrespondenzmäßige Betrachtungen auf Grund der BOHRschen Atomtheorie[3]. In beiden Fällen ergibt sich N_K, die Anzahl der aus der K-Schale emittierten Photoelektronen, als proportional der vierten Potenz der Ordnungszahl Z des emittierenden Atoms und proportional der vierten Potenz der Wellenlänge λ, nämlich:

$$N_K = \text{const}\, Z^4\, \lambda^4 . \tag{9}$$

Nach der Quantenmechanik ergibt sich für nicht zu kurzwellige Röntgenstrahlen im wesentlichen wieder Gl. (9); auf gewisse geringfügige Verfeinerungen hierbei wollen wir nicht näher eingehen[4].

Ist die absorbierte Wellenlänge klein gegen den Durchmesser der absorbierenden Elektronenschale, so hat man aber von Gl. (9) erheblich abweichende Gesetzmäßigkeiten zu erwarten, man berechnet aus der DIRACschen Theorie näherungsweise[5]:

$$N_K = \text{const}\, Z^5\, \lambda^2 . \tag{10}$$

Direkte Versuche über die Ausbeute der Photoelektronen lassen sich z. B. mit der Nebelkammer vornehmen. Hierbei werden bei bekannter Röntgenstrahlintensität alle Photoelektronen abgezählt, die durch ihre Bahnlänge gekennzeichnet, einem gegebenen Atomniveau entstammen. Bei solchen Versuchen über die Abhängigkeit der Photoelektronenausbeute von der Wellenlänge der auslösenden Strahlen[6] läßt sich in den photographischen Nebelkammeraufnahmen die Intensität der primären Röntgenstrahlung z. B. aus der Anzahl der kurzen Bahnen der in Kap. 12 behandelten Comptonelektronen angeben. Wie in Kap. 12 noch erläutert werden soll, ist nämlich in weiten Grenzen der Streukoeffizient wellenlängenunabhängig, also ist die Anzahl der Comptonelektronen dem Produkt von Wellenlänge und primärer Röntgenstrahlintensität

---

[1] BUBB, F. W.: Physic. Rev. Bd. 23 (1924) S. 137. — KIRCHNER, F.: Ann. Physik Bd. 83 (1927) S. 521. — KIRKPATRICK, P.: Physic. Rev. Bd. 38 (1931) S. 1938.

[2] THOMSON, J. J.: In „Conduction of electricity through gases". Cambridge 1906. — COMPTON, A. H.: Physic. Rev. Bd. 14 (1919) S. 249.

[3] BROGLIE, L. DE: J. Physique Radium Bd. 3 (1922) S. 33. — KRAMERS, A. H.: Philos. Mag. Bd. 46 (1923) S. 836.

[4] Näheres siehe bei G. WENTZEL: Z. Physik Bd. 38 (1926) S. 518. — W. GORDON: Ann. Physik Bd. 2 (1929) S. 1031. — J. A. GAUNT: Proc. Roy. Soc., Lond. Bd. 126 (1930) S. 654. — M. STOBBE: Ann. Physik Bd. 7 (1930) S. 661. — A. SOMMERFELD: Ann. Physik Bd. 11 (1931) S. 257. — J. FISCHER: a. a. O. — L. C. ROESS u. E. H. KENNARD: Physic. Rev. Bd. 38 (1931) S. 1263. — A. W. MAUE: Ann. Physik Bd. 13 (1932) S. 161.

[5] SAUTER, F.: Ann. Physik Bd. 11 (1931) S. 454. — HULME, H.: Proc. Roy. Soc., Lond. Bd. 133 (1931) S. 381.

[6] COMPTON, A. H., u. A. W. SIMON: Physic. Rev. Bd. 25 (1925) S. 309.

proportional. Man erhält aus solchen Experimenten angenähert eine Proportionalität der Photoelektronenausbeute mit λ^4.

Versuche an einer Ionisationskammer, welche nacheinander mit verschiedenen Gasen gefüllt wurde[1], ergaben einerseits das erwartete Ansteigen der Photoemission etwa mit der vierten Potenz der Ordnungszahl, andererseits völlige Unabhängigkeit der Photoelektronenausbeute von der chemischen Bindung des betreffenden Atoms.

Bei allen Ausbeuteversuchen ist die Zahl der insgesamt emittierten Elektronen wesentlich bestimmt durch die Photoemission aus den inneren Atomniveaus. So zeigen z. B. Nebelkammerversuche an Xenon und Krypton[2], daß etwa $84 \pm 10\%$ aller emittierten Photoelektronen dem K-Niveau entstammen. In ähnlicher Weise ist das L-Niveau für den Photoprozeß viel ergiebiger als die folgenden M-, N-, O- usw. Niveaus, obwohl gerade die inneren Elektronengruppen die kleinsten Besetzungszahlen haben (vgl. Kap. 7, Tabelle 11).

§ 7. Sekundäre Prozesse: Fluoreszenzstrahlung, Augereffekte. Die Gesamtzahl aller durch die Röntgenstrahlen befreiten Elektronen wird nicht allein durch die Anzahl der primären Elementarprozesse bestimmt, denn nach beendetem primären Emissionsakt setzen Sekundärprozesse ein. Das infolge der Photoemission ionisierte Atom wird sich nämlich regenerieren. Wie man sich am Schema in Abb. 82 verdeutlichen möge, kann diese Regeneration auf zwei verschiedenen Wegen vor sich gehen: 1. Unter Emission von Fluoreszenzstrahlung (charakteristischer Röntgenstrahlung) oder 2. durch strahlungslosen Übergang in einen energieärmeren Atomzustand. Im zweiten Falle tritt die entsprechende Energiedifferenz des ionisierten und des regenerierten Atomzustandes als kinetische Energie eines freien Elektrons zutage. Eine solche Elektronenemission wird als „Augereffekt"[3] oder als „Photoemission zweiter Art" oder auch als „charakteristische Photoemission" bezeichnet, sie kann aufgefaßt werden als innerer Photoeffekt, in der Weise, daß ein emittiertes Fluoreszenzstrahlenquant im emittierenden Atom selbst ein Photoelektron befreit. Der einem solchen Prozeß zukommende „innere Absorptionskoeffizient" wäre aber ungeheuer viel größer als der gewöhnliche äußere.

Das Verhältnis der Häufigkeiten von Photoemission zweiter Art zur Fluoreszenz ist in jeder Beziehung unabhängig von der Wellenlänge der den primären Photoprozeß auslösenden Röntgenstrahlen; es nimmt aber sehr stark ab mit der Ordnungszahl des emittierenden Atoms. Wellenmechanisch kann dieses Verhältnis — emittierte Elektronen/emittierte Röntgenquanten — zu

$$N_{El}/N_{h\nu} = 10^6/Z^4 \tag{11}$$

abgeschätzt werden[4], was größenordnungsmäßig mit der Erfahrung übereinstimmt[5]. So ergaben z. B. die Messungen an der K-Schale von Argon ($Z = 18$) für diesen Quotienten einen Wert $= 13$ und für Xenon ($Z = 54$) einen Wert $= 0,4$. Beim Xenon verlaufen also 28% der Übergänge strahlungslos, für Elemente von der Ordnungszahl $Z = 30$ bis $Z = 35$ finden beide Übergänge etwa gleich häufig statt, bei Argon erhält man schon 94% strahlungslose Übergänge, und bei leichten Elementen werden praktisch alle K-Ionisationen strahlungslos regeneriert werden.

---

[1] MOORE, H.: Philos. Mag. Bd. 27 (1914) S. 177.

[2] AUGER, P.: Ann. Physique Bd. 6 (1926) S 224.

[3] AUGER, P.: a. a. O.

[4] WENTZEL, G.: Z. Physik Bd. 43 (1927) S. 524. — FUES, E.: Ebenda Bd. 43 (1927) S. 726.

[5] AUGER, P.: Ann. Physique Bd. 6 (1926) S. 224. — MARTIN, H. L.: Proc. Roy. Soc., Lond. Bd. 115 (1927) S. 436. — COMPTON, A. H.: Philos. Mag. Bd. 8 (1929) S. 961.

Da nun die potentielle Energie eines durch Röntgenphotoeffekt ionisierten Atoms auf keine andere Art verausgabt werden kann als durch die beiden obengenannten Prozesse, so können wir als Summe aller Elektronen, welche für eine gegebene Anzahl absorbierter Röntgenquanten emittiert werden, die gleiche Anzahl von Photoelektronen erster Art und dazu einen durch Gl. (11) gegebenen Bruchteil dieser Anzahl von Photoelektronen zweiter Art angeben. Die Gesamtausbeute kann weiter noch dadurch gesteigert werden, daß z. B. ein durch Photoprozeß erster Art in der K-Schale ionisiertes Atom sich durch Photoprozeß zweiter Art regeneriert und dabei ein Photoelektron zweiter Art aus seiner L-Schale aussendet, dann sich in der L-Schale regeneriert und durch einen Photoprozeß zweiter Art ein Elektron aus seiner M-Schale emittiert usw. So kann unter Umständen, wie auch tatsächlich an Nebelkammeraufnahmen beobachtet wurde, ein einziges Röntgenquant mehrere Elektronen aus ein und demselben Atom befreien.

Experimentell läßt sich aus den Nebelkammeraufnahmen die Entstehungsweise der Photoelektronen zweiter Art genau erkennen[1]. Die kinetische Energie des betreffenden Photoelektrons, welche sich aus der Reichweite der Nebelbahn bestimmen läßt, gibt die Differenz zwischen der bei der Regeneration frei werdenden Energie und der Abreißarbeit des Elektrons aus dem Atomniveau, durch dessen primäre Ionisation der Photoprozeß zweiter Art entstanden ist. Besonders klar werden die Verhältnisse, wenn schwere Atome, z. B. Argon oder Xenon einem leichten Füllgas der Nebelkammer z. B. Wasserstoff in geringen Mengen zugesetzt werden[2]. Es tritt dann der Photoeffekt fast nur an den schweren Atomen auf, während die Reichweiten durch das leichte Füllgas bestimmt sind.

§ 8. Elektronenausbeuten aus festen Körpern: Ermittlung der Häufigkeit von Photoeffekten aus experimentellen Absorptionskoeffizienten. Absorptionssprünge. Reduzierte Absorptionskoeffizienten. Die Absorption pro Elektron. Während sich so bei den Gasen alle Sekundärprozesse noch quantitativ analysieren lassen, sind die Ausbeuteverhältnisse der Photoelektronen an festen massiven Körpern[3] sehr undurchsichtig. Hier kommen noch zahlreiche weitere Elektronen hinzu, welche durch die Fluoreszenzstrahlen und durch Elektronenstoß sekundär beim Durchgang der primär erzeugten Strahlungen zur Oberfläche ausgelöst werden. Andererseits werden hier auf dem Wege zur Oberfläche die Photoelektronen durch Streuung und Geschwindigkeitsverlust zurückgehalten. Dagegen lassen sich an festen Körpern gut Absorptionsmessungen der Röntgenstrahlen selbst vornehmen, welche uns vorzüglich Auskunft geben über die Ausbeute an primären Photoeffekten erster Art. Zur Ermittlung des hierfür in Frage kommenden wahren Absorptionskoeffizienten τ bestimmt man zunächst den Schwächungskoeffizient μ der Röntgenstrahlintensität I_0 für eine gegebene homogene Wellenlänge λ beim Durchgang durch die Schichtdicke x des Absorbers nach der Beziehung:

$$I = I_0 \exp\left(-\mu\, x\right). \tag{12}$$

Hierauf ist von μ der Streuungskoeffizient σ, den man nach Kap. 12 durch besondere Messungen bestimmen kann, in Abzug zu bringen:

$$\tau = \mu - \sigma. \tag{13}$$

Der Absorptionskoeffizient τ steht nun in sehr engem Zusammenhang mit der Ergiebigkeit an Photoelektronen, weil für *jedes* absorbierte Quant $h\nu$ immer ein

---

[1] AUGER, P.: Ann. Physique Bd. 2 (1929) S. 381.
[2] AUGER, P.: a. a. O.
[3] ESPE, W.: Ann. Physik Bd. 2 (1929) S. 381. — VETTE, E.: Ebenda Bd. 5 (1930) S. 929. — KÜSTNER, H.: Ebenda Bd. 14 (1932) S. 857.

Elektron als Photoprozeß erster Art ausgelöst wird, d. h. die Ausbeute der im Elementarprozeß pro absorbiertes Quant emittierten Elektronen ist $= 100\,\%$. Bei gleicher absorbierter Röntgenenergie muß also die Zahl der primär ausgelösten Elektronen proportional $\lambda \cdot f(\lambda)$ sein, wenn die wahre Absorption $\tau = f(\lambda)$ als Funktion der Wellenlänge gegeben ist. Direkte experimentelle Bestimmungen ergeben, daß der Absorptionskoeffizient als Potenz der Wellenlänge und der Ordnungszahl des Absorbers sehr stark ansteigt:

$$\tau = C \cdot \lambda^a \cdot Z^b \,, \tag{14}$$

wo a um 3 herum und b um 4 herum liegt, beide Exponenten aber ein wenig von Z und λ abhängen. Die Größe C bleibt bei abnehmender Wellenlänge einigermaßen konstant, solange bis die Energie der Röntgenquanten die Abreißarbeit einer weiteren Gruppe von Atomelektronen erreicht. An dieser Stelle erleidet C eine sprunghafte Zunahme um einen Faktor δ, den sog. „Absorptionssprung“. Bei gegebenem Atom ist dieser Sprung für die inneren Elektronengruppen größer als wie für die äußeren:

$$\delta_K > \delta_L > \delta_M > \cdots$$

und für eine bestimmte solcher Gruppen nimmt er mit wachsender Ordnungszahl des betreffenden Elements ab. Zum Beispiel haben wir für die K-Absorptionssprünge:

$$\delta_K\,(\mathrm{Al}) = 13; \quad \delta_K\,(\mathrm{Cu}) = 8 \quad \text{und} \quad \delta_K\,(\mathrm{Pb}) = 5 \,.$$

Der Zuwachs der Absorption beim Überschreiten z. B. der K-Absorptionsgrenze nach kurzen Wellen hin muß auf die neu hinzukommende Photoemission der K-Elektronen zurückgeführt werden. Das Verhältnis der hinzukommenden K-Emission N_K zur Gesamtzahl aller dann emittierten Elektronen $(N_K + N_L + N_M + \ldots)$ ist also durch diesen Absorptionssprung δ_K vollständig gegeben:

$$\frac{\delta_K - 1}{\delta_K} = \frac{N_K}{N_K + N_L + N_M + \cdots} \,. \tag{15}$$

Hiernach ergeben z. B. die vorhin angeführten Daten: $\dfrac{\delta_K - 1}{\delta_K}$ für $\mathrm{Al} = 0{,}92$; für $\mathrm{Pb} = 0{,}82$. Das heißt, daß beim Aluminium $92\,\%$ bzw. beim Blei $82\,\%$ aller emittierten Elektronen aus dem K-Niveau entstammen. Ähnliche Verhältnisse ergeben sich aus den Absorptionssprüngen an der L- und M-Schale; so erhält man z. B. für Pb $\dfrac{\delta_L - 1}{\delta_L}$ ebenso wie für $\dfrac{\delta_M - 1}{\delta_M}$ ca. $75\,\%$.

Es ist interessant, daß es gelingt, die verschiedenen Zweige der Absorptionsfunktion $\tau = f(\lambda)$ ganz ohne Sprünge an den K-Zweig anzusetzen, wenn man im L-Zweig τ mit ν_K/ν_{L_I} im M-Zweig τ mit ν_L/ν_{M_I} usw. multipliziert, wo ν_K, ν_{L_I}, ν_{M_I} usw. die den K-, L_I-, M_I- usw. Niveaus entsprechenden Frequenzen bedeuten[1]. Aus dem so gewonnenen, auf den K-Zweig reduzierten Absorptionskoeffizienten τ_K läßt sich dann ein „Absorptionskoeffizient pro Elektron“ berechnen:

$$\tau_e = \tau_K \cdot \frac{A}{\varrho L Z} \,, \tag{16}$$

wo ϱ die Dichte, A das Atomgewicht, Z die Atomnummer des betreffenden Elements und L die LOSCHMIDTsche Zahl bedeuten. τ_e ist ganz unabhängig von den jeweiligen Einzelwerten von Z und λ und stellt eine eindeutige Funktion von $(Z \cdot \lambda)$ dar. Trägt man $\lg \tau_e$ als Funktion von $\lg (Z \cdot \lambda)$ graphisch auf, so

---

[1] JÖNSSON, E.: Dissert., Upsala 1928. — Siehe auch bei F. KIRCHNER: In WIEN-HARMS' Handbuch der Experimentalphysik Bd. 24, I (1930) S. 245.

erhält man eine fast gerade Linie, durch welche alle Absorptionskoeffizienten im Bereich für $(Z \cdot \lambda_{AE})$ von etwa 8 bis etwa 800 in sehr angenäherter Übereinstimmung mit der Erfahrung gegeben sind. Daraus sieht man, daß für die Wahrscheinlichkeit der Befreiung eines Elektrons durch ein Röntgenquant im Photoprozeß im Wesentlichen nur das Verhältnis von Bindungsenergie des Elektrons zum Energieinhalt des Quants maßgebend ist.

Kapitel 12.

Comptonelektronen.

§ 1. Erläuterung des Comptoneffekts. Energie- und Impulsbetrachtungen. Zusammenhang zwischen der Energie und der Richtung eines Comptonelektrons. Maximale Energien. Comptoneffekt als Beugungsproblem. Geschwindigkeitsmessungen an Comptonelektronen. Durchstrahlen wir eine gegebene materielle Schichtdicke mit einer gegebenen Anzahl z von Röntgenquanten $h\nu$, und betrachten wir die Anzahl N der Elektronen, welche z. B. aus der K-Schale der betr. Atome unter dem Einfluß der Röntgenstrahlen emittiert werden: Nach den Auseinandersetzungen im vorigen Kapitel 11 ist dann die Befreiungswahrscheinlichkeit eines gegebenen Elektrons durch ein Röntgenquant im Elementarphotoprozeß, welche proportional N/z gesetzt werden kann, durch den Absorptionskoeffizienten der Röntgenstrahlung bestimmt. In Abb. 89 haben wir diese Wahrscheinlichkeit in qualitativer Weise als Funktion der Frequenz ν angezeichnet: Sie ist bei kleinen Frequenzen Null und springt mit wachsendem ν, wenn die Energie des Quants $h\nu$ den Wert der Abreißarbeit W des Elektrons erreicht, plötzlich auf einen endlichen Wert. Von diesem Wert an fällt sie zunächst sehr stark und monoton mit wachsender Frequenz ab. Geht man nun zu immer größeren Frequenzen über, wo also schon fast gar keine Photoeffekte mehr erwartet werden können, so beobachtet man dort doch wieder ein Ansteigen der Befreiungswahrscheinlichkeit.

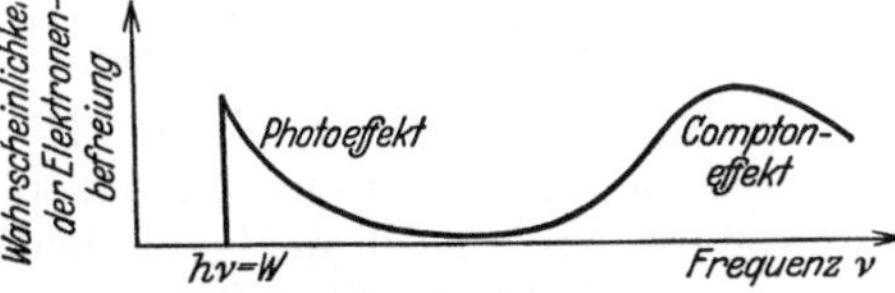

Abb. 89. Wahrscheinlichkeit der Elektronenbefreiung durch Röntgenstrahlen verschiedener Frequenz.

Diese Emission bei kurzen Wellen, wo die Bindungsenergie des Elektrons gegen die Energie des Röntgenquants vernachlässigt werden kann, entspricht einem neuen Mechanismus, bei welchem die Elektronenemission als Folge eines Stoßes des Quants $h\nu$ auf ein freies Elektron aufgefaßt werden kann. Eine solche Wechselwirkung zwischen Röntgenquant und Elektron wird als „Comptoneffekt", die gestoßenen Elektronen werden als „Comptonelektronen" oder als „Rückstoßelektronen" bezeichnet.

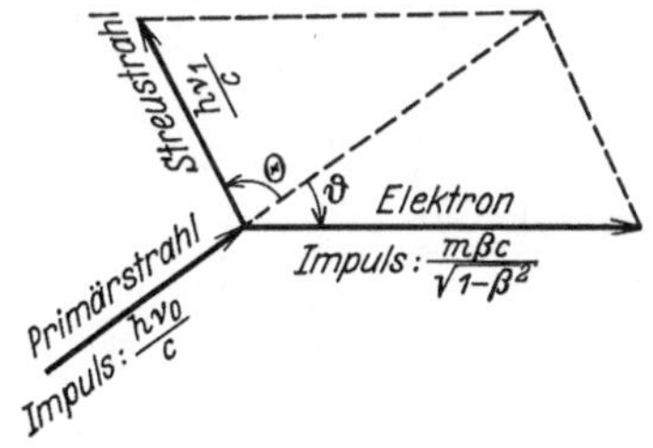

Abb. 90. Impulsdiagramm für den Comptoneffekt.

Im Sinne der Abb. 90 läßt sich aus dem Energie- und Impulserhaltungssatz die kinetische Energie des gestoßenen Elektrons ableiten zu[1]:

$$E = h\nu_0 \left(\frac{2\,\alpha \cdot \cos^2 \vartheta}{(1 + \alpha)^2 - \alpha^2 \cos^2 \vartheta} \right), \tag{1}$$

---

[1] DEBYE, P.: Physik. Z. Bd. 24 (1923) S. 161. — COMPTON, A. H.: Physic. Rev. Bd. 21 (1923) S. 483.

wo

$$\alpha = \frac{h \nu_0}{m_0 c^2} \tag{2}$$

den Quotienten zwischen der Energie $h\nu_0$ des einfallenden Quants und der Eigenenergie $m_0 c^2$ des ruhenden Elektrons [vgl. Kap. 5, Gl. (2)], und ϑ den in Abb. 90 eingezeichneten Rückstoßwinkel des Elektrons bedeuten. Der Parameter α läßt sich auch als ein Maß für die Energie des einfallenden Röntgenquants verwenden. Zum Beispiel ergibt sich:

$$\alpha = 1{,}96 \cdot 10^{-6}\, V_{\text{Volt}}, \tag{3}$$

wenn wir diese Energie nach Kap. 1 in §1 in Elektronenvolt V_{Volt} angeben. Beispielsweise entspricht also $\alpha = 1$ einer Strahlung von 510 Kilovolt Anregungsspannung.

Die Energie E in Gl. (1) erwirbt das Elektron auf Kosten einer Frequenzänderung $(\nu_0 - \nu_1)$ des Röntgenquants. Es ist infolgedessen:

$$E/h = (\nu_0 - \nu_1). \tag{4}$$

Die Wellenlängenänderung $\Delta\lambda$, welche dieser Frequenzänderung entspricht, berechnet sich zu:

$$\Delta\lambda = \Delta\,(1 - \cos\theta) = 2\,\Delta \sin^2(\theta/2), \tag{5}$$

wo

$$\Delta = \frac{h}{m_0 c} = 0{,}02417 \text{ AE} \tag{6}$$

und θ den Ablenkungswinkel des Röntgenquants aus seiner ursprünglichen Richtung bedeuten. Δ ist eine universelle Größe, die sog. „Comptonwellenlänge", sie ist die Wellenlänge desjenigen Lichtquantums, dessen Masse mit der Ruhemasse m_0 des Elektrons übereinstimmt. Der Ablenkungswinkel θ des Röntgenquants ist mit dem Rückstoßwinkel ϑ des Elektrons durch die Beziehung verknüpft.

$$\operatorname{ctg}(\theta/2) = (1 + \alpha)\,\operatorname{tg}\vartheta \tag{7}$$

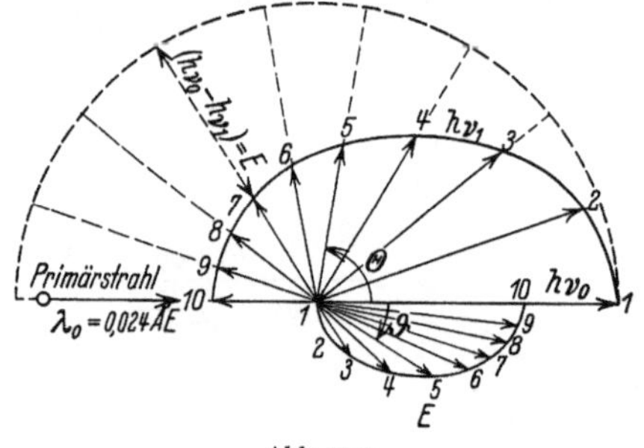

Abb. 91 a.

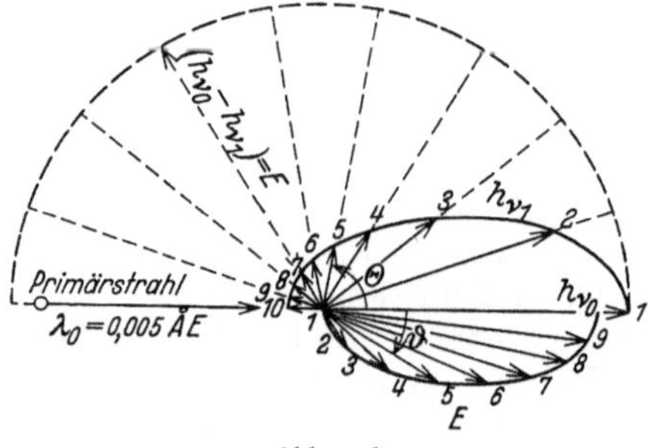

Abb. 91 b.

Polardiagramme zum Comptoneffekt. Nach DEBYE.

Die Wellenlängenänderungen $\Delta\lambda$ der Röntgenstrahlen bei der Streuung sind nach Gl. (5) unabhängig von der Wellenlänge des einfallenden Röntgenstrahls und wachsen nur mit zunehmendem Winkel θ. Je stärker der Röntgenstrahl abgelenkt wird, um so mehr Energie teilt er dem Elektron mit. Dies ist z. B. in den Polardiagrammen in Abb. 91 verdeutlicht. Die obere Hälfte gibt in jedem Diagramm die Energien der gestreuten Quanten $(h\nu_1)$, die untere die Rückstoßenergien (E) der Elektronen an. In den Diagrammen sind die verschiedenen Vektoren durchnumeriert: Die gleichnumerierten Vektoren gehören zum gleichen Elementarprozeß. Der Radius des punktierten Kreises gibt $h\nu_0$, die Energie des Primärquants an.

Die Abb. 91 a ist für den Spezialfall entworfen, daß die Wellenlänge des Primärquants ($\lambda_0 = 0{,}024$ AE) gleich der Comptonwellenlänge $\varLambda$ ist; Abb. 91 b entspricht einem anderen Spezialfall, wo die Primärwellenlänge bedeutend kürzer ist, nämlich $\lambda_0 = 0{,}005$ AE. Man sieht aus dem Vergleich der beiden Diagramme anschaulich, wie mit wachsendem $h\nu_0$ die Breiten der Energieverteilungen der gestreuten Elektronen und der gestreuten Quanten zunehmen. Weiter sieht man, daß der Rückstoßwinkel ϑ nie größer als 90^0 sein kann, daß also alle Elektronen nach vorne gestoßen werden.

Die maximale Energie $E_{\max}$ erhält ein Elektron, dessen Richtung ($\vartheta = 0$) in der Verlängerung des Primärstrahles liegt, wie z. B. Vektor 10 in Abb. 91 (zentraler Stoß). Nach Gl. (1) ergibt sich

$$E_{\max} = \mathrm{mc}^2 \cdot \frac{2\,\alpha^2}{1 + 2\,\alpha} \cdot \quad (8)$$

Diese Maximalenergie wächst also, so lange $\alpha \ll 1$, mit dem Quadrat der Frequenz ν_0, später etwas langsamer. Beispielsweise erwartet man nach Gl. (8) für Röntgenstrahlen, deren Wellenlänge 10 e-KV entspricht, eine maximale Rückstoßelektronenenergie von $\approx 380\ e$-Volt; und für Röntgenstrahlen, deren Wellenlänge 100 e-KV entspricht, erwartet man Rückstoßelektronen bis zu 28,6 e-KV-Geschwindigkeit.

Die wellenmechanische Betrachtung bestätigt natürlich die aus Energie- und

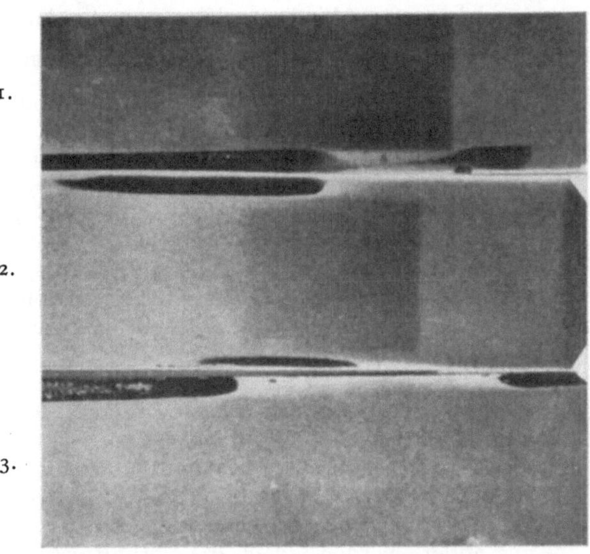

Abb. 92. Magnetische Spektren der Comptonelektronen: 1. nach vorne, 2. in seitlicher Richtung, 3. nach hinten. Nach BLESS.

Impulssatz hergeleiteten Beziehungen Gl. (1) bis Gl. (8). Anschaulich läßt sich dabei die Wechselwirkung von Röntgenstrahl und Elektron auffassen als eine Beugung der Röntgenwelle in einer elektrischen Dichtenwelle[1], die durch Überlagerung zweier DE BROGLIEscher ψ-Wellen (Kap. 5) entstanden ist. Diese Beugung ist ganz analog wie im BRAGGschen Versuch, wo der Röntgenstrahl in erster Ordnung am Kristallgitter gebeugt wird: Die Gitterkonstante der Netzebenen entspricht im Comptoneffekt der DE BROGLIEschen Wellenlänge des relativ zum Röntgenstrahl bewegten Elektrons.

Die Experimente bestätigen in jeder Weise die theoretischen Ergebnisse über Geschwindigkeiten und Richtungsverteilungen der Elektronen. Das zeigen z. B. zahlreiche Aufnahmen WILSONscher Nebelbahnen von Comptonelektronen[2]. Besonders eindrucksvoll wird uns das Abnehmen der Geschwindigkeit mit wachsendem Ablenkungswinkel demonstriert durch die magnetischen Spektren der Comptonelektronen, welche an dünnen Folien in verschiedenen Richtungen zum

[1] SCHRÖDINGER, E.: Ann. Physik Bd. 82 (1927) S. 257.
[2] WILSON, C. T. R.: Proc. Roy. Soc., Lond. Bd. 104 (1923) S. 1. — BOTHE, W.: Z. Physik Bd. 16 (1923) S. 319. — COMPTON, A. H., u. J. C. HUBBARD: Physic. Rev. Bd. 23 (1924) S. 439. — COMPTON, A. H., u. A. W. SIMON: Ebenda Bd. 25 (1925) S. 306. — KIRCHNER, F.: Ann. Physik Bd. 83 (1927) S. 970. — SKOBELZYN, D.: Z. Physik Bd. 24 (1924) S. 393; Bd. 28 (1924) S. 278; Bd. 43 (1927) S. 354 (γ-Strahlen).

Röntgenstrahl mit der fokussierenden Methode aufgenommen werden können[1].
Mit einem Apparat, ähnlich wie er früher in Abb. 87 angegeben wurde, sind die
drei Photographien der Abb. 92 erhalten worden. Es handelt sich hierbei um
Spektren der Comptonelektronen aus einer Aluminiumfolie. Die erste Aufnahme
zeigt eine scharfe Grenze, welche den höchsten Elektronengeschwindigkeiten E_{max}
nach Gl. (8) zukommt, die zweite Aufnahme zeigt das Zurückrücken dieser
scharfen Grenze bei wachsendem Emissionswinkel ϑ, während aus der dritten
Aufnahme das Fehlen der Elektronenemission nach „hinten" hervorgeht.

§ 2. **Energieverteilung bzw. longitudinale Richtungsverteilung der Comptonelektronen. Azimutale Richtungsverteilung.** Die bisherigen Betrachtungen lieferten uns Zusammenhänge von Richtung und Anfangsgeschwindigkeit der
Comptonelektronen. Wir betrachten nun die Anzahl dN der Elektronen in den
verschiedenen Richtungen, bzw. die Wahrscheinlichkeit $\dfrac{dN(E)}{N}$ dafür, daß ein
Elektron mit der Anfangsenergie zwischen E und $(E + dE)$ emittiert wird.
Die Energieverteilung (und damit nach Gl. (1) auch die Richtungsverteilung)
der Comptonelektronen ergibt sich nach halbklassischen Rechnungen[2] zu:

$$\frac{dN(E)}{N} = \frac{3}{E_{max}}\left[\frac{1}{2} - \frac{E}{E_{max}} + \left(\frac{E}{E_{max}}\right)^2\right] dE.\tag{9}$$

E_{max} ist die stark von der Wellenlänge abhängige maximale Energie für $\vartheta = 0$
[Gl. (8)]. Experimentelle Resultate über die longitudinale Richtungsverteilung
der Comptonelektronen wurden durch Ausmessen der Anfangsrichtung und
Reichweite Wilsonscher Nebelbahnen erhalten[3]. Hierbei wurde für nicht zu
kurze Wellen die nach Gl. (9) erwartete Verteilung gefunden, insbesondere wurde
durch die Experimente die Unabhängigkeit des Ausdrucks Gl. (9) von der
Röntgenwellenlänge und das nach Gl. (9) erwartete Minimum der Elektronen-
zahl für $E/E_{max} \approx \frac{1}{2}$ bestätigt. Aus der relativistischen Wellenmechanik würde
sich bei Vernachlässigung des Elektronenspins eine der Gl. (9) sehr ähnliche
Verteilung ergeben[4].

Ganz anders werden jedoch die Verhältnisse, wenn man zu sehr kurzwelligen
Röntgenstrahlen oder zu γ-Strahlen übergeht. Hier hat man z. B. aus Nebelkammeraufnahmen Verteilungen erhalten[5], welche sehr stark von den Voraussagen der Gl. (9) abweichen. Die experimentellen Ergebnisse werden aber gut
durch eine komplizierte Formel dargestellt, welche aus der Diracschen Theorie
abgeleitet ist[6]. Wir möchten hier auf die Angabe dieser Formel verzichten und
uns statt dessen die Veränderung der Richtungsverteilung der Comptonelektronen
beim Übergang zu immer kürzeren Wellen durch die Abb. 93 verdeutlichen[7].
Dort sind als Abszissen die Frequenzen der einfallenden Primärstrahlen —
gemessen durch die Größe des Parameters α [siehe Gl. (2) und Gl. (3)] — auf-
getragen; Ordinaten sind die Anzahlen $N_{\vartheta_1}^{\vartheta_2}$, der in die Winkelzonen (ϑ_1 bis ϑ_2)
emittierten Comptonelektronen, und zwar bezogen auf ein Quant der Primär-
strahlung. Bemerkenswert ist hier, daß die Anzahl der Comptonelektronen im

---

[1] Bless, A. A.: Physic. Rev. Bd. 30 (1927) S. 871.
[2] Compton, A. H., u. J. C. Hubbard: a. a. O. — Zusammenfassender Bericht G. Wentzel:
Physik. Z. Bd. 26 (1925) S. 436.
[3] Compton, A. H., u. A. W. Simon: a. a. O. (Röntgenstrahlen $\approx$ 0,13 AE).
[4] Dirac, P. A. M.: Proc. Roy. Soc., Lond. Bd. 111 (1926) S. 405. — Gordon, W.:
Z. Physik Bd. 40 (1926) S. 117.
[5] Skobelzyn, D.: Z. Physik Bd. 58 (1929) S. 595; Bd. 65 (1930) S. 773 (γ-Strahlen
0,05 bis 0,005 AE).
[6] Klein, O., u. Y. Nishina: Z. Physik Bd. 52 (1929) S. 853.
[7] Skobelzyn, D.: a. a. O. 1930.

Intervall $\vartheta = 0^0$ bis 20^0 konstant bleibt, während die Anzahl der Elektronen in den zu größeren Rückstoßwinkeln gehörigen Intervallen mit wachsender Frequenz stark absinkt. Es findet also eine „Vorwärtsverschiebung" in der Winkelverteilung mit abnehmender Wellenlänge statt.

Die bisher mitgeteilten Erfahrungen bezogen sich alle auf die longitudinale Winkelverteilung. Wir wollen jetzt unser Augenmerk auf die azimutale Winkelverteilung der Comptonelektronen richten, welche bei Bestrahlung mit polarisierten Röntgenwellen beobachtet werden kann. Experimentelle Untersuchungen mit der Nebelkammer[1], welche ganz analog zu den in Kap. II, § 5, beschriebenen photoelektrischen Versuchen ausgeführt wurden, ergaben eine starke Häufung der Comptonelektronen in Richtung des magnetischen Vektors $\mathfrak{H}$ der Röntgenwelle. Die gefundene Winkelverteilung war unabhängig von der Wellenlänge des Röntgenstrahls und von der Art des emittierenden Atoms. In Abb. 94 ist als durchgezogene Kurve eine solche

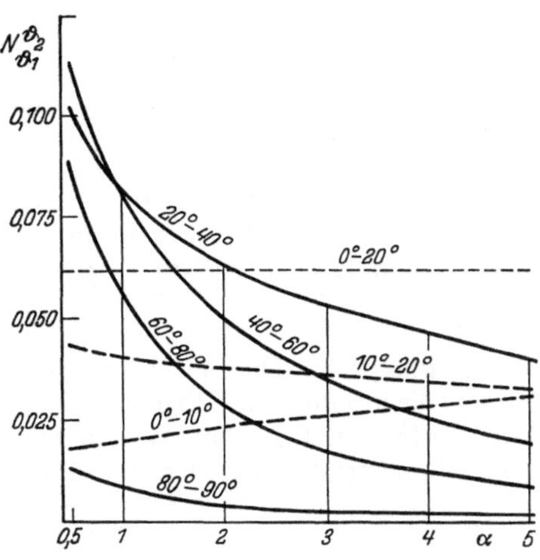

Abb. 93. Winkelverteilungen der Comptonelektronen für verschiedene Frequenzen der primären γ-Strahlen. Nach Klein u. Nishina.

Winkelverteilung von Comptonelektronen eingetragen. Zum Vergleich findet man in dieser Abbildung punktiert die azimutale Winkelverteilung der Photoelektronen eingezeichnet, welche nach den Angaben von Kap. II, § 5, ihr Maximum in Richtung des elektrischen Vektors $\mathfrak{E}$ hat. Theoretisch läßt sich die azimutale Richtungsverteilung der Comptonelektronen aus der nach klassischen oder nach wellenmechanischen Rechnungen bekannten Richtungsverteilung der gestreuten Röntgenstrahlen ableiten[2], wenn man berücksichtigt, daß das gestreute Röntgenquant und das Comptonelektron mit dem Primärstrahl in einer Ebene liegen muß.

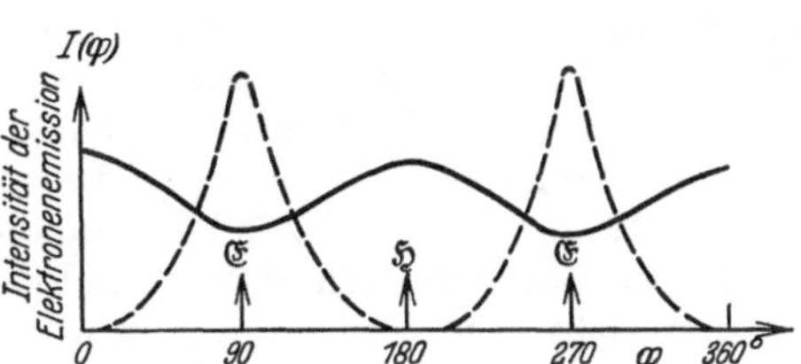

Abb. 94. Vergleich der azimutalen Richtungsverteilungen von Comptonelektronen ———— und von Photoelektronen — — —. Nach Kirchner.

§ 3. **Gesamtausbeute an Comptonelektronen. Nebelkammermessungen. Vergleich der in Rückstoßenergie und der in Streustrahlungsenergie umgewandelten Primärstrahlenergie. Die Streuungskoeffizienten und ihre Wellenlängenabhängigkeit. Streuungskoeffizient pro Elektron bei sehr kurzwelliger Strahlung.** Die Gesamtausbeute an Comptonelektronen (Summe über alle Richtungen) kann man wieder durch Abzählen aller Nebelbahnen erhalten[3]. Die so erhaltenen Ausbeuten lassen sich einerseits mit experimentellen Resultaten über die zerstreute Röntgen- bzw. γ-Strahlung, andererseits mit den auf theoretischem Wege abgeleiteten Erwartungen vergleichen.

---

[1] Kirchner, F.: Physik. Z. Bd. 27 (1926) S. 385 und 799. — Ann. Physik Bd. 81 (1926) S. 1113.   [2] Compton, A. H.: Physic. Rev. Bd. 31 (1928) S. 59.

[3] Compton, A. H., u. A. W. Simon: a. a. O. — Nuttal, J. M., u. E. J. Williams: Philos. Mag. Bd. 1 (1926) S. 1217. — Ikeuti, H.: C. R. Bd. 180 (1925) S. 1257 (Röntgenstrahlen). — Skobelzyn, D.: a. a. O. (1929) und (1930) (γ-Strahlen).

Wie schon im Schema der Abb. 82 gezeigt wurde, wird bei der Streuung der Strahlung ein gewisser Bruchteil der primären Energie $(N_0 \cdot h\nu)$ in Streustrahlungsenergie $\sum_\gamma N_\gamma h\nu_\gamma$ und ein anderer Bruchteil in Rückstoßelektronenenergie $\sum_\delta N_\delta E_\delta$ umgewandelt. Wir notieren analog zu Gl. (12) von Kap. 11 für die Intensitäten:

$$J = J_0 \cdot \exp\left(- \sigma_C x\right), \tag{10}$$

wo σ_C der komplette oder totale Streukoeffizient ist, welcher die Schwächung der einfallenden Intensität J_0 durch alle Comptoneffekte kennzeichnet. Diesen totalen Streuungskoeffizienten σ_C kann man sich zerlegt denken in einen Streuungskoeffizienten der absorbierten Strahlung, d. h. der in Rückstoßenergie der Elektronen umgesetzten Strahlung (σ_A) und in einen Streuungskoeffizienten der in Streustrahlungsintensität umgesetzten Strahlung (σ_S), also:

$$\sigma_C = \sigma_A + \sigma_S . \tag{11}$$

Die klassische Theorie[1] betrachtet die streuenden Elektronen als Ladungen, die im Wechselfeld der Primärwelle mitschwingen und dadurch selbst als Ausgangszentren elektrischer Wellen eine Streustrahlung emittieren. Nach dieser Vorstellung ergibt sich der klassische Streukoeffizient:

$$\sigma_0 = n \cdot \tfrac{8}{3} \pi \cdot \frac{e^4}{m_0^2 \cdot c^4} = n \cdot 6{,}64 \cdot 10^{-25} , \tag{12}$$

welcher unabhängig von der Wellenlänge die Schwächung der Primärstrahlung durch Zerstreuung kennzeichnet und natürlich keinerlei Aussagen über eine Wellenlängenänderung enthält. n bedeutet die Anzahl der streuenden Elektronen pro Kubikzentimeter. In Übereinstimmung mit Gl. (12) haben Experimente an leichten Atomen, (z. B. an Kohlenstoff für Wellenlängen $\lambda \approx 0{,}3$ bis $\approx 0{,}7$ AE) einen über gewisse Bereiche wellenlängenunabhängigen „Massenstreuungskoeffizienten" $\sigma_0/\varrho = 0{,}2$ ergeben ($\varrho = $ Dichte des streuenden Materials). Für kürzere Wellenlängen hat man experimentell ein Abnehmen des σ-Wertes beobachtet[2]. Dieses Abnehmen läßt sich verstehen, wenn man die Wellenlängenänderung $\triangle\lambda$ bei der Streuung im Sinne des Impulsdiagramms der Abb. 89 berücksichtigt. Betrachtet man nämlich als Ursache dieser Wellenlängenänderung einen Dopplereffekt am bewegten klassisch strahlenden Elektron, so erhält man für die oben gekennzeichneten 3 Streukoeffizienten[3]:

$$\left. \begin{aligned} \sigma_C &= \frac{\sigma_0}{1 + 2 \cdot \alpha} \\[2mm] \sigma_S &= \sigma_0 \cdot \frac{1 + \alpha}{(1 + 2\alpha)^2} \\[2mm] \sigma_A &= \sigma_C - \sigma_S = \sigma_0 \cdot \frac{\alpha}{(1 + 2\alpha)^2} \end{aligned} \right\} \tag{13}$$

wo α durch Gl. (2) bestimmt ist und von der Frequenz der einfallenden Strahlung abhängt. Gleichungen (12) werden durch direkte Streuungsmessungen oder durch Auszählungen von Nebelbahnen der Comptonelektronen bis herab zu Wellenlängen von einigen Zehntel AE bestätigt. Deutliche Abweichungen des experimentellen Befunds von der Gl. (13) treten erst zutage, wenn man zu Wellenlängen von der Größenordnung der Comptonwellenlänge kommt. Bis herab zu

[1] Thomson, J. J.: Conduction of electricity through gases. 2. Aufl. Cambridge 1903. — Siehe auch A. Sommerfeld: Atombau und Spektrallinien, S. 33. Braunschweig 1931.
[2] Compton, A. H.: Physic. Rev. Bd. 21 (1923) S. 500.
[3] Compton, A. H.: Physic. Rev. Bd. 21 (1923) S. 207 und 483.

den allerkürzesten Wellenlängen haben sich die „KLEIN-NISHINAschen Streu-
formeln", die sich aus der DIRACschen Theorie ableiten lassen[1], ausgezeichnet
bewährt; wir schreiben hier nur die Formel für den Koeffizienten der in Elektronenenergie umgesetzten Primärstrahlung an:

$$\sigma_A = 3\,\sigma_0 \left[\frac{\alpha^2 - 2\,\alpha - 3}{8\,\alpha^3} \cdot \ln\,(1 + 2\,\alpha) - \frac{10\,\alpha^4 - 51\,\alpha^3 - 93\,\alpha^2 - 51\,\alpha - 9}{12\,\alpha^2\,(1 + 2\,\alpha)^3} \right]. \quad (14)$$

Um diese reichlich komplizierte Formel zu veranschaulichen, haben wir in
Abb. 95 als punktierte Kurven die Koeffizienten σ_A/n bezogen auf ein Elektron
als Funktionen der Primärwellenlänge λ_0 aufgezeichnet, und zwar sieht man
erstens die nach Gl. (13) entworfene COMPTONsche und zweitens die nach
Gl. (14) entworfene KLEIN-NISHINAsche Kurve ($n =$ Elektronenzahl pro cm³).
Als durchgezogene Linien sind die entsprechenden Kurven für σ_S/n eingetragen.
Die Summe der entsprechenden Ordinaten von σ_S/n- und σ_A/n-Kurven würde
die σ_C/n-Kurven ergeben. Für sehr
langwellige Strahlung gehen die σ_S-
Kurven in den klassischen σ_0-Wert
über, für sehr kurzwellige Strahlung
konvergieren alle σ-Kurven gegen 0.

Bemerkenswert ist es, daß der
Streukoeffizient pro Elektron für die
in Rückstoßenergie umgewandelte
Strahlung ($= \sigma_A/n$) schon für Wellenlängen oberhalb etwa 0,015 AE
über einen weiten Bereich den annähernd konstanten und wellenlängenunabhängigen Wert 10^{-25} cm⁻¹ annimmt. Daraus geht hervor, daß oberhalb dieser Wellenlänge die Anzahl
der emittierten Comptonelektronen
zunächst linear mit der Wellenlänge
anwächst; erst bei relativ großen

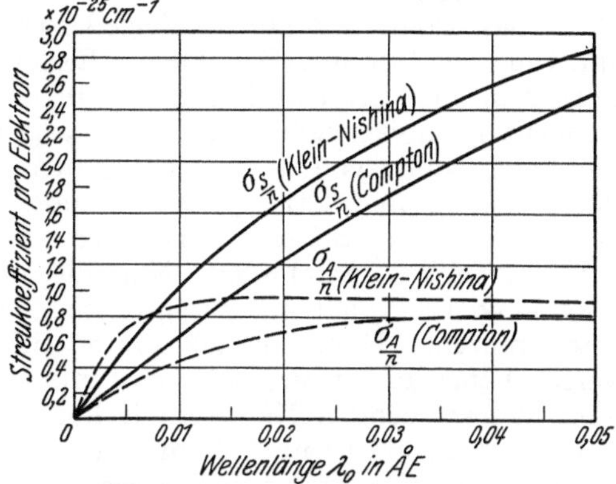

Abb. 95. Streukoeffizienten σ_S für zerstreute
und σ_A für in Elektronenenergie umgewandelte Strahlung.
Nach COMPTON bzw. nach KLEIN u. NISHINA.

Wellenlängen erreicht die Ausbeute an Comptonelektronen ein Maximum, um
dann, wie in Abb. 89 angedeutet wurde, infolge der Bindungsfestigkeit der Atomelektronen abzusinken. Die Kurven nach COMPTON bzw. nach KLEIN-NISHINA
unterscheiden sich nicht in ihren Größenordnungen, so daß die Gleichungen (13)
für Überschlagsrechnungen jedenfalls ausreichende Werte liefern.

Die Gültigkeit der KLEIN-NISHINAschen Formel für σ_C wurde kürzlich
durch eine Reihe von genauen Streuungsmessungen mit γ-Strahlen von Th C''
($\lambda = 4{,}7 \cdot 10^{-11}$ cm)[2] bzw. von Ra C (mittleres $\lambda \approx 7 \cdot 10^{-11}$ cm)[3] geprüft, auf
die wir jedoch im Rahmen dieses Buches nicht näher eingehen können. Wir er-
wähnen nur als Resultat, daß für leichte Atome ausgezeichnete Übereinstimmung mit der KLEIN-NISHINAschen Formel, dagegen für schwere Elemente
eine Abweichung im Sinne zu großer Streukoeffizienten gefunden wurde, die
etwa quadratisch mit der Kernladungszahl anwächst. Beispielsweise wurde für
die erwähnte Th C-Strahlung σ_C/n (Blei) $= 1{,}8 \cdot 10^{-25}$ an Stelle des theoretischen

---

[1] KLEIN, O., u. Y. NISHINA: Z. Physik Bd. 52 (1928) S. 853.
[2] TARRANT, G. T.: Proc. Roy. Soc., Lond. Bd. 128 (1930) S. 345; Bd. 135 (1932) S. 223. —
CHAO, C. Y.: Physic. Rev. Bd. 36 (1930) S. 1519. — MEITNER, L., u. H. HUPFELD: Z. Physik
Bd. 67 (1931) S. 147. — JAKOBSEN, J.: Ebenda Bd. 70 (1931) S. 145.
[3] GRAY, L. H.: Proc. Roy. Soc., Lond. Bd. 128 (1930) S. 361 und Bd. 130 (1930) S. 524.
— MEITNER, L., u. H. HUPFELD: Z. Physik Bd. 67 (1931) S. 147; Bd. 75 (1932) S. 705.

Wertes $1{,}25 \cdot 10^{-25}$ cm^{-1} gefunden. Dieser Effekt bedeutet jedoch keine Widerlegung der erwähnten Streuformel, vielmehr müssen wir die erwähnte zusätzliche Schwächung auf Photoeffekte und ganz besonders auf Streuungen der γ-Strahlen an den Elektronen in den Atomkernen zurückführen.

§ 4. Klassische und COMPTONsche Streuung der Röntgenstrahlen. Streuung durch die Elektronen in Atomkernen. Das im vorigen Paragraphen angegebene Verfahren, aus den gemessenen Streuungskoeffizienten σ_C und σ_S auf den für die Ausbeute an Comptonelektronen charakteristischen Koeffizienten σ_A zu schließen, darf nicht mehr ohne weiteres angewendet werden, sobald die Bindungsenergie der Elektronen einen merklichen Bruchteil von der Energie des primären Röntgenquants ausmacht. Offenbar wird dann nämlich der vom Lichtquant abgegebene Impuls nicht mehr vom Elektron allein, sondern von der Masse des ganzen Atoms aufgenommen. Statt Gl. (2) hätten wir in diesem Falle $\alpha = \dfrac{h\nu}{Mc^2}$ zu setzen, wo M (an Stelle der Elektronenmasse m_0) jetzt die Masse des Atoms bedeutet. Infolgedessen wird die COMPTONsche Wellenlängenänderung jetzt unmerklich klein. Experimentell beobachtet man deshalb im Spektrum der Streustrahlung im allgemeinen eine gegen die Primärstrahlfrequenz ν_0 unverschobene Linie ($\nu = \nu_0$) und eine verschobene Linie ($\nu_1 < \nu_0$); die erstere rührt von der Streuung an relativ festgebundenen, die letztere von der Streuung an relativ locker gebundenen Atomelektronen her. Die Linie ν_0 verschwindet erst bei sehr kurzwelliger Primärstrahlung, dagegen überwiegt sie bei langwelliger Strahlung. Nur die ohne Wellenlängenänderung gestreute Strahlung ist kohärent, infolgedessen erzeugt nur diese Strahlung Kristallinterferenzen. Experimentell ergibt sich das Intensitätsverhältnis J_v/J_u der verschobenen zur unverschobenen Linie um so größer, je niedriger die Ordnungszahl[1] des streuenden Materials, je kürzer die Primärwellenlänge und je größer der Streuwinkel[2] (Θ in Abb. 91) ist.

Beispielsweise ergibt sich dieses Verhältnis bei $\lambda = 0{,}71$ AE am Kohlenwasserstoff bei $\Theta = 60^0$ zu $J_v/J_u = 1{,}08$ und bei $\Theta = 165^0$ zu $J_v/J_u = 4{,}86$. Bei der gleichen Wellenlänge wurde bei $\Theta = 90^0$ am Kupfer nur $J_v/J_u = 0{,}3$, am Blei sogar nur $J_v/J_u = 0{,}02$ gefunden. Bei der Wellenlänge $\lambda = 0{,}56$ AE und bei $\Theta = 120^0$ ergab sich J_v/J_u am Lithium zu > 10, am Kohlenstoff zu $5{,}5$ und am Kupfer zu $0{,}2$.

Zur ungefähren Abschätzung dieses Intensitätsverhältnisses ist eine wellenmechanisch abgeleitete Formel nützlich[3]. Man erhält einigermaßen übereinstimmend mit der Erfahrung für die Elektronen der K-Schale:

$$\frac{J_u}{J_v + J_u} = \left[\frac{4\,\nu_K}{(\nu_0 - \nu_1) + 3\,\nu_K} \right]^2, \tag{15}$$

wo ν_0 bzw. ν_1 bzw. ν_K die Frequenzen der Primärstrahlung, der gestreuten Strahlung und der K-Absorptionsgrenze bedeuten. $J_u/(J_v + J_u)$, der auf die unverschobene Linie entfallende Bruchteil der Gesamtintensität ist also um so geringer, je kleiner die K-Elektronenbindungsenergie $h\nu_K$ im Verhältnis zur Rückstoßenergie $h(\nu_0 - \nu_1)$ ist. Für die anderen Atomelektronen erhält man qualitativ das gleiche Resultat. Die Intensität der verschobenen Linie wird nur dann mit der Intensität der unverschobenen Linie vergleichbar, wenn die hauptsäch-

---

[1] Ross, P. A.: Physic. Rev. Bd. 26 (1925) S. 282. — Woo, Y. H.: Ebenda Bd. 27 (1926) S. 119; Bd. 28 (1926) S. 426.

[2] KALLMANN, H., u. H. MARK: Z. Physik Bd. 36 (1926) S. 120.

[3] WENTZEL, G.: Z. Physik Bd. 43 (1927) S. 1 und 779. — STRATTON, J. A.: Physik. Z. Bd. 28 (1927) S. 316.

lichen Absorptionsfrequenzen mit der Frequenzänderung $(\nu_0 - \nu_1)$ kommensurabel sind.

Sehr interessant ist in diesem Zusammenhange, daß auch bei der Streuung von kurzwelliger γ-Strahlung an schweren Atomen eine unverschobene Linie beobachtet wird[1] welche offenbar von der „klassischen" Streuung der γ-Strahlen an den in den Atomkernen befindlichen und in den Neutronen relativ fest gebundenen Elektronen herrührt. Die Intensität dieser Streuung ist ganz beträchtlich, beispielsweise gibt bei der mittleren Wellenlänge $\lambda = 0{,}007$ AE ein Bleikern etwa viermal so viel „klassische" Streuung, als ein Elektron Comptonstreuung liefert. Man mißt bei dieser Wellenlänge pro ein Bleiatom als gesamten Schwächungskoeffizienten $\mu = 164 \cdot 10^{-25}$, hiervon entfallen auf COMPTONsche Streuung: $\sigma_C = 126 \cdot 10^{-25}$, auf „klassische" Streuung: $\sigma_K = 5 \cdot 10^{-25}$, der Rest: $\tau = 33 \cdot 10^{-25}$ ist dem Absorptionskoeffizienten (Photoelektronen) zuzuschreiben.

Kapitel 13.

Sekundärelektronen[2].

§ 1. Ionisierungsspannung und ihre Messung. Der Zusammenstoß eines schnellbewegten Elektrons mit einem Atomelektron gestaltet sich analog zu dem im vorigen Kapitel behandelten Comptoneffekt. Die klassische Betrachtungsweise kann beide Ereignisse als unelastische Stoßvorgänge mittels Energie- und Impulssatz behandeln, die Wellenmechanik kann beide Ereignisse als Beugungsprobleme behandeln. Eine starke Verschiedenheit gegenüber dem Comptoneffekt tritt nur bei solchen Elektronenstößen zutage, wo die kinetische Energie des Stoßelektrons etwa von der Größe der Bindungsenergie des Atomelektrons ist.

Die Befreiung eines Atomelektrons durch ein bewegtes freies Elektron, die sog. „Ionisierung durch Elektronenstoß" setzt bei einer ganz bestimmten kritischen Elektronengeschwindigkeit, welche der „Ionisierungsspannung" entspricht, merklich ein[3]. In diesem Falle gibt das stoßende Elektron seine kinetische Energie an ein einzelnes Atomelektron ab und leistet so eine ganz bestimmte Hubarbeit, welche nötig ist, um das betreffende Atomelektron aus seiner Grundbahn herauszuholen. Ist die kinetische Energie V_0 des stoßenden Elektrons größer als die Ionisierungsspannung W, so wird sich nach dem Stoß der Überschuß $(V_0 - W)$ in irgendeiner Weise auf die beiden am Stoß beteiligten Elektronen verteilt haben. Den verschiedenen Atomen kommen nach Kap. 7 verschiedene Ionisierungsspannungen zu. Scharf definiert und gut zu beobachten sind die Ionisierungsspannungen bei den Gasen. Wir geben hier zunächst eine Übersicht über die wichtigsten Methoden zur Messung von Ionisierungsspannungen.

In der einfachen Anordnung der Abb. 96[4] gehen von einer Glühkathode K Elektronen aus, welche in einem kurzen Beschleunigungsraume zwischen K und

---

[1] MEITNER, L., u. H. HUPFELD: Z. Physik Bd. 75 (1932) S. 705. Theoretisches siehe bei W. HEISENBERG: Z. Physik Bd. 78 (1932) S. 156. — Im Gegensatz zu den oben referierten Messungen glauben L. H. GRAY und G. T. P. TARRANT: Proc. Roy Lond. Bd. 136 (1932) S. 662 nachgewiesen zu haben, daß der Atomkern beim Auftreffen genügend kurzwelliger γ-Strahlen fast gar keine Streustrahlung, sondern nur charakteristische Eigenstrahlungen aussendet, deren Frequenzen von der auffallenden Primärstrahlung und vom Emissionswinkel unabhängig sind.

[2] Zusammenfassend J. FRANCK u. P. JORDAN: Anregungen von Quantensprüngen durch Stöße. Berlin 1925. — H. KALLMANN u. B. ROSEN: Physik. Z. Bd. 32 (1931) S. 522.

[3] TOWNSEND, J. S.: 1901. — STARK, J.: 1902. — LENARD, PH.: 1902. — FRANCK, J., u. G. HERTZ: 1913. (Über Anregungsspannungen siehe Kap. 20.)

[4] DAVIS, B., u. F. S. GOUCHER: Physic. Rev. Bd. 10 (1917) S. 101.

dem Beschleunigungsgitter N_1 die gewünschte Geschwindigkeit erhalten. Sie durcheilen dann einen langen Stoßraum, in welchem die Ionisierung stattfindet. Die dort erzeugten positiven Ionen werden durch ein ganz schwaches Feld durch das Steuerungsgitter N_2 hindurch zum Auffänger A gezogen und dort durch das Galvanometer G registriert. Der Zweck des Steuerungsgitters besteht hier in der Ausschaltung eines Nebeneffektes am Auffänger: Schon bei Elektronengeschwindigkeiten, welche noch weit unter der Ionisierungsspannung liegen,

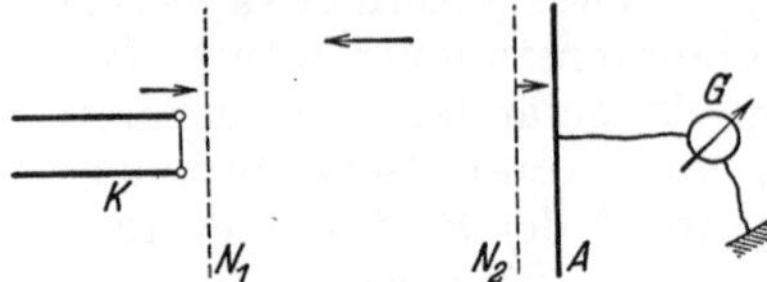

Abb. 96. Messung von Ionisierungsspannungen. Nach Davis u. Goucher.

den sog. „Anregungsspannungen", wird das von den Elektronen getroffene Gas zum Leuchten angeregt, und das hiervon auf den Auffänger fallende Licht löst dort Photoelektronen aus. Das Steuerungsgitter wird nun soweit negativ geladen, daß die im Stoßraum beschleunigten Ionen gerade noch zum Auffänger gelangen können, daß aber die dort ausgelösten Photoelektronen wieder zurückgezogen werden. Die Kurve in Abb. 97 zeigt als Ergebnisse dieser Methode im Hg-Dampf die vom Auffänger A abfließenden Ströme als Funktion der den Elektronen im Beschleunigungsraum erteilten Voltgeschwindigkeit. Die obere Kurve wurde bei gleichem Potential

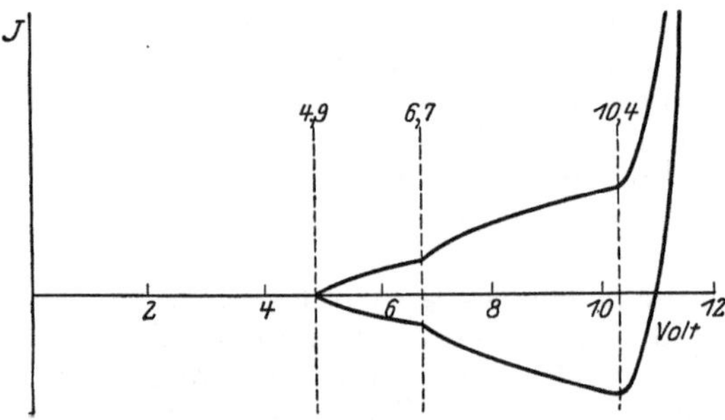

Abb. 97. Anregung und Ionisierung im Hg-Dampf. Nach Davis u. Goucher.

von Steuerungsgitter N_2 und Auffänger A aufgenommen; sie ermöglicht bestenfalls eine Unterscheidung der Anregung von der Ionisierung infolge der sehr viel größeren Intensität des zweiten Effekts[1]. Die untere Kurve wurde bei einem gegen den Auffänger schwach negativ geladenen Steuerungsgitter erhalten: Auf den Auffänger kommen bei der ersten Anregung (hier gleich 4,9 Volt) einige Photoelektronen, die am Steuerungsgitter ausgelöst wurden. Die-

ser Effekt wird plötzlich stärker, wenn unsere Primärelektronen die zweite Anregungsspannung (hier gleich 6,7 Volt) überschreiten. Sobald aber bei 10,4 Volt die Ionisierungsspannung erreicht ist, und die positiven Ionen zum Auffänger kommen, kehrt die Kurve ihre Richtung um.

Es gibt noch eine ganze Reihe anderer Verfahren zur Unterscheidung von Anregung und Ionisierung; z. B. läßt sich die Auffangelektrode ausbilden als drehbarer Faradaykäfig, dessen Öffnung mit einem Netz überspannt ist[2]. Durch Drehen um 180° kommt diese Öffnung nach hinten, und der massive Boden des Käfigs dient als Auffänger. Wird so der Boden getroffen, dann verlassen alle lichtelektrisch ausgelösten Elektronen den Auffänger; wird die Netzseite exponiert, so verlassen ihn nur diejenigen, die an der Vorderseite des Netzes ausgelöst werden, während alle im Inneren des Käfigs entstandenen Elektronen eingefangen werden. Das Verhältnis der Ströme in beiden Stellungen läßt sich durch Bestrahlung mit einer unabhängigen Lichtquelle eichen.

---

[1] Diese Kurve entspricht den in Kap. 20 besprochenen Messungen von Franck und Hertz aus dem Jahre 1913.

[2] Compton, K. T.: Philos. Mag. Bd. 40 (1920) S. 553. — Ähnliche andere Methoden siehe z. B. P. S. Olmstead: Physic. Rev. Bd. 20 (1922) S. 613. — Compton, K. T., u. C. A. Mackay: Philos. Mag. Bd. 46 (1923) S. 828.

Von prinzipieller Wichtigkeit ist ein durch Abb. 98 erläutertes Verfahren[1]. Die von der Glühkathode D zum Netz N_1 beschleunigten Elektronen gelangen in den Stoßraum, in welchem sich eine zweite Glühkathode G befindet. Um diese herum hat sich infolge ihrer Elektronenemission eine starke Raumladung ausgebildet. Sobald nun die Geschwindigkeit der von D ausgehenden Elektronen ausreicht, um die Gasatome zu ionisieren, gelangen positive Ionen in die Raumladung und bewirken ihren Zusammenbruch. Aus dem daraus folgenden Ansteigen der Glühemission wird dann, wie in Kap. 3, § 4 erörtert wurde, die Anwesenheit der positiven Ionen nachgewiesen.

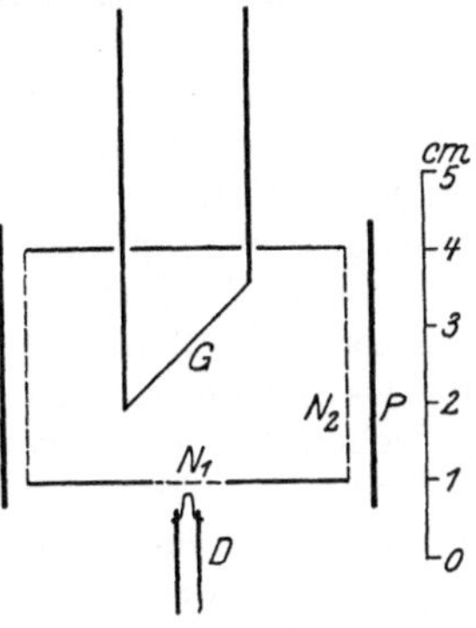

Abb. 98. Bestimmung der Ionisierungsspannung durch den Zusammenbruch einer Raumladung. Nach HERTZ.

§ 2. Massenspektroskopie der entstandenen positiven Ionen. Ionisierung von Molekülen. Stufenweise und totale Ionisierungsspannungen.

Nach der genauen Bestimmung der Ionisierungsspannung erhalten wir weiteren Einblick in den Ionisierungsvorgang durch Betrachtung des beim Elektronenstoß entstandenen positiven Ions[2]. Ladung und Masse dieses Ions können wir z. B. mit Hilfe der schon am Elektron in Kap. 4 erläuterten Methode bestimmen. Zwei Versuchsanordnungen haben sich bei der Massenspektroskopie der durch Elektronenstoß gebildeten positiven Ionen besonders bewährt: Die erste ist bereits bei über 30 verschiedenen Arbeiten verwendet worden[3]; sie beruht auf der elektrischen Beschleunigung der Ionen und nachfolgender magnetischer Ablenkung. Wie aus Abb. 99 ersichtlich, werden die Elektronen von der Glühkathode F bis zu einem Netz längs einer kurzen Strecke beschleunigt und ionisieren das im Stoßraum R_2 befindliche Gas, welches durch A dauernd neu einströmt. Die entstandenen Ionen werden mit Hilfe eines schwachen Feldes durch den Schlitz S_1 hindurchgezogen, auf dem Wege nach S_2 durch ein stärkeres Feld beschleunigt, und dann von S_3 bis S_4 durch ein Magnetfeld auf halbkreisförmiger Bahn herumgelenkt. Die im Auffänger P als Funktion der Magnetfeldstärke gemessenen Ströme lassen dann je nach der Geschwindigkeit der Primärelektronen verschiedene Maxima von verschiedener Höhe erkennen, welche den verschiedenen Ionensorten zukommen. Sehr wichtig ist es, daß im Stoßraum genügend hoher Druck (ca. 10^{-3} mm Hg) herrscht, während durch kräftige Pumpen in allen Räumen, welche von den erzeugten Ionen passiert werden, bestes Vakuum aufrechterhalten werden muß. Diese

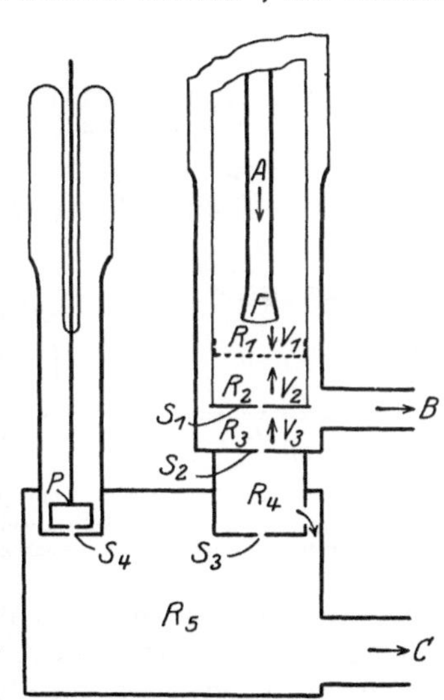

Abb. 99. Massenspektroskopie der durch Elektronenstoß gebildeten Ionen. Nach SMYTH.

Massenspektroskopie hat besonders den Ionisierungsvorgang bei Molekülen aufgeklärt. So konnte z. B. gezeigt werden, daß beim Elektronenstoß in mehr-

---

[1] HERTZ, G.: Z. Physik Bd. 18 (1923) S. 307.

[2] Zusammenfassend H. D. SMYTH: Rev. mod. Physic. Bd. 3 (1931) S. 347.

[3] Vollständige Literaturzusammenstellungen siehe z. B. bei R. W. GURNEY u. P. M. MORSE: Physic. Rev. Bd. 33 (1929) S. 789 und bei H. KALLMANN u. B. ROSEN: Z. Physik Bd. 61 (1930) S. 61.

atomigen Gasen mehrere Ionenarten entstehen: Zuerst das Molekülion, dann das Atomion. So entsteht z. B. im Sauerstoff: O_2^+ zuerst bei 12,5 Volt, O^+ zuerst bei 18,6 Volt; im Stickstoff: N_2^+ zuerst bei 15,8 Volt, N^+ zuerst bei 24 Volt. In komplizierten Gasen entstehen viele Ionenarten, jedem Ion ist dabei wieder eine ganz spezielle Ionisierungsspannung eigentümlich. In Kohlensäure beginnt bei 19 Volt die Bildung von O^+, bei 19,7 Volt von CO^+ und bei 26,7 Volt von C^+. Weitere Daten über Zerlegungsarbeiten beim Abreißen eines Elektrons aus einem Molekül haben wir bereits früher in Kap. 7, § 6 tabelliert. Der Beginn der Sekundärelektronenemission der Moleküle liegt nun aber fast immer bei höheren Primärelektronengeschwindigkeiten, als es der Ionisierungsspannung entspricht. Denn wie später noch in Kap. 20, § 4, dargelegt werden soll, ist die Sekundärelektronenemission bei allen Molekülen fast immer nur dann möglich, wenn gleichzeitig eine Oszillation der Atomkerne angeregt wird.

Neben den eben erwähnten primären Dissoziationsprozessen können als Folgeerscheinungen chemische Anlagerungs- und Umlagerungsreaktionen einhergehen, in einigen Fällen können auch nachträgliche sekundäre Zerfallsprozesse mitspielen. Alle diese lassen sich experimentell durch Variation der Druckverhältnisse von den primären Prozessen unterscheiden; für den Vorgang der Elektronenbefreiung selbst haben sie weiter kein Interesse.

Sehr wichtig dagegen ist der Befund, daß aus einem Atom bei genügender Geschwindigkeit des Stoßelektrons gleichzeitig viele Sekundärelektronen befreit werden können. Die hierbei entstandenen, vielfach geladenen positiven Ionen und ihre Ionisierungsspannungen, d. h. die Voltgeschwindigkeiten des Stoßelektrons, bei denen die betreffenden Ionen erstmalig auftreten, lassen sich besonders scharf nach folgender, durch Abb. 100 erläuterten Methode[1] untersuchen: Die von F startenden Primärelektronen werden auf einer kurzen Strecke beschleunigt. Sie bewegen sich dann parallel zur Zeichenebene von Abb. 100a bzw. senkrecht zur Zeichenebene von Abb. 100b auf einer etwa 10 cm langen Bahn, deren Querschnitt in der Abb. 100 b als punktierte Linie

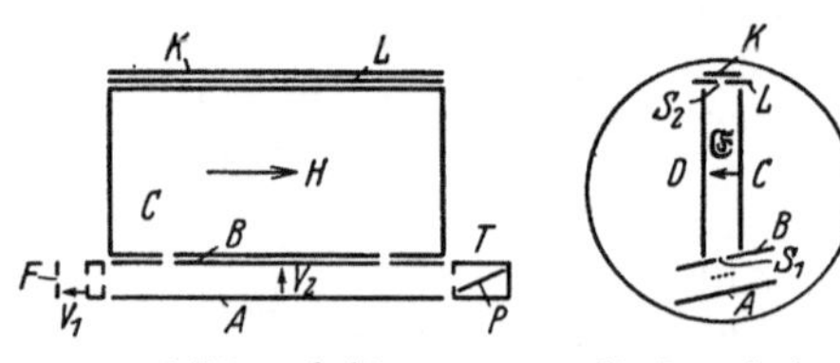

<table>
<tr><td>a) Längsschnitt.</td><td>b) Querschnitt.</td></tr>
</table>

Abb. 100. Apparat zur Massenspektroskopie der durch Elektronenstoß gebildeten Ionen. Nach BLEAKNEY.

angedeutet ist. Ein starkes, homogenes, den Elektronen parallel verlaufendes Magnetfeld sorgt dafür, daß sie nicht wesentlich aus dieser Bahn abweichen können (siehe Kap. 2, § 1). Die längs ihres Weges durch Stoß erzeugten Ionen werden durch ein schwaches elektrisches Feld nach B getrieben und treten durch einen Spalt von $60 \cdot 0{,}25$ mm in den Kondensator DC.

Hier wirkt auf sie quer zu ihrer Bewegungsrichtung ein elektrisches Feld ein, welches für jede Ionensorte so eingestellt wird, daß nach der Methode der gekreuzten Querfelder die Beschleunigung des obenerwähnten Magnetfeldes kompensiert wird, und die betrachteten Ionen ihren Weg von der Blende S_1 ab gradlinig durch die Blende S_2 zum Auffänger K zurücklegen können. Durch die große Länge des Stoßraumes und des Spaltes in B wird ein Arbeiten bei relativ geringen Gasdrucken und Elektronendichten ermöglicht.

Nach dieser Methode ergab sich beispielsweise eine fünffache Möglichkeit der Ionisierung des Hg-Dampfes: So entsteht erstmalig bei einer Elektronengeschwindigkeit von 10,4 Volt ... Hg^+-Ion, bei 30 Volt ... Hg^{++}-, bei 71 Volt ... Hg^{+++}-, bei 143 Volt ... Hg^{4+}- und bei 225 Volt ... Hg^{5+}-Ion. Ergebnisse über

---

[1] BLEAKNEY, W.: Physic. Rev. Bd. 34 (1929) S. 157; Bd. 35 (1930) S. 139 und 1180; Bd. 36 (1930) S. 1303.

derartige „stufenweise Ionisierungsspannungen" an anderen Atomen findet man in Tabelle 24. Unter „totaler Ionisierungsspannung" versteht man die Energie, die nötig ist, um einem Atom seine sämtlichen Elektronen fortzunehmen. Nach Tabelle 24 beträgt z. B. die totale Ionisierungsspannung beim Helium 78,6 e-Volt, beim Lithium 202 e-Volt.

Tabelle 24. Abreißarbeit für mehrere Sekundärelektronen gleichzeitig aus einem Atom.

z	Atom	W^+	W^{++}	W^{3+}	W^{4+}	W^{5+}
2	He	24,47	78,6	—	—	—
3	Li*	5,37	80,6	202 0	—	—
10	Ne	21,47	62,4	125,0	—	—
11	Na*	5,12	52,6	—	—	—
18	Ar	15,69	43,51	88,0	258,0	500
19	K*	4,32	36,0	—	—	—
20	Ca*	6,09	17,9	78,7	—	—
36	Kr*	13,94	40,3	71,5	—	—
80	Hg	10,39	30,0	71,0	143,0	225
82	Pb*	7,38	22,4	54,3	98,2	—

Die mit * bezeichneten Atome sind bisher nur nach optischen Methoden untersucht worden. Die betr. stufenweisen Ionisierungsspannungen wurden aus den Seriengrenzen von Funkenspektren erhalten.

§ 3. Ausbeuten an Sekundärelektronen: Begriffe und Definitionen[1]. Neben der Frage nach der Ionisierungsspannung und nach der Art der gebildeten Ionen interessiert uns die Ausbeute an Sekundärelektronen, und zwar als Funktion von der Primärgeschwindigkeit. Man bezeichnet diese Funktion als „Ionisierungsfunktion" bzw. ihre graphische Darstellung als „Ionisierungskurve". Wir müssen uns vorstellen, daß ein Elektron beim Durchgang durch ein Gas an jeder Stelle, wo ein Ionisierungsstoß stattgefunden hat, ein positives Ion (im ganzen also eine Kette positiver Ionen) hinterläßt; von jedem dieser positiven Ionen ist ein Sekundärelektron entsprungen. Die Anzahl dieser Sekundärelektronen pro Zentimeter Weglänge des primären Elektrons nennt man „Primärionisation"[2]. Nun kommt es aber häufig vor, daß ein solches sekundäres Elektron über genügend große kinetische Energie verfügt, um seinerseits erneut ionisierend zu wirken, und so tertiäre Elektronen erzeugt usw. Wir haben uns also vorzustellen, daß von der eben erwähnten Ionenkette Abzweigungen ausgehen, so daß die gesamten zurückbleibenden positiven Ionen die Vorstellung eines verästelten Baumes erwecken. Die so insgesamt pro Zentimeter Weg befreite Zahl von Sekundärelektronen, welche mindestens[3] gleich ist der Anzahl aller überhaupt längs dieses Weges erzeugten positiven Ionen, wird als „Ionisierungszahl"[4] bezeichnet. Die beiden Begriffe — Primärionisation und Ionisierungszahl — werden im allgemeinen ohne Auswahl auf alle Elektronen beliebiger Herkunft angewendet; sie können aber auch auf spezielle Ionisierungsakte präzisiert werden, wie z. B.: Ionisierungszahl für Hg^{++}; Primärionisation für Elektronen der K-Schale, usw.

---

[1] Die Bildung der im folgenden erläuterten Begriffe verdanken wir im wesentlichen P. LENARD: Näheres siehe in „Quantitatives über Kathodenstrahlen" Heidelberg (1925).

[2] Oft auch „reine differentiale Sekundärstrahlung" genannt.

[3] Genau genommen entspricht nur die Anzahl der positiven Ionen — und zwar jedes Ion multipliziert mit der Zahl seiner Ladungen — der Ionisierungszahl, denn in einigen, wenn auch relativ seltenen Fällen kommt es, wie oben erwähnt wurde, vor, daß einem Atom vom Primärelektron gleichzeitig mehrere sekundäre Elektronen entrissen werden. Ein n-fach geladenes Ion wird aber elektrometrisch gleich n einzelnen Ionen gewertet.

[4] Oft auch „Ionisierungsvermögen" oder „summarische differentiale Sekundärstrahlung" genannt.

Betrachtet man das Primärelektron nicht nur während eines kurzen Weg-differentials, sondern über eine längere Strecke, so bemerkt man, daß es bei jedem Ionisierungsakt einen gewissen Energieverlust erleidet, und daß infolgedessen seine anfängliche Energie längs eines gewissen Weges aufgezehrt wird. Bis zur Bremsung des primären Elektrons wird also die ganze Ionisierungskurve durchlaufen, und dabei wird längs der sog. „Reichweite" R, d. h. längs ihres ganzen Weges, eine Summe S von Sekundärelektronen befreit, welche als „Totalionisation"[1] bezeichnet wird. Nach dieser Definition berechnet sich die Totalionisation S aus der Ionisierungszahl s als Integral der Ionisierungskurve bis zu der gegebenen Anfangsgeschwindigkeit u bzw. als Linienintegral (dx = Linienelement) über die Reichweite R:

$$S = \int_0^u s \cdot du = \int_0^R s \cdot dx \,. \tag{1}$$

Von der Totalionisation können wir wiederum eine „totale Primärionisation"[2] spezialisieren als Summe aller Primärionisationen über die ganze Reichweite des Elektrons. Schließlich können wir noch nach der Sekundärelektronenmenge fragen, die bei einer Atomdurchquerung durchschnittlich befreit wird. Diese Menge wird meist als Ionisierungswahrscheinlichkeit[3] oder als absolute Ausbeute Φ_0 bezeichnet. Sie kann z. B. aus der gemessenen Primärionisation s_0 und der mittleren freien Weglänge l des Elektrons im Gase zu

$$\Phi_0 = s_0 \cdot l \tag{2}$$

berechnet werden[4]. Die ganze Begriffsbildung, welche für das Verständnis der Sekundärelektronenbefreiung so wesentlich geworden ist, wird durch folgendes Schema noch einmal verdeutlicht:

Weglänge	Ausbeute an Sekundärelektronen — — — Ionisation	
Ganze Reichweite	$S_0 = \int s_0 \cdot dx$ Totale Primärionisation (= reine, totale Sek.-Str.)	$\bar{S} = \int \bar{s} \cdot dx$ Totalionisation (= Gesamtionisierung = totale Sekundärelektronenzahl = summarische totale Sek.-Str.)
1 cm Weg bei 0^0C und 1 mm Hg-Druck	s_0 Primärionisation (= reine differentiale Sek.-Str.)	$\bar{s}$ Ionisierungszahl (= summarische differentiale Sek.-Str. = Ionisierungsvermögen)
	$s_n\,{}_l$ Primärionisation für einen Spezialakt[5]	$\bar{s}_n\,{}_l$ Ionisierungszahl für einen Spezialakt[5]
Eine mittlere freie Weglänge l des Elektrons	$\Phi_0 = s_0 \cdot l$ Ionisierungswahrscheinlichkeit (= absolute Ausbeute = reine Sekundär-elektronenmenge pro Durchquerung)	$\bar{\Phi} = \bar{s} \cdot l$ Sekundärelektronenmenge pro freie Weglänge (= summarische Sekundär-elektronenmenge pro Durchquerung)

[1] Auch „Gesamtionisierung" oder „totale summarische Sekundärstrahlung" oder auch „totale Sekundärelektronenzahl" genannt.

[2] Auch „reine, totale Sekundärstrahlung" genannt.

[3] Das Wort „Ionisierungswahrscheinlichkeit" wird in der Literatur häufig für unseren Begriff „Ionisierungszahl" gebraucht.

[4] Eine gewisse Schwierigkeit bildet hierbei die Undefiniertheit der mittleren freien Weglänge. Vgl. hierzu Fußnote 3 auf S. 160 in § 6 dieses Kapitels.

[5] Befreiung des Elektrons aus einer Schale mit der Hauptquantenzahl n und der Nebenquantenzahl l. (Quantenzahlen siehe Kap. 7 § 5.)

§ 4. Erwartungen der klassischen Theorie und der Wellenmechanik. Der einfachen Theorie ist zunächst die Ionisierungswahrscheinlichkeit bzw. die Primärionisation zugänglich. Nach der klassischen Mechanik[1] betrachtet man die vom stoßenden Elektron auf das in Frage kommende Atomelektron übertragene Energie- und Impulsgröße. Hierbei wird der Atomkern als fest angesehen und kommt infolgedessen für Energie- und Impulsübertragung nicht in Betracht. Die Energie E_1, welche dem Atomelektron beim Stoß mitgeteilt wird, hängt einerseits von der Energie E_0 des Primärelektrons, andererseits seinem Zielabstand p ab. Den Zielabstand des Primärelektrons vom gestoßenem Elektron definieren wir hier wieder in gleicher Weise, wie wir es schon in Kap. 2, § 1 (S. 17) bei der Behandlung der Elektronenbahn um ein festes Anziehungszentrum getan haben. Ionisation tritt bei zentralem Stoß ($p = 0$) immer ein, wenn $E_0 \geqq W$, d. h. wenn E_0 mindestens so groß wie die Ionisierungsarbeit W ist. Bei kleineren Geschwindigkeiten ($E_0 < W$) reicht die Energie des Primärelektrons auch bei zentralem Stoß ($p = 0$) nicht aus. Bei größeren Geschwindigkeiten ($E_0 > W$) existiert für jedes E_0 ein gewisser Grenzwert p_g des Zielabstandes. Die übertragene Energie reicht nur dann zur Ionisation aus, wenn p kleiner als dieser Grenzwert ist. Dieser ergibt sich als Funktion der Energie des Primärelektrons zu:

$$p_g(E_0) = \frac{e}{W} \sqrt{\frac{W}{E_0} - \frac{W^2}{E_0^2}} \,. \tag{3}$$

Diese Funktion hat ein Maximum für $E_0 = (2W)$ mit dem Wert

$$p_{\max} = \frac{e}{2W} \,.$$

Der Grenzwert p_g gibt den Radius eines für die Ionisierung wirksamen Querschnitts

$$q = \pi \, p_g^2$$

an, so daß durch dessen Quotient mit dem gaskinetischen Querschnitt πa^2 die Ionisierungswahrscheinlichkeit eines speziellen Atomelektrons mit der Abreißarbeit W bestimmt ist.

Für die Primärionisation eines Spezialaktes ergibt diese klassische Betrachtung:

$$s_j = \frac{n \cdot \pi e^4 Z_j}{E_0} \left(\frac{1}{W_j} - \frac{1}{E_0} \right), \tag{4}$$

wo n die Anzahl der Atome pro Kubikzentimeter und Z_j die Anzahl der Elektronen im Atom mit der Abreißarbeit W_j bedeuten. Um die allgemeine Primärionisation s_0 zu erhalten, haben wir über die Wirkungen an den verschiedenen Atomelektronen mit den verschiedenen Abreißarbeiten zu summieren. Für sehr langsame Primärgeschwindigkeiten kann man von einer Summierung absehen und braucht nur das Valenzelektron im Atom zu berücksichtigen, für sehr schnelle Primärelektronen, wo E_0 sehr groß gegen alle W_j ist, vereinfacht sich unsere Gl. (4) zu

$$s_0 = n \, \frac{\pi e^4 Z}{E_0 W} \,. \tag{5}$$

Die Wellenmechanik betrachtet die Ionisation als Übergang aus einem Zustand des diskreten Termspektrums in einen Zustand des kontinuierlichen Termspektrums und erhält die sekundäre Elektronenausbeute aus gewissen Matrixelementen, welche für große Elektronengeschwindigkeiten proportional den op-

---

[1] THOMSON, J. J.: Philos. Mag. Bd. 23 (1912) S. 449. — BOHR, N.: Ebenda Bd. 30 (1915) S. 581.

tischen Übergangswahrscheinlichkeiten sind. Eine Berechnung[1], die hier nicht näher erörtert werden kann, ergibt für die Primärionisation eines Elektrons mit der Hauptquantenzahl n und der Nebenquantenzahl l den Wert:

$$s_{nl} = \frac{n\,\pi\,e^4 Z_{nl} c_{nl}}{E_0\,W_{nl}} \cdot \ln\left(\frac{4\,E_0}{W_{nl}}\right), \tag{6}$$

wobei Z_{nl} die Anzahl der Elektronen mit den Quantenzahlen n, l im Atom, W_{nl} ihre Abreißarbeit und c_{nl} den sog. „Anregungsfaktor" bedeuten. Bei Benutzung von Wasserstoffeigenfunktionen berechnet man für c_{nl} die in Tabelle 25 angegebenen

Tabelle 25. Anregungsfaktoren.

Schale (n, l)	$1s$	$2s$	$2p$	$3s$	$3p$	$3d$	$4s$	$4p$	$4d$	$4f$
c_{nl}	0,28	0,21	0,13	0,17	0,14	0,07	0,15	0,13	0,09	0,04

Werte. Man sieht aus dieser Zusammenstellung, daß Schalen mit großer Nebenquantenzahl l schwerer ionisierbar sind als solche mit kleiner. Das weit herausreichende Elektron einer s-Schale bietet sozusagen eine größere Angriffsfläche als die p-, d- und f-Elektronen. Im übrigen ist die Ionisierungswahrscheinlichkeit — ähnlich wie in der klassischen Theorie [Gl. (5)] — ungefähr umgekehrt proportional der Ionisierungsspannung und umgekehrt proportional der Primärelektronenenergie. Der logarithmische Faktor, um welchen sich die klassische und die wellenmechanische Erwartung unterscheiden, wird bei Primärelektronenenergien, die groß gegen die Abreißarbeiten der innersten Schalen sind $(E_0 \gg W_{nl})$, angenähert unabhängig von der Primärenergie, so daß sich dann Gl. (5) und Gl. (6) nur etwa um einen konstanten Faktor unterscheiden. Für größte Primärgeschwindigkeiten kann man noch dem Einfluß von Relativität und Elektronenspin dadurch Rechnung tragen[2], daß man das Glied im Logarithmus der Gl. (6) durch $(1 - \beta^2)$ dividiert. Nach dieser Korrektion muß man ein Wiederansteigen der Primärionisation nach einem bei etwa $2 \cdot 10^6$ Volt gelegenen Minimum erwarten.

Nach der Richtung kleinster Geschwindigkeiten hin müssen wir erhebliche Abweichungen von Gl. (6) erwarten. Nach einer Methode, die in erster Annäherung die Ablenkung des Elektrons aus seiner gradlinigen Bahn während des Stoßes berücksichtigt, gelingt es nach Einführung eines geeigneten Wechselwirkungspotentials $V \approx \mathrm{const}/r$, die Primärionisation langsamer Elektronen zu berechnen[3]. Man erhält hier in Abhängigkeit von der Primärgeschwindigkeit eine Funktion, die oberhalb der Ionisierungsspannung monoton ansteigt, aber im Gegensatz zu Gl. (3) erst bei Primärenergien von der Größe eines Vielfachen der Ionisierungsspannung ihr Maximum erreicht.

§ 5. **Primärionisation für einen Spezialakt: Messungen am Atomstrahl und am Massenspektrograph. Untersuchung der Ionisierung von inneren Atomniveaus durch Röntgenmessungen. Messung der Primärionisation s_0 aus Wilsonaufnahmen.** Die experimentellen Methoden zur Bestimmung der Primärionisation haben bisher nur verhältnismäßig unvollkommene Resultate geliefert. Bei kleinsten Geschwindigkeiten liegen saubere Resultate vor, welche beim Durchgang der Primärelektronen durch einen Atomstrahl gewonnen wurden. Bisher sind auf diese Weise Hg-[4], K- und Na-[5] Atome untersucht worden. Die

---

[1] BORN, M.: Z. Physik Bd. 37 (1926) S. 863. — BETHE, H.: Ann. Physik Bd. 5 (1930) S. 325.

[2] MØLLER, CHR.: Ann. Physik Bd. 14 (1932) S. 582. — WILLIAMS, E. J.: Proc. Roy. Soc., Lond. Bd. 135 (1932) S. 108.

[3] MORSE, P. M., u. E. C. STÜCKELBERG: Ann. Physik Bd. 9 (1931) S. 594.

[4] HIPPEL, A. v.: Ann. Physik Bd. 87 (1928) S. 1035.

[5] FUNK, H.: Ann. Physik Bd. 4 (1930) S. 149.

Geschwindigkeiten der stoßenden Primärelektronen sind dort bis zum Ausbeute-maximum jedenfalls so klein, daß die Sekundärelektronen zu langsam sind, um ihrerseits wieder zu ionisieren; deshalb darf man in diesem Bereich Ionisierungs-zahl und Primärionisation identifizieren, ferner liegen bei diesen kleinen Ge-schwindigkeiten die Verhält-nisse besonders übersichtlich, weil außer dem Valenzelektron noch kein anderes Atomelek-tron herausgestoßen werden kann. Die Versuchsanordnung geht aus Abb. 101 hervor. Hier werden aus dem Ofen *1* die Atome verdampft und im Kä-fig *10* wieder kondensiert. Die Elektronen gehen von einer Glühkathode *8* aus, durch-queren senkrecht den Atom-strahl, werden im Käfig *9* auf-gefangen und elektrometrisch registriert. Ionisieren sie auf ihrem Wege Atome, so flie-gen die entstandenen positiven Ionen zum Auffänger *10* weiter, und ihre Ladung kann dort gemessen werden, während die erzeugten Sekundärelektronen durch die vor dem Auffänger befindlichen geladenen Netze zurückgehalten werden. Resul-tate solcher Messungen zeigt die Kurve (b) in Abb. 102. Man be-merkt, daß das Ausbeutemaxi-

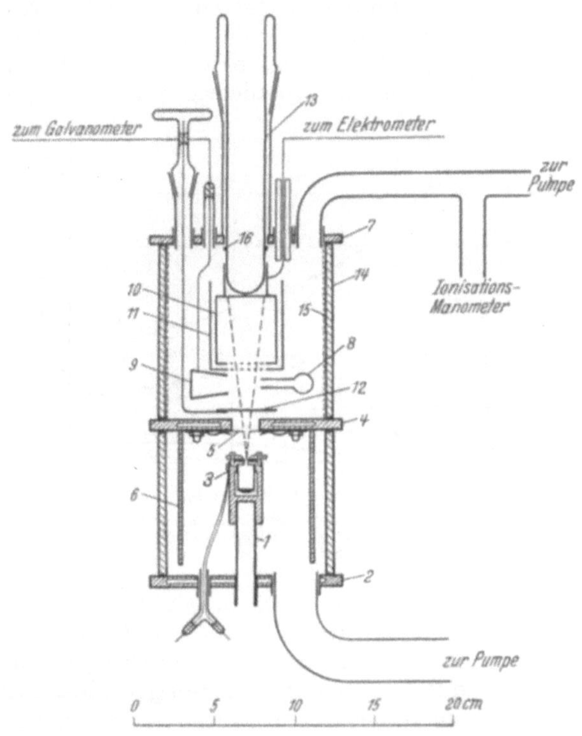

Abb. 101. Messung der Ionisierungskurve. Nach FUNK.

mum an der klassisch erwarteten Stelle nämlich bei der doppelten Ionisierungs-spannung liegt. Ein Vergleich mit der klassisch-theoretischen Kurve (a) zeigt jedoch, daß der Verlauf durch die Stoßmechanik nur größenordnungsmäßig gegeben wird. Ferner wird fest-gestellt, daß die Ionisierungswahrscheinlichkeiten beim Maximum, die hier beide der Übersicht halber auf gleiche Höhe reduziert gezeichnet wurden, z. B. beim Natrium theoretisch 54% betrugen, experimentell aber 70%, und beim Kalium theoretisch 50%, experimentell nur 20%.

Weitere experimentelle Resultate über die Primär-ionisation hat man aus der obenerwähnten Massen-spektroskopie der positiven Ionen zu erhalten versucht. Mit der in Abb. 100 gezeigten Apparatur gelingt es, die Ausbeuten für die verschiedenen vielfach geladenen Ionen als Funktion der Primärgeschwindigkeit aufzunehmen[1].

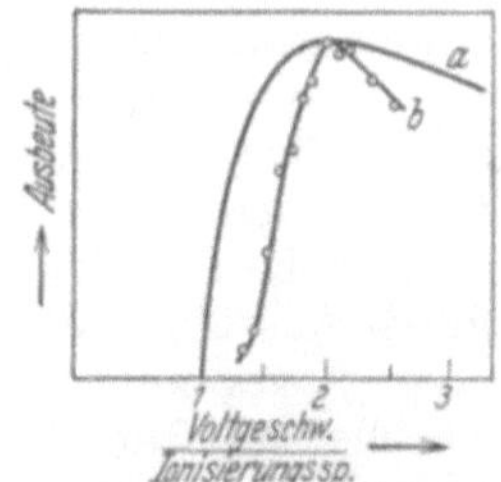

Abb. 102. Ionisierungsaus-beutekurve am Na-Atom-strahl: a) theoretisch nach THOMSON, b) experimentell nach FUNK.

Ergebnisse in Quecksilberdampf sind in unserer Abb. 103 aufgezeichnet. Die höher geladenen Ionen treten im Vergleich zu den einfach geladenen selten auf.

---

[1] BLEAKNEY, W.: a. a. O.

Man beachte, daß in Abb. 103 die Kurven für Hg³ +, Hg⁴ + und Hg⁵ + im zehn-fachen Ordinatenmaßstab, wie die Kurven für Hg+ und Hg++ aufgetragen sind. Die hier gezeigten Ionisierungskurven für die einzelnen Spezialakte der Ionisierung, nämlich Hg+, Hg++, Hg+++ usw. zeigen recht abweichendes Verhalten von dem oben mitgeteilten Ergebnis der Ionisationsmessungen am Atomstrahl. Die Ausbeutemaxima liegen bei allen Kurven bei einem Vielfachen der betreffenden Ionisierungsspannung. Die Ergebnisse sind unabhängig vom Gasdruck und alle bei so niedrigen Drucken gewonnen, daß die freie Weglänge der Elektronen stets ein Vielfaches von ihrem im Stoßraum zurückgelegten Weg betrug. Trotzdem wird bei diesen Versuchen — infolge der Länge des Stoßraums — eine Vermehrung der Primärionisation um einen gewissen Prozentsatz solcher Ionen stattgefunden haben, welche durch Stoß von Sekundärelektronen usw. gebildet sind, so daß die Kurven in Abb. 103 wohl nur als obere Grenzen für die Primärionisation aufzufassen sind.

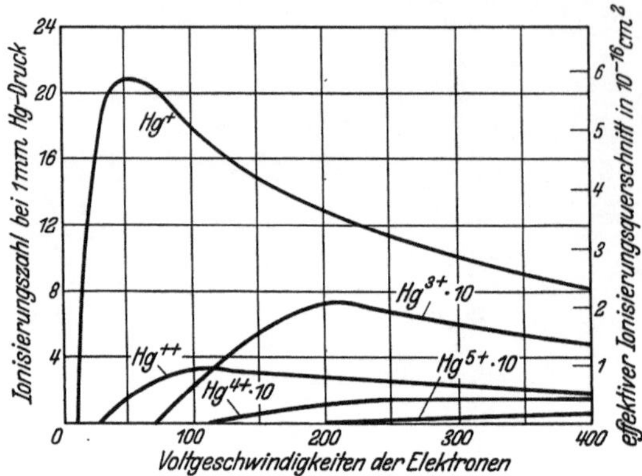

Abb. 103. Massenspektroskopisch erhaltene Ionisierungskurven für die Bildung der verschieden geladenen Quecksilberionen. Nach Bleakney.

Ergebnisse über die Primärionisation innerer Atomschalen sind bisher auf dem indirekten Wege über die Intensitätsmessungen an Röntgenspektrallinien erhalten worden[1]. Hierbei wurde der Intensitätsverlauf, z. B. der K-Linien, als Funktion der Spannung an der Röntgenröhre bestimmt. Eine gewisse Schwierigkeit bildet die Anbringung der nötigen Korrekturen, nämlich für die stets mitgemessene Intensität des kontinuierlichen Untergrunds, für die Absorption der Strahlung in der Antikathode, für die indirekt angeregte Fluoreszenzstrahlung und für strahlungslose Übergänge[2] der angeregten Atome. Die Ergebnisse sind zwar noch nicht eindeutig, aber sie zeigen immerhin, daß die Ionisierungswahrscheinlichkeit für die K-Schale mit wachsender Elektronengeschwindigkeit zunächst zunimmt, um dann ein Maximum zu erreichen, welches nicht allzuweit von der doppelten Ionisierungsspannung entfernt liegt. (Je nach den einzelnen Autoren liegt dieses Maximum bei 0,7 bis 3 W_K.) Quantitative Angaben über den Wert der Ionisierungswahrscheinlichkeit bei bestimmter Elektronengeschwindigkeit liegen noch nicht vor.

Für die Primärionisation liegen brauchbare experimentelle Daten vor, welche durch Auszählen der einzelnen Tröpfchen von Wilsonschen Nebelbahnen (siehe Kap. 3) gewonnen wurden[3]. Eine Zusammenstellung hierüber findet man in Tabelle 26. Die Zahlenwerte übertreffen die klassischen Erwartungen Gl. (5) beträchtlich. z. B. bei 28 e-KV um das 2,5fache, bei den größten Primärgeschwindigkeiten sogar um das 5fache. Dagegen stimmen die quantenmechanischen

[1] Jönsson, A.: Z. Physik Bd. 43 (1927) S. 845. — Lorenz, E.: Ebenda Bd. 51 (1928) S. 71. — Wisshak, F.: Ann. Physik Bd. 5 (1930) S. 507. — Webster, D. L., H. Clark u. H. Hansen: Physic. Rev. Bd. 37 (1931) S. 115.

[2] Augereffekte siehe Kap. 11, § 7. — Vgl. auch L. Meitner: Naturwiss. Bd. 19 (1931) S. 497.

[3] Bothe, W.: Z. Physik Bd. 12 (1922) S. 117. — Physik. Z. Bd. 23 (1922) S. 416. — Wilson, C. T. R.: Proc. Roy. Soc., Lond. Bd. 104 (1923) S. 1 und 192. — Williams, E. I., u. F. R. Terroux: Ebenda Bd. 126 (1929) S. 289.

Erwartungen der Gl. (6) mit den experimentellen Resultaten für nicht zu große Primärgeschwindigkeiten befriedigend überein. Zum Beispiel ergeben sich primär im Wasserstoff von Atmosphärendruck bei $\beta = 0{,}5 \ldots$ nach Gl. (5) klassisch $= 3{,}5$, nach Gl. (6) wellenmechanisch $= 12{,}6$ und nach Tabelle 26 experimentell $= 14{,}7$ Ionenpaare pro Zentimeter. Für größte Geschwindigkeiten schließt sich die Gl. (6) erst nach Anbringung der erwähnten Relativitätskorrektion einigermaßen an das experimentelle Ergebnis an. Zum Beispiel findet man im Wasserstoff von Atmosphärendruck bei $\beta = 0{,}96 \ldots$ nach Gl. (6) $= 3{,}8$, nach Gl. (6) mit Relativitätskorrektion $= 4{,}5$ und experimentell $= 5{,}5$ Ionenpaare pro Zentimeter Weg. Die letzten in Tabelle 26 eingeklammerten Daten sind theoretisch aus der relativistischen Formel erhalten; sie demonstrieren den Wiederanstieg von s_0 nach höchsten Geschwindigkeiten hin.

Tabelle 26. Primärionisation s_0 in Wasserstoff und Sauerstoff bei 1 mm Hg-Druck für 1 cm Weg bei verschiedenen Primärgeschwindigkeiten ($\beta =$ Lineargeschw./Lichtgeschw., e-KV $=$ Kilovoltgeschw.).

β	e-KV	s_0 in H_2	s_0 in O_2
0,32	28	—	0,126
0,454	62	0,024	—
0,538	95	0,0166	0,057
0,660	168	0,012	0,045
0,738	245	0,010	0,0373
0,845	442	$9{,}4 \cdot 10^{-3}$	0,0356
0,880	562	$8{,}4 \cdot 10^{-3}$	—
0,920	789	$8{,}1 \cdot 10^{-3}$	0,0332
0,950	1121	$6{,}7 \cdot 10^{-3}$	—
0,972	1657	—	0,0292
$0{,}9_7 \cdots 0$	10^6	$(\approx 12 \cdot 10^{-3})$	$(\approx 0{,}05)$

§ 6. Ionisierungszahlen $\bar{s}$. Kondensatormethode. Individuelle Ionisierungskurven bei kleinen Primärgeschwindigkeiten. Resultate für hohe Primärgeschwindigkeiten. Molekulargewichtsregel. Vergleich von $\bar{s}$ und s_0. Während die Messung der Primärionisation hauptsächlich für einen Vergleich mit der Theorie Interesse hat, kommt einer Kenntnis der Ionisierungszahlen in erster Linie praktische Bedeutung zu (z. B. für Gasentladungsprobleme, Messungen mit der Ionisationskammer usw.).

Die Ionisierungszahlen werden am einfachsten nach der Kondensatormethode gemessen. Hierbei tritt ein Elektronenstrahl, dessen Intensität gesondert bestimmt wird, durch einen Stoßraum hindurch. Dieser ist mit dem Versuchsgas unter so kleinem Druck ($^1/_{10}$ bis $^1/_{1000}$ mm) angefüllt, daß ein Elektron längs des untersuchten Weges keinen wesentlichen Geschwindigkeitsverlust erleidet. Die im Stoßraum entstandenen positiven Ionen werden durch ein schwaches Feld zu einer Sammelelektrode getrieben und dort elektrometrisch gemessen. Der Quotient des Stroms dieser positiven Ionen und des primären Elektronenstroms muß bei genügenden Dimensionen des Stoßraums gleich der Ionisierungszahl $\bar{s}$ sein. Bei den wirklich ausgeführten Messungen ist der Stoßraum nicht immer genügend groß, so daß bei dem vorgegebenen, geringen Gasdruck nicht alle ausgelösten Sekundärelektronen ihre volle ionisierende Wirkung entfalten können. Infolgedessen bleibt der erwähnte Stromquotient meistens etwas hinter der wirklichen Ionisierungszahl $\bar{s}$ zurück.

Die durch Variation der primären Elektronengeschwindigkeit erhaltenen Ionisierungskurven steigen bei allen Gasen von der Ionisierungsspannung an aufwärts bis zu einem Maximum, welches je nach Art des Gases bei der 8 bis 12fachen Ionisierungsspannung, also etwa zwischen 50 und 300 e-Volt, gelegen

Tabelle 27. Ionisierungszahlen $\bar{s}$ für 1 cm Weg, 0^0 C und 1 mm Hg-Druck.

Gas	Primärgeschwindigkeit						
	20	50	100	200	300	500	1000 e-Volt
Luft	1	6,5	9,5	9,5	8,0	5,0	3,3
N_2	0,5	7,9	12,3	12,5	11,1	10,0	3,1
CO_2	2	10	17	16	14	12	5
H_2	0,7	3,5	4,2	4,0	3,5	2,5	0,88
He	0,0	1,0	1,8	2,1	2,0	2,0	0,44
Ar	1,9	10,2	12,3	12,5	10,3	8,0	—
Hg	7,3	21,0	23,4	22,6	21,3	19,0	—

ist[1]. Über die für die speziellen Gase charakteristischen Lagen der Maxima können wir hier keine präzisen Angaben machen, da gerade diese relativ stark von der Meßanordnung abhängig sind — wahrscheinlich infolge des erwähnten Einflusses der Stoßraumdimensionen. Für einige häufig untersuchte Gase haben wir in Tabelle 27 die besten Werte über einen Bereich von 20 bis 1000 e-Volt Primärgeschwindigkeit zusammengestellt[2]. Für die kleinsten Primärgeschwindigkeiten $(W > V > 2W)$ berechnet man praktisch die Ionisierungszahlen für jede Voltgeschwindigkeit V aus einer empirischen Beziehung:

$$\bar{s} = C\,(V - W)\,. \tag{7}$$

Die Konstante C, sowie die Ionisierungsspannungen W findet man für die Gase der Tabelle 27 in Tabelle 28 zusammengestellt. Dort findet man auch gleichzeitig eine Zusammenstellung der gaskinetischen freien Weglängen l des Elektrons in diesen Gasen, aus denen sich die Ionisierungswahrscheinlichkeiten bzw. die Sekundärelektronenmengen pro freie Weglänge berechnen lassen[3]. (Die Größe V_ε soll erst weiter unten in § 8 erläutert werden.)

Tabelle 28. Molekulargewicht M; Ionisierungsspannung W in Volt; gaskinetische mittlere freie Weglänge des Elektrons l in Zentimeter bei 0^0 C und 1 mm Hg-Druck; $C = $ Konstante von Gl. (7); $V_\varepsilon = $ Ionisierungsaufwand.

Gas	M	l	W	C	V_ε
Luft	28,9	0,027	—	—	32
N_2	28,0	0,026	16,3	0,25	32
CO_2	44,0	0,0171	14	—	33
H_2	2,0	0,48	15,8	0,17	31
He	4,0	0,077	24,5	0,43	26
Ar	39,0	0,027	15,7	0,39	24
Hg	200	0,009	10,4	0,82	—

[1] Auf kleine Feinstrukturen in den Ionisierungskurven — wahrscheinlich metastabilen Atomzuständen zukommende sog. „Ultraionisationspotentiale" — soll hier nicht eingegangen werden. Näheres hierüber siehe z. B. bei O. E. LAWRENCE: Physic. Rev. Bd. 28 (1926) S. 947. — A. L. HUGHES u. C. M. VAN ATTA: Ebenda Bd. 36 (1930) S. 214. — P. T. SMITH: Ebenda Bd. 37 (1931) S. 808. — C. R. HAUPT: Ebenda Bd. 38 (1931) S. 283.

[2] W. KOSSEL: Ann. Physik Bd. 37 (1912) S. 393. — F. MAYER: Ebenda Bd. 45 (1914) S. 1. — K. T. COMPTON u. C. C. VAN VOORHIS: Physic. Rev. Bd. 27 (1926) S. 724. — T. I. JONES: Ebenda Bd. 29 (1927) S. 822. — P. T. SMITH: Ebenda Bd. 36 (1930) S. 1292; Bd. 37 (1931) S. 808. — J. TATE u. P. T. SMITH: Ebenda Bd. 39 (1932) S. 270.

[3] Die gaskinetische freie Weglänge ist je nach der Methode ihrer Ermittlung von recht verschiedener Größe. Wir haben deshalb hier von zahlenmäßigen Angaben der Ionisierungswahrscheinlichkeiten abgesehen. Die hier tabulierten l-Werte, welche den inneren Reibungen der Gase proportional sind, entsprechen den Daten von LANDOLT-BÖRNSTEIN: Physikalisch-chemische Tabellen, 5. Aufl., S. 120. 1923. Diese Daten wurden wegen des verschwindend kleinen Querschnitts der Elektronen und wegen ihrer großen Geschwindigkeiten gegenüber den Atomen mit dem Zahlenfaktor $4 \cdot \sqrt{2} = 5{,}67$ multipliziert. Näheres hierüber siehe in Kap. 23.

Während nun die Ionisierungskurven bei den in Tabelle 27 zusammengestellten Elektronengeschwindigkeiten für jedes Molekül individuell verschiedenen Verlauf zeigen, so verlaufen doch bei höheren Geschwindigkeiten die Ionisierungskurven aller Gase einfach parallel. Bei gleichen Primärgeschwindigkeiten sind die Ionisierungszahlen dort proportional den Molekulargewichten der ionisierten Gase. Die Molekulargewichte M der hier behandelten Gase sind ebenfalls in Tabelle 28 zusammengestellt. Bei ihrer Kenntnis gelingt es leicht, die Ionisierungskurve dieser Gase bei großen Primärgeschwindigkeiten zu übersehen. Hierzu ist nur erforderlich, die Ionisierungskurve eines dieser Gase zu kennen. Deshalb sind in Tabelle 29 die Ionisierungszahlen in Luft für Primärgeschwindigkeiten von 1000 bis $3 \cdot 10^6$ e-Volt zusammengestellt[1].

Tabelle 29. Ionisierungszahlen in Luft.

Primäre Elektronengeschwindigkeit in e-Kilovolt	Ionisierungszahl in Luft von 1 mm Hg pro 1 cm Weg	Primäre Elektronengeschwindigkeit in e-Kilovolt	Ionisierungszahl in Luft von 1 mm Hg pro 1 cm Weg	Primäre Elektronengeschwindigkeit in e-Kilovolt	Ionisierungszahl in Luft von 1 mm Hg pro 1 cm Weg
1	3,28	10	1,35	50	0,37
2	3,02	15	0,84	100	0,20
3	2,70	20	0,58	300	0,09
5	2,25	25	0,46	1000	0,06
7	1,80	30	0,42	3000	0,05

Nach dieser Molekulargewichtsregel berechnen sich die Ionisierungszahlen sämtlicher chemisch einfacher Gase und Verbindungen auf wenige Prozent genau. Es gibt nur ganz wenige Ausnahmen, nämlich die Halogene, deren Ionisierungszahlen ein wenig größer sind, und dann den Wasserstoff, dessen Ionisierungszahlen etwa 2,3mal größer sind, als sich aus Tabelle 29 und dem Molekulargewicht berechnet. Der Grund hierfür ist bei Wasserstoff wohl zum größten Teil darin zu suchen, daß die Zahl der Elektronen pro Kubikzentimeter, welche bei der Ionisierung ausschlaggebend ist, im Wasserstoff doppelt massenproportional ist gegenüber anderen Atomen.

Beim Vergleich der heute vorliegenden experimentellen Daten über die Primärionisation s_0 mit denen über die Ionisierungszahl $\bar{s}$ findet man, daß für jede Primärgeschwindigkeit in allen Gasen $\bar{s}$ etwa 3—4mal größer als s_0 ist. Diese Tatsache deutet darauf hin, daß durchschnittlich jedes Sekundärelektron seinerseits 2—3 Tertiär- usw. Elektronen befreien kann.

§ 7. Geschwindigkeitsverteilung der Sekundärelektronen. Im allgemeinen sind die Geschwindigkeiten der Sekundärelektronen recht verschieden. Obwohl die in kinetische Energie schneller Sekundärelektronen umgesetzte Energie einen großen Teil der vom stoßenden Primärelektron abgegebenen Energie ausmacht, umfassen doch die schnellen Sekundärelektronen der Anzahl nach nur einen geringen Bruchteil aller Sekundärelektronen. Dieser Sachverhalt geht z. B. aus den in Abb. 35 und 36 (S. 32) gezeigten WILSONschen Nebelbahnen hervor, wo längs eines ganzen auf der Aufnahme sichtbaren Elektronenweges nur selten ein schnelles Sekundärelektron sichtbar wird. Die allermeisten Sekundärelektronen sind so langsam, daß sie dicht bei den primären Ionen liegen und in den vorliegenden Aufnahmen nicht mehr von diesen getrennt wahrnehmbar sind.

---

[1] WILSON, W.: Proc. Roy. Soc., Lond. Bd. 85 (1911) S. 240. — BLOCH, S.: Ann. Physik Bd. 38 (1912) S. 559 (β-Strahlen). — Weitere Literaturangaben und kritische Zusammenstellung der Resultate siehe bei PH. LENARD: Quantitatives über Kathodenstrahlen. Heidelberg 1925. — E. BUCHMANN: Ann. Physik Bd. 87 (1928) S. 509 (1—30 e-KV). — E. KIPPHAN: Ebenda Bd. 12 (1932) S. 401 (23—83 e-KV).

Quantitative Resultate über die Geschwindigkeitsverteilung der Sekundärelektronen in Gasen lassen sich z. B. dadurch gewinnen[1], daß man den Primärstrahl axial einen aus konzentrischen Drahtnetzen gebildeten Zylinder durchlaufen läßt. Zwischen den ersten beiden Netzen erzeugt man ein elektrisches Feld, welches den Durchtritt der positiven Ionen sperrt; an das dritte Drahtnetz wird eine variable Spannung angelegt, welche das Gegenfeld zur Geschwindigkeitsanalyse der Sekundärelektronen erzeugt. Trägt man z. B. für einen 10 e-KV-Primärstrahl im Wasserstoff die Sekundärelektronenmenge, welche das Gegenfeld überwinden und deshalb das dritte Drahtnetz durchfliegen kann, als Funktion der Gegenspannung auf, so erhält man eine Kurve, wie in Abb. 104 abge-

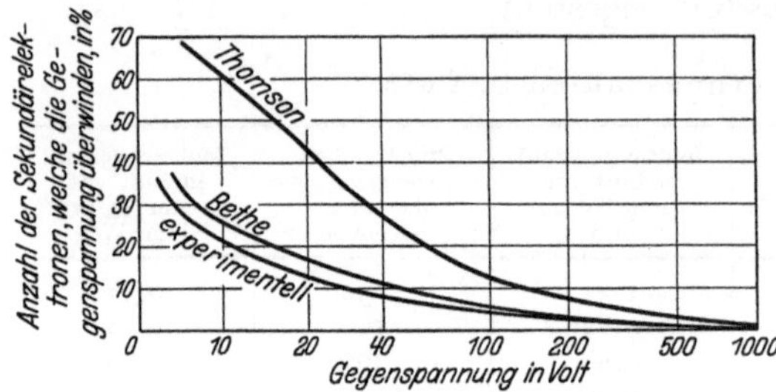

Abb. 104. Gegenspannungskurve der Sekundärelektronen aus Wasserstoff von einem 10 e-KV schnellen Primärstrahl.

bildet ist. Die Gegenspannungen sind hier im logarithmischen Maßstab aufgetragen. Aus der Kurve erkennt man, daß die überwiegende Mehrheit der Sekundärelektronengeschwindigkeiten unter 10 e-Volt, also unterhalb der Ionisierungsspannung des Wasserstoffs liegt, daß aber nur etwa 1 % aller Sekundärelektronen Geschwindigkeiten von etwa 500 Volt übersteigen. Die schnellsten Sekundärelektronen erreichen die Primärgeschwindigkeit, sind aber bei weitem zu selten, als daß sie mit dieser Methode nachgewiesen werden könnten. In der Abb. 104 sind ebenfalls eingezeichnet die entsprechende klassisch-theoretische Kurve[2], welche vom experimentellen Sachverhalt größenordnungsmäßig abweicht, und die wellenmechanisch berechnete Kurve[3], welche sich den experimentellen Werten gut annähert.

In den theoretischen Kurven sind nur solche Sekundärelektronen berücksichtigt, die durch direkte Einwirkung des Primärelektrons auf das Atomelektron entstanden sind. Auch hier sei aber nochmal darauf hingewiesen, daß sich unter den relativ schnellen Sekundärelektronen auch noch andere Elektronen befinden werden, welche z. B. von einem in seiner inneren Atomschale angeregten Atom emittiert worden sind, dadurch, daß sich dieses durch einen strahlungslosen Übergang (Augereffekt) regenerierte. Wie stark aber die Häufigkeit solcher Effekte ins Gewicht fällt, haben wir bereits in Kap. 11, § 7, bei der Röntgenphotoemission zweiter Art besprochen.

§ 8. Ionisierungsaufwand und Totalionisation. Wie aus dem Vorangehenden hinreichend deutlich hervorgeht, ist die zur Befreiung des Sekundärelektrons vom Primärelektron aufzuwendende Arbeit in den verschiedenen Einzelfällen außerordentlich verschieden. Einerseits ist die zu leistende Abreißarbeit (Ionisierungsspannung) ungeheuer verschieden, sie wechselt vom leicht gebundenen Valenzelektron bis zu den fest gebundenen Elektronen der inneren Atomniveaus zwischen einigen e-Volt und vielen e-Kilovolt; andererseits aber ist der Energieverlust des Primärelektrons beim Ionisieren nicht quantisiert, sondern von Fall zu Fall verschieden, da ja die herausgerissenen Sekundärelektronen, wie erwähnt, das Mutteratom mit recht verschiedener endlicher Energie verlassen können. Schließlich aber verliert das Primärelektron einen großen Teil seiner Energie bei gewissen Anregungsakten, die wir später in Kap. 20 noch ausführ-

---

[1] Ishino, M.: Philos. Mag. Bd. 32 (1916) S. 202.   [2] Thomson, J. J.: a. a. O.
[3] Bethe, H.: a. a. O.

licher behandeln werden. Aus den Anregungen resultiert aber nur in seltenen Fällen eine Elektronenbefreiung, denn die Anregungsenergie setzt sich in den meisten Fällen im Endeffekt in Strahlung oder Wärmebewegung um. Um so erstaunlicher ist die Tatsache, daß bei allen nicht zu kleinen Primärgeschwindigkeiten diejenige Energie, welche im Mittelwert vom Primärelektron (direkt oder indirekt) zur Befreiung eines Sekundärelektrons aufgewandt wird — der sog. „Ionisierungsaufwand" —, für jedes Gas eine nahezu geschwindigkeitsunabhängige Konstante ist: Der Ionisierungsaufwand wächst schätzungsweise um nur 30 %, wenn die Primärelektronengeschwindigkeit von 10^8 auf 10^9 Volt zunimmt. Diese Konstanz des Ionisierungsaufwands läßt sich theoretisch aus der Geschwindigkeitsunabhängigkeit des Quotienten vom Energieverlust dE/dx [Gl. (1) in Kap. 21] und von der Ionisierungszahl $\bar{s} = \Sigma s_{nl}$ [Gl. (6) in diesem Kap. 13] ersehen[1]. Da der Ionisierungsaufwand V_ε an allen Stellen einer Ionisierungskurve gleich groß ist, so folgt z. B., daß bei solchen Primärgeschwindigkeiten, wo die Ionisierungszahl $\bar{s}$ besonders groß ist, auch der Energieverlust des Primärelektrons besonders groß sein muß und umgekehrt. Denn unabhängig von der Primärgeschwindigkeit muß ja zur Erzeugung einer gewissen Sekundärelektronenmenge, sagen wir etwa zur Erzeugung von 100 Sekundärelektronen, stets der gleiche Energiebetrag vom Primärelektron verausgabt werden.

Der Ionisierungsaufwand in den verschiedenen Gasen ist selbstverständlich immer größer bzw. nur im allergünstigsten Falle ebenso groß wie die dort gemessene Ionisierungsspannung. Angaben über den Ionisierungsaufwand schneller Elektronen in den gebräuchlichen Gasen findet man in Tabelle 28. Beispielsweise beträgt der Ionisierungsaufwand $V_\varepsilon = 24$ e-Volt in Argon, eben dort beträgt die Ionisierungsspannung $W = 15{,}7$ e-Volt, also beträgt hier der Wirkungsgrad der Ionisation W/V_ε etwa 65 %.

Praktisch wird der Ionisierungsaufwand V_ε gemessen aus der Veränderung der Totalionisation $\bar{S}$ [Gl. (1)] als Funktion der veränderten Anfangsvoltgeschwindigkeit V_0 der Primärelektronen:

$$\frac{d\bar{S}}{dV_0} = \frac{1}{V_\varepsilon}. \tag{8}$$

Die Totalionisation mißt man entweder durch Auszählung der Tröpfchen in WILSONschen Nebelbahnen (Kap. 3) oder durch Ladungsmessung in einem Kondensator, wo alle längs des vollen Elektronenweges durch den Stoß gebildeten positiven Ionen zu einer Sammelelektrode getrieben werden. Ein solcher Kondensator ist z. B. in Kap. 3 in Abb. 37 gezeigt. Die Nebeltröpfchenmethode ist nur auf relativ schnelle Elektronen anwendbar. Es hat sich hierbei in allen Fällen lineares Anwachsen der Totalionisation mit der Anfangsenergie im Sinne der Gl. (8) ergeben[2]. Mit größerer Sicherheit in den Ergebnissen lieferten die Messungen an schnellen Elektronen mit der Kondensatormethode das gleiche Resultat[3]. Trägt man beispielsweise in dem großen Bereich zwischen 1 und 60 e-KV die Totalionisation in Luft gegen die Elektronenvoltgeschwindigkeit auf, so ergibt sich eine vollkommen gerade Linie, angenähert durch den Koordinatennullpunkt, deren Neigung $= 1/32$ den Ionisierungsaufwand zu 32 e-Volt auf wenige Prozent genau erkennen läßt. Bei kleineren Primärgeschwindigkeiten wird es deutlich, daß die Gerade $S = f(V)$ die V-Achse in einem gewissen Abstande

---

[1] BETHE, H.: Ann. Physik Bd. 5 (1930) S. 397. — Z. Physik Bd. 76 (1932) S. 293.
[2] WILSON, C. T. R.: Proc. Roy. Soc., Lond. Bd. 104 (1923) S. 1. — MEITNER, L.: Naturwiss. Bd. 14 (1922) S. 1199. — PETROWA, I.: Z. Physik Bd. 55 (1929) S. 628.
[3] BUCHMANN, E.: Ann. Physik Bd. 87 (1928) S. 509. — EISL, A.: Ebenda Bd. 3 (1929) S. 277.

vom Nullpunkt schneidet, welcher von der Größenordnung der Ionisierungsspannung W ist. Es gilt sehr angenähert die Beziehung[1]:

$$\bar{S} = \frac{1}{V_\varepsilon}\,(V - W) \tag{9}$$

welche durch Differention in Gl. (8) übergeht. Experimentell ist schließlich der Ionisierungsaufwand bzw. die Totalionisation auf dem Umwege über Gl. (1) aus der Ionisierungskurve und aus der anderweitig gemessenen Elektronenreichweite (Kap. 21) erhalten worden. Dieses Verfahren erreicht nicht die Genauigkeit direkter Messungen, doch bietet es eine gute Möglichkeit für die Kontrolle von Ionisierungszahl- bzw. Reichweitemessungen.

§ 9. Ionisierungszahlen im elektrischen Felde. Neben der bisher hier besprochenen Ionisation im feldfreien Raume sind in der Physik der Gasentladungen von allergrößter Wichtigkeit die Ionisierungszahlen für Elektronenstöße im elektrischen Felde[2]. Durch ein Gas von beliebigen Druck- und Dichteverhältnissen mögen Elektronen ohne Anfangsgeschwindigkeit infolge der Wirkung des elektrischen Feldes hindurchgetrieben werden. Bei genügend großem Potentialabfall pro mittlere freie Weglänge erfolgt beim Zusammenstoß des Elektrons mit dem Gasmolekül entweder Ionisierung oder aber, falls bei zu kleiner Elektronengeschwindigkeit keine Ionisierung zustande kommt, meistens elastische Reflexion; hieraus resultiert eine ungeordnete Geschwindigkeitsverteilung der Elektronen, welche sich der geordneten vom elektrischen Felde herrührenden Geschwindigkeit überlagert. Ist die elektrische Beschleunigung pro freie Weglänge gering, so findet man Begegnungen des Elektrons mit dem Gasmolekül, bei denen jenes vom Molekül absorbiert wird, indem es sich dem Molekül anlagert und ein negatives Ion bildet, welches seinerseits nicht mehr ionisieren kann.

Die relative Häufigkeit der eben geschilderten 3 Stoßarten bestimmt die Größe der Ionisierungszahl: nämlich beim „verzweigten" Stoß tritt auch das durch Ionisierung neu entstandene Elektron in den Entladungsprozeß ein und kann seinerseits wieder Ionisierungsstöße ausführen, so daß die Elektronenzahl lawinenartig anwächst. Beim „geraden Stoß" kann bei elastischer Wechselwirkung alles beim alten bleiben, oder bei unelastischer Wechselwirkung wird kinetische Energie des Elektrons an ein Gasmolekül abgegeben. Schließlich beim „Anlagerungsstoß" scheidet das Elektron aus dem Entladungsprozeß ganz aus. Im stationären Zustand haben wir eine etwa MAXWELLsche Geschwindigkeitsverteilung unserer stoßenden Elektronen, welche sich ihrer Translationsbewegung überlagert. Da die mittlere freie Weglänge der Elektronen dem Gasdruck p umgekehrt proportional ist, so hat man eine funktionelle Abhängigkeit der Größen $\mathfrak{E}/p$ (Feldstärke/Druck) und α/p (Ionisierungszahl/Druck). In Tabelle 30 sind diese Größen — also die Ionisierungszahlen α des Elektrons pro 1 cm Weg und die Potentialdifferenzen $\mathfrak{E}$ längs dieses Weges, alles bei dem speziellen Druck 1 mm Hg — für verschiedene Gase notiert. Die hier tabulierten Daten sind aus experimentellen Stromspannungskurven ein wenig vorionisierter, verdünnter

---

[1] JOHNSON, J. B.: Physic. Rev. Bd. 10 (1917) S. 609 (0 bis 200 e-Volt.) — LEHMANN, J. F., u. T. H. OSGOOD: Proc. Roy. Soc., Lond. Bd. 115 (1927) S. 609 (200 bis 1000 e-Volt). — Aus den empirisch ermittelten Geraden $\bar{S} = f(V)$ wird bei den kleinen Primärgeschwindigkeiten V_ε etwas größer und W etwas kleiner abgelesen, als es den in Tabelle 28 angegebenen Daten entspricht.

[2] TOWNSEND, J. S.: In MARX' Handbuch der Radiologie, Bd. 1. 1919. — SCHUMANN, W. O.: Elektrische Durchbruchsfeldstärke von Gasen. Berlin 1923. Neuere experimentelle Werte für die Ionisierungszahlen im elektrischen Felde siehe z. B. bei K. MASCH: Arch. Elektrotechn. Bd. 26 (1932) S. 587; Z. Physik Bd. 79 (1932) S. 672.

Tabelle 30. Ionisierungszahlen im elektrischen Feld.

Gas	$\mathfrak{E}/p$ in Volt pro cm, dividiert durch mm Hg-Druck											
---	1000	900	800	700	600	500	400	300	200	100	50	30
	α/p Ionisierungszahlen pro Zentimeter Weg, durch mm Hg-Druck											
Luft . .	10,5	10,0	9,3	8,7	7,9	7,0	5,82	4,4	2,6	0,72	0,06	0,001
N_2 . . .	—	—	—	—	7,0	6,2	5,2	3,95	2,3	0,50	0,04	0,001
CO_2 . .	12,6	11,9	11,0	10,3	9,1	7,8	6,4	4,8	2,8	0,82	—	—
H . . .	—	—	—	—	—	—	3,7	3,3	2,62	1,36	0,35	0,05
He . . .	—	—	—	—	—	—	—	—	2,37	2,0	1,35	0,9
Ar . . .	—	—	—	—	9,2	8,5	7,5	6,2	4,4	2,0	0,6	0,2

Gase in einer hier nicht näher zu erörternden Weise berechnet worden. Es sei in diesem Zusammenhange bemerkt, daß die $\mathfrak{E}/p$-Werte der Tabelle 30 meistens viel größer sind als die üblichen Durchbruchsfeldstärken der Gasentladung bei Atmosphärendruck. Beispielsweise entspricht die Durchbruchsfeldstärke zwischen ebenen Elektroden von ca. 1 cm Abstand etwa 30 KV/cm bei 760 mm Hg-Druck, das sind aber nur $\mathfrak{E}/p = 39{,}5$ Volt/cm bei 1 mm Hg. Da die mittlere freie Weglänge (Tabelle 28) bei 1 mm Druck in Luft 0,03 cm beträgt, so wird in unserem Beispiel das Elektron zwischen zwei Zusammenstößen eine Beschleunigung von nur ca. 1 Volt erhalten[1]. Da nun bei diesen kleinen Geschwindigkeiten die elastischen Stöße häufig sind, so kann trotz der geringen Beschleunigung pro freie Weglänge das Elektron allmählich so viel Energie aufstapeln, daß es zur Stoßionisation kommt. In Luft hat man den ersten Beginn der Stoßionisation bei Feldern $\mathfrak{E}/p \approx 40 \dfrac{\text{Volt}}{\text{cm} \cdot \text{mm Hg-Druck}}$ experimentell festgestellt. In Wasserstoff, wo die Anlagerungsstöße seltener und die Weglängen größer sind, beobachtet man den Beginn der Stoßionisation sogar schon bei $\mathfrak{E}/p \approx 18 \dfrac{\text{Volt}}{\text{cm} \cdot \text{mm Hg-Druck}}$.

§ 10. Sekundärelektronen aus festen Körpern: Gesamtemission als Funktion der Primärgeschwindigkeiten: Kritische Potentiale. — Geschwindigkeitsverteilungen der Sekundärelektronen. Sekundäre Ausbeute und primäre Eindringungstiefe. Wesentlich unübersichtlicher als bei den Gasen ist die Sekundärelektronenemission bei den festen Körpern, denn die Sekundärelektronen, welche beim Auftreffen eines Primärelektrons — z. B. auf ein Metall — befreit werden, verlassen nur zum Teil die Metalloberfläche. Außerdem sind sie manchmal gar nicht von den Primärelektronen zu trennen, besonders, da diese an der Metalloberfläche reflektiert oder an Metallatomen rückwärts gestreut oder gebeugt werden können[2]. Weiter kann die Geschwindigkeit dieser reemittierten Primärelektronen ebenso wie die Geschwindigkeit der Sekundärelektronen durch sekundäre Prozesse erheblich reduziert werden[3]. Für Intensität und Geschwindigkeiten der Sekundärelektronen wurden aber doch wichtige Gesetzmäßigkeiten experimentell aufgefunden, welche im wesentlichen theoretisch auf Grund wellenmechanischer Betrachtungen[4] verstanden werden konnten.

Wir beschäftigen uns zunächst mit der Sekundärelektronengesamtausbeute als Funktion der Primärgeschwindigkeit. Diese ist bei kleinsten Primärgeschwindigkeiten wahrscheinlich gleich Null, von einem kritischen Wert ab steigt sie dann zu einem Maximum, welches bei einigen 100 e-Volt Primärgeschwindigkeit erreicht

---

[1] Dies entspricht nach Kap. 1 einer Lineargeschwindigkeit von 595 km/sec, während die mittlere Geschwindigkeit eines Luftmoleküls bei Zimmertemperatur nicht einmal den 1000. Teil davon erreicht: $\approx$ 400 m/sec.

[2] Siehe Kap. 18.

[3] Siehe Kap. 21.

[4] Fröhlich, H.: Ann. Physik Bd. 13 (1932) S. 229.

ist, und fällt darauf wieder langsam ab[1, 2, 4]. Abb. 105 zeigt eine derartige Ausbeutekurve[2]: Wir haben hier zunächst ein kleines Maximum bei etwa 5 e-Volt, welches wahrscheinlich reflektierten Primärelektronen zuzuschreiben ist, dann folgt ein Minimum bei etwa 11 e-Volt, und erst bei dieser Geschwindigkeit scheint wirkliche Sekundärelektronenemission einzusetzen.

Die Ausbeute hängt nicht wesentlich von der Austrittsarbeit des betreffenden Metalls ab[3], aber sie ist ungeheuer stark abhängig von seiner Oberflächenbeschaffenheit. Für nicht besonders vorbehandelte Metalle, wie z. B. in Abb. 105, erreicht sie optimal 2 bis 4 sekundäre Elektronen pro ein Primärelektron; für Alkalifilme auf einer oxydierten Metalloberfläche erreicht sie bestenfalls sogar bis zu 10. An vorzüglich entgasten Metallen[4] erhält man dagegen im Optimum nur 1 bis 1,5 sekundäre Elektronen pro ein Primärelektron. Bei solchen gasfreien Oberflächen kommen bei Untersuchung während oder unmittelbar nach dem Glühen besondere Feinheiten der Ausbeute heraus[5], welche man an unbehandelten Oberflächen nicht bemerken kann. So zeigt z. B. Abb. 106 eine Aus-

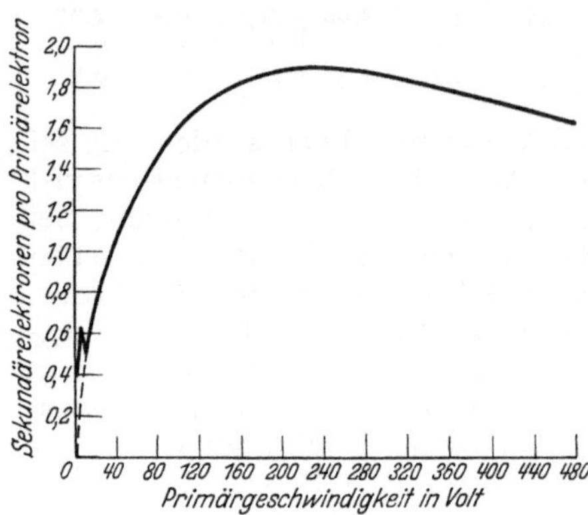
Abb. 105. Sekundärelektronenausbeute an Aluminium. Nach GEHRTS.

beutekurve zwischen 80 und 160 e-Volt am Wolfram mit einzelnen Knicks bei 92, 110, 128 und 140 e-Volt. Solche kritischen Potentiale sind im Bereich von ca. 10 bis 600 e-Volt bei vielen Metallen genau ausgemessen worden; sie treten bei denselben Elektronengeschwindigkeiten auf, bei welchen man Unstetigkeiten in der Ergiebigkeit der Gesamtemission weicher Röntgenstrahlen als Funktion der auffallenden Elektronengeschwindigkeit entdeckt hat[6]. Es läßt sich natürlich nicht ohne weiteres entscheiden, welche Elektronen bei der Sekundäremission direkt durch den Stoß der Primärelektronen, und welche erst indirekt durch die beim Aufprall entstandenen Röntgenstrahlen befreit sind. Auch ist die Entscheidung

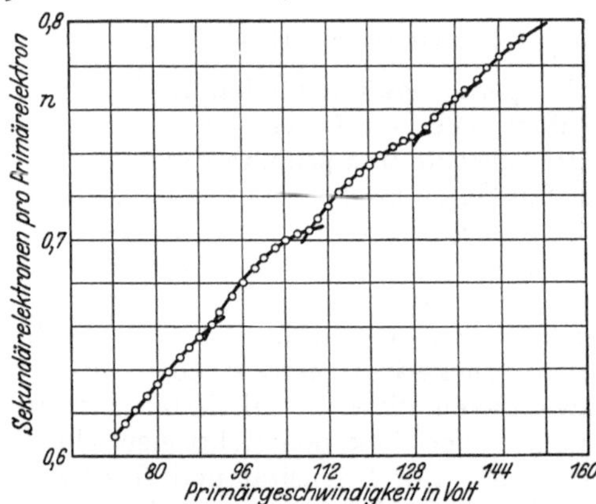
Abb. 106. Sekundärelektronenausbeute an vollständig entgastem Wolfram. Nach KREFFT.

[1] BAEYER, O. v.: Physik. Z. Bd. 10 (1909) S. 176. — CAMPBELL, N.: Philos. Mag. Bd. 22 (1911) S. 276; Bd. 28 (1914) S. 286.

[2] GEHRTS, A.: Ann. Physik Bd. 36 (1911) S. 995.

[3] SIXTUS, K.: Ann. Physik Bd. 3 (1929) S. 1017.

[4] FARNSWORTH, H. E.: Physic. Rev. Bd. 20 (1922) S. 358; Bd. 25 (1925) S. 41; Bd. 27 (1926) S. 413; Bd. 31 (1930) S. 405.

[5] KREFFT, H. E.: Ann. Physik Bd. 84 (1927) S. 639. — Physic. Rev. Bd. 31 (1928) S. 199. — PETRY, R. A.: Physic. Rev. Bd. 26 (1925) S. 346; Bd. 28 (1926) S. 362. — RAO, S. R.: Proc. Roy. Soc., Lond. Bd. 128 (1930) S. 41 und 57. — AHEARN, A. J.: Physic. Rev. Bd. 38 (1931) S. 1861.

[6] RICHARDSON, O. W.: Proc. Roy. Soc., Lond. Bd. 128 (1930) S. 63. — Über einen Zusammenhang dieser kritischen Potentiale mit Elektroneninterferenzen siehe E. RUPP: Naturwiss. Bd. 18 (1930) S. 880.

schwierig, ob die beobachteten kritischen Geschwindigkeiten dem Metall selbst oder irgendwelchen auch bei guter Entgasung noch adsorbierten Gasschichten zuzuschreiben sind. Denn einerseits berichten verschiedene Autoren, daß bei fortschreitender Entgasung wieder viele von den erwähnten kritischen Stellen verschwinden[1]; andererseits aber sind Versuche bekannt, wo bei Metalloberflächen, die sich in verdünnten Gasen mit adsorbierten Gasschichten bedeckt hatten, gerade solche kritischen Potentiale auftraten, welche als Ionisierungsspannungen der adsorbierten Gasatome zu deuten waren[2].

Die Gesamtausbeute der Sekundäremission als Funktion der Primärgeschwindigkeit wird z. B. experimentell untersucht, indem man Elektronen bekannter homogener Geschwindigkeit auf eine Scheibe des zu untersuchenden Metalls auftreffen läßt. Die Scheibe befindet sich im Zentrum eines kugelförmigen Metallbehälters, und in ihrer Nähe befindet sich eine Vorrichtung, um sie auf hohe Temperatur zum Ausheizen zu bringen. Der Quotient des Stromes, welcher von der Scheibe abfließt, zum Gesamtstrom, welcher an Scheibe und Kugel gemessen wird, ergibt das Verhältnis der sekundären und primären Elektronen.

Mißt man nun diesen Stromquotienten bei konstanter Primärgeschwindigkeit als Funktion eines elektrischen Feldes zwischen Kugel und Scheibe, so erhält man im radialen Gegenfeld die Gegen-

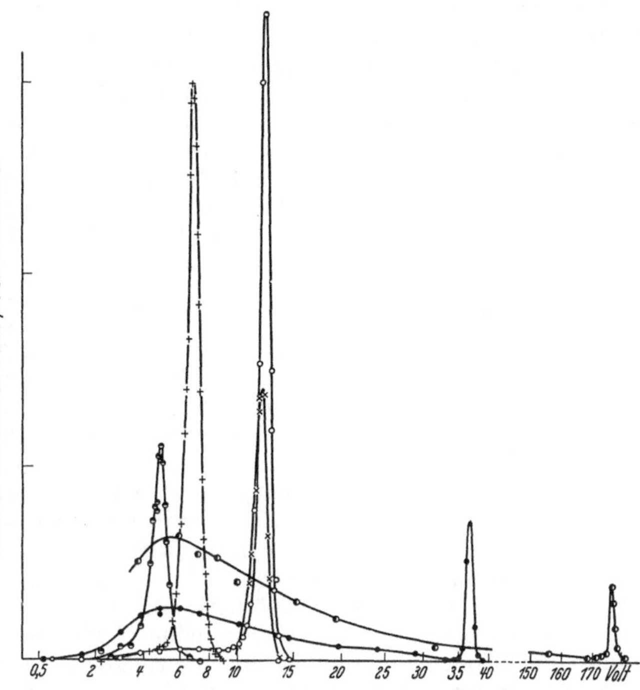

Abb. 107. Durch magnetische Analyse gewonnene Geschwindigkeitsverteilung der Sekundärelektronen an Aluminium. Nach BRINSMADE.

spannungskurven der Sekundärelektronen, und durch Differenzieren die Energieverteilungskurven[3]. In allen Fällen zeigt sich, daß der Hauptanteil der Sekundärelektronen Geschwindigkeiten unter 10 e-Volt aufweist. Insbesondere zeigen die reemittierten Elektronen bei kleinen Primärgeschwindigkeiten (unter 11 e-Volt) im wesentlichen dieselben Geschwindigkeiten wie die Primärelektronen, sind also dort im wesentlichen reflektierte Elektronen. Bei höheren Primärgeschwindigkeiten ist, wie gesagt, das Gros der sekundären Elektronen recht langsam, jedoch kommen in kleinen Mengen alle Geschwindigkeiten bis hinauf zur Primärgeschwindigkeit vor. Die schnelleren unter diesen werden freilich in überwiegender Mehrheit keine eigentlichen sekundären Elektronen, sondern reflektierte, rückwärts gestreute oder gebeugte Primärelektronen sein.

[1] AHEARN, A. J.: a. a. O.
[2] WOLFENDEN, J. H.: Proc. Roy. Soc., Lond. Bd. 110 (1926) S. 464.
[3] FARNSWORTH, H. E.: a. a. O.

Eine magnetische Geschwindigkeitsanalyse zeigt hier noch feinere Einzelheiten[1]: So zeigt z. B. Abb. 107, daß die Geschwindigkeitsverteilung immer eine scharfe Spitze hat, welche den ohne Geschwindigkeitsverlust reflektierten oder gebeugten Elektronen entspricht; daran schließt sich die ganze Kurve, welche alle Geschwindigkeiten enthält. Unabhängig von der Primärgeschwindigkeit tritt immer ein breites Maximum um 6 e-Volt herum auf, welches den eigentlichen Sekundärelektronen zukommt. Die Höhe der erwähnten Spitze ist im Vergleich zur übrigen Sekundärstrahlung recht verschieden: Sie beträgt nur 2% bei 175 e-Volt Primärgeschwindigkeit. 10% bei 35 e-Volt, aber 95% bei 7 e-Volt Primärgeschwindigkeit. Diese Verteilung ändert sich durch Ausheizen des Sekundärstrahlers insofern, als dadurch die relative Anzahl der langsamen Sekundärelektronen geringer wird[2].

Bei Primärgeschwindigkeiten von einigen e-KV macht sich die Eindringungstiefe der Primärelektronen bemerkbar, insofern, als die im Inneren des festen Körpers erzeugten langsamen Sekundärelektronen nicht mehr bis zu seiner Oberfläche durchdringen können, sondern im Inneren absorbiert werden. Deshalb erhält man z. B. um so höhere Sekundärstrahlausbeuten, je schräger man den Primärstrahl in das Metall eintreten läßt, denn bei großen Inzidenzwinkeln verläuft der Primärstrahl dicht unter der Oberfläche[3]. Bei diesen höheren Primärgeschwindigkeiten macht sich aber auch — ebenfalls infolge ihrer Eindringungstiefe — ein auffallender Zusammenhang der eigentlichen Sekundärstrahlung von der rückwärts gestreuten Primärstrahlung bemerkbar. Zum Beispiel ist zwischen 2 und 12 e-KV Primärgeschwindigkeit das Verhältnis der langsamen sekundären und der schnellen rückwärts gestreuten Elektronenmenge ziemlich unabhängig vom emittierenden Metall, aber es wächst mit abnehmender Primärgeschwindigkeit[4]. Die Sekundärelektronen werden hier also zum größten Teil von den rückwärts gestreuten Primärelektronen ausgelöst, während die in die Tiefe eindringenden Primärstrahlen nur ganz am Anfang ihrer Bahn im Metall einen Beitrag zur Befreiung langsamer Sekundärelektronen liefern. Ähnliche Verhältnisse findet man auch bei der Sekundärstrahlung, die von schnellsten Elektronen, den radioaktiven β-Strahlen, erzeugt wird[5].

§ 11. **Richtungsverteilung.** Die Richtungsverteilung der langsamen Sekundärelektronenemission aus festen Körpern ist, so weit man beobachten kann, durch das Kosinusgesetz gegeben. Wahrscheinlich wird hier jede Emission der langsamen Elektronen — auch wenn ursprünglich bestimmte Vorzugsrichtungen vorhanden waren — durch nachträgliche Streuprozesse vollständig diffus gemacht.

Ganz charakteristische Richtungsverteilungen beobachtet man aber bei der Sekundärelektronenemission in Gasen[6]. Man erkennt am deutlichsten gewisse Vorzugsrichtungen in der Emission, wenn man spezielle Geschwindigkeiten von der gesamten Sekundärelektronenemission ins Auge faßt. So sind beispielsweise in Abb. 108 Richtungsverteilungen der Sekundärelektronen von der Geschwindigkeit $V_2 = 1$ e-Volt als Polardiagramme abgebildet. Die einzelnen Kurven

---

[1] BRINSMADE, J. B.: Physic. Rev. Bd. 30 (1927) S. 494 (7 bis 200 e-Volt Primärgeschwindigkeit). — SOLLER, T.: Ebenda Bd. 36 (1930) S. 1212. — SHARMAN, C. F.: Proc. Cambr. phil. Soc. Bd. 23 (1927) S. 523 (100 bis 1000 e-Volt Primärgeschwindigkeit).

[2] FARNSWORTH: a. a. O. (1930).

[3] BALTRUSCHAT, M., u. H. STARKE: Physik. Z. Bd. 23 (1922) S. 403. — WEHNELT, A.: Z. Physik Bd. 48 (1928) S. 165. — KLEMPERER, O.: Ebenda Bd. 47 (1928) S. 417. — DAENE, H., u. G. SCHMERWITZ: Ebenda Bd. 53 (1929) S. 404.

[4] STEHBERGER, K. H.: Ann. Physik Bd. 86 (1928) S. 825.

[5] CAMPBELL, N. R.: Philos. Mag. Bd. 24 (1912) S. 783.

[6] HUGHES, A. L., u. J. H. MC.MILLEN: Physic. Rev. Bd. 39 (1932) S. 585 und Bd. 41 (1932) S. 39.

gehören zu primären Elektronengeschwindigkeiten von 50, 100 und 200 e-Volt. Die Richtungsverteilung ist, wie man sieht, ungeheuer stark von der Primärgeschwindigkeit abhängig, die Sekundärelektronen werden um so mehr nach „vorne" (d. h. in kleinen Ablenkungswinkeln) emittiert, je schneller die Primärelektronen sind. Die Emission schnellerer Sekundärelektronen (z. B. $V_2 =$ einige e-Volt) hat eine andere Richtungsverteilung. Je schneller die in Betracht gezogenen Sekundärelektronen im Verhältnis zur Primärelektronengeschwindigkeit sind, um so mehr verschwinden die selektiven Vorzugsrichtungen, und um so mehr konzentriert sich die Emission um die Richtung des Primärstrahls (kleine Ablenkungswinkel). Obwohl es natürlich nicht möglich ist, von zwei Elektronen, welche nach dem Ionisierungsakt ein Atom verlassen, das primäre oder das herausgeschlagene sekundäre zu identifizieren, so ist es doch üblich geworden, das schnellere als das primäre und das langsamere als das sekundäre Elektron zu bezeichnen. In diesem Sinne wollen wir hier nur die Emission der „langsamen Sekundärelektronen" betrachten; auf die „schnellen Sekundärelektronen" werden wir in Kap. 17 unter der Bezeichnung „unelastisch gestreute Elektronen" zurückkommen. An dieser Stelle sei nur noch auf die experimentelle Methode hingewiesen, nach welcher die Kurven in Abb. 108 erhalten wurden; auf Einzelheiten werden wir in Kap. 17, § 3, zurückkommen, wo die betreffende Anordnung in

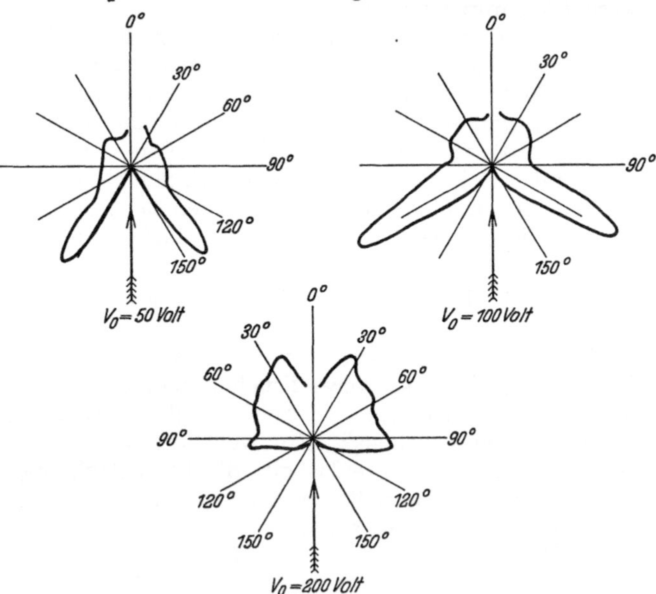

Abb. 108. Winkelverteilung der 1 e-Volt schnellen Sekundärelektronen von Argon bei verschiedenen Primärelektronengeschwindigkeiten V_0. Nach HUGHES u. McMILLEN.

Abb. 132 abgebildet ist. Die Primärelektronen werden dort aus einer um das Zentrum der Apparatur schwenkbaren Kanone K mit gegebener Geschwindigkeit in das zu untersuchende Gas geschossen. Sekundärelektronen, welche unter einem gegebenen Winkel ϑ gegen die Primärrichtung emittiert werden, gelangen zu einem Drahtnetz G. Durch ein zwischen G und dem Spalt S befindliches elektrisches Feld werden diese Elektronen um einen gegebenen Betrag nachbeschleunigt und treten in einen Geschwindigkeitsanalysator MN ein, welcher eine gewünschte Geschwindigkeit, die je nach der zu untersuchenden Sekundärelektronengeschwindigkeit auszuwählen ist, in den Auffängerkäfig A einläßt. Die Bestimmung des nach A gelangenden Elektronenstroms als Funktion der Winkelstellung der Elektronenkanone ergibt Winkelverteilungskurven nach der Art von Abb. 108.

Eine theoretische Deutung der experimentellen Winkelverteilungen langsamer Sekundärelektronen gibt es bisher noch nicht. Brauchbare Theorien liegen nur für den Fall vor, daß die Abreißarbeit des Sekundärelektrons klein ist gegen seine kinetische Energie. Auch hierauf werden wir erst in Kap. 17 zurückkommen.

Kapitel 14.

Befreiung von Elektronen durch bewegte Ionen oder Atome[1].

§ 1. Ionisierung von Gasen durch langsame Ionen. Definition der Ionenvoltgeschwindigkeit. Ionisierungsspannungen beim Ionenstoß. Umladungserscheinungen. Ionisierung durch den Stoß neutraler Atome. Die Ionisierung durch schnellbewegte Ionen oder Atome ist im wesentlichen ein ganz analoger Prozeß wie die im vorigen Kapitel behandelte Ionisierung durch schnelle Elektronen. Wesentlich komplizierter als beim Elektronenstoß liegen aber die Verhältnisse bei der Elektronenbefreiung durch relativ langsame Ionen. Beim Ionenstoß scheint nämlich, wie wir gleich erläutern werden, nicht nur die kinetische Energie, sondern vielmehr auch die gegenseitige potentielle Energie der Stoßpartner wesentlich mitzuspielen.

Zunächst sei daran erinnert, daß ein Ion bei einer gegebenen ·kinetischen Energie infolge seiner relativ hohen Masse wesentlich langsamer ist als das mit dieser Energie bewegte Elektron. Als „e-Voltgeschwindigkeit eines Partikels" definieren wir hier diejenige Energie, welche dem mit einer Elektronenladung geladenen Partikel nach dem Durchfallen der betreffenden Potentialdifferenz zukommt[2]. Bei gleicher e-Voltgeschwindigkeit V_p eines Ions und V_e eines Elektrons ist also infolge der Verschiedenheit der beiden Massen M und m die Lineargeschwindigkeit des Ions U bedeutend kleiner als die des Elektrons u. Nämlich:

$$\text{für } V_p = V_e \text{ ist: } \quad U = \sqrt{\frac{m}{M}} \cdot u = 5{,}95 \cdot 10^7 \sqrt{\frac{m}{M}} \sqrt{V_{p\,(\text{Volt})}} . \tag{1}$$

Die maximale Lineargeschwindigkeit, die bei zentralem Stoß einem ruhenden Elektron durch ein schweres Teilchen übertragen werden kann, ist mit Rücksicht auf Erhaltung von Energie und Impuls gleich der doppelten Geschwindigkeit des stoßenden Teilchens[3]. Nur wenn die übertragene Energie größer als die in Kap. 7 erläuterte Abreißarbeit W des betreffenden Atomelektrons ist, tritt Ionisierung ein. Deshalb sollte man zunächst als „Ionisierungsspannung" eines positiven Teilchens erwarten:

$$V_p = \frac{M}{4\,m}\,W, \tag{2}$$

also z. B. für einen Wasserstoffkanalstrahl $V_\mathrm{H} = 460\ W$, für ein stoßendes Kaliumion $V_\mathrm{K} = 1{,}8 \cdot 10^4\ W$ e-Volt.

Experimentell findet man aber, daß die Elektronenbefreiung schon bei sehr viel niedrigeren Ionengeschwindigkeiten einsetzt, als nach der einfachen stoßmechanischen Erwartung aus Gl. (2) gefolgert wird, und daß die Ionisierungsspannung in komplizierter Weise von der Konstitution des stoßenden Ions und der des gestoßenen Atoms abhängt. Die Ionisierung durch den Stoß eines Ions oder, allgemeiner, durch den Stoß eines Atoms läßt sich nur dann verstehen, wenn man berücksichtigt, daß bei starker Annäherung der Stoßpartner die Wechselwirkungen zwischen ihren Elektronensystemen Störgebiete verursachen. Analog wie bei der später noch (Kap. 20, § 4, Abb. 171) zu besprechenden „Potentialkurve" eines Moleküls werden sich nämlich Konfiguration und Energie

---

[1] Die durch Ionen- bzw. Atomstoß befreiten Elektronen werden in der Literatur häufig — in gleicher Weise wie die durch Elektronenstoß befreiten Elektronen — als „Sekundärelektronen" bezeichnet.

[2] Die e-Voltgeschwindigkeit V des α-Teilchens (He + +) entspricht also der Beschleunigung eines He+-Ions durch die Potentialdifferenz V Volt.

[3] Siehe z. B. G. Joos u. H. KULENKAMPFF: Physik. Z. Bd. 25 (1924) S. 257.

der Elektronensysteme der sich nähernden Partikel als Funktion ihres gegenseitigen Kernabstandes ändern. Im Zustande genügend großer Annäherung der Kerne kann man hierdurch mehrere angeregte Elektronen erhalten; diese können miteinander in Wechselwirkung treten, in der Weise, daß auf Kosten der Anregung von mehreren Elektronen ein Elektron ionisiert wird. Mit anderen Worten: In diesen Störgebieten kann ein Augereffekt (siehe Kap. 11, § 7) eintreten, dessen Wirkung die Ionisation eines Atoms ist[1]. Für das Eintreten eines solchen Effekts ist es deshalb notwendig, daß die kinetische Energie der Atome ausreicht um in das Störgebiet einzudringen; es läßt sich hierfür aber ein ziemlich scharfer Minimumwert der kinetischen Energie voraussagen, der erheblich über der jeweiligen Ionisierungsarbeit W liegt. In Tabelle 31 geben wir z. B. die experimentellen Ionisierungsspannungen der Alkaliionen in Edelgasen an[2].

Tabelle 31. **Einsatzspannungen der Ionisation durch Alkaliionen in Edelgasen. Nach BEECK und MOUZON.**

	Li^+	Na^+	K^+	Rb^+	Cs^+
Ne	307	175	320	423	·437
A	100	105	95	180	365 ?
Kr	420 ?	400 ?	80	100	143
Xe	250	360 ?	120	145	105

Man sieht aus dieser Zusammenstellung, daß der Einsatz der Ionisation fast immer am niedrigsten bei demjenigen Alkaliion liegt, welches die gleiche Elektronenzahl in seiner Hülle hat wie das Edelgasatom, d. h. welches ihm im periodischen System am nächsten steht. Für Argonionen in Argongas wird eine Ionisierungsspannung von etwa 300 e-Volt gefunden[3]. Argongas wird also leichter durch die meisten Alkaliionen als durch seine eigenen Ionen ionisiert. Die Resultate in anderen Gasen sind bisher noch sehr lückenhaft. Im Wasserstoff z. B. hat man nur das negative Resultat erhalten, daß dort durch Kaliumionen oder durch Protonen bis zu mehreren tausend e-Volt Geschwindigkeit keinesfalls Elektronen befreit werden können[4].

Bei der Untersuchung der Ionisierungsfunktion stellt man fest, daß der Einsatz der Ionisation um so plötzlicher ist, je niedriger die Ionisierungsspannung. Die Ausbeuten an herausgeschlagenen Elektronen sind beim Stoß langsamer Ionen stets sehr viel niedriger als beim Stoß von Elektronen entsprechender Voltgeschwindigkeit, jedoch steigt die Ionenionisierungskurve mit wachsender Ionengeschwindigkeit sehr stark an, so daß sie bei höheren Geschwindigkeiten die Elektronenionisierungskurve überschneidet. Die Ausbeuten an herausgeschlagenen Elektronen sind für die verschiedenen stoßenden Ionen sehr verschieden[5]. Abb. 109 zeigt z. B. die Ausbeuten bei 500 e-Volt Ionengeschwindigkeit in den verschiedenen Edelgasen als Funktion der Atomnummer der stoßenden Alkaliionen aufgetragen. Die Ordinateneinheit (N) ist gleich der Anzahl der pro Zentimeter

---

[1] WEIZEL, W., u. O. BEECK: Z. Physik Bd. 76 (1932) S. 250. — Siehe auch F. ZWICKY: Proc. Nat. Acad. Amer. Bd. 18 (1932) S. 314.

[2] BEECK, O., u. J. C. MOUZON: Ann. Physik Bd. 11 (1931) S. 858. — Physic. Rev. Bd. 38 (1931) S. 967.

[3] WOLF, F.: Z. Physik Bd. 74 (1932) S. 575.

[4] GURNEY, R. W.: Physic. Rev. Bd. 32 (1928) S. 795. — GOLDMANN, F.: Ann. Physik Bd. 10 (1931) S. 460.

[5] SUTTON, R. M.: Physic. Rev. Bd. 33 (1929) S. 364. — SUTTON, R. M., u. J. C. MOUZON: Ebenda Bd. 35 (1930) S. 695; Bd. 37 (1931) S. 379. — BEECK, O.: Ann. Physik Bd. 6 (1930) S. 1001. — BEECK, O., u. J. C. MOUZON: Ebenda Bd. 11 (1931) S. 737. — MOUZON, J. C.: Physic. Rev. Bd. 41 (1932) S. 605.

Weg bei 1 mm Hg-Druck und 0° C befreiten Elektronen, sie entspricht also der Ionisierungszahl. Die größten Ausbeuten werden hier bei denselben Stoßpartnern erzielt, bei denen sich die niedrigsten Ionisationsspannungen ergeben: Man sieht z. B. maximale Ausbeuten bei Na$^+$ in Neon und bei K$^+$ in Argon.

Zur experimentellen Ermittlung der genannten Ionisierungsspannungen und Ionisierungskurven benutzt man zweckmäßig eine Anordnung, wie sie in Abb. 110 dargestellt ist. Von einer Glühanode[1] F gehen dort die Alkaliionen aus und werden gegen die Blende 1 um einige e-Volt beschleunigt. Ein Magnetfeld sondert dann aus dem emittierten Ionengemisch die gewünschte Ionenart heraus. Der bis zur Blende 3 hin abgelenkte Strahl wird dann zwischen Blende 3 und 4 durch ein elektrisches Feld auf die gewünschte Voltgeschwindigkeit beschleunigt. Im Raume J befindet sich das zu ionisierende Edelgas unter so geringem Druck, daß ein Alkaliion im Mittel nur einmal mit einem Gasatom zusammenstößt.

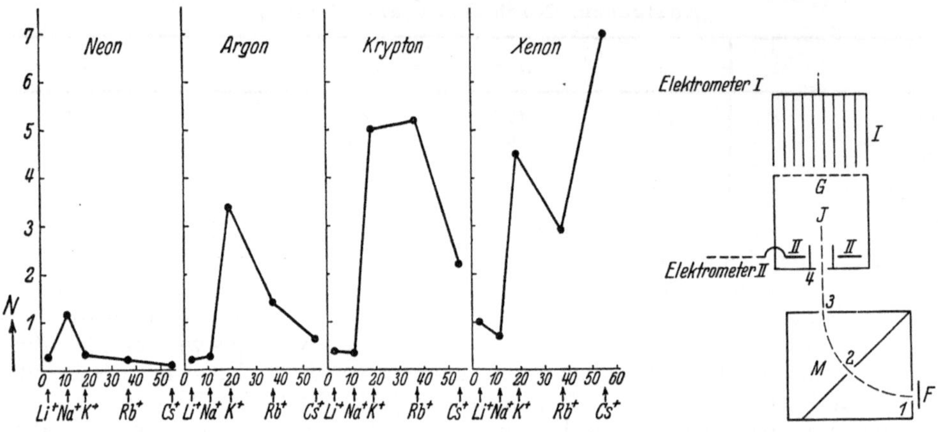

Abb. 109. Ionisation von Edelgasen durch 500 e-Volt schnelle Alkaliionen. Nach Beeck u. Mouzon.

Abb. 110. Messung der Ionisation von Gasen durch positive Ionen. Nach Beeck.

Die Ionen werden dann im Auffänger I aufgefangen, während die befreiten Elektronen zu dem ringförmigen Auffänger II hingezogen werden. Das Drahtnetz G und mit ihm die Wandungen des Raumes J sind gegenüber diesem Auffänger II leicht negativ geladen, so daß sie keine Elektronen, wohl aber die neu entstandenen positiven Edelgasionen aufnehmen können. Die Ionisierungszahl ergibt sich aus dem Quotienten des in II aufgefangenen Elektronenstromes und des in I aufgefangenen Ionenstromes.

In vorliegender Anordnung werden nur wirkliche Befreiungen von Elektronen gemessen. Wird aber z. B. ein Elektron aus einem Edelgasatom herausgerissen und vom Alkaliion übernommen, so wird dieser „Umladungsvorgang", den man ebenfalls als eine Ionisation des Edelgasatoms bezeichnen müßte, hier nicht erfaßt. Aus Untersuchungen mit andersartigen Anordnungen geht hervor, daß diese Umladungen schon bei bedeutend geringeren Geschwindigkeiten der stoßenden Ionen, d. h. weit unterhalb der erwähnten Ionisierungsspannung V_p einsetzen[2], ferner findet man beim Vergleich der verschiedenen Ionenarten, daß Umladungen um so häufiger sind, je weniger sich die Ionisierungsspannung des

---

[1] Herstellung stark emittierender Ionenquellen siehe z. B. C. H. Kunsmann: Physic. Rev. Bd. 27 (1926) S. 249 und 739. — O. Beeck: Ann. Physik Bd. 6 (1930) S. 1001. — F. Goldmann: Ebenda Bd. 10 (1931) S. 481.
[2] Goldmann, F.: a. a. O. — Wolf, F.: a. a. O.

Gasmoleküls und die Neutralisationsenergie des Ions voneinander unterscheiden[1]. Am stärksten laden demnach Ionen und Moleküle desselben Gases um. Wir wollen im Rahmen dieses Kapitels auf die Umladungserscheinungen nicht näher eingehen[2].

Es sei hier noch auf die besonderen Schwierigkeiten hingewiesen, welche bei den Ionisierungsmessungen mit positiven Teilchen gegenüber denselben Experimenten mit Elektronen bestehen. Zum Beispiel können positive Teilchen schon während ihrer Beschleunigung Umladungen erleiden oder Molekülkombinationen bilden, und ihre Endgeschwindigkeit wird dann nicht der aus der durchfallenen Potentialdifferenz berechneten entsprechen. Aber selbst, wenn man durch besondere Vorsichtsmaßregeln (kurzen, möglichst gasfreien Beschleunigungsraum bzw. magnetische Zerlegung) einen homogenen Ionenstrahl erhalten hat, sind mannigfache Störungen zu befürchten, einerseits von Sekundärelektronen, welche an den Wandungen durch Ionen befreit werden, andererseits von Photoelektronen, welche durch das Leuchten der Kanalstrahlen selbst oder der getroffenen Atome ausgelöst werden. Fast alle älteren Ionisierungsmessungen an langsamen Ionen, die hier unerwähnt bleiben mögen, sind durch solche Fehlerquellen verfälscht worden.

Sehr wichtig ist nun ein experimenteller Befund, daß die Ionisation durch neutrale Atome schon bei bedeutend kleineren Geschwindigkeiten beginnt, als es bei den entsprechenden Ionen der Fall ist[3]. Die genauen Einsatzpotentiale bei dieser Elektronenbefreiung durch neutrale Atome kennen wir bisher noch nicht; es konnte aber eine ionisierende Wirkung der Argonatome in Argongas schon bei 40 e-Volt, der Neonatome in Neon bei 50 e-Volt und der Heliumatome in Heliumgas bei 60 e-Volt festgestellt werden. In allen Fällen scheinen die Ionisierungszahlen unterhalb 100 e-Volt nur wenig von der Atomgeschwindigkeit abzuhängen. Beim Argon sind sie in diesem Geschwindigkeitsbereich von der Größenordnung 1 Elektron pro Zentimeter Weg des Atoms bei 1 mm Hg-Druck. Beim Neon sind die entsprechenden Ionisierungszahlen mehr als 10 mal, beim Helium mehr als 100 mal kleiner als beim Argon.

Ganz ohne einen Aufwand an kinetischer Energie kann die Ionisierung durch einen Stoß zweiter Art hervorgerufen werden. Es handelt sich hierbei um die Einwirkung eines neutralen, angeregten Atoms, dessen Leuchtelektron sich auf einer energetisch höherwertigen Quantenbahn befindet, auf ein Atom im Grundzustand. Falls beide betrachteten Atome ohne nennenswerte kinetische Energie sind, wird die Ionisierung durch den Stoß zweiter Art nur dann eintreten können, wenn die potentielle Energie des angeregten „metastabilen" Atoms größer ist als die Ionisierungsspannung des getroffenen Atoms. So hat man beispielsweise die Ionisierung von Argonatomen durch metastabile Neonatome nachweisen können[4].

§ 2. Elektronenbefreiung durch langsame positive Ionen aus Metalloberflächen. Theorie. Charakteristische Energieverteilungen der ausgelösten Elektronen. Ausbeuten als Funktion von Geschwindigkeit und Art der stoßenden Ionen. Von ganz besonderer Wichtigkeit ist der Mechanismus von Stößen zweiter Art für das Verständnis der Befreiung von Elektronen aus Metalloberflächen durch langsame positive Ionen. Wir müssen uns nämlich vorstellen, daß ein positives Ion bei einer Annäherung von etwa 10^{-7} cm an die Metalloberfläche durch die

---

[1] KALLMANN, H., u. B. ROSEN: Z. Physik Bd. 61 (1930) S. 61 und Bd. 64 (1930) S. 806.
[2] Näheres über Umladungen schneller positiver Teilchen siehe in Kap. 22, § 8.
[3] BEECK, O.: Z. Physik Bd. 76 (1932) S. 799. — BRASEFIELD, C. J.: Physic. Rev. Bd. 42 (1932) S. 11.
[4] PENNING, F. M.: Z. Physik Bd. 57 (1929) S. 723.

Wirkung der hierbei auftretenden enormen elektrostatischen Feldstärken — nach der in Kap. 9 beschriebenen Art — aus dem Metall ein Elektron herausreißt, sich neutralisiert, dabei aber in einen angeregten Zustand übergeht[1]. Betrug die Ionisierungsspannung unseres ionisierten Gasatoms W (At) die Richardsonarbeit des Metalles W (Me), so ist die potentielle Energie des angeregten Atomes:

$$E \text{ (At)} \approx W \text{(At)} - W \text{(Me)} . \tag{3}$$

Diese potentielle Energie wird nun beim Auftreffen auf die Metalloberfläche einem der Metallelektronen durch einen Stoß zweiter Art übertragen[2].

Die kinetische Energie eines Elektrons im Metalle liegt nun praktisch nach den im Kap. 6 und Kap. 7 entwickelten Vorstellungen zwischen Null und W_i (= innerer Austrittsarbeit oder maximaler Nullpunktsenergie); seine potentielle Energie ist in allen Fällen $= W_a$ (= äußere Austrittsarbeit). Die Energie der ausgelösten Elektronen V_1 (El) ist deshalb zunächst eingegrenzt durch:

$$(E(\text{At}) - W_a) \leqq V_1 (\text{El}) \leqq (E(\text{At}) - (W_a - W_i)) = E(\text{At}) - W(\text{Me}) . \tag{4}$$

Eine zweite Möglichkeit für das Gasion besteht nun noch darin, daß es als solches ins Metall eindringt und sich erst dort neutralisiert. Da hierbei aber nicht die Richardsonarbeit überwunden zu werden braucht, entsteht aus dem Ion ein metastabiles Atom, dessen potentielle Energie gleich der Ionisierungsarbeit W (At) ist. Überträgt dieses metastabile Atom dann seine potentielle Energie durch Stoß zweiter Art an ein Metallelektron, so kann das gestoßene Metallelektron gegebenenfalls die Richardsonarbeit überwinden und als freies Elektron mit der Energie V_2 (El) das Metall verlassen:

$$(W(\text{At}) - W_a) \leqq V_2 (\text{El}) \leqq (W(\text{At}) - W(\text{Me})) . \tag{5}$$

In der Geschwindigkeitsverteilungskurve der Elektronen, welche z. B. durch langsame positive He-Ionen an gut entgasten Molybdänoberflächen erhalten wurden, hat man nun tatsächlich eine Bevorzugung der beiden Geschwindigkeiten erhalten[3], welche uns durch die Gl. (4) und Gl. (5) vorausgesagt werden. Wir haben nämlich für $\text{He}^+ \dots W$ (At) $= 24{,}6$ e-Volt, für Molybdän W (Me) $= 4{,}3$ e-Volt, $W_i = 13{,}5$ e-Volt[4], also $W_a = 17{,}8$ e-Volt. Deshalb ist nach Gl. (4) $2{,}5$ e-Volt $\leq V_1$ (El) $\leq 16{,}0$ e-Volt und nach Gl. (5) $6{,}8$ e-Volt $\leqq V_2 \leqq 20{,}3$ e-Volt. Die experimentellen Kurven in Abb. 111 zeigen wirklich alle einen scharfen Abfall bei $2{,}3$ e-Volt und bei etwa 20 e-Volt, und auch die kleineren Intensitätsänderungen der experimentellen Verteilungskurven bei 15 bis 17 e-Volt und bei $6{,}8$ e-Volt stimmen mit den theoretischen Erwartungen überein. Geschwindigkeitsverteilungskurven dieser Art

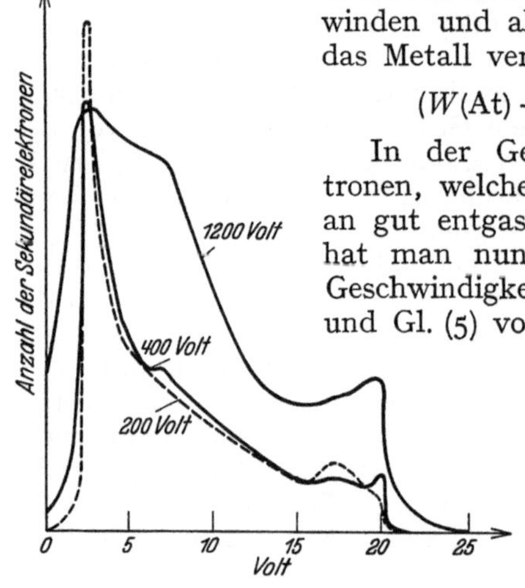

Abb. 111. Energieverteilung der Elektronen, welche an entgastem Molybdän von 200, 400 und 1200 e-Volt schnellen He$^+$-Ionen befreit wurden. Nach OLIPHANT.

[1] OLIPHANT, M. L., u. B. P. MOON: Proc. Roy. Soc., Lond. Bd. 127 (1930) S. 388.

[2] Nach den Experimenten von H. W. WEBB: Physic. Rev. Bd. 24 (1924) S. 113 und H. A. MESSENGER: Ebenda Bd. 28 (1928) S. 962 ist es sehr unwahrscheinlich, daß die metastabilen Atome unter Lichtemission sich entspannen und daß dann aus der Metalloberfläche durch Photoeffekt Elektronen ausgelöst werden.

[3] OLIPHANT, M. L.: Proc. Roy. Soc., Lond. Bd. 124 (1929) S. 228 und Bd. 127 (1930) S. 373.

[4] Nach Kap. 6, Gl. (32), wenn 4 freie Elektronen für jedes Atom angenommen werden.

erhält man mit einem Apparat, wie er in Abb. 112 abgebildet ist: Zwischen Glühkathode und Gitter o findet eine elektrische Entladung in He-Gas statt. Die hierbei entstandenen He^+-Ionen werden zum Teil durch ein elektrisches Feld gegen C gezogen und fliegen durch einen Kanal, dann durch das Blendensystem D, wo ihre Geschwindigkeit durch weitere elektrische Felder auf den gewünschten Betrag vergrößert oder verkleinert werden kann. Ein elektrisches Querfeld zwischen B und G sondert dann die gewünschten Ionen von den ungeladenen oder geladenen Atomen und lenkt sie durch den Spalt S auf die zu untersuchende Metalloberfläche T, welche von hinten durch eine strahlende Wolframspirale erhitzt und so entgast werden kann. Die Geschwindigkeiten der von T ausgehenden Elektronen können, wie in der Abb. 112 durch magnetische Ablenkung oder aber auch nach der Gegenfeldmethode untersucht werden.

Die relativ scharfe obere und untere Grenze des Geschwindigkeitsspektrums der befreiten Elektronen (Abb. 111) beginnt sich beim Übergang zu höheren

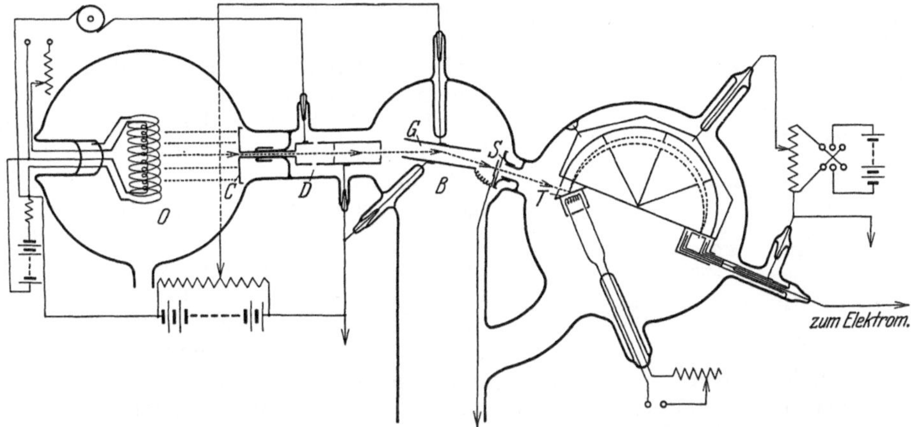

Abb. 112. Messung der Geschwindigkeiten von Elektronen, welche durch positive Ionen befreit wurden. Nach OLIPHANT.

Ionengeschwindigkeiten zu verwischen, besonders erscheinen dann viele Elektronen mit der Geschwindigkeit Null. Wahrscheinlich überlagert sich also hier über die Emission nach dem oben beschriebenen Mechanismus durch Stöße zweiter Art ein neues Phänomen der Elektronenbefreiung. Über diesen Teil der Emission, welcher der kinetischen Energie der Ionen zuzuschreiben ist, erhält man Aufklärung durch Benutzung stoßender Ionen, deren entsprechende Ionisierungsspannung W (At) kleiner ist als die Richardsonarbeit W (Me) des getroffenen Metalles, so daß die Elektronenbefreiung durch potentielle Energie nicht in Betracht kommt. Hier ergibt z. B. Bombardierung einer gasfreien Metallfläche mit Kaliumionen von einigen Hundert e-Volt Elektronenausbeuten von weniger als 1%, und die Geschwindigkeitsverteilungen der Elektronen sind einfache Maxwellverteilungen.

Neben den Geschwindigkeiten interessieren uns die Gesamtausbeuten an Elektronen als Funktion der Ionengeschwindigkeiten. In Abb. 113 sind solche Ausbeuten, die an kalter (nicht entgaster) und heißer (gasfreier) Molybdänoberfläche beim Stoß von He^+-Ionen erhalten werden, aufgezeichnet. Die Ausbeute der befreiten Elektronen ist an der gasfreien Oberfläche bis etwa 800 e-Volt geschwindigkeitsunabhängig und beträgt etwa 20%, dann steigt sie langsam an und erreicht bei 5000 e-Volt etwa 90%.

An nicht entgasten, unbehandelten Metallflächen ist die Ausbeute an befreiten Elektronen, wie Abb. 113 zeigt, wesentlich größer.

Über die Ausbeuten an Elektronen durch den Stoß positiver Ionen liegen im Bereich der Ionengeschwindigkeiten von einigen tausend bis herab zu etwa 100 e-Volt zahlreiche Messungen vor, die sich auf eine Reihe verschiedener Ionenarten und verschiedener Metallflächen beziehen[1,2]. Diese Ausbeuten sind von der Art des bombardierten Metalles, besonders bei den größeren Ionengeschwindigkeiten, erstaunlich wenig abhängig. In allen Fällen steigen die Elektronenausbeuten durch Gasbeladung des Metalls. Beim Vergleich verschiedener Ionenarten findet man, daß die Ausbeuten an Elektronen meist um so größer sind, je geringer bei gleicher Stoßenergie die Masse des stoßenden Ions ist. Über die absoluten Größen der Elektronenausbeuten weichen die Angaben der einzelnen Autoren erheblich voneinander ab. Die Bedingungen, unter denen die meisten dieser Versuche über Elektronenbefreiung aus Metallflächen vorgenommen wurden, sind nämlich sehr wenig definiert. Nicht nur der Reinigungs- und Entgasungszustand oder die Bearbeitung der Metalloberfläche war in den einzelnen Fällen recht verschieden, sondern besonders der Strahl, der die Elektronenemission bedingte, war in vieler Hinsicht recht undefiniert. Die in ihm enthaltenen Ionen waren meist nicht durch magnetische Voranalyse homogenisiert, sondern sie wurden direkt einer

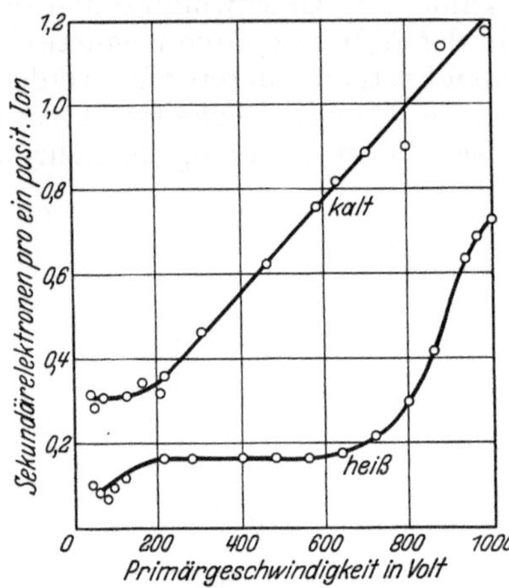

Abb. 113. Gesamtmenge der von He$^+$ befreiten Elektronen als Funktion der Ionengeschwindigkeit. Nach OLIPHANT.

Glühanode oder einer Gasentladung entnommen und bestanden deshalb oft aus den verschiedensten Ionensorten, oder es war in dem benutzten Strahl durch nachträgliche Umladung eine große Zahl metastabiler Atome oder Moleküle vorhanden. Diese metastabilen Teilchen sind aber, wie gesagt, oft in hohem Maße zur Elektronenbefreiung aus der Metallfläche befähigt[3].

Nach kleinsten Strahlgeschwindigkeiten hin wird ganz allgemein ein starkes Abnehmen der Elektronenausbeute beobachtet. Bei etwa 50 bis 100 e-Volt Ionengeschwindigkeit ist die Zahl der befreiten Elektronen so gering geworden (Ausbeute: Größenordnung etwa 1 %), daß sie sich in den meisten Fällen der direkten Beobachtung entzieht. Unsere Kenntnis der Elektronenausbeuten bei Ionengeschwindigkeiten von der Größenordnung etwa 1 e-Volt beruht auf indirekten Schlüssen über den Vorgang der Gasentladung[4]. Wir müssen nämlich annehmen, daß bei jeder Entladung die Zahl der durch Elektronenstoß erzeugten positiven Ionen gerade ausreicht, um bei ihrem Auftreffen auf die Kathode gemäß einer

---

[1] CAMPBELL, N.: Philos. Mag. Bd. 29 (1915) S. 783. — CHENEY, W. L.: Physic. Rev. Bd. 10 (1917) S. 335. — BÄRWALD, H.: Ann. Physik Bd. 60 (1919) S. 1. — BADAREU, E.: Physik. Z. Bd. 25 (1924) S. 137. — KLEIN, A. L.: Physic. Rev. Bd. 26 (1925) S. 800. — JACKSON, W. J.: Ebenda Bd. 28 (1926) S. 524 und Bd. 30 (1927) S. 473. — PENNING, F. M.: Koninkl. Akad., Amsterdam, Proc. Bd. 31 (1928) S. 14; Bd. 33 (1930) S. 841. — STEIN, W. S.: Physic. Rev. Bd. 40 (1932) S. 425.

[2] GÜNTHERSCHULZE, A.: Z. Physik Bd. 62 (1930) S. 600. — GÜNTHERSCHULZE, A., u. F. KELLER: Ebenda Bd. 68 (1931) S. 162 (Kalorimetrische Bestimmung der auf die Metallfläche aufprallenden Ionenmenge).

[3] UYTERHOEVEN, W., u. M. C. HARRINGTON: Physic. Rev. Bd. 36 (1930) S. 709.

[4] KLEMPERER, O.: Z. Physik Bd. 52 (1928) S. 500.

bestimmten (hier gesuchten) Ausbeute oder Befreiungswahrscheinlichkeit den Elektronenstrom zu regenerieren[1]. So erhält man aus den Angaben über Gasdruck und Gasart und aus den Stromspannungskurven der Gasentladung[2] neben den Ionisierungszahlen der stoßenden Elektronen[3] die Ausbeuten der von den positiven Ionen an der Kathode befreiten Elektronen. Diese sind je nach der Art und Geschwindigkeit der Ionen verschieden und bewegen sich in der Größenordnung einiger Promille.

§ 3. **Ionisierung von Gasen durch α-Strahlen. δ-Strahlemission. Ionisierungszahl. BRAGGsche Kurve und Ionisierungskurve des einzelnen α-Teilchens in Luft. Konstanz des Ionisierungsaufwandes. Reichweitegesetz. Ionisierung des α-Teilchens in verschiedenen Gasen. Bremsvermögen. Art der vom α-Strahl erzeugten Ionen.** Wir kommen dann zur Befreiung von Elektronen durch schnellbewegte Ionen oder Atome. Die Verhältnisse liegen hier sehr viel einfacher und übersichtlicher als bei den langsamen Ionen, weil man hier die potentielle Energie des Ions gegenüber seiner kinetischen Energie vernachlässigen kann. Ferner werden beim Stoß des schnellen Teilchens Energie und Impuls im wesentlichen nicht auf ein ganzes Atom, sondern nur auf ein einzelnes Elektron übertragen. Wir betrachten zunächst ein α-Teilchen, welches sich durch das ,,Elektronengas'' der ruhenden Atomelektronen bewegen möge. Die Elektronen befinden sich also relativ zum α-Teilchen in einer gleichförmigen geradlinigen Bewegung. Wir wollen auf die durch das positive Zentralfeld des α-Teilchens bewegten Elektronen die in Kap. 2, § 1, gegebenen Betrachtungen anwenden: Unter dem Einfluß der anziehenden Ladung des im Zielabstand p mit der Geschwindigkeit U vorbeifliegenden α-Teilchens wird das Elektron — wie in Abb. 18 auf S. 17 — eine hyperbolische Bahn beschreiben, deren Endrichtung einen Winkel ψ mit der geradlinig verbleibenden Bahn des α-Teilchens einschließen möge. Nach Gl. (3) in Kap. 2 ergibt sich dann:

$$\operatorname{tg} \psi = \frac{m}{2\,e^2}\, pU^2 = 1{,}98 \cdot 10^{-9} \cdot pU^2. \tag{6}$$

Die Endgeschwindigkeiten des anfänglich ruhenden Sekundärelektrons ergibt sich aus Energie- und Impulserhaltungssatz zu:

$$u = 2\,U \cos\psi. \tag{7}$$

Die Häufigkeit der Elektronen, welche unter den Winkeln Null bis zu irgendeinem Maximalwert ψ_0 entsprechend einem Minimalwert p_0 des Zielabstandes emittiert werden, ergibt sich pro Zentimeter Weg des α-Teilchens zu:

$$N = \pi\,p_0^2\,n = 8{,}0 \cdot 10^{17}\,n\,\frac{\operatorname{tg}^2 \psi_0}{U^4}, \tag{8}$$

wo n, die Anzahl der Elektronen pro Kubikzentimeter, sich aus dem Produkt der Anzahl der Atome im Kubikzentimeter und der Kernladungszahl des Atoms berechnet.

Diese einfachen stoßmechanischen Vorstellungen werden durch die Ergebnisse, welche experimentell an WILSONschen Nebelbahnen von α-Strahlen gewonnen wurden, ausgezeichnet bestätigt[4]. Man erhält aus der gemessenen Reich-

---

[1] HOLST, H., u. E. OOSTERHUIS: Philos. Mag. Bd. 46 (1923) S. 1117.
[2] TOWNSEND, J. S.: In MARX' Handbuch der Radiologie. 1919.
[3] Siehe Kap. 13, § 9.
[4] WILSON, C. T. R.: Proc. Cambr. phil. Soc. Bd. 21 (1923) S. 405. — AUGER, P.: J. Physique Radium Bd. 7 (1926) S. 65. — CHADWICK, J., u. K. G. EMELÉUS: Philos. Mag. Bd. 1 (1926) S. 1. — KLEMPERER, O.: Z. Physik Bd. 45 (1927) S. 225. — ALPER, T.: Ebenda Bd. 76 (1932) S. 172.

weite[1] der herausgeschlagenen Elektronen im betreffenden Gase — entsprechend den Voraussagen der Gl. (7) — tatsächlich Elektronengeschwindigkeiten bis zum doppelten Betrag der α-Geschwindigkeit. Die Winkelbeziehung Gl. (6) läßt sich allerdings wegen der starken Streuung der Elektronen im Gase nicht nachprüfen. Die Anzahl der schnellen Elektronen, der sog. „δ-Strahlen" wird entsprechend den Voraussagen der Gl. (6) und Gl. (8) außerordentlich gering gefunden. Beispielsweise geht aus der etwa vierfach vergrößerten Photographie in Abb. 114 hervor, daß sich durchschnittlich nur etwa 10 Nebelbahnen von relativ schnellen Elektronen unter Normalverhältnissen pro Zentimeter Weglänge des α-Strahls erkennen lassen[2], und zwar nur im Anfang der α-Strahlbahn, wo die α-Strahlgeschwindigkeit noch genügend groß ist.

Nach Tausenden aber zählen die ganz langsamen, vom α-Strahl frei gemachten Elektronen. Das ersieht man z. B. aus Abb. 115, wo zwei mikroskopisch aufgenommene Nebelbahnen von α-Strahlen — in einer gegenüber Normalverhältnissen etwa 300 fachen Vergrößerung — abgebildet wurden. Man erkennt dort die einzelnen Nebeltröpfchen, von denen jedes hier ein negatives Ion umgibt. Durch Abzählung dieser Tröpfchen erhält man direkt die Ionisierungszahl des α-Teil-

Abb. 114. Nebelbahn eines α-Strahls in etwa vierfacher Vergrößerung. Nach WILSON.

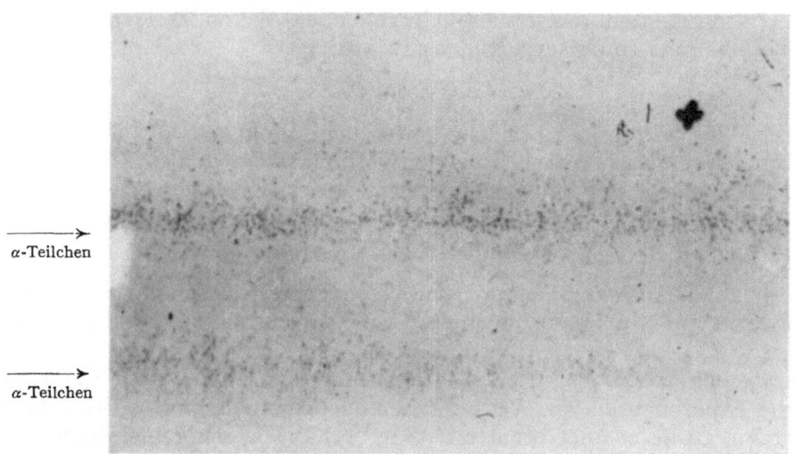

Abb. 115.   Nebelbahnen von α-Strahlen in etwa 300 facher Vergrößerung.   Nach KLEMPERER.

---

[1] In Kap. 21 werden wir ausführen, wie man aus der Reichweite eines Elektrons auf seine Anfangsgeschwindigkeit schließen kann.

[2] Die maximalen Reichweiten der δ-Strahlen sind bei $0°$ C und 760 mm Hg-Druck nur von der Größenordnung 1 mm.

chens. Aus der räumlichen Anordnung der Tröpfchen erkennt man, daß die meisten Ionen nicht vom α-Strahl direkt, sondern erst indirekt von den Elektronen erzeugt sind. Die Primärionisation erreicht hiernach nur etwa ein Drittel der Ionisierungszahl[1].

Die übliche Methode, die Ionisierungszahl in Abhängigkeit von der durchlaufenen Bahnstrecke, also in Abhängigkeit von der Geschwindigkeit des α-Strahls zu messen, ist im Prinzip folgendermaßen: das α-Strahlenpräparat wird mit Hilfe feinregulierbarer Verstellungen in verschiedene Entfernungen von einem Kondensator sehr geringer Tiefe gebracht, und dabei werden die Ionisationsströme im Kondensator gemessen[2]. Man kann auch an Stelle der Abstandsänderung des Präparats eine Druckänderung des Gases zwischen Präparat und Kondensator verwenden, was den Vorteil bietet, daß die geometrischen Bedingungen während des ganzen Versuches ungeändert bleiben[3]. In Tabelle 32 findet man — neben den gemessenen Werten der Reichweiten der α-Strahlen in Luft von Atmosphärendruck und ihren entsprechenden Linear- bzw. Voltgeschwindigkeiten — die nach obenerwähnter Methode erhaltenen Ionisierungszahlen in Luft. Die Geschwindigkeit eines α-Teilchens von gegebener Reichweite kann z. B. aus der Krümmung seiner Bahn im Magnetfeld ermittelt werden. Die Reichweite dient üblicherweise als ein Maß der Geschwindigkeit, und zwar ist sie als Bahnlänge des α-Teilchens von der

Tabelle 32. Reichweiten, Geschwindigkeiten und Ionisierungszahlen des α-Teilchens.

Reichweite bei 15° C in cm	Geschwindigkeiten U in cm/sec	e-Volt	Ionisierungszahl pro cm Weg in Luft von Atmosphärendruck
8,00	$2,012 \cdot 10^9$	$8,40 \cdot 10^6$	—
6,97 (Ra C′)	$1,922 \cdot 10^9$	$7,66 \cdot 10^6$	$2,11 \cdot 10^4$
6,00	$1,827 \cdot 10^9$	$6,93 \cdot 10^6$	$2,36 \cdot 10^4$
5,00	$1,720 \cdot 10^9$	$6,14 \cdot 10^6$	$2,59 \cdot 10^4$
4,00	$1,599 \cdot 10^9$	$5,29 \cdot 10^6$	$2,90 \cdot 10^4$
3,00	$1,450 \cdot 10^9$	$4,36 \cdot 10^6$	$3,30 \cdot 10^4$
2,00	$1,269 \cdot 10^9$	$3,34 \cdot 10^6$	$3,98 \cdot 10^4$
1,50	$1,126 \cdot 10^9$	$2,63 \cdot 10^6$	$5,65 \cdot 10^4$
1,00	$1,005 \cdot 10^9$	$2,10 \cdot 10^6$	$5,83 \cdot 10^4$
0,50	$0,798 \cdot 10^9$	$1,32 \cdot 10^6$	$\approx 7,2 \cdot 10^4$
0,20	$0,588 \cdot 10^9$	$0,72 \cdot 10^6$	$> 1,8 \cdot 10^4$
0,10	$0,464 \cdot 10^9$	$0,45 \cdot 10^6$	$> 1,0 \cdot 10^4$

betreffenden Anfangsgeschwindigkeit bis zu seiner völligen Abbremsung infolge seiner Energieverluste bei den Zusammenstößen mit den einzelnen Gasatomen definiert[4].

Die in Tabelle 32 gegebenen Ionisierungszahlen sind in der erwähnten Art an einem Bündel von α-Strahlen gemessen worden. Gegen Ende der Bahn unterscheiden sich diese „BRAGGschen Ionisierungszahlen" wesentlich von den wahren Ionisierungszahlen des einzelnen α-Partikels. Denn gegen Ende wird das α-Strahlbündel inhomogen, weil infolge sog. „Reichweiteschwankungen" einzelne α-Teilchen früher als andere abgebremst werden. Die letzten der in Tabelle 32 gegebenen Ionisierungszahlen sind bedeutend kleiner als die wahren Ionisierungszahlen des Einzelteilchens. Das geht z. B. aus Abb. 116 hervor, wo man als durchgezogene Kurve die Ionisierungskurve des α-Strahlbündels, als punktierte Kurve diejenige eines einzelnen α-Teilchens findet.

Zur Ermittlung der wahren Ionisierungszahlen ist eine indirekte Methode bisher mit bestem Erfolg angewendet worden. Man hat nämlich Photographien

[1] KLEMPERER, O.: a. a. O.   [2] BRAGG, H. W.: Philos. Mag. Bd. 8 (1904) S. 719.
[3] GEIGER, H.: Proc. Roy. Soc., Lond. Bd. 82 (1909) S. 486; Bd. 83 (1910) S. 509. — Z. Physik Bd. 8 (1922) S. 45. — HENDERSON, G. H.: Philos. Mag. Bd. 6 (1921) S. 538. — CURIE, J., u. F. BEHOUNECK: J. Physique Bd. 7 (1926) S. 125.
[4] Da eine völlige Abbremsung — etwa auf gaskinetische Geschwindigkeiten — nicht experimentell eindeutig festgelegt werden kann, so bezeichnet man als Ende der Reichweite einen Schnitt der geradlinig extrapolierten Ionisierungskurve des α-Bündels mit der Geschwindigkeitsachse. Näheres siehe bei H. GEIGER: a. a. O.

Wilsonscher Nebelbahnen von Einzelteilchen längs ihrer Reichweite ausphotometriert. Die Intensität als Funktion der Schwärzung des Bahnbildes ist an jeder Stelle proportional der Zahl der vorhandenen Ionen, so daß aus ihr die Ionisierungskurve gewonnen werden konnte[1]. Ferner liegen Versuche vor, bei denen die Ionisationsströme einzelner α-Teilchen durch Verstärkeranordnungen so weit verstärkt wurden, daß die Ionisierungszahlen an verschiedenen Stellen der Reichweite direkt gemessen werden konnten. Freilich beziehen sich die einzelnen Messungen nicht auf ein und dasselbe α-Teilchen, so daß erst durch ein statistisches Auswertungsverfahren die gesuchten Ionisierungskurven des Einzelteilchens erhalten werden[2].

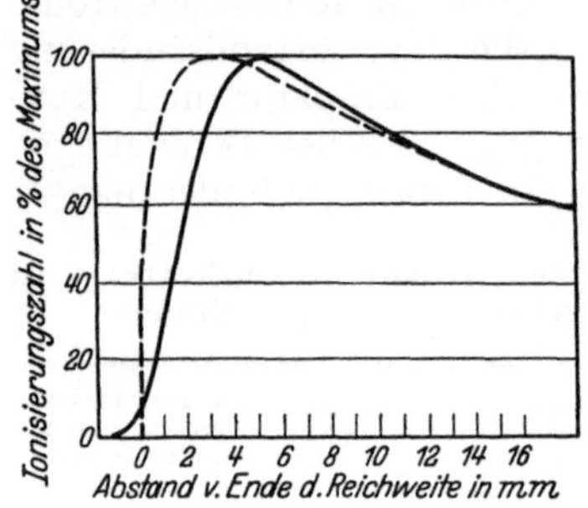

Abb. 116. Ionisierungskurve des α-Strahlbündels —— nach Bragg, und des einzelnen α-Teilchens — — — nach Feather u. Nimmo.

Betrachtet man die ganze Ionisierungskurve des einzelnen α-Teilchens, so bemerkt man, daß die Ionisierungszahl mit abnehmender Teilchengeschwindigkeit zunächst wächst, dann bei etwa 3 mm Reichweite ein Maximum von mehr als $7 \cdot 10^4$ Ionenpaaren/cm Weg erreicht und jenseits dieses Maximums sehr schnell nach Null hin abfällt. 3 mm Reichweite entsprechen nach magnetischen Messungen $3,6 \cdot 10^5$ e-Volt oder $4,2 \cdot 10^8$ cm/sec. Die lineare Geschwindigkeit des α-Teilchens ist dort ebenso groß wie diejenige eines 50 e-Volt schnellen Elektrons[3]. Das Maximum der Ionisierungskurve des α-Teilchens liegt demnach angenähert bei gleichen Lineargeschwindigkeiten wie das Maximum der Ionisierungskurve des Elektrons. Die Ionisierungskurve des α-Teilchens wird durch die klassische Theorie[4], welche wir in Kap. 13, § 4, skizziert haben, ungefähr richtig wiedergegeben.

Mit der Ionisierungszahl steht der Energieverlust des α-Strahls in engem Zusammenhang. Man findet analog wie bei der Ionisierung durch Elektronenstoß (Kap. 13, § 8), daß der Ionisierungsaufwand auch beim α-Teilchen nahezu unabhängig von seiner Geschwindigkeit ist und z. B. in Luft etwa 33 e-Volt beträgt. Hieraus folgt nun für die Reichweite R als Funktion der Lineargeschwindigkeit U, daß in dem empirischen „Reichweitengesetz":

$$R = \text{const} \cdot U^z \tag{9}$$

der Exponent $z = 2$ sein muß, wenn die Ionisierungszahl unabhängig von der Geschwindigkeit wird, weil dann die Reichweite einfach proportional der Energie des α-Teilchens ist. $z > 2$ bedeutet wachsende, $z < 2$ abnehmende Ionisierungszahl mit abnehmender Geschwindigkeit U. Aus der Größe des durch Reichweitenuntersuchungen experimentell erhaltenen z-Wertes kann man also bei bekanntem Ionisierungsaufwand V_ε die Ionisierungszahl $\mathfrak{s}$ abschätzen, da durch

$$\mathfrak{s} \cdot V_\varepsilon = dV/dR \tag{10}$$

die pro Wegelement dR verbrauchte Energiemenge dV gegeben ist. Nach Gl. (9) und Gl. (1) ergibt sich nämlich für Bereiche, innerhalb derer z als Konstante betrachtet werden kann, aus Gl. (10)

$$\mathfrak{s} \sim U^{(2-z)} . \tag{11}$$

---

[1] Feather, N., u. R. Nimmo: Proc. Cambr. phil. Soc. Bd. 24 (1928) S. 139.

[2] Schmidt, E. A., u. G. Stetter: Wiener akad. Ber. Bd. 139 (1930) S. 123.

[3] Dem Maximum der Braggschen Kurve entspricht die Lineargeschwindigkeit von ca. 200 e-Volt schnellen Elektronen.

[4] Thomson, J. J., u. N. Bohr: a. a. O., Kap. 13.

Im Einklang mit dem erwähnten Verlauf der Ionisierungskurve findet man empirisch im Reichweitegesetz Gl. (9) für große α-Strahlgeschwindigkeiten[1] $z = 3$, deshalb ist dort nach Gl. (11) die Ionisierungszahl umgekehrt proportional der Lineargeschwindigkeit. Für kleine α-Strahlgeschwindigkeiten findet man[2] $z = 3/2$ entsprechend Gl. (11), ist dort also $\mathfrak{s} \sim \sqrt{U}$. Für die dem Maximum der Ionisierungskurve entsprechenden Geschwindigkeiten hat man z etwa $= 2$, also $\mathfrak{s}$ unabhängig von U zu erwarten.

Die Ionisierung der verschiedenen Gase durch α-Strahlen ist im wesentlichen durch den ihnen zukommenden Ionisierungsaufwand V_ε gekennzeichnet. V_ε findet man beispielsweise durch Messung der Totalionisation $\bar{S}$ eines α-Strahls bei bekannter Anfangsenergie ganz analog, wie wir es bei der Ionisation durch Elektronenstrahlen in Kap. 13, § 8, beschrieben haben. Für α-Strahlen findet man im Bereich der Meßgenauigkeit die gleichen Daten für V_ε, wie wir sie in Tabelle 28 für die Elektronenstrahlen notiert haben.

Um den Verlauf der Ionisierungskurve in irgendeinem Gase angenähert zu erhalten, kann man die Ionisierungskurve (Ionisierungszahl als Funktion der Energie des α-Teilchens) in Luft nehmen und ihre Ordinaten $\mathfrak{s}$ (Luft) mit dem Quotienten der entsprechenden Ionisierungsaufwände und der entsprechenden Reichweiten irgendeines gegebenen α-Strahls multiplizieren. Man erhält so:

$$\mathfrak{s}\,(\text{Gas}) = \mathfrak{s}\,(\text{Luft}) \cdot \frac{V_\varepsilon\,(\text{Luft})}{V_\varepsilon\,(\text{Gas})} \cdot \frac{R\,(\text{Luft})}{R\,(\text{Gas})}\,. \tag{13}$$

So erhält man beispielsweise

$$\frac{\mathfrak{s}\,(H_2)}{\mathfrak{s}\,(\text{Luft})} = 0{,}3\,; \quad \frac{\mathfrak{s}\,(He)}{\mathfrak{s}\,(\text{Luft})} = 0{,}2\,; \quad \frac{\mathfrak{s}\,(A)}{\mathfrak{s}\,(\text{Luft})} = 1{,}3\,; \quad \frac{\mathfrak{s}\,(CO_2)}{\mathfrak{s}\,(\text{Luft})} = 1{,}4\,.$$

Dieses Verfahren gibt angenäherte, aber doch verhältnismäßig rohe Werte. Es liegen zwar keine genauen direkten Bestimmungen der Ionisierungskurve des α-Strahls in den verschiedenen Gasen vor, doch müssen wir annehmen, daß die wahren Ionisierungskurven für leichte Atome sich zu einem steileren, für schwerere Atome zu einem flacheren Maximum erheben als unsere in eben erwähnter Art aus Ionisierungsaufwand und Reichweite berechneten Kurven. Diese Abweichungen der wahren von der aus Gl. (13) berechneten Kurve müssen wir namentlich gegen Ende der Bahn des α-Teilchens für ganz beträchtlich halten. Zu diesem Schluß sind wir infolge von Betrachtungen über das „Bremsvermögen" berechtigt: Wird eine materielle Schicht in den Weg eines α-Strahls in Luft eingeschaltet, so wird die Reichweite dieses α-Strahls dadurch um einen ganz bestimmten Betrag vermindert. Als Bremsvermögen B der eingeschalteten Schicht bezeichnet man die betreffende Reichweiteverkürzung in der Luft[3]. Wird beispielsweise durch eine solche Schicht die Luftreichweite eines α-Strahls von 7 cm auf 6 cm verkürzt, so sagt man, das Bremsvermögen der Schicht beträgt 1 cm.

Für unsere Betrachtungen ist es nun wichtig, daß das Bremsvermögen einer gegebenen Schicht von der Geschwindigkeit des α-Strahls ein wenig abhängt, und zwar in verschiedenem Maße, je nach dem Atomgewicht der bremsenden Schicht. Nimmt man Luft als Standard, so findet man, daß die Abhängigkeit

---

[1] „Geigersches Reichweitengesetz". H. Geiger: Proc. Roy. Soc., Lond. Bd. 83 (1910) S. 505.

[2] Blackett, P. M. S.: Proc. Roy. Soc., Lond. Bd. 103 (1923) S. 62. — Rüchardt, E.: Ann. Physik Bd. 12 (1932) S. 601.

[3] Siehe z. B. bei H. Geiger: In Geiger-Scheels Handbuch der Physik Bd. 24 (1927) S. 137.

des Bremsvermögens von der α-Strahlgeschwindigkeit um so stärker ist, je mehr sich die untersuchte Substanz in ihrem Atomgewicht von dem der Luft unterscheidet[1]. Um die Ionisierungszahl s (Gas) bei gegebener Geschwindigkeit des α-Teilchens aus der dort bekannten Ionisierungszahl s (Luft) genau zu berechnen, müßte man in Gl. (13) an Stelle des Reichweitequotienten das zu der betrachteten α-Strahlgeschwindigkeit gehörige Bremsvermögen einführen, so daß sich die Ionisierungszahl zu:

$$s\,(\text{Gas}) = s\,(\text{Luft})\,\frac{V_s\,(\text{Luft})}{V_s\,(\text{Gas})} \cdot B\,(\text{Gas}) \tag{14}$$

ergibt.

Auf quantitative Einzelheiten wollen wir hier nicht eingehen, da der Verlauf der Luftionisierungskurve des einzelnen α-Teilchens gerade im kritischen Bereich der kleinen Geschwindigkeiten noch verhältnismäßig wenig geklärt ist.

Wir wenden uns dann der Frage nach der Art der vom α-Strahl erzeugten Ionen zu. Man kann z. B. bei der in Kap. 4, § 1, beschriebenen Einzeltröpfchenmethode das Gas im Schwebekondensator mit α-Strahlen ionisieren und kann dann aus der Anzahl der beobachteten doppelt geladenen Öltröpfchen auf die Anzahl der von einem α-Teilchen erzeugten doppelt geladenen Ionen schließen. Es konnte hierbei festgestellt werden, daß in Luft weniger als 2 Promille der von schnellen α-Strahlen erzeugten Ionen doppelt geladen sind[2]. Dieses Resultat beweist auch, daß α-Strahlen in Luftmolekülen außerordentlich selten eine Ionisierung im K-Niveau hervorrufen. Denn nach Kap. 11, § 7, würde sich ein in der K-Schale ionisiertes Luftmolekül durch einen strahlungslosen Übergang regenerieren und dabei zunächst ein doppelt geladenes Ion gebildet haben. In vielen anderen Gasen ist eine ähnlich geringe Wahrscheinlichkeit der Bildung von doppelt geladenen Ionen gefunden worden, nur im Helium wurden bis zu $15\,\%$ doppelt geladene He^{++}-Ionen beobachtet[3].

§ 4. Ionisierung von Gasen durch schnelle H-Strahlen. Die Gesetze der Ionisation, die hier am Beispiel des α-Strahls erläutert wurden, gelten ganz analog auch für andere schnelle Partikel. Allerdings liegt hier viel weniger brauchbares experimentelles Material vor. Nur am Wasserstoffion ist das ganze Gebiet von größten bis zu kleinsten Geschwindigkeiten durchforscht. Sehr schnelle H-Strahlen entstehen z. B. bei der Zertrümmerung von Atomkernen, oder man erhält sie dadurch, daß man wasserstoffhaltige Verbindungen, z. B. Paraffin mit α-Strahlen bombardiert, so daß H-Teilchen herausgeschlagen werden. An solchen H-Strahlen mißt man Ionisierungszahlen s_H, die viermal kleiner sind als die bei der betreffenden Partikelenergie gemessenen Ionisierungszahlen s_α des α-Strahls[4]. Mit abnehmender Strahlgeschwindigkeit wird jedoch das Verhältnis s_α/s_H allmählich kleiner: Sichere Messungen an etwa 20 bis 50 e-KV schnellen H-Kanalstrahlen[5] zeigen, daß in diesem Bereich der Ionisierungsaufwand des H-Strahls etwa ebenso groß wie der des α-Strahls, seine Reichweite aber 2,2mal größer ist. Da nun die Masse des H-Teilchens viermal kleiner als die des α-Teilchens ist, so folgt[6] — bei Berücksichtigung der Beobachtung, daß für die langsamen H-Strahlen ebenso wie für die langsamen α-Strahlen das Reichweite-

---

[1] TAYLOR, T. S.: Philos. Mag. Bd. 26 (1913) S. 402. — BATES, L. F.: Proc. Roy. Soc., Lond. Bd. 106 (1924) S. 622. — GURNEY, R. W.: Ebenda Bd. 107 (1925) S. 332.

[2] MILLIKAN, R. A., V. H. GOTTSCHALK u. M. J. KELLY: Physic. Rev. Bd. 15 (1920) S. 157. — SCHMIDT, G.: Z. Physik Bd. 72 (1931) S. 275.

[3] WILKINS, R. T.: Physic. Rev. Bd. 19 (1922) S. 210.

[4] SCHMIDT, E., u. G. STETTER: a. a. O. — DIEBNER, K.: Z. Physik Bd. 77 (1932) S. 581.

[5] GERTHSEN, C.: Ann. Physik Bd. 5 (1930) S. 657.

[6] RÜCHARDT, E.: a. a. O.

gesetz Gl. (9) mit $z = 3/2$ gültig ist — für die Quotienten der Ionisierungszahlen bei gleicher linearer Partikelgeschwindigkeit:

$$\frac{\bar{s}_\alpha}{\bar{s}_\mathrm{H}} = \frac{4}{2,2} = 1,8 \, .$$

§ 5. Befreiung von Elektronen aus festen Körpern durch α-Strahlen und durch schnelle Kanalstrahlen. Geschwindigkeiten der Elektronen. Ausbeuten. Versuche an dünnen Folien. Anormal große Elektronengeschwindigkeiten. Die Ergebnisse über die Auslösung von Elektronen aus festen Körpern durch schnelle α-Teilchen oder Kanalstrahlen sind verhältnismäßig unübersichtlich. Läßt man die α-Strahlen auf die Oberfläche eines massiven Metallstückes auffallen, so kann man mit Hilfe elektrischer bzw. magnetischer Felder die ausgelösten Elektronen zurückhalten. Durch Messung der vom Metallstück als Funktion des Feldes abfließenden Ladung können Menge und Geschwindigkeit der befreiten Elektronen bestimmt werden[1]. Da nach Gl. (6) die Elektronenauslösung nur in Winkeln bis $\psi = 90^0$ vorkommt, so können alle beobachteten Elektronen erst durch Streuung aus dem Metall ins Freie gekommen sein. Es ist klar, daß die Oberflächenbeschaffenheit eine bedeutende Rolle spielen muß[2]. Die Angaben der einzelnen Autoren gehen deshalb auch sehr auseinander; als absolute Ausbeute erhält man je nach den Umständen zwischen 3 und 30 Elektronen pro 1 α-Teilchen. Vom Einfallswinkel des α-Strahls oder von der Natur des Metalls hängt diese Ausbeute sehr wenig ab. Mit abnehmender α-Strahlgeschwindigkeit nimmt die Elektronenausbeute zu, analog wie bei der Ionisierungskurve (Tabelle 32). Die Geschwindigkeiten der ausgelösten Elektronen liegen meist um 2 e-Volt herum, doch findet man auch einige seltene hochgeschwinde Elektronen bis zu einigen tausend e-Volt.

Eingehende Experimente über die Befreiung von Elektronen beim Durchgang der α-Strahlen durch dünne Metallfolien wurden ganz analog wie die eben beschriebenen Messungen durchgeführt und zeigten im wesentlichen auch ähnliche Ergebnisse[3]. In allen Fällen konnte festgestellt werden, daß die Geschwindigkeitsverteilung der befreiten Elektronen etwa eine MAXWELLsche ist. Die Zahl der Elektronen pro ein α-Teilchen nimmt mit wachsender Foliendicke zu.

Zahlreiche Experimente liegen über die Befreiung von Elektronen durch schnelle Wasserstoffkanalstrahlen an festen Körpern vor[4]. Bei senkrechtem Auftreffen der H^+-Teilchen auf massive, frisch aufgedampfte Metallflächen ergab sich, daß im Bereich zwischen 20 und 50 e-KV-Kanalstrahlgeschwindigkeit unabhängig vom beschossenen Metall (Al, Cu, Au) und unabhängig von der Geschwindigkeit im Durchschnitt ziemlich genau 4 Elektronen pro 1 H-Teilchen befreit werden. Saubere Versuchsbedingungen sind besonders bei Unter

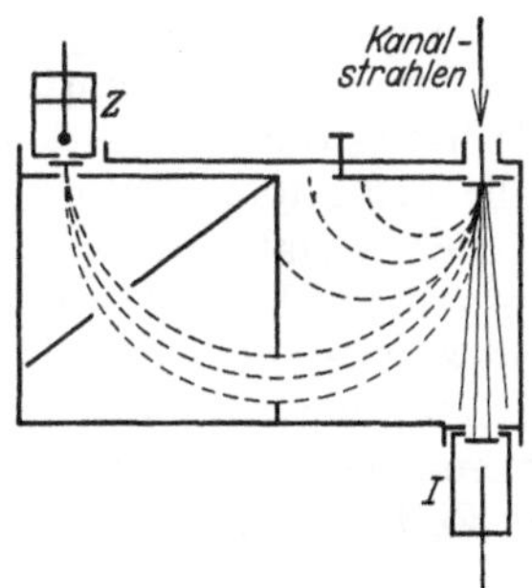

Abb. 117. Messung der Geschwindigkeiten der von Kanalstrahlen aus dünnen Folien herausgeschlagenen Elektronen. Nach SCHNEIDER.

suchungen der vom Kanalstrahl aus dünnen Folien befreiten Elektronen erreicht worden. Die Abb. 117 zeigt den Kanalstrahl, der nach einer (im Bilde nicht gezeichneten) Homogenisierung durch ein starkes Magnetfeld die Folie F durchsetzt

[1] Zum Beispiel H. A. BUMSTEAD: Philos. Mag. Bd. 26 (1913) S. 233. — H. BIANU: Le Radium Bd. 11 (1919) S. 230.

[2] MC LENNAN, J. C., u. C. G. FOUND: Philos. Mag. Bd. 30 (1915) S. 491.

[3] BECKER, A.: Ann. Physik Bd. 75 (1926) S. 217.

[4] Zum Beispiel C. FÜCHTBAUER: Physik. Z. Bd. 7 (1906) S. 153. — H. RAUSCH VON TRAUBENBERG u. J. HAHN: Z. Physik Bd. 9 (1922) S. 356. — G. SCHNEIDER: Ann. Physik Bd. 11 (1931) S. 357.

und dann in der Ionisationskammer J aufgefangen und gemessen wird. Durch ein schwaches variables Magnetfeld, welches der ganzen Apparatur überlagert ist, werden die wenig ablenkbaren Kanalstrahlen nicht beeinflußt; die aus der Metallfolie nahezu senkrecht austretenden Elektronen werden aber durch dieses Feld auf einem Halbkreis zu einem Spitzenzähler Z hingelenkt. Dort werden sie durch ein kurzes elektrisches Feld derartig nachbeschleunigt, daß sie das Zählerfenster durchsetzen können, um einzeln im Zähler registriert zu werden[1]. Man beobachtet dann eine ganze Geschwindigkeitsverteilung der Elektronen, die nach ihrer Auslösung durch den Kanalstrahl zum Teil offenbar durch sekundäre Streuprozesse in die Beobachtungsrichtung gelangen konnten. Für die schnellsten Elektronen sollte man nach Gl. (7) für $\psi = 0$ eine Voltgeschwindigkeit der Elektronen erwarten, die 450mal kleiner ist als die Voltgeschwindigkeit der auslösenden H-Kanalstrahlen. Sehr interessant ist nun der Befund, daß die ausgelösten Elektronen — wahrscheinlich infolge einer Impulsübertragung auf das gesamte Atomsystem — schneller sein können, als man nach der einfachen Stoßmechanik erwartet; beim Stoß von 23 und 53 e-KV schnellen H-Teilchen wurden 120 e-Volt schnelle Elektronen noch deutlich nachgewiesen[2]. Die Ausbeute an solchen Elektronen war allerdings sehr gering: Aus 300 AE dicken Au- oder Al-Folien wurde durchschnittlich durch einige Milliarden H-Teilchen nur ein derartig schnelles Elektron herausgeschlagen.

Kapitel 15.

β-Strahlenemission[3].

§ 1. Kern-β-Strahlung und Hüllen-β-Strahlung. Der radioaktive Zerfall. Jede beim Zerfall eines radioaktiven Atoms emittierte Elektronenstrahlung wird mit dem Sammelnamen „β-Strahlung" bezeichnet. Wir werden im folgenden eine Kern-β-Strahlung und eine Hüllen-β-Strahlung zu unterscheiden haben, je nachdem, ob das emittierte Elektron dem zerfallenden Atomkern entstammt, oder ob es durch irgendeine Wirkung des zerfallenden Kerns aus der Elektronenhülle des Atoms befreit worden ist.

Der Zerfall[4] eines Atomkerns erfolgt unter Emission eines α-Strahls oder eines β-Strahls. Als Folge dieser Emission gruppiert sich der Atomkern um und kann dabei evtl. einen γ-Strahl emittieren. Die Wahrscheinlichkeit für den Zerfall einer Atomart wird durch die Abklingungskonstante (Zerfallskonstante) λ gekennzeichnet. Sind nämlich zur Zeit $t = 0$ N_0-Atome vorhanden, so sind nach der Zeit t sec nur noch

$$N_t = N_0 \cdot \exp(-\lambda t) \tag{1}$$

Atome unverändert, die übrigen $(N_0 - N_t)$ Atome sind zerfallen. Die Anzahl der pro Sekunde zerfallenden Atome ergibt sich durch Differentiation von Gl. (1) zu:

$$\frac{dN}{dt} = N \cdot \lambda. \tag{2}$$

Diese Größe, welche für die „Stärke des radioaktiven Präparates" maßgebend ist, setzt sich also aus N, der Anzahl der gerade vorhandenen Atome und der

---

[1] Siehe Kap. 3, § 4.

[2] SCHNEIDER: a. a. O. — Siehe auch C. GERTHSEN: Physik. Z. Bd. 31 (1930) S. 948.

[3] Zusammenfassend K. W. F. KOHLRAUSCH: In WIEN-HARMS' Handbuch der Experimentalphysik Bd. 15 (1928) S. 189. — E. RUTHERFORD, J. CHADWICK u. C. D. ELLIS: Radiations from radioactive substances. Cambridge 1930.

[4] Zusammenfassend W. BOTHE: In GEIGER-SCHEELS Handbuch der Physik Bd. 22 (1926) S. 179.

Abklingungskonstante λ zusammen. Die Halbwertszeit, d. h. die Zeit, in der die Hälfte aller Atome zerfallen ist, $N_T = N_0/2$ ergibt sich aus Gl. (I) zu

$$T = 0{,}6931/\lambda.\tag{3}$$

Der nach dem radioaktiven Zerfall zurückbleibende Atomrest hat gegenüber dem ursprünglichen Atom ganz neue physikalische und chemische Eigenschaften: In dem Falle, daß ein solcher Rest ein α-Teilchen (He^{++}) verloren hat, ist sein Atomgewicht um dessen Masse, also um 4 Einheiten, bezogen auf Sauerstoff, seine Kernladung um die positive Ladung des α-Teilchens, d. h. um 2 Elementarquanten, vermindert. Im Falle, daß der Atomrest ein β-Teilchen verloren hat, ist seine Masse nicht merklich verändert, seine Kernladung ist um ein positives Elementarquant vermehrt. Aus der durch den Zerfall hervorgerufenen Änderung von Atomgewicht A und Kernladungszahl Z läßt sich eindeutig entscheiden,

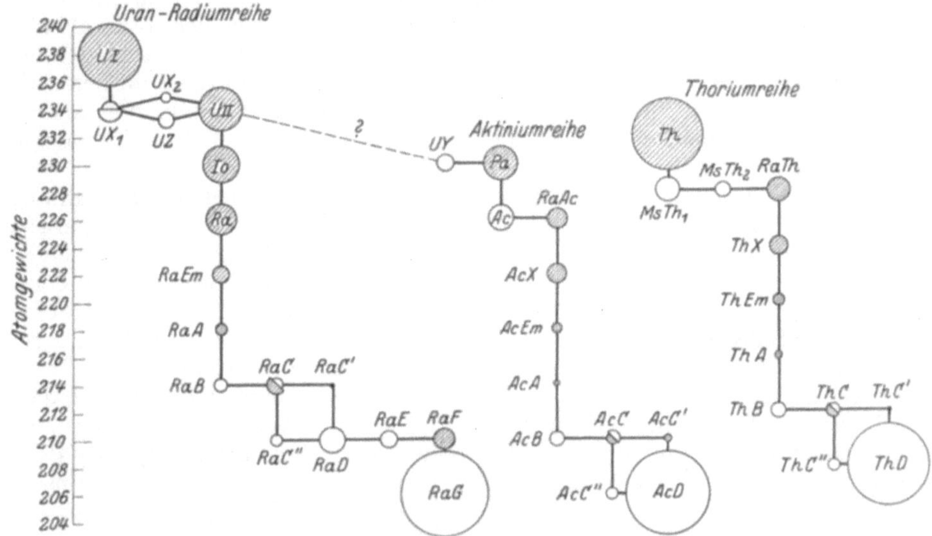

Abb. II8. Zerfallsschema. Nach Bothe.
Schraffierter Kreis bedeutet α-Strahler; leerer Kreis β-Strahler. Die Kreisradien geben ein Bild von der Halbwertszeit des zerfallenden Atoms.

ob ein α- oder ein β-Zerfall vorgelegen hat. Infolgedessen können wir jetzt auch über die Natur jeder beobachteten β-Strahlung nähere Aussagen machen; wir können in jedem Falle angeben, ob sie der oben definierten Kernstrahlung entsprach, oder ob sie nur eine Hüllenstrahlung gewesen ist.

Der nach einer Strahlemission zurückbleibende Atomrest wird in seiner neuen Gleichgewichtslage mehr oder weniger lange verharren, bis wieder eine von Strahlung begleitete Umgruppierung andere Verhältnisse einleitet. Auf diese Weise durchläuft ein radioaktives Atom eine Reihe von chemisch und physikalisch unterscheidbaren Gleichgewichtslagen, bis es endlich eine stabile Lage erreicht und damit seine Aktivität verloren hat. Man unterscheidet in der Hauptsache drei „Familien" oder „Reihen" unter den radioaktiven Substanzen, nämlich die Uranradiumreihe, die Actiniumreihe und die Thoriumreihe. Wir haben in Abb. II8 diese drei Zerfallsreihen wiedergegeben. Ein schraffierter Kreis bedeutet α-Strahler, ein leerer Kreis β-Strahler; die Kreisradien sind proportional zu $\lambda^{-\frac{1}{20}}$ gewählt, so daß sie ein qualitatives Bild von der Halbwertszeit des zerfallenden Atoms geben. An der linken Seite der

Abbildung sind die Atomgewichte angegeben. Man sieht, wie in jeder Zerfallsreihe gemäß der oben gegebenen Regel ein α-Zerfall das Atomgewicht der Substanz um 4 Einheiten herabgesetzt und deshalb durch eine Verschiebung in der Ordinatenrichtung gekennzeichnet ist, während der ohne Atomgewichtsveränderung vor sich gehende β-Zerfall durch eine hierzu senkrechte Verschiebung angedeutet ist. Das Zerfallsschema zeigt weiter, daß in den meisten Fällen die radioaktive Umwandlung nur von einer Art Strahlung, entweder α- oder β-Strahlung, begleitet ist. Nur drei Fälle sind bekannt, wo dieselbe Substanz sowohl α- als auch β-strahlend zerfällt, nämlich RaC, AcC und ThC; die Atomreste sind dementsprechend in beiden Vorgängen verschieden, und es entstehen aus einer Muttersubstanz 2 Folgeprodukte. Eine andere Art des Zerfalls wird z. B. beim UX_1 bemerkt, hier spaltet sich die Muttersubstanz — beide Male unter β-Strahlemission — in die isotopen Tochtersubstanzen UX_2 und UZ.

Schließlich sei noch darauf hingewiesen, daß außerhalb der genannten drei großen Zerfallsreihen eine radioaktive Emission nur bei den beiden β-strahlenden Alkalimetallen Kalium und Rubidium beobachtet worden ist. Die ziemlich durchdringende β-Strahlung dieser Elemente ist in bezug auf die Zahl der emittierten β-Teilchen der Größenordnung nach tausendmal schwächer als die β-Strahlung einer gleichen Gewichtsmenge Urans ($= UI + UX_1 + \ldots$ Folgeprodukte im Gleichgewicht)[1].

§ 2. Radioaktives Gleichgewicht. β-Strahlpräparate. Quellen der β-Strahlung. Zahl der pro zerfallendes Atom emittierten β-Strahlen. Stärke eines β-Präparates, Durchdringungsvermögen seiner β-Strahlen. In einer Reihe von zerfallenden Elementen ist im Gleichgewichtszustand die Menge einer jeweils vorhandenen Substanz durch die Zerfallsgesetze gegeben. Einerseits verschwinden von einer betrachteten Substanz dauernd Atome infolge ihres spontanen Zerfalls, andererseits werden durch Zerfall der Muttersubstanz dauernd Atome der betrachteten Art nachgeliefert. Halten Gewinn und Verlust einander die Waage, dann sind beide Substanzen im „Gleichgewicht". Für ein Präparat, welches aus einer Reihe verschiedener im Gleichgewicht befindlicher Atomarten (1), (2), (3) . . . usw. mit den Zerfallskonstanten $\lambda_1, \lambda_2, \lambda_3 \ldots$ usw. besteht, sind also nach unserer Forderung die Anzahlen der betreffenden Atome N_1, N_2, $N_3 \ldots$ usw. im Präparat gegeben durch:

$$N_1\lambda_1 = N_2\lambda_2 = N \cdot \lambda_3 \ldots \text{usw.} \tag{4}$$

Diesem Gleichgewicht streben sich selbst überlassene Präparate dauernd zu.

Wir richten unsere Aufmerksamkeit zunächst auf β-Strahlpräparate, welche bei zahlreichen, zum Teil auch in diesem Buch geschilderten Versuchen als Quelle schneller Elektronen gedient haben. Die Präparate von langer Lebensdauer sind im Handel zu erhalten, die kurzlebigen Präparate werden mit Hilfe chemischer oder physikalischer Methoden, auf die wir hier nicht näher eingehen können, aus den erhältlichen Substanzen zum jedesmaligen Gebrauch dargestellt[2]. Es ist bemerkenswert, daß bei der Fülle radioaktiver Substanzen eine relativ kleine Anzahl von 6 Präparaten hervorgehoben werden kann, welche fast ausschließlich bei den in der Literatur vorliegenden, verschiedenartigsten Untersuchungen mit schnellen Elektronen als β-Strahlquellen gedient haben.

Als Quelle schnellster Elektronen kommt Uran X ($T = 22$ Tage) in Betracht. Die emittierten β-Strahlen, welche im wesentlichen dem Zerfallsprodukt UX

---

[1] MÜHLHOFF, W.: Ann. Physik Bd. 7 (1930) S. 105.

[2] GEIGER, H., u. H. MARKOWER: Meßmethoden der Radioaktivität. Braunschweig 1920. — HENRICH, F.: Chemie und chemische Technologie radioaktiver Substanzen. Berlin 1918. — RUSSELL, A. S.: An introduction to the chemistry of radioactive substances. 1922.

entstammen, gehören — neben einigen weicheren Komponenten — zu einem kontinuierlichen Bereich mit 2 Maxima bei etwa 1300 und 380 Kilovolt Elektronengeschwindigkeit. Nach dem Durchgang der Uranstrahlung durch etwa 0,5 bis 1 mm Aluminium behält man nur eine angenähert homogene Elektronenstrahlung der schnelleren Komponente ($1,3 \cdot 10^6$ e-Volt) übrig. Einen kontinuierlichen Geschwindigkeitsbereich mit einem breiten Maximum bei etwa 300 e-KV liefert ein leicht darzustellendes Radium-E-Präparat ($T = 4,5$ Tage). Ebenfalls leicht darzustellen ist ein Ra-D-Präparat ($T = 16$ Jahre), welches Elektronen von den zwei diskreten Geschwindigkeiten 30,3 und 42,6 e-KV emittiert. In Fällen, wo ein sehr großer Geschwindigkeitsbereich der β-Strahlen benötigt wird, läßt sich ein Körnchen Radiumbromid oder ein dünnwandiges mit Radiumemanation gefülltes Röhrchen verwenden. Von diesen Quellen werden Elektronen fast aller Geschwindigkeiten emittiert, nämlich von etwa 30 e-KV bis herauf zu einigen Millionen e-Volt (Ra-C-Strahlung). Ebenfalls über einen weiten Geschwindigkeitsbereich erstrecken sich die Strahlen des gelegentlich als β-Quelle benutzten aktiven Niederschlags der Thoriumemanation ($T = 10$ Stunden). Neben vielen über das ganze Geschwindigkeitsspektrum verteilten Linien treten deutlich 6 starke Linien hervor: Von 146 und 222 e-KV dem ThB entstammend, und von 25, 37, 187 und 424 e-KV dem ThC entstammend. Mit den genannten 6 Präparaten sind alle in diesem Buch erwähnten Untersuchungen, bei welchen schnelle Elektronen benötigt wurden, durchgeführt worden[1].

Eine Zusammenstellung der wichtigsten heute bekannten β-Strahler findet man in Tabelle 33[2]. In der ersten Spalte findet man dort die Atomnummer Z, in der zweiten das β-strahlende Element, während die dritte Spalte die Art des Zerfalls angibt. In der vierten und fünften Spalte sind Halbwertszeit T und Abklingungskonstante λ angeschrieben. Durch λ ist nach Gl. (2) die Zahl der pro Sekunde zerfallenden Atome bestimmt. Man erhält λ experimentell, indem

Tabelle 33. Daten über die β-Strahler.

Z	Element	Zerfall	Halbwertszeit	λ in sec^{-1}	μ in cm^{-1} Al
90	UX$_1$	β	23,8 d	$3,37 \cdot 10^{-7}$	460
91	UX$_2$	β	1,17 min	$9,9 \cdot 10^{-3}$	18
88	Ra	α	1580 a	$1,39 \cdot 10^{-11}$	312
82	RaB	β	26,8 min	$4,3 \cdot 10^{-4}$	890; 80; 13
81; 83	RaC+C''	α; β	19,7 min	$5,86 \cdot 10^{-4}$	50; 13
82	RaD	β	16 a	$1,37 \cdot 10^{-9}$	5500
83	RaE	β	4,85 d	$1,66 \cdot 10^{-6}$	45
90	RdAc	α	18,9 d	$4,24 \cdot 10^{-7}$	175
88	AcX	α	11,2 d	$7,14 \cdot 10^{-7}$	—
82	AcB+C+C''	α; β	36 min	$3,21 \cdot 10^{-4}$	1000
88	MsTh$_2$	β	6,1 h	$3,14 \cdot 10^{-5}$	20; 40
90	RdTh	α	1,9 a	$1,16 \cdot 10^{-8}$	420
82	ThB	β	10,6 h	$1,8 \cdot 10^{-5}$	153
81; 83	ThC''+C	α; β	60,8 min	$1,9 \cdot 10^{-4}$	14; 22
19	K	β	$\approx 10^{12}$ a	$\approx 10^{-20}$	74
37	Rb	β	$\approx 10^{11}$ a	$\approx 10^{-19}$	50; 900

[1] Siehe z. B.: Kap. 4, § 2, e/m-Bestimmungen: Radiumbromid. — Kap. 13, § 5 bis § 8, Ionisation durch schnelle Elektronen: Ra Em, Ra E. — Kap. 17, § 4, Einzelstreuung: Ra E. — Kap. 18, Vielfachstreuung, Streuabsorption, Rückstreuung: U X, Ra Em, Ra E. — Kap. 21, Geschwindigkeitsverluste, Reichweiten: Ra Em, Ra D, Ra E, Niederschlag der Thorem. — Kap. 23, § 7, Wirkungsquerschnitte gegenüber schnellsten Elektronen: U X, Ra Em, Ra E.

[2] Siehe z. B. den Bericht der internationalen Radium-Standard-Commission in Physik. Z. Bd. 32 (1931) S. 569 oder Rev. mod. Physic. Bd. 3 (1931) S. 427.

man entweder in geeigneten Fällen den freien exponentiellen Abfall der betreffenden Substanz selbst durch Beobachtung ihrer eigenen Strahlung verfolgt (z. B. RaE) oder indem man die Strahlung eines mit ihr im Gleichgewicht befindlichen Folgeprodukts beobachtet (z. B. $UX_1 — UX_2$ oder $RaD — RaF$).

Bei einem β-Strahler muß zwar die Anzahl der primär emittierten β-Teilchen gleich der Anzahl der zerfallenden Atome sein; die wirklich beobachtete β-Teilchenzahl ist aber — infolge sekundärer Prozesse — immer etwas größer.

Experimentelle Untersuchungen über die Zahl der von einem bekannten Präparat emittierten β-Strahlen sind teils durch Messung des Ladungstransportes[1], teils durch Zählung der Einzelteilchen mit dem Spitzenzähler[2] oder in der Nebelkammer[3] durchgeführt worden.

Eine Anordnung zur Messung des Ladungstransportes der β-Teilchen zeigt beispielsweise Abb. 119. Dort befindet sich im Innern einer versilberten evakuierten Glasglocke ein mit Radiumemanation gefülltes sehr dünnwandiges Glasröhrchen, welches axial im Innern einer zylindrischen Metallelektrode angebracht ist. Die Wandstärke des Glasröhrchens absorbiert die langsame β-Strahlung von RaB, so daß fast nur die durchdringende β-Strahlung des RaC die Metallelektrode erreicht, wo sie elektrometrisch gemessen werden kann. Zur Eliminierung des Einflusses einer trotz der Evakuierung des Meßgefäßes noch übrig bleibenden Ionisation wird ein Feld wechselnden Vorzeichens ($\mp$ 40 Volt) zwischen Innenelektrode und Metallzylinder angelegt. Nachträgliche Korrektionen, die für Schwächung der RaE-Strahlung im Glasröhrchen, für ausgelöste Sekundärelektronen und für zum Teil doch noch aus dem Glasröhrchen entkommende RaB-Strahlung angebracht werden müssen, bewirken natürlich eine gewisse Unsicherheit des Resultates.

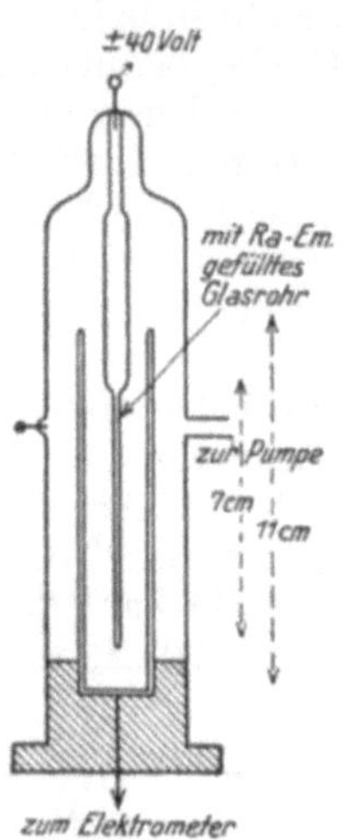

Abb. 119. Messung des Ladungstransportes durch β-Teilchen. Nach MARKOWER.

Zur Abzählung der von einem gegebenen Präparat ausgehenden einzelnen β-Teilchen registriert man z. B. mit einem Spitzenzähler die in einen bekannten Raumwinkel ausgesandten Elektronen. Die außerdem vom Spitzenzähler registrierten α- oder γ-Strahlen können durch besondere Messungen, bei denen die β-Strahlen etwa durch ein geeignetes Magnetfeld zurückgehalten werden, erkannt und dann in Abzug gebracht werden.

Als ein Mittelwert aus allen möglichen Bestimmungen ergibt sich für die Zahl der β-Teilchen, welche von der mit 1 mg Ra im Gleichgewicht stehenden Menge eines β-Strahlers pro Sekunde emittiert werden:

$$N_\beta = 4 \cdot 10^7 \text{ bis } 5 \cdot 10^7.$$

Die entsprechende Zahl der emittierten α-Teilchen läßt sich mit unvergleichlich viel größerer Genauigkeit zu

$$N_\alpha = 3{,}70 \cdot 10^7$$

---

[1] Zum Beispiel W. WIEN: Physik. Z. Bd. 4 (1903) S. 624. — E. RUTHERFORD: Philos. Mag. Bd. 10 (1905) S. 193. — W. MARKOWER: Philos. Mag. Bd. 17 (1909) S. 171. — H. G. J. MOSELEY: Proc. Roy. Soc., Lond. Bd. 87 (1912) S. 230 (Ra(B + C)).

[2] EMELEUS, K. G.: Proc. Cambr. phil. Soc. Bd. 22 (1924) S. 400 (RaE). — RIEHL, N.: Z. Physik Bd. 46 (1928) S. 478. — STAHEL, E.: Ebenda Bd. 68 (1931) S. 1 (RaD). — MÜHLHOFF, W.: Ann. Physik Bd. 7 (1930) S. 205 (K und Rb. Mit Elektronenzählrohr.)

[3] KIKUCHI, S.: Japan. J. Physics Bd. 4 (1927) S. 143 (RaD). — FEATHER, N.: Proc. Cambr. phil. Soc. Bd. 25 (1929) S. 522 (RaD).

bestimmen, sie entspricht genau der Anzahl der pro Sekunde zerfallenden Atome. Infolgedessen ergibt $N_\beta/N_\alpha \approx 1{,}2$ die gesuchte Zahl der β-Teilchen, die im Mittel pro ein zerfallendes Atom ausgesandt werden. Wahrscheinlich wird pro Atomzerfall ein primäres β-Teilchen emittiert, während die restlichen 20 % sekundären Ursachen, wie z. B. Photoeffekten von γ-Strahlen zuzuschreiben sind.

Wir kommen noch einmal auf Tabelle 33 zurück. Dort sind in der letzten Spalte die Schwächungskoeffizienten μ der von dem betreffenden Atom emittierten β-Strahlen in cm^{-1} Al angeführt. Diese Koeffizienten geben nach der bekannten, hier jedoch nur angenähert erfüllten Beziehung:

$$J_x = J_0 \exp\left(-\mu x\right) \tag{5}$$

die Intensität J_x der β-Strahlen nach ihrem Durchgang durch eine Schicht von der Dicke x, wenn J_0 die anfängliche Intensität bezeichnet. Auf den Mechanismus der Schwächung eines β-Strahlbündels und auf die physikalische Bedeutung des Koeffizienten μ werden wir im Kap. 18, § 3, näher eingehen. Hier sei nur darauf hingewiesen, daß μ eine gewisse praktische Bedeutung hat als ein ungefähres, aber zur ersten Orientierung sehr wichtiges Maß für die Geschwindigkeit der emittierten β-Teilchen. Je kleiner der Schwächungskoeffizient μ ist, um so „härter", d. h. um so durchdringungsfähiger und — wie wir später erkennen werden — um so schneller sind die β-Teilchen.

§ 3. **Analyse der β-Strahlspektren, Meßmethoden. Linienspektren. Kontinuierliche Spektren. Größte und kleinste β-Strahlgeschwindigkeiten.** Genaue Geschwindigkeitsmessungen kann man an den von den radioaktiven Substanzen emittierten β-Strahlen mit Hilfe der magnetischen Ablenkung durchführen. Am brauchbarsten hat sich hier die in Kap. 2, § 3, erläuterte fokussierende Methode erwiesen; sie wird in der in Kap. 2, Abb. 25, abgebildeten Form verwandt, dabei wird für die dort mit K bezeichnete Elektronenquelle ein dünner Draht benutzt, welcher mit der zu untersuchenden β-strahlenden Substanz in sehr dünner Schicht bedeckt ist. Das β-Spektrum bildet sich auf der photographischen Platte ab[1, 2].

Als Resultat der Geschwindigkeitsanalyse findet man zunächst Linienspektren, welche aus einzelnen Gruppen von β-Strahlen einheitlicher Geschwindigkeit bestehen. Eine Übersicht über die β-Spektren der schon in Tabelle 33 zusammengestellten β-Strahler findet man in Abb. 120. Stärkere Intensitäten sind dort durch Verdickung hervorgehoben[3]. Die bei einigen Elementen (UX_2, RaE) eingezeichneten Schraffierungen bedeuten ein kontinuierliches Spektrum. Unsere Übersicht in Abb. 120 ist insofern unvollständig, als alle unter β-Zerfall strahlenden Substanzen kontinuierliche Spektren besitzen, welche jedoch hier in den meisten Fällen nicht eingezeichnet sind. Die Linien treten auf der photographischen Platte sehr deutlich hervor, während sich die kontinuierlichen Spektren meist nur ganz wenig von dem Untergrund, d. h. von dem allgemeinen Schleier, abheben; trotzdem bilden die Linien nur einen relativ geringen Teil der gesamten emittierten Intensität.

Sehr deutlich bemerkt man aber das kontinuierliche Spektrum, wenn man bei der genannten fokussierenden Methode an Stelle der photographischen

---

[1] Zum Beispiel J. DANYSZ: Radium Bd. 9 (1911) S. 1; Ann. chim. physique Bd. 30 (1913) S. 241. — E. RUTHERFORD u. H. ROBINSON: Philos. Mag. Bd. 26 (1913) S. 717. — O. HAHN u. L. MEITNER: Z. Physik Bd. 26 (1927) S. 161.

[2] ELLIS, C. D., u. H. W. B. SKINNER: Proc. Roy. Soc., Lond. Bd. 105 (1924) S. 60, 165 (Absolutwerte der β-Geschwindigkeit auf $=0{,}2$ %).

[3] Ausführliche Tabellen über alle bekannten β-Linienspektren siehe bei L. MEITNER: In GEIGER-SCHEELS Handbuch der Physik Bd. 22 (1926) S. 132.

Platte einen Faradaykäfig[1], eine Ionisationskammer[2] oder einen Spitzenzähler[3] verwendet. Abb. 121 zeigt beispielsweise die mit der Ionisationskammer ge-

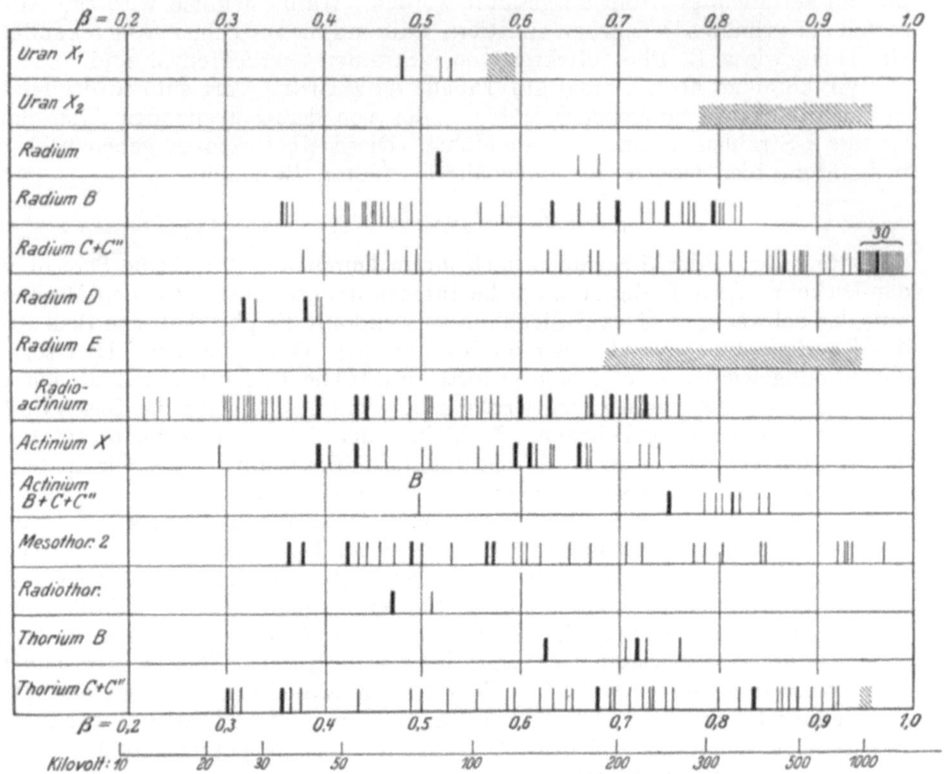

Abb. 120. Übersicht über die natürlichen β-Spektren. Nach KOHLRAUSCH.

messene Intensitätsverteilung im Spektrum eines Ra (B + C)-Präparates. Die aus anderweitigen Messungen bekannte Intensitätsverteilung des RaC ist dort nachträglich von der eigentlichen Meßkurve in Abzug gebracht und als gebrochene Linie eingetragen. Vergleicht man das Spektrum in Abb. 121 mit dem nach der photographischen Methode erschlossenen sehr linienreichen RaB-Spektrum in Abb. 120, so erscheint die Ionisationskammer sehr unempfindlich für den Nachweis der einzelnen Linien zu sein. Nur die kräftigsten Linien sieht man als Spitzen über der kontinuierlichen Verteilung überlagert. Die Breite dieser Spitzen ist nicht durch eine Geschwindigkeitsverteilung, sondern nur durch die Spaltbreiten der Apparatur bedingt.

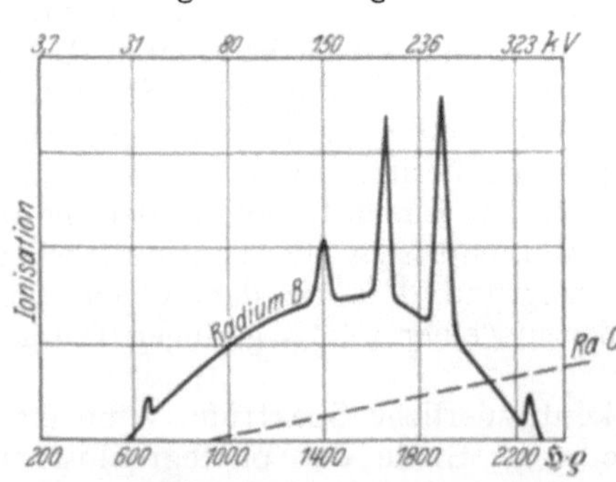

Abb. 121. Intensitätsverteilung im β-Spektrum von RaB bzw. RaC, gemessen an der Ionisierungswirkung. Nach CHADWICK u. ELLIS.

[1] GURNEY, R. W.: Proc. Roy. Soc., Lond. Bd. 109 (1925) S. 540; Bd. 112 (1926) S. 380.
[2] CHADWICK, J., u. C. D. ELLIS: Proc. Cambr. phil. Soc. Bd. 21 (1922) S. 274. — MADGWICK, E.: Proc. Roy. Soc., Lond. Bd. 23 (1927) S. 982. — Proc. Cambr. phil. Soc. Bd. 23 (1927) S. 982.
[3] CHADWICK, J.: Verh. dtsch. physik. Ges. Bd. 18 (1914) S. 383.

Die Geschwindigkeiten der heute bekannten β-Strahlen erstrecken sich über ein gewaltiges Intervall. Die allermeisten β-Strahlspektren liegen in einem Geschwindigkeitsbereich zwischen 10 und 1000 e-Kilovolt. Die schnellsten bisher beobachteten β-Strahlen erreichen jedoch Geschwindigkeiten von 7,6 (RaC), von 8,0 (MsTh$_2$) und vielleicht sogar von 11,0 (ThC) Millionen e-Volt[1], sie entsprechen verwaschenen Banden mit inhomogener Geschwindigkeit. Die langsamsten β-Strahlen haben so kleine Geschwindigkeiten, daß sie sich der Beobachtung entziehen, wie das wahrscheinlich bei den „strahlungslos" zerfallenden Substanzen, z. B. Ac und MsTh$_1$ der Fall ist.

§ 4. **Hüllenstrahlung: Die γ-Emission. β-Emission als innerer Photoeffekt. Zeitpunkt der β-Emission. β-Strahlen durch Fremderregung. Relative Intensitäten der β-Linien. Innerer Umwandlungskoeffizient.** Die β-Strahlen der Linienspektren entstammen der Elektronenhülle des Atoms; man kann sie als Photoelektronen der aus dem Atomkern emittierten γ-Strahlen auffassen. γ-Strahlen sind in der Regel Begleiter des β-Zerfalls: Unter 19 primären β-Strahlern emittieren mindestens 10 eine aus dem Kern stammende γ-Strahlung. Beim α-Zerfall tritt die γ-Strahlung nur ausnahmsweise auf: Unter 24 α-Strahlern ist nur bei 5 Substanzen eine Kern-γ-Strahlung nachgewiesen worden. Die vom Kern emittierte γ-Strahlung ist bei einigen Atomen monochromatisch, bei anderen wieder bildet sie ein aus zahlreichen Linien bestehendes Spektrum: z. B. emittieren Ra oder RaD nur eine Linie; RaB emittiert 10, RaC emittiert 11 verschiedene Kern-γ-Linien. Ein kontinuierliches γ-Spektrum ist bisher nicht beobachtet worden. Im γ-Linienspektrum weisen die einzelnen Wellenlängen bzw. die zugehörigen Energien Kombinationsbeziehungen auf (ähnlich wie die Linienspektren der Atome im sichtbaren und ultravioletten Gebiet), sie lassen sich Energiedifferenzen zuordnen, welche vorgegebenen für den betreffenden Kern charakteristischen Energieniveaus der Protonen oder α-Teilchen innerhalb des Kerns entsprechen[2]. Die γ-Strahlung wird nicht vom zerfallenden, sondern vom schon zerfallenen Kern entsendet, derart, daß der Ursprung der γ-Emission in einer durch den Zerfall nötig gewordenen Neuordnung der Kernbestandteile liegen dürfte. Die Elektronenhülle des Atoms gruppiert sich sofort nach dem Zerfall um zu der dem Zerfallsprodukt entsprechenden Konfiguration, so daß die zu erwartende Sekundärstrahlung in der Hülle der Tochtersubstanz angeregt wird[3]. So hat beispielsweise die Elektronenemission, welche dem in Abb. 122 I gezeigten RaB-Spektrum zukommt, ihren Ursprung in der Elektronenhülle des RaC-Atoms.

Jeder γ-Linie entspricht eine ganze Reihe von β-Linien. Hat das γ-Quant die Energie $h\nu$, so sind die Energien E_1, E_2, E_3 usw. der emittierten β-Teilchen — analog wie bei dem in Kap. 11, § 4, beschriebenen Photoeffekt — gegeben durch:

$$E_1 = h\nu - W_K \qquad E_2 = h\nu - W_{L_\mathrm{I}}, \qquad E_3 = h\nu - W_{L_\mathrm{II}} \tag{6}$$

usw., wo W_K, W_{L_I}, usw. die Abreißarbeiten der Elektronen aus den K, L_I, L_II ... M, N ... usw. -Niveaus der erwähnten Tochtersubstanzen darstellen.

Zur Analyse eines zunächst unbekannten β-Spektrums kann man so vorgehen, daß man das natürliche β-Spektrum der betreffenden Substanz mit dem durch Fremderregung eines bekannten Metalls gewonnenen sekundären β-Spektrum, d. h. mit einem Spektrum, welches durch γ-Photoeffekte in diesem Metall

---

[1] YOVANOVITSCH, D. K., u. J. D'ESPINE: J. Physique Bd. 8 (1927) S. 276. — CAVE, H. M.: Proc. Cambr. phil. Soc. Bd. 25 (1929) S. 222.

[2] Näheres siehe z. B. bei G. GAMOW: Der Bau des Atomkerns und die Radioaktivität. Leipzig 1932.

[3] MEITNER, L.: Z. Physik Bd. 26 (1924) S. 169; Bd. 34 (1925) S. 807. — ELLIS. C. D., u. W. A. WOOSTER: Proc. Cambr. phil. Soc. Bd. 22 (1925) S. 844.

entstanden ist, vergleicht[1]. Man sieht beispielsweise in Abb. 122 I einen Teil des natürlichen β-Spektrums von RaB und in Abb. 122 II den entsprechenden Teil des γ-Photoelektronenspektrums von Platin. Das RaB-Spektrum ist in der obenerwähnten Weise nach der fokussierenden Methode an einem mit dem aktiven Niederschlag der Radiumemanation oberflächlich aktivierten Draht aufgenommen worden. Bei der Aufnahme des Platinspektrums befand sich in derselben Apparatur unter sonst annähernd gleichen Bedingungen[2] an Stelle des aktivierten Drahtes eine mit Radiumemanation gefüllte Platinkapillare. Die Wandstärke der Kapillare war genügend groß (ca. $^1/_2$ mm), so daß alle vom Ra-Präparat emittierten natürlichen β-Strahlen absorbiert wurden.

Beim Vergleich der beiden Aufnahmen in Abb. 122 fällt zunächst auf, daß das natürliche β-Strahlspektrum scharfe Linien zeigt. Die vom Kern emittierte γ-Strahlung wird nämlich in der Hülle des gleichen Atoms in β-Strahlung umgewandelt und diese β-Strahlung gelangt ohne mit weiteren Atomen in Wechselwirkung zu treten, aus der sehr dünnen Schicht des aktiven Niederschlages sofort ins Freie. Das Spektrum der vom Platin emittierten sekundären β-Strahlen

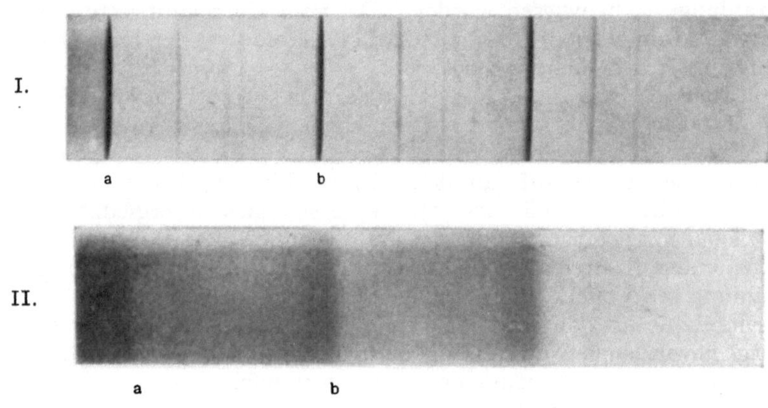

Abb. 122. Teil des β-Strahlspektrums
I. Von Radium B C,
II. Von Platin, angeregt durch die γ-Strahlen des Ra B. Nach Ellis.

zeigt dagegen breite verwaschene Banden, die nur an der Seite höherer Geschwindigkeit (rechts!) scharf abgegrenzt sind. Die Erklärung hierfür geht aus den bereits in Kap. 11, § 4, gegebenen Ausführungen hervor: Die Photoelektronen werden durch die aus dem Inneren der Kapillare hervorkommenden γ-Strahlen in sehr verschiedenen Tiefen der Platinwandung ausgelöst; bis sie von ihrer Ursprungsstelle ins Freie gelangen, müssen sie also sehr verschiedene Schichtdicken durchqueren und erleiden dabei in Wechselwirkung mit den durchquerten Atomen Streuungen und Geschwindigkeitsverluste. Die den Bandkanten zugehörigen schnellsten Photoelektronen müssen also mit den Elektronen der natürlichen Linienspektren in Beziehung gesetzt werden.

Man kann nun feststellen, daß diese Photoelektronen des Platins etwas schneller sind als die entsprechenden β-Strahlen des RaB: Das Spektrum der Abb. 122 II liegt nach etwas höheren Geschwindigkeiten hin gegenüber den

[1] Ellis, C. D.: Proc. Roy. Soc., Lond. Bd. 99 (1921) S. 261; Bd. 101 (1922) S. 1. — Meitner, L.: Z. Physik Bd. 9 (1922) S. 131. — Thibaud, J.: Thèse Paris 1925. — J. Physique Bd. 6 (1925) S. 82.
[2] Das Magnetfeld war allerdings bei der Aufnahme 122 II um 3,5 % schwächer als bei der Aufnahme in Abb. 122 I.

Spektren der Abb. 122 I verschoben. Diese Tatsache ist aber im Sinne der Gl. (6) leicht verständlich. Die in Abb. 122 II sichtbaren drei Banden entsprechen Photoelektronen, welche von drei verschiedenen nach dem Zerfall des RaB-Kerns emittierten γ-Quanten sämtlich im K-Niveau des Platins ausgelöst wurden. Aus Tabelle 9 in Kap. 7 entnimmt man die Abreißarbeit der Platin-K-Elektronen zu W_K (Pt) $= 78{,}1$ e-KV. Aus der Lage der Bandkanten in Abb. 122 II und dem bekannten Magnetfeld $\mathfrak{H}$ berechnet man die Energie der zugehörigen Photoelektronen E_β bzw. der γ-Quanten E_γ. Für die schnellste (mit c bezeichnete) von unseren in Abb. 122 II sichtbaren drei β-Strahlgruppen geben wir beispielsweise an:

$$E_\beta\,(\text{Pt}) = 275{,}8\,e\text{-KV}, \qquad W_K\,(\text{Pt}) = 78{,}1\,e\text{-KV},$$

also:

$$E_\gamma\,(\text{RaB}) = E_\beta\,(\text{Pt}) + W_K\,(\text{Pt}) = 353{,}9\,e\text{-KV}.$$

Aus den auf diese Weise bekannt gewordenen γ-Quanten[1] und aus den durch Ausmessen der Linienspektren (nach Art der Abb. 122 I) gewonnenen Größen E_β (RaBC) lassen sich die Energieniveaus, denen die natürlichen β-Strahlen entstammen, ausrechnen. In unserem Beispiel ergibt sich für die in Abb. 122 I mit c bezeichnete Linie ($\mathfrak{H} \cdot \varrho = 1938$)

$$E_\beta\,(\text{RaBC}) = 263{,}8\,e\text{-KV}$$

und daraus

$$W_K\,(\text{RaC}) = E_\gamma\,(\text{RaB}) - E_\beta\,(\text{RaBC}) = 90{,}1\,e\text{-KV}.$$

Aus anderweitigen Untersuchungen weiß man, daß RaB ein Bleiisotop ist, d. h. dieselbe Atomnummer $Z = 82$ wie Blei hat, daß ferner RaC ein Wismutisotop mit $Z = 83$ ist. Aus Tabelle 9 in Kap. 7 entnimmt man W_K (Bi) $= 90{,}1$ e-KV. Die durch die γ-Quanten des zerfallenen RaB-Kerns ausgelösten natürlichen β-Strahlen stammen, also in Übereinstimmung mit unseren bereits oben gegebenen Erklärungen aus der Hülle des RaC-Atoms[2]. Die Energien der in den beiden Spektren der Abb. 122 entsprechenden β-Strahlen müssen also um den Betrag W (RaC) — W (Pt) verschoben sein.

Unsere Spektren in Abb. 122 stellen nur kleine Ausschnitte dar. In der gesamten β-Emission gehören zu jedem γ-Quant außer einer K-Linie meistens noch 3 L- und noch einige M-Linien. Schließlich beobachtet man gerade noch eine Gruppe von N-Linien, deren Geschwindigkeiten beim RaB zwischen 3,53 und 3,54 e-KV erwartet werden, die aber so dicht benachbart sind, daß man sie nicht mehr trennen kann. Die K-Linien sind meistens um ein Vielfaches intensiver als die L-Linien, und diese sind wieder intensiver als die M-Linien usw. Natürlich hängt die Intensität der einzelnen β-Linien ganz besonders von der Intensität der erregenden γ-Strahlung ab, die einzelnen γ-Linien sind aber sehr verschieden intensiv. Darüber hinaus konnte aus den experimentellen Ergebnissen gefolgert werden, daß die Intensität einer β-Linie bei vorgegebener γ-Strahlintensität nicht in einfacher Weise von der Frequenz der γ-Strahlung und von der Abreißarbeit der betreffenden Elektronen abhängt, wie wir es für die Photoemission bei Besprechung des Röntgenabsorptionskoeffizienten pro Elektron in Kap. 11, § 8, erläutert haben.

Man definiert einen „inneren Umwandlungskoeffizienten", welcher das Verhältnis der in β-Teilchen umgewandelten zu allen überhaupt vom Kern ab-

---

[1] Die Wellenlängen der γ-Strahlen lassen sich in anderer Weise, z. B. durch Beugung der γ-Strahlen am Kristallgitter, ermitteln.

[2] Wären sie aus der Hülle des RaB-Atoms (W_K(Ra B) $= W_K$ (Pb) $= 87{,}6$ e-KV) ausgelöst, so müßte man — im Gegensatz zu den experimentellen Erfahrungen — $E_\beta = 266{,}3\,e$-KV erwarten.

gegebenen Energiequanten angibt. Beispielsweise werden die weicheren γ-Strahlen von RaB in K-Niveaus zu 10 bis 25 % in β-Strahlung umgesetzt, der Umwandlungskoeffizient variiert dabei in normaler Art mit der γ-Frequenz. Die harten γ-Strahlen von RaC zerfallen in 3 Gruppen[1]: Die der Energie 6 bis $12 \cdot 10^5$ e-Volt entsprechenden γ-Strahlen haben den praktisch konstanten Umwandlungskoeffizienten 0,006 bis 0,001. Die zweite Gruppe mit γ-Quantenergien 1,3 bis $2,2 \cdot 10^6$ e-Volt hat einen ähnlich konstanten Umwandlungskoeffizienten $= 0,0016$. Eine dritte Gruppe, welche z. B. die γ-Linie mit der Quantenenergie $1,426 \cdot 10^6$ e-Volt enthält, hat den inneren Umwandlungskoeffizienten 1. Man beobachtet im natürlichen β-Spektrum eine sehr kräftige K-Linie, welche dieser γ-Frequenz zugeordnet ist; aber im β-Spektrum, welches nach Art der Abb. 122 II durch Fremderregung erzeugt wird, fehlt von der entsprechenden β-Linie jede Spur[2]. Weiter sei auf die monochromatische, 47,2 e-KV entsprechende γ-Strahlung des RaD hingewiesen, sie wird zu ca. 97 % in natürliche β-Strahlung umgewandelt; dieser Sachverhalt konnte durch Versuche mit dem Spitzenzähler nachgewiesen werden[3].

Aus den Erfahrungen über die Größen der inneren Umwandlungskoeffizienten hat man früher wohl den Schluß gezogen, daß unsere eingangs dieses Paragraphen eingeführte Hypothese von der photoelektrischen Befreiung der β-Teilchen durch Kern-γ-Strahlung in den meisten Fällen nur eine formale Bedeutung haben könne, und daß der wirkliche Vorgang der Hüllelektronenemission auf einer direkten Kopplung des Kerns mit der Elektronenhülle beruhen müsse[4, 5].

Neuerdings ist es aber gelungen, durch Anwendung der DIRACschen Theorie auf die Wechselwirkung zwischen γ-Strahlung und Hüllenelektronen, und zwar unter Annahme einer vom Kern ausgehenden Dipol- bzw. Quadrupolstrahlung, Befreiungswahrscheinlichkeiten für die Hüllenelektronen zu berechnen[6], welche ausgezeichnet mit den experimentellen inneren Umwandlungskoeffizienten übereinstimmen.

§ 5. **Kernelektronenemission: Kontinuierliche β-Spektren einzelner Substanzen. Obere Geschwindigkeitsgrenze. Mittlere und kleinste Geschwindigkeiten im kontinuierlichen Spektrum. Kalorimetrische Bestimmung der mittleren Geschwindigkeit. Primäre Verschiedenheit von Emissionsenergien aus gleichartigen Atomkernen. Neutronentheorie des β-Zerfalls.** Von dem aus der Elektronenhülle stammenden β-Linienspektrum ist das aus den Atomkernen emittierte kontinuierliche β-Spektrum zu unterscheiden. Die sofort auffallende Inhomogenität der Geschwindigkeiten bei der Kernemission der β-Strahlen steht ganz im Gegensatz zu den streng homogenen Geschwindigkeiten der ebenfalls aus den Atomkernen emittierten α-Strahlen. In Abb. 123 sind die kontinuierlichen Spektren einiger β-Strahler abgebildet, die Zahl der β-Teilchen ist dort als Funktion ihrer Energie in e-Kilovolt aufgetragen, die einzelnen Kurven sind auf gleiche Flächeninhalte reduziert. Jedes Spektrum erstreckt sich von allerkleinsten Geschwindigkeiten bis zu einer wohldefinierten Maximalgeschwindigkeit. Bei mittleren Geschwindigkeiten erreicht die emittierte β-Teilchenzahl ein Maximum, zu den Maximalgeschwindigkeiten hin wird die beobachtete Teilchenzahl verschwindend gering.

---

[1] ELLIS, C. D., u. G. H. ASTON: Proc. Roy. Soc., Lond. Bd. 129 (1930) S. 180.

[2] THIBAUD: a. a. O. — ELLIS u. ASTON: a. a. O.

[3] STAHEL, E.: Z. Physik Bd. 68 (1931) S. 1.

[4] SMEKAL, A.: Z. Physik Bd. 10 (1922) S. 275. — Ann. Physik Bd. 81 (1926) S. 399. — FOWLER, R. H.: Proc. Roy. Soc., Lond. Bd. 129 (1930) S. 1.

[5] Die Emission der Hüllen-β-Strahlung hat in dieser Hinsicht große Ähnlichkeit mit der in Kap. 11, § 7, besprochenen Photoemission zweiter Art (Augereffekt).

[6] HULME, H. R.: Proc. Roy. Soc. Lond. Bd. 138 (1932) S. 663. — TAYLOR, H. M. u. N. F. MOTT: Ebenda S. 665.

Bei zwei benachbarten β-Umwandlungen gehört immer das zweite β-Teilchen der Gruppe mit der größeren kinetischen Energie an (z. B. ThB — ThC, RaB — RaC, RaD — RaE).

Die experimentelle Untersuchung der Geschwindigkeitsverteilung im kontinuierlichen Spektrum mit Hilfe der magnetischen fokussierenden Methode wurde bereits in § 3 angeführt und an der Aufnahme des RaB-Spektrums in Abb. 121 erläutert[1].

Besondere Mühe wurde auf die Feststellung der oberen Grenze im kontinuierlichen Geschwindigkeitsspektrum verwendet. Außer der erwähnten magnetischen Analyse hat sich hier als eine leistungsfähige Methode die Geschwindigkeitsbestimmung der schnellsten Elektronen aus ihren „praktischen Reichweiten" in festen Körpern erwiesen. Wie wir in Kap. 21, § 6, noch genauer darlegen werden, wird die Geschwindigkeit der Elektronen bei ihrem Durchgang durch Materie allmählich aufgezehrt.

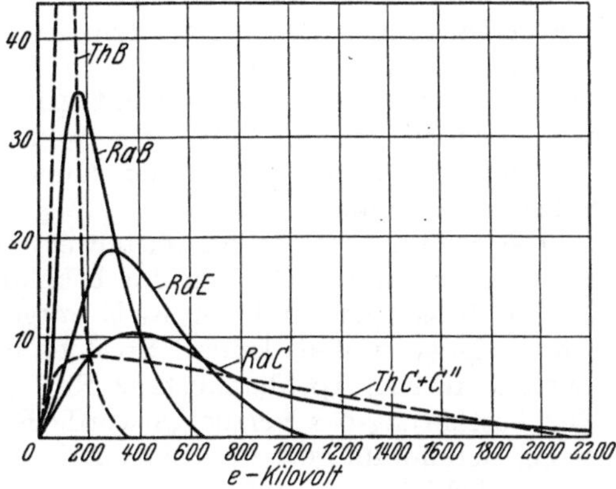

Abb. 123. Kontinuierliche β-Strahlspektren.

Die Bahnlänge eines Elektrons vom Ursprung bis zur völligen Abbremsung, das ist die Reichweite, ist bei größeren Elektronengeschwindigkeiten als eine einfache lineare Funktion der Elektronenvoltgeschwindigkeit bekannt[2]. Um die obere Grenze der β-Strahlgeschwindigkeiten eines Präparates zu messen, kann man dasselbe wie bei Absorptionsexperimenten mit Metallfolien bedecken und dabei die von den Folien durchgelassene Intensität mit einem empfindlichen Meßinstrument beobachten[3]. Abb. 124 zeigt beispielsweise für RaE die in der Ionisationskammer gemessenen Ströme als Funktion der dazwischengeschalteten Aluminiumdicke. Ein scharfer Knick in der dort gezeigten Kurve demonstriert, daß die Wirkung der β-Strahlen bei 1,7 mm Al aufhört. Das entspricht einer Geschwindigkeit von etwa $1,1 \cdot 10^6$ e-Volt. Besondere Experimente über die praktische Reichweite der β-Teilchen in Cu mit dem Elektronenzählrohr[4], sowie Nebelkammeraufnahmen[5] der im Magnetfeld abgelenkten β-Teilchen konnten einwandfrei zeigen, daß beim Radium E die β-Teilchenzahl ober-

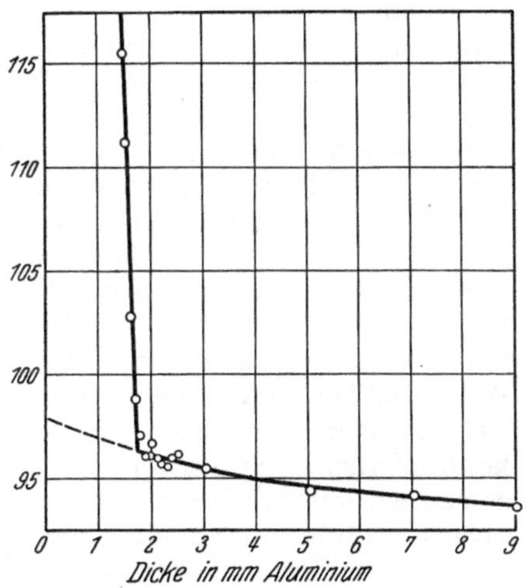

Abb. 124. Ermittlung der praktischen Reichweite der schnellsten β-Strahlen von RaE. Nach SCHMIDT.

---

[1] RaB, RaC; ThB, ThC, siehe GURNEY: a a. O. — RaE siehe MADGWICK: a. a. O. — MsTh siehe YOVANOVITSCH u. D'ESPINE: a. a. O.

[2] Siehe Kap. 21, Gl. (12).

[3] SCHMIDT, H. W.: Ann. Physik Bd. 21 (1906) S. 607 (RaB und C). — Physik. Z. Bd. 8 (1907) S. 361 (RaE). — CHALMERS, J. A.: Proc. Cambr. phil. Soc. Bd. 25 (1929) S. 331 (ThB, ThC, ThC"). — SARGENT, B. W.: Proc. Cambr. phil. Soc. Bd. 25 (1929) S. 514 (AcB, AcC"). — WANG, K. C.: Z. Physik Bd. 74 (1932) S. 744 (RaE).

[4] WANG, K. C.: a. a. O.

[5] CHAMPION, F. C.: Proc. Roy. Soc., Lond. Bd. 134 (1931) S. 672.

halb $1,1 \cdot 10^6$ e-Volt weniger als $0,1\,\%$ von der Gesamtemission ausmacht. Man kann also keinesfalls annehmen, daß die Geschwindigkeitsverteilung der β-Teilchen im kontinuierlichen Spektrum einer MAXWELLschen Verteilung ähnlich sei.

Der Verlauf der Verteilungskurven bei niedrigen β-Strahlgeschwindigkeiten ist heute noch wenig gesichert, unterhalb 100 e-KV begegnen die Experimente infolge von Energieverlusten, Streuungen und Sekundärelektronenemission der β-Strahlen großen Schwierigkeiten.

Das allgemeine Aussehen der in Abb. 123 abgebildeten Verteilungskurven ist in allen Fällen sehr ähnlich mit Ausnahme der Kurve für Thor C + C''. Ihr abweichender Verlauf kann aber wohl darauf zurückgeführt werden, daß es sich dort um Superposition der Kurven von zwei verschiedenen strahlenden Substanzen handelt.

Die Energie, welche im Mittelwert für einen β-Zerfall bei einer gegebenen Substanz frei wird, läßt sich durch kalorimetrische Methoden bestimmen. Sehr genaue Messungen sind am RaE vorgenommen worden[1]. Diese Substanz ist sehr geeignet, weil sie keine γ-Strahlen emittiert und weil die beim Zerfall ihrer einzigen aktiven Tochtersubstanz RaF emittierte α-Strahlung gut bekannt ist. Zur Ausführung des Versuches wurde RaE in genau bekannter Menge etwa auf einem Metalldraht niedergeschlagen. Dieser wurde in einem kleinen dünnwandigen Messingbehälter in ein Kalorimeter eingeführt, welches aus einem Bleirohr von mindestens 1 mm Wandstärke bestand, so daß in ihm sicher alle β-Strahlen absorbiert wurden. Ein zweites vollkommen gleichartiges Kalorimeter wurde mit einem gleichartigen aber nicht aktivierten Metalldraht gefüllt. Beide Kalorimeter wurden dann in einem großen massiven Kupferblock eingeschlossen. Die entgegengesetzten Lötstellen eines Systems von Thermoelementen waren mit den beiden Kalorimetern verbunden, so daß ihre Temperaturdifferenz sehr genau über mehrere Tage verfolgt werden konnte. Die Erwärmung des einen Kalorimeters wurde nun durch den β-Zerfall eines gegebenen Bruchteils der jeweils vorhandenen RaE-Atome und durch den α-Zerfall der aus RaE entstandenen RaF-Atome hervorgerufen. Da die Zerfallskonstanten beider Substanzen bekannt sind, konnte für jeden Zeitpunkt das Verhältnis der vorhandenen RaE- und RaF-Atome und auch das Verhältnis der von beiden Atomarten erzeugten Wärmemengen berechnet werden. Die Experimente ergaben im besten Falle mit $\mp 6\,\%$ Genauigkeit eine mittlere Energie von 337 e-KV pro β-Zerfall. Dieser Wert steht in ausreichender Übereinstimmung mit dem Mittelwert 390 $\mp$ 60 e-KV, welchen man dem nach der magnetischen Ablenkungsmethode gemessenen kontinuierlichen Spektrum des RaE in Abb. 123 entnimmt. Die kalorimetrisch gemessene mittlere Energie pro β-Zerfall erreicht also nur etwa ein Drittel der oben erwähnten Maximalenergie. Dieser Befund ist deshalb von enormer Bedeutung, weil er eindeutig darauf hinweist, daß eine Geschwindigkeitsverteilung der emittierten β-Teilchen keinesfalls durch sekundäre Prozesse, wie z. B. Geschwindigkeitsverluste bzw. Sekundärelektronenbefreiung der austretenden β-Teilchen erzeugt worden ist, sondern daß eine solche von Anfang an vorhanden gewesen sein muß, d. h. also, daß von äußerlich vollkommen gleichen Atomkernen Elektronen ganz verschiedener Geschwindigkeit emittiert werden.

Man kann zunächst nicht verstehen, wieso beim atomaren Einzelprozeß ein energetisch scheinbar genau definierter Anfangszustand (Mutteratom) in einen ebenso genau definierten Endzustand (Zerfallsprodukt) übergeführt werden kann durch einen von Atom zu Atom ganz gewaltig schwankenden undefinier-

[1] ELLIS, C. D., u. W. A. WOOSTER: Proc. Roy. Soz., Lond. Bd. 117 (1928) S. 109. — MEITNER, L., u. W. ORTHMANN: Z. Physik Bd. 60 (1930) S. 143.

baren Energiebetrag. Diese Tatsache ist um so schwerer verständlich, als einem solchen β-Zerfall ein α-Zerfall folgt, bei dem alle emittierten α-Teilchen bis auf $0,1\,^0/_0$ gleiche Energien besitzen. Auch die Zerfallskonstante jedes β-Strahlers ist scharf definiert. Durch besondere Experimente konnte hierbei gezeigt werden, daß die Wahrscheinlichkeit der Emission eines β-Teilchens bei einem gegebenen Element nicht von seiner Energie abhängt, d. h. die Zerfallskonstante ist an allen Stellen eines kontinuierlichen β-Spektrums gleich groß. Eine γ-Strahlung, durch deren Emission die Energieschwankungen ausgeglichen werden könnten, ist nach experimentellen Befunden nicht vorhanden. Einige theoretische Versuche zur Erklärung dieser Diskrepanz liegen vor[1], doch ist bisher keine befriedigende Lösung gefunden worden. Wir wissen heute über den Elementarprozeß des β-Zerfalls so wenig, daß wir auf ihn nicht einmal das Prinzip der Erhaltung der Energie anwenden können.

Das Eintreten des β-Zerfalls ist sehr wahrscheinlich durch den spontanen Zerfall eines Neutrons (siehe Kap. 7, § 7) im starken elektrischen Felde des Kerns bedingt. Ganz allgemein zerfällt der Kern so lange, bis seine Energie ein Minimum erreicht. Diese Energie setzt sich zusammen aus:

1. der kinetischen Energie seiner Bestandteile,
2. den Platzwechselenergien (diese sind durch wellenmechanische Schwebungserscheinungen — entsprechend der Austauschresonanz beim Heliumproblem — verursacht),
3. den Anziehungskräften der Neutronen,
4. der COULOMBschen Abstoßung der Protonen, und
5. dem Massendefekt der Neutronen.

Speziell der β-Zerfall tritt dann ein, wenn die Energie, die beim Abreißen eines Neutrons aufgewendet werden muß, kleiner ist, wie die Energie, die durch Zufügen eines Protons gewonnen wird. Auf Grund von Abschätzungen der Größen der erwähnten Kernenergien läßt sich folgern, daß die Stabilitätsgrenze des Kerns wesentlich durch eine obere Grenze des Quotienten N_1/N_2, der Anzahlen seiner Neutronen N_1 und seiner Protonen N_2 ($N_2 = Z =$ Atomnummer) bedingt ist, und daß die Größe dieser oberen Grenze etwas verschieden sein muß, je nachdem die Zahlen N_1, N_2 und ($N_1 + N_2$) gerade oder ungerade sind[2].

---

[1] THOMSON, G. P.: Philos. Mag. Bd. 7 (1929) S. 405. — KUDAR, J.: Z. Physik Bd. 60, (1930) S. 168, 176, 686; Bd. 64 (1930) S. 402; Bd. 78 (1932) S. 279. — Physik. Z. Bd. 32 (1931) S. 34.
[2] HEISENBERG, W.: Z. Physik Bd. 77 (1932) S. 1; Bd. 78 (1932) S. 156.

Dritter Teil

Wechselwirkungen zwischen freien Elektronen und Atomen.

Kapitel 16.

Ladungsverteilung im Atom.

§ 1. Radius der BOHRschen Elektronenschale. Für die im Folgenden behandelten Probleme der Wechselwirkung zwischen Elektronen und Atomen ist die räumliche Anordnung der Ladungen im Atom von besonderer Bedeutung. Es wurde bereits im Kap. 7 erwähnt, daß die Elektronen im Atom schalenartig angeordnet sind. So wurde z. B. von der K-Schale oder L-Schale usw. gesprochen. Diese Schalen sind aber bisher nur durch die Abreißarbeit der ihr zugehörigen Elektronen gekennzeichnet worden. Nach der alten BOHRschen Theorie soll auch jede Schale eine ganz bestimmte Ladungsverteilung haben, die z. B. im einfachsten Falle dadurch gegeben ist, daß die punktförmigen Elektronen dieser Schale in einem bestimmten Abstande, dem Schalenradius, um den Atomkern kreisen. Bei bekannter Abreißarbeit ergibt sich die Größe dieses Abstands aus der Konkurrenz zwischen der COULOMBschen Anziehungskraft des positiv geladenen Kerns auf die negativen Elektronen und der Zentrifugalkraft, welche aus der Kreisbewegung des Elektrons resultiert [Kap. 2, Gl. (5)]. Ohne Kenntnis der Abreißarbeit ergibt sich der Schalenradius aus den vielen klassisch möglichen Bahnradien durch Hinzunahme einer Quantenbedingung; nämlich, daß nur Impulsmomente von einem ganzen Vielfachen der Größe $h/2\pi$ möglich sein sollen. So ergibt sich beispielsweise für den Radius der Grundbahn des Elektrons im Wasserstoffatom:

$$a = \frac{h^2}{4\pi^2 m e^2} = 0{,}53 \text{ AE} . \tag{1}$$

Für schwerere Atome ist einerseits der höheren Kernladungszahl, andererseits der Abschirmung des Kernfeldes durch die übrigen Atomelektronen Rechnung zu tragen. Überschlagsweise berücksichtigt man beide Faktoren durch Einführung einer empirischen effektiven Kernladungszahl Z_{eff}, welche natürlich kleiner als die wahre Kernladungszahl Z sein muß.

Für die K-Schalen nicht allzu leichter Atome läßt sich beispielsweise $Z_{\text{eff}} = Z - 1$ setzen; also ergibt sich der K-Schalenradius durch Division des Wasserstoffatomradius Gl. (1) durch $(Z - 1)$. Beispielsweise erhält man für den K-Schalenradius von Gold $7 \cdot 10^{-12}$ cm, von Argon $3 \cdot 10^{-10}$ cm und von Kohlenstoff 10^{-9} cm.

§ 2. Wellenmechanische Ladungsverteilung beim Einelektronenproblem. Nach den Anschauungen der Wellenmechanik wird die Größe der BOHRschen Schalenradien ungefähr bestätigt, jedoch hat es hiernach keinen Sinn mehr, von einem auf scharf begrenzter Bahn umlaufenden Elektron zu sprechen, vielmehr ist die Schale durch eine räumliche, zeitunabhängige Verteilung der

SCHRÖDINGERschen ψ-Funktion gegeben, welche die radiale Verteilung der Anwesenheitswahrscheinlichkeit eines punktförmig gedachten Atomelektrons beschreibt. Die Schalen sind also stark verbreiterte, gegebenenfalls sogar mehrfach unterteilte Gebiete kontinuierlicher Raumladung. Als Schalenradius kann man dann den Radius einer Kugel definieren, welche die Gesamtladung der Schale in zwei gleiche Teile teilt; dieser Schalenradius fällt im wesentlichen mit dem früheren BOHRschen Radius zusammen.

Weiter läßt sich aus der Wellenmechanik eine ganz spezielle Struktur der einzelnen Schalen folgern[1]. Zum Beispiel sind die Ladungsverteilungen der S-Terme, d. h. nach Kap. 7 der Terme mit $L = 0$ kugelsymmetrisch, dagegen die der P-, D-Terme $(L > 0)$ sind nur axialsymmetrisch.

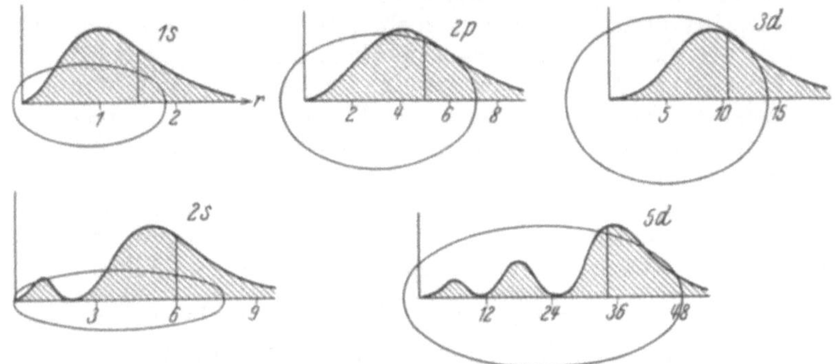

Abb. 125. Verteilungskurven der Ladungsdichte pro Kugelschale für einige Energieniveaus des Wasserstoffatoms. Nach WHITE.

Beim Einelektronenproblem läßt sich die Berechnung der wellenmechanischen Ladungsverteilung ohne weiteres exakt durchführen. Man erhält nämlich als Lösung der Schrödingergleichung des Elektrons im Coulombfelde:

$$\psi = P_l^m(\cos\vartheta)\, R_{n,l}(r) \cdot \exp(im\varphi), \qquad (2)$$

wo r, ϑ, φ Polarkoordinaten und $P_l^m(\cos\vartheta)$ Kugelfunktionen[2] bedeuten. R ist eine gewisse Funktion von r; n, l und m bedeuten Hauptquantenzahl, Nebenquantenzahl und magnetische Quantenzahl, welche wir schon in Kap. 7, § 5 erläutert haben. Für das Elektron im Grundzustand des H-Atoms ergibt sich aus Gl. (2) die Ladung pro cm³ als Funktion des Kernabstands r zu:

$$Q(r) = \frac{e}{\pi a^3} \exp\left(\frac{-2r}{a}\right), \qquad (3)$$

wo a die durch Gl. (1) gegebene Größe besitzt. In Abb. 125 sind entsprechende Ladungsverteilungen graphisch dargestellt[3]. Als Abszissen sind die Abstände vom Kern, und zwar in Einheiten des ersten BOHRschen Radius a aufgetragen. Ordinaten sind direkt die Ladungsmengen pro Kugelschale der Dicke eins, sie sind ein Maß für die Wahrscheinlichkeit, daß das Elektron vom Kern einen Abstand zwischen r und $(r + dr)$ hat. Die betreffenden klassischen Elektronenbahnen sind als Ellipsen in jedes Bild eingetragen, ihre durchschnittlichen Radien sind durch vertikale Linien markiert.

[1] SCHRÖDINGER, E.: Ann. Physik Bd. 79 (1926) S. 361. — UNSÖLD, A.: Ebenda Bd. 82 (1927) S. 355. — PAULING, L.: Proc. Roy. Soc., Lond. Bd. 114 (1927) S. 181.
[2] Siehe z. B. SOMMERFELD: Wellenmechanischer Ergänzungsband, S. 9.
[3] WHITE, H. E.: Physic. Rev. Bd. 37 (1931) S. 1416; Bd. 38 (1931) S. 513.

§ 3. Methoden zur Berechnung der Ladungsverteilung im Atom mit mehreren Elektronen. Hartrees self consistent field. Thomas-Fermi-Verteilung. Mit Hilfe von Gl. (2) können auch die Ladungsverteilungen in der K-, L-, M- usw. Schalen der schwereren (nicht Wasserstoff-) Atome berechnet werden. Es wird hierbei also das Einelektronenproblem wie beim H-Atom zugrunde gelegt, nur mit dem Unterschied, daß an Stelle der einfachen Kernladung eZ die oben erwähnte effektive Kernladung $e \cdot Z_{\text{eff}}$ einzusetzen ist. Diese Methode stellt aber die wahren Ladungsverteilungen nur angenähert dar, weil, abgesehen von Wasserstoff, das Feld im Atom kein COULOMBsches mehr ist. Denn einerseits wird die Abschirmung der Kernladung durch die anderen Atomelektronen mit wachsender Entfernung vom Kern immer größer, so daß das Potential auf das betrachtete Elektron sehr viel stärker als mit $1/r$ abklingt. Andererseits ist es nicht korrekt, bei einem Atom mit mehreren Elektronen getrennte Wellenfunktionen zu benutzen, z. B. läßt sich im He-Atom nicht für das eine Elektron eine Funktion $\psi_a(r)$ und für das andere eine Funktion $\psi_b(r)$ einführen, sondern, da im allgemeinen Wechselwirkungen der Elektronen auch aufeinander stattfinden, müßte mit einer komplizierten sechsdimensionalen Wellenfunktion $\psi(r_1 r_2)$ gearbeitet werden.

Als ein Näherungsverfahren geht nun aber HARTREES Methode des „self consistent field"[1] trotzdem so vor, daß sie jedem Elektron eine eigene Wellenfunktion zuschreibt. Die erste von diesen ψ_a möge die gewöhnliche Schrödingergleichung (Kap. 5) $\Delta \psi_a + \dfrac{8\pi^2 m}{h^2}[E - V_a(r)]\,\psi_a = 0$ befriedigen, wo $V_a(r)$ das Potential des Feldes ist, in dem sich das Elektron a bewegt. Das Feld von $V_a(r)$ kann nun aber nicht ohne weiteres angegeben werden, weil es vom Kern und vom Elektron b herrührt, und man zunächst nicht sagen kann, wo sich das Elektron b befindet. Um nun dieses Feld zu erhalten, versucht man ψ_b zu erraten, indem man eine Funktion dafür anschreibt, welche nur ganz roh zu stimmen braucht. Dadurch gelingt es dann, V_a und das entsprechende ψ_a zu erhalten. Aus ψ_a erhält man aber das Feld, in dem sich das Elektron b bewegt bzw. auch die Funktion ψ_b. Dieses ψ_b soll nun aber möglichst die Funktion sein, von der man durch Raten ausgegangen ist, bzw. muß dies durch sukzessive Approximationen so gut wie möglich erreicht werden. Vom leichten Atom mit exakt bekannter ψ-Funktion geht man dann weiter aus und sieht zu, in welcher Weise die Ladungsverteilung durch das sukzessive Hinzutreten weiterer Elektronen allmählich modifiziert wird. Das atomare Feld muß jedenfalls so beschaffen sein, daß jedes herausgegriffene Atomelektron im Felde des Rumpfes die Schrödingergleichung erfüllt. Das besondere Feld, welches diese Bedingung erfüllt, wird als „self consistent" bezeichnet. Die HARTREEsche Methode hat sich in dieser Weise auch zur Bestimmung komplizierter Atome verwenden lassen, namentlich hat sie für die Berechnung der Wellenfunktion stark gebundener Elektronen und bei der genauen Berechnung peripherer Atomfelder, welche z. B. für das Zustandekommen des weiter unten behandelten Ramsauereffektes maßgebend sind, gute Erfolge erzielt[2]. Als Nachteil muß jedoch empfunden werden, daß die Methode rechnerisch sehr schwierig zu handhaben ist und besonders, daß sie keine allgemeinen Werte liefert, so daß jedes Atom einzeln berechnet werden muß.

Wesentlich einfacher läßt sich die Ladungsverteilung im Atom nach einer ganz anderen Methode bestimmen[3], die auch den Vorteil besitzt, für alle schwereren

---

[1] HARTREE, R. D.: Proc. Cambr. Soc. Bd. 24 (1928) S. 89, 111, 426.

[2] Zum Beispiel J. HOLTSMARK: Z. Physik Bd. 55 (1929) S. 437; Bd. 66 (1930) S. 49.

[3] FERMI, E.: Z. Physik Bd. 48 (1928) S. 73. — THOMAS, L. H.: Proc. Cambr. Soc. Bd. 23 (1927) S. 542.

Atome allgemeine Werte zu liefern. Diese Methode von THOMAS und FERMI geht von der Überlegung aus, daß die Elektronenatmosphäre um den Kern herum sehr dicht ist und deshalb als völlig entartetes Elektronengas im Sinne unserer Betrachtungen in Kap. 6 angesehen werden kann.

Unter Annahme einer radialen Symmetrie und mit Benutzung der POISSON-schen Raumladungsgleichung ergibt die Fermi-Dirac-Statistik eine Differential-gleichung, aus welcher sich das Potential $V(r)$ im neutralen Atom berechnet zu:

$$V(r) = \frac{Z \cdot e}{r} \cdot \varphi\left(\frac{r Z^{\frac{1}{3}}}{r_0}\right). \tag{5}$$

Daraus berechnet sich ferner die Dichteverteilung der Elektronenladungen zu:

$$Q(r) = \frac{2^{\frac{9}{2}} \pi m^{\frac{3}{2}} Z^{\frac{3}{2}} c^3}{3 h^3 r^{\frac{3}{2}}} \cdot \varphi^{\frac{3}{2}}\left(\frac{r Z^{\frac{1}{3}}}{r_0}\right), \tag{6}$$

wo die Strecke:

$$r_0 = 3^{\frac{2}{3}} \pi^{\frac{2}{3}} 2^{-\frac{7}{3}} a = 0{,}466 \text{ AE} \tag{7}$$

und φ eine universelle Funktion bedeutet[1], welche z. B. von 1 bis 0,425 bis 0,024 abnimmt, wenn ihr Argument von 0 bis 1 bis 10 wächst. Die Energieniveaus bestimmter Elektronen ergeben sich durch Einsetzen ihrer mit Hilfe von Gl. (6) berechneten potentiellen Energie in die Schrödingergleichung. Da V nur von r abhängt, wird der von ϑ und φ abhängige Anteil der Eigenfunktionen der Schrödingergleichung durch Kugelfunktionen wie beim Wasserstoff dargestellt, nur die Abhängigkeit von r wird bei jedem Atom eine andere sein.

Zur Illustrierung der hier besprochenen drei Methoden seien die Ergebnisse für die Ladungsverteilung beim einfachsten Mehrelektronenproblem, dem Helium-atom, graphisch aufgezeich-net[2]. In Abb. 126 findet man Kurven, die berechnet wurden mit Hilfe von Wasserstoff-eigenfunktionen, ferner nach der Methode des self con-sistent field und der von THOMAS-FERMI. Aus Grün-den, die hier nicht näher er-örtert werden sollen, stellt die nach der Methode des self consistent field gewonnene Kurve zweifellos die beste Näherung an die wahre La-dungsverteilung dar. Die mit Wasserstoffeigenfunktionen erhaltene Verteilung weicht hier nicht sehr stark ab, wäh-rend die nach THOMAS-FERMI

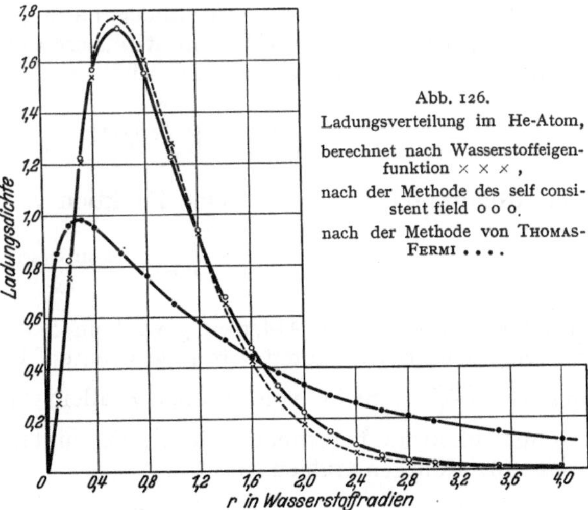

Abb. 126.

Ladungsverteilung im He-Atom,

berechnet nach Wasserstoffeigen-funktion × × × ,

nach der Methode des self consi-stent field o o o.

nach der Methode von THOMAS-FERMI . . . .

erhaltene Verteilung einen erheblich anderen Verlauf zeigt. Diese speziellen Ergebnisse sprechen aber durchaus nicht für allgemeine Brauchbarkeit der Wasserstoffeigenfunktionsmethode oder für Unbrauchbarkeit der Thomas-Fermi-Methode. Denn die Thomas-Fermi-Methode ist im Gegensatz zur Wasserstoff-

---

[1] Numerisch tabelliert von E. FERMI: a. a. O. S. 75, und ausführlicher von V. BUSH u. S. H. CALDWELL: Physic. Rev. Bd. 38 (1931) S. 1901.

[2] BETHE, H.: Z. Physik Bd. 55 (1929) S. 431.

eigenfunktionsmethode bei der Darstellung der Ladungsverteilung schwerer Atome ganz besonders brauchbar und stimmt hier oft mit der experimentell gefundenen Ladungsverteilung auf wenige Prozent überein. Natürlich kann die Thomas-Fermi-Methode auch bei schweren Atomen nicht zur Darstellung der äußersten Elektronen angewendet werden, da hier die Modellvorstellung des entarteten Elektronengases ganz unzutreffend ist; ein weiterer Nachteil dieser Darstellung der Ladungsverteilung ist der, daß alle Besonderheiten des Atoms bei ihr verloren gehen. Bei einer späteren Beschreibung von Streuungs- und Beugungsexperimenten mit schnellen Elektronen wird uns die Thomas-Fermi-Methode gute Dienste leisten.

§ 4. Der Atomformfaktor, seine Berechnung aus der Ladungsverteilung, seine Messung durch Röntgen- bzw. Kathodenstrahlexperimente. Bei der Streuung bzw. Beugung von Elektronen oder auch von Röntgenstrahlen am Atom ist die Winkelverteilung der gestreuten Intensität unter anderem eine Funktion seiner Ladungsverteilung, da die Streuung durch inneratomare Interferenzen modifiziert wird. Versucht man z. B. die Winkelverteilung gestreuter Strahlen bei gegebener atomarer Ladungsverteilung zu ermitteln, so handelt es sich darum, die streuende Wirkung der — mit einer bestimmten Ladungsdichte er- füllten — Volumenelemente des Atoms zu berechnen und dann über die ge- streuten Partialwellen zu summieren. Betrachtet man beispielsweise als ein- fachsten Fall die Streuung einer Röntgenstrahlung von der Wellenlänge λ_R an einer mit Ladung gleichmäßig belegten dünnen Kugelschale vom Radius r_0, so erhält man für die Amplitude A als Funktion des Ablenkungswinkels ϑ:

$$A = \frac{\sin(\mu r_0)}{\mu r_0}, \tag{8}$$

wo $\mu = \frac{4\pi}{\lambda_R} \cdot \sin \vartheta/2$ ist.

Hat man nun aber eine räumliche Ladungsverteilung wie z. B. in Gl. (3), so hat man Gl. (3) mit Gl. (8) zu multiplizieren und über den ganzen mit Ladung erfüllten Raum zu integrieren und erhält so den sog. „Atomformfaktor"[1]:

$$F_R = 4\pi \int_0^\infty r^2 Q(r) \cdot \frac{\sin \mu r}{\mu r} \cdot dr. \tag{9}$$

Der Atomformfaktor ist also eine Funktion von $\dfrac{\sin \vartheta/2}{\lambda}$. Die Atomformfaktor- kurve

$$F_R = f\left(\frac{\sin \vartheta/2}{\lambda_R}\right) \tag{10}$$

ergibt in den einzelnen Ablenkungswinkeln ϑ für die betreffende Wellenlänge λ die von dem betrachteten Atom gestreuten Intensitäten. Diese hängen also nur von $\dfrac{\sin \vartheta/2}{\lambda}$, nicht von ϑ oder λ allein ab. Mit Hilfe eines bekannten Atomformfaktors berechnet sich die Streuintensität im Abstande R beispiels- weise für Röntgenstrahlen zu:

$$J_R(\vartheta, \lambda, Z) = \frac{e^4}{R^2 m^2 c^4} \cdot F_R^2 \tag{11}[2]$$

---

[1] BETHE, H.: Ann. Physik Bd. 5 (1930) S. 325. — MOTT, N. F.: Proc. Roy. Soc., Lond. Bd. 127 (1930) S. 658. — Zusammenfassend: W. EHRENBERG u. K. SCHÄFER: Physik. Z. Bd. 33 (1932) S. 97.

[2] Gl. (11) gilt für einen polarisierten Primärstrahl, bei Beobachtung in der Ebene dieses Primärstrahls, senkrecht zu seinem elektrischen Vektor. Für unpolarisierte Röntgen- strahlen kommt auf der rechten Seite von Gl. (11) der sog. „Polarisationsfaktor" $\dfrac{1+\cos\vartheta}{2}$ hinzu.

und für Kathodenstrahlen zu:

$$J_K(\vartheta, \lambda, Z) = \frac{1}{R^2} \cdot \frac{e^4}{4\,m^2 u^4} \cdot F_K^2 , \qquad (12)$$

wo F_R den Atomformfaktor[1] für Röntgenstreuung und F_K denjenigen für Kathodenstrahlstreuung[2] bedeutet. Eine sinngemäße Übertragung der oben skizzierten Streutheorie der Röntgenstrahlen auf die Kathodenstrahlstreuung ergibt die Beziehung:

$$F_K^2 = \frac{(Z - F_R)^2}{\sin^4 \vartheta/2} , \qquad (13)$$

so daß sich an Stelle von Gl. (12)

$$J_K(\vartheta, \lambda, Z) = \frac{1}{R^2} \cdot \frac{e^4}{4\,m^2 u^4} \cdot \frac{(Z - F_R)^2}{\sin^4 \vartheta/2} \qquad (14)$$

schreiben läßt. Dividiert man Gl. (11) durch Gl. (14), so sieht man, daß die Kathodenstrahlstreuung unvergleichlich viel intensiver ist als die Röntgenstrahlstreuung. Beispielsweise erhält man für $u \approx {}^1/_3 c$ und $\vartheta \approx 10^0 \ldots$ $J_K/J_R \approx 10^6$.

Die Verschiedenheit der Atomformfaktoren F_R und F_K bei Röntgen- und bei Kathodenstrahlstreuung läßt sich folgendermaßen verständlich machen: Die Röntgenstreuung hängt nur von der Elektronenladung in jedem Volumenelement ab, die Streuung des schweren, der schnellen elektromagnetischen Schwingung nicht folgenden Atomkerns kann bemerkenswerterweise vernachlässigt werden. Dagegen ist die gestreute Kathodenstrahlintensität nur mittelbar von der Ladung, unmittelbar aber von der Potentialverteilung abhängig. Der Atomkern ist also Z mal stärker an der Streuung beteiligt als die Atomelektronen, und zwar sind die von ihm ausgehenden Wellen mit entgegengesetzter Phase wie die von den Elektronenladungen ausgehenden Wellen anzunehmen, da die beiden Ladungen entgegengesetzte Vorzeichen haben.

Besonders einfach läßt sich der Atomformfaktor berechnen, wenn man in Gl. (9) die THOMAS-FERMISche Ladungsverteilung einsetzt. Es wird dann nämlich:

$$F_R/Z = f(\xi) , \qquad (15)$$

wo

$$\xi = \frac{\sin \vartheta/2}{\lambda \cdot Z^{\frac{1}{3}}} ,$$

d. h. der „Atomformfaktor pro Elektron" F_R/Z ist eine universelle Funktion der Größe ξ allein und hängt nicht mehr von λ, ϑ und Z einzeln ab. Um die später behandelte Beugung und Streuung der Kathodenstrahlen in kleinen Winkeln voraussagen zu können, geben wir hier eine Tabelle[3] für f als Funktion von ξ an.

Tabelle 34. Funktionentafel zur Berechnung von Atomformfaktoren.

$\xi = \dfrac{\sin \vartheta/2}{\lambda \cdot Z^{\frac{1}{3}}}$	$f(\xi)$	$\left[\dfrac{1-f}{\xi^2}\right]^2$
0	1	$2{,}56 \cdot 10^4$
0,02	0,947	$1{,}77 \cdot 10^4$
0,04	0,853	$8{,}46 \cdot 10^3$
0,06	0,758	$4{,}49 \cdot 10^3$
0,08	0,677	$2{,}55 \cdot 10^3$
0,1	0,610	$1{,}52 \cdot 10^3$
0,12	0,550	992
0,15	0,485	524
0,20	0,395	228
0,25	0,332	119
0,30	0,277	64
0,4	0,207	25
0,5	0,156	14,4

(λ in AE)

---

[1] Zum Beispiel P. DEBYE: Physik. Z. Bd. 28 (1927) S. 135; W. L. BRAGG u. J. WEST: Z. Kristallogr. Bd. 69 (1928) S. 134; G. HERZOG: Z. Physik Bd. 69 (1931) S. 207.
[2] THOMSON, G. P.: Proc. Roy. Soc., Lond. Bd. 125 (1929) S. 352. — MARK, H., u. R. WIERL: Z. Physik Bd. 60 (1930) S. 741. — RUPP, E.: Ann. Physik Bd. 10 (1931) S. 927.
[3] BETHE, H.: Ann. Physik Bd. 5 (1930) S. 385.

Kapitel 17.
Einzelstreuung und Polarisation der Elektronen.

§ 1. Definitionen und Begriffe. Unter einer „Streuung" des Elektrons soll jede Ablenkung aus seiner geradlinigen Bahn durch Kraftfelder eines Atoms oder eines Elektrons verstanden werden. Im Einzelprozeß wird die Streuung als „Einzelstreuung" bezeichnet. Die Ablenkung als Resultat mehrerer nacheinander stattfindender Einzelprozesse heißt „Mehrfachstreuung". Speziell im Falle, daß die beim Mehrfachstreuungsprozeß zusammenwirkenden Einzelablenkungen von derselben Größenordnung und so zahlreich sind, daß sich statistische Gesetze anwenden lassen, spricht man von „Vielfachstreuung". Die Einzelstreuung wiederum kann entweder als „Kernstreuung" durch das Feld des Atomkerns oder als „Elektronenstreuung" des Elektrons durch das Feld des einzelnen Atomelektrons oder schließlich als „Atomstreuung" bzw. „Molekülstreuung" durch das kombinierte äußere Feld eines ganzen Atoms bzw. Moleküls hervorgerufen sein. In anderer Weise spricht man von „unelastischer" oder von „elastischer" Streuung, je nachdem, ob das stoßende Elektron bei seinem Stoß Energie eingebüßt hat oder nicht.

Für das Verständnis der experimentellen Resultate über die Streuung ist zunächst die Unterscheidung und Trennung all dieser verschiedenen Streuungsvorgänge notwendig. Danach liegt dann die spezielle Aufgabe darin, die Elektronenmenge zu finden, die in einen gegebenen Ablenkungswinkel ϑ gestreut wird, und zwar als Funktion der Größe dieses Ablenkungswinkels, der Elektronengeschwindigkeit und des streuenden Materials. Bei der Einzelstreuung lassen sich die experimentell erhaltenen Resultate mit den Ergebnissen der auf verschiedene Voraussetzungen aufgebauten Theorien vergleichen, und führen so zu unseren wichtigsten Anschauungen über den Bau der Atome.

§ 2. Theoretische Voraussagen über Streuung am nackten Kern und über den Zusammenstoß von zwei freien Elektronen. Wir wollen zunächst die beiden Idealfälle: Streuung am nackten Kern und ferner am freien Elektron betrachten. Die klassische Theorie faßt die Kernstreuung als elektrostatische Ablenkung des punktförmigen Elektrons im radialen Anziehungsfeld des positiv geladenen Atomkerns auf. Sie führt bei gegebenem Kernfeld-Potentialverlauf $V(r)$ und gegebener Elektronengeschwindigkeit u zu einer eindeutigen Beziehung zwischen dem Ablenkungswinkel ϑ und dem Zielabstand p, welche hier durch die Funktion f bezeichnet werden möge:

$$\vartheta = f(u, p) . \tag{1}$$

Beispielsweise führt so der einfache Spezialfall des COULOMBschen Kernfeldes $V(r) = \dfrac{eZ}{r}$, welcher schon in Kap. 2 behandelt wurde, zu der einfachen Beziehung Gl. (3) in Kap. 2. Über die in experimenteller Hinsicht bedeutungslosen Größen der einzelnen Zielabstände p muß dann theoretisch gemittelt werden, um eine Aussage über die Häufigkeit der Ablenkungswinkel zu erhalten. Man betrachtet deshalb die geometrisch bedingte Wahrscheinlichkeit dafür, daß — bei homogener Verteilung der Elektronen im Strahl und homogener Verteilung der Atomkerne im durchquerten Material — die Anfangsrichtung eines Elektrons an irgendeinem Atomkern in gegebenem Zielabstand (zwischen p und $p + dp$) vorbeiführt. Dieser Wahrscheinlichkeit entspricht dann nach Gl. (1) die Wahrscheinlichkeit eines gegebenen Ablenkungswinkels (zwischen ϑ und $\vartheta + d\vartheta$), man erhält also die Winkelverteilung kerngestreuter Elektronen, und zwar als alleinige Funktion f des Potentialverlaufs $V(r)$, der Elektronengeschwindigkeit u und der Größe ϑ des Ablenkungswinkels:

$$\frac{N(\vartheta)}{N_0} = f(u, \vartheta) \cdot n\,x \cdot 2\pi \sin\vartheta\,d\vartheta\,. \tag{2}$$

$N(\vartheta)$ bedeutet die in den Winkelbereich ϑ bis $\vartheta + d\vartheta$ gestreute Elektronenmenge, N_0 die Menge der auffallenden Primärelektronen, n die Zahl der streuenden Atome im Kubikzentimeter und x die Schichtdicke der streuenden Substanz.

Für den Fall eines COULOMBschen Feldes ergibt sich[1] für Gl. (2) die sog. „Rutherfordgleichung":

$$\frac{N(\vartheta)}{N_0} = \frac{e^4 \cdot Z^2}{4\,m^2 u^4} \cdot \frac{n \cdot x}{\sin^4\vartheta/2} \cdot 2\pi \sin\vartheta\,d\vartheta\,, \tag{3}$$

wo e und m Ladung und Masse des Elektrons, Z die Anzahl der Elementarladungen im Atomkern, d. h. die Ordnungszahl des streuenden Atoms bedeuten.

Bei der wellenmechanischen Behandlung der Elektronenstreuung[2] geht man von der Schrödingergleichung [Kap. 5, Gl. (20)] aus und setzt in diese für die potentielle Energie V das mit der Elektronenladung multiplizierte Potential $e \cdot V(r)$ ein, durch welches die Elektronen im Atomfelde abgelenkt werden. Um zum Ausdruck zu bringen, daß man die Ablenkung eines parallelen Elektronenstrahls durch das Potential $V(r)$ zu erhalten wünscht, wird man solche Eigenfunktionen als Lösungen der Schrödingergleichung aussuchen, die sich an eine ebene Welle von der Form der Gl. (21) in Kap. 5 anschließen. Analytisch kommt dies darauf hinaus, daß man $e \cdot V(r)$ als Störungsglied auffaßt und die Lösung in der Form

$$\psi = \psi_0 + \psi_1$$

ansetzt, wobei ψ_0 das einfallende Elektronenbündel mit der DE BROGLIEschen Wellenlänge λ charakterisiert, während ψ_1 die durch das Potential $V(r)$ an ihm hervorgerufene Störung beschreibt, also etwas über die gestreute Intensität aussagt. Die ganze Schwierigkeit, die jetzt noch übrig bleibt, ist mathematischer Art und besteht in der Berechnung von Integralen, die sich beim Suchen nach einer Lösung der SCHRÖDINGERschen Gleichung ergeben, und deren Gestalt wesentlich von der Art des Potentialverlaufs $V(r)$ abhängt. Setzt man hier wie oben $V(r) = \dfrac{eZ}{r}$, so ergibt sich[3] für die Streuung genau wie in der klassischen Berechnung die Rutherfordformel Gl. (3).

Bei Behandlung der Elektronenstreuung mit Hilfe der DIRACschen Gleichungen, also bei Berücksichtigung von Elektronenspin und relativistischem Massezuwachs, erhält man eine relative Winkelverteilung, welche nicht wesentlich von Gl. (3) abweicht[4]. Der Absolutbetrag der Streuung ist jedoch ungefähr um den Faktor $(1 - \beta^2)$ herabgesetzt, der sich bei höheren Elektronengeschwindigkeiten stark bemerkbar macht ($\beta = \dfrac{u}{c}$ = Elektronengeschwindigkeit/Lichtgeschwindigkeit).

Wir betrachten nun den Zusammenstoß zweier vollkommen freier Elektronen, welcher bei der unelastischen Elektronenstreuung verwirklicht sein kann. Die klassische Theorie[5] geht vom Energie- und Impulssatz aus. Bezeichnet man,

[1] RUTHERFORD, E.: Philos. Mag. Bd. 21 (1911) S. 669.
[2] BORN, M.: Z. Physik Bd. 38 (1926) S. 803.
[3] WENTZEL, G.: Z. Physik Bd. 40 (1927) S. 590. — GORDON, W.: Ebenda Bd. 48 (1928) S. 180.
[4] MOTT, N. F.: Proc. Roy. Soc., Lond. Bd. 124 (1929) S. 425.
[5] DARWIN, C.: Philos. Mag. Bd. 27 (1914) S. 499 (dort ist das analoge Problem des Durchgangs von Alphastrahlen durch ein Heliumgas behandelt).

wie in Abb. 127, die Lineargeschwindigkeit des stoßenden Elektrons vor dem Stoß mit u_0, nach dem Stoß mit u_1, die des gestoßenen Elektrons, welches anfänglich in Ruhe war, nach dem Stoß mit u_2, so ergibt sich bei Bezeichnung der beiden Ablenkungswinkel mit ϑ_1 bzw. mit ϑ_2

$$\left.\begin{aligned} u_1 &= u_0 \cos\vartheta_1 \\ u_2 &= u_0 \cos\vartheta_2 \\ \vartheta_1 + \vartheta_2 &= \pi/2 \ . \end{aligned}\right\} \tag{4}$$

Die Anfangsrichtungen der beiden Elektronen nach dem Stoß sind also zueinander senkrecht. Die Rolle des stoßenden Elektrons (Index 1) und des gestoßenen Elektrons (Index 2) ist nach dem Stoß vertauschbar, infolgedessen ist im Experiment eine Unterscheidung der „primären" von den „sekundären" Elektronen nicht durchführbar. Die Geschwindigkeit des gestreuten Elektrons nimmt mit wachsendem Ablenkungswinkel ϑ stark ab. Unter Hinzunahme des COULOMBschen Kraftgesetzes ergibt sich der Ablenkungswinkel ϑ als Funktion des Zielabstandes p:

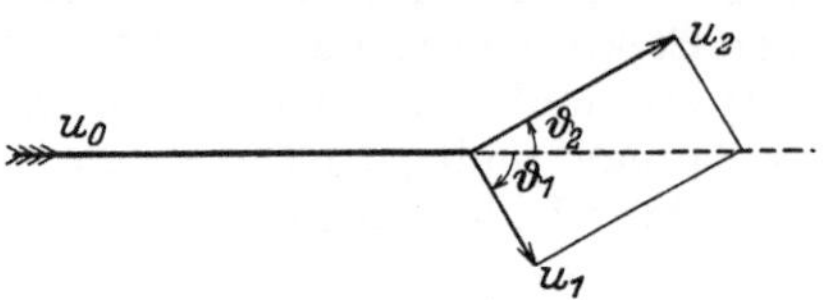

Abb. 127. Zusammenstoß des bewegten mit dem ruhenden Elektron.

$$\mathrm{tg}\,\vartheta = \frac{2\,e^2}{m u_0^2 p} = \frac{e^2}{E_0 p} \ . \tag{5}$$

Mittelt man wieder wie bei Gl. (2) über alle verschiedenen Zielabstände, welche bei Eintritt des homogenen Kathodenstrahls ins homogene Elektronengas von der Dichte n'-Elektronen pro Kubikzentimeter vorkommen können, so erhält man mit Gl. (5) die klassische Streuungsverteilung:

$$\frac{N(\vartheta)}{N_0} = \frac{e^4 n' \cdot x}{m^2 u_0^4} \cdot 4 \cdot \cos\vartheta \left[\frac{1 + \mathrm{tg}^4\,\vartheta}{\sin^4\vartheta}\right] \cdot 2\pi \sin\vartheta\, d\vartheta\,, \tag{6}$$

in welcher durch den Faktor $(1 + \mathrm{tg}^4\,\vartheta)$ den sekundären, herausgeschlagenen Elektronen Rechnung getragen wird. Nach Gl. (6) werden die Elektronen nur in Winkel gestreut, die kleiner sind als 90^0; für $\vartheta = 45^0$ zeigt die gestreute Elektronenintensität ein Minimum und steigt von dort gegen $\vartheta = 0$ sowie gegen $\vartheta = 90^0$ sehr stark an.

Die wellenmechanische Theorie[1] des Zusammenstoßes zweier Elektronen unterscheidet sich wesentlich von der klassischen. Der Zusammenstoß stellt sich dort als Interferenzvorgang der DE BROGLIEschen Wellen dar. Es treten neuartige Effekte, die „Austauscherscheinungen", auf, die in der korpuskularen Stoßmechanik kein Analogon haben[2]. Von ganz besonderer Bedeutung ist aber die auch in aperiodischen Systemen notwendige Gültigkeit des in Kap. 7, § 7 erläuterten PAULIschen Ausschließungsprinzips, durch dessen Anwendung eine Reihe von klassisch möglichen Bahnen verboten wird[3].

Weitere, hauptsächlich aber nur für schnelle Elektronen in Betracht kommende Einflüsse auf die Elektronenstreuung resultieren — wie die approximative Behandlung des Problems mit Hilfe der DIRACschen Theorie ergibt[4] — aus der Retardation (Verzögerung des zugehörigen elektromagnetischen Feldes infolge

[1] MOTT, N. F.: Proc. Roy. Soc., Lond. Bd. 126 (1930) S. 259.

[2] Durch einen solchen Interferenzvorgang kommen in einem periodischen System, wie z. B. im Heliumatom, Schwebungserscheinungen zwischen den ψ-Funktionen zustande; Näheres über diese „Austauschresonnanz" siehe z. B. bei W. HEISENBERG: Z. Physik Bd. 38 (1926) S. 411. — W. HEITLER u. F. LONDON: Ebenda Bd. 44 (1927) S. 455.

[3] OPPENHEIMER, I. R.: Physic. Rev. Bd. 32 (1928) S. 361. — MOTT, N. F.: Proc. Roy. Soc., Lond. Bd. 125 (1929) S. 222.

[4] MØLLER, CHR.: Z. Physik Bd. 70 (1931) S. 786; Ann. Physik Bd. 14 (1932) S. 531.

seiner endlichen Ausbreitungsgeschwindigkeit) und der relativistischen Masseänderung des Elektrons. Für nicht zu kleine Elektronengeschwindigkeiten
($V \gtrsim 1\,e$-KV) ergibt sich die vollständige quantenmechanisch berechnete Streuungsverteilung aus Gl. (6), wenn man dort an Stelle der eckigen Klammer den Ausdruck:

$$\left[\frac{1}{\sin^4\vartheta} + \frac{1}{\cos^4\vartheta} - \frac{1}{\sin^2\vartheta\,\cos^2\vartheta} - \frac{\beta^2}{4}\left(\frac{4}{\sin^4\vartheta} + \frac{3}{\cos^4\vartheta} - \frac{2}{\sin^2\vartheta\,\cos^2\vartheta} - \frac{3}{\cos^2\vartheta}\right)\right] \quad (7)$$

einsetzt. Die ersten beiden Posten $1/\sin^4\vartheta + 1/\cos^4\vartheta$ entsprechen offenbar dem
klassischen Ausdruck in der eckigen Klammer in Gl. (6). Der dritte Posten
$-1/\sin^2\vartheta \cdot \cos^2\vartheta$ kommt durch Berücksichtigung des Austauschs hinzu, während
das mit β^2 multiplizierte Glied den Relativitäts- und Retardationseffekt re-
präsentiert. Die wellenmechanische Streuungsverteilung ergibt nach Gl. (7) in
allen Ablenkungswinkeln geringere Elektronenmengen als die klassische[1]. Am
meisten ist die Ausbeute bei ungefähr $\vartheta = 45^0$ herabgedrückt, wo die Wellenmechanik noch nicht halb so viel Elektronen voraussagt als wie die klassische
Theorie. Das Minimum der Winkelverteilung der gestreuten Elektronen liegt
nicht mehr, wie in Gl. (6) bei 45^0, sondern ist nach kleineren Winkeln hin verschoben. Infolge der relativistisch vergrößerten Masse des schnellen Primärelektrons stehen die Anfangsrichtungen der beiden Elektronen nach dem Stoß
nicht mehr aufeinander senkrecht, sondern abweichend von Gl. (4) ist:
$\vartheta_1 + \vartheta_2 < \pi/2$. Alle diese Unterschiede gegenüber der klassischen Theorie
sind um so deutlicher ausgeprägt, je schneller die gestreuten Elektronen sind.

**§ 3. Experimentelle Methoden: Nebelkammer, Zonenapparatur, geschwenkter
Auffänger, Ringanordnung.** Experimentell wird die Streuung der Elektronen
am anschaulichsten in der WILSONschen Nebelkammer (Kap. 3) gezeigt[2]. In der
Kammer erhält man Elektronen bekannter Geschwindigkeit am bequemsten
dadurch, daß man Gamma- oder Röntgenstrahlen gegebener Wellenlänge hinein-
strahlt. Durch Photoeffekte (Kap. 11) werden dann Elektronen gegebener Anfangsgeschwindigkeit aus einzelnen Gasatomen des Nebelkammerinhalts emittiert, welche in bekannter Weise (Kap. 21) längs ihrer Bahn beim Durchgang
durch das Gas abgebremst werden. An jeder Stelle der Nebelbahn ist die zu-
gehörige Elektronengeschwindigkeit aus einer noch später erläuterten Beziehung
zwischen ihr und der Restreichweite [Kap. 21, Gl. (10)] ungefähr bekannt. Aus der
Nebelkammeraufnahme Abb. 34 auf S. 32 in Kap. 3 läßt sich beispielsweise an den
unverzweigten Bahnen, deren Elektronen nur Kernablenkungen erlitten haben,
erkennen, daß die größeren Ablenkungswinkel ganz bedeutend seltener sind
als die kleinen, ferner, daß die Häufigkeit irgendeines bestimmten Ablenkungswinkels am Anfang der Bahn, wo die Elektronengeschwindigkeit noch groß ist,
geringer ist als gegen Ende der Bahn, wo die Elektronengeschwindigkeit schon
stark abgenommen hat. Sehr schnelle Elektronen werden deshalb auch fast gar
nicht abgelenkt. In Abb. 36 auf S. 32 sieht man beispielsweise ein Stück der fast
geradlinigen Bahn eines 150 e-KV schnellen Elektrons neben der Bahn eines mit
der Anfangsgeschwindigkeit von 22 e-KV abgezweigten Elektrons, welches infolge
seiner geringeren Geschwindigkeit mehrere starke Ablenkungen erfahren hat.

Kerngestreute Elektronen können von elektronengestreuten Elektronen bei
den Nebelkammeraufnahmen immer leicht unterschieden werden, da sich letztere

---

[1] Elektronen in sehr kleinen Ablenkungswinkeln werden nicht in die Streuungsverteilung mit einbezogen, sondern als unabgelenkte Primärstrahlen behandelt.

[2] BOTHE, W.: Z. Physik Bd. 12 (1922) S. 117. — WILSON, C. T. R.: Proc. Roy. Soc.,
Lond. Bd. 104 (1923) S. 192. — KIRCHNER, F.: Ann. Physik Bd. 83 (1927) S. 969. —
WILLIAMS, E. I., u. F. TERROUX: Proc. Roy. Soc., Lond. Bd. 126 (1930) S. 308. — WILLIAMS,
E. I.: Ebenda Bd. 128 (1930) S. 459. — CHAMPION, F. C.: Ebenda Bd. 136 (1932) S. 630;
Bd. 137 (1932) S. 688.

stets durch eine Bahnverzweigung infolge des im Streuakt herausgestoßenen Sekundärelektrons erkennen lassen. In Abb. 35 auf S. 32 sieht man beispielsweise zunächst eine Streuung am Elektron (rechts oben), später eine sehr starke Kernablenkung (links unten). Bei den Streuungen am Elektron bemerkt man sowohl in der Aufnahme Abb. 35 als auch Abb. 36, daß nach der Verzweigung dem langsameren Elektron mit der kleineren Restreichweite die stärkere Ablenkung aus der ursprünglichen Richtung zukommt. Ferner bemerkt man, daß die beiden Verzweigungen annähernd senkrecht aufeinander stehen, Gl. (4) ist nur angenähert erfüllt.

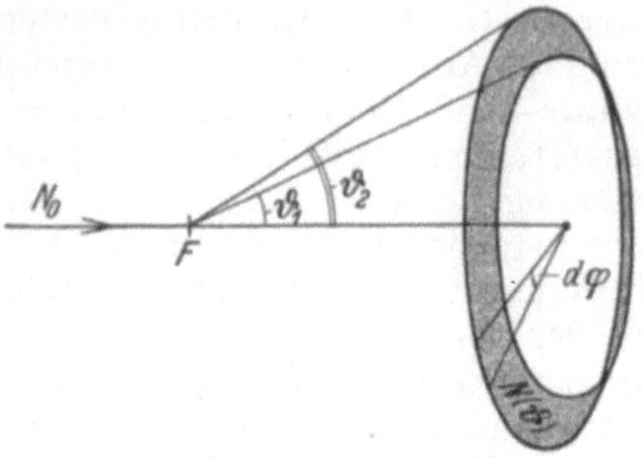

Für die Angabe genauerer Resultate über die Winkelverteilungen ist eine Statistik der verschiedenen Ablenkungswinkel bei den verschiedenen Elektronengeschwindigkeiten notwendig. Die Aufstellung einer solchen Statistik ist aber dadurch sehr erschwert, daß wegen der Umständlichkeit einer Bildaufnahme und ihrer Ausmessung die Zahl der untersuchten Nebelbahnen immer begrenzt ist. Unter diesen Bahnen

Abb. 128. Streuung in einen gegebenen Winkelbereich ϑ_1 bis ϑ_2 (Einheitszone).

sind aber einzelne schmale Winkelbereiche der Streuung so selten vertreten, daß statistische Schwankungen stark ins Gewicht fallen. Außerdem sind brauchbare Resultate schwer zu erhalten wegen einer gewissen Unsicherheit in der Ermittlung der Elektronengeschwindigkeit. Aus all diesen Gründen ergaben die Nebelkammerversuche nur mehr qualitative Resultate, welche immerhin ungefähr die Beziehungen Gl. (3) und Gl. (7) bestätigten.

Genauere Messungen wurden in prinzipiell drei verschiedenen Anordnungen ausgeführt, die wir durch Abb. 128, 129 und 130 erläutern wollen. In allen drei Bildern bedeutet N_0 die auffallende Elektronenmenge, F den Ort der streuenden

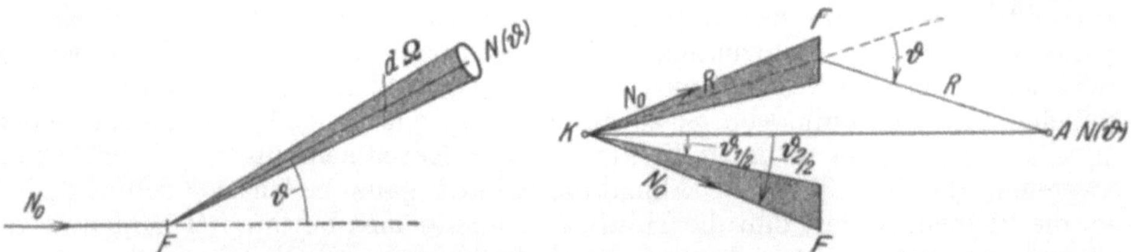

Abb. 129. Streuung unter gegebenem Ablenkungswinkel ϑ in den Raumwinkel $d\Omega$ (Einheitskegel).

Abb. 130. Ringanordnung. Nach CHADWICK.

Atome, also z. B. eine dünne Metallfolie oder ein bekanntes Gasvolumen unter bekanntem Druck. $N(\vartheta)$ bedeutet in allen Fällen die gestreute Elektronenmenge, welche in den Nachweisapparat gelangt. Als solcher ist bei kleinen Elektronengeschwindigkeiten der Faradaykäfig am besten geeignet, für größere Elektronengeschwindigkeiten kommt fast nur die Ionisationskammer oder der Spitzenzähler in Betracht, da mit zunehmender Geschwindigkeit die Häufigkeit der Streuungen sehr stark absinkt (etwa proportional $1/u^4$).

Auf die Anordnung Abb. 128 sind beispielsweise unsere theoretischen Winkelverteilungen Gl. (3) und Gl. (6) zugeschnitten; die Winkeldifferenz $\vartheta_1 - \vartheta_2$ hat in diesem Falle genügend klein zu sein, um durch $d\vartheta$ ersetzt werden zu können. Andernfalls hat man über die breite Zone von ϑ_1 bis ϑ_2 zu integrieren und erhält in dieser Zone z. B. bei Zugrundelegung der Rutherfordgleichung Gl. (3) eine gestreute Elektronenmenge, die proportional ist zu $(\mathrm{ctg}^2\vartheta_1/2 - \mathrm{ctg}^2\vartheta_2/2)$. Auch die Statistik der Nebelkammermessungen erstreckt sich auf die durch Abb. 128 dargestellten Zonenbereiche. Als weitere Beispiele dieser Anordnung sind die sog. Zonenapparaturen zu nennen, bei welchen die gestreuten Elektronen in ringförmigen Faradaykäfigen oder auf metallischen Kugelzonen aufgefangen und dem Elektrometer zugeleitet werden. Solche Anordnungen haben bisher bei der Streuung rund 1 e-KV schneller Elektronen in Gasen Anwendung gefunden[1], insbesondere haben sie sehr wichtige Resultate über die Winkelverteilungen ganz langsamer Elektronen nach ihrer Streuung an Gasen geliefert[2]. Letztere Anordnung ist in der Abb. 131 skizziert: Die Elektronen gehen von der Glühkathode K aus. Durch mehrere Blenden wird ein Strahl ausgeblendet, der nach Durchquerung des Streuraumes S im Auffangekäfig A aufgefangen

wird. Um den Mittelpunkt von S liegt die in die Zonen 1 bis 11 unterteilte Kugel. Die einzelnen Zonen können nacheinander mit dem Elektrometer verbunden werden; ihre Aufladung pro Zeiteinheit liefert die Winkelverteilung der gestreuten Elektronen.

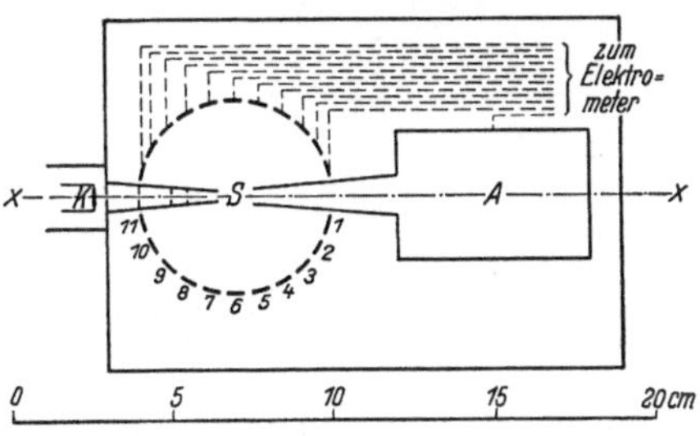

Abb. 131. Elf-Zonenapparatur. Nach RAMSAUER und KOLLATH.

Eine andere auf dem Prinzip der Abb. 128 beruhende Methode vergleicht die durch eine Folie hindurchtretende Elektronenmenge zu der Menge, die in eine breite Zone ($\vartheta_1 - \vartheta_2$) nach rückwärts gestreut wird: „Ein-Zonenapparat"[3]. Eine gewisse Variation der Winkel ϑ_1 und ϑ_2 kann bei dieser Methode durch eine Verschiebung der Streuungsfolie in Strahlrichtung bewirkt werden, so daß die vom Zerstreuungspunkt der Elektronen aus betrachtete Zonenbreite, welche durch zwei feste Blenden begrenzt ist, verändert wird.

Die Anordnung Abb. 129 wird überall dort angewendet, wo ein Elektronenauffänger mit kleiner Öffnung um den Streuungsort herumgeschwenkt wird, um so die gestreute Intensität als Funktion des Streuungswinkels ϑ abzutasten. Der Raumwinkel, innerhalb dessen die Intensität gemessen wird, berechnet sich zu

$$d\Omega = \frac{\pi r^2}{R^2},$$

wo r den Radius der Auffängeröffnung und R ihren Abstand vom Streuungsort bedeutet. Da aber

$$d\Omega = \sin\vartheta \, d\vartheta \, d\varphi$$

(φ = Azimutwinkel) ist, sind beispielsweise unsere Gl. (3) und Gl. (6) für die Anwendung auf die Anordnung Abb. 129 mit $\frac{d\varphi}{2\pi}$ zu erweitern, so daß dort an Stelle $2\pi \cdot \sin\vartheta \, d\vartheta$ der Raumwinkel $d\Omega$ eintritt.

Wir zeigen hier als Beispiel für die Anwendung der Anordnung Abb. 129 zu Streuungsmessungen an langsamen Elektronen einen Apparat[4] Abb. 132. Die Elektronen gehen von einer die Glühkathode K enthaltenden Kanone aus, werden

---

[1] RENNINGER, M.: Ann. Physik Bd. 9 (1931) S. 295; Bd. 10 (1931) S. 111.

[2] RAMSAUER, C., u. R. KOLLATH: Physik. Z. Bd. 32 (1931) S. 867; Ann. Physik Bd. 9 (1931) S. 756; Bd. 12 (1932) S. 529.

[3] SCHONLAND, B. F. J.: Proc. Roy. Soc., Lond. Bd. 101 (1922) S. 299; Bd. 113 (1927) S. 87. — NEHER, V. H.: Physic. Rev. Bd. 38 (1931) S. 1321.

[4] McMILLEN, J. H.: Physic. Rev. Bd. 36 (1930) S. 1034. — HUGHES, A. L., u. J. H. McMILLEN: Ebenda Bd. 39 (1932) S. 585.

durch mehrere Blenden hindurch beschleunigt und treten dann als schmaler Strahl
in den mit Gas gefüllten Streuungsraum. Der Gasdruck in der Apparatur beträgt
je nach Bedarf einige Tausendstel bis herauf zu einigen Zentel mm Hg. Im Gase
erleidet nun ein Teil der Elektronen längs seines Weges Ablenkungen an Gasmolekülen, aber aus geometrischen Gründen können nur solche Elektronen,
welche in Nähe des Zentrums der Appa-
ratur Ablenkungen erlitten haben, durch
die Blenden S in den Untersuchungsraum
gelangen. Im Untersuchungsraum befindet sich irgendeine elektrische oder magnetische Anordnung, mit deren Hilfe die
Elektronengeschwindigkeiten analysiert
werden können. Die Kanone kann um
das Zentrum herumgeschwenkt werden,
und die durch S gelangende Elektronenmenge kann infolgedessen als Funktion des
Ablenkungswinkels ϑ untersucht werden.
Die beim Zentrum gelegene kurze Strecke
des Primärstrahls, auf welcher die durch S
gelangenden Elektronen im Gase gestreut

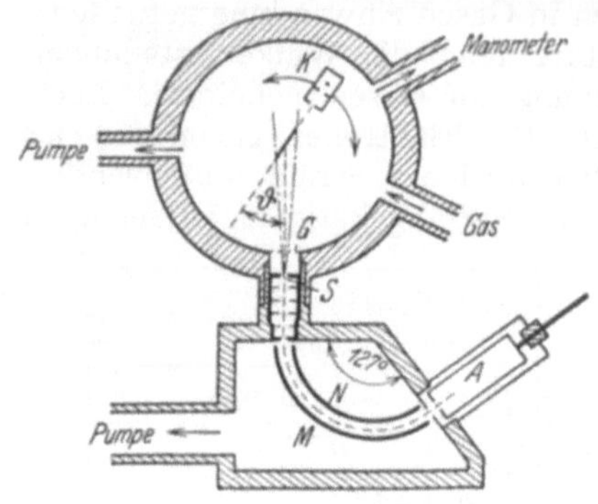

Abb. 132. Messung der Streuungsverteilung langsamer
Elektronen. Nach HUGHES und McMILLEN.

werden, wächst, wie man sich leicht an Hand der Abb. 132 klarmachen kann, mit
$1/\sin\vartheta$. Diese rein geometrische Erscheinung wird natürlich vor der Verwertung
der Ergebnisse in Abrechnung gebracht. Die Geschwindigkeiten der durch S
hindurchtretenden Elektronen werden in dem hier gezeigten Apparat durch
eine elektrostatische Kammer $M - N$ analysiert, deren Wirkungsweise in Kap. 2
auf S. 27 an Hand der Abb. 29 erläutert wurde.

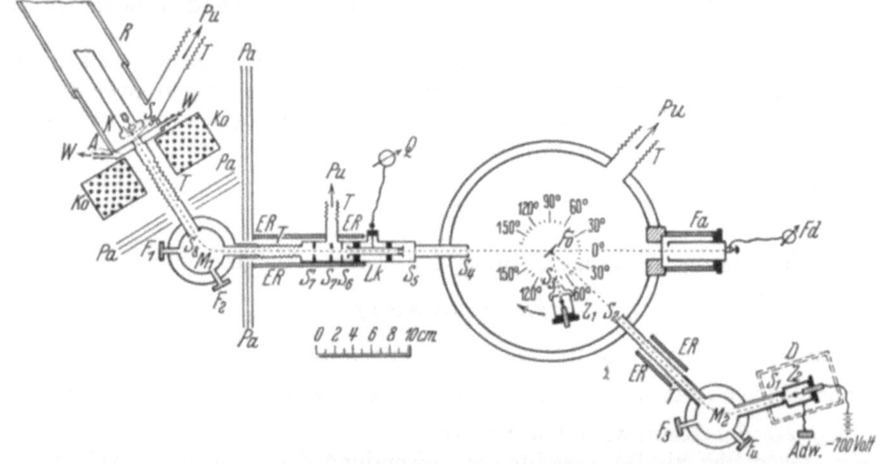

Abb. 133. Messung der Streuungsverteilung schneller Elektronen. Nach KLEMPERER.

Eine Anwendungsform der Anordnung Abb. 129 zu Streuungsmessungen
mit schnellen Elektronen wird in Abb. 133 gezeigt[1]. Dort gehen von einer auf
Hochspannung geladenen Glühkathode K die Elektronen aus und werden durch
das longitudinale Feld einer magnetischen Konzentrationsspule in parallele
Richtungen zusammengedrängt. Durch das transversale Feld eines eisernen

---

[1] KLEMPERER, O.: Ann. Physik Bd. 3 (1929) S. 849; Bd. 15 (1932) S. 361; Physik. Z.
Bd. 32 (1931) S. 864.

Ringmagneten M_1 wird ein monochromatisches Elektronenbündel ausgesondert, welches nach scharfer Ausblendung auf die Zerstreuungsfolie F auffällt. Der Spitzenzähler Z_1 kann um die Folie herumgeschwenkt, und mit ihm kann die Winkelverteilung der gestreuten Elektronen gemessen werden. Die unter $\vartheta = 45^0$ gestreuten Elektronen können in den Spalt S_2 eintreten; durch das Magnetfeld M_2 wird ihre Geschwindigkeit analysiert, wobei sie durch den zweiten Spitzenzähler nachgewiesen werden.

Zur Untersuchung der sehr intensitätsschwachen Streuung schnellster Elektronen eignet sich ganz besonders die durch Abb. 130 angedeutete Ringanordnung[1]. Bei dieser gehen die Elektronen divergent vom Präparat K aus und treffen bei F auf eine als Kreisring aufgespannte Folie. In den Auffänger A gelangen nur solche Elektronen, die unter einem Ablenkungswinkel $(\vartheta \pm \delta\vartheta)$ gestreut worden sind. Die Größe der Unschärfe $\delta\vartheta = \vartheta_1 - \vartheta_2$ ist abhängig von der Breite des Kreisringes und von seinen Abständen gegen K und A. Man ist zu um so größerem $\delta\vartheta$ gezwungen, je geringer die zur Verfügung stehende Intensität ist. Bei symmetrischer Lage des Ringes zu A und K ist die Anzahl der auf das Ringelement auffallenden Elektronen proportional $\delta\vartheta \cdot \sin\vartheta/2$; die Anzahl der von jedem Ringelement in den Auffänger A gestreuten Elektronen ist durch die vom Ring-element gesehene Auffängeröffnung, also durch einen klei-nen Raumwinkel $d\Omega$, gegeben. Durch Integration über die Bei-träge aller Ringelemente erhält man als Resultat eine verhält-nismäßig komplizierte Funktion von $\vartheta_1/2$ und $\vartheta_2/2$, auf die hier nicht weiter eingegangen wer-den soll. Die Winkel $\vartheta_1/2$ bzw.

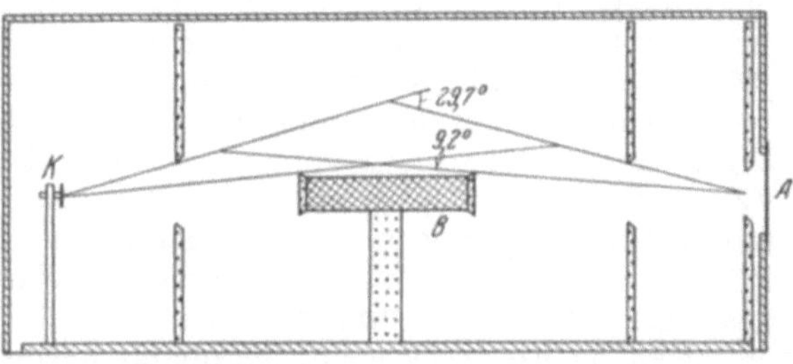
Abb. 134. Vergleich der Streuung in Gasen. Nach HENDERSON.

$\vartheta_2/2$ sind, wie aus Abb. 130 ersichtlich ist, durch den äußeren bzw. den inneren Rand der Ringfolie gegeben. Die Anwendung des Verfahrens ist also auf einen festen Winkelbereich beschränkt. In diesem kann die Streuung verschiedener Atome bei verschiedenen Elektronengeschwindigkeiten untersucht werden. Die Untersuchung der Streuung in Gasen nach dieser Methode wird z. B. durch Abb. 134 illustriert. Von den von K ausgehenden β-Teilchen werden die Zentral·strahlen durch einen mit zwei Graphitscheiben besetzten Messingkörper B ab·geblendet, während die unter einem festen Winkelbereich, hier z. B. $9{,}2^0$ bis $29{,}7^0$, gestreuten Strahlen zur Ionisationskammer A gelangen.

Gewisse Ähnlichkeiten zur Ringmethode zeigt eine photographische Streuungs-messung[2]. Bei dieser sendet ein kurzer Draht divergente β-Strahlen aus, welche auf eine in der Mitte abgedeckte Zerstreuungsfolie auffallen. Die von einem ring-förmigen Teil der Folie auf ein axial angeordnetes Loch hin gestreuten Strahlen können durch dieses hindurchtreten und bilden sich dann lochkammerartig auf einem hinter dem Loch befindlichen photographischen Film ab. Aus der Schwär-zungsverteilung auf dem Film läßt sich die Streuungsverteilung gewinnen.

§ 4. Experimentelle Ergebnisse und Vergleich mit vorliegenden Theorien. Trennung elastischer und unelastischer Stöße von schnellen Elektronen. Zusammen-wirken von Kern- und Elektronenladung bei der Streuung: Abschirmung, Atom-

---

[1] CHADWICK, J., u. P. H. MERCIER: Philos. Mag. Bd. 50 (1925) S. 208. — HENDERSON, M. C.: Ebenda Bd. 8 (1929) S. 848. — Siehe auch J. CHADWICK: Ebenda Bd. 40 (1920) S. 734.
[2] GEIGER, H., u. W. BOTHE: Physik. Z. Bd. 22 (1921) S. 585. — Siehe auch W. BOTHE: In GEIGER u. SCHEEL Handb. d. Phys. Bd. 24 (1927) S. 9.

formfaktor, Zweifachstreuung. Streuung langsamer Elektronen: Verzerrung der einfallenden ψ-Welle, Austausch- und Polarisationseffekte. Individuelle Streuungsverteilungen. Streuung unter Anregung des Atoms. Die bisher vorliegenden Streuungsmessungen dehnen sich über das große Gebiet der Elektronengeschwindigkeiten von 1 bis 10^6 e-Volt aus. Untersuchungen mit der Nebelkammer über unelastische Streuungen sind an Ra E-β-Strahlen zwischen 10^5 und 10^6 e-Volt[1] und an ca. 20 e-KV schnellen Elektronen[2] ausgeführt worden. Soweit diese Messungen neueren Datums sind, bestätigen sie die durch Gl. (7) gekennzeichnete quantenmechanische Streuungsverteilung.

Untersuchungen über die Verteilung der elastisch gestreuten Elektronen wurden an Goldfolien mit der inhomogenen Ra E-β-Strahlung mit Hilfe der vorhin erwähnten photographischen Methode durchgeführt[3]. Über dem photographischen Film lag eine Aluminiumfolie, von der die langsameren, d. h. die unelastisch gestreuten Elektronen absorbiert wurden. Die schnelleren, durch die Absorberschicht durchdringenden, elastisch gestreuten Elektronen ergaben eine Winkelverteilung, welche dem RUTHERFORDschen Gesetz (Gl. (3) entspricht.

Mit der inhomogenen Ra E-Strahlung wurden ferner Streuungsmessungen in der Ringapparatur Abb. 134 ausgeführt, und zwar einerseits an Metallfolien[4] (Al, Cu, Ag, Au), andererseits an Gasen[5] (H_2, He, N_2, A, Luft). Die Gesamtstreuung (elastisch $+$ unelastisch) ergab sich hier bei den leichten Elementen größer, als man nach sämtlichen Theorien erwarten sollte.

An Kathodenstrahlen homogener Geschwindigkeit zwischen 50 und 150 e-KV liegen saubere Messungen vor. Es wurden die an Aluminiumfolien nach rückwärts gestreuten Elektronen (Winkelbereich 95^0 bis 173^0) mit dem oben erwähnten Einzonenapparat untersucht[6]. Die Ergebnisse, die sich infolge der Rückwärtsstreuung im wesentlichen nur auf elastische Stöße beziehen, bestätigen ausgezeichnet die RUTHERFORDsche Winkelverteilung und die Absolutwerte der Streuung, welche sich nach der quantenmechanischen Theorie[7] durch Multiplikation der Rutherfordformel mit $(1 - \beta^2)$ ergeben.

Auf Elektronengeschwindigkeiten 9 bis 45 e-KV beziehen sich die erwähnten Messungen mit dem Spitzenzähler[8]. Eine Geschwindigkeitsanalyse der an Zelluloidfolien gestreuten ursprünglich 30 e-KV bzw. 45 e-KV schnellen Elektronen zeigt Abb. 135. Dort sind als Abszissen die Prozente der Anfangsenergie der Elektronen, als Ordinaten die gestreuten Elektronenmengen gemessen in Prozenten des ersten Maximums aufgetragen. Man sieht, daß die ursprünglich einheitliche Elektronengeschwindigkeit nach der Streuung in zwei Geschwindigkeitsgruppen zerfällt. Die erste Gruppe entspricht den ohne Energieverlust, d. h. elastisch gestreuten Elektronen, die zweite Gruppe den unelastisch gestreuten Elektronen, welche hier im Durchschnitt entsprechend Gl. (4) $\left(\dfrac{u_1^2}{u_0^2} = \cos^2 45^0 = \tfrac{1}{2} \right)$ 50% ihrer Anfangsenergie eingebüßt haben. Die Häufigkeit der unelastischen Stöße entspricht annähernd — wie an Hand der hier punktiert eingetragenen theoretischen Kurven gezeigt werden kann[8] — den quantenmechanischen Voraussagen, sie ist aber beträchtlich kleiner, als die klassische Formel Gl. (6) angibt. Die elastisch gestreuten Elektronen sind von ganz einheitlicher Geschwindigkeit, die Breite des ihnen in Abb. 135 zukommenden Maximums ist nur durch die Geometrie der Apparatur (Spaltbreiten usw.) bedingt. Das zweite Maximum in der Kurve der Abb. 135, wel-

---

[1] WILLIAMS u. TERROUX: a. a. O. — CHAMPION: a. a. O.
[2] BOTHE, WILSON, WILLIAMS: a. a. O.   [3] GEIGER u. BOTHE: a. a. O.
[4] CHADWICK u. MERCIER: a. a. O.   [5] HENDERSON: a. a. O.
[6] NEHER: a. a. O.   [7] MOTT: a. a. O.   [8] KLEMPERER: a. a. O.

ches den unelastisch gestreuten Elektronen zukommt, ist gegenüber dem ersten Maximum bedeutend verbreitert. Experimentell findet man also — im Gegensatz zu den einfachen Gln. (4) — eine starke Inhomogenität der Geschwindigkeiten für die unter einem gegebenen Ablenkungswinkel unelastisch gestreuten Elektronen.

Die Ausmessung der Winkelverteilung ergibt für die unelastisch gestreuten Elektronen das theoretisch geforderte ausgeprägte Minimum der gestreuten Elektronenmenge bei etwa 45°. Es sind aber auch deutliche Anzeichen dafür vorhanden, daß einige unelastische Streuungen in Ablenkungswinkeln größer als 90°

stattfinden. Diese Erscheinung deutet ebenso wie die Geschwindigkeits-Inhomogenität der in diskrete Ablenkungswinkel gestreuten Elektronen darauf hin, daß die unelastische Streuung nicht immer am Einzelelektron stattfindet, sondern daß in einigen Fällen sog. „Zweifachstreuung", das ist die Überlagerung einer unelastischen Streuung und einer elastischen Streuung, stattgefunden hat, wobei streuendes Elektron und streuender Kern dem gleichen Atom angehören.

Geht man bei diesen Elektronengeschwindigkeiten zur Beobachtung

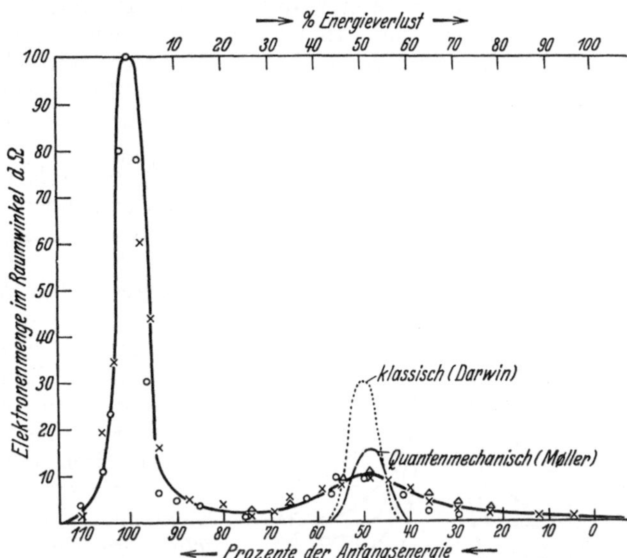

Abb. 135. Energieverteilung der unter 45° Ablenkung gestreuten Elektronen von 30 (×, o) bzw. 45 (o) e-KV Anfangsenergie. Nach KLEMPERER.

genügend kleiner Ablenkungswinkel der gestreuten Elektronen über, so macht sich hier noch eine andere Art des Zusammenwirkens von Atomkern und Atomelektronen bemerkbar: In einiger Entfernung vom Atomkern ist die abschirmende Wirkung der Atomelektronen auf das Kernfeld so stark, daß infolge der veränderten Feldverteilung die Häufigkeit der elastischen Stöße bedeutend herabgedrückt wird. Der genannten Abschirmung kann man z. B. dadurch Rechnung tragen, daß man in die Rutherfordgleichung Gl. (3) statt des Faktors $\dfrac{1}{\sin^4 \vartheta/2}$ den Faktor $\dfrac{1}{(\sin^2 \vartheta/2 + \alpha^2)^2}$ einführt, wo

$$\alpha^2 = \frac{\lambda^2 \cdot Z^{\frac{2}{3}}}{80} \tag{8}$$

bei Zugrundelegung einer THOMAS-FERMIschen Ladungsverteilung im Atom berechnet werden kann[1]. Die Abschirmung wächst also mit wachsender Atomnummer Z und mit wachsender Wellenlänge λ der Elektronen, d. h. nach Kap. 5, Gl. (10) mit abnehmender Elektronengeschwindigkeit. In etwas anderer Darstellungsweise berücksichtigt man den Einfluß der Abschirmung durch den im Kap. 16 eingeführten Atomformfaktor F_R, indem man in die Rutherford-

---

[1] BETHE, H.: Ann. Physik Bd. 5 (1930) S. 325.

gleichung statt Z^2 die Größe $(Z - F_R)^2$ einsetzt[1]. Diese Darstellungsweise ist besonders zur Beschreibung starker Abschirmungseffekte geeignet, wir werden sie in Kap. 19 bei der Berechnung der Beugungsintensitäten benutzen.

Je weiter man mit der Geschwindigkeit des Elektronenstrahls heruntergeht, um so mehr treten die Streuungen an den nackten Kernen und den als völlig frei betrachteten einzelnen Atomelektronen zurück zugunsten der Streuungen, die durch Zusammenwirken des ganzen Atoms zustande kommen, d. h. um so stärker wird die Rutherfordverteilung durch den Atomformfaktor abgeflacht. Bei festgehaltenem Ablenkungswinkel werden die Elektronen — klassisch gesprochen — um so weiter außen an der Peripherie des Atoms gestreut werden, je langsamer sie sind. In Kap. 16 haben wir ausgeführt, daß die Ladungsverteilung in den peripheren Zonen des Atoms nur sehr unvollkommen durch die THOMAS-FERMIsche Theorie dargestellt wird. Infolgedessen führt auch eine Darstellung der Streuungsverteilung mit Hilfe des Faktors Gl. (8) für relativ langsame Elektronen zu unbefriedigenden Resultaten. In diesem Fall trifft eine HARTREEsche Ladungsverteilung die wirklichen Verhältnisse besser; die aus ihr berechneten Winkelverteilungskurven der Streuung verlaufen noch flacher als die aus einer THOMAS-FERMIschen Ladungsverteilung berechneten. Zum Beispiel machen sich experimentell am Neonatom solche Unterschiede bei der Streuung ca. 400 e-Volt schneller Elektronen schon deutlich bemerkbar, bei schwereren Atomen treten sie erst für langsamere Elektronen, bei leichteren Atomen schon für schnellere Elektronen in Erscheinung.

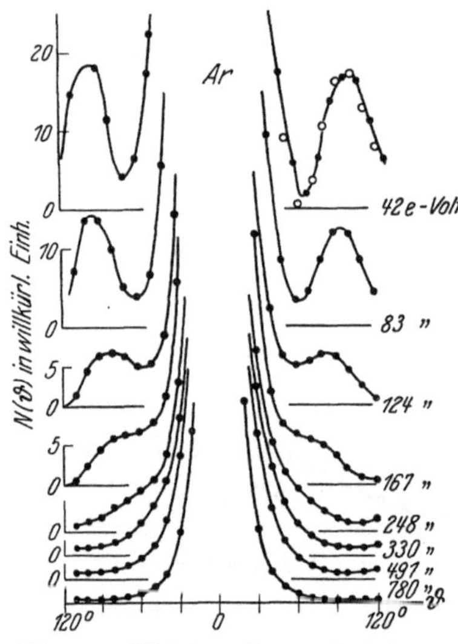

Abb. 136. Winkelverteilungen elastisch gestreuter Elektronen in Argon bei verschiedenen Geschwindigkeiten (42—780 e-Volt). Nach ARNOT.

Streuungsexperimente für Elektronen zwischen rund 1000 bis 10 e-Volt Geschwindigkeit sind in sehr großer Anzahl in Gasen nach Methoden von der Art wie in Abb. 132 ausgeführt worden[2]. Meist handelt es sich hierbei um Messungen von Winkelverteilungen, wobei die elastisch gestreuten Elektronen von den unelastisch gestreuten durch ein elektrisches Feld getrennt wurden. Wir gehen zunächst auf die elastische Streuung ein: Abb. 136 zeigt beispielsweise eine Schar von Winkelverteilungskurven, die bei verschiedenen Elektronengeschwindigkeiten am Argon erhalten wurden. Die bei 780 e-Volt aufgenommene Kurve wird noch ausgezeichnet durch die oben skizzierte Theorie (Rutherfordgleichung mit Atomformfaktor) dargestellt. Bei den zu langsameren Elektronen gehörigen Kurven treten jedoch starke Abweichungen von dem zunächst erwarteten Verlauf auf, insbesondere bemerkt man das Auftreten gewisser Minima und Maxima.

---

[1] BETHE: a. a. O. — BULLARD, E. C., u. H. W. MASSEY: Proc. Cambr. phil. Soc. Bd. 26 (1930) S. 556.

[2] Von vielen Einzeluntersuchungen, die sich auf die Gase: He, Ne, A, Kr, Xe; Hg; H_2, N_2, CH_4, CO und auf Ablenkungswinkel zwischen 5° und 150° erstrecken, führen wir hier nur beispielsweise an: E. G. DYMOND u. E. E. WATSON: Proc. Roy. Soc., Lond. Bd. 122 (1929) S. 175. — F. L. ARNOT: Ebenda Bd. 130 (1931) S. 655; Bd. 133 (1931) S. 615. — E. C. BULLARD u. H. S. W. MASSEY: Ebenda Bd. 130 (1931) S. 579; Bd. 133 (1931) S. 637. — J. T. TATE u. R. R. PALMER: Physic. Rev. Bd. 40 (1932) S. 731. — A. L. HUGHES u. I. H. McMILLEN: Ebenda Bd. 41 (1932) S. 39, 154. — Weitere Zitate finden sich in diesen Arbeiten.

Diese können nur auf wellenmechanischer Grundlage dadurch erklärt werden, daß man eine gewisse Verzerrung der einfallenden Elektronenwelle durch das streuende Atom berücksichtigt[1]. Die Berechnung der Streuung einer solchen Welle hat unter Zugrundelegung z. B. einer HARTREESchen Ladungsverteilung in einigen Einzelfällen zu vorzüglicher Übereinstimmung mit den experimentellen Ergebnissen geführt.

Einen allgemeinen Überblick über alle durch die genannte Verzerrung hervorgerufenen Erscheinungen ergibt eine Theorie, welche die Streuung nach optischen Analogien berechnet, und zwar aus der Fortpflanzung einer ursprünglich ebenen Welle in einem Medium mit konstantem Brechungsquotienten, dem kleine Teilchen eingelagert sind, deren Brechungsquotient mit dem Abstand vom Mittelpunkt variiert[2].

Für kleinste Elektronengeschwindigkeiten von nur wenigen e-Volt sind die Vorgänge bei der Streuung am kompliziertesten. Hier hat man infolge der langen Stoßdauer außer den oben erwähnten Effekten noch eine Polarisation zu berücksichtigen, welche durch Umlagerung der Ladungen des gestoßenen Atoms durch das Feld des herannahenden Elektrons verursacht wird[3]. Außerdem aber werden bei den langsamen Elektronen — auch bei elastischen Stößen — die oben beim unelastischen Stoß erwähnten Austauscheffekte zwischen dem stoßenden Elektron und den Atomelektronen wesentlich[4].

Experimentell sind die Winkelverteilungen etwa 1 bis 10 e-Volt schneller Elektronen über den vollen Bereich von 0° bis 180° mit dem in Abb. 131 abgebildeten Elfzonenapparat genau untersucht worden[5]. Die einzelnen Gase verhalten sich bei diesen Geschwindigkeiten durchaus individuell. Beispielsweise zeigt Abb. 137 die Winkelverteilungen langsamster gestreuter Elektronen von Kohlensäure bei 1,55 e-Volt, Argon bei 1,55 e-Volt und Wasserstoff bei 1,7 e-Volt. Während in Kohlensäure kleine Ablenkungswinkel stark bevorzugt werden, wird in Wasserstoff stark nach rückwärts gestreut; in Argon werden die Elektronen dieser Geschwindigkeit praktisch nur senkrecht zur Strahlrichtung abgelenkt. Wie stark sich hier die Streuung mit der Elektronengeschwindigkeit ändert, zeigen die Abb. 138 und 139. Dort sind die Versuchsergebnisse der elastischen Streuung in Polarkoordinaten aufgetragen. Die einzelnen Flächen entsprechen den verschiedenen Elektronengeschwindigkeiten. Man denke sich in Abb. 138 ein Wasserstoffmolekül im Schnittpunkt der Achse mit einer der Flächen in einem Elektronenstrom, der in Richtung des Pfeiles läuft. Die Zahl der von diesem Molekül gestreuten Elektronen nach jeder Richtung wird durch die Länge des Radiusvektors vom Mittelpunkt bis zum Rand der Fläche gegeben. Eine allseitig gleichmäßige Streuung wäre in dieser Darstellung also ein Kreis, der zum Vergleich in beiden Modellen unten angebracht ist.

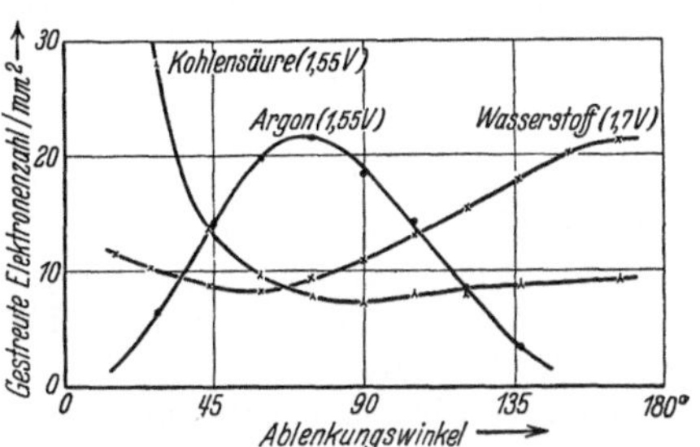

Abb. 137. Winkelverteilung der Streuung langsamster Elektronen in verschiedenen Gasen. Nach RAMSAUER und KOLLATH.

---

[1] FAXEN, H., u. J. HOLTSMARK: Z. Physik Bd. 45 (1927) S. 307. — HOLTSMARK, J.: Ebenda Bd. 55 (1929) S. 437; Bd. 66 (1930) S. 49.

[2] ALLIS, W. P., u. P. M. MORSE: Z. Physik Bd. 70 (1931) S. 567.

[3] HOLTSMARK: a. a. O.

[4] MASSEY, H. S. W., u. C. B. O. MOHR: Proc. Roy. Soc., Lond. Bd. 132 (1932) S. 605; Bd. 135 (1932) S. 258; Bd. 136 (1932) S. 289.

[5] RAMSAUER, C., u. R. KOLLATH: Physik. Z. Bd. 32 (1931) S. 867; Ann. Physik Bd. 12 (1932) S. 529, 837.

Unelastische Streuungen bei diesen kleinsten Elektronengeschwindigkeiten sind bisher noch nicht untersucht worden. Bei Geschwindigkeiten zwischen etwa 20 und 300 e-Volt liegen einige Messungen über die Winkelverteilungen der unelastisch gestreuten Elektronen vor[1]. Die unelastischen Stöße entsprechen bei diesen Geschwindigkeiten nicht mehr wie in Abb. 127 der Wechselwirkung

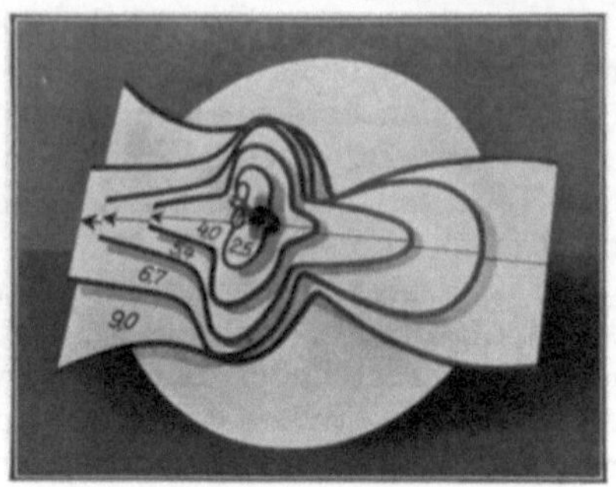

Abb. 138. Modell der Elektronenstreuung   Abb. 139. Modell der Elektronenstreuung
am Wasserstoffmolekül.   am Argonatom.
(Die Zahlen auf den einzelnen Flächen geben die Voltgeschwindigkeiten der gestreuten Elektronen an.)
Nach RAMSAUER und KOLLATH.

des stoßenden Elektrons mit einem einzelnen Elektron, sondern vielmehr der Wechselwirkung mit einem ganzen Atom. Die Energieverluste bei der Streuung zeigen keinerlei Zusammenhang mehr mit den bei Gl. (4) entwickelten Vorstellungen, sondern es werden über den ganzen Winkelbereich und unabhängig von der Primärenergie die gleichen konstanten Energie-Verlust-Stufen beobachtet, welche dadurch verursacht sind, daß das stoßende Elektron während seiner Streuung eine gewisse Anregungsarbeit am Atom geleistet hat, über die wir noch später in Kap. 20 sprechen werden. Zur Messung der zu einer gegebenen Verluststufe gehörigen Winkelverteilung hat man beispielsweise den Geschwindigkeitsanalysator MN des Apparats der Abb. 132 auf eine entsprechende Elektronengeschwindigkeit einzustellen und kann dann beim Herumschwenken der Elektronenkanone K im Auffänger A die entsprechende Winkelverteilung aufnehmen.

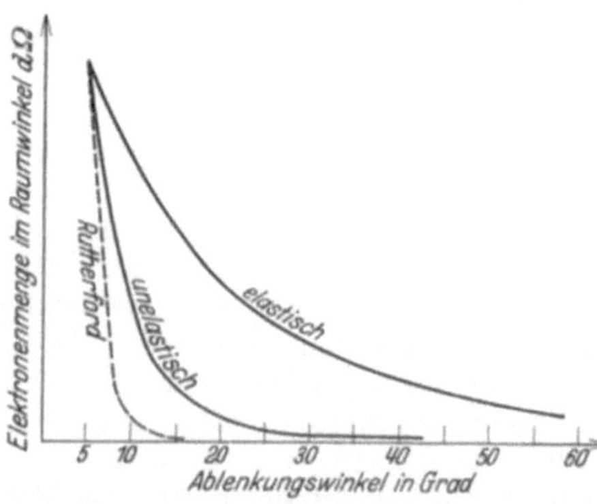

Abb. 140. Winkelverteilungen der am Helium gestreuten 210-Volt-Elektronen: 1. Elastische Streuung, 2. unelastische Streuung, entsprechend einem Energieverlust von 21 e-Volt (Anregung 1 $^1S_0$ — 2 $^1P_1$). Nach DYMOND und WATSON.

Die Winkelverteilungskurven der unelastisch gestreuten Elektronen verlaufen bei kleinen Ablenkungswinkeln steiler als die bei der gleichen Primärgeschwindigkeit erhaltenen Winkelverteilungskurven der elastischen Streuung, d. h. die gebremsten Elektronen werden relativ wenig abgelenkt. Dieses Verhalten wird beispielsweise durch Abb. 140 illustriert, wo im gleichen Maßstabe zwei Winkelverteilungskurven der 210 e-Volt schnellen, in Helium gestreuten Elektronen

[1] Zum Beispiel C. B. O. MOHR u. F. H. NICOL: Proc. Roy. Soc., Lond. Bd. 138 (1932) S. 229 (dort zahlreiche Zitate älterer Arbeiten). — Siehe ferner unsere Zitate in Fußnote 2 auf S. 214.

gezeichnet sind[1]. Die eine Kurve entspricht den elastischen Stößen, die andere steilere den unelastisch gestreuten Elektronen, welche einen Energieverlust von 21 e-Volt erlitten haben. Zum Vergleich ist dort auch noch die RUTHERFORDsche Streuungsverteilung eingetragen [Gl. (3)], welche sehr viel steiler als beide experimentelle Kurven verläuft. In einem bestimmten Ablenkungswinkel ϑ_0, hier etwa 5°, sind die elastischen und die genannten unelastischen Stöße gleich häufig, hier überschneiden sich die beiden Winkelverteilungskurven. Bei größeren Ablenkungswinkeln überwiegen die elastischen, bei Winkeln, die kleiner sind als ϑ_0 die betreffenden unelastischen Streuakte. Dieser Winkel ϑ_0 wächst sehr stark mit zunehmender Primärgeschwindigkeit. Für die einzelnen streuenden Atome und auch für die verschiedenen Verluststufen ist ϑ_0 recht verschieden.

So findet man z. B., daß bei der Streuung von 82 Volt-Elektronen am Quecksilberdampfatom die Winkelverteilung der elastischen Streuung bei $\vartheta_0 = 15°$ von der Winkelverteilung aller unelastischen Stöße überschnitten wird. Elastische und unelastische Streuungsverteilung haben in ihrem Verlauf eine auffallende Ähnlichkeit. Namentlich bei großen Ablenkungswinkeln treten häufig die gleichen Maxima in beiden Winkelverteilungen auf. Abb. 141 zeigt z. B. solche Ähnlichkeit der beiden Streuungsverteilungen von 42 e-Volt schnellen Elektronen in Argon. Um die Vergleichung zu erleichtern, wurden die beiden Kurven hier in sehr verschiedenem Ordinatenmaßstab gezeichnet, in Wirklichkeit sind hier die elastischen Streuungen in den großen Ablenkungswinkeln etwa 10- bis 20mal häufiger als die unelastischen Streuungen. Die Theorie der unelastischen Streuungen ist bisher nur für die Anregungs-

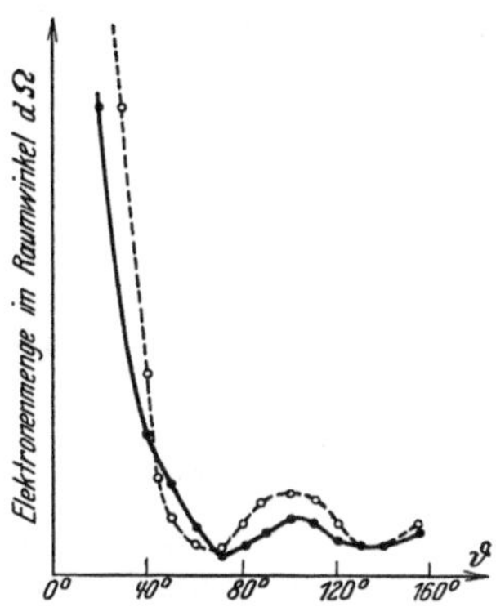

Abb. 141. Winkelverteilung der Streuung von 42-Volt-Elektronen in Argon: ――― elastisch, ――― unelastisch (11,6 e-Volt Energieverlust). Die „unelastische" Kurve ist stark überhöht gezeichnet. Nach MOHR und NICOLL.

stöße auf ein Wasserstoffatom bearbeitet worden[2], ihre Ergebnisse weichen von den an den anderen Atomen erhaltenen experimentellen Daten recht erheblich ab.

§ 5. Doppelstreuung und Polarisation. Forderungen der DIRACschen Theorie. Erfolglose Versuche mit langsamen Elektronen. Nachweis der Polarisation schneller Elektronen. Spinpräzession. Bei unserer Betrachtung der Einzelstreuung haben wir bisher unser Augenmerk nur auf Ablenkungen bzw. Energien der gestreuten Elektronen gerichtet. Um das Schicksal eines gestreuten Elektrons vollständig zu beschreiben, müssen wir unsere Aufmerksamkeit jetzt noch auf die Orientierung seines Spinvektors richten. Es liegen nämlich gewisse Anzeichen vor dafür, daß die im Primärstrahl zunächst ganz ungeordneten Spinachsen nach der Streuung der Elektronen im Potentialfelde eines Atoms gewisse Orientierungen aufweisen: Die Elektronenwellen können unter Umständen durch Streuung polarisiert werden.

Wie beispielsweise Abb. 142 zeigt, ist ein Strahlengang, der in einer zweimaligen Streuung eines Elektrons besteht, durch die beiden Ablenkungswinkel ϑ_1 und ϑ_2 noch nicht vollständig definiert, denn der Azimutwinkel φ der zweiten Streuungsebene gegen die erste bildet noch einen weiteren Freiheitsgrad. In Abb. 142 sind die beiden Extremfälle $\varphi = 0°$ bzw. $\varphi = 180°$ aufgezeichnet. Der Elektronenstrahl fällt hier auf ein Atom und wird unter dem Winkel ϑ_1 gestreut, fällt dann auf ein zweites Atom, wo er unter einem Winkel ϑ_2 gestreut wird. Nach den Ergebnissen der wellenmechanischen Theorie soll nun im

---

[1] DYMOND u. WATSON: a. a. O. — ARNOT: a. a. O.   [2] BETHE, H.: a. a. O.

Falle reiner Kernstreuung die zum zweiten Male gestreute Intensität der Elektronen im ersten gezeichneten Falle ($\varphi = 0^0$) ein Maximum, im zweiten Falle ($\varphi = 180^0$) ein Minimum haben. Aus den DIRACschen Gleichungen läßt sich ableiten[1]:

$$J \sim 1 + \delta \cos\varphi. \tag{9}$$

Die zum zweiten Male gestreute Intensität J ist also eine Funktion von $\cos\varphi$ und von der Größe $\delta = \delta\,(\vartheta_1, \vartheta_2, Z, \beta)$, welche stets positiv ist und welche von den beiden Ablenkungswinkeln ϑ_1, ϑ_2, von der Ordnungszahl Z des streuenden

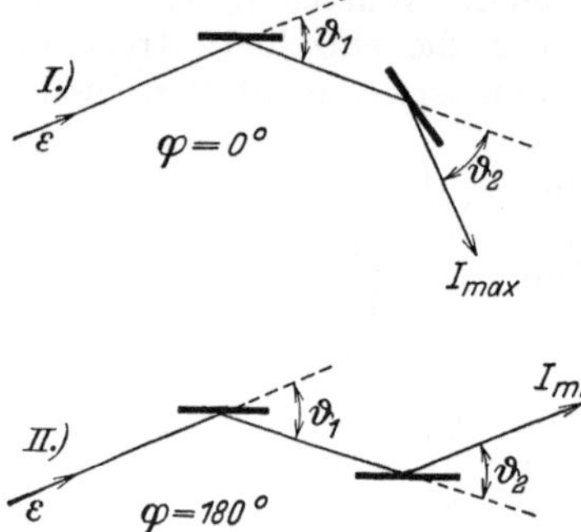

Abb. 142.   Versuchsschema zum Nachweis des Elektronenspins. Nach MOTT.

Atoms und von der Geschwindigkeit $\beta = u/c$ des Elektronenstrahls abhängt. Das Verhältnis der für gegebene ϑ und Z in die Azimute $\varphi = 0^0$ und $= 180^0$ gestreuten Intensitäten ist nach Gl. (9) gegeben durch: $\dfrac{J_0}{J_{180}} = \dfrac{1+\delta}{1-\delta}$. Die Differenz der beiden Intensitäten J_0 und J_{180}, gemessen in Prozenten ihres Mittelwertes $\dfrac{J_0 + J_{180}}{2}$, ist nach Gl. (9) gleich 200 δ. Beispielsweise ergeben sich aus der Theorie für $\vartheta_1 = \vartheta_2 = 90^0$ und $Z = 78$ (Gold) als Funktion der in e-Kilovolt ausgedrückten Elektronengeschwindigkeit folgende Werte:

$$e\text{-KV} = 10;\quad 25;\quad 45;\quad 127;\qquad\qquad 340;\quad 662.$$
$$200\ \delta = 0{,}5;\quad 0{,}2;\quad 3;\quad 15{,}5\ (\text{Maximum});\quad 10;\qquad 5.$$

Zum experimentellen Nachweis der Elektronenpolarisation sind bisher viele Versuche unternommen worden, zum Teil mit positivem, zum Teil mit negativem Ergebnis. Von einer Bestätigung der Gl. (9) kann bisher noch keine Rede sein. Die ersten Versuche gehen in Analogie zum klassischen Zweispiegelversuch von NÖRRENBERG so vor, daß die doppelte Reflexion der Elektronen an zwei Metallreflektoren geprüft wurde. Es ließ sich hier an 100- bis 400-Volt-Elektronen keinerlei azimutale Asymmetrie auffinden, gleichgültig, ob unter Ablenkungswinkeln $\vartheta = 90^0$ oder bei streifender Inzidenz beobachtet wurde oder ob speziell am Einkristall die Streuung solcher Elektronen betrachtet wurde, die einem Interferenzmaximum angehörten[2]. Auf weitere wenig erfolgreiche Versuche, die zur Auffindung einer Polarisation nach doppelter Streuung von 1 und 10 e-KV schnellen Elektronen[3] oder von den β-Strahlen des RaE[4] an massiven Metallen vorgenommen wurde, soll hier nicht eingegangen werden, da dort die Vorgänge infolge des Vorliegens von Mehrfachstreuung sehr kompliziert sind.

Andere Polarisationsversuche wurden mit 10-, 40- und 80-KV-Elektronen unter Glanzwinkeln von nur 10 Minuten an massiven Reflektoren aus Be, Al, Ni, W, Au und Th ausgeführt[5]. An Be, Al und Ni wurde keine ungleichförmige Winkelverteilung der zweifach reflektierten Elektronen gefunden; die Fehlergrenze ging allerdings nicht unter 2 bis 5 %. Hingegen war bei 80-KV-Elektronen

[1] MOTT, N. F.: Proc. Roy. Soc., Lond. Bd. 124 (1929) S. 425; Bd. 135 (1932) S. 427. — Über Krystallinterferenzen des Spinelektrons siehe H. HELLMANN: Z. Physik Bd. 70 (1931) S. 695.
[2] Zum Beispiel J. C. DAVISSON u. L. H. GERMER: Physic. Rev. Bd. 33 (1929) S. 760. — E. RUPP: Z. Physik Bd. 53 (1929) S. 548.
[3] LANGSTROTH, G. O.: Nature, Lond. Bd. 127 (1931) S. 891; Proc. Roy. Soc., Lond. Bd. 136 (1932) S. 558.
[4] CHASE, C. T.: Physic. Rev. Bd. 36 (1930) S. 1060.
[5] RUPP, E.: Z. Physik Bd. 61 (1930) S. 158; Physik. Z. Bd. 33 (1932) S. 158.

für W, Au und Th eine ungleichförmige Verteilung in dem Sinne feststellbar, daß die zweimal reflektierte Elektronenmenge ein Maximum hatte, wenn die Normalen der Reflektoren nach der gleichen Seite wiesen, d. h. entsprechend dem Schema der Abb. 142 wurde das Intensitätsmaximum bei $\varphi = 0^0$, das Minimum bei $\varphi = 180^0$ gefunden. Die Größe der ungleichförmigen Verteilung betrug bei Wolfram 6 bis 8%, bei Gold 9 bis 11% und bei Thor 12 bis 14%, die Polarisation stieg also mit wachsender Ordnungszahl.

Ähnliche Versuche wurden auch noch bei etwa 10^0 Glanzwinkeln ausgeführt: Eine Ungleichförmigkeit der Verteilung der zweifach reflektierten Elektronen war aber hier innerhalb der Fehlergrenze von 3 bis 6% nicht festzustellen. Diese Versuche scheinen dafür zu sprechen, daß die Polarisation bei streifendem Einfall nicht durch Streuung am Einzelatom, sondern durch Reflektion am Flächengitter der reflektierenden Metalle hervorgerufen wird, daß also die Theorie, welche zu Gl. (9) führte, nicht auf diese Versuche anwendbar ist.

Im Gegensatz hierzu handelt es sich um Ablenkungen an einzelnen Atomkernen bei Versuchen, bei denen 70-KV-Elektronen zweimal an dünnen Goldfolien unter $\vartheta = 90^0$ Ablenkung einzelgestreut und elektrometrisch nachgewiesen wurden. Hierbei ergab sich ein positiver Polarisationseffekt im gleichen Sinne, jedoch etwa fünfmal kleiner als der von Gl. (9) theoretisch geforderte[1]. Ähnliche Versuche mit 65-KV-Elektronen, welche in kleinen Ablenkungswinkeln ebenfalls beide Male an dünnen Folien gestreut und dann photographisch nachgewiesen wurden (Doppelbeugung) führten — wahrscheinlich wegen der Kleinheit der Ablenkungswinkel — zu keiner Polarisation[2].

Die Polarisationsversuche mit doppeltem Durchgang der Elektronen durch Folien umgehen gegenüber den Experimenten mit doppelter „Reflexion" die große technische Schwierigkeit der geometrischen Justierung des zweiten Reflektors, doch leiden sie unter dem Nachteil der geringen Intensität der gestreuten Elektronen. Eine Kombination beider Versuche, welche leichte Justierbarkeit und gute Intensitätsausbeuten erzielen kann, läßt sich nach Abb. 143 folgendermaßen ausführen:

Der Elektronenstrahl wird hier zunächst unter 90^0 Ablenkung am massiven Reflektor gestreut und durchsetzt dann zur zweiten Streuung eine dünne Folie. Sondert man dann noch durch ein kurzes elektrisches Querfeld die unelastisch gestreuten Elektronen aus dem Strahlengang heraus, so liefert die Intensitätsverteilung längs eines bei der zweiten Streuung resultierenden Debye-Scherrer-Kreises[3] in schönster Weise ein Maß für die Polarisation. In solcher Anordnung

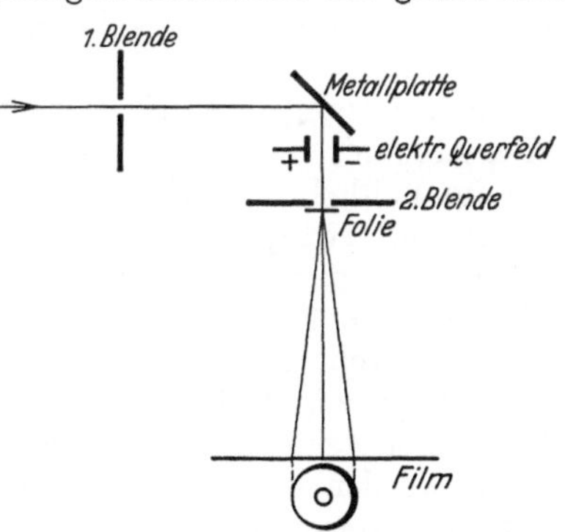

Abb. 143. Nachweis der Elektronenpolarisation und der Spinpräzession. Nach RUPP.

wurden 100 bis 240 e-KV schnelle Elektronen an massiven Reflektoren aus Cu, Mo, Ag, Sn, W, Pt, Au und Th gestreut, die analysierende Folie bestand in allen Fällen aus Au[4]. Die Ergebnisse zeigen ein monotones Anwachsen der Polarisation

[1] DYMOND, E. G.: Nature, Lond. Bd. 128 (1931) S. 149; Proc. Roy. Soc., Lond. Bd. 136 (1932) S. 638.

[2] THOMSON, G. P.: Nature, Lond. Bd. 126 (1930) S. 842. — KIRCHNER, F.: Physik. Z. Bd. 31 (1930) S. 772; Ann. Physik Bd. 11 (1931) S. 741. — Siehe auch J. THIBAUD, J. J. TRILLAT u. TH. v. HIRSCH: C. R. Bd. 194 (1932) S. 1223.

[3] Das ist eine Beugungserscheinung, auf die wir in Kap. 19 noch ausführlich zu sprechen kommen.

[4] RUPP, E.: Naturwiss. Bd. 19 (1931) S. 109; Physik. Z. Bd. 33 (1932) S. 158.

mit steigender Elektronengeschwindigkeit und steigender Ordnungszahl des Reflektors. Führt man als Maß für die Polarisation die photographischen Schwärzungen S_0 und S_{180} im Maximum und im Minimum eines Beugungsringes ein, so läßt sich beispielsweise folgendes angeben: Für den Beugungsring $\sqrt{24}$ ist bei 220 e-KV $S_0/S_{180} = 1{,}0$ für Kupfer und wächst mit der Ordnungszahl bis 2,3 beim Thor. Für einen Goldreflektor nimmt mit abnehmender Elektronengeschwindigkeit von 220 auf 100 e-KV das Verhältnis S_0/S_{180} von 2,3 auf 1,0 ab.

Besonders interessant waren die Ergebnisse, wenn der Elektronenstrahl zwischen seiner ersten und zweiten Streuung, d. h. zwischen „Polarisator" und „Analysator" ein longitudinales räumlich begrenztes Magnetfeld durchlief[1]. Durch ein solches Magnetfeld wurde eine Verschiebung der ganzen Asymmetrieerscheinung hervorgerufen, wie es in Abb. 144 für verschiedene Magnetfelder zu sehen ist. Die dort gezeigten Aufnahmen Nr. 1—5 wurden bei den darunter angeschriebenen magnetischen Feldstärken erhalten: Man bemerkt, daß sich das Schwärzungsminimum in den äußeren Ringen in der Reihenfolge der Aufnahmen 1 bis 5 von oben über links nach unten verschiebt. Die Drehung

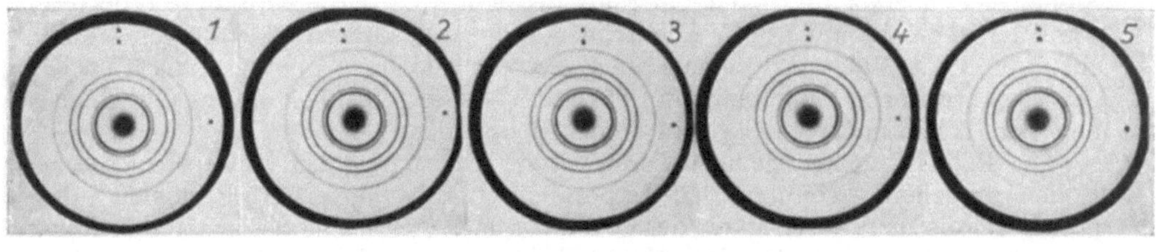

Abb. 144. Drehung der unsymmetrischen Streuung durch ein longitudinales Magnetfeld. Nach RUPP und SZILLARD.

des Schwärzungsverlaufs erfolgt im Sinne des (positiven) Stromumlaufs in der Magnetspule, die Größe dieser Drehung ist dem Betrag der Feldstärke und der im Feld durchlaufenen Wegstrecke des Elektrons proportional. Diese Erscheinung wird quantitativ als Spinpräzession erklärt, d. h. der Elektronenkreisel führt unter dem Einfluß der Kraft des Magnetfeldes, welche schräg gegen seine Magnetachse gerichtet ist, eine Präzessionsbewegung aus, von einer Periode, welche durch das Spinmoment und die äußere magnetische Feldstärke diktiert ist. Wenn ein Elektron das Magnetfeld passiert hat, wird also infolge der Präzession seine Spinachse gegenüber seiner Bewegungsrichtung ein wenig gedreht worden sein; eine solche Drehung muß sich aber als Verschiebung des Intensitätsmaximums nach dem Durchgang durch die Analysatorfolie bemerkbar machen.

Schaltet man an die Stelle des longitudinalen Magnetfeldes ein transversal zum Elektronenstrahl gerichtetes, dessen ablenkende Wirkung auf den Elektronenstrahl durch ein geeignetes transversales elektrisches Feld kompensiert wird, so können zwei Fälle unterschieden werden: 1. Ist das transversale Magnetfeld senkrecht gerichtet zur Einfallsebene des Elektronenstrahls auf den Reflektor, so ist es ohne merklichen Einfluß auf die Lage der Polarisation. 2. Ist das transversale Magnetfeld parallel zur Einfallsebene gerichtet, so wird die Polarisation zunächst zum Verschwinden und bei Steigerung des Feldes zum Umklappen gebracht. Beispielsweise verschwindet die Polarisation für einen

---

[1] RUPP, E., u. L. SZILLARD: Naturwiss. Bd. 19 (1931) S. 422.

200-e-KV-Strahl bei einer Feldlänge von ca. 10 cm bei etwa 380 Gauß und beginnt für noch stärkere Felder allmählich umzuklappen.

Trotz einiger Erfolge müssen heute aber doch noch die Ergebnisse über die Elektronenpolarisation vom theoretischen und experimentellen Standpunkt aus als unbefriedigend bezeichnet werden.

Kapitel 18.
Vielfachstreuung, Streuabsorption und Rückstreuung.

§ 1. Definition von Mehrfach- und Vielfachstreuung. WENTZELsches Kriterium. Die Mehrfachstreuung wurde bereits im Gegensatz zur Einzelstreuung als eine Elektronenablenkung definiert, welche sich als Resultat mehrerer Ablenkungen an einzelnen Atomen ergibt. Mehrfachstreuung wird man also immer dann zu erwarten haben, wenn die von den Elektronen durchquerte Materialdicke groß wird, so daß die Chance für den Zusammenstoß mit einem Atom nicht mehr genügend klein bleibt. Um nun das Einzelstreuungsgebiet gegen das Mehrfachstreuungsgebiet in experimenteller Hinsicht ungefähr abgrenzen zu können, ist es wichtig, die maximale Schichtdicke festzulegen, bis zu welcher alle in einem gegebenen Ablenkungswinkel beobachteten Elektronen noch als Einzelgestreute aufgefaßt werden dürfen, oberhalb derer aber die in diesen Winkel abgelenkten Elektronen schon zum Teil Mehrfachgestreute sind.

Zunächst läßt sich experimentell entscheiden, daß Einzelstreuung für einen gegebenen Ablenkungswinkel vorliegt, solange die dort beobachtete Streuintensität proportional mit der Schichtdicke der streuenden Substanz anwächst. Dagegen wird bei Mehrfachstreuung das Anwachsen der gestreuten Intensität langsamer als proportional mit der Schichtdicke verlaufen. Ferner liegt auch so lange noch Einzelstreuung vor, als die Winkelverteilung der gestreuten Elektronen durch Vergrößerung der Schichtdicke unbeeinflußt bleibt.

Wichtig ist nun, daß sich die für den Fall der Einzelstreuung in Betracht kommenden Schichtdicken auch formelmäßig abschätzen lassen. Unter der Voraussetzung einer RUTHERFORDschen Kernstreuung [Kap. 17, Gl. (3)] und bei Vernachlässigung des elektronengestreuten Beitrages läßt sich nämlich eine Beziehung zwischen der für Einzelstreuung maximal zulässigen Schichtdicke X_{max} und einem minimal zulässigen Ablenkungswinkel ϑ_{min} ableiten[1]. Werden noch einige experimentell gewonnene Daten hinzugenommen[2], so läßt sich diese Beziehung, das sog. „WENTZELsche Kriterium", in folgender Form schreiben:

$$X_{\mathrm{max}} = \frac{2\,m^2 u^4}{e^4 Z^2 \pi n}\,\mathrm{tg}^2\!\left(\frac{\vartheta_{\mathrm{min}}}{24}\right) = V^2 \cdot \frac{10^{20}}{n Z^2} \cdot \mathrm{tg}^2\!\left(\frac{\vartheta_{\mathrm{min}}}{24}\right), \tag{1}$$

wo n die Zahl der streuenden Atome pro Kubikzentimeter und V die Elektronengeschwindigkeit in e-Kilovolt bedeutet. Beispielsweise ist für Aluminium und $\vartheta_{\mathrm{min}} = 30^0$ bei 10-KV-Elektronen X_{max} nur $5 \cdot 10^{-7}$ cm, bei 100-KV-Elektronen X_{max} schon $5 \cdot 10^{-5}$ cm; d. h. wenn man in Ablenkungswinkeln von 180^0 bis herab zu 30^0 Einzelstreuungsbeobachtungen an Aluminiumfolien vornehmen will, so darf die Foliendicke beim Arbeiten mit 10 e-KV schnellen Elektronen allerhöchstens $5 \cdot 10^{-7}$ cm betragen. Oberhalb dieses X_{max}-Wertes kommt man schon in das Gebiet der Mehrfachstreuung, welches wenig praktische Bedeutung hat, theoretisch sehr unübersichtlich ist und deshalb hier nicht weiter besprochen werden soll. Das Gebiet der Mehrfachstreuung ist bei mittleren und

---

[1] WENTZEL, G.: Ann. Physik Bd. 69 (1922) S. 335.
[2] Zum Beispiel O. KLEMPERER: Ann. Physik Bd. 3 (1929) S. 862.

besonders bei kleinen Ablenkungswinkeln der Elektronen relativ eng begrenzt, denn schon für Schichtdicken, die nur einigemal größer als X_{max} sind[1], werden die Wechselwirkungen zwischen den Elektronen und den Atomen genügend häufig, so daß sich mit einiger Annäherung statistische Gesetze anwenden lassen, mit anderen Worten, daß also dann schon wieder das Gebiet der Vielfachstreuung vorliegt.

§ 2. **Winkelverteilung der Vielfachstreuung. Fehlerkurve und wahrscheinlichster Streuwinkel als Funktion von Foliendicke und Elektronengeschwindigkeit. Vollständig diffuser Strahlenverlauf.** Bei der Vielfachstreuung setzt sich der beobachtete Ablenkungswinkel Θ eines Elektrons aus vielen kleinen nacheinander stattfindenden Elementarablenkungen $\vartheta_1 + \vartheta_2 + \vartheta_3 + \ldots$ zusammen. Die Elementarablenkungen ϑ sind in der Regel sehr kleine Winkel, und zwar deshalb, weil nach den Ausführungen des vorigen Kapitels unter den Ablenkungen des Elektrons am Einzelatomkern bzw. am Atomelektron die kleinsten Ablenkungswinkel ganz entschieden am häufigsten sind. Sie sind gegenüber den großen Elementarablenkungswinkeln sogar so häufig, daß für viele Betrachtungen diese gegenüber jenen vernachlässigt werden können. Die Zusammensetzung der vielen kleinen Elementarablenkungen läßt sich nun, da sie völlig ungeregelt vor sich gehen, nach den Gesetzen der Wahrscheinlichkeitslehre erfassen. Daraus folgt, daß für die Winkelverteilung der meßbaren Ablenkungen Θ bei schmalem Primärelektronenbündel eine GAUSSsche Fehlerverteilung zu erwarten ist. Mit wachsenden Schichtdicken breiten sich die auf diese Weise vielfach gestreuten Elektronen schließlich über die ganze Austrittshalbkugel aus, wobei die Winkelverteilung an der Austrittsseite einem Grenzgesetz zustrebt. Ist dieses erreicht, so wird die Ausbreitung des Kathodenstrahls als „vollständig diffus" bezeichnet[2].

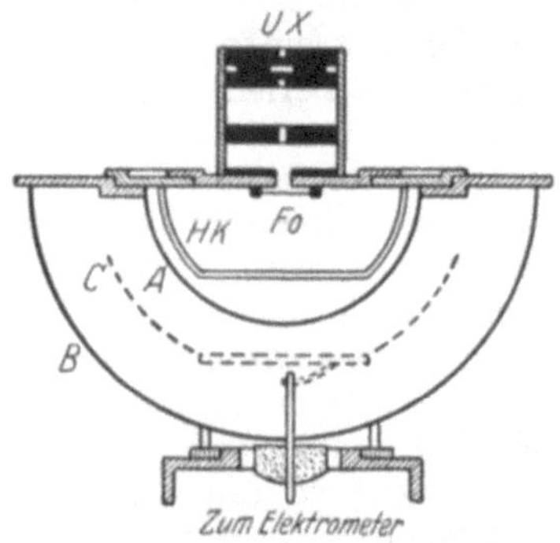

Abb. 145. Messung der Vielfachstreuung von β-Strahlen. Nach v. JUNGENFELD.

Die Verhältnisse bei der Vielfachstreuung mögen an Hand der experimentellen Ergebnisse mit der Versuchsanordnung der Abb. 145[3] veranschaulicht werden. Hier gehen von dem Uran-X-Präparat UX etwa 800 e-KV schnelle Elektronen aus, welche, durch einige Blenden auf ein paralleles Bündel ausgeblendet, die Zerstreuungsfolie Fo durchsetzen. HK bedeutet eine Messinghalbkugel, aus der die Kalotte herausgeschnitten ist. Durch sukzessives Aufsetzen von derartigen Halbkugeln mit verschieden großen freien Kalotten variiert man die Öffnung des zur Messung kommenden Streukegels, welcher durch die Wandung einer Al-Halbkugel A in die durch A und die Messinghalbkugel B begrenzte Ionisationskammer eintritt. Die Ionisationsströme werden z. B. als die von der Elektrode C abfließenden Entladungsströme erhalten. Die Differenz zweier

---

[1] Das geht einerseits aus einem Vergleich der nach Gl. (1) berechneten X_{max}-Dicken mit den LENARDschen Normalfalldicken hervor, andererseits folgt es aus Messungen, welche über das Übergangsgebiet der Mehrfachstreuung vorliegen, vgl. z. B. W. BOTHE: Z. Physik Bd. 13 (1923) S. 368.

[2] Bei derartiger vollständiger Diffusion spricht man auch vom „Normallauf" oder „Normalfall" der Elektronen im Gegensatz zum „Parallelfall" eines aus parallel laufenden Elektronen bestehenden Strahlenbündels.

[3] JUNGENFELD, G. v.: Dissert., Gießen 1914. — Andere Versuche ähnlicher Art, z. B. J. A. CROWTHER: Proc. Roy. Soc., Lond. Bd. 84 (1910) S. 226 (Magnetisch homogenisierte β-Strahlen des Ra, Variation der Dicken bzw. streuenden Substanz, fester Streuwinkelbereich).

Ionisationsströme, die unter den benachbarten Öffnungswinkeln Θ_1 und Θ_2 aufgenommen sind, ergibt ein Maß für die Wahrscheinlichkeit, daß ein Elektron in das Winkelintervall zwischen Θ_1 und Θ_2 gestreut wird. Derartige Winkelwahrscheinlichkeiten $\Phi(\Theta)$ als Funktion des Streuwinkels Θ sind beispielsweise in Abb. 146 für Zinnfolien verschiedener Dicke aufgetragen[1]. Dividiert man die in Abb. 146 dargestellten Winkelwahrscheinlichkeiten durch die Fläche der jedem Winkelintervall $\Theta_1 - \Theta_2$ entsprechenden Kugelzone, so erhält man die Streustrahlungsdichte als Funktion des Streuungswinkels. Abb. 147 zeigt die den Winkelwahrscheinlichkeiten $\Phi(\Theta)$ der Abb. 146 entsprechenden Streustrahlungsdichten $N(\Theta)$. Kurven, wie Abb. 147, konnten auch auf direktem Wege erhalten werden: Beispielsweise mit Hilfe einer Anordnung nach Art der Abb. 133, wo ein

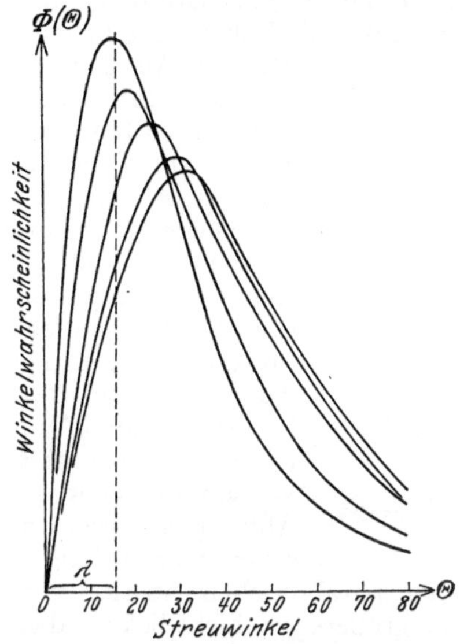

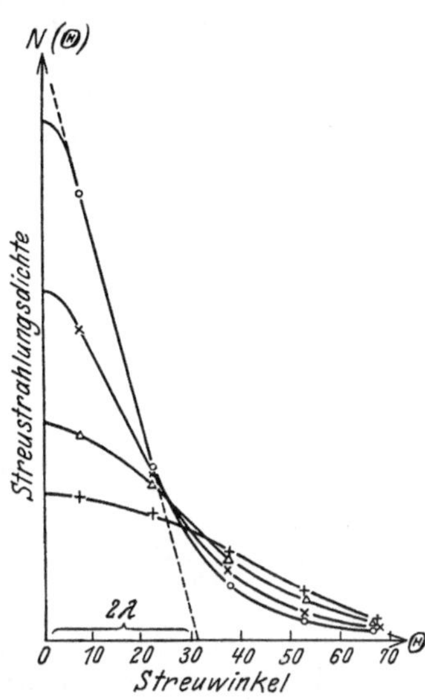

Abb. 146. Winkelwahrscheinlichkeit der Vielfachstreuung von UX-β-Strahlen in Sn-Folien von den Massendicken $\varrho \cdot x =$ 0,007, 0,013, 0,026, 0,1 g/cm. Nach v. Jungenfeld.

Abb. 147. Streustrahlungsdichte der Vielfachstreuung als Funktion des Streuungswinkels.

Spitzenzähler um eine Zerstreuungsfolie herumgeschwenkt wird[2], oder z. B. aus der Schwärzung eines photographischen Films, der zur Exposition zylindrisch um die Zerstreuungsfolie angeordnet war[3].

Theoretisch erhält man aus Wahrscheinlichkeitsbetrachtungen für die Winkelverteilung vielfach gestreuter Elektronen Gausssche Fehlerkurven[4], welche gut mit den experimentellen Daten übereinstimmen. Bezeichnet man mit $N(\Theta)$ die Zahl der ins Raumwinkelelement $d\Omega$ gestreuten Elektronen (siehe Kap. 17, Abb. 129) und mit N_0 die Zahl der auf die Folie auftreffenden Elektronen, so ist:

$$N(\Theta) = \frac{N_0\, d\Omega}{2\,\pi\,\lambda^2} \cdot \exp\left(-\frac{\Theta^2}{2\,\lambda^2}\right). \tag{2}$$

Die Form der Streuungsverteilung ist also allein durch die „Fehlerkonstante" λ gegeben, welche hier die Bedeutung des wahrscheinlichsten Ablenkungswinkels

---

[1] Die Kurven sind auf gleiche Gesamtstrahlenmenge für jede Kurve reduziert.
[2] Klemperer, O.: Ann. Physik Bd. 3 (1929) S. 862.
[3] In solcher Anordnung wurde von H. Geiger u. W. Bothe: Z. Physik Bd. 6 (1921) S. 204 (Mehrfachstreuung und zum Teil auch Vielfachstreuung untersucht.)
[4] Bothe, W.: Z. Physik Bd. 4 (1921) S. 161, 300.

hat. Dieser wahrscheinlichste Ablenkungswinkel λ läßt sich aus den experimentellen Kurven ablesen: Zum Beispiel in Abb. 146 als Abszisse des Maximums jeder Kurve oder in Abb. 147 als halbe Abszisse des Schnittpunkts der Wendetangente an jede dieser Kurven mit der X-Achse. Aus der Wahrscheinlichkeitstheorie ergibt sich λ unter Zuhilfenahme des RUTHERFORDschen Gesetzes [Kap. 17, Gl. (3)], und zwar erhält man in relativ guter Übereinstimmung zu den bisher vorliegenden mit β-Strahlen ausgeführten Experimenten:

$$\lambda = \frac{8}{V} \cdot \frac{V + 511}{V + 1022} \cdot Z \sqrt{\frac{\varrho\,x}{A}}, \tag{3}$$

wo λ die wahrscheinlichste Ablenkung im Bogenmaß, V die Elektronengeschwindigkeit in e-Kilovolt gemessen sind, ferner Z, ϱ, A Ordnungszahl, Dichte und Atomgewicht der streuenden Substanz und x die Foliendicke in 10^{-4} cm be-

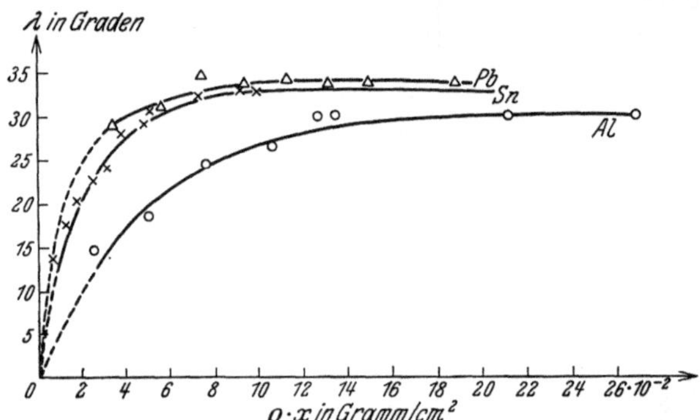

Abb. 148. Wahrscheinlichster Streuwinkel λ als Funktion der Massendicke $\varrho\,x$ für die Vielfachstreuung von β-Strahlen des UX. Nach v. JUNGENFELD.

deuten[1]. Aus den in Abb. 146 bzw. 147 gegebenen Streuungskurven läßt sich die Zunahme von λ mit wachsendem $\varrho\,x$ erkennen.

Die experimentelle Zunahme der wahrscheinlichsten Ablenkung λ als Funktion der Massendicke $\varrho\,x$ ist für Zinnfolien entsprechend Abb. 146 bzw. 147 sowie für Blei- und Aluminiumfolien, die in ganz analoger Weise untersucht wurden, in Abb. 148 aufgezeichnet. Man erkennt im Anfang der Kurven, d. h. bei kleinen Schichtdicken, den parabolischen Anstieg von λ, wie er sich auch aus der Gl. (3) ergibt. Bei größeren Schichtdicken aber laufen die Kurven abweichend von Gl. (3) parallel zur $\varrho \cdot x$-Achse, d. h. der wahrscheinlichste Ablenkungswinkel λ wächst nicht weiter, sondern strebt einem für jede Substanz charakteristischen Grenzwert zu. Mit zunehmender Schichtdicke x erhält man also schließlich eine von x unabhängige Streuverteilung. Da nun erfahrungsgemäß die gesamte im hinteren Halbraum nachweisbare Strahlungsmenge mit wachsender Dicke immer weiter abnimmt, so wird sich die Verteilungskurve Abb. 148 unter Erhaltung ihrer Form nur als Ganze senken. Wir haben jetzt im hinteren Halbraum die schon obenerwähnte „vollständig diffuse" Strahlausbreitung vor uns, welche sich also immer oberhalb eines gewissen Grenzwertes der Foliendicke[2] einstellt.

Mit zunehmender Atomnummer der streuenden Substanz nehmen diese Dickengrenzwerte nur wenig ab. Sehr stark aber verkleinern sie sich bei abnehmender Elektronengeschwindigkeit, z. B. liegen sie bei den zu Abb. 148 gehörigen Messungen an 800-KV-Elektronen für alle Metallfolien in der Größenordnung von einigen hundertstel Zentimeter, dagegen sind sie bei der Streuung von 35 e-KV schnellen Elektronen in Metallen nur noch in der Größenordnung von einigen millionstel Zentimeter gefunden worden[3].

---

[1] Vgl. W. BOTHE: In GEIGER-SCHEEL Handb. d. Phys. Bd. 24 (1927) S. 18.
[2] Häufig als „Normalfalldicke" bezeichnet.
[3] Vgl. LENARD: Quantitatives über Kathodenstrahlen. — Theorie bei W. BOTHE: Z. Physik Bd. 54 (1929) S. 161.

§ 3. Elektronendurchlässigkeit. Koeffizient der Streuabsorption in Abhängigkeit von Elektronengeschwindigkeit und absorbierendem Material. Besonderes praktisches Interesse hat nun die Frage nach dem Bruchteil der gesamten Elektronenmenge, welcher zur Austrittsseite der Folie hin gestreut wird, sowie nach dem Bruchteil der Gesamtmenge, welcher nach der Eintrittsseite der Primärstrahlung zurückgestreut wird. Stellt man nämlich in den Weg eines Elektronenstrahles eine Metallfolie, so erscheint der durch die Folie hindurchgegangene Strahl geschwächt. Die hierbei in Erscheinung tretende ,,Undurchlässigkeit" der Folie gegenüber den Elektronen beruht fast ausschließlich auf der streuenden Wirkung der Folie, während alle Schwächungen des Strahles durch wirkliche Absorption der Elektronen (Kap. 22) derartig selten sind, daß sie gegenüber der Schwächung durch Streuung vernachlässigt werden können. Man spricht deshalb von einer ,,Streuabsorption" oder von einer ,,scheinbaren Absorption" des Elektronenstrahls.

Die Größe der Streuabsorption hängt vom Folienmaterial, von der Foliendicke und von der Strahlgeschwindigkeit, außerdem von der Art des Einfalls ab. Bei parallelem Einfall der Elektronen findet mit wachsender Foliendicke zunächst ganz langsames Absinken und später dann ein steiler exponentieller Abfall der austretenden Elektronenmenge statt[1]. Dagegen läßt sich bei vollständig diffuser Richtungsverteilung des einfallenden Strahls der Bruchteil, der durch die Folie hindurchtretenden Elektronen N_1 zu den einfallenden Elektronen N_0 von kleinsten Dicken an über verhältnismäßig weite Bereiche durch eine Exponentialfunktion der Schichtdicke x darstellen:

$$\frac{N_1}{N_0} = \exp\left(-\alpha\,x\right), \qquad (4)$$

wobei α den LENARDschen Koeffizienten der Streuabsorption darstellt. Solange die Dicken x genügend klein bleiben, so daß keine merklichen Geschwindigkeitsverluste der Elektronen eintreten, ist α eine von x unabhängige Konstante. Um α zu messen, läßt man ein homogenes breites Bündel etwa paralleler Elektronen zunächst eine ,,Vorschaltdicke" passieren, d. i. eine Materialschicht von solcher Dicke, die ausreicht, um den ursprünglich parallelen Strahl in eine vollständig ungeordnete Richtungsverteilung überzuführen[2]. Als Material für die Vorschaltdicke wählt man zweckmäßig hochatomige Substanzen, z. B. Platinfolien, weil leichtatomige Schichten in der notwendigen Dicke die Strahlintensität sehr wesentlich schwächen. Hinter der Vorschaltdicke untersucht man dann den Intensitätsrückgang bei stufenweise veränderter Foliendicke[3] und mißt dabei die Intensität z. B. mit einem Faradaykäfig oder bei größeren Geschwindigkeiten mit einer Ionisationskammer. Bei der Messung muß ein genügend breites Bündel erfaßt werden, so daß auch alle durch die Streuung schief austretenden Elektronen durch die Meßvorrichtung nachgewiesen werden, ferner ist darauf zu achten, daß die Resultate nicht durch Mitmessung der Sekundärelektronen (Kap. 13) gefälscht werden. Man hält die Sekundärelektronen von der Meßvorrichtung zurück, und zwar bei kleineren Primärgeschwindigkeiten durch elektrische Gegenfelder, bei größeren Primärgeschwindigkeiten durch undurchlässige Schichten (etwa eine dünne Folie vor der Ionisationskammer).

---

[1] SCHONLAND, B. F. J.: Proc. Roy. Soc., Lond. Bd. 104 (1923) S. 235; Bd. 108 (1925) S. 187.

[2] LENARD, P.: Ann. Physik Bd. 56 (1895) S. 255. — Siehe auch P. LENARD u. A. BECKER: In WIEN-HARMS Handb. d. Experimentalphys. Bd. 14 (1927) S. 150.

[3] BECKER, A.: Ann. Physik Bd. 17 (1905) S. 405 (Methode der benachbarten Dicken).

An Metallfolien liegt eine Reihe von Streuabsorptionsuntersuchungen vor[1], die bei den verschiedensten Elektronengeschwindigkeiten unter den angegebenen Bedingungen durchgeführt sind; diese Untersuchungen wurden teils an β-Strahlen radioaktiver Präparate, teils an Kathodenstrahlen, die z. B. von einer Glühkathode emittiert wurden, ausgeführt. Die Messungen von α in Gasen[2] wurden analog wie bei den Metallfolien ausgeführt, indem zwischen den durch die Vorschaltdicke abgeschlossenen Kathodenstrahlerzeugungsraum und den ebenfalls abgeschlossenen Nachweisraum das betreffende Gas unter sukzessive verändertem Druck eingelassen wird. Alle Resultate lassen sich zwecks einer rohen Übersicht durch die Faustregel

$$\alpha = 3 \cdot \frac{10^{12}}{V^2_{\text{Volt}}} \cdot \varrho \tag{5}$$

darstellen, d. h. die Streuabsorptionskoeffizienten sind etwa masseproportional (ϱ = Dichte) und nehmen mit wachsender Elektronengeschwindigkeit sehr stark ab, und zwar etwa umgekehrt proportional dem Quadrat der e-Voltgeschwindigkeit V_{Volt}. Der Charakter der empirischen Beziehung Gl. (5) weist beim Vergleich mit der Rutherfordgleichung, Kap. 17, Gl. (3), darauf hin, daß die Größe von

Tabelle 35.

$$\frac{\text{Streuabsorptionskoeffizienten}}{\text{Dichte}} = \frac{\alpha}{\varrho}$$ als Funktion der Elektronengeschwindigkeit.

e-Volt	$\dfrac{\alpha}{\varrho}$ in $\dfrac{\text{cm}^2}{\text{cm}^3} \cdot \dfrac{\text{cm}^3}{\text{g}}$	e-Volt	$\dfrac{\alpha}{\varrho}$ in $\dfrac{\text{cm}^2}{\text{cm}^3} \cdot \dfrac{\text{cm}^3}{\text{g}}$	e-Volt	$\dfrac{\alpha}{\varrho}$ in $\dfrac{\text{cm}^2}{\text{cm}^3} \cdot \dfrac{\text{cm}^3}{\text{g}}$
10^6	4	$5 \cdot 10^4$	$6,0 \cdot 10^2$	10^3	$2,5 \cdot 10^6$
$5 \cdot 10^5$	8	10^4	$4,0 \cdot 10^4$	500	$5,5 \cdot 10^7$
10^5	$1,5 \cdot 10^2$	$5 \cdot 10^3$	$2 \cdot 10^5$	100	$1,5 \cdot 10^8$

α durch Elektronenstreuvorgänge bedingt ist. Tabelle 35 gibt experimentelle Werte des Quotienten α/ϱ = Streuabsorptionskoeffizient/Dichte für 10^2 bis 10^6 Volt schnelle Elektronen. Die Werte wurden an Luft und an Aluminium gemessen[3]; bei diesen Substanzen sind die Werte von α/ϱ so übereinstimmend, daß sie in

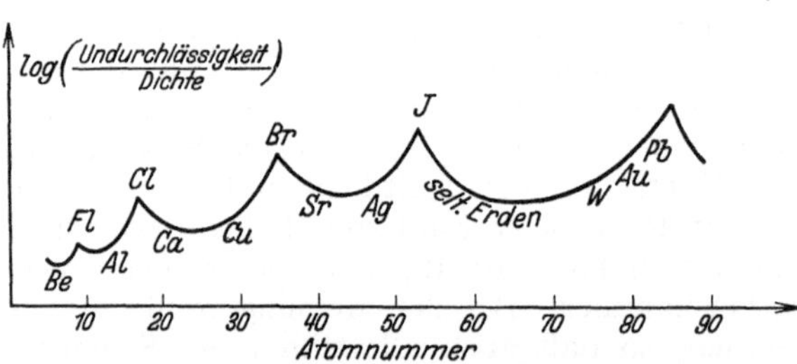

Abb. 149. Periodischer Gang der Elektronenundurchlässigkeit mit der Atomnummer. Nach CROWTHER.

derselben Tabelle aufgenommen werden können. Im allgemeinen findet man mit steigendem Atomgewicht ein geringes Anwachsen von α/ϱ: Beispielsweise beträgt α/ϱ für ca. $5 \cdot 10^5$-Volt-Elektronen in Al etwa 8, in Cu etwa 10 und in Pt etwa 14 $\dfrac{\text{cm}^2}{\text{cm}^3} \cdot \dfrac{\text{cm}^3}{g}$.

Abgesehen davon, werden besondere Ausnahmen beobachtet, z. B. ist α/ϱ in Wasserstoff etwa 1,8mal größer, in Helium nur 0,7mal so groß wie die Werte der Tabelle 35, ferner zeigen alle Halogene besonders große Streuabsorption. Bemerkenswert ist ferner eine gewisse Periodizität der Größe

[1] BECKER, A.: Ann. Physik Bd. 67 (1922) S. 428; Bd. 78 (1925) S. 219. — SCHMIDT, H. W.: Ebenda Bd. 23 (1907) S. 671; Physik. Z. Bd. 10 (1909) S. 929; Bd. 11 (1910) S. 262. — FRIMANN, E.: Ann. Physik Bd. 49 (1916) S. 381.

[2] LENARD, P.: Ann. Physik Bd. 12 (1903) S. 714. — BECKER, A.: Ebenda Bd. 67 (1922) S. 428.

[3] LENARD, BECKER, SCHMIDT, FRIMANN: a. a. O., nach einer Zusammenstellung von P. LENARD in: Quantitatives über Kathodenstrahlen.

der Streuabsorption in bezug auf die Atomnummer[1,2], welche unsere mit schnellen β-Strahlen gewonnene Kurve in Abb. 149 zum Ausdruck bringt.

Für Elektronengeschwindigkeiten unter 100 e-Volt stehen in Tabelle 35 keine Angaben mehr, weil in diesem Bereich besondere Anomalien der Elektronendurchlässigkeit auftreten. Einerseits sind die Streuabsorptionen dort durchaus nicht mehr monotone Funktionen der Elektronengeschwindigkeit, sondern zeigen charakteristische Maxima und Minima, andererseits hört die Massenproportionalität auf, und die Kurven der einzelnen Atome und Moleküle überschneiden einander. Ursache davon ist das vollständige Zurücktreten der Streuung im Kernfelde gegenüber der Streuung des Elektronenstrahls am Gebäude der Atomelektronen. Der langsame Elektronenstrahl ist bereits so empfindlich, daß er auf die individuellen Außenkraftfelder reagiert. Hierauf soll einerseits noch in § 5 dieses Kapitels im Zusammenhang mit der Rückstreuung, andererseits — soweit es sich um Elementarprozesse handelt — bei Besprechung der Wirkungsquerschnitte in Kap. 23 eingegangen werden.

§ 4. Rückstreuung. Rückdiffusionskonstanten. Umwegfaktoren. Geschwindigkeitsverteilung rückgestreuter Elektronen. Reflexion an Gasen. Die nach der Einfallsseite rückwärts gestreute Elektronenstrahlung — auch „rückgestreute" oder „rückdiffundierte" Strahlung genannt — nimmt mit wachsender Foliendicke zunächst zu und nähert sich dann einem Maximalwert. Die Foliendicke, bei der dieser Maximalwert erreicht wird, heißt „Rückdiffusionsdicke", und der Maximalwert der rückgestreuten im Verhältnis zur einfallenden Elektronenmenge wird als „Rückdiffusionskonstante" bezeichnet. Da die rückgestreute Strahlung stets große Ablenkungswinkel gegen die einfallende Primärstrahlung aufweist, so ist es verständlich, daß sie nicht nur aus vielfach- oder aus mehrfachgestreuten, sondern zu einem beachtenswerten Teil auch aus einzelgestreuten Elektronen besteht[3]. Trotzdem können die rückgestreuten Elektronen aus erheblichen Tiefen des Materials hervorkommen. Die Rückdiffusionsdicken sind einigemal größer, aber stets von derselben Größenordnung wie die oben angeführten Dicken, von denen ab vollständig diffuser Verlauf an der in Richtung der Primärstrahlung liegenden Austrittsseite beobachtet wird. Über Rückdiffusionskonstanten liegt zahlreiches experimentelles Material vor, von dem wir die Auswahl des wichtigsten in Tabelle 36 wiedergeben. Man sieht aus den angegebenen Daten, daß die gemessenen Größen sehr stark von der Atomnummer der streuenden Substanz, aber relativ wenig von der Primärelektronengeschwindigkeit abhängen.

Aus den durch Messungen bekannt gewordenen Rückdiffusionskonstanten kann man versuchen, weitere Schlüsse über den allgemeinen Verlauf der Elek-

Tabelle 36. Rückdiffusions-Konstanten.

	800	34	10—100	2;	5;	9
Primärgeschwindigkeit in e-KV						
Untere Grenze der noch mit gemessenen rückdiffundierten Elektronengeschwindigkeit in e-Volt	einige 10^4	ca. 30	200	36		
Primärstrahlen-Einfallsrichtung	vollständig diffus	vollständig diffus	parallel senkrecht	parallel unter 50°		
Rückdiffusions-Konstanten der Metalle Be	—	—	0,03	—		
Al	0,23	0,28	0,13	0,60	0,42	0,32
Cu	0,35	—	0,29	—	—	—
Ag	0,46	0,60	0,39	—	—	—
Au	0,56	0,68	0,50	0,85	0,80	0,75

---

[1] CROWTHER, J. A.: Philos. Mag. Bd. 12 (1906) S. 379. — Siehe auch K. F. W. KOHLRAUSCH: In WIEN-HARMS Handb. d. Experimentalphys. Bd. 15 (1928) S. 379.
[2] FOURNIER, G.: Ann. Physique Bd. 8 (1927) S. 205.
[3] Theorie der Rückstreuung: G. WENTZEL: Ann. Physik Bd. 70 (1923) S. 561.

tronenbahnen zu ziehen. Zum Beispiel lassen sich die sog. „Umwegfaktoren"
ausrechnen; diese bedeuten mittlere Quotienten zwischen den wahren Längen
der (gekrümmten) einzelnen Elektronenbahnen und den (geradlinig gemessenen)
Wegelängen des relativ breiten Strahlenbündels. Auf die zur Berechnung der Umwegfaktoren führende Theorie wollen wir hier nicht eingehen[1], sondern wir beschränken uns auf die Angabe von einigen Zahlenwerten in Tabelle 37. Die dort angeführten Daten sollen nicht mehr als eine größenordnungsmäßige Vorstellung übermitteln; sie stimmen einigermaßen mit den durch Ausmessen von WILSONschen Nebelbahnen erhaltenen Werten überein[2].

Tabelle 37. Umwegfaktoren. Nach LENARD.

Umwegfaktor bei einer Elektronengeschwindigkeit		Durchquertes Metall; Ordnungszahl	
34 e-KV	800 e-KV		
1,8	1,6	Al	13
—	2,1	Cu	29
4,0	2.7	Ag	47
5,3	3,6	Au	79

Die in Tabelle 36, Spalte 1, verzeichneten Rückdiffusionskonstanten wurden
erhalten[3], indem eine Ionisationskammer mit einer an der Oberseite mit UX
belegten Al-Folie von $\approx 1/_{10}$ mm Dicke zugedeckt wurde, darüber wurden die
zu untersuchenden Metallplatten gelegt. Aus den Ionisationsströmen mit und
ohne Metallplatten ergab sich die Rückdiffusionskonstante. Die weiteren in
Tabelle 36 mitgeteilten Resultate sind mit Kathodenstrahlen gewonnen, die
durch elektrische Felder auf die gewünschte Geschwindigkeit beschleunigt
wurden[4]. Die rückwärts gestreute Strahlenmenge kann dann elektrometrisch
gemessen werden, wobei der langsame aus Sekundärelektronen bestehende
Anteil durch schwache Gegenfelder zurückgehalten wird.

Von relativ sehr großem Einfluß auf die Meßwerte der Rückdiffusionskonstanten sind die speziellen Versuchsbedingungen, nämlich der geometrische
Verlauf der einfallenden Elektronen und ganz besonders die einigermaßen willkürlich festsetzbare Größe der Geschwindigkeitsgrenze, bis zu der herab die
Elektronen noch als rückgestreute und nicht schon als sekundäre aus den
Atomen herausgeschlagene gerechnet werden sollen bzw. zur Messung gelangen. Unter den rückgestreuten Elektronen sind nämlich auch bei homogener Geschwindigkeit des einfallenden Strahles alle Geschwindigkeiten von den
langsamsten Elektronen bis herauf zur Geschwindigkeit der Primärelektronen
vertreten. Es ist hierbei unmöglich, experimentell die herausgeschlagenen
sekundären von den rückwärts gestreuten Elektronen zu trennen, da einerseits, wie in Kap. 13 gezeigt wurde, die Sekundärelektronen zum Teil Geschwindigkeiten bis zur Primärgeschwindigkeit annehmen, andererseits aber
die rückwärts gestreuten Elektronen durch Geschwindigkeitsverluste (siehe
Kap. 21) bis auf die kleinsten Geschwindigkeiten herabgebremst werden können.
Eine gewisse praktische Definition zur Trennung beider Elektronensorten ergibt
sich nur daraus, daß das Gros der rückwärts gestreuten Geschwindigkeiten der
Primärgeschwindigkeit benachbart ist, während die Sekundärelektronen in ihrer
weitaus überwiegenden Mehrheit sehr langsam, nämlich von einer Geschwindigkeit in der Größenordnung einiger e-Volt sind.

---

[1] Näheres siehe bei P. LENARD: Quantitatives über Kathodenstrahlen, S. 209ff. Heidelberg 1925. Die betreffenden Theorien können heute nur noch mit Einschränkungen als sehr bedingt richtig anerkannt werden.

[2] LENARD, P., u. A. BECKER: In WIEN-HARMS Handb. d. Experimentalphys. Bd. 14 (1927) S. 378.

[3] SCHMIDT, H. W.: Ann. Physik Bd. 23 (1907) S. 671; korrigiert in LENARD: Quantitatives über Kathodenstrahlen.

[4] BECKER, A.: Ann. Physik Bd. 17 (1905) S. 381; korrigiert in LENARD: Quantitatives über Kathodenstrahlen. — SCHONLAND, B. F. J.: Proc. Roy. Soc., Lond. Bd. 108 (1925) S. 187. — STEHBERGER, K. H.: Ann. Physik Bd. 86 (1928) S. 825. — NEHER, H. V.: Physic. Rev. Bd. 37 (1931) S. 655.

Einen qualitativen Überblick über die Geschwindigkeitsverteilung der rückwärts gestreuten Elektronen zeigt Abb. 150[1]. Hier sind die photographischen Schwärzungsverteilungen der durch magnetische Auflösung gewonnenen Geschwindigkeitsspektrogramme zu sehen, und zwar Kurven für Rückstreuung von 16, 20 und 40 e-KV schnellen Primärstrahlen an massivem Aluminium und an $5 \cdot 10^{-5}$ cm dicken Al-Folien.

Mit Hilfe der Gegenfeldmethode gewinnt man das weitere Resultat, daß reemittierte Elektronen schon von geringsten Geschwindigkeiten bis herauf zu etwa 36 e-Volt reichlich vorhanden sind. Die mittleren Geschwindigkeiten sind dann relativ selten, und erst die größten der Primärgeschwindigkeit benachbarten Geschwindigkeiten werden wieder häufig, und zwar überwiegt der relative Anteil dieser schnellsten Elektronen um so mehr, je größer die Primärgeschwindigkeit ist[2]. Zum Beispiel sind bei 30 e-KV schon 80% aller reemittierten Elektronen von der Größenordnung der Primärgeschwindigkeit[3]. Wesentlich ungünstiger wird das Verhältnis der rückwärts gestreuten zu den Sekundärelektronen bei kleineren Primärgeschwindigkeiten; die heute hierüber vorliegenden Erfahrungen sind in Kap. 13 bei der Sekundäremission bereits erörtert.

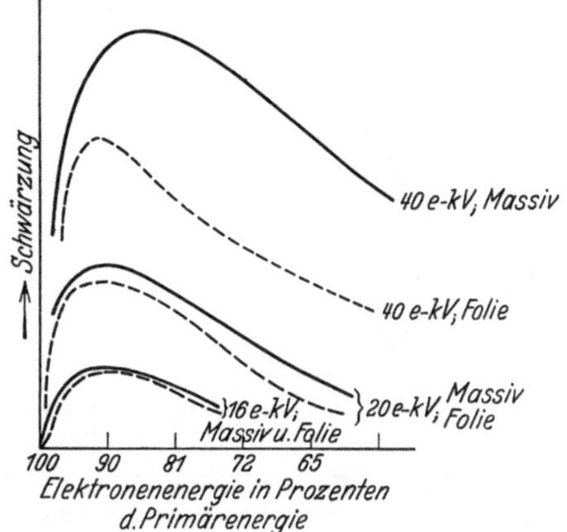

Abb. 150. Qualitatives Bild der Geschwindigkeitsverteilung rückwärts gestreuter Elektronen an massivem Aluminium ——— und an $5 \cdot 10^{-5}$ cm dicken Al-Folien — — —. Nach P. B. WAGNER.

Bei der Rückstreuung allerkleinster Primärgeschwindigkeiten, die unterhalb der Elektronenabreißarbeit (Kap. 7) der reemittierenden Substanz liegen, werden die Verhältnisse deshalb besonders einfach, weil hier keine Sekundärelektronen mehr ausgesandt werden können. Man findet hier verhältnismäßig intensive Rückstreuung[4], z. B. werden bei 5 bis 10 e-Volt Primärgeschwindigkeit an gut entgasten Metallflächen 30 bis 40% der einfallenden Elektronen zurückgestreut[5], bei nicht vorbehandelten Metallen erreicht die rückgestreute Elektronenmenge bei diesen Primärgeschwindigkeiten bis zu etwa 60% der Primärstrahlmenge[6]. Die rückgestreuten Elektronen zeigen hier fast keine Geschwindigkeitsunterschiede gegenüber den primären.

Ausführlich klargelegt wurden die Bedingungen für diese elastische Rückstreuung an Alkalihalogenidkristallschichten[7]. Hier konnte nämlich gezeigt werden, daß die Geschwindigkeitsgrenze, oberhalb welcher die Rückstreuung der Elektronen unelastisch zu werden beginnt, gerade bei der Grenze der optischen Durchlässigkeit liegt. Diese optische Durchlässigkeitsgrenze (Beginn der Absorption im Ultraviolett) ist dadurch gegeben, daß Energiebeträge, welche diese Grenze übersteigen, im Kristall ein Elektron vom Anion zum Kation

---

[1] WAGNER, P. B.: Physic. Rev. Bd. 35 (1930) S. 98. — CHYLINSKI, S.: Ebenda Bd. 42 (1932) S. 393.
[2] BECKER, A.: Ann. Physik Bd. 78 (1925) S. 228. — STEHBERGER, K. H.: a. a. O.
[3] BALTRUSCHAT, M., u. H. STARKE: Physik. Z. Bd. 23 (1922) S. 403.
[4] Bei diesen kleinsten Geschwindigkeiten wird die Rückstreuung oft als „echte Reflexion" bezeichnet.
[5] FARNSWORTH, H. E.: Physic. Rev. Bd. 20 (1922) S. 358; Bd. 25 (1925) S. 41.
[6] GEHRTS, A.: Ann. Physik Bd. 36 (1911) S. 995.
[7] HILSCH, R.: Z. Physik Bd. 77 (1932) S. 427.

hinüberheben können[1]. Abb. 151 zeigt z. B. derartige Ergebnisse, welche bei der Rückstreuung an einer sehr dünn auf eine Metallunterlage aufgedampften *K J*-Schicht gewonnen worden sind: Kurve a gibt als Funktion der Geschwindigkeit des senkrecht auffallenden schmalen Primärbündels die gesamte rückgestreute Elektronenmenge, welche von einer den Reflektor umgebenden Hohlkugel aufgefangen wird. Kurve b gibt die entsprechende Elektronenmenge, wenn am Kugelauffänger —0,2 Volt Gegenspannung angelegt sind. Die oben in der Abb. 151 eingezeichneten ultravioletten Absorptionsbanden lassen erkennen, daß der durch den Pfeil bezeichnete Beginn der optischen Durchlässigkeitsgrenze an der Stelle des starken Absinkens der Elektronenrückstreuungskurve liegt. Erst jenseits dieser Grenze bemerkt man das Auseinanderfallen der Kurven a und b, woraus das Vorhandensein unelastischer Rückstreuung zu entnehmen ist.

Besonders ausgeprägt ist die rein elastische Rückstreuung langsamer Elektronen in Gasen unterhalb der sog. „Anregungsspannung", von der in Kap. 20 noch ausführlich die Rede sein wird. Man weist diese Rückstreuung nach, indem man Elektronen bekannter Geschwindigkeit in einen mit Gas von geringem Druck gefüllten Raum hineinschießt. Ringförmig um die Eintrittsöffnung des Primärstrahls liegt der Auffänger, so daß nur im Gase rückgestreute Elektronen zu ihm gelangen können[2]. Durch Anlegen von Gegenpotential an den Ring findet man, daß im Helium fast keine Geschwindigkeitsverluste der rückgestreuten Elektronen vorkommen. Bei nicht edelgasähnlichen

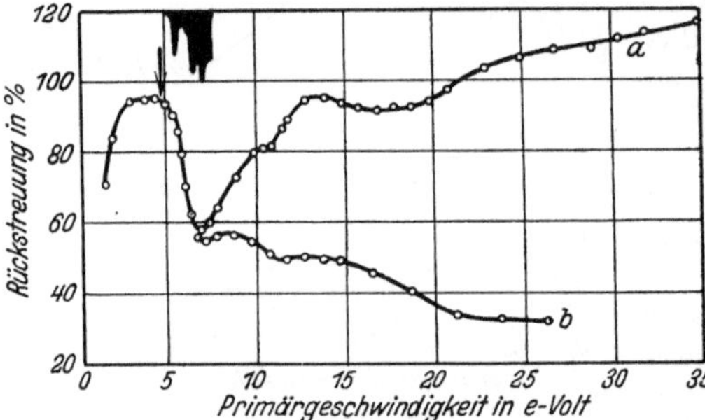

Abb. 151. Rückstreuung der Elektronen an einer Kaliumjodidfläche. a Gesamtintensität. b Intensität der Elektronen, deren Geschwindigkeit $>$ 0,2 e-Volt. Oben: Die optisch bekannten Absorptionsbanden. Nach Hilsch.

Molekülen sind dagegen Rückstreuungen ohne Geschwindigkeitsverlust oder Absorption selten bzw. ganz ausgeschlossen; wir kommen hierauf in Kap. 20 und 22 noch zurück.

§ 5. **Selektive Reflexion der Metalle. Spiegelnde Reflexion an Oberflächen.** Bei der Behandlung der Rückstreuung soll schließlich auf einige Erscheinungen eingegangen werden, welche noch verhältnismäßig wenig geklärt sind, die aber wahrscheinlich mit den im nächsten Kapitel behandelten Beugungsphänomenen nahe verwandt sind und sich vielleicht als Reflexionen der Elektronenwellen an den Kristallgitterebenen verstehen lassen. Läßt man ein scharf ausgeblendetes, schmales, paralleles Elektronenbündel fast senkrecht auf eine Metallfolie auftreffen und fängt in einem Faradaykäfig fast senkrecht über der getroffenen Folienstelle die ohne merkliche Geschwindigkeitsverluste rückgestreuten Elektronen auf, so bemerkt man bei variierter Primärgeschwindigkeit Maxima und Minima der rückwärts gestreuten Elektronenmenge[3]. Für eine Al-Folie ist z. B. in Abb. 152 die Rückstreuung als Funktion der Primärgeschwindigkeit aufgezeichnet. Man bemerkt dort Maxima bei 12 und bei 25 e-Volt. Ähnliche Ergebnisse erhält man an anderen Metallen, beispielsweise erhält man an folgenden Stellen Maxima: an Cu bei 13 e-Volt, an Au bei 15 e-Volt, an Pb bei 26 e-Volt,

---

[1] Hilsch, R., u. R. W. Pohl: Z. Physik Bd. 57 (1929) S. 145.
[2] Franck, J., u. G. Hertz: Ber. dtsch. physik. Ges. Bd. 15 (1913) S. 373. — Baerwald, H.: Ann. Physik Bd. 76 (1925) S. 829.
[3] Rupp, E.: Z. Physik Bd. 58 (1929) S. 145.

an Ni bei 12 und 26 e-Volt, an Sb bei 11, 21 und 33 e-Volt. Im Zusammenhang mit der Rückstreuung richten wir unsere Aufmerksamkeit auf einen komplementären

Effekt beim Elektronendurchgang durch die Folie. In Abb. 152 sind in der gebrochenen Kurve die Elektronenmengen aufgetragen, welche in einem verhältnismäßig schmalen Winkelbereich am Primärstrahl an seiner Austrittsseite beobachtet wurden. Es treten dort bei den nämlichen Primärgeschwindigkeiten, wo Maxima für Rückstreuung auftraten, komplementäre Minima der hindurchgelassenen Elektronenmenge auf. Offenbar handelt es sich hierbei schon um einen wellenmechanischen Beugungseffekt. (Vgl. im Zusammenhang hiermit die in Kap. 19, § 4, beschriebenen Versuche über die Elektronendurchlässigkeit dünner Glimmereinkristalle.)

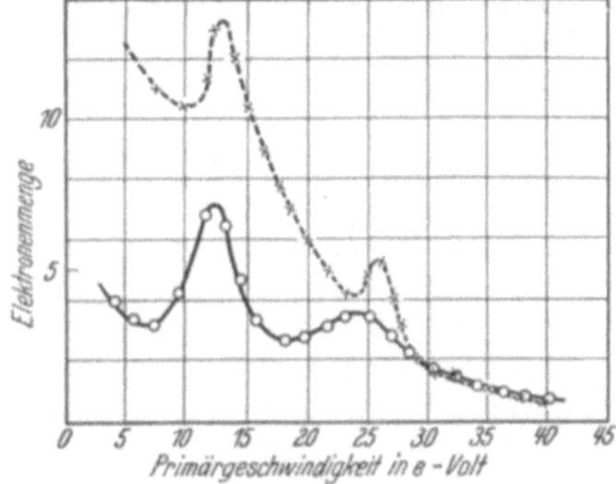

Abb. 152. Von einer dünnen Al-Folie in enger Umgebung der Primärrichtung rückgestreute ———— und durchgelassene ——— Elektronenmenge als Funktion der Primärgeschwindigkeit. Nach Rupp.

Wie stark der Wellencharakter des Elektrons den Vorgang der Rückstreuung langsamer Elektronen gestaltet, sieht man aus der Richtungsverteilung der von

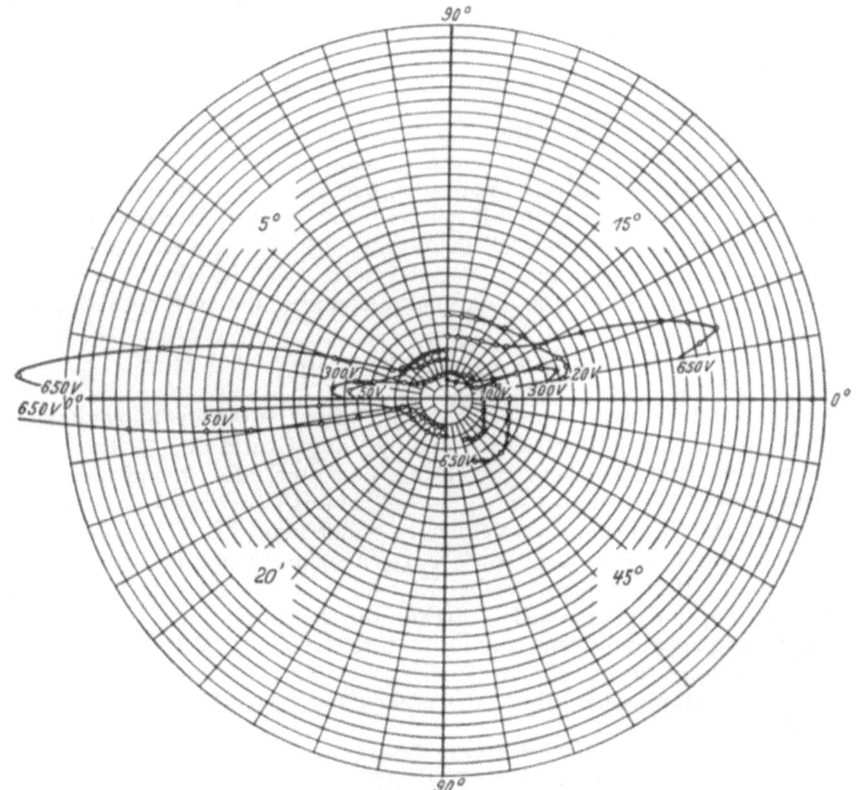

Abb. 153. Elektronenreflexion am Silberspiegel. Nach Rupp.

blanken Metalloberflächen rückgestreuten Elektronen. Läßt man nämlich auf eine hochglänzende, durch Aufdampfen gewonnene Metalloberfläche einen feinen homogenen Elektronenstrahl unter gegebenem Einfallswinkel auftreffen, so wird analog der optischen Reflexion maximale Elektronenintensität in einen Austrittswinkel reemittiert, welcher gleich dem Einfallswinkel ist. Die „spiegelnde Reflexion" ist dabei einem aus allseitig diffus gestreuten Elektronen bestehenden Untergrund überlagert und tritt um so ausgeprägter hervor, je flacher der Primärstrahl auf die Metalloberfläche auffällt. Das ist leicht verständlich, weil bei abnehmendem Glanzwinkel die scheinbaren Rauhigkeiten abnehmen. Entgegen den Erwartungen ergab sich aber bei Versuchen mit verschiedenen Primärgeschwindigkeiten zwischen 20 und 650 e-Volt, daß die spiegelnde Reflexion bei größeren Geschwindigkeiten (kürzeren DE-BROGLIE-Wellenlängen) sehr viel stärker hervortritt als bei den kleineren. Beispielsweise zeigt Abb. 153 die Reflexion von 20, 50, 300 und 650 e-Volt schnellen Elektronen an einer Silberoberfläche unter Glanzwinkeln von 20', 5°, 20° und 45° in Polarkoordinaten aufgetragen[1].

Bei den letztbesprochenen Erscheinungen der selektiven Rückstreuung gewisser Geschwindigkeiten und der Bevorzugung des optischen Reflexionswinkels bei der Reflexion langsamer Elektronen sind wir bereits in ein Gebiet geraten, wo der Wellencharakter des Elektrons sich bemerkbar macht. Hierher gehört auch die Rückstreuung der Elektronen in bevorzugte Winkelbereiche[2], welche jedoch wegen ihres ausgesprochenen Beugungscharakters in Kap. 19 bei den Beugungserscheinungen behandelt wird.

Kapitel 19.

Elektronenbeugung und -brechung[3].

§ 1. Beugung am Strichgitter. Der überzeugendste Versuch zum Nachweis der Wellennatur des Elektrons ist das Beugungsexperiment am Strichgitter. Ein Elektronenstrahl El in Abb. 154 falle „streifend", d. h. unter dem sehr kleinen Glanzwinkel θ auf ein in Metall geritztes optisches Gitter G auf. Der reflektierte Strahl wird unter demselben Winkel das Gitter verlassen, und die gebeugten Strahlen mögen mit dem reflektierten den Winkel $\mp \alpha$ einschließen. Es gilt dann auf Grund von Phasenüberlegungen die bekannte Beziehung für die Interferenzmaxima

$$n \cdot \lambda = \frac{d}{2} \alpha \left(\alpha + 2\theta\right), \tag{1}$$

wenn d die Gitterkonstante des optischen Gitters, n die Ordnung des gebeugten Strahles und λ die Elektronenwellenlänge auf Grund der in Kap. 5, Gl. (10) gegebenen DE BROGLIEschen Beziehung bedeutet. Es gelingt also hier, die DE BROGLIEsche Wellenlänge einzig und allein aus Längenmessungen zu erhalten.

Bei der Durchführung des Versuches bildet man den Elektronenstrahl beim Durchtritt durch die erste Blende der Versuchsröhre mit Hilfe eines kurzen inhomogenen Magnetfeldes (siehe Kapitel 2, § 2) auf die photographische Platte Pl ab, indem man den Strahl durch eine kurze Spule von einigen hundert Amperewindungen axial hindurchschickt. Mit einem Gitter von 1300 Strichen/cm ($d = 7{,}70 \cdot 10^{-4}$) gelang es bei 38,5 cm Abstand des Gitters von der photographischen Platte die Wellenlänge 150 e-Volt schneller Elektronen

---

[1] RUPP, E.: Physik. Z. Bd. 30 (1929) S. 935.

[2] DAVISSON, C., u. C. H. KUNSMANN: Physic. Rev. Bd. 19 (1922) S. 253; Bd. 21 (1923) S. 385.

[3] Zusammenfassend: S. KIKUCHI: Physik. Z. Bd. 31 (1930) S. 777. — H. MARK u. R. WIERL: Die experimentellen und theoretischen Grundlagen der Elektronenbeugung. Berlin: Bornträger 1931. — F. KIRCHNER: Elektroneninterferenzen und Röntgeninterferenzen. Erg. exakten Naturwiss. Bd. 11 (1932) S. 64.

zu $1,00 \mp 0,02$ AE zu bestimmen, also in bester Übereinstimmung mit der DE BROGLIEschen Beziehung. Zwei entsprechende Beugungsaufnahmen zeigt Abb. 155; man erkennt dort die Spektren erster, zweiter und sogar auch noch dritter Ordnung. Beispielsweise wurden an der zweiten dieser Aufnahmen die Beugungswinkel zu $\alpha_1 = 3,38 \cdot 10^{-3}$, $\alpha_2 = 5,34 \cdot 10^{-3}$ und $\alpha_3 = 6,80 \cdot 10^{-3}$ ausgemessen, während θ dort $2,2 \cdot 10^{-3}$ betrug[1]. Bei diesen Beugungsversuchen mußte unter streifender Inzidenz gearbeitet werden, d. h. der Glanzwinkel wurde

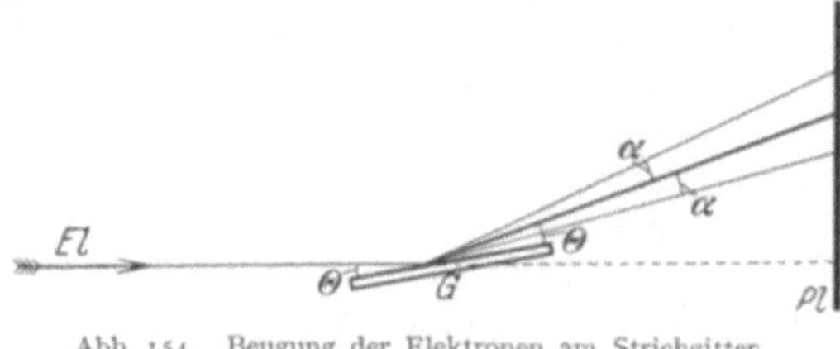

Abb. 154. Beugung der Elektronen am Strichgitter. Nach RUPP.

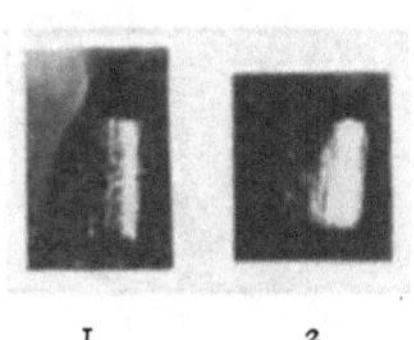

Abb. 155. Beugungsaufnahmen am Strichgitter. Nach RUPP.

ganz besonders klein gewählt, weil die benutzte Wellenlänge im Verhältnis zur Gitterkonstanten außerordentlich klein ist. Die Verhältnisse liegen also ähnlich wie bei den Gitterbeugungsexperimenten in der Röntgenoptik.

§ 2. Raumgitterinterferenzen langsamer Elektronen am Einkristall. Laueinterferenzen, Bragginterferenzen. Wie in der Röntgenphysik, so sind auch in der Elektronik die Beugungsphänomene nicht am Strichgitter, sondern am Kristallgitter zuerst aufgefunden worden. Läßt man nämlich in Analogie zum v. LAUEschen bzw. zum BRAGGschen Versuch einen Elektronenstrahl z. B. auf einen Metalleinkristall auftreffen und schwenkt man dann um den Auftreffpunkt des Strahles einen Faradaykäfig, welcher gerade nur die elastisch rückgestreuten Elektronen auffängt, so erhält man in bestimmten Winkelstellungen des Faradaykäfigs Intensitätsmaxima, die sich bei Kenntnis der DE BROGLIEschen Wellenlänge und der Kristallstruktur des betreffenden Metallkristalls als Raumgitterinterferenzen identifizieren lassen[2].

Um den phänomenologischen Zusammenhang mit der im vorigen Kapitel besprochenen Rückstreuung bzw. Reflexion zu erhalten, zeigen wir in Abb. 156a zunächst die Erscheinungen an der polykristallinen Oberfläche: Unter 45^0 fällt der 75 e-Volt schnelle Elektronenstrahl El auf die vollständig reine und entgaste Nickelfläche R. Die ohne wesentliche Energieverluste reemittierten Elektronen

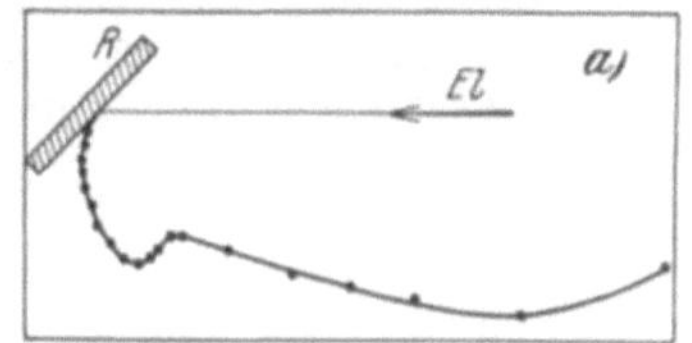

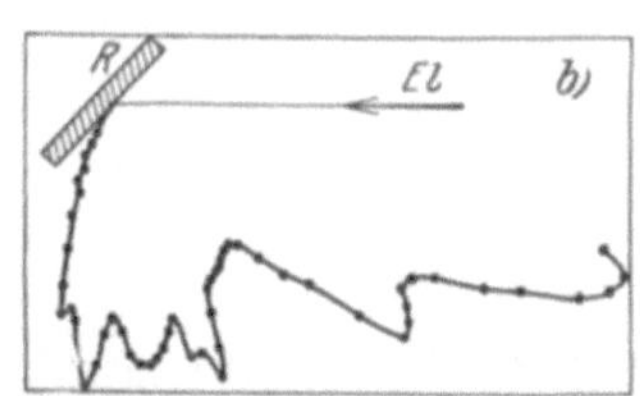

Abb. 156. Elektronenbeugung bei der Reflexion an der Oberfläche a) eines mikrokristallinen Metalls, b) eines Metalleinkristalls. Nach DAVISSON und GERMER.

zeigen dann eine Winkelverteilung der Intensität, wie sie durch die Länge des Radiusvektors: — Auftreffpunkt der Elektronen bis zur gezeichneten Kurve — gegeben ist. Schon beim polykristallinen Metall kann man Beugungsmaxima und Minima erhalten, welche über die Intensitätsverteilung der rückgestreuten Elektronen überlagert sind, aber erst am Einkristall (Abb. 156b) hebt sich klar und scharf eine große Anzahl von Maxima heraus.

---

[1] RUPP, E.: Z. Physik Bd. 52 (1928) S. 8; Physik. Z. Bd. 29 (1928) S. 837. — WORNSNOP, B. L.: Nature, Lond. Bd. 123 (1929) S. 164 (85-Volt-Elektronen; $\theta \approx 1^0$).

[2] DAVISSON, C., u. L. H. GERMER: Physic. Rev. Bd. 30 (1927) S. 705; Proc. nat. Acad. Sci. U. S. A. Bd. 14 (1928) S. 317. — RUPP, E.: Ann. Physik. Bd. 1 (1929) S. 801.

Um übersichtliche Verhältnisse bei der Untersuchung derartiger Beugungserscheinungen zu haben, kann man beispielsweise den Primärstrahl senkrecht auf eine bestimmte Indizesebene auffallen lassen und sucht dann mit dem Auffänger die Interferenzmaxima entsprechend dem Laueverfahren durch Variation von Azimut φ und Höhe ϑ im Raume ab.

Ein anderes praktisch wichtigeres Verfahren besteht in Analogie zur Braggaufnahme darin, daß man den Einfallswinkel gegenüber einer bestimmten Indizesebene variiert und die BRAGGsche Reflexion bei verschiedenem Einfallswinkel α beobachtet. Eine für Elektronenbeugung besonders bequeme Abwandlung des letzteren Verfahrens besteht darin, daß man den Einfallswinkel, also auch den Reflexionswinkel festhält und die Elektronengeschwindigkeit, d. h. die Wellenlänge, variiert. Durch

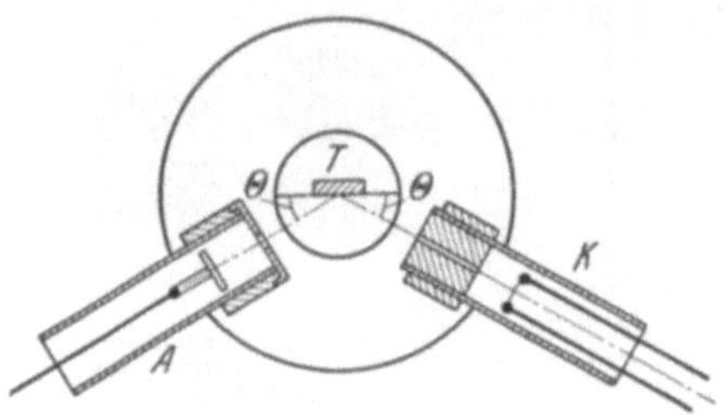

Abb. 157. Aufnahme von Beugungskurven nach dem Braggverfahren. Nach RUPP.

$$n \cdot \lambda = 2\,d \cdot \sin \Theta \qquad (2)$$

sind in bekannter Weise durch den Netzebenenabstand d und die Glanzwinkel Θ alle λ bestimmt, bei denen Maxima zu erwarten sind, n gibt die Ordnung der Beugung an, darf also alle ganzen Zahlen durchlaufen. Abb. 157 zeigt eine Anordnung zur Aufnahme von Beugungskurven nach dem Braggverfahren[1]. Elektronen gehen hier von der Glühkathode K aus, werden durch einen engen Kanal hindurch beschleunigt und treffen unter dem Glanzwinkel Θ auf die Kristalloberfläche. Von dieser werden sie gegebenenfalls unter dem gleichen Glanzwinkel Θ reflektiert und gelangen in den Auffänger A. An A wird ein bremsendes Gegenfeld gelegt, so daß nur Elektronen, die unterwegs keine wesentlichen Energieverluste erlitten haben, in ihn gelangen können. Die Messung der in A auf

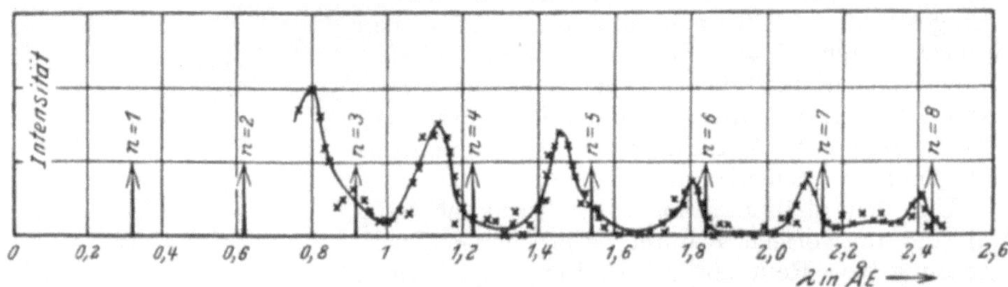

Abb. 158. Elektronen-Beugungsdiagramm. Verschiebung der Beugungsmaxima gegen die erwartete Lage (λ) infolge des Brechungsquotienten. Nach DAVISSON und GERMER.

gefangenen Elektronenmenge als Funktion der Elektronenvoltgeschwindigkeit V ergibt Beugungskurven von der Art der Abb. 158, bei welcher bei festem $\Theta = 11^0$ V von 50 bis 200 e-Volt variiert worden ist.

Wünscht man nach dem vorhin erwähnten Verfahren bei konstanter Elektronengeschwindigkeit durch Variation von Θ eine Beugungskurve zu erhalten, so hat man im Apparat Abb. 157 gleichzeitig das Kristallträgertischchen T und die Elektronenkanone K so weit zu drehen, daß stets der Einfallswinkel gleich dem Ausfallswinkel bleibt. Um diese Bedingung zu erfüllen, ist ein Zahnradgetriebe vorgesehen, welches die Bewegung von T im Verhältnis $1:2$ auf K überträgt[2].

---

[1] BÜHL, A., u. E. RUPP: Z. Physik Bd. 67 (1931) S. 572. — BOAS, W., u. E. RUPP; Ann. Physik Bd. 7 (1930) S. 983.

[2] LASS, J., u. E. RUPP: Ann. Physik Bd. 11 (1931) S. 611. — DAMES, W.: Ebenda Bd. 12 (1932) S. 185.

§ 3. Brechungsquotient. Innere Gitterpotentiale. Anomale Dispersion. Total-reflexion. Die Lage der wirklichen Beugungsmaxima in Abb. 158 stimmt nicht mit ihrer aus der DE BROGLIESchen Beziehung und nach Gl. (2) berechneten Lage, welche in der Abb. 158 durch Pfeile gekennzeichnet ist, überein. Genaue Übereinstimmung erhält man aber sofort, wenn man an Stelle der DE BROGLIE-schen Wellenlänge λ die Größe λ/χ in Gl. (2) einsetzt, wo

$$\chi = \frac{\lambda_{\text{außen}}}{\lambda_{\text{innen}}} = \sqrt{1 - \frac{W_a}{V}} \qquad (3)$$

den durch Gl. (19) in Kap. 5 erläuterten Brechungsquotienten bedeutet. Da das innere Potential W_a im Metall für das Elektron ein negatives Vorzeichen hat, so ist hier $\chi > 1$. Wir ordnen infolgedessen z. B. das erste in Abb. 158 auf-tretende Maximum der Beugung dritter Ordnung $n = 3$ zu. Im Metall findet sozusagen eine Kontraktion der DE BROGLIESchen Wellenlänge statt. χ kann hier in erster Näherung aus der in Kap. 7, Tabelle 6 (S. 82) aufgeführten äußeren Austrittsarbeit W_a und der Voltgeschwindigkeit V des benutzten Elektronenstrahls berechnet werden. Er kann in dieser Näherung als richtungsunabhängige Material-konstante aufgefaßt werden, die mit wachsender Elektronengeschwindigkeit ab-nimmt. Beispielsweise erwarten wir beim Nickel nach Gl. (3) für 1-Volt-Elektronen $\chi = 4$; für 10-Volt-Elektronen $\chi = 1,6$; für 100 e-Volt $\chi = 1,07$ und für 1 e-KV $\chi = 1,01$. Für große Elektronengeschwindigkeiten sind die Brechungsquotienten χ wenig von eins verschieden, doch kann der Brechungseffekt leicht nachgewiesen werden, wenn man eine Anzahl von Ordnungen derselben Reflexion gleichzeitig auf eine photographische Platte bringt. Man bemerkt dann deutlich eine Ver-schiebung der niedrigsten Ordnungen in Richtung auf den Primärstrahl hin[1].

Das Verfahren, den Brechungsquotienten mit Hilfe von Gl. (3) durch ein konstantes inneres Potential $V_0 = W_a$ darzustellen, hat sich als grobes Orien-tierungsmittel bestens bewährt[2]; wir haben in Kap. 7, Tabelle 6, gerade die aus Brechungsmessungen gewonnenen W_a-Werte notiert. Bei Ansprüchen größerer Genauigkeit hat es sich aber gezeigt, daß — speziell für langsame Elek-tronen — der Brechungsquotient im Sinne der in Kap. 7 diskutierten Dis-persionstheorie[3] eine komplizierte, richtungsabhängige Größe ist. Das innere Potential wird bei allen Materialien, Metallen sowohl wie bei Ionenkristallen[4], stets positiv gefunden ($V_0 > 0$); es ist aber, speziell bei Beugungen langsamer Elektronen — sogar auch für einfache, ganz reine Substanzen, wie Cu- oder Ag-Einkristalle — V_0 ganz inkonstant und variiert nicht einmal kontinuierlich mit der benutzten Elektronengeschwindigkeit[5].

Relativ übersichtlich scheinen die Verhältnisse im Fall des Nickels zu liegen; man findet für dieses Metall in der Abb. 159 den Gang des Brechungsquotienten mit der Elektronengeschwindigkeit für die verschiedenen Elektronenbeugungen eingetragen[6]. Die Meßpunkte bei kurzen Wellenlängen schließen sich gut einer Kurve an, die mit einem konstanten $W_a = 16$ e-Volt berechnet ist. Bei $\lambda = 1,25$ AE zeigt sich aber ein stark abweichender Verlauf; die hier eintretende „anomale Dispersion" ist vielleicht von irgendeiner kritischen Eigenfrequenz des Ni-Atoms verursacht.

---

[1] THOMSON, G. P.: Proc. Roy. Soc., Lond. Bd. 133 (1931) S. 20. — RAETHER, H.: Z. Physik Bd. 78 (1932) S. 527.
[2] RUPP, E.: Ann. Physik Bd. 1 (1929) S. 801; Bd. 3 (1929) S. 497.
[3] BETHE, H.: Ann. Physik Bd. 87 (1928) S. 55.
[4] Siehe z. B. F. KIRCHNER u. H. RAETHER: Physik. Z. Bd. 33 (1932) S. 510.
[5] FARNSWORTH, H. E.: Physic. Rev. Bd. 40 (1932) S. 685.
[6] DAVISSON u. GERMER: a. a. O.

Außer der Verlagerung der abgebeugten Strahlen ist der Wirkung des Brechungsquotienten noch ein zweites Phänomen zuzuschreiben: nämlich die Strahlen, welche streifend vom Metall nach außen gerichtet sind, erfahren an der Oberfläche eine Totalreflexion und können deshalb nicht als austretende Elektronen beobachtet werden.

Totalreflexion ist auch noch in andersartigen Experimenten beobachtet worden. Untersucht man nämlich die Reflexion von 100-Volt-Elektronen an einer dünnen keilförmigen Nickelschicht, die als Medium mit größerem Brechungsquotienten χ_{Ni} auf Kupfer einem Medium mit dem kleineren Brechungsquotient χ_{Cu} aufgedampft ist, so erreicht die reflektierte Intensität als Funktion des Einfallswinkels α bei $\alpha_0 = 80^0$ ein ausgesprochenes Maximum[1]. Dieser Winkel kann aber als Winkel der Totalreflexion erwartet werden, wenn

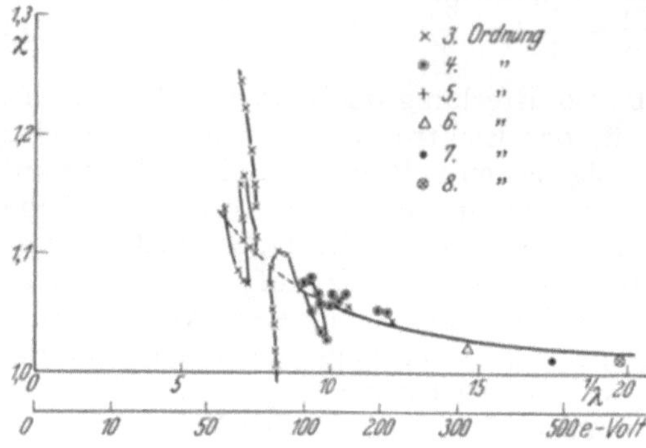

Abb. 159. Gang des Brechungsquotienten mit der reziproken Wellenlänge bei der Elektronenbeugung am Nickeleinkristall. Nach Davisson und Germer.

$$\frac{\chi_{\mathrm{Cu}}}{\chi_{\mathrm{Ni}}} = 0,98 = \sin\alpha_0 \text{ ist.}$$

Totalreflexion kann sehr deutlich beim Eintritt einiger e-Kilovolt schneller Elektronen in eine negative Raumladung, die sich unter der Oberfläche eines Isolators anhäufen läßt, beobachtet werden[2]; hierauf wollen wir jedoch hier nicht näher eingehen.

§ 4. Oberflächeninterferenzen. Technische Oberflächenuntersuchungen mit langsamen Elektronen. Durchgang schneller Elektronen durch dünnste Glimmerschichten; Flächengitterinterferenzen. Der Brechungsquotient spielt nur bei Raumgitterinterferenzen eine Rolle; nicht beobachtet ($\chi = 1$) wird er bei Oberflächeninterferenzen. Diese treten bei der Reflexion langsamer Elektronen an der Materialoberfläche — neben den Raumgitterinterferenzen — auf, sie rühren nur von einer Schicht der Atome an der Oberfläche her. Diese Oberflächeninterferenzen kommen dadurch zustande, daß die Elektronen zum Teil nur so wenig in den Kristall eindringen, daß die Zahl der an der Rückstreuung beteiligten Ebenen nicht ausreicht, um die Raumgitterinterferenz vollkommen zu machen (bei Röntgenstrahlen werden infolge ihrer relativ großen Eindringungstiefe keine Oberflächeninterferenzen beobachtet).

Während die Raumgitterinterferenzen bei der Strukturanalyse des beugenden Mediums eine praktische Anwendung finden, ist die Verwertung der Oberflächeninterferenzen zur Erforschung von Oberflächenschichten praktisch wichtig[3]. Aus Oberflächeninterferenzen langsamer Elektronen läßt sich beispielsweise die Struktur der auf der Oberfläche adsorbierten Gashäute untersuchen, insbesondere die Einlagerung von Wasserstoff in Metalle, ferner die technisch interessante Oxydbedeckung von Wolfram oder Chrom, die passive Schicht auf Eisen und anderes. Weiter läßt sich an der Veränderung und Verschiebung der Beugungsmaxima sehr schön der Prozeß einer Oberflächenreinigung eines Metalls durch Ausglühen im Vakuum oder durch Elektronenbombardement verfolgen. Schließlich sei noch auf die Untersuchung von Oberflächenverbindungen mittels der Beugung langsamer Elektronen hingewiesen,

---

[1] Rupp, E.: Physik. Z. Bd. 30 (1929) S. 935.
[2] Klemperer, O.: Z. Physik Bd. 47 (1928) S. 417.
[3] Zusammenfassend: E. Rupp: Physik. Z. Bd. 31 (1930) S. 1076.

hier wäre als Beispiel der für die Ergiebigkeit der Photozellen so wichtige Hydridbelag (siehe Kap. 10) zu nennen.

Versuche, welche das Phänomen der Flächengitterinterferenz in hervorragendem Maße geklärt haben, liegen bei den Beugungen beim Durchgang von 10 bis 85 e-KV schnellen Elektronen durch dünnste Glimmerblättchen vor[1]. Abb. 160 ist eine Beugungsaufnahme mit 62 e-KV schnellen, streng monochromatischen Elektronen an 10^{-5} cm dickem Glimmer. Es liegen hier immerhin noch etwa 50 Netzebenen übereinander, trotzdem ist man, wie im folgenden erläutert werden soll, zu der Annahme gezwungen[2], daß hier Flächengitterinterferenzen einzelner Netzebenen vorliegen. In Analogie zu den mit der Drehkristallmethode der Röntgenanalyse gewonnenen Aufnahmen war nämlich hier nur eine Netzebene an der Entstehung des Beugungsbildes beteiligt, die anderen Netzebenen

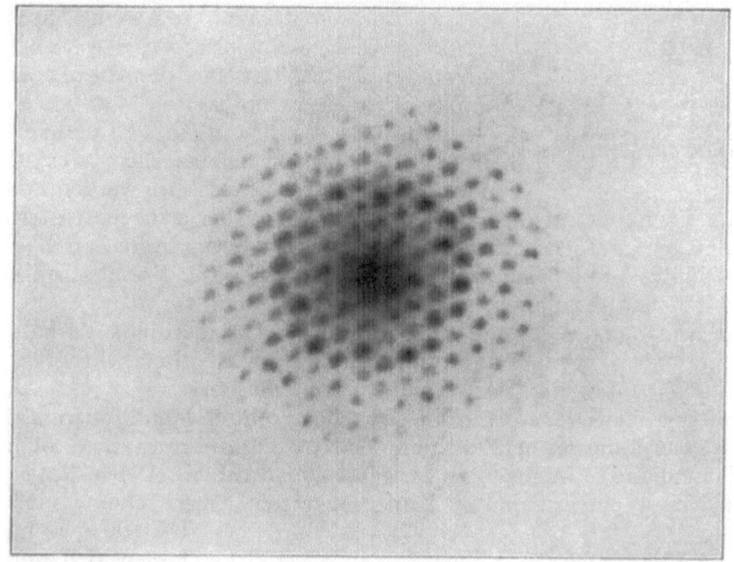

Abb. 160. Elektronenbeugung an dünner Glimmerfolie. ($\lambda = 0.047$ AE.) Nach Kikuchi.

waren durch thermische Verwerfung infolge einer Erhitzung durch den intensiven Kathodenstrahl derart beeinträchtigt, daß die Kohärenz der von ihnen gestreuten Strahlung gestört war. Infolge der starken Wechselwirkung der Elektronen mit dem Gitter ist eine so starke Dämpfung der einfallenden Welle vorhanden, daß das Auflösungsvermögen der Punktreihe parallel zum Strahl den Wert von etwa 10 Elektronenwellenlängen nicht übersteigen kann[3].

Wie ungeheuer stark die Wechselwirkung zwischen den einzelnen Netzebenen und den Elektronen ist, geht besonders daraus hervor, daß die Intensität der stärksten Interferenzstrahlen schon bei dünnsten Glimmerblättchen $<10^{-5}$ cm von der gleichen Größenordnung ist wie diejenige des Primärstrahls[4]. Interessant sind in diesem Zusammenhange Intensitätsmessungen am durchgehenden Primärstrahl, wenn das dünne Glimmerblättchen, welches sich im

<hr>

[1] Kikuchi, S.: Japan. J. Physics Bd. 5 (1928) S. 83. — Siehe auch Referat von E. Rupp: Naturwiss. Bd. 17 (1929) S. 174. — F. Kirchner: Ann. Physik Bd. 13 (1932) S. 38.

[2] Bragg, W. L.: Nature, Lond. Bd. 124 (1929) S. 125. — Bragg, W. L., u. F. Kirchner: Ebenda Bd. 127 (1931) S. 738.

[3] Raether, H.: Z. Physik Bd. 78 (1932) S. 527.

[4] Kirchner, F.: Ann. Physik Bd. 13 (1932) S. 38.

Strahlengang befindet, um eine senkrecht zur Strahlenrichtung liegende Achse langsam gedreht wird[1]. Man bemerkt dann, daß die Intensität des durchgegangenen Primärstrahls bei Änderung der Stellung des Glimmerkristalls beträchtliche Schwankungen aufweist. Eine elektrometrische Intensitätsmessung beim Durchgang von ca. 50 e-KV schnellen Elektronen durch ein 1300 AE dickes Glimmerblatt ergab die in Abb. 161 abgebildete Kurve. Der Primärstrahl wird offenbar immer dann am stärksten geschwächt, wenn sich eine Netzebene in „Reflexionsstellung" befindet. Mit zunehmender Schichtdicke nimmt die Intensität des durchgelassenen Primärstrahls angenähert exponentiell ab. Es läßt sich also ähnlich wie in Kap. 18, Gl. (4) ein Schwächungskoeffizient definieren. Im Gegensatz zu Gl. (5) des Kap. 18 nimmt der hier betrachtete Schwächungskoeffizient nur wenig rascher als $1/V$ ab (V = Voltgeschwindigkeit der Elektronen); sein absoluter Betrag ist bei den bisher untersuchten Elektronengeschwindigkeiten (30—60 e-KV) etwa 50mal größer als der in Kap. 18 definierte LENARDsche Streuabsorptionskoeffizient; es darf jedoch nicht außer acht gelassen werden, daß für LE-

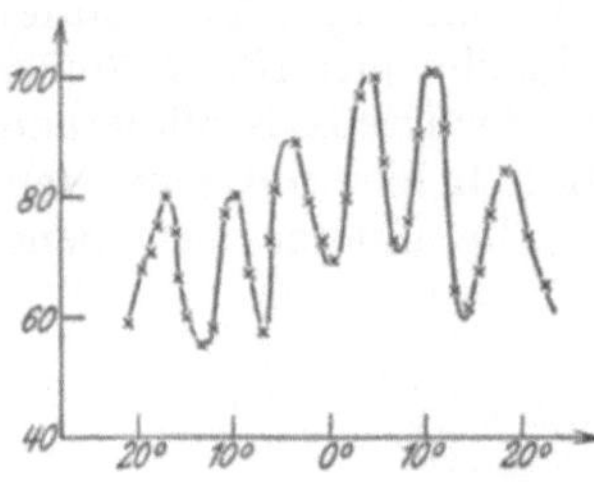

Abb. 161. Durchlässigkeit eines Glimmerkristalls von $1,3 \cdot 10^{-5}$ cm Dicke in Abhängigkeit von der Kristallstellung. Nach KIRCHNER. (Ordinate 100 bedeutet 4,5% Durchlässigkeit.)

NARDsche Koeffizienten die Durchlässigkeit nach der ganzen Austrittshalbkugel hin in Betracht gezogen wird, während die hier betrachtete Durchlässigkeit sich nur auf unabgelenkte Elektronen bezieht, welche die Primärstrahlrichtung angenähert beibehalten haben.

Die Flächengitterbeugung am Glimmer ist neuerdings deshalb besonders wichtig geworden, weil der dünne Glimmerkristall als Spektograph für Elektronenwellen bevorzugte Verwendung gefunden hat[2].

§ 5. Debye-Scherrer-Verfahren. Durchgang durch Metallfolien. Schwärzungsringe, ihre Durchmesser als Funktion der Kristallgitterkonstanten und der Elektronengeschwindigkeit. Intensitäten der gebeugten Strahlen. Debye-Scherrer-Aufnahmen von Kristallpulvern und an „aufgelockerten" Oberflächen. Ganz analog wie bei den Röntgenstrahlen lassen sich durch Elektronenbeugung Debye-Scherrer-Diagramme aufnehmen[3]. Durchquert beispielsweise, wie in Abb. 162 schematisch gezeichnet ist, ein schmales Elektronenbündel El von homogener Geschwindigkeit die Folie Fo, so erhält man bei geeigneter Wahl von Elektronengeschwindigkeit und Foliendicke an der Austrittsseite der Folie eine räumliche Verteilung der abgelenkten Elektronen auf

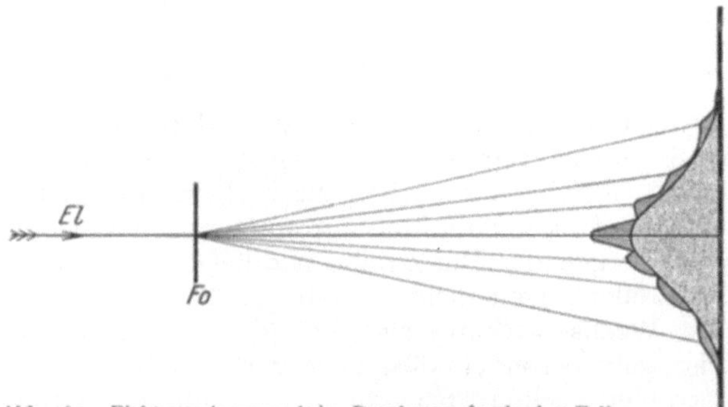

Abb. 162. Elektronenbeugung beim Durchgang durch eine Folie.

dem Auffangeschirm Pl, wie sie qualitativ in der Abb. 162 als Anhäufung schraf-

[1] KIRCHNER, F.: Ann. Physik Bd. 13 (1932) S. 38.
[2] KIRCHNER, F.: Ann. Physik Bd. 11 (1931) S. 741.
[3] THOMSON, G. P.: Proc. Roy. Soc., Lond. Bd. 117 (1928) S. 600; Bd. 119 (1929) S. 651; Bd. 125 (1929) S. 351. — RUPP, E.: Ann. Physik Bd. 85 (1928) S. 981; Bd. 1 (1929) S. 773. — MARK, H., u. R. WIERL: Z. Physik Bd. 60 (1930) S. 741.

fiert angedeutet ist. Es haben sich dort der schon in Kap. 18 besprochenen Winkelverteilungskurve vielfach gestreuter Elektronen die in der Abbildung dunkel schraffierten Intensitätsmaxima und Minima überlagert, die sich auf Beugung der de Brogliewelle zurückführen lassen.

Die Beugungsmaxima treten ziemlich plötzlich bei einer gewissen Elektronengeschwindigkeit auf, welche für die betreffende Foliendicke charakteristisch ist. Zum Beispiel waren an einer Silberfolie von der optischen Dicke[1] 0,344 bei 14,0 e-KV Elektronengeschwindigkeit noch keine Beugungsmaxima zu bemerken, während sie bei 15 e-KV schon deutlich hervortraten; für eine andere Silberfolie von der optischen Dicke 1,105 betrugen die eben erwähnten Elektronengeschwindigkeiten 20,0 bzw. 21,0 e-KV[2]. Außerdem aber beobachtet man auch beim Durchgang durch Folien von langsameren Elektronen etwa zwischen 150 und 300 e-Volt, nämlich bei Geschwindigkeiten, wo die im vorigen Kapitel erwähnten selektiven Durchlässigkeiten der Metalle für Elektronen existieren, derartige Beugungsmaxima[3].

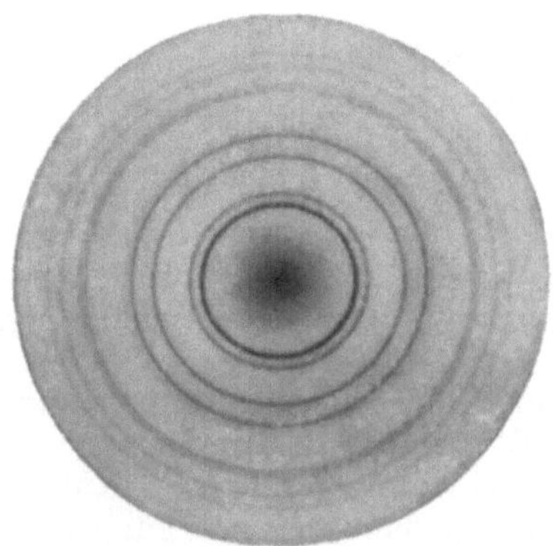

Abb. 163. Beugungsbild am Ag. 36-KV-Elektronen, $\lambda = 0,0645$ AE. Nach MARK und WIERL.

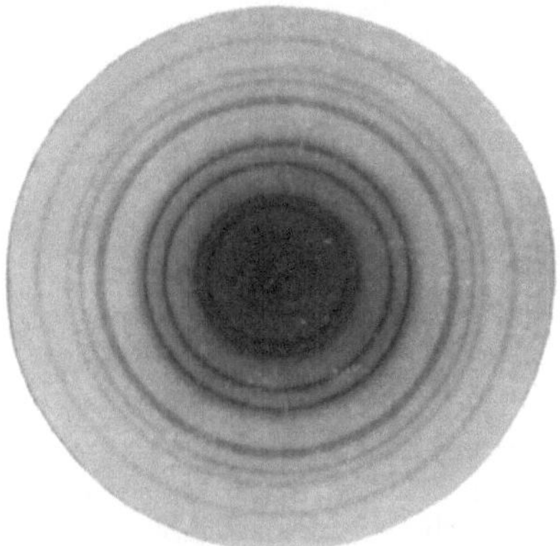

Abb. 164. Beugungsbild an Al. 41-KV-Elektronen, $\lambda = 0,0605$ AE. Nach MARK und WIERL.

Abb. 163 und 164 zeigen Beugungsbilder, die mit schnellen Elektronen erhalten wurden[4]. Die bei ihrer Aufnahme angewendete Methode möge wegen ihrer Wichtigkeit hier näher besprochen werden: Ein fein ausgeblendeter homogener Kathodenstrahl trat in eine aus dickwandigen Eisenrohren bestehende, also magnetisch vollkommen geschützte Beobachtungskammer ein. In 25 cm Abstand von der zu untersuchenden dünnen Folie befand sich ein Leuchtschirm bzw. der photographische Film. Die Belichtungszeiten lagen bei einer Kathodenstrahlintensität von 20 Milliampere zwischen $^1/_{10}$ und $^1/_{50}$ sec. Vor der Aufnahme muß sich die Röhre erst konstant einlaufen, und die Debye-Scherrer-Linien werden auf dem Leuchtschirm eingestellt. Dann wird der primäre Kathodenstrahl durch einen Elektromagneten vollständig abgelenkt, und die zu belichtende Stelle des Films wird vor den Leuchtschirm gebracht[5]. Schließlich wird durch ein Uhrwerkrelais während der erforderlichen Belichtungszeit der

---

[1] Optische Dicke = Log. der Lichtundurchlässigkeit = „Schwärzung". Die wirklichen Dicken lassen sich nicht genau angeben; sie betragen bei den zur Beugung benutzten Folien im Allgemeinen ca. 10 bis 100 AE.

[2] THOMSON, G. P.: a. a. O.

[3] RUPP, E.: a. a. O. — [4] MARK, H., u. R. WIERL: a. a. O.

[5] Eine für derartige Beugungsaufnahmen geeignete Filmkammer ist in Abb. 39, Kap. 3 auf S. 36 abgebildet.

Elektromagnetstrom momentan unterbrochen und hernach ebenso wieder selbsttätig eingeschaltet.

Bei den Beugungsbildern interessieren uns zuerst die Ringdurchmesser, welche genau so wie bei den Röntgenstrahlen zur Strukturanalyse verwertet werden. Die Ringe entstehen bekanntlich dadurch, daß für jeden Netzebenenabstand d ein Reflex im Glanzwinkel Θ entsteht, welcher durch die BRAGGsche Gleichung Gl. (2) festgelegt ist. Bei einer statistisch zufälligen Anordnung der Kriställchen in der Folie führt das zu den Beugungsringen vom Durchmesser $D = 2L \sin 2\Theta$ auf der Platte im Abstand L. Da Θ klein ist, wird

$$D = 2L \cdot \lambda \cdot \frac{n}{d} \, . \tag{4}$$

Beispielsweise ist speziell im flächenzentrierten kubischen Kristallsystem, dem die meisten bisher untersuchten Metalle angehören:

$$\frac{n}{d} = \frac{\sqrt{h^2 + j^2 + k^2}}{a} \, , \tag{5}$$

wo a die Kantenlänge des Elementarkubus ist und h, j, k die kristallographischen Indizes bedeuten, welche entweder alle gerade oder alle ungerade Zahlen sind. Für verschiedene e-Voltgeschwindigkeiten V muß die Größe

$$D \cdot \sqrt{V} (1 + V \cdot e / 1200 \, m c^2) \tag{6}$$

für jeden Ring konstant sein. Der Brechungsquotient Gl. (3) ist für schnelle Elektronen, wie sie hier verwendet wurden, so klein, daß er vernachlässigt werden kann.

Die relativen Intensitäten der einzelnen Ringe eines Beugungsbildes sind von verschiedenen Faktoren abhängig, wie z. B. von der Atomnummer der beugenden Substanz und von der Elektronengeschwindigkeit. Nach Kap. 16 läßt sich bei kleinen Ablenkungswinkeln $\vartheta = 2\Theta$ in jedem Ring pro Längeneinheit die Elektronendichte

$$I = K \cdot \left(\frac{F_R - Z}{\sin^2 \vartheta / 2} \right)^2 \cdot \frac{p}{(\vartheta / 2)^2} \tag{7}$$

erwarten, wo K für jede einzelne Photographie eine Konstante ist und p den sog. Häufigkeitsfaktor bedeutet, der die Anzahl der zu der betreffenden Beugung beitragenden Netzebenen angibt und sich aus deren kristallographischen Indizes berechnet. Der Faktor $(\vartheta / 2)^2$ im Nenner folgt mit einer für kleine Winkel ϑ erlaubten Vereinfachung aus der Tatsache, daß durch Photometrierung die Schwärzung in einem Punkte jedes Kreises gemessen wird, die zu messenden Intensitäten aber auf Kreise verteilt sind, deren Radien im Verhältnis von $(\vartheta / 2)$ stehen.

Die Beugung ist hier nichts anderes als Einzelstreuung. Die Kristallgitterstreuung hat aber vor der im vorigen Kapitel behandelten Streuung am Einzelatom den besonderen Vorteil, daß bei ihr die Trennung elastischer und unelastischer Stöße durch die interferenzmäßige Ablenkung in die selektiven Beugungskegel von selbst geliefert wird.

Abb. 165 zeigt die Registrierphotometerkurven zweier Beugungsbilder nach Art der Abb. 163 und 164. Schon ein oberflächlicher Vergleich der beiden Kurven, die hier so ausgewählt wurden, daß sie etwa die gleiche Erhebung der [111]-Reflexion über dem kontinuierlichen Untergrund der Vielfachstreuung ergeben, zeigt, daß der Intensitätsabfall mit steigendem Ablenkungswinkel für Al viel steiler ist wie für Ag; während bei Ag die höheren Reflexionen noch intensiv sind, sind sie beim Al schon verschwunden. Aus der mit Hilfe des Elektrometers bestimmten

Intensitätsschwärzungskurve (vgl. Kap. 3, § 5) lassen sich die Elektronenintensitäten in den Ringen aus deren Schwärzungen ermitteln. Diese Intensitäten sind mit der theoretischen Voraussage der Gl. (7) in bester Übereinstimmung. Trägt man nämlich wie in Abb. 166 als Abszissen die nach Kap. 16, Gl. (10) charakteristischen Größen $\dfrac{\sin\vartheta/2}{\lambda}$ und als Ordinaten die Größen $\left(\dfrac{Z-F_R}{\sin^2\vartheta/2}\right)^2$ auf, so fallen die an Au-, Ag- und Al-Folien aus den Ringintensitäten mit Hilfe von Gl. (7)

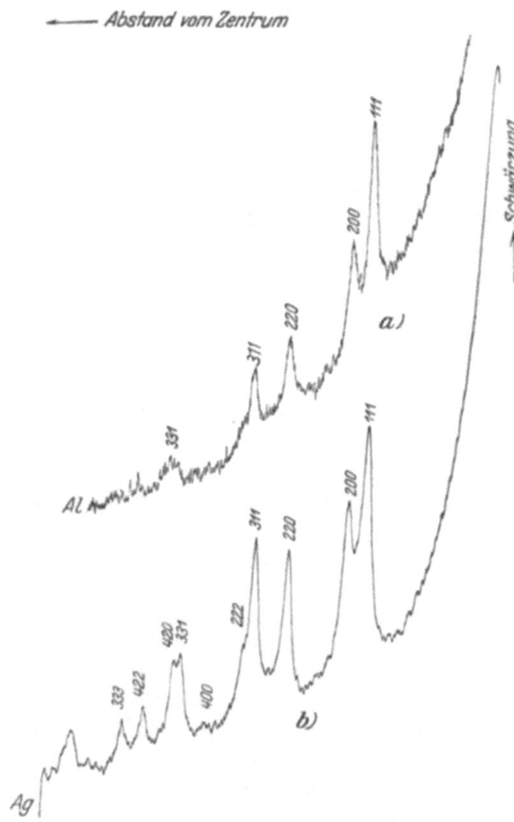

experimentell gewonnenen Punkte fast genau in die durchgezogenen Kurven, welche mit Hilfe der aus Tabelle 34 (S. 203) theoretisch erhaltenen Atomformfaktoren F berechnet wurden[1]. Zum Vergleich ist als gebrochene Kurve in die Abb. 166 die Rutherfordkurve — d. h. die entsprechende Funktion für $F_R = 0$, also für das punktförmige Atom ohne abschirmende Elektronenwolke — eingetragen. Außerdem findet man

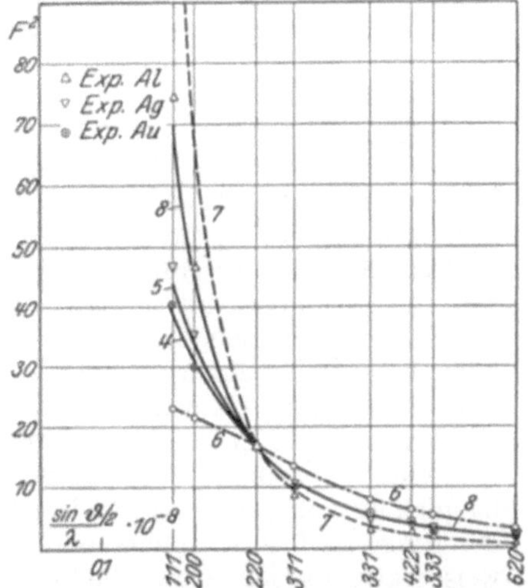

Abb. 165. Registrierphotometerkurven der Beugungsbilder a) von einer Aluminiumfolie, b) von einer Silberfolie. Nach MARK und WIERL.

Abb. 166. Atomformfaktorkurven für (4), (5) und (8) 36-KV-Elektronen an Au, Ag und Al, (7) Rutherfordverteilung, (6) Röntgenstrahlen an Al. Nach MARK und WIERL.

noch in der Abb. 166 die entsprechende am Aluminium ermittelte Kurve[2] für Beugung der Röntgenstrahlen aufgezeichnet [hier ist als Ordinate entsprechend Kap. 16, Gl. (11) F_R^2 aufgetragen]. Wie man sieht, ist der Abfall dieser Kurve viel flacher als der der Elektronenkurven, was anzeigt, daß sich die Beugung der Röntgenstrahlen praktisch nur an den Atomelektronen abspielt, im Gegensatz zum anderen Extrem der ganz steilen Rutherfordkurve, welche nach Kap. 17, Gl. (3) eine Beugung am Atomkern allein, ohne Berücksichtigung der Atomelektronen zugrunde legt.

[1] Für sehr schnelle Elektronen wird der Verlauf der Atomformfaktorkurve steiler: Zum Beispiel für 220-KV-Elektronen siehe bei E. RUPP: Ann. Physik Bd. 10 (1931) S. 927.

[2] JAMES, R. W., G. W. BRINDLEY u. R. G. WOOD: Proc. Roy. Soc., Lond. Bd. 125 (1929) S. 401.

Die Anwendung des eben beschriebenen Debye-Scherrer-Verfahrens ist nun bei den Elektronen nicht nur auf solche Fälle beschränkt, in denen sich aus dem zu untersuchenden Material leicht dünnste Folien herstellen lassen. Man erhält nämlich auch sehr schöne Beugungsringe, welche zur Untersuchung der Kristallstruktur durchaus geeignet sind, wenn man die zu untersuchende Substanz auf eine sehr dünne Zelluloidfolie aufdampft[1], oder wenn man mit ihrem Kristallpulver einen sehr feinen Spalt bestäubt[2], durch welchen man einen schnellen Elektronenstrahl hindurchschießt. Ferner lassen sich Debye-Scherrer-Ringe erhalten, wenn man den Elektronenstrahl streifend auf eine in gewisser Weise „aufgelockerte" Oberfläche auffallen läßt. Hierfür eignen sich z. B. Metalle, die in dünner Schicht auf Glasflächen aufgedampft oder zerstäubt sind[3], dagegen geben polierte oder geätzte Oberflächen massiver Metalle keine Beugungsdiagramme.

Für die Spektroskopie einiger hundert e-Volt schneller Elektronen eignen sich besonders gut Debye-Scherrer-Interferenzen, welche von einem mit Zinkoxyd bestäubten Metallspiegel ausgehen[4]: Die Anordnung ist zweckmäßig in Analogie zur SEEMANN-BOHLINschen fokussierenden Methode so gewählt, wie in Abb. 167 aufgezeichnet wurde. Dort tritt ein Elektronenbündel, welches stark divergent sein kann, durch einen Spalt auf die zylindrische Pulveroberfläche vom Krümmungsradius $R = 50$ cm und wird auf die in etwa $A = 30$ cm Abstand von der Pulveroberfläche angebrachte photographische Platte gebeugt [$A = 4\Theta R$; Θ siehe Gl. (2)]. Jede Elektronengeschwindigkeit wird hier als einzelne Linie abgebildet; für 200 bis 300 e-Volt schnelle Elektronen betrug die Dispersion ca. 15 e-Volt pro Zentimeter.

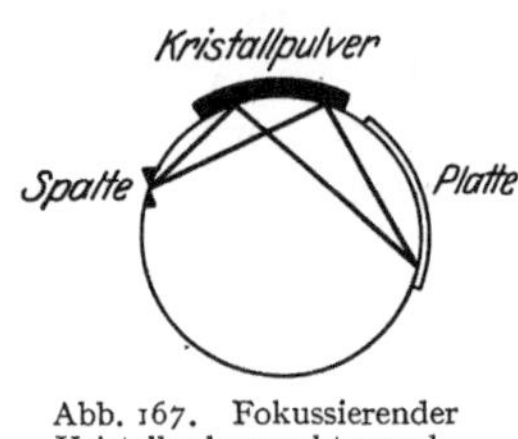

Abb. 167. Fokussierender Kristallpulverspektograph. Nach v. FRIESEN.

§ 6. **Schärfe der Interferenzen, Auflösungsvermögen.** Von großer Wichtigkeit für jede quantitative Auswertung der Beugungsbilder ist die Frage nach der Schärfe der Beugungsringe, denn wenn diese nicht genügend scharf sind, können sie leicht einander überdecken. Als Maß für die Schärfe der Beugungsringe kann man das Verhältnis $r/\varDelta r$ des Ringradius r und der Ringbreite $\varDelta r$ ansehen, welches zugleich eine untere Grenze für das Auflösungsvermögen $\lambda/\varDelta\lambda$ darstellt. Spezialuntersuchungen[5] über die Ringschärfe ergaben, daß ihre Abhängigkeit von der Foliendicke nicht deutlich merkbar ist. Dagegen nimmt die Ringschärfe mit abnehmender Wellenlänge ganz beträchtlich zu, beispielsweise hatte an einer Goldfolie von $1,5 \cdot 10^{-6}$ cm Dicke die Abnahme der Wellenlänge von $\lambda = 0,065$ AE auf $\lambda = 0,045$ AE eine Abnahme der Ringbreite auf etwa $1/3$ ihres Wertes zur Folge. Für die größten Ringschärfen wurde ein Wert $(\lambda/\varDelta\lambda) \approx (r/\varDelta r) = 50$ bei etwa 70 e-KV schnellen Elektronen gemessen. Die größten Schärfen der Interferenzen sind am Glimmerkristall beobachtet worden, wo sich eine untere Grenze von $\lambda/\varDelta\lambda = \vartheta/\varDelta\vartheta > 1000$ mit 70-KV-Elektronen experimentell feststellen ließ[6].

Theoretisch erhält man unter der Annahme eines unbegrenzten Wellenzuges ein Auflösungsvermögen $\lambda/\varDelta\lambda = n \cdot 2 \cdot 10^5$ für die n-te Ordnung. Diese Zahl ist noch ganz wesentlich größer als die unter günstigsten Bedingungen aus dem

[1] KIRCHNER, F.: Naturwiss. Bd. 18 (1930) S. 706; Bd. 19 (1931) S. 463.
[2] PONTE, M.: C. R. Bd. 188 (1929) S. 244, 909; Ann. Physique Bd. 13 (1930) S. 395.
[3] THOMSON, G. P., u. C. G. FRASER: Proc. Roy. Soc., Lond. Bd. 128 (1930) S. 641.
[4] FRIESEN, S. v.: Naturwiss. Bd. 19 (1931) S. 361.
[5] SCHÖBITZ, E.: Physik. Z. Bd. 32 (1931) S. 37.
[6] KIRCHNER, F.: Ann. Physik Bd. 11 (1931) S. 741.

Experiment erschlossene untere Grenze. Aus solchen Messungen läßt sich aber durchaus kein Schluß auf die Kohärenzlänge der verwendeten Elektronenwelle ziehen, vielmehr erklärt sich das geringe experimentelle Auflösungsvermögen aus der starken Dämpfung der einfallenden Welle: Wir haben schon in § 4 dieses Kapitels bei der Erläuterung der Flächengitterinterferenz darauf hingewiesen, daß immer nur einzelne Netzebenen am Interferenzvorgang beteiligt sind.

Bei langsamen Elektronen kann deshalb nach der schon wiederholt erwähnten Dispersionstheorie[1] ein noch sehr viel kleineres Auflösungsvermögen als bei schnellen Elektronen erwartet werden; man berechnet für die Beugung von 100-Volt-Elektronen am Nickel etwa 10^2. Aus Experimenten am Nickeleinkristall ergibt sich[2] für 300-Volt-Elektronen $\lambda/\varDelta\lambda = 14{,}2$ und für 50-Volt-Elektronen $\lambda/\varDelta\lambda = 2{,}5$. Das Auflösungsvermögen ist also stets um so größer, je kürzer die verwendete Wellenlänge ist.

§ 7. Elektronenbeugung an Gasen und Dämpfen; Bestimmung von Molekülstrukturen.

Eins der wichtigsten Anwendungsgebiete der Elektronenbeugung liegt heute bei der Erforschung des Molekülbaues durch die Streuung schneller Elektronen an molekularen Dämpfen[3]. Hierbei ist gegenüber dem gleichen Untersuchungsverfahren mit Röntgenstrahlen[4] die wesentlich kräftigere Wechselwirkung der Elektronen mit der Materie besonders vorteilhaft, da eine Beugungsaufnahme mit Elektronen in Bruchteilen einer Sekunde entsteht, während die Expositionszeiten mit Röntgenstrahlen sich nach Stunden bemessen. In der Versuchsanordnung Abb.168

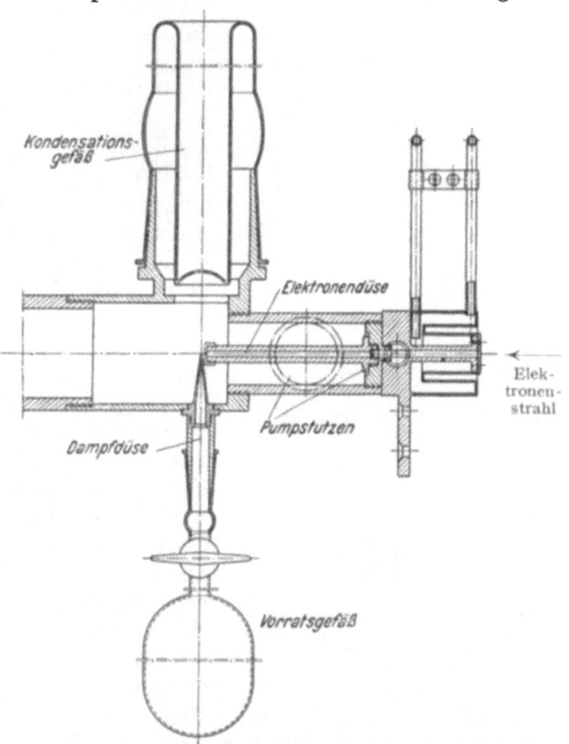

Abb. 168. Elektronenbeugung am Dampfstrahl. Nach WIERL.

durchquert ein 0,1 mm feiner, ca. 40 e-KV schneller Elektronenstrahl einen intensiven Dampfstrahl, welcher aus einem Vorratsgefäß durch eine 0,1 mm feine Düse senkrecht zur Elektronenrichtung in das Vakuum hineinströmt. Der Dampfstrahl strömt aus der Düse gegen den Boden eines mit flüssiger Luft gefüllten Gefäßes und kondensiert sich dort, so daß gutes Vakuum in der Apparatur erhalten werden kann. In 12 oder auch 25 cm Abstand von der Dampfdüse befindet sich der photographische Film. Im übrigen ist die Anordnung ähnlich wie bei den oben beschriebenen Beugungsaufnahmen an Metallfolien. Ein am Tetrachlorkohlenstoffdampf gewonnenes Beugungsbild nebst der zugehörigen Registrierphotometer-

---

[1] BETHE, H.: Ann. Physik Bd. 87 (1928) S. 55.
[2] DAVISSON u. GERMER: a. a. O.
[3] WIERL, R.: Ann. Physik Bd. 8 (1931) S. 521; Bd. 13 (1932) S. 453.
[4] DEBYE, P.: Physik. Z. Bd. 28 (1927) S. 135; Bd. 31 (1930) S. 142, 419. — BEWILOGUA, L.: Ebenda Bd. 32 (1931) S. 265.

kurve zeigt Abb. 169. Aus einer derartigen Kurve läßt sich dann, nachdem der kontinuierliche Untergrund in Abzug gebracht ist, bei bekannter Intensitäts-schwärzungskurve (siehe Kap. 3) die Intensitätsverteilung der gebeugten Elektronen gewinnen.

Diese Intensitätsverteilung ist nun auch theoretisch als Funktion des Ablenkungswinkels ϑ für ein Molekül mit n Atomen gegeben[1], nämlich durch

$$I = K \sum_{1}^{n} {}^i \sum_{1}^{n} {}^j \psi_i \psi_j \cdot \frac{\sin \mu_{ij}}{\mu_{ij}}, \qquad (8)$$

wo [vgl. Kap. 16, Gl. (8)]

$$\mu_{ij} = 4\pi l_{ij} \cdot \frac{\sin \vartheta/2}{\lambda}$$

ist und

$$K = \frac{1}{R^2} \cdot \frac{e^4}{4 m^2 u^4}$$

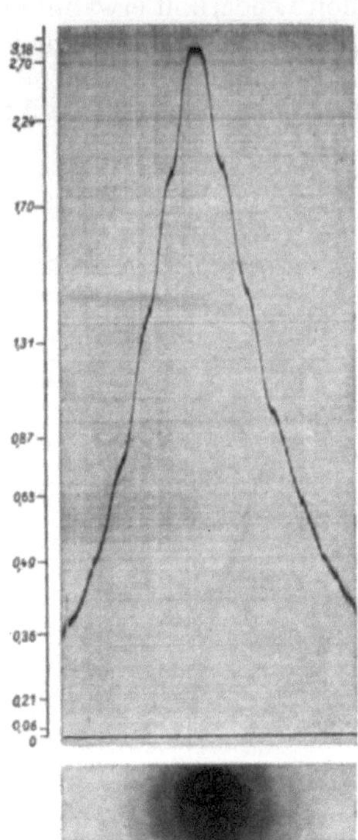

Abb. 169. Elektronenbeugungsaufnahme von CCl$_4$ und dazugehörge Registrierphotometerkurve. Nach WIERL.

bei konstantem Filmabstand R und konstanter Elektronengeschwindigkeit u, d. h. bei ein und derselben Aufnahme eine Konstante bedeutet. μ_{ij} ist durch l_{ij} den Abstand des Atoms i vom Atom j gegeben, und ψ_i bzw. ψ_j ist das Streuvermögen dieser Atome. Da sich nun bei bekanntem Atomformfaktor des betreffenden Atoms nach Kap. 16, Gl. (12) sein Streuvermögen angeben läßt, so gelingt es, aus einer experimentellen Beugungsaufnahme den Abstand der beugenden Atome zu gewinnen. Beispielsweise folgt aus der Aufnahme Abb. 169, daß im CCl$_4$-Molekül der gegenseitige Abstand der Cl-Atome jedesmal 2,98 $\mp$ 0,03 AE beträgt, während der Abstand der Cl-Atome vom C-Atom zu 1,82 AE bestimmt wird. Daraus folgt weiter, daß ein CCl$_4$-Molekül tetraedrische Struktur haben muß, so daß die Vermutungen der klassischen Chemie hierdurch bestätigt werden.

Ein ganz einfaches Beispiel möge das Auswertungsverfahren noch erläutern: Wir betrachten ein Hantelmolekül und setzen das Streuvermögen seiner beiden Atome in erster Näherung $\psi = Z$. Nach Gl. (8) folgt für dieses Modell:

$$\frac{J}{K} = Z_1 Z_1 + Z_1 Z_2 \frac{\sin \mu_{12}}{\mu_{12}} + Z_2 Z_1 \frac{\sin \mu_{21}}{\mu_{21}} + Z_2 Z_2 ,$$

da $\left| \frac{\sin \mu}{\mu} \right|_{\mu \to 0}$ den Wert 1 hat. Ist z. B. wie in einem Wasserstoffmolekül $Z_1 = Z_2 = 1$, so würde sich unsere Beziehung sogar zu

$$\frac{J}{K} = 2 Z^2 \cdot \left(1 + \frac{\sin \mu}{\mu} \right)$$

vereinfachen. Letztere Funktion müßte nun aufgezeichnet und mit den Ergebnissen einer Beugungsaufnahme, d. h. mit einer experimentellen Kurve $I = f\left(\frac{\sin \vartheta/2}{\lambda} \right)$ verglichen werden. Wird eine weitere Annäherung versucht, so kann man analog der Rutherfordgleichung [Kap. 17, Gl. (3)] $I \sim \frac{Z^2}{\sin^4 \vartheta/2}$, also

---

[1] DEBYE, P.: a. a. O.

$\psi_i \sim \dfrac{Z_i}{\sin^2 \vartheta/2}$ oder nach Berücksichtigung des Atomformfaktors $\psi_i \sim \dfrac{(Z_i - F_i)}{\sin^2 \vartheta/2}$ setzen. Ist nun die Übereinstimmung der experimentellen und der theoretischen Kurve genügend, so ist dadurch die Richtigkeit der zugrunde gelegten Modellvorstellung bezeugt. Der Weg zur Ermittlung des Molekülbaues ist also derart, daß man aus den bisherigen physikalischen und chemischen Kenntnissen über das betreffende Molekül irgendeine mögliche geometrische Anordnung seiner Atome zu erraten versucht. Aus dieser geometrischen Anordnung wird dann nach Gl. (8) die Intensitätsverteilung berechnet und mit der experimentell aus der Beugungsaufnahme gefundenen verglichen. Je nach dem Grad der Übereinstimmung beider Kurven wird die probeweise zugrunde gelegte Modellvorstellung anerkannt oder verworfen und durch eine andere bessere ersetzt.

Beugungserscheinungen sind auch beim Durchgang langsamerer Elektronen durch Gase beobachtet worden, wir sind bereits in Kap. 17, § 4 bei der Einzelstreuung darauf eingegangen.

Kapitel 20.

Energieverlust eines Elektrons im Elementarakt[1].

§ 1. Verschiedenartigkeit der Energieverluste. Der Energieverlust eines bewegten Elektrons beim Zusammenstoß mit einem freien Atom kann auf verschiedene Weise zustande kommen: 1. können Elektronen bei elastischen Reflexionen minimale Energieverluste erleiden; 2. kann bei einem unelastischen Stoß ein scharf begrenzter Energiebetrag des Primärelektrons zur Anregung des getroffenen Atoms verausgabt werden; 3. wird ein Primärelektron bei jeder Befreiung eines Sekundärelektrons einen Energieverlust erleiden können; schließlich 4. kommen ganz selten noch solche Energieverluste vor, bei welchen das bewegte Elektron mit dem Atomkern in Wechselwirkung tritt, nämlich Energieverluste, die zur Emission eines Röntgenquants im kontinuierlichen Spektrum führen.

§ 2. Energieverlust bei elastischer Reflexion. Energieverluste bei elastischen Reflexionen kommen durch Impulsaustausch beim Zusammenstoß zustande und sind infolge der außerordentlich kleinen Masse m des stoßenden Elektrons gegenüber der Masse M des getroffenen Atoms auch verschwindend gering. Sie werden überhaupt nur bei langsamen Elektronen beim Durchgang durch Edelgase bemerkbar, wo viele tausend Zusammenstöße stattfinden können, ohne daß eine Anregung des Atoms oder eine Anlagerung des Elektrons stattfindet. Aus Energie- und Impulserhaltung ergibt sich unter der Annahme gleicher Wahrscheinlichkeit aller Ablenkungswinkel durchschnittlich ein Energieverlust

$$\Delta E = \frac{2m}{M} \cdot E_0 \tag{1}$$

für das Elektron mit der Anfangsenergie E_0. Beispielsweise hat ein Elektron nach 100 Zusammenstößen mit Heliumatomen nur etwa 3 % seiner Anfangsenergie eingebüßt. Bei den elastischen Stößen gegen schwerere Atome ist der Energieverlust des Elektrons natürlich noch kleiner.

§ 3. Anregungen von Atomen. Erstanregungsspannungen, Resonanzspannungen. Der zur Anregung führende Energieaustausch zwischen dem stoßenden Elektron und dem Atom erfolgt bemerkenswerterweise immer quanten-

---

[1] Zusammenfassend: J. Franck u. P. Jordan: Anregung von Quantensprüngen durch Stöße. Berlin 1927.

haft, d. h. das Elektron kann in diesem Fall nur Energieverluste von gewissen endlichen Beträgen erleiden. Diese Energiebeträge sind ganz unabhängig von der Primärenergie des Elektrons, sie werden nur durch die Struktur des durchquerten Atoms bestimmt. Jedem Atom steht eine ganze Anzahl von möglichen Energiebeträgen zur Verfügung, die es von dem durchquerenden Elektron aufnehmen kann. Die Energie des durchquerenden Elektrons wird dazu aufgewandt, um Atomelektronen aus ihren Grundzuständen in höhere Energiezustände zu befördern. Speziell bei Absorption oder Emission von Lichtquanten sind nach dem Auswahlprinzip nur solche Übergänge möglich, bei denen sich im Anfangs- und Endzustand die Nebenquantenzahl (siehe Kap. 7) um $\mp$ 1 unterscheidet. Auf weitere Einzelheiten[1] wollen wir hierbei nicht eingehen; wir wollen uns nur an Hand des Beispiels des besonders übersichtlichen Alkaliatoms ein Termschema Abb. 170 entwerfen[2] und uns daran die verschiedenen Anregungsmöglichkeiten klarmachen. Die Terme werden hier durch Ordinatenhöhen, die den Energiewerten proportional sind, gekennzeichnet. Die den einzelnen Termen entsprechenden kurzen Querstriche = ,,Stufen" sind entsprechend ihrer Zugehörigkeit zu einer bestimmten Nebenquantenzahl auf den S, P, D usw. entsprechenden senkrechten, punktierten Linien aufgezeichnet, die jeder Stufenfolge beigeschriebenen Zahlen (1, 2, 3, ...) bedeuten Laufzahlen, so daß z. B. die Stufenfolge 3 die Terme $3S$, $3P$, $3D$ umfaßt (diese konventionelle Laufzahl bedeutet nicht die in Kap. 7 eingeführte Hauptquantenzahl). Entsprechend dem

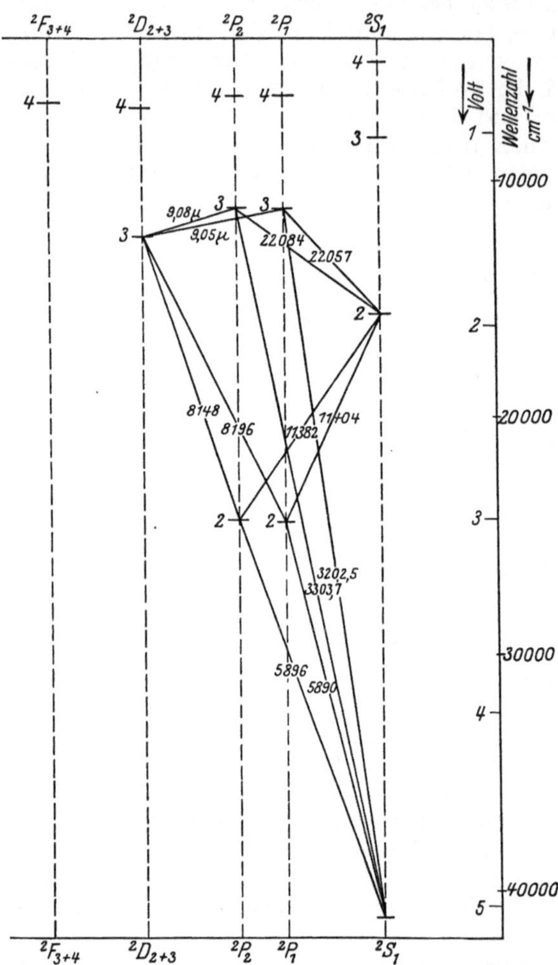

Abb. 170. Termschema des Natriumatoms. Nach GROTRIAN.

tatsächlichen Verhalten der Terme nimmt die Stufenhöhe in den oberen Niveaus ab und verschwindet ganz bei der (hier nicht mehr gezeichneten) Stufenfolge ∞, welche dem Nullniveau der Energie bei unendlichem Abstand des Elektrons vom Atom entspricht. Die in Abb. 170 durchgezogenen Geraden entsprechen einzelnen optischen Emissionslinien, auf deren Erregung wir noch in § 7 dieses Kapitels zurückkommen. Der Grundzustand des Außenelektrons im Alkalimetall befindet sich in unserem Beispiel bei $1S$. Durch einen Elektronenstoß

<hr>

[1] Siehe z. B. A. SOMMERFELD: Atombau und Spektrallinien. Braunschweig 1931.
[2] GROTRIAN, W.: Graphische Darstellung der Spektren. Berlin 1928.

kann dieses Außenelektron gemäß dem genannten Auswahlprinzip auf direktem Wege in sämtliche P-Terme, aber in keine anderen Terme gehoben werden.

Die vom stoßenden Elektron aufgewandten Energiebeträge werden als „Anregungsspannungen" bezeichnet, sie werden, speziell wenn es sich darum handelt, das Leuchtelektron aus seinem Grundzustand, in den nächst energiereicheren Zustand zu heben, „Erstanregungsspannungen" genannt. (Diese Erstanregungsspannungen sind nur dann identisch mit den sog. „Resonanzspannungen", wenn das angeregte Atom unter Ausstrahlung eines Lichtquants in seinen Grundzustand zurückkehren kann.) Elektronen, deren kinetische Energie unterhalb der Erstanregungsspannung liegt, können keine wesentlichen Geschwindigkeitsverluste erleiden, sie können allenfalls von dem betreffenden Atom vollständig festgehalten werden (= Absorption, siehe Kap. 22).

Die wichtigsten heute bekannten Anregungsspannungen von Atomen nebst ihren Deutungen durch die zugehörigen Ausgangs- und Endterme sind in Tabelle 38 verzeichnet. Die Erstanregungsspannungen sind hierbei durch Umrahmung hervorgehoben, bei den durchgezogenen Umrahmungen handelt es sich gleichzeitig um Resonanzspannungen, die gebrochenen Umrahmungen

Tabelle 38. Anregungsspannungen von Atomen in e-Volt.

Element	Anregungs-spannung	Deutung	Element	Anregungs-spannung	Deutung
He . . .	$\lceil 19{,}75 \rfloor$	$1\,{}^1S_0 - 2\,{}^3S_1$	Mg . .	$\boxed{2{,}7}$	$1\,{}^1S - 2\,{}^3P_1$
	$20{,}55$	$1\,{}^1S_0 - 2\,{}^1S$		$4{,}3$	$- 2\,{}^1P_1$
	$21{,}2$	$1\,{}^1S_0 - 2\,{}^1P$		$7{,}6$	$1\,{}^1S =$ Ionis.
	$22{,}9$	$1\,{}^1S_0 - 3\,{}^1P$	Ca . .	$\boxed{1{,}9}$	$1\,{}^1S - 2\,{}^3P_1$
	$24{,}6$	$1\,{}^1S_0 =$ Ionis.		$2{,}9$	$1\,{}^1S - 2\,{}^1P_1$
Ne . . .	$\boxed{16{,}5}$	${}^1S_0 - {}^1P_1$		$6{,}0$	$1\,{}^1S =$ Ionis.
	$18{,}5$	$-*$	(Ba) . .	$\boxed{1{,}56}$	$1\,{}^1S - 2\,{}^3P_1$
	$21{,}5$	${}^1S_0 =$ Ionis.		$2{,}23$	$1\,{}^1S - 2\,{}^1P_1$
Ar . . .	$\boxed{11{,}5}$	$-*$		$5{,}19$	$1\,{}^1S =$ Ionis.
	$13{,}0$	$-*$	Zn . .	$\boxed{4{,}0}$	$1\,{}^1S_0 - 2\,{}^3P_1$
	$13{,}9$	$-*$		$5{,}8$	$1\,{}^1S_0 - 2\,{}^1P_1$
	$15{,}4$	${}^1S_0 =$ Ionis.		$9{,}35$	$1\,{}^1S_0 =$ Ionis.
Li . . .	$\boxed{1{,}84}$	$1\,{}^2S_{\frac{1}{2}} - 2\,P_{\frac{1}{2}}$	Cd . .	$\boxed{3{,}8}$	$1\,{}^1S - 2\,{}^3P_1$
	$5{,}37$	$1\,{}^2S_{\frac{1}{2}} =$ Ionis.		$5{,}4$	$1\,{}^1S - 2\,{}^1P_1$
Na . . .	$\boxed{2{,}10}$	$1\,{}^2S_{\frac{1}{2}} - 2\,P_{\frac{1}{2}}$		$8{,}95$	$1\,{}^1S =$ Ionis.
	$5{,}12$	$1\,{}^2S_{\frac{1}{2}} =$ Ionis.	Hg . .	$\lceil 4{,}66 \rfloor$	$1\,{}^1S_0 - 2\,{}^3P_0$
K . . .	$\boxed{1{,}60}$	$1\,{}^2S_{\frac{1}{2}} - 2\,P_{\frac{1}{2}}$		$4{,}86$	$1\,{}^1S_0 - 2\,{}^3P_1$
	$4{,}32$	$1\,{}^2S_{\frac{1}{2}} =$ Ionis.		$5{,}43$	$1\,{}^1S_0 - 2\,{}^3P_2$
Rb . . .	$\boxed{1{,}55}$	$1\,{}^2S_{\frac{1}{2}} - 2\,{}^2P_{\frac{1}{2}}$		$6{,}67$	$1\,{}^1S_0 - 2\,{}^1P$
	$4{,}16$	$1\,{}^2S_{\frac{1}{2}} =$ Ionis.		$7{,}69$	$1\,{}^1S_0 - 2\,{}^3S$
Cs . . .	$\boxed{1{,}38}$	$1\,{}^2S_{\frac{1}{2}} - 2\,{}^2P_{\frac{1}{2}}$		$8{,}79$	$1\,{}^1S_0 - 3\,{}^1P$
	$3{,}88$	$1\,{}^2S_{\frac{1}{2}} =$ Ionis.		$8{,}81$	$1\,{}^1S_0 - 3\,{}^3D_1$
Cu . . .	$\boxed{3{,}76}$	$1\,{}^2S_{\frac{1}{2}} - 2\,{}^2P_{\frac{1}{2}}$		$10{,}39$	$1\,{}^1S_0 =$ Ionis.
	$7{,}7$	$1\,{}^2S_{\frac{1}{2}} =$ Ionis.	(Al) . .	$\lceil 0{,}01 \rfloor$	$2\,{}^2P_1 - 2\,P_2$
Ag . . .	$\boxed{3{,}65}$	$1\,{}^2S_{\frac{1}{2}} - 2\,{}^2P_{\frac{1}{2}}$		$3{,}13$	$2\,{}^2P_1 - 2\,S$
	$7{,}5$	$1\,{}^2S_{\frac{1}{2}} =$ Ionis.		$5{,}95$	$2\,{}^2P_2 =$ Ionis.
Au . . .	$\boxed{4{,}6}$	$1\,S - 2\,P_1$	Te . .	$\lceil 0{,}9 \rfloor$	$2\,P_{\frac{1}{2}} - 2\,P_2$
	$5{,}1$	$1\,S =$ Ionis.		$6{,}08$	$2\,{}^2P_{\frac{1}{2}} =$ Ionis.

* Übergänge von ${}^1S_0$ zu Gruppen aus mehreren Termen: Vgl. z. B. F. Hund: Linienspektren und periodisches System der Elemente, S. 199. Berlin 1927.

kennzeichnen Anregungen metastabiler Atomzustände, welche sich nur durch Stöße zweiter Art regenerieren können, d. h. durch Zusammenstöße z. B. mit Nachbaratomen, bei denen auf diese ihre Anregungsenergie etwa als kinetische Energie übertragen wird. Die größte überhaupt existierende Erstanregungsspannung ist diejenige des Heliums von 19,75 e-Volt. Es ist also möglich, durch vollständig reines Helium Elektronen mit 19 e-Volt Geschwindigkeit hindurchzubewegen, ohne daß eine Bremsung zu bemerken ist, wenn wir hier von den minimalen im § 2 erwähnten Reflexionsverlusten absehen wollen. Die Edelgase besitzen unter allen Atomen die höchsten Erstanregungsspannungen. Neben diesen sind in Tabelle 38 nur Metalldämpfe verzeichnet, und zwar deshalb, weil die Gase oder Dämpfe der anderen Elemente unter normalen Verhältnissen nicht aus Atomen, sondern aus Molekülen bestehen.

§ 4. **Anregungen von Molekülen. Elektronensprünge. Rotations- und Schwingungsanregung. Potentialkurven molekularer Terme. Franck-Condon-Prinzip.** In den Molekülen liegen die Anregungsverhältnisse ungeheuer viel komplizierter. Denn während das freie Elektron seine kinetische Energie an das Atom nur durch Anregung von „Elektronensprüngen" der Atomelektronen abgeben kann, hat das stoßende Elektron beim Molekül außerdem noch die Möglichkeit einer Energieübermittlung durch Anregung von Rotations- und Schwingungsquanten bzw. durch Dissoziation des Moleküls in seine atomaren Bestandteile.

Die Schwingungsquanten entsprechen einer Änderung der Schwingung der Atomkerne im Molekül gegeneinander um einen Gleichgewichtsabstand; die Rotationsquanten entsprechen einer Veränderung der Rotation des räumlich ausgedehnten Moleküls um seinen Schwerpunkt. Sowohl beim polaren wie beim nichtpolaren Molekül kann das Elektron unter Anregung der Schwingung oder Rotation Geschwindigkeitsverluste erleiden. In allen Fällen handelt es sich um quantenhafte Geschwindigkeitsverluste, welche jedoch vielfach so klein sind, daß sie im Elementarakt nicht bemerkt werden können; es läßt sich in diesem Falle nur ein mittlerer Geschwindigkeitsverlust des Elektrons nach einer sehr großen Anzahl von Moleküldurchquerungen feststellen. Die Schwingungsquanten sind im allgemeinen klein gegen die Quanten der Elektronensprünge, sie sind von der Größenordnung einiger Zehntel e-Volt. Die Rotationsquanten sind wiederum klein gegen die Schwingungsquanten, nämlich von der Größenordnung von $1/_{100}$, $1/_{1000}$ oder noch weniger e-Volt, also schon von der Größenordnung der Energie der Temperaturbewegung bei Zimmertemperatur.

Die Anzahl der möglichen Energieverluste eines Elektrons bei der Durchquerung eines Moleküls erhöht sich dadurch, daß mit jedem möglichen Elektronensprung gleichzeitig Schwingungs- und Rotationsquanten angeregt werden können. Wesentlich vereinfacht sich das Problem der molekularen Anregung aber deshalb, weil das schwere System der Kerne beim Zusammenstoß mit dem leichten Elektron keine Zeit hat, seinen Kernabstand oder seine Kerngeschwindigkeit merklich zu verändern (FRANCK-CONDONsches Prinzip)[1]. Besonders gut veranschaulichen sich die verschiedenen Möglichkeiten der Anregung durch Abb. 171, wo wir die Potentialkurven einiger Terme des einfachsten Moleküls, nämlich des Wasserstoffs, aufgezeichnet haben[2]. Als Abszissen sind hier die Abstände R der H-Kerne in AE aufgetragen, als Ordinaten die entsprechenden Energiewerte des Moleküls E in e-Volt. Die einzelnen Kurven geben

---

[1] FRANCK, J.: Trans. Faraday Soc. Bd. 21 (1925). — CONDON, E. U.: Physic. Rev. Bd. 32 (1928) S. 858.

[2] Näheres siehe z. B. bei A. E. RUARK u. H. C. UREY: Atoms, Molecules and Quanta. New York 1930.

die Abhängigkeiten $E = f(R)$ für verschiedene Elektronenkonfigurationen an. Zum Beispiel stellt die unterste Kurve die Energie im Zustande $1\,^1S$ bei variablem Kernabstand dar. Der tiefste Punkt dieser Kurve entspricht dem stabilen Grundzustande mit $R_0 = 0{,}75$ AE. Die höheren Kurven bedeuten angeregte Zustände, z. B. $2\,^1S$, $2\,^1P$, ... Auch die Energiekurve für den Grundzustand des H_2^+-Ions ist am oberen Ende der Abbildung eingetragen. Man beachte, daß die tiefsten Punkte der verschiedenen Energiestufen bei verschiedenen Abszissen liegen. Wenn wir nun das H_2-Molekül im Grundzustande durch Elektronenstoß anregen, so kommen wir nicht in einen Gleichgewichtszustand, sondern in einen höheren Punkt der Energiekurve, von dem aus eine Schwingung des Kernabstandes um den tiefsten Punkt der betreffenden Energiekurve, d. h. um den Gleichgewichtswert von R einsetzt. Man regt also gleichzeitig einen höheren Elektronenzustand plus einem Oszillationszustand an. In der Abb. 171 sind die gequantelten Oszillationszustände durch die horizontalen Geraden angedeutet; diese geben jeweils die Grenzwerte an, bis zu welchen der Kernabstand R variieren kann. Die Potentialkurve begrenzt alle zugehörigen horizontalen Geraden, denn die betreffenden Schnittpunkte ergeben die potentielle Energie des Moleküls in den Umkehrpunkten der gequantelten Oszillation. Der einer Anregung entsprechende Pfeil in Abb. 171 ist senkrecht nach oben gezeichnet, weil gemäß dem erwähnten FRANCK-CONDONschen Prinzip der Abstand der Kerne während des Elektronenstoßes ungeändert bleibt.

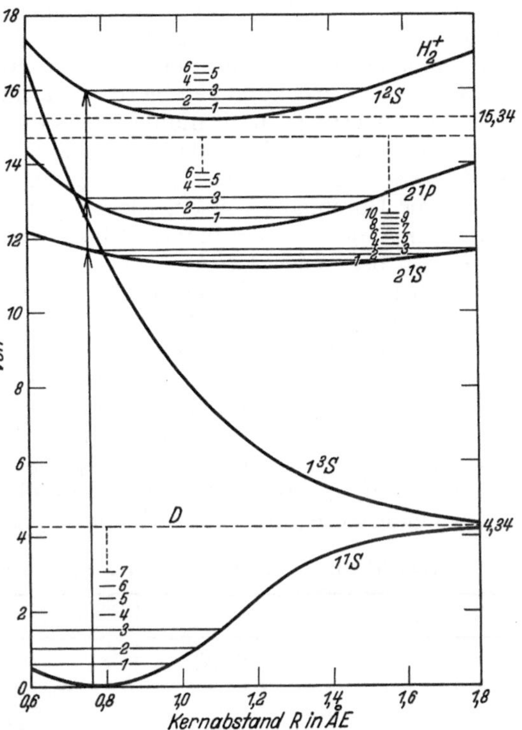

Abb. 171. Potentialkurven einiger Terme von H_2. Nach RUARK und UREY.

Dieselben Verhältnisse wie bei der Anregung herrschen auch bei der Ionisation. Auch hier erhält man, wie die Abb. 171 veranschaulicht, nicht den Gleichgewichtszustand des H_2^+-Ions (15,34 e-Volt), sondern einen höheren Oszillationszustand. Dadurch wird nachträglich klar, weshalb die in Kap. 13 dargelegten Versuche über die Ionisation der Moleküle keine so scharfen und eindeutigen Resultate ergeben können wie die Versuche über Ionisation der Atome.

Die Dissoziationsenergie $D = 4{,}34$ e-Volt entsprechend $H_2 = H + H$ ist in der Abb. 171 als gebrochene Linie eingezeichnet. Dissoziation ist durch Elektronenstoß aber nur über den Elektronenzustand $1\,^3S$ zu erreichen, welcher, wie die Abb. 171 zeigt, nicht zu einem Gleichgewicht des H_2-Moleküls führt, sondern stets Abstoßung der beiden H-Atome liefert. Im Kernabstand $R_0 = 0{,}75$ AE des Minimums von $1\,^1S$ und in dessen Umgebung ändert sich die potentielle Energie des $1\,^3S$-Zustandes sehr stark. Der Energieverlust des Überganges $1\,^1S$ nach $1\,^3S$ ist deshalb an sich nicht scharf definiert, vielmehr nur seine obere Grenze. Nach Abb. 171 ist eine Dissoziation bei einer Elektronengeschwindigkeit von ungefähr 12 e-Volt ab erreichbar. In § 7 dieses Kapitels soll erläutert werden, wie bei dieser Elektronengeschwindigkeit tatsächlich eine Dissoziation in Wasserstoffatome nachgewiesen werden konnte[1].

Außer den bisher geschilderten Oszillationsanregungen durch die Elektronensprünge muß berücksichtigt werden, daß während der Durchgangszeit des Elektrons die Schwingungsenergie des homöopolaren Moleküls auf dem Wege über eine Deformation seines Elektronensystems vermehrt werden kann. Adiabatisch ändert sich dieses und kehrt in den Anfangszustand zurück. Der Kernabstand bleibt währenddessen ungeändert, aber mit der Deformation des Moleküläußeren ändert sich die Kernbindung, und die potentielle Energie wird dadurch vermehrt. Ein Teil dieser Zunahme muß sich während des Elektronendurchgangs in kinetische Energie der Kerne umsetzen, die dem durchgehenden Elektron nicht wieder zurückgegeben wird. Da nun ferner der Energieaustausch nur quantenhaft erfolgt, muß mindestens so viel Energie nach dem Durchgang des Elektrons zurückbleiben, daß die Oszillationsenergie um ein Quant vermehrt wird. Diese Art der Energieübertragung muß um so wahrscheinlicher sein, je größer die Durchgangszeit des Elektrons ist, und je mehr die Bindung der Kerne von einer Änderung der äußeren Elektronen abhängt, bzw. je eher die Kerne zu schwingen beginnen, d. h. je leichter sie sind. Für relativ langsame Elektronen dürfen wir also relativ große Häufigkeit dieser adiabatischen Oszillationsanregung erwarten. Für schnellere Elektronen wird sie mehr und mehr zurücktreten, doch wird durch sie eine Unschärfe der Energieverluste, die durch obenerwähnte Elektronensprünge erzeugt sind, verursacht werden können. Um die Größen molekularer Anregungsspannungen zu charakterisieren, geben wir in Tabelle 39 einen Überblick über einige kritische Spannungen in molekularen Gasen. Die Daten sind in e-Volt gegeben, hinter jeder Zahl steht eine Angabe, wie z. B. (D), (S), (E), (J), je nachdem, ob der Endeffekt eine Dissoziation, eine Schwingungsanregung, ein Elektronensprung oder eine Ionisation war.

Tabelle 39.   Einige kritische Spannungen von Molekülen in e-Volt.

H_2	N_2	J_2	CO	CO_2
0,54 (S)	0,26 (S)	—	0,83 (S)	—
4,4 (D)	9,1 (D)	1,5 (D)	10,0 (D)	5,3 (D)
—	—	—	—	15,5 (D)
—	3,15 (E)	2,5 (E)	ca. 6 (E)	—
ca. 7 (E)	ca. 9 (E)	5 (E)	ca. 8 (E)	10,0 (E)
12,5 (E)	13 (E)	—	ca. 10 (E)	—
15,4 (J)	15,8 (J)	9,5 (J)	13,9 (J)	14,3 (J)

§ 5. Messung von Anregungsspannungen durch Nachweis der Elektronen mit kinetischer Energie nach dem Stoß bzw. durch Nachweis der fast geschwindigkeitslosen Elektronen. Im folgenden wollen wir einige Methoden zur Messung von Anregungsspannungen angeben. Wir befassen uns zunächst mit zwei Methoden, welche schon frühzeitig zur exakten Bestimmung von Anregungsspannungen der elektropositiven einatomigen Metalldämpfe und Edelgase geführt haben. Von diesen Methoden beruht die eine auf dem Nachweis aller Elektronen, welche nach Zusammenstößen mit den Atomen überhaupt noch Energie übrig behielten, die andere auf dem Nachweis solcher Elektronen, die nach Zusammenstößen ihre Energie vollständig einbüßten.

---

[1] Theoretisches über die Häufigkeiten dissoziierender Elektronenstöße siehe bei H. S. W. MASSEY u. C. B. O. MOHR: Proc. Roy. Soc., Lond. Bd. 135 (1932) S. 258.

Ein Verfahren nach der ersten Methode ist in Abb. 172 skizziert[1]: Elektronen gehen von der Glühkathode K aus und werden durch ein variables Potentialgefälle gegen das zylindrische Netz N beschleunigt. Während ihrer Beschleunigung treffen sie mit den zu untersuchenden Dampfatomen zusammen, wobei sie die Geschwindigkeitsverluste erleiden können. Nach dem Durchfliegen durch das Netz N laufen dann alle Elektronen, deren Geschwindigkeit noch dazu ausreicht, gegen ein unveränderliches schwaches Gegenfeld von etwa $^1/_2$ Volt bis zur Anode A, wo sie aufgefangen und galvanometrisch gemessen werden. Der im Galvanometer G als Funktion der Beschleunigungsspannung zwischen K und N gemessene Strom ist für Quecksilberdampf von etwa 1 mm Druck in Abb. 173 dargestellt. Man bemerkt dort zunächst ein Ansteigen des Stromes infolge des Anstiegs der glühelektrischen Stromspannungskurve (siehe z. B. Kap. 6, Abb. 53) bis zu einem Maximum, welches dort überschritten wird, wo die stoßenden Elektronen gerade bis auf das Anregungspotential beschleunigt sind. Sie geben dann nämlich ihre ganze kinetische

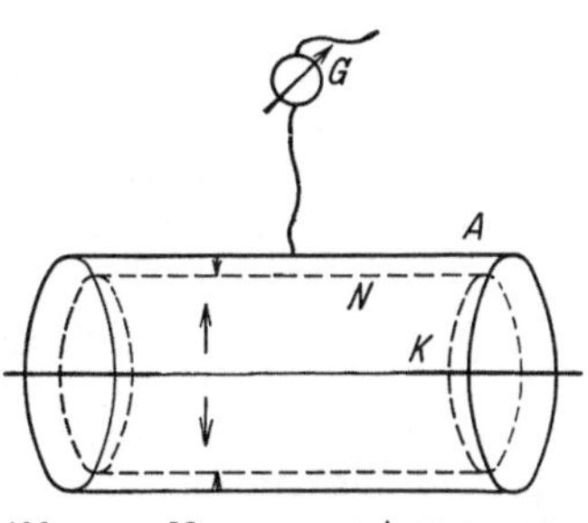

Abb. 172. Messung von Anregungsspannungen durch Nachweis aller Elektronen, die nach Zusammenstößen mit Atomen noch Energie übrig behalten haben. Nach FRANCK und HERTZ.

Energie zur Anregung der Atome her und können infolgedessen nicht mehr gegen das kleine Gegenfeld zwischen Netz und Anode anlaufen. Steigert man nun die Spannung zwischen Kathode und Netz weiter, so werden die Elektronen nach ihrem Anregungsstoß von neuem beschleunigt, bis sie wieder gegen das kleine Gegenfeld anlaufen können, und infolgedessen die an der Anode gemessene Stromstärke wieder von neuem ansteigt. Bei weiterer Beschleunigung wird dann die zur Anregung notwendige Elektronengeschwindigkeit zum zweitenmal erreicht, und die

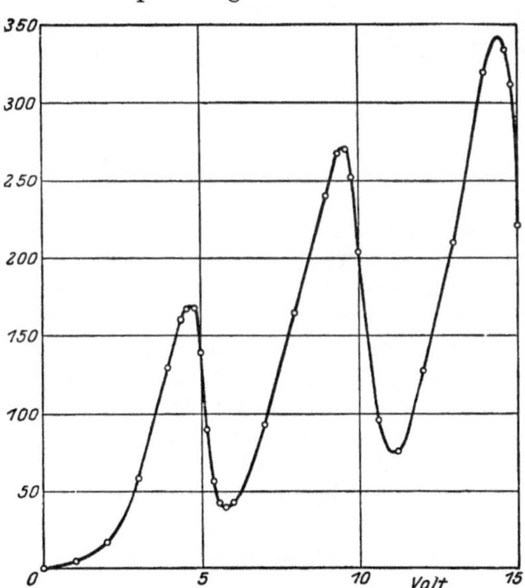

Abb. 173. Stromspannungskurve, aufgenommen mit der Anordnung Abb. 172 in Hg-Dampf von 1 mm Druck. Nach FRANCK und HERTZ.

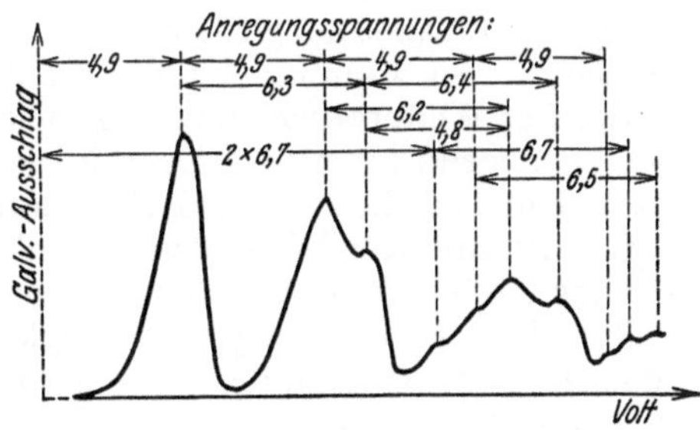

Abb. 174. Stromspannungskurve, aufgenommen mit der Anordnung Abb. 172 in Hg-Dampf bei relativ großem Potentialabfall pro mittlere freie Elektronenweglänge. Nach EINSPORN.

Stromspannungskurve zeigt deshalb ein zweites Maximum usw. Das Spiel wiederholt sich periodisch, und man erhält deshalb viele scharfe Maxima im Abstande der betreffenden Anregungsspannung. Bemerkenswert ist, daß sich nur eine An-

---

[1] FRANCK, J., u. G. HERTZ: Ber. dtsch. physik. Ges. Bd. 16 (1914) S. 457. — EINSPORN, E.: Z. Physik Bd. 5 (1921) S. 208. — WILLIAMSON, R. C.: Physic. Rev. Bd. 24 (1924) S. 134.

regung von 4,9 e-Volt ($1\,{}^1S_0 - 2\,{}^3P_1$, vgl. Tabelle 38) bemerkbar macht, während selbst von der Ionisierungsspannung kein Anzeichen zu bemerken ist. Die Erstanregung bei 4,66 e-Volt ist relativ so selten, daß sie gegen die 4,9-e-Volt-Anregung ganz zurücktritt und wegen ihrer großen Nähe nicht von dieser getrennt werden kann. Alle höheren Anregungsspannungen können wegen des relativ hohen Druckes von etwa 1 mm, unter dem die Kurve 173 aufgenommen wurde, nicht bemerkt werden, denn bei diesem Druck ist die mittlere freie Weglänge des Elektrons so klein, daß trotz der geringen Ausbeute an unelastischen Stößen (vgl. unten) jedes Elektron, das die kritische Geschwindigkeit von 4,9 e-Volt erreicht hat, einen Anregungsstoß ausführt, ehe es die nächste Anregungsspannung von 6,7 e-Volt erreicht hat. Wird dagegen das Verhältnis von Druck zu Feldstärke hinreichend gering gewählt, so können, wie in Abb. 174 zu sehen ist, auch die höheren Anregungsstufen in Erscheinung treten.

Zum Nachweis von eng benachbarten Anregungsstufen sowie auch

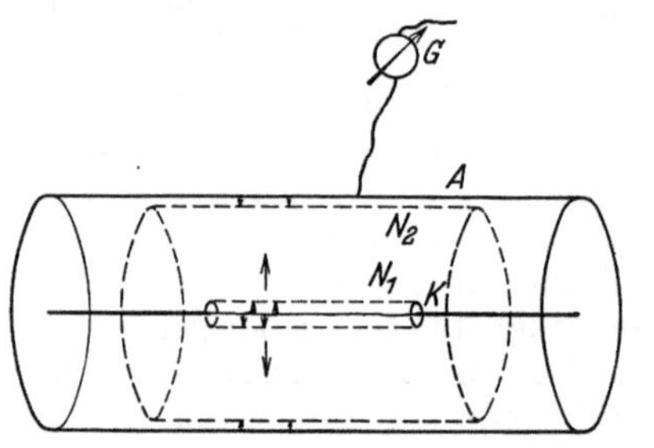

Abb. 175. Messung von Anregungsspannungen. Anordnung ähnlich wie Abb. 172, aber mit Vorbeschleunigungsnetz. Nach FRANCK und HERTZ.

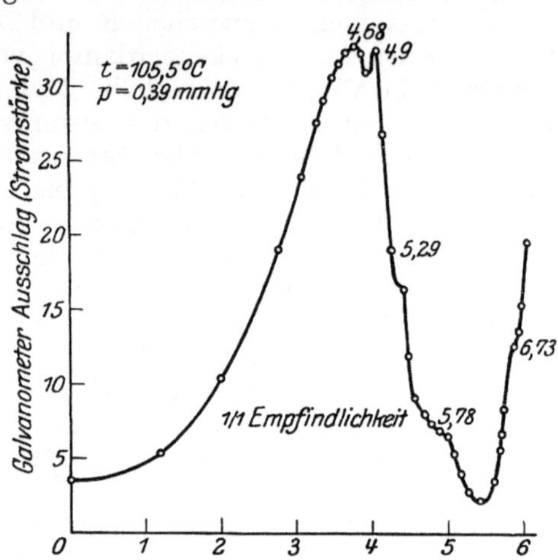

Abb. 176. Stromspannungskurve, aufgenommen mit Anordnung Abb. 175 in Hg-Dampf. Nach FANCK und EINSPORN.

von seltenen Übergängen wird die Methode der Abb. 172 zweckmäßig durch Einführung eines zweiten Drahtnetzes wie in Abb. 175 verfeinert. Man erteilt den Elektronen zwischen Kathode K und Netz N_1 ihre Beschleunigung auf so kurzem Wege, daß dabei möglichst keine Zusammenstöße mit Atomen vorkommen. In dem weiten Stoßraum zwischen N_1 und N_2 erleiden dann die Elektronen unter schwacher Weiterbeschleunigung viele Zusammenstöße. Verbleibt ihnen danach noch genügend kinetische Energie, so können sie gegen das konstante schwache Gegenfeld zwischen N_2 und A anlaufen und auf A aufgefangen werden. Man verbindet auf diese Weise den Vorteil eines großen Wertes von Druck/Feldstärke für das letzte Stück des Beschleunigungsweges der Elektronen mit der Möglichkeit, höhere Elektronengeschwindigkeiten zu erreichen. Der Nachteil gegen die ursprüngliche Anordnung ist die geringere Zahl der periodischen Wiederholungen in der ganzen Kurve.

Die durch die Anordnungen in Abb. 172 und 175 gekennzeichneten Methoden kommen nur für Atome ohne Elektronenaffinität und ohne zu starke Abhängigkeit der freien Elektronenweglängen von der Geschwindigkeit in Betracht. Dagegen treten bei Gasen mit Elektronenaffinität durch Bildung und Zerfall negativer Ionen Störungen auf. Bei Gasen mit der besagten Weglängenabhängigkeit, z. B. bei Edelgasen, kann durch die Verlangsamung der Elektronen nach unelastischem Stoß durch Absinken der Raumladung die Primärstromstärke derart steigen, daß ein Absinken des Stromes an den kritischen Stellen dadurch kompensiert wird.

Frei von der letzten Schwierigkeit sind andere Methoden, nach welchen als Kriterium des Geschwindigkeitsverlustes das Auftreten von geschwindigkeitslosen Elektronen nachgewiesen wird[1]. In den Abb. 177 und 178 werden zwei Anordnungen gezeigt, welche sich bei derartigen Messungen bewährt haben. In Abb. 177 gehen die Elektronen von der Kathode K aus, werden zum Netz N_1 hin beschleunigt und treten dann in einen feldfreien Raum ein. Hier erleiden sie die Zusammenstöße mit den Atomen. Sie diffundieren weiter durch das zylindrische Netz N_2 zum Auffangezylinder A. Für jede Beschleunigungsspannung werden dann zwei Stromwerte J_0 und J_1 gemessen; bei J_0 liegt kein Feld zwischen N_2 und A, so daß alle Elektronen zu A hindiffundieren können, bei J_1 liegt dort eine Gegenspannung von $\delta V \approx 0{,}2$ Volt, so daß die langsamen Elektronen von A zurückgehalten werden. Der Wert $\dfrac{J_0 - J_1}{J_0}$ gibt den Prozentsatz der Elektronen,

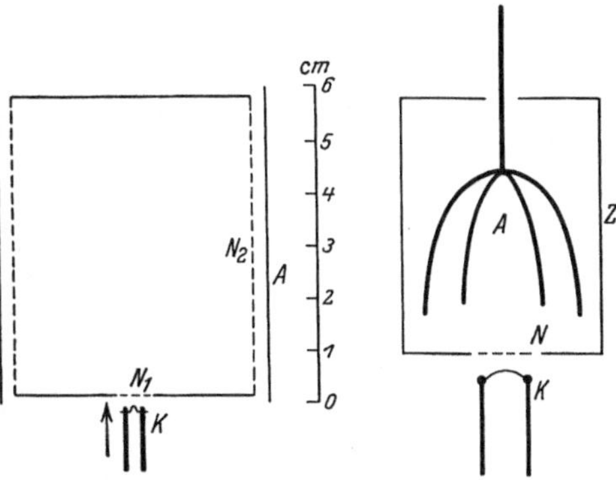

Abb. 177 und 178. Messung von Anregungsspannungen durch Nachweis der fast geschwindigkeitslosen Elektronen. Abb. 177. nach HERTZ; Abb. 178 nach BARTELS.

die bei der betreffenden Beschleunigungsspannung mit sehr kleiner Geschwindigkeit durch N_2 hindurchtreten, dieser Wert muß ein Maximum zeigen, sobald die Geschwindigkeit der Primärelektronen gerade einer Anregungsspannung entspricht, denn fast geschwindigkeitslose Elektronen sind immer nur dann vorhanden, wenn die Geschwindigkeit der Primärelektronen durch Anregung eines Atoms gerade aufgezehrt wird. Abb. 179 zeigt eine derartige Kurve, welche in Argon bei etwa $^1/_{10}$-mm-Hg-Druck aufgenommen wurde.

Eine etwas veränderte Anordnung ist in Abb. 178 skizziert, dort ist die Auffangelektrode in Form eines Drahtbügels A im Zylinder Z angebracht. Gemessen wird wieder als Funktion der beschleunigenden Spannung zwischen der Kathode K und dem Netz N ein reduzierter Strom $\dfrac{J_0 - J_1}{J_0}$. Hierbei ist J_1 der Strom zur Auffangelektrode A, wenn die Elektronen durch ein sehr schwaches Feld zu ihr hingezogen werden, und J_0 der entsprechende Strom ohne das letztere Feld. Im feldfreien Raum werden die Elektronen fast alle zum Zylinder Z hindiffundieren. Wird nun aber das schwache Feld angelegt, so diffundieren nur einigermaßen schnelle Elektronen weiterhin zu Z, während alle Elektronen ohne wesentliche Geschwindigkeiten zum Drahtbügel A hingezogen werden. Infolgedessen gelingt es hier wieder durch Nachweis der fast geschwindigkeitslosen Elektronen die Anregungsspannungen zu erkennen; die mit der Anordnung von Abb. 178 aufgenommenen Kurven sind deshalb ganz ähnlich wie die Kurve in Abb. 179[2].

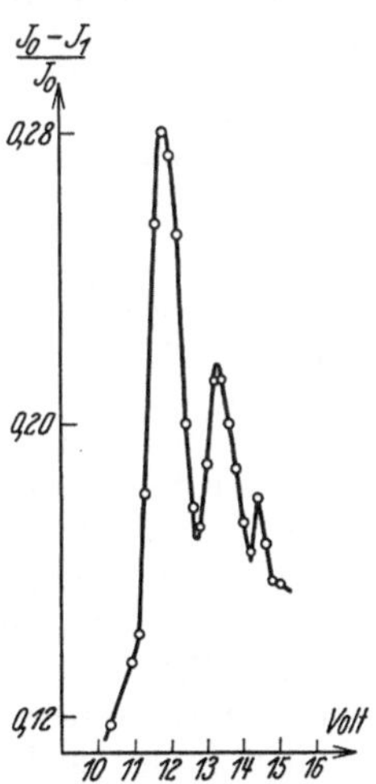

Abb. 179. Anregungsspannungen in Argon durch Nachweis der fast geschwindigkeitslosen Elektronen. Nach HERTZ.

<hr>

[1] HERTZ, G.: Z. Physik Bd. 18 (1923) S. 307. — BARTELS, H.: Ebenda Bd. 47 (1928) S. 61. — GLIWITZKY, W.: Ann. Physik Bd. 1 (1929) S. 701.

[2] Die Anordnung Abb. 178 gibt — im Gegensatz zur Anordnung in Abb. 177 — auch für die Ionisierungsspannungen ausgeprägte Maxima.

§ 6. Messung von Anregungsspannungen durch Geschwindigkeitsanalyse der Elektronen nach dem Durchgang. Methoden der magnetischen bzw. elektrischen Ablenkung. Gegenfeldmethoden. Nachweis von reinen Oszillationsanregungen und von Dissoziationsprozessen.

Eine dritte Gruppe von Versuchsanordnungen mißt die Anregungsspannungen durch Geschwindigkeitsanalyse eines ursprünglich homogenen Elektronenstrahles nach dem Durchgang durch das zu untersuchende Gas. Es lassen sich so alle Gase, auch solche mit relativ großer Elektronenaffinität, untersuchen. Die Anregungsspannungen selbst werden zwar nicht immer mit so hoher Genauigkeit wie bei den oben beschriebenen Methoden gemessen, dafür aber gewinnt man einerseits wichtige Aufschlüsse über gewisse Ausbeutefragen bei den einzelnen Anregungsvorgängen, andererseits ist es möglich, die den Anregungsspannungen entsprechenden Geschwindigkeitsverluste bei Primärgeschwindigkeiten zu untersuchen, die ganz bedeutend größer als die Geschwindigkeitsverluste selbst sind.

Wir besprechen zuerst die Anwendung der magnetischen oder elektrischen Ablenkung. Hierbei erleiden die Elektronen in einem relativ kleinen gasgefüllten Stoßraum die stufenförmigen Geschwindigkeitsverluste und treten dann in einen möglichst gut evakuierten Raum ein, in welchem ihre Geschwindigkeitsanalyse bzw. ihr Nachweis erfolgt. Abb. 180 zeigt beispielsweise eine Anwendung der magnetischen Ablenkung[1]: Die Elektronen aus einer Glühkathode F werden zuerst beschleunigt und treten dann durch das Drahtnetz G_1 in einen feldfreien, durch Eisenrohr magnetisch abgeschirmten Raum ein, in dem sich das zu untersuchende Gas befindet. Durch zwei Schlitze S_1 und S_2 tritt ein enger Strahl in die evakuierte Ablenkungskammer, wo er nach magnetischer Ablenkung photographiert wird. Zur Eichung des Geschwindigkeitsspektrums werden Kontrollaufnahmen mit Elektronen gemacht, die — durch das gleiche Potential beschleunigt — den Stoßraum ohne Gas passieren und durch ein vor den Blenden befindliches Gegenfeld um einen genau definierten Betrag verzögert werden. Auf der photographischen Platte bemerkt man bei gasfreiem Stoßraum für jedes Gegenfeld eine scharfe, der einheitlichen Elektronengeschwindigkeit entsprechende Linie. Bei gasgefülltem Stoßraum bemerkt man außer einer der Anfangsgeschwindigkeit entsprechenden Linie noch verschiedene solche Linien, die der Primärgeschwindigkeit — vermindert um die verschiedenen für das Gas charakteristischen Verluststufen — entsprechen. Aus der Schwärzung der Linien lassen sich Aussagen über die Häufigkeit der einzelnen Verluststufen gewinnen.

Bei Anregungsmessungen an Molekülen hat sich die elektrische fokussierende Methode als ganz besonders brauchbar erwiesen. Hierbei wird die Geschwindigkeit des ursprünglich homogenen Elektronenstrahles nach seinem Durchgang durch einen gasgefüllten Stoßraum nach dem Vorgang von Kap. 2, Abb. 29, analysiert[2]. Als Resultat einer derartigen Messung zeigt Abb. 181 die Geschwin-

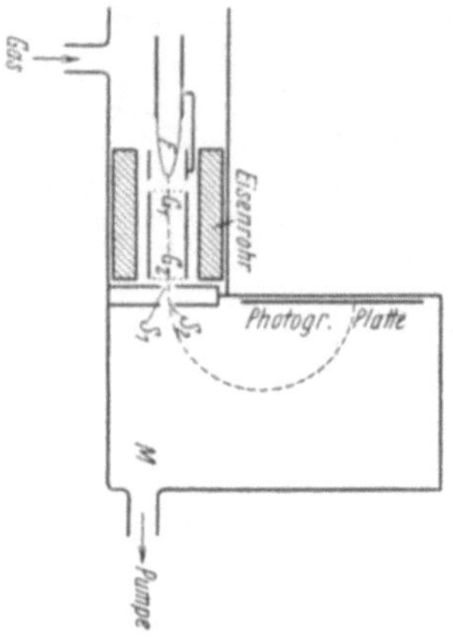

Abb. 180. Messung der Geschwindigkeitsverluste von Elektronen. Nach WHIDDINGTON.

---

[1] JONES, H., u. R. WIDDINGTON: Philos. Mag. Bd. 6 (1928) S. 889. — ROBERTS, J. E., u. R. WIDDINGTON: Ebenda Bd. 12 (1931) S. 962.

[2] RUDBERG, E.: Proc. Roy. Soc., Lond. Bd. 129 (1930) S. 628; Bd. 130 (1930) S. 182. — McMILLEN, J. H.: Physic. Rev. Bd. 36 (1930) S. 1034. — ATTA, C. V. van: Ebenda Bd. 38 (1931) S. 876.

digkeitsverteilung ursprünglich homogener Elektronen nach ihrem Durchgang durch Stickstoff Die beiden dort gezeichneten Kurven gehören zu zwei verschiedenen Primärgeschwindigkeiten der Elektronen vor ihrem Eintritt in den mit dem Gas gefüllten Stoßraum. Die Abszissen sind so beziffert, daß direkt die Energieverluste der Elektronen in e-Volt abgelesen werden können. Man bemerkt bei 0 e-Volt die steile, der Primärgeschwindigkeit entsprechende Spitze, welche in die Abbildung in 50facher Verkleinerung eingezeichnet ist. Die den einzelnen Anregungsstufen zukommenden Maxima liegen bei Abszissenwerten, die von der Primärgeschwindigkeit nahezu unabhängig sind; dagegen ist ihre Höhe, welche durch die Häufigkeit der entsprechenden Anregungsverluste bedingt ist, in starkem Maße eine Funktion der Primärgeschwindigkeit. Die beträchtliche Breite der meisten dieser Maxima im Vergleich zum Maximum der Primärelektronen läßt darauf schließen, daß die molekulare Anregungsenergie nicht scharf definiert ist. Nach den oben in § 4 mitgeteilten Überlegungen werden zwar stets die gleichen Elektronensprünge angeregt,

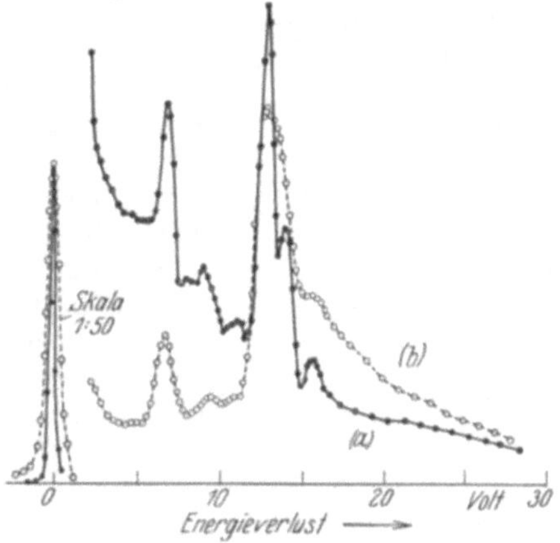

Abb. 181. Geschwindigkeitsverteilung ursprünglich homogener Elektronen nach ihrem Durchgang durch Stickstoff: Primärgeschwindigkeit $V_0 = 85{,}3$ e-Volt bei Kurve (a) ———; $V_0 = 236{,}4$ e-Volt bei Kurve (b) - - - -. Nach RUDBERG

doch kann die angeregte Oszillationsenergie von Fall zu Fall etwas verschieden sein. Besonders sei nochmal darauf hingewiesen, daß viele der gemessenen Anregungsenergien, wie erwartet, über der Dissoziationsenergie ($D = 9$ e-Volt bei Stickstoff) liegen.

Für das Studium kleiner Anregungsstufen ist die Geschwindigkeitsanalyse durch elektrische Gegenfelder besonders geeignet[1]: In Abb. 182 werden die Elektronen vom Glühdraht G durch die Blende (2) hindurch elektrisch be-

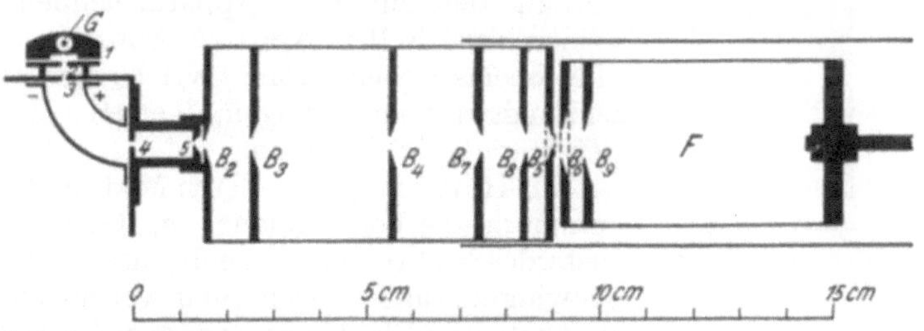

Abb. 182. Gegenfeldmessung der Energieverluste und deren Häufigkeit beim Durchgang langsamer Elektronen durch Gase. Nach LÖHNER.

schleunigt und dann mit Hilfe eines Viertelkreiskondensators nach dem Vorgang von Kap. 2, Abb. 28 (S. 26) homogenisiert. Eine gewünschte homogene Geschwindigkeit tritt durch Blende 5 in den mit Gas von einigen tausendstel mm Hg Druck gefüllten feldfreien Stoßraum ein. Durch die Blenden B_2, B_3, B_4, B_7 und B_8 werden dann alle Elektronen, die bei den Zusammenstößen mit Atomen nicht wesentlich aus ihrer Anfangsrichtung abgelenkt worden sind, ausgeblendet,

---

[1] AKESSON, N.: Heidelberger Akad. A Bd. 21 (1914). — LÖHNER, H.: Ann. Physik Bd. 6 (1930) S. 50; Bd. 9 (1931) S. 1004 (5—20 e-Volt Primärgeschwindigkeit). — RENNINGER, M.: Ebenda Bd. 9 (1931) S. 295; Bd. 10 (1931) S. 111 (200—2000 e-Volt Primärgeschwindigkeit).

so daß sie etwa senkrecht gegen ein zwischen den Drahtnetzen B_5 und B_6 liegendes elektrisches Gegenfeld anlaufen. Der zum Faradaykäfig F gelangende Elektronenstrom wird dann als Funktion der Stärke des Gegenfeldes gemessen.

Das Resultat einer solchen Gegenfeldmessung bei zunächst evakuiertem Stoßraum zeigt die punktierte Kurve in Abb. 183. Hier läuft die Gegenspannungskurve so lange parallel der X-Achse, bis die Gegenspannung die e-Voltgeschwindigkeit des völlig homogenen Elektronenstrahls erreicht hat, und fällt an dieser Stelle ziemlich plötzlich auf die X-Achse herunter. Wiederholt man denselben Versuch bei einer Gasfüllung des Stoßraumes, so kann sich eine Gegenspannungskurve wie die durchgezogene in Abb. 183 ergeben. Diese Kurve entspricht dem Fall, daß die Elektronen höchstens *einen* Geschwindigkeitsverlust erlitten haben, und daß dieser in allen Fällen von ein und derselben Größe war. In der Kurve ist jetzt eine Stufe aufgetreten, da nach Durchquerung des Stoßraumes zwei Elektronengeschwindigkeiten vorhanden sind. Ein großer Teil der Elektronen hat nämlich den Stoßraum unbeeinflußt mit der e-Voltgeschwindigkeit V durchlaufen, ein gewisser Rest aber hat Geschwindigkeitsverluste $\varDelta V$ erlitten und läuft mit der Geschwindigkeit $(V - \varDelta V)$ gegen das Gegenfeld an. Die neue Stufenkurve setzt sich deshalb aus der Überlagerung zweier Kurven von der Art der einfachen Vakuumkurve zusammen. Die Stufenlänge ist

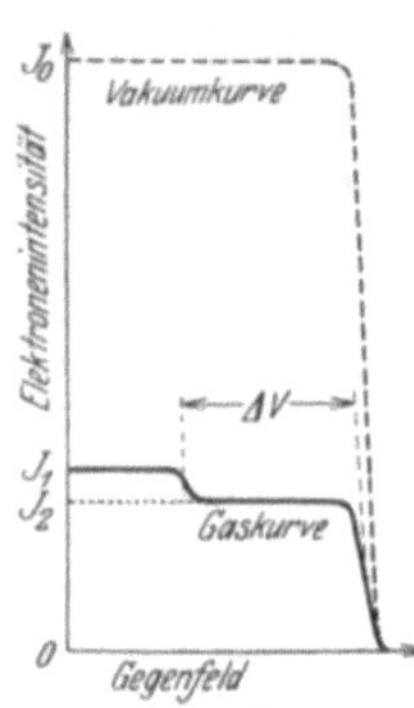

Abb. 183.
Gegenspannungskurve, aufgenommen mit Anordnung der Abb. 182.

gleich $\varDelta V$ oder gleich der kritischen Anregungsspannung. Die Stufenhöhe, welche die Differenz der den beiden Geschwindigkeiten V und $(V - \varDelta V)$ zukommenden, im Faradaykäfig gesammelten Elektronenmengen J_1 und J_2 ausdrückt, gibt ein Maß für die Stoßausbeute. Bezeichnet man die im Vakuum zum Auffänger gelangende Elektronenmenge mit J_0, so ergibt sich die Ausbeute an unelastischen Stößen in großer Annäherung

zu $\dfrac{\ln J_1/J_2}{\ln J_2/J_0}$. Diese Ausbeute bezieht sich natürlich nur auf den durch die Apparatblenden zugelassenen Winkelbereich (bei Apparat Abb. 182 etwa 30°), da alle unelastischen Stöße, welche unter großen Ablenkungswinkeln erfolgen, keinen Strombeitrag in den Faradaykäfig liefern.

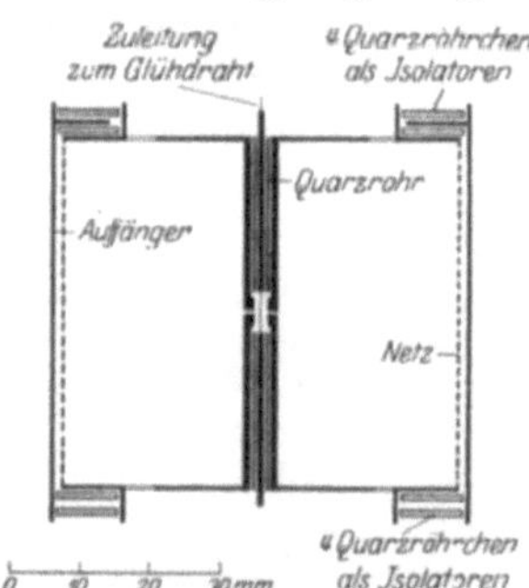

Abb. 184. Messung der Kernschwingungsanregung von Molekülen. Nach HARRIES.

Mit Hilfe einer besonderen Modifikation der Gegenspannungsmethode gelang es, Geschwindigkeitsverluste der Elektronen zu beobachten, welche von Kernschwingungsanregungen allein verursacht waren, ohne daß dabei ein Elektronensprung auftrat. Die dabei verwendete Versuchsanordnung ist aus Abb. 184 ersichtlich[1]. Dort befindet sich eine Glühdrahtkathode durch

ein Quarzröhrchen isoliert in der axialen Bohrung eines Kupferröhrchens (vgl. Kap. 1, Abb. 13 auf S. 12). Ein ganz schmaler, kreisförmiger Schlitz läßt von einem kurzen Stück des Glühdrahtes Elektronen ziemlich einheitlicher Geschwindigkeit austreten, welche auf einem Weg von ca. 1 mm zwischen Draht und Kupferröhrchen auf ihre volle Geschwindigkeit von einigen e-Volt beschleunigt werden. Der Beschleunigungsraum ist dabei so kurz, daß dort eine Bildung negativer Ionen durch Anlagerung von Gasmolekülen an die Elektronen nicht

---

[1] HARRIES, W.: Z. Physik Bd. 42 (1927) S. 26. — HARRIES, W., u. G. HERTZ: Ebenda Bd. 46 (1928) S. 186 (Fußnote). — RAMIEN, H.: Ebenda Bd. 70 (1931) S. 353.

in Betracht kommt. Die Elektronen diffundieren dann im Gase durch den feldfreien Raum und gelangen durch ein Netz zum Auffangezylinder. Zwischen letzteren beiden liegt ein variables Gegenfeld V. Gemessen wird der zum Auffangezylinder gelangende Strom J als Funktion dieses Feldes. Der typische Verlauf der erhaltenen $V—J$-Kurve wird in erster Linie durch die Richtungsverteilung bestimmt, welche die ursprünglich senkrecht zur Achse gerichteten Elektronen infolge der Zusammenstöße mit den einzelnen Gasmolekülen annehmen, denn wie in Kap. 2, § 3 gezeigt wurde, kommen bei der Gegenfeldmethode immer nur die Geschwindigkeitskomponenten parallel zur Feldrichtung in Betracht. Es läßt sich nun aus der weiter unten (Kap. 23) noch erläuterten Diffusionstheorie und aus geometrischen Betrachtungen ableiten, daß die von der $V—J$-Kurve und den Koordinatenachsen eingeschlossene Fläche F proportional einer gesuchten mittleren Elektronen-Endgeschwindigkeit V_0 ist, und daß der Proportionalitätsfaktor zwischen F und V_0 wesentlich nur von den Abmessungen der Apparatur und von der mittleren freien Weglänge der Elektronen im Gase abhängt. Es werden deshalb Gegenspannungskurven in dem zu untersuchenden Gas bei verschiedenen Drucken (Größenordnung $^1/_{100}$ bis $^1/_{10}$ mm Hg) aufgenommen, ausplanimetriert und die so erhaltenen Flächen als Funktion der anderweitig bekannten gesamten Zahl der Zusammenstöße zwischen Elektronen und Gasmolekülen notiert. Die im molekularen Gase erhaltenen Daten werden nun mit entsprechenden Resultaten verglichen, welche man in der gleichen Apparatur in einem atomaren Edelgase erhalten kann. Die Atome des Edelgases können ja nach § 2 bei den hier in Betracht kommenden Elektronengeschwindigkeiten höchstens Translationsenergie aufnehmen. Dadurch ermöglicht sich die Aussage über die mittleren Energieverluste der Elektronen, die nach einer bekannten Zahl von Zusammenstößen zur Anregung von Schwingungsquanten verausgabt wurden. Auf diese Weise wurde experimentell bei einer Primärenergie von rund 5 e-Volt folgender Energieverlust nach 100 Stößen festgestellt:

Kohlenoxyd: $\Delta V = 3{,}8\ e$-Volt; Stickstoff: $\Delta V = 3{,}3\ e$-Volt und Wasserstoff: $\Delta V = 1{,}4\ e$-Volt. Aus den spektroskopisch bekannten Größen der Grundschwingungsquanten, nämlich CO . . . 0,83 e-Volt, N_2 . . . 0,26 e-Volt und H_2 . . . 0,541 e-Volt, ergeben sich dann Stoßausbeuten zu etwa 1,3 % für N_2; 4,5 % für CO und 2,5 % für H_2, d. h. also beispielsweise: Durchschnittlich muß beim Stickstoff jeder 79. Stoß zur Anregung führen usw. Wie wir erwarten, nimmt die Stoßausbeute mit wachsender Primärgeschwindigkeit allmählich ab.

Im Zusammenhang hiermit sei erwähnt, daß man die durch Elektronenstoß aufs Molekül übertragenen Energien dann sauber messen kann, wenn Elektronensprünge angeregt werden, bei denen das Molekül keine Gleichgewichtslage mehr besitzt. Es resultieren dann Dissoziations- bzw. Ionisationsprozesse, bei denen die Atome bzw. Ionen des Moleküls mit endlicher Energie auseinanderfliegen.

Der Nachweis von Dissoziationsprozessen konnte z. B. im Wasserstoffgas durch Druckmessungen erbracht werden[1]. Elektronen bekannter Geschwindigkeit werden dabei in ein mit H_2 gefülltes Rohr geschossen, dessen Wände mit flüssiger Luft gekühlt sind. Sobald Dissoziation eintritt, sinkt der Druck im Rohr, denn die entstandenen H-Atome schlagen sich, infolge eines „cleaning up Effects" an den gekühlten Wänden nieder. Die Größe der Druckabnahme, insbesondere ihre Abhängigkeit vom Druck selbst, läßt auf die Ausbeute an dissoziierenden Elektronenstößen schließen. Es konnte so festgestellt werden, daß die Dissoziation des H_2 — in Übereinstimmung mit den in § 4 dieses Kapitels

---

[1] GLOCKLER, G., W. BAXTER u. R. DALTON: J. Amer. chem. Soc. Bd. 49 (1927) S. 58. — HUGHES, A. L., u. A. M. SKELLET: Physic. Rev. Bd. 30 (1927) S. 11.

ausgesprochenen Erwartungen — bei etwa 11,5 e-Volt einsetzt. Die Häufigkeit der Dissoziationen erreicht bei etwa 15-Volt-Elektronen ein Maximum und fällt bei noch größeren Elektronengeschwindigkeiten wieder stark ab.

Die Größe einer Dissoziationsenergie (z. B. bei $H_2 = 4{,}4$ e-Volt) läßt sich aus Elektronenstoßversuchen erhalten, wenn die nach dem Stoß auseinanderfliegenden molekularen Bestandteile Ladungsträger sind (z. B. H^+ und H^-). Mit Hilfe einer Gegenspannungsmethode ist es gelungen[1], die kinetische Energie solcher Ionen zu messen und daraus die Dissoziationsenergie von Molekülen zu bestimmen.

§ 7. Optischer Nachweis der Anregung: Spektroskopische und lichtelektrische Methode. Neben den bisher besprochenen direkten elektrischen Untersuchungen haben uns optische Methoden wesentlich neue Kenntnisse über die Energieverluste der Elektronen bei Anregungsstößen vermittelt. In gewissen Fällen wird sich das durch Elektronenstoß angeregte Atom oder Molekül unter Emission eines Lichtquantes in seinen Ausgangszustand zurückverwandeln. Die Wellenlänge λ der hierbei ausgesandten Strahlung kann dann einfach nach der Quantengleichung[2]

$$e \cdot V = \frac{hc}{\lambda} \tag{2}$$

aus dem Energieverlust V des stoßenden Elektrons berechnet werden. Die Gültigkeit dieser Beziehung wurde durch spektroskopische Messung der Wellenlängen von Anregungsspannungen erbracht. Schon gleich bei den ersten Arbeiten ergab sich eine scharfe untere Grenze der Kathodenstrahlgeschwindigkeit für die Anregung der Lichtemission. Diese Kathodenstrahlgeschwindigkeit ist bei den Resonanzlinien identisch mit ihrer Anregungsspannung; dasselbe gilt für alle übrigen Glieder der Hauptserie neutraler Atome, deren Endterm der Grundbahn entspricht. Ihrer Seriengrenze kommt die Ionisierungsspannung des Atoms zu.

Bei anderen Serien ist der zur Anregung einer Linie benötigte Energieverlust des stoßenden Elektrons in der Regel größer als die Energie des ausgestrahlten Lichtquants, denn zur Anregung irgendeiner Linie muß das Elektron zwar aus seiner Grundbahn (in Abb. 170, z. B. $1S$) in die betreffende Anfangsbahn (z. B. $3P$) gehoben werden; von dieser braucht es aber nicht direkt wieder in die Grundbahn zurückzufallen, sondern es kann zunächst in irgendeine andere erlaubte Endbahn übergehen (z. B. nach $2S$ oder $3D$). Aus dem oberen Term kann das Elektron beispielsweise durch sog. „Kaskadensprung" — d. h. durch stufenweise Übergänge über einzelne dazwischenliegende Terme — allmählich zum Ausgangsterm zurückgelangen. Für die Anregung einer Linie kommt es also auf die Verwirklichung der betreffenden Anfangsbahn des Atomelektrons an, die dem zweiten Serienterm (Laufterm) entspricht. Bei wachsender Kathodenstrahlgeschwindigkeit tritt z. B. beim Natrium zuerst eine Linie der Hauptserie ($1S - nP$), dann eine Linie der zweiten Nebenserie ($2P - nS$), dann eine Linie der ersten Nebenserie ($2P - nD$) auf usw. Es erscheint also keinesfalls je eine ganze Serie auf einmal, sondern die einzelnen Linien leuchten — unbekümmert um die Serienfolge — nacheinander auf, und zwar in einer Reihenfolge, die nur durch die Energie ihres Anfangsterms bestimmt ist[3]. Durch

---

[1] Lozier, W. W.: Physic. Rev. Bd. 36 (1930) S. 1285; Bd. 37 (1931) S. 101. — Tate, J. T., u. W. W. Lozier: Ebenda Bd. 39 (1932) S. 254.

[2] Siehe Kap. 10, Gl. (1).

[3] Im Gegensatz zur Anregung der optischen Linien erscheinen die Röntgenserien vollständig auf einmal; z. B. leuchtet die ganze K-Serie auf, sobald die Energie des stoßenden Elektrons ausreicht um die K-Schale zu ionisieren. Über die Ionisierung der Röntgenniveaus siehe Kap. 13, § 5; über Energieverluste des Elektrons bei der Ionisierung siehe Kap. 20, § 10.

Kathodenstrahlgeschwindigkeiten oberhalb der Ionisierungsspannung können natürlich alle überhaupt möglichen Spektrallinien des Atoms angeregt werden.

Experimentell untersucht man das Auftreten neuer Spektrallinien mit wachsender Kathodenstrahlgeschwindigkeit entweder spektrographisch[1] oder nach einer lichtelektrischen Methode[2]. Die lichtelektrische Methode ist namentlich für die ultravioletten Linien wichtig geworden, sie wird zweckmäßig in einer Anordnung wie in Abb. 175 ausgeführt: Die durch Elektronen gegebener Geschwindigkeit im Stoßraum angeregten Atome emittieren ihre Strahlung zum Auffänger A und lösen dort Photoelektronen aus. Ist das Netz N_2 positiv geladen gegenüber dem Auffänger A, so gelangen diese Photoelektronen von A nach N_2; die Kurve des von A abfließenden Elektronenstromes als Funktion der Elektronengeschwindigkeit aufgetragen wird beim Aufleuchten jeder neuen Spektrallinie einen Knick zeigen.

§ 8. Absolute Ausbeuten. Anregungsfunktionen, ihre elektrische und ihre optische Bestimmung. Über die absoluten Ausbeuten an anregenden Stößen haben wir schon einiges bei Besprechung der Gegenfeldmethoden am Schluß des § 6 angegeben. Weitere quantitative Daten hat man schon frühzeitig nach der in Abb. 175 skizzierten Methode — durch Registrieren der Elektronen, die nach dem Durchgang durch das Gas Geschwindigkeit übrig behielten — gewonnen. So konnte z. B. beim Quecksilberdampf für die Anregung des $2\,^3P_1$-Niveaus aus dem Grundzustand ($=$ Resonanzspannung $= 4,9$ e-Volt) durch etwa 6 e-Volt schnelle Elektronen auf eine absolute Ausbeute von wenigen Prozent geschlossen werden[3]. Ganz im Einklang mit Erwartungen, die aus der Intensität der entsprechenden optischen Emission und Absorption gefolgert werden können, wurde die Ausbeute an Übergängen $1\,S - 2\,P_{1\,2}$ beim Kalium in der Nähe dieser Anregungsspannung zu etwa $100\,\%$ gefunden, d. h. man erhielt längs eines Elektronenweges durchschnittlich für fast jede gaskinetische freie Weglänge eine Anregung[4]. Ferner haben uns die in § 6 referierten Methoden der Geschwindigkeitsanalyse durch Ablenkung der Elektronen einige Aufklärung über absolute Ausbeuten gebracht, denn dort läßt sich ohne weiteres die Primärintensität vergleichen mit der Menge der Elektronen, die Anregungsverluste erlitten haben. Beispielsweise lassen sich die Höhen der Maxima in den Kurven der Abb. 181 mit dem der Primärgeschwindigkeit zukommenden Maximum vergleichen. Ein solcher Verlust würde allerdings nur solche Anregungsstöße umfassen, bei denen die stoßenden Elektronen nicht wesentlich abgelenkt wurden, sondern ihre Anfangsrichtung einigermaßen beibehalten haben. Um die gesamten Anregungsstöße zu erhalten, müßte man über die ganze Winkelverteilung der entsprechenden unelastisch gestreuten Elektronen integrieren. Nach den Ausführungen in Kap. 17 darf man aber bei den hier betrachteten Primärgeschwindigkeiten für den vollen Raumwinkel nicht sehr viel höhere Ausbeuten erwarten, da die unelastischen Elektronenstöße meist nur unter geringen Ablenkungen vor sich gehen. Auch bei den primären Elektronengeschwindigkeiten von einigen hundert e-Volt betragen hier die Ausbeuten an einzelnen Anregungsstößen für die speziellen Anregungen größenordnungsmäßig nur einige Prozent aller mit Atomen bzw. Molekülen überhaupt in Wechselwirkung tretenden Elektronen.

Sehr interessant ist die Abhängigkeit dieser Ausbeuten von der Geschwindigkeit der stoßenden Elektronen, die sog. „Anregungsfunktion". Nach einem Verfahren, welches der in Abb. 177 dargestellten Methode ähnelt, ist die Aus-

---

[1] Zum Beispiel G. Hertz: Z. Physik Bd. 22 (1924) S. 18.

[2] Zum Beispiel J. Franck u. E. Einsporn: Z. Physik Bd. 2 (1920) S. 18.

[3] Sponer, H.: Z. Physik Bd. 7 (1921) S. 185.

[4] Williamson, R. C.: Physic. Rev. Bd. 24 (1924) S. 134.

beute an Anregungsstößen in Helium für den Übergang zum metastabilen Zustand $1\,{}^1S - 2\,{}^3S$ untersucht worden. Während dort die Zahl der Elektronen als Funktion der Primärgeschwindigkeit gemessen wird, deren Voltgeschwindigkeit zwischen o und δ liegt (wobei δ eine sehr kleine Voltgeschwindigkeit bedeutet), wird jetzt in einer Reihe von Kurven die Zahl der Elektronen gemessen, deren Geschwindigkeit zwischen o und δ, o und 2δ, o und 3δ ... liegt. So erhält man die Zahl der Anregungsstöße, deren Energie die Anregungsspannung um die Beträge δ, 2δ, 3δ ... übersteigt. Bei Hinzunahme der anderweitig be-

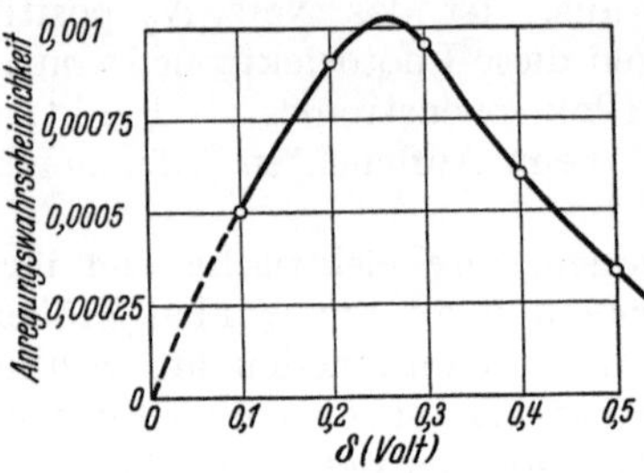

Abb. 185. Anregungsfunktion für $1\,{}^1S$—$2\,{}^3S$ des Heliums. Nach DYMOND.

kannten Gesamtzahl der Zusammenstöße erhält man die Ausbeute[1]. Diese ist in Abb. 185 bis für Voltgeschwindigkeiten von $^1/_2$ Volt über der betreffenden Anregungsspannung (19,75 e-Volt) eingetragen, noch weiter läßt sich die Kurve hier nicht verfolgen, weil sonst Störungen durch einen zweiten Quantensprung, welcher (bei 20,55 e-Volt) nur o,8 e-Volt höher liegt, eintreten können. Nach höheren Primärgeschwindigkeiten hin wurden die Anregungsfunktionen des Heliums durch die in § 6 beschriebene Methode der elektrischen Geschwindigkeitsanalyse untersucht, indem die relativen Höhen spezieller Maxima von Kurven der Art wie Abb. 181 für verschiedene Geschwindigkeiten des Primärstrahls ausgemessen wurden[2]. Hier zeigte sich, daß die Ausbeuten an Anregungsstößen im Bereich von ca. 100—300 e-Volt Primärgeschwindigkeit — abgesehen von einigen noch wenig geklärten ganz flachen Maximis — angenähert konstant bleiben.

Eine wertvolle Ergänzung der elektrischen Versuche bilden optische Messungen zur Festlegung der Anregungsfunktionen[3]. Es ist dabei jedoch im Auge zu behalten, daß die sog. „optische Anregungsfunktion", welche die Wahrscheinlichkeit der Emission eines gegebenen Lichtquants $h \cdot \nu$ angibt, verschieden sein kann von der uns hier in erster Linie interessierenden wahren oder elektrischen Anregungsfunktion. Nur bei relativ kleinen Geschwindigkeiten werden beide Anregungsfunktionen übereinstimmen. Bei größeren Geschwindigkeiten addieren sich bei der optischen Anregungsfunktion zur direkten Anregung noch die Anregungen

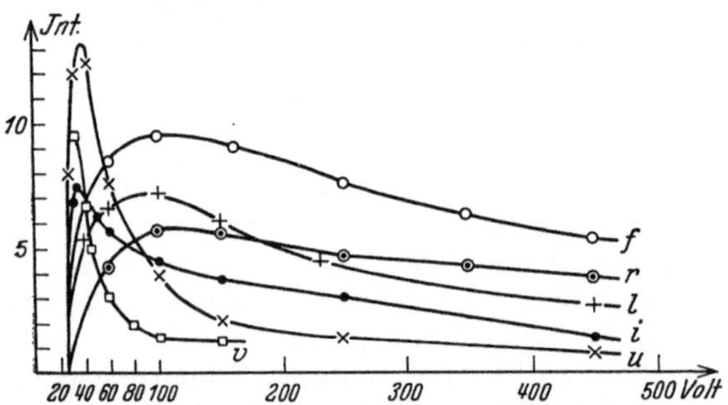

Abb. 186. Optische Anregungsfunktion von Helium. Nach HANLE.

$f = 5060$ AE $= 2\,{}^1S - 3\,{}^1P$	$i = 4471$ AE $= 2\,{}^3P - 4\,{}^3D$
$r = 3964$ AE $= 2\,{}^1S - 4\,{}^1P$	$u = 3888$ AE $= 2\,{}^3S - 3\,{}^3P$
$l = 4388$ AE $= 2\,{}^1P - 5\,{}^1D$	$v = 4121$ AE $= 2\,{}^3P - 5\,{}^3S$.

durch die obenerwähnten Kaskadensprünge. In Abb. 186 haben wir beispielsweise die optischen Anregungsfunktionen von Helium abgebildet[4]. Die zu den einzelnen Kurven gehörigen Ordinaten sind hier in willkürlichem Maß-

---

[1] DYMOND, E. G.: Proc. Roy. Soc., Lond. Bd. 107 (1925) S. 291.

[2] ATTA, C. V. VAN: Physic. Rev. Bd. 38 (1931) S. 876.

[3] Zusammenfassend: W. HANLE u. K. LARCHÉ: Erg. exakten Naturwiss. Bd. 10 (1931) S. 285.

[4] HANLE, W.: Physik. Z. Bd. 30 (1929) S. 901. — MICHELS, W. C.: Physic. Rev. Bd. 36 (1930) S. 1362.

stab gezeichnet, die Absolutwerte der einzelnen Linien sind in der Abbildung also nicht untereinander vergleichbar. Was den allgemeinen Verlauf der einzelnen Anregungsfunktionen anbelangt, so sieht man, daß dieser recht verschieden ist. Zu manchen Linien gehört, ähnlich wie bei der in Abb. 185 abgebildeten Kurve, ein steiles Maximum unmittelbar hinter der Anregungsspannung, manche Kurven haben breite, flache, bei verhältnismäßig großen Elektronengeschwindigkeiten liegende Maxima. Aus Erfahrungen, die auch an vielen anderen Atomen gesammelt sind, läßt sich allgemein sagen, daß den Triplettlinien steiles, den Singulettlinien flaches Maximum zukommt; Linien, welche von demselben Anfangsterm ausgehen, haben eine ähnliche Anregungsfunktion. Linien, welche einer Serie angehören, d. h. welche auf demselben Term endigen, besitzen Anregungsfunktionen, deren Maxima meist um einen der Differenz ihrer Anregungsspannungen entsprechenden Betrag der e-Voltskala verschoben sind. Am ausführlichsten sind die Anregungsfunktionen am Quecksilber untersucht worden[1], hier liegen auch ausführliche quantitative Messungen über die absoluten optischen Ausbeuten vor. Wir haben in Tabelle 40 eine Auswahl solcher Daten zusammengestellt, aus welchen die Verschiedenheit sowohl der Anregungsfunktionen als auch der absoluten Lichtausbeuten (Anzahl der $h\nu$ pro 1000 gaskinetische Weglängen des Elektrons) für die einzelnen Hg-Linien deutlich hervorgeht. Theoretisch wird durch die Wellenmechanik der Verlauf der Anregungsfunktionen in groben Zügen richtig dargestellt[2].

Tabelle 40. Anregungsdaten einiger Hg-Linien.

Wellenlänge λ	Termbezeichnung	Anregungsspannung e-Volt	e-Voltäquivalent von λ	Optische Ausbeute Maximum bei e-Volt	Absolute optische Ausbeute bei 1000 gaskinetischen Stößen	
					im Maximum	bei 60 e-Volt
—	$1\ {}^1S_0 - 2\ {}^3S_1$	7,7	7,7	$\approx 9,3$	0	0
4047	$2\ {}^3P_0 - 2\ {}^3S_1$	7,7	3,0	$\approx 9,3$	13	3,8
4358	$2\ {}^3P_1 - 2\ {}^3S_1$	7,7	2,8	$\approx 9,3$	27,5	8,1
5461	$2\ {}^3P_2 - 2\ {}^3S_1$	7,7	2,3	$\approx 9,3$	22,5	6,6
5675	$2\ {}^3S_1 - 5\ {}^1P_1$	—	2,2	45	1,4	1,3
4348	$2\ {}^1P_1 - 4\ {}^1D_2$	—	2,8	30	4,5	4,0

§ 9. Diskrete Anregungsspannungen an festen Körpern. Auch bei festen Körpern hat man diskrete Anregungsspannungen beobachten können. In Kap. 13, § 10 wurde berichtet, daß die Geschwindigkeitsanalyse eines ursprünglich monochromatischen Elektronenstrahls nach seiner Reflexion an der Oberfläche eines festen Körpers im wesentlichen zwei Geschwindigkeitsgruppen erkennen läßt, nämlich die primären ohne Geschwindigkeitsverlust gestreuten Elektronen (siehe Kap. 18) und die langsamen Sekundärelektronen. Nach geeigneter Behandlung der Oberfläche des festen Körpers durch Ausglühen hat man nun außer den beiden eben erwähnten Geschwindigkeitsgruppen im Geschwindigkeitsspektrum der reflektierten Elektronen auch Elektronen beobachtet, deren Energie um einen definierten Betrag kleiner ist als die Energie der primären Elektronen und die von den beiden oben besprochenen Geschwindigkeitsgruppen durch tiefe Minima im Geschwindigkeitsspektrum getrennt sind[3]. Offenbar handelt es sich hierbei um gestreute primäre Elektronen, welche im festen Körper

---

[1] HANLE, W., u. W. SCHAFFERNICHT: Ann. Physik Bd. 6 (1930) S. 905. — SCHAFFERNICHT, W.: Z. Physik Bd. 62 (1930) S. 106.

[2] MORSE, P. M., u. E. C. STÜCKELBERG: Ann. Physik Bd. 9 (1931) S. 579. — PENNEY, W. G.: Physic. Rev. Bd. 39 (1932) S. 467.

[3] RUDBERG, E.: Proc. Roy. Soc., Lond. Bd. 127 (1930) S. 111. — HAWORTH, L. J.: Physic. Rev. Bd. 37 (1931) S. 93.

unelastische Stöße erfahren haben; die Art dieser unelastischen Stöße ist noch ungeklärt. Die Größe dieser Geschwindigkeitsverluststufen ist unabhängig von der Geschwindigkeit der Primärelektronen, sie ist für die Substanz des betreffenden festen Körpers charakteristisch. Wir haben in Tabelle 41 einige Daten solcher Geschwindigkeitsverluste zusammengestellt.

Tabelle 41. Diskrete Geschwindigkeitsverluste von Elektronen in festen Körpern in e-Volt. Nach RUDBERG.

Cu	3,4	6,9	12,3	25,5	34,5
Ag	4,6	7,4	24,8	—	—
Au	7,3	10,1	25,9	35,2	—
Pt	6,5	9,4	24,8	33,7	—
CaO	9,4	13,8	20,0	29,4	36,7
BaO	10,6	16,8	25,3	32,7	—

§ 10. Geschwindigkeitsverlust des Elektrons bei der Ionisierung. Alle bisher erörterten selektiven Energieverluste von Elektronen beim Durchgang durch Atome entsprechen Anregungen. Man hat bisher keine derartigen Energieverluste der Elektronen beobachtet, welche unabhängig von ihrer Primärgeschwindigkeit gleich der Ionisierungsspannung der durchquerten Atome waren. Wenn die Energie der Primärelektronen größer als die Ionisierungsspannung ist, so werden außer den diskreten Energieverlusten, welche Anregungsspannungen entsprechen, alle möglichen Energieverluste, welche größer als die Ionisierungsspannung sind, beobachtet. Wie wir schon in Kap. 13 mitgeteilt haben, leistet das Primärelektron beim Ionisationsprozeß nicht nur die Abreißarbeit, sondern es kann dem Sekundärelektron noch einen beliebigen Betrag an Energie übermitteln. Eine Untersuchung der kinetischen Energien in einem Strahl, der aus Primärelektronen nach solchen Ionisationsakten und aus den herausgeschlagenen Sekundärelektronen bestand, ergab in der Primärrichtung eine breite Geschwindigkeitsverteilungskurve[1]. Am häufigsten waren in allen Fällen die Elektronen ohne merkliche kinetische Energie, nach größeren Energien zu (kleineren Energieverlusten) fiel die Kurve allmählich ab. Im Helium ergab sich für 100 bis 300 e-Volt Primärgeschwindigkeit ein um so steilerer Abfall dieser Geschwindigkeitsverteilungskurve, je größer die benutzte Primärgeschwindigkeit war. Ist die Primärelektronenenergie sehr groß gegen die Ionisationsspannung, so können wir praktisch vom Zusammenstoß freier Elektronen sprechen. Diesen Fall haben wir bei der unelastischen Streuung in Kap. 17 ausführlich behandelt.

§ 11. Geschwindigkeitsverlust bei der Anregung des kontinuierlichen Röntgenspektrums. Zum Schluß bleibt uns noch eine ganz andere Art von Energieverlusten zu besprechen, welche die Elektronen beim Zusammenstoß mit dem Atomkern erleiden. Diese Energieverluste sind nicht durch direkte Versuche sichergestellt worden, sondern wir erhalten von ihnen nur Kunde durch die Entstehung des kontinuierlichen Röntgenspektrums. Jeder Energieverlust des Elektrons, welcher durch Wechselwirkung mit dem Kern hervorgerufen wurde, ist durch das Äquivalent des emittierten Röntgenquants $h\nu$ nach der Quantengleichung Gl. (2) eindeutig gegeben. Um Aussagen über Größe und Häufigkeit dieser Energieverluste der Elektronen machen zu können, wollen wir hier die wesentlichen Eigenschaften der kontinuierlichen Röntgenstrahlung kurz betrachten[2]. Über den Elementarprozeß der Elektronenabbremsung erhalten wir jedoch aus den Spektren der üblichen Röntgenröhren mit massiver Antikathode

---

[1] ATTA, C. V. VAN: Physic. Rev. Bd. 38 (1931) S. 876.
[2] Zusammenfassend: H. KULENKAMPFF: In GEIGER-SCHEEL Handb. d. Phys. Bd. 23 (1926) S. 433.

nur wenig Aufklärung; vielmehr müssen wir die Röntgenstrahlung der Elektronen bei ihrem Durchgang durch sehr dünne Folien betrachten[1]. Der Elektronenweg durch die Folie muß so kurz sein, daß nennenswerte Veränderungen der Elektronenanfangsgeschwindigkeit durch allmähliche Geschwindigkeitsverluste im Sinne von Kap. 21 ausgeschlossen bleiben, so daß man also nur Ausstrahlungen von Elektronen bekannter homogener Geschwindigkeit erhält. Bei der von solchen Folien emittierten Röntgenstrahlung interessieren uns hier besonders die folgenden experimentell festgestellten Eigenschaften:

1. Die spektrale Verteilung der Intensität einer Röntgenstrahlung, die von einer homogenen Elektronenvoltgeschwindigkeit V_0 erregt wird, ist sehr angenähert in allen Ausstrahlungsrichtungen von der Frequenz unabhängig bis zur kurzwelligen Grenze, welche gegeben ist durch:

$$\nu_0 = \frac{e V_0}{h}. \tag{3}$$

Trägt man also die Intensität als Funktion der Frequenz auf, so erhält man eine zur Frequenzachse parallele Gerade, die bei ν_0 abbricht und dort senkrecht zur Frequenzachse herunterfällt.

2. Als Funktion von der Ordnungszahl Z und von der Elektronengeschwindigkeit V_0 e-Volt erhält man für die mit der Frequenz ν ausgestrahlte Intensität sehr angenähert:

$$J_\nu = \mathrm{const} \cdot Z/V_0. \tag{4}{}^2$$

Wir folgern aus den ersten beiden Ergebnissen, daß Elektronen einheitlicher Geschwindigkeit durch Strahlungsakte nichteinheitliche, und zwar alle möglichen Energieverluste bis hinauf zur vollen Primärenergie erleiden. Die Wahrscheinlichkeit aller dieser Energieverluste wächst proportional mit der Ordnungszahl des durchquerten Elements und umgekehrt proportional mit der Primärenergie des Elektrons.

3. Die räumliche Intensität der Gesamtröntgenstrahlung verschwindet in den Winkeln 0^0 und 180^0 gegen die primäre Elektronenrichtung, sie erreicht ein Maximum für den Winkel ϑ_0, wo ϑ_0 mit steigender Elektronenvoltgeschwindigkeit V_0 abnimmt. Man mißt z. B. für $V_0 = 16{,}4\ e$-KV $\vartheta_0 = 73^0$, für $V_0 = 37{,}8\ e$-KV $\vartheta_0 = 67^0$.

Im Anschluß an dieses experimentelle Resultat berichten wir über ein Ergebnis der weiter unten zitierten wellenmechanischen Theorie: Die Richtungsverteilung der gebremsten Elektronen soll sich um so mehr der Kugelsymmetrie nähern, je größere Energieverluste die Elektronen erlitten haben, während Elektronen mit sehr kleinem Energieverlust fast alle in der Einfallsrichtung weiterfliegen.

Die absolute Ausbeute an kontinuierlicher Röntgenstrahlung ist außerordentlich gering. Wegen ihrer Kleinheit ist sie bisher nur an massiven Antikathoden gemessen worden. Man erhielt hierbei für die Ökonomie der Umwandlung der Elektronenenergie in Röntgenstrahlenergie eine Größe η, die sich als Funktion der Elektronenvoltgeschwindigkeit V_0 und der Ordnungszahl Z des bremsenden Atomkerns folgendermaßen darstellen läßt:

$$\eta = 8 \cdot 10^{-10} \cdot Z \cdot V_0. \tag{5}$$

---

[1] KULENKAMPFF, H.: Ann. Physik Bd. 87 (1928) S. 597; Physik. Z. Bd. 30 (1929) S. 514. — NICHOLAS, W. W.: Bur. Stand. J. Res. Bd. 2 (1929) S. 837.

[2] Bei massiven Antikathoden ist $J_\nu = \mathrm{const}\, Z\left(\dfrac{e V_0}{h} - \nu\right)$.

So wird z. B. an einer massiven Platinantikathode ($Z = 78$) beim Aufprall von
60000 e-Volt schnellen Kathodenstrahlen nur $\eta = 4{,}2\,^0/_{00}$ der Elektronenenergie
in Röntgenstrahlen verwandelt. Beim Auftreffen von 2 e-Volt schnellen Elektronen auf Kupfer wurde eine Bremsstrahlung mit $\eta = 5 \cdot 10^{-7}$ Nutzeffekt
beobachtet[1].

Über den Mechanismus, welcher von der Elektronenbremsung zur Röntgen-
ausstrahlung führt, geben uns die Theorien heute hinreichenden Aufschluß.
Klassisch strahlt jedes einzelne Elektron bei seiner Bremsung einen einmaligen
Energieimpuls aus, etwa vergleichbar einem akustischen Knall. Die spektrale
Verteilung wäre die Fourieranalyse dieses Impulses und sollte alle möglichen
Schwingungszahlen von Null bis Unendlich ergeben[2], sie ist also nicht mit den
experimentellen Resultaten vereinbar. Vom quantentheoretischen Standpunkt
aus ergibt sich, wie erwähnt, die Energie des emittierten Röntgenquants aus der
Energiedifferenz des Elektrons vor und nach der Bremsung. Es wird also
eine kurzwellige Grenze wie in Gl. (3) gefordert, an diese schließt sich aber
ein kontinuierliches Spektrum an, da nur die Anfangsenergie des Elektrons
vorgegeben ist, während die Restenergie verschiedene Größe haben kann,
so daß im statistischen Mittel über viele mögliche Übergänge ein kontinuierliches Spektrum entsteht. Auf Grund korrespondenzmäßiger Betrachtungen
kann angenommen werden, daß ein Quant emittiert wird, wenn das Elektron
einen Übergang zwischen Hyperbelbahnen im Kernfeld ausführt[3]. Erst die
Wellenmechanik kann befriedigend alle Erfahrungen über das kontinuierliche
Röntgenspektrum wiedergeben. Die Bremsung des Elektrons am nackten
Atomkern wird dort durch Einführung der Wellenfunktionen des kontinuierlichen
Spektrums des Keplerproblems behandelt[4]. Die Behandlung ist jedoch so
mathematisch und so wenig anschaulich, daß sie hier nicht näher erörtert
werden kann.

Kapitel 21.

Summarische Geschwindigkeitsverluste und Reichweiten.

§ 1. Quantenmechanische und klassische Erwartungen. Wir haben im
vorigen Kapitel nur die verschiedenen Möglichkeiten von Geschwindigkeitsverlusten eines Elektrons im Elementarakte betrachtet, wie z. B. die einzelnen
Arten von Anregungen, Ionisierungen usw. Ist nun die Anfangsenergie des
Elektrons genügend groß gegenüber dem Energieverlust eines solchen Ele-
mentarakts, so daß es viele solche Elementarakte der Bremsung durchmachen
kann, ohne dadurch einen wesentlichen Bruchteil seiner Anfangsenergie einzu-
büßen, so stellt sich unter der großen Anzahl der Zusammenstöße eine gewisse
annähernd konstante Verteilung der Beiträge der einzelnen möglichen Verluste
ein, so daß der Geschwindigkeitsverlust des Elektrons proportional der durchquerten elementaren Schichtdicke wird und nur vom durchquerten Material
und von der Elektronengeschwindigkeit abhängt. Die quantenmechanischen
generalisierten Übergangswahrscheinlichkeiten bestimmen die Häufigkeiten der

---

[1] MOHLER, F. L., u. C. BOECKNER: Bur. Stand. J. Res. Bd. 6 (1931) S. 673. — Theorie
siehe bei L. NEDELSKY: Physic. Rev. Bd. 42 (1932) S. 641.
[2] SOMMERFELD, A.: Physik. Z. Bd. 10 (1909) S. 969.
[3] KRAMERS, H. A.: Philos. Mag. Bd. 46 (1923) S. 836. — Siehe auch A. W. MAUE:
Ann. Physik Bd. 13 (1932) S. 161.
[4] GORDON, W.: Ann. Physik Bd. 2 (1929) S. 1031. — GAUNT, J. A.: Proc. Roy. Soc.,
Lond. Bd. 126 (1930) S. 654. — SOMMERFELD, A.: Ann. Physik Bd. 11 (1931) S. 257. —
SCHERZER, O.: Ebenda Bd. 13 (1932) S. 137.

einzelnen Anregungen. Durch eine Summation ergibt sich[1] der Energieverlust dE pro elementare Schichtdicke dx zu:

$$-\frac{dE}{dx} = \frac{4\pi e^4 n_0}{mu^2} \cdot \sum_{nl} f_{nl} \ln\left(\frac{mu^2}{A_{nl}}\right). \tag{1}$$

Hier bedeuten: u die Geschwindigkeit, e und m Ladung und Ruhemasse des Elektrons. Der Energieverlust ist nach Gl. (1) bei nicht zu großen Geschwindigkeiten angenähert umgekehrt proportional der Primärenergie $mu^2/2$ und direkt proportional der Anzahl n_0 der Atome pro Kubikzentimeter. Die Energieabgabe an jede atomare Elektronenschale mit der Hauptquantenzahl n und der Nebenquantenzahl l ist nicht proportional der Anzahl Z_{nl}, der Elektronen in der betreffenden Schale, sondern der davon abweichenden „Oszillatorensumme" f_{nl}, die für die einzelnen n-l-Niveaus verschiedener Atome aus Tabelle 42 entnommen werden

Tabelle 42. Oszillatorenstärken pro Elektron $\dfrac{f_{nl}}{Z_{nl}}$ für die n-l-Niveaus einiger Atome. Nach BETHE.

	Be	C	N	O	Ne	Ar	Cu	Ag	Au
$1s$ . . .	1,00	0,861	0,792	0,732	0,584	0,505	0,505	0,476	0,463
$2s$ . . .	1,00	1	1	1	1	0,565	0,565	0,462	0,420
$2p$ . . .	—	1,136	1,136	1,136	1,136	1,122	0,426	0,301	0,256
$3s$ . . .	—	—	—	—	—	1,040	1,040	0,566	0,446
$3p$ . . .	—	—	—	—	—	1,171	1,171	0,533	0,387
$3d$ . . .	—	—	—	—	—	—	1,418	1,407	0,408
$4s$ . . .	—	—	—	—	—	—	—	1,103	0,422
$4p$ . . .	—	—	—	—	—	—	—	1,220	0,450
$4d$ . . .	—	—	—	—	—	—	—	1,437	1,464
$4f$ . . .	—	—	—	—	—	—	—	—	1,712

kann. Außerdem enthält die Energieabgabe für jede Schale ein logarithmisches Glied $\ln\left(\dfrac{mu^2}{A_{nl}}\right)$; hierbei bedeutet A_{nl} eine gewisse mittlere Anregungsenergie der n-l-Schale. Der Größe nach liegt A_{nl} bei äußeren Schalen zwischen der betreffenden Erstanregungsspannung und der betreffenden Ionisierungsspannung; bei den inneren Schalen, bei denen praktisch keine Anregung, sondern nur Ionisation möglich ist, liegt die mittlere Anregungsspannung A_{nl} etwa 30 bis 60% über der Ionisierungsspannung. Eine genaue Kenntnis dieser mittleren Anregungsspannung ist für unseren Bedarf nicht notwendig, weil das Bremsvermögen nicht sehr stark von ihrer Größe abhängt.

Sowohl das logarithmische Glied $\ln\dfrac{1}{A_{nl}}$ als auch der Ersatz der Elektronenzahl Z_{nl} durch die Oszillatorensumme f_{nl} bewirken, daß die äußeren Schalen ein (bis etwa fünfmal) größeres Bremsvermögen besitzen als die inneren. Für das gesamte Atom läßt sich durch

$$\sum_{nl} f_{nl} \ln A_{nl} = Z \ln \bar{A} \tag{2}$$

eine mittlere Anregungsspannung $\bar{A}$ definieren. Diese kann auf etwa $\pm 30\%$ genau angegeben werden und ist hier in Tabelle 43 für einige Atome bzw. Moleküle in e-Volt notiert:

Tabelle 43. Mittlere Anregungsspannungen $\bar{A}$. Nach BETHE.

Atome	H_2	N_2	Fe	Ag	Pb
$\bar{A}$ in e-Volt . .	15	35	60	170	250

---

[1] BETHE, H.: Ann. Physik Bd. 5 (1930) S. 325.

Bei größeren Elektronengeschwindigkeiten macht sich ein beträchtlicher Einfluß von Relativität und Elektronenspin geltend. Aus der DIRACschen Theorie errechnet man[1] einen Energieverlust, welcher um den Posten:

$$\frac{2\pi e^4 n_0 Z}{m u^2}\left[\ln\left(\frac{1}{1-\beta^2}\right)-\beta^2\right] \tag{3}$$

größer ist als der durch Gl. (1) gegebene Betrag, wo β hier wieder das Verhältnis von Elektronengeschwindigkeit zu Lichtgeschwindigkeit bedeutet. Durch die Korrektion Gl. (3) wird bewirkt, daß der Energieverlust, der mit wachsender Primärenergie zunächst dauernd monoton abnimmt, bei $\beta = 0{,}965$, entsprechend $1{,}5 \cdot 10^3$ e-KV, ein Minimum erreicht, um von da ab immer weiter anzusteigen.

Die klassische Betrachtungsweise faßt den Geschwindigkeitsverlust eines schnellen Elektrons als die Wirkung vieler elastischer Zusammenstöße beim Durchgang durch ein „Elektronengas" bestimmter Dichte auf. Der beim Zusammenstoß mit einem freien Elektron auftretende Geschwindigkeitsverlust ist infolge von Energie- und Impulserhaltung nach Kap. 17, Gl. (4) und Gl. (5) nur abhängig von der Primärelektronenenergie und vom Zielabstand. Die für die klassische Theorie charakteristische Schwierigkeit liegt aber in der Frage, welche von den passierten Atomelektronen noch gegenüber den Primärelektronen als frei zu gelten haben bzw. bis zu welcher oberen Grenze des Zielabstandes man die Bremswirkungen der Atomelektronen zu summieren hat. Nach der klassischen Dispersionstheorie kann das gestoßene Elektron als frei gelten, wenn die Stoßdauer p/u (p = Zielabstand, u = Primärelektronengeschwindigkeit) kurz gegen die Eigenperiode $1/\nu$ dieses gestoßenen Atomelektrons ist, so daß der Stoßvorgang ballistisch verläuft. Unter dieser Voraussetzung ergibt sich[2] für den Energieverlust ein Ausdruck, welcher Gl. (1) bis auf den Summenfaktor vollkommen entspricht, an dessen Stelle jetzt:

$$\sum_1^j Z_j \ln\left(\frac{1{,}123\, m u^3}{2\pi \nu_j e^2}\right), \tag{4}$$

eine Summe über alle Z_j Atomelektronen mit den Eigenfrequenzen ν_j in Gl. (1) einzusetzen ist. Es tritt hier bemerkenswerterweise im ln die Geschwindigkeit u nicht mehr wie in Gl. (1) quadratisch, sondern in der dritten Potenz auf. Die den einzelnen Schalen zukommenden Frequenzen $\nu_j = \dfrac{W}{h}$ ergeben sich als Quotienten der Abreißarbeiten der betreffenden Elektronen (Tabelle 9 von Kap. 7 in ESE umgerechnet) und des Wirkungsquantums, und zwar ist über alle Z einzelnen Atomelektronen (Tabelle 10 in Kap. 7) zu summieren.

Der Summenfaktor spielt in Gl. (1) bzw. Gl. (4) keine ausschlaggebende Rolle, da die unter dem ln stehende Zahl sehr groß ist und die Größe des ln selbst relativ wenig durch eine Veränderung dieser Zahl beeinflußt wird. Deshalb gilt nahezu:

$$-\frac{du}{dx} = \frac{a}{4 \cdot u^3} \tag{5}$$

oder, wenn man die Geschwindigkeiten u_0 und u_x des Elektrons vor und nach dem Durchgang durch die kleine Schichtdicke x betrachtet,

$$\left.\begin{aligned} u_0^4 - u_x^4 &= a x \\[1.5em] V_0^2 - V_x^2 &= b x \end{aligned}\right\} \tag{6}$$

bzw. für e-Voltgeschwindigkeiten:

---

[1] BETHE, H.: Z. Physik Bd. 76 (1932) S. 293. — MØLLER, CHR.: Ann. Physik Bd. 14 (1932) S. 531. — Siehe auch E. I. WILLIAMS: Proc. Roy. Soc., Lond. Bd. 135 (1932) S. 108.
[2] BOHR, N.: Philos. Mag. Bd. 25 (1913) S. 10; Bd. 30 (1915) S. 581.

wo die Größen a bzw. b etwa Materialkonstanten sind[1] (THOMSON-WHIDDING-TONsches Gesetz[2]). Bei verfeinerten Ansprüchen würde

$$a = a_0 \cdot \ln a_1 u^2 \tag{7}$$

zu setzen sein, der Einfluß des ln-Gliedes würde namentlich bei kleinerem u hervortreten, während er bei größeren Elektronengeschwindigkeiten praktisch belanglos ist und nur eine Zunahme von a um weniger als 10 % bei Verdoppelung der Elektronenenergie ausmacht. Zwischen etwa 20 und 200 e-KV sind deshalb namentlich die Größen b für praktische Ansprüche hinreichend konstant. Bei noch größeren Geschwindigkeiten lassen sich die Gl. (5) bzw. Gl. (6) immer schlechter verwenden, da sich dort nach Kap. 1 die Energieabnahme des Elektrons viel mehr durch seine relativistische Masseabnahme als durch seine Geschwindigkeitsänderung äußert. Bei diesen größten Geschwindigkeiten läßt sich deshalb aus der nach Gl. (3) relativistisch korrigierten Gl. (1) folgern, daß

$$\frac{dV}{dx} = \text{const} \tag{8}$$

sein muß (WILSONsches Gesetz), d. h. die Energie des Elektrons nimmt proportional der durchlaufenen Schichtdicke ab[3].

Da in jedem Falle[4] die Energie des Elektrons allmählich längs seiner einzelnen Wegelemente dx aufgezehrt wird, so muß jeder Anfangsenergie eine ganz bestimmte Reichweite R (d. h. Weglänge bis zur völligen Abbremsung) entsprechen, nämlich:

$$R = \int_{u_0}^{0} \frac{du}{du/dx} . \tag{9}$$

Mit der Vereinfachung, die zu Gl. (6) führte, ergibt sich daraus

$$V = C \cdot \sqrt{R} \tag{10}$$

(WILSONsches Reichweitengesetz[5]), wo C über gewisse Geschwindigkeitsbereiche eine für das durchquerte Gas charakteristische Konstante bedeutet.

§ 2. Messung der LENARDschen Geschwindigkeitsverluste. Resultate bei verschiedenen Primärgeschwindigkeiten an verschiedenen Substanzen. Die experimentellen Untersuchungen über Geschwindigkeitsverluste wurden größtenteils durch Vergleich der Elektronengeschwindigkeiten vor und nach dem Durchgang durch eine Folie von bekannter Dicke ausgeführt. Die Versuchsanordnungen[6] ähneln im Prinzip alle derjenigen von Abb. 187. Dort gehen von der Glühkathode K, welche auf Hochspannung liegt und welche zur Justierung verschoben werden kann, die Elektronen aus, werden gegen das geerdete Drahtnetz G beschleunigt und durchfliegen die Spaltblenden A und B. Da sich die ganze Apparatur in einem konstanten und homogenen Magnetfeld befindet, laufen die Elektronen auf Kreisbahnen und gelangen zur photographischen

---

[1] $\dfrac{a}{b} \approx 1{,}25 \cdot 10^{37} \dfrac{(\text{cm/sec})^4}{(e\text{-KVolt})^2} .$

[2] WHIDDINGTON, R.: Proc. Roy. Soc., Lond. Bd. 86 (1912) S. 360.

[3] WILSON, W.: Proc. Roy. Soc., Lond. Bd. 82 (1909) S. 612.

[4] Der Fall der wahren Absorption (Kap. 22), bei dem das Elektron plötzlich vollkommen gebremst wird, ist so selten, daß er hier vernachlässigt werden kann.

[5] WILSON, C. T. R.: Proc. Roy. Soc., Lond. Bd. 104 (1923) S. 1, 192.

[6] Zum Beispiel: LEITHÄUSER, E.: Ann. Physik Bd. 15 (1904) S. 283. — WHIDDINGTON: a. a. O. — KLEMPERER, O.: Z. Physik Bd. 34 (1925) S. 532.

Platte PP (fokussierende Methode vgl. Abb. 25 in Kap. 2, § 3). Die Blende A ist von einer Metallfolie überspannt, in welcher sich ein kleines Loch befindet. Die auf das Loch treffenden Elektronen kommen unbehindert hindurch, während die auf die Folie auftreffenden Elektronen beim Durchqueren der Folie Geschwindigkeitsverluste erleiden. Je nach ihrer Geschwindigkeit laufen die Elektronen auf verschieden stark gekrümmten Halbkreisbahnen, und zwar so,

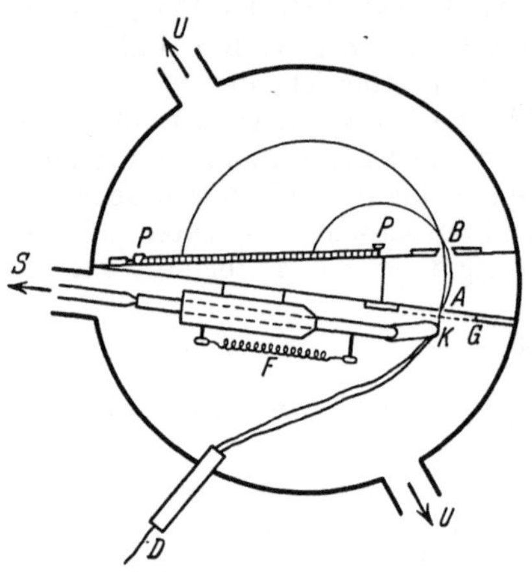

Abb. 187. Messung der Geschwindigkeitsverluste von Elektronen beim Durchgang durch dünne Folien. Nach KLEMPERER.

daß jede Geschwindigkeit als eine Linie (hier senkrecht zur Zeichenebene) auf der photographischen Platte abgebildet wird. Ausphotometrierungen derartiger Photographien sind in Abb. 188 zu sehen. Die durch das Loch hindurchgegangene Primärgeschwindigkeit ist als scharfe Linie abgebildet, während die durch die Folie hindurchgegangenen Elektronen (in Abb. 188 links neben der Primärgeschwindigkeit) breite Geschwindigkeitsverteilungen zeigen. Die Geschwindigkeitsspektren sind ganz kontinuierlich, es treten also keinerlei Sprünge der Intensität mit zunehmendem Geschwindigkeitsverlust auf.

Als Maß des Geschwindigkeitsverlustes du/dx läßt sich aus praktischen Gründen die maximal vertretene (wahrscheinlichste) Geschwindigkeitsänderung definieren, bezogen auf die Schichtdicke Eins, und zwar bei vollständig diffusem Strahlengang (Kap. 18) und bei gleicher Richtung des Ein- und Austritts (z. B. bei senkrechtem

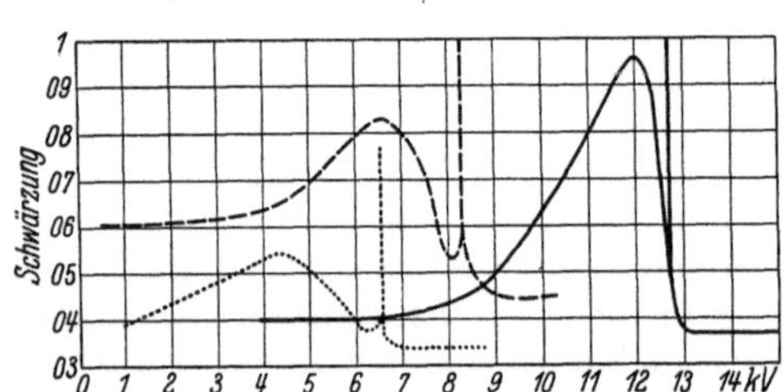

Abb. 188. Ausphotometrierte Kathodenstrahlspektren, aufgenommen mit 0,5-μ-Al-Folie bei 12,7 ——— , 8,3 — — — und 6,55 e-KV ·······. Nach KLEMPERER.

Ein- und Austritt)[1]. Mit diesem „LENARDschen Geschwindigkeitsverlust" ist ein Spezialfall von besonderer praktischer Bedeutung hervorgehoben, über den die meiste experimentelle Erfahrung vorliegt; er läßt sich jedoch nicht direkt mit den Ergebnissen der Theorie Gl. (1) bis Gl. (6) vergleichen. Denn: 1. laufen die Elektronen nicht auf geradem durch die Foliendicke gemessenem Wege durch die Folie hindurch, sondern machen infolge der Vielfachstreuung (Umwegfaktor, vgl. Tabelle 37 in § 4 von Kap. 18) größere oder kleinere Umwege in bremsendem Material; 2. werden trotz im wesentlichen gleicher Richtung des eintretenden und austretenden Strahls im austretenden Strahl auch solche Elektronen vorhanden sein, welche beim Stoß auf ein Elektron stärkere Elementarablenkungen und infolgedessen nach Kap. 17, Gl. (4) auch stärkere Elementarverluste erlitten haben, während die erwähnte Theorie nur die nahezu unabgelenkten Strahlen erfaßt. Aus diesen Gründen dürften die der LENARDschen Definition entsprechenden experimentellen Verluste etwas größer als die wahren, durch Gl. (1) bis Gl. (6) vorausgesagten Verluste sein, besonders bei den kleineren Primärgeschwindigkeiten, da ja bei diesen die Elektronen besonders leicht ablenkbar sind. Immer-

---

[1] LENARD, P.: Quantitatives über Kathodenstrahlen. Heidelberg 1918.

Tabelle 44. Geschwindigkeitsverluste in $^1/_{100}$ mm Al. Nach LENARD.

β	$\dfrac{d\beta}{dx}$	β	$\dfrac{d\beta}{dx}$	β	$\dfrac{d\beta}{dx}$	β	$\dfrac{d\beta}{dx}$
0,05	12	0,30	0,075	0,70	0,0047	0,92	0,00060
0,10	2,3	0,32	0,06	0,75	0,0034	0,93	0,00048
0,15	0,7	0,35	0,05	0,80	0,0023	0,94	0,00038
0,18	0,31	0,40	0,04	0,85	0,0015	0,95	0,00029
0,20	0,23	0,45	0,02	0,87	0,0012	0,96	0,00020
0,22	0,175	0,50	0,018	0,88	0,00105	0,97	0,00013
0,24	0,133	0,55	0,011	0,89	0,00094	0,98	0,000070
0,26	0,11	0,60	0,084	0,90	0,00081	0,99	0,000025
0,28	0,085	0,65	0,0064	0,91	0,00070		

hin treffen diese experimentellen Daten größenordnungsmäßig (auf etwa 50 %) die Voraussagen der Gl. (4) und der davon wenig unterschiedlichen Gl. (1). In Tabelle 44 sind die durch kritische Verwertung[1] der gesamten Original-literatur ermittelten Geschwindigkeitsverluste in Aluminium entsprechend der oben gegebenen Definition zusammengestellt, und zwar sind die Geschwindig-keiten $\beta = u/c$ in Bruchteilen der Lichtgeschwindigkeit angegeben, die Ge-schwindigkeitsverluste sind auf Foliendicken von $^1/_{100}$ mm umgerechnet. Die tabellierten Geschwindigkeitsverluste befriedigen bei Primärgeschwindigkeiten $\beta < 0{,}7$ die Gleichungen Gl. (5) bis Gl. (7), und zwar erhält man am Al für Primärgeschwindigkeiten von $6 \rightarrow 20$ e-KV ein „a" zwischen $6 \cdot 10^{42}$ und $8 \cdot 10^{42}$ (cm/sec)^4/cm bzw. ein „b" zwischen $5 \cdot 10^5$ und $7 \cdot 10^5$ e-KVolt^2/cm^2, während zwischen 25 und 150 e-KV a zwischen $1 \cdot 10^{43}$ und $1{,}4 \cdot 10^{43}$ (cm/sec)^4/cm und infolgedessen b rund $1 \cdot 10^6$ e-KV^2/cm gefunden wird[3].

Bei größeren Geschwindigkeiten[4], etwa ab 200 e-KV, ist dann mit einiger Genauigkeit die Gl. (8) erfüllt, deren const sich etwa zu 4560 e-KV/cm ermitteln läßt. Die für schnelle Strahlen vorliegenden Daten sind zwar nicht alle auf die oben gegebene LENARDsche Definition bezogen, da einerseits zum Teil minimale oder mittlere, statt der wahrscheinlichsten Verluste in Betracht genommen werden, und da andererseits zum Teil die Foliendicken so gering gewählt sind, daß kaum Vielfachstreuung der Strahlen beim Durchgang auftritt. Jedoch sind bei den großen Geschwindigkeiten die Streuungen in jedem Fall so selten, und die Breite der Verteilung der Verluste ist so gering, daß diese Verschiedenheiten der Versuchsanordnung oder Auswertung gegenüber den Ungenauigkeiten wenig ins Gewicht fallen.

Bei der Untersuchung verschiedener Substanzen sind die LENARDschen Geschwindigkeitsverluste in erster Annäherung proportional der durchquerten Massendicke (gr/cm^2) gefunden worden, bei größeren Ansprüchen auf Genauig-keit wird man mit wachsendem Atomgewicht ein gewisses Zurückbleiben der Geschwindigkeitsverluste hinter der Masseproportionalität annehmen müssen.

§ 3. **Geschwindigkeitsverteilung der Elektronen nach dem Durchgang. Einfluß der Elektronenumwege. Schwankungserscheinungen.** Die Breite der Geschwindig-

[1] LENARD, PH., u. A. BECKER: In WIEN-HARMS Handb. d. Experimentalphys. Bd. 14 (1927) S. 120.

[2] KLEMPERER, O.: a. a. O. (6 bis 13 e-KV). — WHIDDINGTON, R.: a. a. O. (8 bis 20 e-KV).

[3] TERRILL, H. M.: Physic. Rev. Bd. 22 (1923) S. 101 (25 bis 50 e-KV). — BECKER, A.: Ann. Physik Bd. 78 (1925) S. 209 (30 bis 80 e-KV). — BAEYER, O. v.: Physik. Z. Bd. 13 (1912) S. 485 (36 bis 120 e-KV).

[4] WILSON, W.: Proc. Roy. Soc., Lond. Bd. 82 (1909) S. 612 (600 bis 1100 e-KV). — DANYSZ, J.: J. Physique Bd. 3 (1913) S. 949. — D'ESPINE, J.: Ebenda Bd. 8 (1927) S. 502. — WHITE, P., u. G. MILLINGTON: Proc. Roy. Soc., Lond. Bd. 120 (1928) S. 701 (alle zwischen 150 und 1300 e-KV). — RAWLINSON, W. F.: Philos. Mag. Bd. 30 (1915) S. 627 (150 bis 1700 e-KV).

keitsverteilung von Elektronen ursprünglich homogener Geschwindigkeit nach ihrem Durchgang durch Materie läßt sich zum großen Teil auf die verschieden großen Umwege der einzelnen Elektronen bei ihrem diffusem Durchgang durch die Schicht zurückführen. Hierbei sind die über den Mittelwert verlangsamten Elektronen in der Folge größeren Geschwindigkeitsverlusten ausgesetzt als die unter dem Mittelwert verlangsamten, weil die Größe der Verluste mit abnehmender Geschwindigkeit stark ansteigt.

Für die Geschwindigkeitsverluste von Elektronen, welche auf gleichen Weglängen geradlinig eine materielle Schicht durchquert haben, sind aber ebenfalls Schwankungserscheinungen zu erwarten[1], und zwar infolge statistischer Dichteschwankungen der Atomelektronen, ferner infolge von Resonanzerscheinungen der durchgehenden Primärstrahlen mit diesen, oder klassisch ausgedrückt, infolge der verschiedenen Richtung und Größe der Eigengeschwindigkeiten der Atomelektronen, die mit dem durchgehenden Primärelektron in Wechselwirkung treten. Die letztgenannten Schwankungen sind allein vorherrschend, solange die Foliendicke klein ist gegen die Reichweite der durchgegangenen Elektronen im bremsenden Material. Bei den meisten Experimenten aber, wo die Foliendicke von der gleichen Größenordnung wie diese Reichweite ist, überwiegen die Schwankungen der Geschwindigkeitsverluste, welche den verschieden großen Umwegen zuzuschreiben sind.

Über alle heute vorliegenden Experimente läßt sich zunächst zusammenfassend sagen, daß die Halbwertsbreite $\Delta_1 V$ der Energieverteilungskurve — d. h. ihre Breite in halber Höhe des Intensitätsmaximums — für alle Primärgeschwindigkeiten V_0 und für alle Foliendicken x von derselben Größenordnung ist wie der wahrscheinlichste Energieverlust ΔV, und zwar unterscheiden sich ΔV und $\Delta_1 V$ nicht mehr als um einen Faktor 2. Bei kleinen Primärgeschwindigkeiten, wo die Streuungen in der zur Reichweite relativ dicken Folie groß sind, beobachtet man stets Geschwindigkeitsverteilungen, deren $\Delta_1 V$ breiter ist als ΔV, beim Übergang zu größeren Primärgeschwindigkeiten nimmt, wie auseinandergesetzt wurde, der Geschwindigkeitsverlust ΔV sehr stark ab, aber noch stärker schrumpft die Breite der Geschwindigkeitsverteilung $\Delta_1 V$ zusammen.

Bei Elektronenreichweiten, die mindestens fünfmal länger sind als der in der Folie zurückgelegte Weg, können die durch Umwege und Streuung hervorgerufenen Schwankungen des Geschwindigkeitsverlustes gegenüber den wahren Schwankungen vernachlässigt werden. Versuche, bei denen infolge genügend geringer Foliendicke die *wahre* Schwankungsverteilung der Geschwindigkeitsverluste erhalten werden konnte, liegen im Gebiet zwischen 150 und 270 e-KV Primärgeschwindigkeit an Glimmerfolien zwischen 2 und 6 mg/cm² Dicke vor[2]. Es ergab sich durch Multiplikation jedes Geschwindigkeitsverlustes $\Delta\beta$ mit $\beta^3/x \cdot \varrho$ die Möglichkeit einer Reduktion aller Verteilungen auf die in

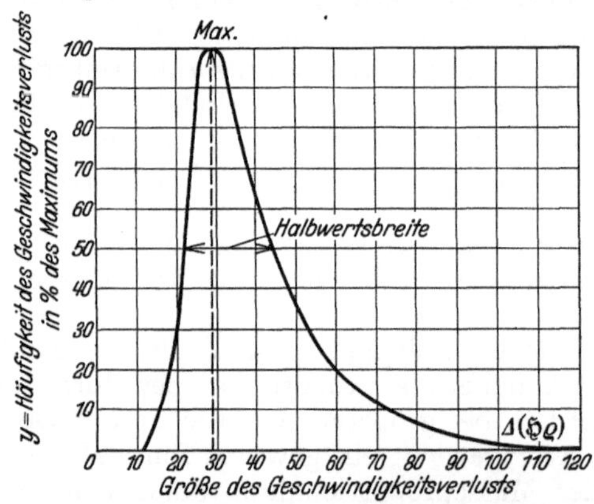

Abb. 189. Universelle Schwankungsverteilung der Geschwindigkeitsverluste von Elektronen nach dem Durchgang durch Materie. Nach WHITE und MILLINGTON.

---

[1] BOHR, N.: Philos. Mag. Bd. 30 (1915) S. 581. — WILLIAMS, E. J.: Proc. Roy. Soc., Lond. Bd. 125 (1929) S. 420. — Vgl. auch P. PREISLER: Z. Physik Bd. 53 (1929) S. 857.
[2] WHITE u. MILLINGTON: a. a. O.

Abb. 189 dargestellte, von der Primärgeschwindigkeit β und der Massendicke $x \cdot \varrho$ ($x =$ Dicke, $\varrho =$ spezifisches Gewicht) unabhängige universelle Form:

$$y = \frac{\beta^3}{x \cdot \varrho} \cdot f\left(\frac{\beta^3}{x \cdot \varrho} \, \varDelta \beta\right). \tag{11}$$

Diese experimentelle wahre Schwankungsverteilung ähnelt der aus der klassischen Theorie vorausgesagten, ist jedoch mehr als doppelt so breit wie diese[1].

§ 4. Wahre Geschwindigkeitsverluste. Energieverluste schnellster Elektronen. Erst bei solchen Versuchen, wo die Umwege der Elektronen in der Folie keine Rolle mehr spielen, sind auch die experimentellen wahrscheinlichsten Verluste mit den Ergebnissen der vorliegenden Theorien vergleichbar. Experimentelle Daten unter derartig reinen Bedingungen sind bisher nur an 150 bis 3000 e-KV schnellen Elektronen erhalten worden[2]. Diese bestätigen die quantenmechanischen Erwartungen der durch Gl. (3) relativistisch korrigierten Gl. (1) mit befriedigender Genauigkeit[3]. Die klassische Theorie kann hier nur noch größenordnungsmäßige Resultate liefern, welche fast um den Faktor 2 über den experimentellen Energieverlusten liegen.

Über die Energieverluste schnellster Elektronen, welche vermutlich bei der Untersuchung der kosmischen Höhenstrahlung eine bedeutende Rolle spielen, fehlt uns bisher jegliche experimentelle Kenntnis. Wir können deshalb hier nur die theoretischen Daten der Tabelle 45 anführen, sie wurden für die bei derartig durchdringenden Strahlen gebräuchlichen Absorber — Wasser und Blei — nach der durch Gl. (3) relativistisch korrigierten Gl. (1) bis hinauf zu höchsten Geschwindigkeiten berechnet. Die Energieverluste zeigen bei $1{,}5 \cdot 10^6$ e-Volt das charakteristische Minimum, auf das schon

Tabelle 45. Energieverlust schneller Elektronen. Nach Bethe.

Anfangs-energie e-Volt	$\beta = \dfrac{u}{c}$	Energieverlust pro g/cm² in Millionen e-Volt	
		in Wasser	in Blei
10^4	0,20	25,5	10,0
10^5	0,55	4,55	2,2
10^6	0,94	2,05	1,10
10^7	0,9988	2,31	1,35
10^8	0,9999871	2,90	1,76
10^9	$0{,}9_6 \cdots 87$	3,46	2,17
10^{10}	$0{,}9_8 \cdots 87$	4,02	2,56

im § 1 dieses Kapitels hingewiesen wurde. Aus zwei Gründen wird im Blei ein geringerer Energieverlust pro Massendicke erwartet als im Wasser: 1. Ist die Anzahl der bremsenden Elektronen pro Gramm im Blei geringer (diese berechnet sich als Quotient von Ordnungszahl und Atomgewicht im Blei zu 0,4 und im Wasser zu 0,56). 2. Die mittlere Anregungsenergie ist bei den schwereren Atomen größer als bei den leichteren.

Schließlich sei noch darauf hingewiesen, daß für die hier betrachteten sehr schnellen Elektronen auch Energieverluste durch Wechselwirkung mit den Kernelektronen in Betracht kommen können. Die Bindungsenergie der im Kern in den Neutronen bzw. in den α-Teilchen befindlichen Elektronen läßt sich aus den Massendefekten zu ca. 10^6 bzw. 10^7 Elektronenvolt abschätzen (vgl. Kap. 7, § 6). Infolge dieser starken Bindungen wird man für die Kernelektronen außerordentlich große mittlere Anregungsenergien erwarten müssen. Auch bei sehr schnellen Primärelektronen wird deshalb der Energieverlust an einem Kernelektron gegenüber dem Energieverlust an einem Atomelektron verschwindend selten sein, so daß er trotz seiner Größe für die Abbremsung des schnellen Primärelektrons keine bedeutende Rolle spielt[4].

---

[1] Williams, E. J.: a. a. O.
[2] White u. Millington: a. a. O.
[3] Williams, E. J.: Proc. Roy. Soc., Lond. Bd. 130 (1930) S. 310; Bd. 135 (1932) S. 108.
[4] Näheres hierüber siehe bei W. Heisenberg: Ann. Physik Bd. 13 (1932) S. 430. Die Kernelektronen tragen bis zu etwa 20% zur Gesamtbremsung bei.

§ 5. Reichweitemessungen mit der Nebelkammer und nach elektrometrischen Methoden. Berechnung der Reichweite aus dem Ionisierungsaufwand und der Ionisierungskurve. Als Reichweite eines Elektrons von gegebener Anfangsgeschwindigkeit haben wir in § 1 seine gesamte Bahnlänge bei seinem Durchgang durch die bremsende Materie definiert. Die als Funktion der Anfangsgeschwindigkeit und des durchquerten Materials experimentell gewonnenen Werte der Reichweiten geben uns Aufschluß über wahre Energieverluste der Elektronen und können direkt mit den Erwartungen der in § 1 skizzierten Theorien verglichen werden.

Experimentelle Daten über Reichweiten werden am einfachsten durch genaue Ausmessung der Längen von WILSONschen Nebelbahnen (Kap. 3, § 4) erhalten. Man läßt beispielsweise Röntgenstrahlen von bekannter homogener Wellenlänge in die Expansionskammer eintreten, wo sie aus den Atomen des zu untersuchenden Gases Photoelektronen von genau bekannter Anfangsgeschwindigkeit herauswerfen (Kap. 11). Die wenigen genauen Daten, die an homogenen Gasen erhalten wurden[1], sind in Tabelle 46 mitgeteilt, sie entsprechen nahezu den quantenmechanischen Erwartungen nach Gl. (1), während die klassische Theorie um etwa 50 % kleinere Reichweiten voraussagen würde. Weiter sind in Tabelle 46 Ergebnisse von Messungen dieser Art in Luft notiert[2]. Für nicht zu langsame Elektronen werden die Ergebnisse in allen Gasen durch das WILSONsche Reichweitengesetz Gl. (10) einigermaßen richtig dargestellt, genauer genommen wachsen aber die Reichweiten nicht mit dem Quadrat, sondern mit einer geschwindig-

Tabelle 46. Reichweiten aus Nebelkammeraufnahmen.

Gas	Anfangsenergie der Elektronen in $e\cdot$KV	Reichweite in cm bei 0° und 760 mm	Konstante C in Gl. (10)	Autor
O_2	7,560	0,101		
	16,91	0,49	24	
	19,59	0,67		
	22,13	0,87		NUTTAL und
N_2	19,70	0,77	22,3	WILLIAMS
	22,24	1,01		
A	17,22	0,48		
	19,76	0,65	24,8	
	27,19	1,20		
H_2	4,80	0,73	8,5	
	7,56	0,36		
Luft	42,6	1,58	27	MEITNER PETROWA
	30,3	0,8		
	24,6	1,5		
	21,7	1,1	21	C. T. R. WILSON
	8,6	0,17		
	7,7	0,13		
	4,22	0,068		
	2,87	0,034	15	
	1,94	0,017		ALPER
	1,34	0,010	—	
	0,92	0,0064	—	
	0,52	0,0036	—	

[1] NUTTAL, J. M., u. E. J. WILLIAMS: Philos. Mag. Bd. 2 (1926) S. 1109. — WILLIAMS, E. J.: Proc. Roy. Soc., Lond. Bd. 130 (1930) S. 310.

[2] WILSON, C. T. R.: Proc. Roy. Soc., Lond. Bd. 104 (1922) S. 192. — MEITNER, L.: Naturwiss. Bd. 14 (1926) S. 1199. — PETROWA, J.: Z. Physik Bd. 55 (1929) S. 628. — ALPER, T.: Ebenda Bd. 76 (1932) S. 172 (Reichweitemessung an δ-Strahlen).

keitsabhängigen Potenz der e-Voltgeschwindigkeit, welche bei 1 e-KV etwa $= 1$ ist, dann stark zunimmt und erst oberhalb etwa 2 e-KV konstant etwa $= 1,8$ beträgt. Für die Größe C in Gl. (10) ergibt sich empirisch der in Tabelle 46 verzeichnete Wert.

Für kleine Elektronengeschwindigkeiten versagt die Nebelkammermethode, weil sich im relativ dichten Gas, welches in der Nebelkammer notwendig ist, die langsamen Elektronen nicht mehr einbringen bzw. auf ihre Bahnlänge aus-messen lassen. Man kann hier nun so vor-gehen, daß man im verdünnten Gase gegen Ende der Elektronenbahn eine Elektrode anbringt, deren Aufladung gemessen wer-den kann. Man steigert nun den Gas-druck so lange, bis die Aufladung dieser Elektrode aufhört, und setzt die dann erreichte Bahnlänge der Elektronen mul-tipliziert mit dem Druck gleich der Reich-weite[1]. Aus der Art solcher Messungen sieht man leicht, daß so nur eine untere Grenze der Reichweite bestimmt wird, im-merhin wird die wahre Reichweite nicht wesentlich über dieser Grenze liegen. Wir geben in Abb. 190 die — bis heute allein bekannten — Daten über Reichweiten lang-samer Elektronen an, welche größtenteils nach dieser Methode in Helium, Wasser-stoff, Argon, Luft und Kohlensäure be-stimmt worden sind.

In guter Übereinstimmung mit den Nebelkammerergebnissen stehen die Zahlen-werte für Reichweiten, welche sich experi-mentell auf dem Umwege von Ionisations-

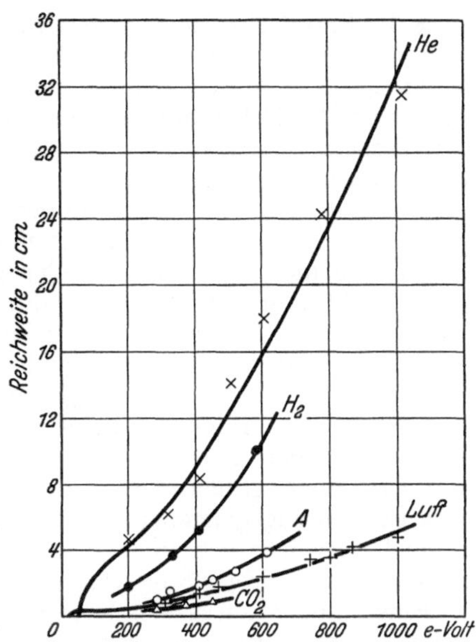

Abb. 190.   Reichweiten von Elektronen bei 1 mm Hg-Druck. Nach LEHMANN und OSGOOD.

messungen (Kap. 13) ergeben[2]. Man integriert dabei über alle längs der ein-zelnen Wegelemente dx erlittenen Energieverluste dV (e-Volt), und zwar von der Anfangsenergie V_0 e-Volt bis herab zur Ionisationsspannung W e-Volt:

$$R = \int\limits_{V_0}^{W} \frac{dx}{dV} \cdot dV = \int\limits_{W}^{V_0} \frac{1}{V_\varepsilon \cdot \bar{s}} \cdot dV, \tag{12}$$

wobei der Energieverlust pro Zentimeter in bekannter Weise (vgl. Kap. 13, § 3 u. § 8) durch die der Messung zugänglichen Größen des Ionisierungsaufwandes V_ε und der von der Elektronenvoltgeschwindigkeit V abhängenden Ionisierungszahl $\bar{s}$ ausgedrückt wird. Wir haben in Tabelle 47 einige in dieser Weise für $0,2$ bis 25 e-KV schnelle Elektronen in Luft erhaltene Reichweiten notiert. Über Gl. (12) gelingt es aber auch, Reichweiten beliebig langsamer Elektronen zu berechnen, denn die Größen V_ε und $\bar{s}$ sind bis herab zur Ionisierungsspannung bekannt (Kap. 13). Dabei ergibt sich empirisch nicht mehr das WILSONsche Reichweitengesetz, sondern ein vollständig anderes Gesetz, in welchem sich die Reichweite von Elektronen unter 200 e-Volt Anfangsgeschwindigkeit durch Superposition einer

[1] LEHMANN, J. F.: Proc. Roy. Soc., Lond. Bd. 115 (1927) S. 624.
[2] KULENKAMPFF, H.: Ann. Physik Bd. 80 (1926) S. 262. — BUCHMANN, E.: Ebenda Bd. 87 (1928) S. 509 (1 bis 25 e-KV).

linearen und einer logarithmischen Funktion der Anfangsenergie erhalten läßt[1]. Erst oberhalb 250 e-Volt schließt sich das Reichweitengesetz mehr und mehr der WILSONschen Form Gl. (10) an.

Tabelle 47. Reichweiten der Elektronen verschiedener e-Kilovolt-Geschwindigkeiten in cm, in Luft von 1 mm Hg-Druck. Nach BUCHMANN.

e-KV . . .	0,5	1	2	3	4	5	6	8	10	12	15	20	25
R (cm) . .	(2)	(6)	16	28	40	54	69	104	147	198	297	533	848

§ 6. Praktische Reichweiten in festen Körpern. Grenzdicken. Auch nach oben hin sind die Reichweitebestimmungen mit der Nebelmethode begrenzt, da infolge der großen Bahnlängen schneller Teilchen die nötige große Dimensionierung der Nebelkammer oder die Anwendung großer Gasdrucke bedeutende technische Schwierigkeit bietet. Man versucht deshalb, die Reichweiten in diesem Gebiet durch Messungen an festen Körpern zu erhalten, indem man beim Durchgang der Elektronen durch Folien den Intensitätsrückgang mit wachsender Foliendicke beobachtet. Man definiert zunächst als „LENARDsche Grenzdicke"[2] diejenige Schichtdicke, welche eine gegebene Anfangsgeschwindigkeit bei vollständig diffusem Strahlengang durch die mittleren Geschwindigkeitsverluste zu Null reduziert. Diese Grenzdicke läßt sich entweder durch graphische Integration der reziproken Werte der in Tabelle 44 angegebenen Geschwindigkeitsverluste erhalten oder direkt experimentell, indem man die Schichtdicke so lange vergrößert, bis hinter ihr keine hindurchgegangenen Elektronen mehr nachgewiesen werden können. Die experimentelle Bestimmung ist natürlich roh und wird um so größere Grenzdicken liefern, je empfindlicher das für den Nachweis der durchgegangenen Elektronen benutzte Meßinstrument ist. Aus der Grenzdicke würde sich nur bei einer Kenntnis der Umwege der durch die Schicht gestreuten Elektronen die wahre Reichweite berechnen lassen.

Eine andere ausgezeichnete Schichtdicke ist die sog. „praktische Reichweite". Ihre Definition empfiehlt sich dadurch, daß für viele Substanzen, wie z. B. auch Aluminium, die Ionisationswirkung der Elektronen beim Durchgang durch wachsende Schichtdicke über weite Bereiche fast linear abnimmt und von diesem linearen Verlauf erst später abweicht, wenn die Ionisationswirkung auf einen verhältnismäßig kleinen Bruchteil abgefallen ist. Die praktische Reichweite bestimmt sich durch Extrapolation derjenigen Schichtdicke, bei welcher die Ionisierungswirkung bei dauernd linearer Abnahme den Wert Null erreichen würde[3]. In der folgenden Tabelle 48 sind für verschiedene Anfangs-

Tabelle 48. Reichweiten der Elektronen in cm Aluminium.

Anfangsgeschwindigkeit		Wahre Reichweite $(R = 10^{-6} \cdot [e\text{-KV}]^2)$	Grenzdicke (nach LENARD)	Praktische Reichweite (nach SCHONLAND, VARDER)
e-KV	β			
1	0,063	(10^{-6})	—	—
3	0,11	10^{-5}	$4 \cdot 10^{-5}$	—
10	0,19	10^{-4}	$1,5 \cdot 10^{-4}$	$0,78 \cdot 10^{-4}$
30	0,33	10^{-3}	$2 \cdot 10^{-3}$	$0,67 \cdot 10^{-3}$
100	0,55	10^{-2}	$1,3 \cdot 10^{-2}$	$0,47 \cdot 10^{-2}$
300	0,78	(10^{-1})	$0,55 \cdot 10^{-1}$	$0,35 \cdot 10^{-1}$
1000	0,94	—	0,2	0,15
3000	0,99	—	0,67	0,5

[1] OSGOOD, T. H.: Physic. Rev. Bd. 34 (1929) S. 1234.
[2] LENARD, PH.: Quantitatives über Kathodenstrahlen. Heidelberg 1918.
[3] VARDER, R. W.: Philos. Mag. Bd. 29 (1915) S. 725 (150 bis 3000 e-KV). — SCHONLAND, B. F. J.: Proc. Roy. Soc., Lond. Bd. 104 (1923) S. 235; Bd. 108 (1925) S. 187 (10 bis 80 e-KV). — GENTNER, W.: Ann. Physik Bd. 10 (1931) S. 223 (40 bis 220 e-KV).

geschwindigkeiten der Elektronen zwischen 10^3 und $3 \cdot 10^6$ e-Volt die aus vorliegenden Daten interpolierten Werte der praktischen Reichweiten und der Grenzdicken in Aluminium nebeneinander gestellt. Zum Vergleich sind außerdem die mutmaßlichen wahren Reichweiten angegeben, wie sie sich durch Extrapolation der Nebelkammermessungen Tabelle 48 auf die Elektronendichte $n = 78 \cdot 10^{22}$ pro Kubikzentimeter Aluminium nach der folgenden Gl. (13) ergeben. Denn aus den Reichweitemessungen in den verschiedenen Substanzen H_2, O_2 und A geht hervor, daß bei gegebener Elektronengeschwindigkeit das Produkt $R \cdot n$ (Reichweite $\cdot$ Elektronenzahl pro Kubikzentimeter) konstant ist. Infolgedessen erhält man bei Berücksichtigung von Gl. (10) die für leichte Atome bis etwa $Z = 20$ gut bestätigte Beziehung:

$$R = \frac{7{,}7 \cdot 10^{11}}{n}\, V^2 \tag{13}$$

zwischen Reichweite R und e-Voltgeschwindigkeit V. Diese Gl. (13) hat sich bis zu Geschwindigkeiten von einigen hundert e-KV gut bewährt. Bei größeren Geschwindigkeiten treten systematische Abweichungen auf.

Gerade bei den höchsten Elektronengeschwindigkeiten ist besondere Aufmerksamkeit auf die praktische Reichweite R_p gerichtet worden, weil ihre Kenntnis dazu nützlich ist, um auf relativ sehr einfache und doch genaue Weise die Maximalgeschwindigkeiten der von radioaktiven Präparaten emittierten β-Strahlen zu bestimmen, wie wir in Kap. 15 § 5 berichtet haben. Um R_p als Funktion von V zu ermitteln, kann man sich beispielsweise durch magnetische Analyse (Kap. 2) aus einem β-Strahlbündel einzelne homogene Elektronenvoltgeschwindigkeiten V aussondern. An diesen mißt man in erwähnter Weise die praktische Reichweite R_p, und dabei ergibt sich[1] bei Geschwindigkeiten oberhalb $0{,}7 \cdot 10^6$ e-Volt auf wenige Prozent genau die einfache lineare Beziehung

$$R_p = aV + b, \tag{14}$$

wo sich bei einer Angabe von R_p in Zentimeter pro g/cm^2 (Massenreichweite) und V in Million e-Volt die Konstanten zu $a = 0{,}511$ und $b = -0{,}091$ ergeben[2].

Kapitel 22.

Elektronenabsorption.

§ 1. Absorption langsamer Elektronen. Anlagerungszahl, Anlagerungswahrscheinlichkeit, Elektronenaffinität. Ein freies Elektron kann von einem neutralen Molekül oder auch von einem Ion angelagert und auf diese Weise absorbiert werden. Bei einem solchen Absorptionsprozeß verliert das Elektron seine ganze kinetische Energie, und außerdem wird eine gewisse Anlagerungsenergie frei; der gesamte Energiebetrag kann dabei als Stoß auf ein Nachbarmolekül übertragen oder als Strahlung verausgabt werden. Der Absorptionsprozeß ist nur bei langsamsten Elektronen einigermaßen häufig, denn die Energie schneller Elektronen wird fast nie in einem Elementarakt, sondern fast immer durch viele kleine elementare Energieverluste (Kap. 21) aufgezehrt und erst, wenn die Geschwindigkeit des Elektrons auf wenige e-Volt herabgesunken ist, tritt der Fall ein, daß es beim Zusammenstoß mit einem Atom oder Molekül von diesem

---

[1] MADGWICK, E.: Proc. Cambr. Phil. Soc. Bd. 23 (1927) S. 970 (mit Ionisationskammer). — EDDY, C. E.: Ebenda Bd. 25 (1929) S. 50 (mit Spitzenzähler). — FEATHER, N.: Physic. Rev. Bd. 35 (1930) S. 1559.

[2] Zahlenwerte nach FEATHER. MADGWICK erhält $a = 0{,}552$, $b = -0{,}097$, die in Tabelle 48 gegebenen Werte von VARDER würden $a = 0{,}469$, $b = -0{,}0071$ berechnen lassen.

18*

festgehalten wird und auf diese Weise ein negatives Ion erzeugt. Es führt hierbei durchaus nicht jeder Zusammenstoß zwischen einem langsamen Elektron und einem Molekül zur Vereinigung, vielmehr tritt Elektronenanlagerung im Durchschnitt erst nach einer ziemlich großen Anzahl N von Zusammenstößen ein; N wird als Anlagerungszahl bezeichnet. Die Anlagerungswahrscheinlichkeit $b = 1/N$, welche sich als Quotient der Zahl der Anlagerungsstöße und der Anzahl aller Zusammenstöße der Elektronen mit den Molekülen ergibt, ist also meistens klein.

Die Anlagerungswahrscheinlichkeit eines Elektrons in einem Gase ist z. B. eine Funktion der Elektronengeschwindigkeit. In erster Linie hängt sie aber von der Größe der sog. „Elektronenaffinität", d. h. vom „Elektronenhunger" der betreffenden Gasatome bzw. Moleküle ab. Die Elektronenaffinität wird z. B. in e-Volt gemessen und bedeutet die Arbeit, die bei der Anlagerung des Elektrons frei wird bzw. die nötig ist, um vom negativen Ion das angelagerte Elektron wieder abzureißen. Die Elektronenaffinität steht im Zusammenhang mit dem chemischen Charakter des Gases, sie ist klein z. B. bei Wasserstoff oder bei Stickstoff und ganz besonders klein bei Edelgasen, dagegen ist sie ganz besonders groß bei stark elektronegativen Gasen, wie z. B. bei Chlor.

Ganz bedeutend verändert ist die Anlagerungswahrscheinlichkeit eines Elektrons an ein Atom, wenn sich dieses nicht — wie gewöhnlich im Grundzustande befindet, sondern wenn es angeregt ist[1]. Genauere Daten über solche Anlagerungen existieren nicht, doch kann man die Wahrscheinlichkeiten der Anlagerung an angeregte Atome einige Zehnerpotenzen größer schätzen als diejenige an gleiche unangeregte Atome.

Die Elektronenaffinität von positiven Ionen ist natürlich infolge von deren ungesättigter positiver Ladung besonders groß. Nach der oben gegebenen Definition ist die Elektronenaffinität eines positiven Ions gleich der Ionisierungsspannung des ihm entsprechenden neutralen Atoms. Zum Beispiel ist die Elektronenaffinität eines Protons gleich der Ionisierungsspannung eines Wasserstoffatoms.

§ 2. Methoden zur Messung der Anlagerungswahrscheinlichkeit. Die direkten Methoden zur Bestimmung der Anlagerungswahrscheinlichkeit bestehen alle darin, daß man in ein stark verdünntes Gas einen Elektronenstrahl von gegebener homogener Geschwindigkeit hineinschießt, dann die durch Anlagerung gebildeten negativen Ionen von den freigebliebenen Elektronen sondert und die Anzahlen der beiden Teilchenarten durch Ladungsmessung bestimmt. In der Anordnung von Abb. 191[2] gehen beispielsweise die Elektronen von der Glühkathode K aus, werden durch die Blenden B hindurch auf die gewünschte Geschwindigkeit beschleunigt, fliegen durch den mit Gas unter einigen tausendstel Millimeter Druck gefüllten Zylinder Z axial hindurch, werden dann von A aufgefangen

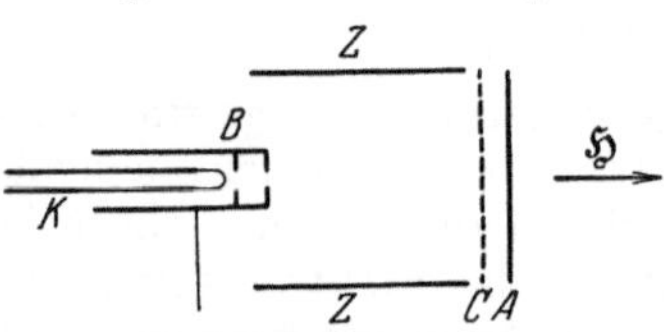

Abb. 191. Messung der Anlagerungswahrscheinlichkeit. Nach MOHLER.

und dem Elektrometer zugeleitet. In der Richtung des Elektronenstrahls verläuft ein Magnetfeld $\mathfrak{H}$ von ca. 100 Gauß, welches dafür sorgt, daß die infolge von Zusammenstößen mit den Gasmolekülen gestreuten Elektronen sich nicht weit von der Achse des Zylinders Z entfernen können (siehe Kap. 2). An Z selbst wird eine geringe positive Spannung angelegt, welche die im Gas entstandenen langsamen negativen Ionen anzieht und einem zweiten Elektrometer zuführt.

---

[1] FRANCK, J., u. W. GROTRIAN: Z. Physik Bd. 4 (1921) S. 89.

[2] MOHLER, F. L.: Physic. Rev. Bd. 26 (1925) S. 614. — NIELSEN, W. M.: Ebenda Bd. 27 (1926) S. 716.

Die Methode hat ihre Bedenken, da es schwer fällt, die reflektierten Elektronen wirklich von Z fern zu halten.

Eine andere Anordnung[1], die in Abb. 192 abgebildet ist, hält die von der Glühkathode K durch die Achse der Apparatur hindurchgeschossenen Elektronen im schmalen Teil des Zylinders Z durch ein magnetisches Querfeld $\mathfrak{H}$ zurück, während die negativen Ionen, die infolge ihrer kleinen Geschwindigkeit und großen Masse vom Magnetfeld wenig beeinflußt

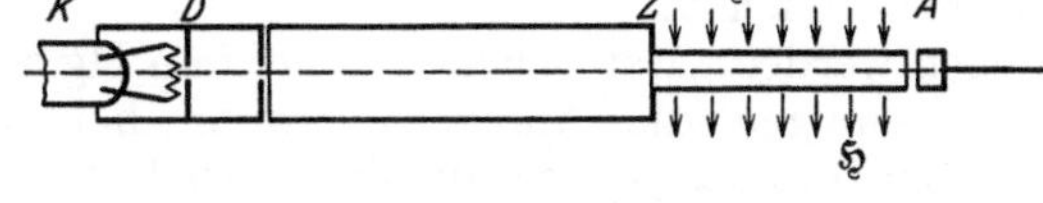

Abb. 192. Messung der Anlagerungswahrscheinlichkeit. Nach Hey und Leipunski.

sind, durch passende Aufladung von Z in den Auffänger A getrieben werden können. Bei den Messungen betrug beispielsweise das Potential von $A = 0$; $Z = -4$; $D = -20$; $K = -(20 + V_0)$ Volt, wo V_0 die Elektronengeschwindigkeit ist. Das magnetische Sperrfeld $\mathfrak{H}$ war 40 Gauß. Abb. 193 zeigt dann die Anlagerungswahrscheinlichkeit, welche sich als Quotient aus dem Verhältnis (negativer Ionenstrom/Elektronenstrom) und aus der anderweitig bekannten[2] Stoßzahl als Funktion der Elektronengeschwindigkeit ergibt. Die Anlagerungswahrscheinlichkeit in Joddampf (die drei Kurven sind bei verschiedenen Dampfdrucken aufgenommen) sinkt zunächst mit Zunahme der Elektronengeschwindigkeit, erreicht bei etwa 0,5 e-Volt ein Minimum, bildet dann ein großes gespaltenes Maximum zwischen 2 und 4 e-Volt, um dann fast parallel der Abszissenachse zu ver-

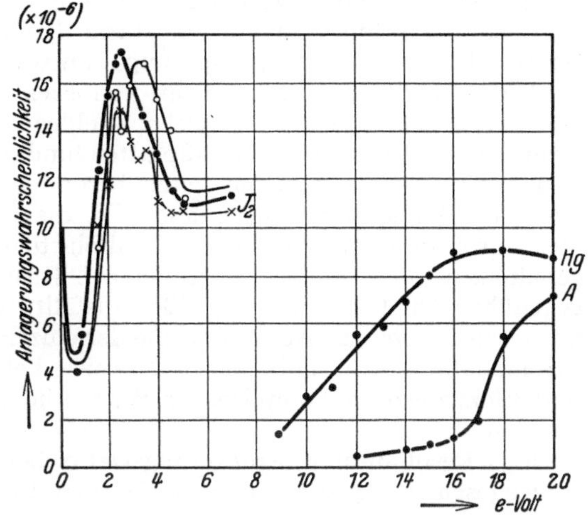

Abb. 193. Wahrscheinlichkeitskurve der Bildung negativer Ionen in Jod, Quecksilber und Argon in Abhängigkeit von der Elektronengeschwindigkeit Nach Hey und Leipunski.

laufen und erst in der Nähe der Ionisierungsspannung (ca. 10 e-Volt) wieder leicht anzusteigen. Die Anlagerungswahrscheinlichkeit ist von der Größenordnung 10^{-5}. In Argon und Quecksilber werden bei kleinen Elektronengeschwindigkeiten überhaupt keine negativen Ionen beobachtet. Wie man aus Abb. 193 erkennen kann, treten die negativen Ar- bzw. Hg-Ionen erst bei Elektronengeschwindigkeiten von der Größe der Ionisierungsspannung auf und entstehen dort wahrscheinlich durch Anlagerung der Elektronen an angeregte Atome.

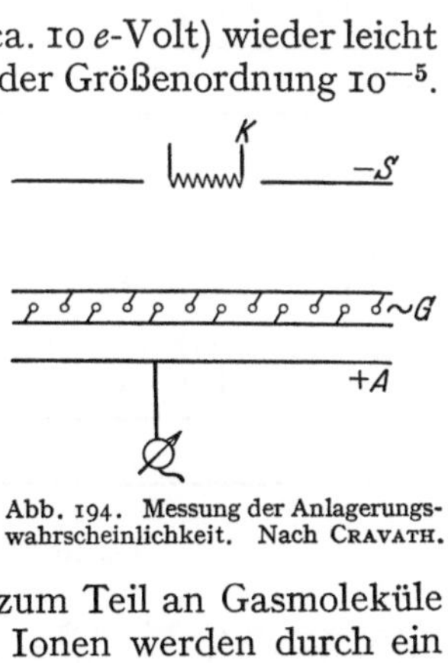

Eine dritte hier zu besprechende Methode[3] trennt negative Ionen und Elektronen durch ein hochfrequentes Wechselfeld. Die Elektronen gehen (Abb. 194)

Abb. 194. Messung der Anlagerungswahrscheinlichkeit. Nach Cravath.

von der Glühkathode K aus und heften sich unterwegs zum Teil an Gasmoleküle an. Die Elektronen sowie die entstandenen negativen Ionen werden durch ein elektrisches Feld zum Auffänger A getrieben. Ein etwa 1 mm weitmaschiges,

---

[1] Hey, W., u. A. Leipunski: Z. Physik Bd. 66 (1930) S. 669.
[2] Aus Wirkungsquerschnittsmessungen (Kap. 23).
[3] Cravath, A. M.: Physic. Rev. Bd. 33 (1929) S. 605.

aus sehr dünnen Drähten bestehendes Netz G, welches sich vor A befindet, stört in geerdetem Zustand den Ladungstransport sehr wenig. Werden aber die (wie in Abb. 194 angedeutet) wechselseitig untereinander elektrisch verbundenen Drähte des Netzes an die Pole eines Hochfrequenztransformators angelegt, so werden die leichten Elektronen vom Wechselfeld auf das Netz gerissen, während die trägen Ionen von ihrer auf A gerichteten Translationsbewegung kaum abgetrieben werden. Bei Drucken von 6 mm Hg an aufwärts findet man aus beiden Strommessungen die Anlagerungswahrscheinlichkeit als Funktion von Feldstärke/Druck, und da sich aus dem Druck die mittlere freie Weglänge des Elektrons ergibt, auch als Funktion einer mittleren Elektronengeschwindigkeit. Vermutlich wird man aber, besonders bei höheren Drucken, die Anlagerungswahrscheinlichkeit zu groß bestimmen, weil die Elektronen infolge ihrer dichten Umgebung von Gasmolekülen und ihrer Reflexion an diesen nicht mehr alle durch das Wechselfeld zum Netz gerissen werden.

Ebenfalls als Funktion von Feldstärke/Druck in Gasen von einigen Zentimetern Hg-Druck lassen sich die Anlagerungswahrscheinlichkeiten nach einer Diffusionsmethode[1] bestimmen. Der Strom von Elektronen und Ionen wird hierbei mit Hilfe eines homogenen elektrischen Feldes der Reihe nach durch die Schlitze mehrerer paralleler ebener Metallplatten hindurchgetrieben. Infolge von Diffusion breitet sich der Ionenstrom, ganz besonders aber auch der Elektronenstrom, quer zur Bewegungsrichtung aus. Da die einzelnen zu passierenden Schlitze gleich groß sind, wird von jeder Metallplatte ein Teil des Gesamtstromes zurückgehalten, welcher infolge der größeren Diffusionsgeschwindigkeit der Elektronen gegenüber den Ionen um so größer ausfällt, je größer der Anteil an Elektronen im Gesamtstrom ist. Aus der Größe der einzelnen von den Platten aufgefangenen Ströme läßt sich mit Hilfe der anderweitig bekannten Beweglichkeiten von Ionen und Elektronen in komplizierter Weise die Anlagerungswahrscheinlichkeit berechnen.

§ 3. **Resultate über Anlagerungswahrscheinlichkeiten bei verschiedenen Elektronengeschwindigkeiten in verschiedenen Gasen.** Alle bisher referierten mehr oder weniger direkten Methoden gestatten die Anlagerungswahrscheinlichkeit als Funktion der Elektronengeschwindigkeit zu bestimmen. Die wenigen einwandfreien Resultate, welche neben den schon in Abb. 193 gegebenen Daten vorliegen, sind kritisch in Tabelle 49 zusammengefaßt. Größenordnungsmäßige Daten der Anlagerungswahrscheinlichkeit in vielen verschiedenen Gasen, jedoch ohne

Tabelle 49. Anlagerungswahrscheinlichkeiten b bei den Elektronengeschwindigkeiten von im Mittel V_m e-Volt bzw. bei $\mathfrak{E}/p = \text{Volt/cm pro cm Hg-Druck}$.

E/p	V_m etwa	b in Luft	b in O_2
5	0,2	$3 \cdot 10^{-6}$	$80 \cdot 10^{-6}$
10	0,4	$2 \cdot 10^{-6}$	$50 \cdot 10^{-6}$
20	0,8	$1 \cdot 10^{-6}$	$35 \cdot 10^{-6}$
30	1,2	$0,7 \cdot 10^{-6}$	$50 \cdot 10^{-6}$
40	1,5	—	$80 \cdot 10^{-6}$

Tabelle 49a. Mittlere Anlagerungswahrscheinlichkeiten b bei kleinen Elektronengeschwindigkeiten.

Gas	b	Gas	b
Ar	}	N_2O	}
N_2	≈ 0	Luft	10^{-6} bis 10^{-5}
H_2	}	J_2	}
CO	10^{-8} bis 10^{-7}	O_2	10^{-5} bis 10^{-4}
NH_3	$\approx 10^{-7}$	Cl_2	10^{-3} bis 10^{-2}
CO_2	10^{-7} bis 10^{-6}		

---

[1] BAILEY, V. A.: Philos. Mag. Bd. 50 (1925) S. 825. — BAILEY, V. A., u. McGEE: Ebenda Bd. 6 (1928) S. 1073.

eine nähere Angabe der Elektronengeschwindigkeiten sind aus Tabelle 49a ersichtlich.

§ 4. Anlagerungswahrscheinlichkeit und Ionenbeweglichkeit. Die Daten der Tabelle 49a sind mit Hilfe einer indirekten statistischen Methode aus der sog. „Ionenbeweglichkeit" bei kleinen Drucken erhalten worden[1]. Die hier betrachtete Ionenbeweglichkeit ist die Geschwindigkeit (cm/sec) der negativen Elektrizitätsträger im Felde 1 Volt/cm. Abb. 195 zeigt die zur Messung der Ionenbeweglichkeit verwendete Wechselfeldmethode: von der ultraviolett belichteten Zinkplatte K gehen Photoelektronen aus und lagern sich bald an Gasmoleküle an. Durch eine an der Gegenelektrode A liegende Wechselspannung werden die negativen Ionen in der ersten Halbperiode von K nach A getrieben, in der zweiten Halbperiode nach K zurückgezogen. Die belichtete Platte wird nur dann elektrische Ladung nach A hin abgeben, wenn die Ionen während einer Halbperiode bis zur Anode A gelangen und dort abgefangen werden. Man vergrößert nun bei der Messung die Wechselspannung so lange, bis gerade von K Ladung abfließen kann und berechnet dann aus dem Abstand AK, der Scheitelspannung und der Wechselfrequenz die Ionenbeweglichkeit. Man sollte nun erwarten, daß diese Beweglichkeit dem Gasdruck umgekehrt proportional ist. Das ist auch in weiten Grenzen der Fall, jedoch unterhalb 10 cm Hg-Druck steigt die gemessene Beweglichkeit ganz bedeutend stärker an, als man es nach der Pro-

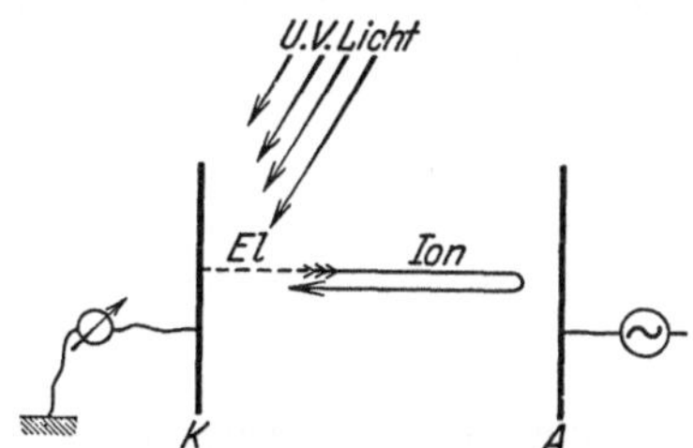

Abb. 195. Messung der Ionenbeweglichkeit nach der Wechselfeldmethode von RUTHERFORD.

portionalitätsbeziehung erwarten sollte. Bei tieferen Drucken wird nämlich die Weglänge des freien Elektrons vor der Anlagerung an ein Molekül (infolge des Anwachsens seiner mittleren freien Weglänge mit abnehmendem Druck) beträchtlich im Vergleich zum Abstand der Platten, also zum ganzen zurückzulegenden Weg. Da nun die Geschwindigkeit des Elektrons groß ist gegen die Geschwindigkeit des Ions, so wird die von der Ladung während einer Halbperiode zurückgelegte Wegstrecke um so größer sein, je größer der Weg ist, den das Elektron im freien Zustande zurückgelegt hat[2]. Dieser Weg läßt sich aus der Abweichung der Beweglichkeit vom genannten Proportionalitätsgesetz berechnen, und weiter läßt sich auf diesem Wege die Anlagerungswahrscheinlichkeit des Elektrons an ein Gasmolekül berechnen, wenn man die vereinfachende Annahme macht, daß diese von der Elektronengeschwindigkeit unabhängig ist. Man erhält jedoch auf diese Weise einen statistischen Mittelwert, der Anlagerungswahrscheinlichkeiten bei sehr verschiedenen Elektronengeschwindigkeiten, denn bei jeder Periode des Wechselfeldes erhält ja das Elektron von Null an alle möglichen Geschwindigkeiten bis zu einer Maximalgeschwindigkeit von einigen e-Volt.

Vergleicht man die mittleren Anlagerungswahrscheinlichkeiten des Elektrons mit seiner mittleren Stoßzahl auf die Gasmoleküle, welche bei Zimmertemperatur und Atmosphärendruck in allen Gasen von der Größenordnung 10^{10} Stöße pro

---

[1] LOEB, L. B.: Physic. Rev. Bd. 17 (1921) S. 89; Philos. Mag. Bd. 43 (1922) S. 229. — WAHLIN, H. B.: Physic. Rev. Bd. 23 (1924) S. 169; Bd. 37 (1931) S. 260.

[2] THOMSON, J. J.: Philos. Mag. Bd. 30 (1915) S. 321. Die THOMSONsche Theorie ist bis heute noch nicht allgemein anerkannt. — WELLISH, E. M.: Physic. Rev. Bd. 6 (1915) S. 53; Proc. Roy. Soc., Lond. Bd. 134 (1931) S. 427, vertritt die Meinung, daß die große Mehrheit der Elektronen sich in direkter Nähe der Kathode anlagert, daß aber ein kleiner Teil der Elektronen das ganze Intervall von Kathode bis Anode im freien Zustand durchläuft. Es sollen also stets Elektronen und negative Ionen gleichzeitig vorhanden sein, die einmal freigebliebenen Elektronen sollen überhaupt nicht mehr absorbiert werden können.

Sekunde ist, so erhält man eine mittlere Lebensdauer des freien Elektrons im Gase: z. B. beträgt diese $= {}^1/_{1000}$ sec in CO und einige 10^{-8} sec in Cl_2. Bei der großen Unterschiedlichkeit der Anlagerungswahrscheinlichkeiten in verschiedenen Gasen ist natürlich höchste Reinheit der zu untersuchenden Gase notwendig, kleinste Spuren einer Fremdbeimischung können die Resultate von Grund auf verändern, z. B. genügen 0,02 % Sauerstoffbeimischung, um die Anlagerungswahrscheinlichkeit in CO um 100 % zu erhöhen[1].

§ 5. **Indirekte Ermittlung der Elektronenaffinität von Atomen: BORNscher Kreisprozeß. Ionisierungsmessungen und anderes.** Einige indirekte Methoden führten zur Elektronenaffinität von Atomen, welche gewöhnlich in Molekülverbindungen anzutreffen sind. Zum Beispiel erhalten wir die Elektronenaffinität der Halogenatome mit Hilfe eines sog. „BORNschen Kreisprozesses"[2]. Wir nehmen etwa, wie in Abb. 196 dargestellt ist, als Ausgangspunkt die in

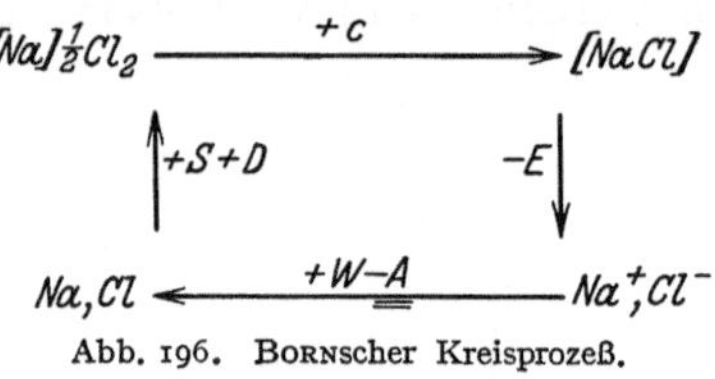

Abb. 196. BORNscher Kreisprozeß.

großer Entfernung voneinander befindlichen Ionen Na^+ und Cl^- und bilden daraus die neutralen Atome Na und Cl, wobei wir eine Ionisierungsarbeit W gewinnen und eine Elektronenaffinität A verlieren. Beim Übergang zum festen [Na] und zum Cl_2-Gas gewinnen wir die Sublimationswärme S des Na und die Dissoziationswärme D des Cl_2. Schließlich gehen wir zum festen [NaCl] über, wobei die Bildungswärme c frei wird, und kommen unter Aufwendung der Kristallgitterenergie E zum Ausgangspunkt Na^+ und Cl^- zurück. Wenn nun W, S, D, c und E anderweitig bekannt sind, kann A berechnet werden. Auf diese Weise erhält man A (Jod) $= 3,4$ e-Volt und A (Brom) ebenso wie A (Chlor) $= 3,7$ e-Volt.

Ferner geben Ionisationsmessungen an Molekülen manchmal Aufschlüsse über die Elektronenaffinität von Atomen[3]. Beispielsweise sind bei der Elektronenbeschießung von Wasserdampfmolekülen im Massenspektrographen, wie wir ihn in Kap. 13 § 2 beschrieben haben, folgende Prozesse experimentell beobachtet worden:

$$H_2O + 19,2\ e\text{-Volt} = H^+ (+ HO + e) \tag{1}$$

$$H_2O + 6,6\ e\text{-Volt} = H^- + 1,5\ e\text{-Volt} (+ HO^+) \tag{2}$$

Gl. (1) gibt an, daß die Bildung vom H^+-Ion zuerst bei einer Geschwindigkeit der stoßenden Elektronen von 19,2 e-Volt beobachtet wird. Nach Gl. (2) wird das negativ geladene H^--Ion zuerst bemerkt, wenn die Elektronengeschwindigkeit 6,6 e-Volt beträgt; durch eine besondere Gegenfeldmethode kann hierbei nachgewiesen werden, daß dieses H^--Ion mit einer kinetischen Energie von 1,5 e-Volt aus dem H_2O-Molekül herausgeschleudert wird (vgl. Kap. 20, § 4). Deshalb muß der Bildung von H^- aus H_2O eine Energie von 5,1 e-Volt zugeschrieben werden. Berücksichtigen wir noch die nach Kap. 7, Tabelle 8 bekannte, aus theoretischen Daten berechnete Ionisierungsspannung des Wasserstoffatoms:

$$H + 13,5\ e\text{-Volt} = H^+ + e, \tag{3}$$

---

[1] Im übrigen gelten keine einfachen Mischungsregeln für Beweglichkeiten in gemischten Gasen, weil sich häufig durch Zusammenlagern mehrerer Moleküle mit einem Elektron sog. Klumpenionen bilden können.

[2] BORN, M.: Verh. dtsch. physik. Ges. Bd. 21 (1919) S. 679. — BORN, M., u. W. GERLACH; Z. Physik Bd. 5 (1921) S. 433. — BORN, M., u. O. F. BOLLNOW: In GEIGER-SCHEEL Handb. d. Phys. Bd. 24 (1927) S. 438.

[3] LOZIER, W. W.: Physic. Rev. Bd. 36 (1930) S. 1414.

so erhalten wir aus Gl. (1), Gl. (2) und Gl. (3):

$$H^- + (19{,}2 - 13{,}5 - 5{,}1)\,e\text{-Volt} = H + e, \tag{4}$$

nach Gl. (4) ist die Elektronenaffinität des Wasserstoffatoms $A = 0{,}6\ e$-Volt.

Mit diesem Wert steht in guter Übereinstimmung das Ergebnis einer wellenmechanischen Näherungsrechnung[1], welche diese Elektronenaffinität zu $A\,(H \to H^-) = 0{,}71\ e$-Volt mit großer Genauigkeit anzugeben gestattet. Das komplizierte Verfahren, welches hier nicht näher beschrieben werden kann, ist bisher nur auf das H-Atom angewendet worden.

§ 6. Wiedervereinigung von Elektronen mit positiven Ionen. Wiedervereinigungsleuchten. Rekombinationskoeffizienten[2]. Von großer Wichtigkeit ist die Absorption des Elektrons durch ein positives Ion, welche als „Rekombination" oder „Wiedervereinigung" bezeichnet wird. Diese kann unter allgemeinen Gesichtspunkten als der inverse Prozeß zu der in Kap. 11 behandelten Photoionisation bzw. zu der in Kap. 13 behandelten Stoßionisation betrachtet werden. Das Rekombinationsverhältnis, d. i. die Anzahl der pro Zeitelement rekombinierten Ionen dn^+/dt ist proportional der Konzentration der Ionen n^+ sowie der Konzentration $n^-\,(u)$ der Elektronen mit der Geschwindigkeit u und ferner proportional dem Rekombinationskoeffizient α, welcher seinerseits ein Produkt des rekombinierenden Wirkungsquerschnittes q und der Relativgeschwindigkeit u des Elektrons gegen das Ion ist:

$$\frac{dn^+}{dt} = \alpha \cdot n^+ n^- (u) = u \cdot q(u, v_i) \cdot n^+ \cdot n^- (u). \tag{5}$$

Der Querschnitt q ist selbst abhängig von der Elektronengeschwindigkeit u und von der Frequenz v_i, welche die das Elektron aufnehmende Quantenbahn kennzeichnet. Wenn sich nämlich das Elektron dem Ion nähert, so wird es sich zunächst auf einer Hyperbelbahn bewegen (Kap. 2) und wird das Ion auch auf dieser Bahn verlassen, wenn es nicht unterwegs unter Verausgabung seiner Energie auf einem unbesetzten Atomniveau eingefangen wird[3]. Wird die Energie als Strahlung verausgabt, so läßt sich die Frequenz v dieser Strahlung angeben:

$$h v = h v_i + \frac{m u^2}{2}. \tag{6}$$

Die Untersuchung des bei der Rekombination ausgestrahlten Lichtes ist bisher die einzige Möglichkeit gewesen, quantitative Aussagen über den Wiedervereinigungsprozeß zu erhalten. Da Rekombination mit einiger Wahrscheinlichkeit nur bei sehr großen Elektronen- und Ionendichten und bei Elektronen-Relativgeschwindigkeiten von höchstens einigen zehntel e-Volt eintritt, so waren besondere Anordnungen nötig, um durch Erfüllung dieser Vorbedingungen das Rekombinationsleuchten einigermaßen intensiv zu erhalten: z. B. ein Gasentladungsrohr mit einer Hohlkathode[4] oder eine elektrodenlose Ringentladung[5] oder auch

---

[1] HYLLERAAS, E. A.: Z. Physik Bd. 60 (1930) S. 624. — STAROBUDROWSKY, P.: Ebenda Bd. 65 (1930) S. 806.

[2] Zusammenfassend: R. SEELIGER: Physik. Z. Bd. 30 (1929) S. 329. — MOHLER, F. L.: Rev. Mod. Phys. Bd. 1 (1929) S. 217 — K. T. COMPTON u. J. LANGMUIR: Ebenda Bd. 2 (1930) S. 197.

[3] Quantenmechanische Behandlung dieses Problems siehe M. STOBBE: Ann. Physik Bd. 7 (1930) S. 678.

[4] PASCHEN, F.: Berliner Ber. 1926 S. 135. Das negative Glimmlicht entsteht hauptsächlich durch Wiedervereinigungsleuchten.

[5] HERZBERG, G.: Ann. Physik Bd. 84 (1927) S. 553, 565. — MIERDEL, G.: Ebenda Bd. 85 (1928) S. 612.

das Nachleuchten[1] einer Bogenentladung nach dem Erlöschen des Bogens bzw. außerhalb des Bogens. Als ganz besonders geeignet erwies sich eine große zylindrische mit Zäsiumdampf erfüllte Anode, in der sich eine sehr kleine Glühkathode befand, so daß der größte Teil des Raumes auf gleichem Potential war und außerdem die positiven Ionen nur mit geringer Wahrscheinlichkeit zur Kathode wegdiffundieren konnten[2]. Die Glühkathode im Cs-Dampf (Kap. 8, § 3) gibt ohne Kathodenfall reichlich langsame Elektronen ab, welche infolge der niedrigen Ionisierungsspannung des Cs keine hohen Geschwindigkeiten zu erreichen brauchen, um die positiven Ionen zu erzeugen. In all diesen Anordnungen ist die Geschwindigkeit der Elektronen ganz inhomogen und muß durch einen besonderen Versuch, z. B. mit der Langmuirsonde (Kap. 6, § 3) bestimmt werden. Da es sich in allen bisherigen Versuchsanordnungen immer um eine kontinuierliche Verteilung verschiedener Elektronengeschwindigkeiten handelt, so erhält man im Rekombinationsspektrum nach Gl. (6) einzelne Spektralbänder, welche dem Einfangen von Elektronen verschiedener Geschwindigkeiten auf die einzelnen Atomniveaus entsprechen. Aus der Intensitätsverteilung im Rekombinationsspektrum läßt sich nun schließen, daß die Elektronen viel häufiger auf den unbesetzten äußeren Niveaus als auf den unbesetzten inneren Niveaus eingefangen werden, ferner, daß die Rekombinationskoeffizienten der einzelnen Atomniveaus etwa umgekehrt proportional der Relativgeschwindigkeit u des Elektrons anwachsen.

Die absolute Größe des Rekombinationskoeffizienten ist sehr gering: z. B. erhält man für das edelgasähnliche Zäsiumion im $2P$-Niveau mit 0,2 Volt-Elektronen $\alpha = 5,4 \cdot 10^{-14}$ bzw. $q = \alpha/u \sim 10^{-21}$ cm². Vergleicht man hiermit den gaskinetischen Querschnitt $q_1 \approx 10^{-15}$ cm², so folgt, daß hier im Mittel unter etwa 10^6 Zusammenstößen des Elektrons mit positiven Ionen nur einer zu Rekombination im $2P$-Niveau führt. Für 0,4-Volt-Elektronen erhält man im $2P$-Zustand des Zäsiums nur etwa halb so große Rekombinationskoeffizienten. Bedeutend häufiger ist die Wiedervereinigung von Elektronen mit Argonionen, deren Konfiguration ja dem stark elektronegativen Chloratom ähnlich ist. Man erhält dort für 0,4-Volt-Elektronen Rekombinationskoeffizienten von der Größe 10^{-10}. Daraus folgt, daß sich Elektronen und positive Ionen auch unter besonders günstigen Bedingungen immerhin noch einige hundertmal seltener vereinigen, als es der gaskinetischen Stoßzahl des Elektrons auf das Ion entspricht.

Der einzige bisher unternommene direkte Versuch, durch eine Elektronenwolke einen Ionenstrahl hindurchzuschießen und die durch Wiedervereinigung ausgeschiedenen Ionen durch Rückgang des elektrometrisch gemessenen Stromes festzustellen[3], konnte deshalb — infolge der geringen Rekombinationswahrscheinlichkeit — zu keinem direkten Resultat führen, sondern nur eine obere Grenze des Rekombinationsquerschnittes $q < 10^{-13}$ cm² festlegen.

§ 7. Dreierstöße. Wechselwirkung zweier Elektronen mit einem Ion. Rekombination von Ion und Elektron in der Nähe einer festen Oberfläche. Bedeutend größer scheint der Querschnitt der Ionen gegenüber solchen Stößen des Elektrons zu sein, bei denen der Energieausgleich nicht wie oben durch Strahlung, sondern durch Abgabe kinetischer Energie an ein zweites beim Stoßvorgang beteiligtes Elektron erfolgt. Solche Dreierstöße führen allerdings in der Regel nicht zur Absorption eines der beteiligten Elektronen, sondern es resultiert eine zufällige

---

[1] HAYNER, L.: Physic. Rev. Bd. 26 (1925) S. 364; Z. Physik Bd. 35 (1926) S. 365 (Hg). — KENTY, C.: Physic. Rev. Bd. 32 (1928) S. 624 (Argon). — WEBB, H. W., u. D. SINCLAIR: Ebenda Bd. 37 (1931) S. 182 (Hg).

[2] MOHLER, F. L.: Physic. Rev. Bd. 31 (1928) S. 187.

[3] D'ATKINSON, R. E.: Z. Physik. Bd. 51 (1928) S. 188.

Energieabgabe bzw. -aufnahme, so daß bei Betrachtung eines mit Ionen reagierenden Elektronengases etwa eine MAXWELLsche Geschwindigkeitsverteilung der Elektronen zustande kommen muß. Wahrscheinlich kann für solche Dreierstöße der wirksame Querschnitt groß sein gegenüber dem gewöhnlichen gaskinetischen Querschnitt[1]. Denn Versuche, bei denen ein homogener Kathodenstrahl von einer Geschwindigkeit von der Größenordnung 100 e-Volt in einen ungeheuer stark ionisierten etwa 10^{12} Ionen und Elektronen pro Kubikzentimeter enthaltenden Hg-Dampf von etwa $1/_{1000}$ mm Hg-Druck hineingeschossen wurde, ließen schon nach einigen Weg-cm erkennen, daß sich über die homogene Kathodenstrahlgeschwindigkeit eine MAXWELLsche Geschwindigkeitsverteilung überlagerte[2] (vgl. Kap. 6, § 3). Es kamen in dieser Verteilung Elektronengeschwindigkeiten vor, welche die Geschwindigkeit des primären Kathodenstrahls erheblich überschritten[3, 4].

Auch die Rekombination von Ionen und Elektronen in der Nähe von festen Oberflächen ist ein Dreikörperproblem. Hier spielt die Oberfläche die Rolle des dritten Körpers, welcher die überschüssige Energie aufnehmen kann. Ionen und Elektronen brauchen dabei nicht gleichzeitig auf einen Punkt der Oberfläche aufzutreffen, sondern für gewöhnlich lagern sich dort entweder die Ionen oder die Elektronen als monoatomare Schicht auf und bleiben dort in geladenem Zustande, bis ein Elektron bzw. Ion auftrifft, um einen der betreffenden aufgelagerten Ladungsträger zu neutralisieren[5]. Sowohl metallische als auch isolierende Körper können mit ihrer Oberfläche in dieser Weise die Rekombination der Ionen mit den Elektronen herbeiführen. Isolierte Oberflächen laden sich gewöhnlich negativ auf, da im ionsierten Gase Elektronen infolge ihrer größeren Beweglichkeit zunächst häufiger dort auftreffen. Durch solche Aufladung werden dann aber positive Ionen angezogen und Elektronen abgestoßen und zwar so lange, bis beide Ladungsträger in gleichem Maße auf die Oberfläche gelangen und sich dort neutralisieren. In einem stark ionisierten Gas nimmt die Oberfläche dabei ganz beträchtliche Energien auf, so daß hierdurch unter Umständen die Temperatur des festen Körpers zur hellen Glut gesteigert werden kann.

§ 8. **Anlagerung von freien Elektronen an schnellbewegte Ionen. Umladungen der α- und Kanalstrahlen. Einfangen freier Elektronen durch Kanalstrahlen.** Über die Absorption der Elektronen durch schnellbewegte Ionen erhält man einige Aufklärung aus den Umladungserscheinungen der α- oder Kanalstrahlen bei ihrem Durchgang durch Gase. Solange die kinetische Energie des α-Strahls genügend groß gegenüber der Bindungsenergie der Atomelektronen des durchquerten Gases ist, können wir diese angenähert wie ein Gas freier Elektronen auffassen. Der Durchgang des Kanalstrahls durch das Elektronengas ist dann vergleichbar dem Durchgang eines Elektronenstrahls durch ein Gas positiver Ionen: Beispielsweise entspricht dem Durchgang eines 10^9 cm/sec schnellen α-Teilchens (Reichweite = ca. 1 cm, $V = 2$ Millionen e-Volt) der Durchgang eines 10^9 cm/sec schnellen Elektrons ($V = 300$ e-Volt) durch ein ruhendes Gas von He^{++}-Teilchen.

---

[1] FRANCK, J.: Z. Physik. Bd. 47 (1928) S. 509.

[2] LANGMUIR, J.: Physic. Rev. Bd. 26 (1925) S. 585; Z. Physik Bd. 46 (1928) S. 271.

[3] Vgl. auch die Experimente über „Stöße zweiter Art" zwischen Elektronen und angeregten Hg-Atomen" von G. D. LATYSCHEFF u. A. J. LEIPUNSKY: Z. Physik Bd. 65 (1930) S. 111.

[4] Die Erklärung dieser großen Geschwindigkeiten durch Dreierstöße ist nicht allgemein anerkannt; man hat versucht, Schwingungen oder Schwankungserscheinungen der Raumladung als ihre Ursache aufzufassen. Siehe z. B. R. BÄR: In GEIGER-SCHEEL Handb. d. Phys. Bd. 14 (1927) S. 294.

[5] VOORHIS, C. C. VAN, u. K. T. COMPTON: Physic. Rev. Bd. 36 (1930) S. 1435.

Die vorliegenden Umladungsuntersuchungen erstrecken sich alle auf die mittlere freie Weglänge, welche das bewegte Ion bis zu seiner Umladung zurücklegen kann. Für α-Teilchen ergab sich hierbei das überraschende Resultat, daß diese Weglänge in Luft angenähert proportional der 6. Potenz der Lineargeschwindigkeit des α-Teilchens anwächst[1]. Dagegen ist die mittlere Weglänge des einfach positiv geladenen He-Ions der Geschwindigkeit selbst proportional. Beispielsweise beträgt in Luft von Atmosphärendruck bei 0,17 cm Reichweite (= 0,65 · 10^6 e-Volt, vgl. Tabelle 32 in Kap. 14) die betreffende Umladungsweglänge sowohl von He[+] als auch von He[++] 0,0031 mm. Dagegen beträgt bei 5,8 cm Reichweite (= 6,8 · 10^6 e-Volt) diese Weglänge von He[+] 0,011 mm, diejenige von He[++] 2,2 mm. Bei solchen Messungen ergeben sich keine erheblichen Unterschiede, wenn statt Luft andere Substanzen mit höherem Atomgewicht durchquert werden, sofern man auf gleiche Dichte des durchquerten Elektronengases umrechnet.

Erheblich anders werden aber alle Verhältnisse, wenn man zu kleineren Partikelgeschwindigkeiten übergeht. Umladungsversuche mit Heliumkanalstrahlen[2] ergaben für die Weglänge He[+] $\rightarrow$ He einen praktisch konstanten Wert 1,2 · 10^{-4} cm (bezogen auf 76 cm Hg-Druck) im Geschwindigkeitsintervall von 1 · 10^{-8} cm/sec (21 e-KV) bis 0,6 · 10^{-8} cm/sec (7,5 e-KV). Diese Weglänge ist ca. sechsmal größer als die gaskinetische freie Weglänge der He-Atome. Umladungsversuche mit Protonen von 40 bis 0,5 e-KV im Wasserstoffgas[3] ergaben für die Weglänge (H[+] $\rightarrow$ H) des freien Protons bis zu seiner Neutralisation zunächst monotones Absinken dieser Weglänge. Bei 7 e-KV Protonengeschwindigkeit wird dann ein Minimum erreicht, und bei noch langsameren Strahlen nimmt die Umladungsweglänge (H[+] $\rightarrow$ H) mit abnehmender Geschwindigkeit der Protonen zu.

Bei Umladungsversuchen mit H[+]-Kanalstrahlen in anderen Gasen zeigt sich eine kompliziertere Abhängigkeit der hier betrachteten Weglänge von der Art des durchquerten Gases, so daß man hier nicht mehr — wie bei den α-Strahlen — die Gesamtheit der durchquerten Atomelektronen als ruhendes Gas freier Elektronen auffassen darf. Von welcher Größe hier die Unterschiede der Weglängen l beim Durchqueren verschiedener Gase sind, zeigt das Beispiel von 30 e-KV schnellen Protonen beim Durchgang durch H_2 und O_2 bei 1 mm Hg-Druck: Es wurde gefunden für H_2: $l = 0,07$ cm und für O_2: $l = 0,06$ cm, obwohl im O_2 die Anzahl der Atomelektronen pro Kubikzentimeter ca. 16mal größer ist wie in H_2.

Die Umladungen langsamster Kanalstrahlteilchen von einigen hundert e-Volt[4] sind schließlich nur noch ein Herausreißen des Elektrons vom durchquerten Atom zum durchquerenden Kanalstrahlteilchen hinüber (vgl. Kap. 14, § 1); sie können deshalb nicht mehr mit dem hier betrachteten Problem der Absorption freier Elektronen zusammenhängen.

Um Aufklärung über das Einfangen freier Elektronen durch langsame Kanalstrahlen zu erhalten, mußten Versuche an wirklich freien Elektronen vorgenommen werden. Eine Anordnung hierfür zeigt Abb. 197[5]: Dort läuft ein vollkommen homogener Protonenstrahl durch die Blende B, wird durch das Magnetfeld M

---

[1] RUTHERFORD, E.: Philos. Mag. Bd. 47 (1924) S. 277. — HENDERSON, G. H.: Proc. Roy. Soc., Lond. Bd. 109 (1925) S. 157.

[2] RUDNICK, P.: Physic. Rev. Bd. 38 (1931) S. 1342. — Analoge Versuche mit Ne-, Ar-, Kr-Kanalstrahlen siehe bei H. F. BATHO: Physic. Rev. Bd. 42 (1932) S. 753.

[3] RÜCHARDT, E.: Ann. Physik Bd. 71 (1923) S. 377. — BARTELS, H.: Ebenda Bd. 6 (1930) S. 957; Bd. 13 (1932) S. 373. — GOLDMANN, F.: Ebenda Bd. 10 (1931) S. 460. — Siehe auch W. WIEN: In WIEN-HARMS Handbuch der Experimentalphysik Bd. 14 (1927) S. 499.

[4] KALLMANN, H., u. B. ROSEN: Z. Physik Bd. 64 (1930) S. 808.

[5] WOLF, K.: Ann. Physik Bd. 7 (1931) S. 937.

abgelenkt und trifft eine photographische Platte P bei H^+. Unterwegs durchläuft der Protonenstrahl eine stark (50 Milliamp.!) emittierende ringförmige Glühkathode G, deren Elektronen durch das Netz N kegelförmig auf den Punkt Z konzentriert werden, wo sie unter spitzem Winkel den Protonenstrahl treffen. Die bei dieser Gelegenheit rekombinierten H-Atome laufen, da sie ungeladen sind, geradlinig durch das Magnetfeld und treffen die Platte P in H^0. Die Geschwindigkeit der Protonen wurde zwischen 30 und 70 e-KV, die Geschwindigkeit der hinter ihnen herfliegenden Elektronen zwischen 30 und 70 e-Volt gewählt. Da nun 70-KV-Protonen nach Kap. 14 Gl. (1) die gleiche Lineargeschwindigkeit wie 38-Volt-Elektronen haben, so ist es möglich, die in Betracht kommenden Relativgeschwindigkeiten von Null an kontinuierlich aufwärts zu steigern. Leider sind

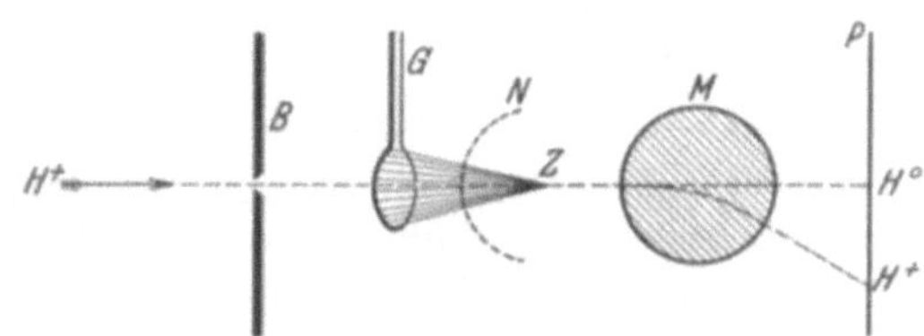

Abb. 197.   Einfangen von Elektronen durch Protonen.
Nach WOLF.

bei solchen Versuchen die Konzentrationen der freien Elektronen immer noch so klein, daß die Verschiedenheiten des Intensitätsverhältnisses H^0 zu H^+ mehr durch Umladungen in den unvermeidlichen geringen Restgasmengen hervorgerufen werden, als durch die freien Elektronen selbst. Immerhin konnte aus solchen Versuchen der wichtige Schluß gezogen werden, daß der Rekombinationsquerschnitt der Ionen eine etwa kontinuierliche Funktion ihrer Geschwindigkeit sein muß, die keinerlei starke, durch Atomstruktur bedingte selektive Maxima besitzt.

§ 9. **Absorption schneller Elektronen.** Zum Schluß dieses Kapitels soll noch ein Wort über die Absorption schneller Elektronen gesagt werden. Noch bis in die neuere Zeit hinein hat sich eine alte Auffassung erhalten, nach welcher man glaubte, die Schwächung eines Kathodenstrahlbündels beim Durchgang durch feste Körper und Gase sei zum größten Teil durch echte Absorptionsakte bedingt, bei welchen die Elektronen momentan abgebremst und so aus dem Strahlengang ausgeschieden würden[1]. Seit den eindrucksvollen WILSONschen Nebelaufnahmen[2] (siehe Abb. 34—36) wissen wir jedoch, daß die Intensitätsschwächung des Elektronenstrahls einzig und allein durch die Kap. 18 ausführlich behandelte Streuabsorption hervorgerufen wird, welche nur eine Ablenkung der Elektronen aus dem Strahlengang bedeutet und mit wahrer Absorption nichts zu tun hat[3]. Wirkliche Absorptionsakte, bei denen die ganze Geschwindigkeit eines Strahlelektrons verschwindet, kommen nur bei der Anregung der kurzwelligen Grenze des kontinuierlichen Röntgenspektrums vor, sie müssen nach den Ausführungen in Kap. 20 § 11 so außerordentlich selten sein, daß sie völlig bedeutungslos für die Schwächung eines Elektronenstrahls sind.

Kapitel 23.

Wirkungsquerschnitt, freie Weglänge. Elektronendiffusion.

§ 1. **Definition von Wirkungsquerschnitt, freier Weglänge usw.** Begegnet ein freies Elektron irgendeinem Atom oder Molekül, so besteht eine gewisse Wahrscheinlichkeit dafür, daß das Elektron unbeeinflußt am Molekül vorbeiläuft bzw. dafür, daß es mit ihm irgendwie in Wechselwirkung tritt. Die Wechsel-

---

[1] LENARD, P.: Quantitatives über Kathodenstrahlen. Heidelberg 1918.
[2] WILSON, C. T. R.: Proc. Roy. Soc., Lond. Bd. 104 (1922) S. 1, 192.
[3] KULENKAMPFF, H.: Ann. Physik Bd. 80 (1926) S. 261.

wirkung kann im Elementarprozeß zu drei verschiedenen Resultaten führen, welche am besten im folgenden Schema dargestellt werden:

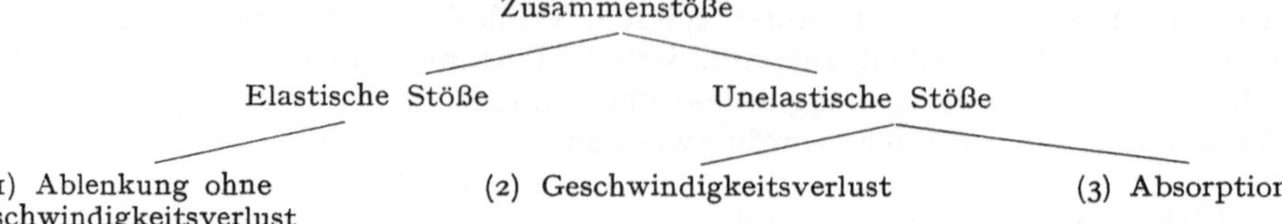

Der Mechanismus der Zusammenstöße in ihren drei Erscheinungsformen ist in Kap. 17 bis Kap. 22 ausführlich erläutert worden; hier soll nun weiter besprochen werden, wie man allein die beiden Möglichkeiten — freien Durchgang des Elektrons und Wechselwirkung — experimentell voneinander trennen kann, und wie man die Begriffe „Wirkungsquerschnitt", „freie Weglänge" usw. definiert.

Schießt man ein Strahlenbündel von der Intensität J_0 Elektronen pro Sekunde durch eine materielle Schicht, so möge nur eine gewisse Anzahl J unbeeinflußt an den Atomen vorbeikommen. Da auf jedem Wegelement dx immer der gleiche Bruchteil dJ der gerade dort vorhandenen Elektronenintensität einen Einfluß erleidet, so gilt die auch experimentell bewiesene Beziehung

$$J = J_0 \cdot \exp(-Qx).\tag{1}$$

Q ist hierbei eine Materialkonstante, nämlich die Anzahl der Zusammenstöße des Elektrons mit Atomen längs eines Weges von 1 cm, oder anders ausgedrückt: Die Querschnittssumme aller Atome in 1 cm^3, soweit sie an einer merklichen Beeinflussung des Elektronenstrahls beteiligt sind. Q (Dimension cm^{-1}) wird in der Literatur einfach als „Wirkungsquerschnitt" bezeichnet[1].

Speziell bei Gasen ist der Wirkungsquerschnitt Gegenstand eingehender Untersuchungen geworden. Wird Q wie üblich auf 1 mm Hg-Druck und 0° C bezogen, so erhält man unter Benutzung der LOSCHMIDTschen Zahl (Tabelle 1) den mittleren Querschnitt q bzw. den mittleren Radius r eines einzigen kugelförmig gedachten Moleküls:

$$\left. \begin{aligned} q &= (28{,}6 \cdot 10^{-18}) \cdot Q \ (\text{cm}^2) \\ r &= 0{,}302 \cdot \sqrt{Q} \qquad (\text{AE}) \end{aligned} \right\} \tag{2}$$

Aus dem Wirkungsquerschnitt ergibt sich weiter die mittlere freie Weglänge der Elektronen[2]:

$$l = 1/Q \tag{3}$$

und ihre Stoßzahl pro Sekunde:

$$z = u/l = u \cdot Q \tag{4}$$

bei einer Lineargeschwindigkeit u. Der Querschnittsbegriff ist aber einfacher als der Weglängenbegriff, weil er sich prinzipiell auf ein Molekül bezieht, während der Weglängenbegriff zu seiner Definition mehrere Moleküle verlangt.

---

[1] RAMSAUER, C.: Ann. Physik Bd. 64 (1921) S. 513.

[2] Die gaskinetischen mittleren freien Weglängen der Gasatome untereinander, wie sie z. B. aus Versuchen über innere Reibung erhalten werden, sind wegen der endlichen Ausdehnung der stoßenden Teilchen und wegen der in Betracht zu ziehenden Relativgeschwindigkeiten der gestoßenen und der stoßenden Teilchen $4 \cdot \sqrt{2} = 5{,}67$ mal kleiner als die daraus zu berechnenden „gaskinetischen" mittleren freien Weglängen von Elektronen.

§ 2. Messungen des Wirkungsquerschnitts gegenüber langsamen Elektronen in Gasen. Magnetische Ablenkungsmethoden, Methoden des Nachweises der geradlinigen Elektronenbahnen. Diffusionsmethode. Zur Messung des Wirkungsquerschnitts von Gasen gegenüber langsamen Elektronen[1] sind einige präzise Methoden ausgearbeitet worden. Prinzipiell am einfachsten ist die Anordnung der Abb. 198[2]. Hier gehen die Elektronen von der Glühkathode K aus, werden gegen einen umgebenden Zylinder hin auf die gewünschte Geschwindigkeit beschleunigt und verlassen diesen durch die Blende B. Unter der Einwirkung eines senkrecht zur Zeichenebene gerichteten Magnetfeldes laufen sie durch die kreisförmig angeordneten Blenden 1 bis 5 bis zum Auffänger A. Nach A werden nur Elektronen gelangen, die unterwegs keine Geschwindigkeitsverluste erlitten haben, weil sie sonst durch das Magnetfeld aus der vorgeschriebenen Kreisbahn abgelenkt würden, ferner nur Elektronen, die unterwegs keine Streuungen ihrer Richtung erhalten haben, da sie sonst nicht mehr die vielen engen Blenden passieren würden.

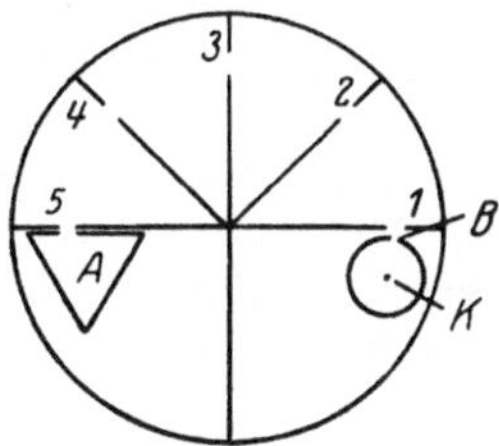

Abb. 198. Messung des Wirkungsquerschnitts mit transversaler magnetischer Ablenkung. Nach BRODE.

Zu jeder Wirkungsquerschnittsmessung sind praktisch vier Strommessungen notwendig, nämlich die Messungen der im Vakuum und der beim Gasdruck p n a c h A gelangenden Elektronenintensitäten J_0 und J_1, ferner die Messungen der im Vakuum und der beim Gasdruck p_1 v o n B ausgehenden Elektronenintensitäten J_0' und J_1'. Mit Hilfe der letzten beiden Stromwerte lassen sich die nach A gelangenden Elektronenintensitäten auf gleiche Anfangswerte beziehen, so daß die vergleichbar gewordenen Intensitätswerte J_0/J_0' und J_1/J_1' mit Gl. (1) den Wirkungsquerschnitt ergeben:

$$Q = \frac{1}{x \cdot p_1}\left(\ln \frac{J_0}{J_0'} - \ln \frac{J_1}{J_1'}\right) = \frac{1}{x\,(p_1 - p)}\left(\ln \frac{J}{J'} - \ln \frac{J_1}{J_1'}\right), \qquad (5)$$

x ist die ganze von B nach A durchlaufene Weglänge, p_1 der auf diesem Wege herrschende Gasdruck, welcher praktisch einige hundertstel Millimeter Hg gewählt wird. An Stelle der Vakuummessungen können auch Messungen J/J' bei anderen Drucken p treten, aus denen sich der Vakuumwert J_0/J_0' extrapolieren läßt, denn bei genügend kleinen Drucken, wo jedes Elektron höchstens mit einem Gasmolekül in Wechselwirkung tritt, sind die $\ln J/J'$ eine lineare Funktion von p.

Eine weitere mit magnetischer Ablenkung arbeitende Anordnung ist in Abb. 199 abgebildet[3]. Die von der ultraviolett belichteten Zinkkathode K ausgehenden Elektronen werden gegen ein vor Blende 1 liegendes Drahtnetz elektrisch beschleunigt und passieren unter dem Einfluß eines geeigneten Magnetfeldes die Blenden 1 bis 8. Verbindet man die beiden Auffänger $A_1 + A_2$ mit dem Elektro-

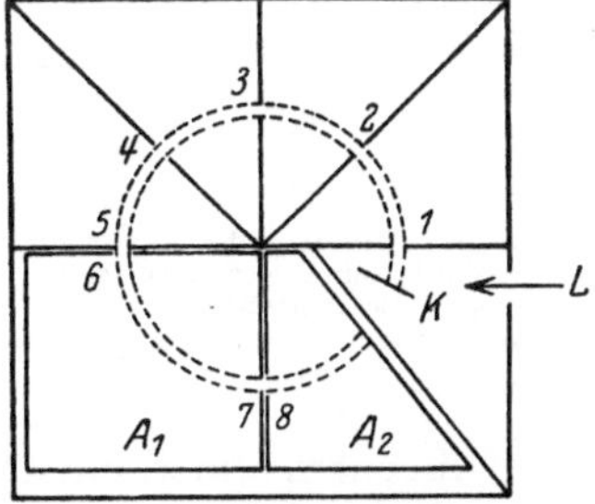

Abb. 199. Messung des Wirkungsquerschnitts mit zwei hintereinander geschalteten Auffängern. Nach RAMSAUER.

meter, so mißt man alle Elektronen J', welche von Blende 5 ausgehen, während alle bis durch Blende 8 gelangenden Elektronen J gemessen werden, wenn A_2 allein mit dem Elektrometer verbunden ist. Blende 5 entspricht also der Elek-

---

[1] Zusammenfassend: E. BRÜCHE: Erg. exakten Naturwiss. Bd. 8 (1929) S. 185. — R. KOLLATH: Physik. Z. Bd. 31 (1930) S. 985.

[2] BRODE, R. W.: Physic. Rev. Bd. 25 (1925) S. 636.

[3] RAMSAUER, C.: Ann. Physik Bd. 66 (1921) S. 546; Bd. 72 (1923) S. 345.

tronenquelle; die hier beschriebene Anordnung ist der in Abb. 198 skizzierten dadurch überlegen, daß hier ein durch magnetische Voranalyse streng monochromatisiertes Elektronenbündel in den eigentlichen Versuchsraum eintritt. Diese Zweikäfigsmethode ist der Einkäfigmethode noch in einem weiteren Punkte überlegen: Man wird nämlich vielleicht um so größere Wirkungsquerschnittswerte messen, je enger die das Strahlenbündel begrenzenden Blenden gewählt werden[1]. Denn bei engeren Blenden können kleinere Ablenkungswinkel der Elektronen noch erfaßt werden als bei weiteren Blenden, so daß dadurch bei den üblichen Blendenweiten eine Korrektion der Absolutwerte um einige Prozent notwendig werden kann. Für alle Methoden aber, die mit zwei Käfigen und mit einem Doppelverhältnis zweier Messungen arbeiten, hebt sich dieser Fehler heraus, und die Blendengröße ist dort ohne Einfluß auf das Resultat.

Eine Abwandlung der Anordnung Abb. 199 benutzt zur Strahlaussonderung die Methode des longitudinalen Magnetfeldes[2]. Wie in Kap. 2, Abb. 26, gezeigt ist, wird durch das Magnetfeld $\mathfrak{H}$ die gewünschte Elektronengeschwindigkeit durch die Blende B_2 hindurchgelenkt. Diese monochromatischen Elektronen passieren dann weiter unter dem Einfluß von $\mathfrak{H}$ einen ersten Käfig A_1 (in Abb. 26 nicht vorhanden) und kommen, falls sie keine Geschwindigkeitsänderungen bzw. Streuungen erlitten haben, durch eine weitere Blende in einen Auffänger A_2. Die Auswertung der Meßresultate ist natürlich ganz analog wie bei der oben beschriebenen Zweikäfigmethode im transversalen Magnetfelde.

Weiter lassen sich die weniger leistungsfähigen, aber doch oft verwendeten Methoden anführen, welche einen geradlinigen unabgelenkten Elektronenstrahl benutzen, und welche die verlangsamten Elektronen durch elektrisches Gegenfeld ausschalten können, im wesentlichen jedoch nur die aus der geradlinigen Bahn gestreuten Elektronen durch geeignete Blendenanordnungen aussondern. In dieser Weise sind z. B. an einfachen, geradlinigen und engbegrenzten Elektronenbündeln Messungen ausgeführt worden[3]. Wichtig hiervon sind heute nur noch die Methoden, welche die geradlinigen Elektronenstrahlen zur Steigerung der Meßintensität in zylinder- oder kugelsymmetrischen Anordnungen untersuchen. In Abb. 200[4] gehen die Elektronen vom Glühdraht K aus und werden auf kurzem Wege zum ihn umgebenden Zylinder C beschleunigt, ein Teil von ihnen gelangt dann zwischen den beiden Kreisplatten P hindurch. Soweit die Elektronen nicht durch Zusammenstöße abgelenkt und infolgedessen von P aufgefangen werden, erreichen sie den ringförmigen Auffangekäfig A. Eine andere derartige Methode,

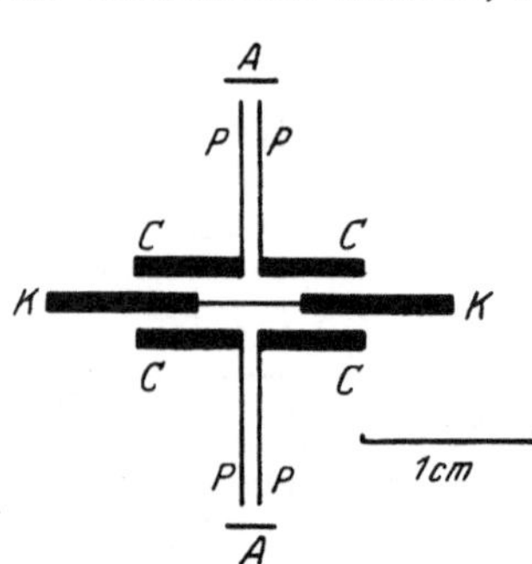

Abb. 200. Messung des Wirkungsquerschnitts durch Nachweis der geradlinigen Elektronenbahnen. Zylindersymmetrische Anordnung. Nach BRODE.

die „Lochkugelmethode"[5], benutzt als Kathode eine kleine ultraviolett belichtete Zinkkugel, die im Mittelpunkt einer 1 cm starken Messingkugelschale steht. Durch diese Schale sind radial viele enge, 1 cm lange Kanäle gebohrt,

---

[1] BEECK, O.: Z. Physik Bd. 61 (1930) S. 251; Bd. 64 (1930) S. 727. — KOLLATH, R.: Ann. Physik Bd. 15 (1932) S. 485. — Siehe auch M. C. GREEN: Physic. Rev. Bd. 36 (1930) S. 239. — R. R. PALMER: Ebenda Bd. 37 (1931) S. 70.

[2] RUSCH, M.: Ann. Physik Bd. 80 (1926) S. 707. — GAERTNER, H.,; Ebenda Bd. 8 (1931) S. 135.

[3] LENARDsche Methode: Siehe z. B. E. BRÜCHE: Ann. Physik Bd. 81 (1926) S. 537 — T. H. JONES: Physic. Rev. Bd. 32 (1928) S. 459.

[4] BRODE, R. B.: Proc. Roy. Soc., Lond. Bd. 109 (1925) S. 397.

[5] RUSCH, M.: Physik. Z. Bd. 26 (1925) S. 748.

durch welche hindurch die geradlinig verlaufenden unabgelenkten Elektronen zu dem um die Kugelschale konzentrisch herumgelegten Auffänger gelangen können.

Schließlich sei noch eine indirekte Methode angeführt: Die „Diffusionsmethode"[1], welche deshalb gewisse Wichtigkeit hat, weil sie zu besonders kleinen Elektronengeschwindigkeiten herabreicht. Die Anordnung ist in Abb. 201 schematisch dargestellt. Von der Zinkplatte K aus gehen lichtelektrisch ausgelöste Elektronen in ein Gas von dem relativ großen Druck von ca. 1 cm Hg. Unter dem Einfluß eines homogenen elektrischen Feldes diffundieren sie nach einer gegenüberliegenden Platte, treten dort zum Teil durch den langen Schlitz S hindurch und werden weiter nach der unterteilten, von einem Schutzring R umgebenen Auffangeplatte A ($= A_1 + A_2 + A_3$) getrieben. Gemessen wird dann: 1. der Quotient zwischen der Elektronenmenge, welche zur gesamten Auffangeplatte ($A_1 + A_2 + A_3$) gelangt, und der Elektronenmenge, welche allein den Mittelteil A_2 trifft; also ein durch Diffusion der Elektronen bedingtes Ausbreitungsverhältnis; 2. dasjenige Magnetfeld $\mathfrak{H}_0$, welches senkrecht zur Zeichenebene der Aufrißzeichnung stehend bewirkt, daß die zu ($A_1 + A_2$) gelangende Elektronenmenge ebenso groß wird wie die zu A_3 gelangende; also das Magnetfeld, welches die Mittelebene des Elektronenstromes um die halbe Breite von A_2 verschiebt. Man kann leicht qualitativ übersehen, daß in einem Versuch die mittlere freie Weglänge des Elektrons um so größer gewesen sein muß, je größer das genannte Ausbreitungsverhältnis gefunden wurde und je kleiner das aufzuwendende Verschiebungsfeld $\mathfrak{H}_0$ war. Aber auch quantitativ kann aus diesen einfachen beiden Messungen der Wirkungsquerschnitt gefunden werden, allerdings nur unter Anwendung einer verhältnismäßig komplizierten Theorie[2] und unter der Voraussetzung, daß beim Zusammenstoß des Elektrons mit dem Gasmolekül jeder Streuwinkel gleich wahrscheinlich ist[3].

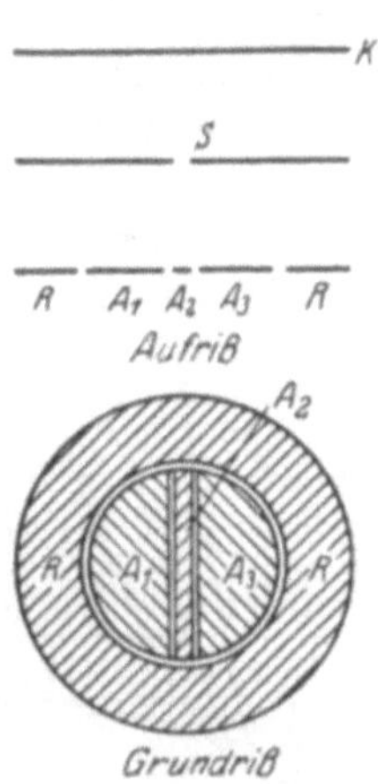

Abb. 201. Messung des Wirkungsquerschnitts nach der Diffusionsmethode von TOWNSEND.

§ 3. **Ergebnisse der Wirkungsquerschnittsmessung. Zusammenhänge mit dem Molekülbau.** Mit den bisher genannten Anordnungen sind Wirkungsquerschnitte von Edelgasen, von vielen Metalldämpfen, von sehr vielen Kohlenwasserstoffen, ferner von HCl, CO und CO_2 sowie von H_2, N_2, O_2 und deren Verbindungen in annähernd 50 Experimentalarbeiten im Gebiet zwischen einigen zehntel e-Volt und einigen hundert e-Volt auf das genaueste untersucht worden. Die gefundene Abhängigkeit des Wirkungsquerschnitts von der Elektronengeschwindigkeit zeigt stets einen für das betreffende Molekül ganz charakteristischen Verlauf. Fast allen untersuchten Gasen gemeinsam ist ein Anwachsen des Wirkungsquerschnitts mit abnehmender Elektronengeschwindigkeit bis zu einem Maximum. Von diesem ab fällt mit abnehmender Geschwindigkeit der Wirkungsquerschnitt stark ab (sog. „Ramsauereffekt"), um für ganz kleine Elektronengeschwindigkeiten wieder anzusteigen[4]. In wie erstaunlichem Maße

---

[1] TOWNSEND, J. S.: Philos. Mag. Bd. 42 (1921) S. 873. — TOWNSEND, J. S., u. V. A. BAILEY: Ebenda Bd. 44 (1922) S. 1033. — BRÖSE, L. H., u. E. H. SAAYMAN: Ann. Physik Bd. 5 (1930) S. 797. — KOLLATH, R.: Ann. Physik Bd. 15 (1932) S. 485.

[2] Wir kommen weiter unten auf den Gedankengang dieser Theorie zurück bei der Besprechung der Elektronendiffusionserscheinungen.

[3] Diese Voraussetzung ist nach Kap. 17 nicht exakt gültig.

[4] RAMSAUER, C., u. R. KOLLATH: Ann. Physik Bd. 3 (1929) S. 536; Bd. 4 (1930) S. 91; Bd. 7 (1930) S. 176.

sich der Wirkungsquerschnitt gegenüber langsamen Elektronen ändert, wird beispielsweise durch Abb. 202 veranschaulicht. Dort ist der mittlere Querschnitt eines einzelnen Argonatoms vergrößert aufgezeichnet, nämlich beim Maximum ($\approx$ 13 e-Volt) und beim Minimum ($\approx$ 0,4 e-Volt). Zum Vergleich ist der gaskinetische Querschnitt punktiert eingetragen, welcher aus Versuchen über die innere Reibung der Gase ermittelt wurde. Der Verlauf von Wirkungsquerschnittskurven als Funktion der linearen Elektronengeschwindigkeit, gemessen in $\sqrt{\text{Volt}}$ (siehe Kap. 1), geht beispielsweise aus den Abb. 203—205 hervor.

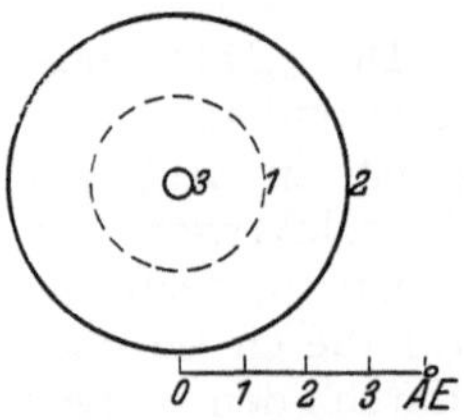

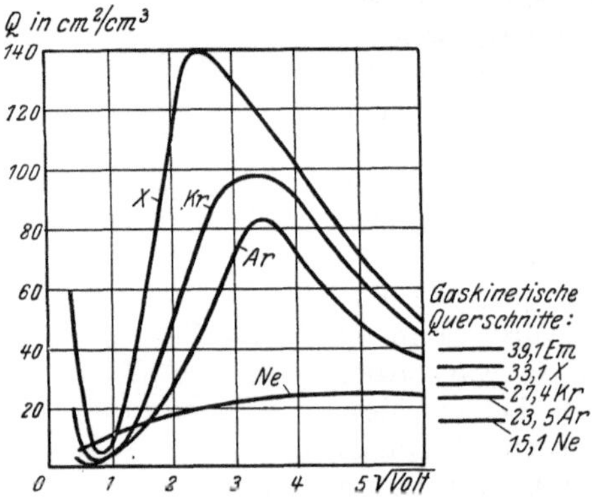

Abb. 202. Querschnitte des Argonatoms 1. gaskinetisch, 2. gegen 13-Volt-Elektronen, 3. gegen 0,4-Volt-Elektronen.

Der Verlauf der Wirkungsquerschnittskurven zeigt deutliche Zusammenhänge mit dem Molekülbau[1], so daß systematische Untersuchungen eine Einteilung der verschiedenen Kurven in Hauptgruppen ermöglichen: Eine Edelgasgruppe (Abb. 203), welcher

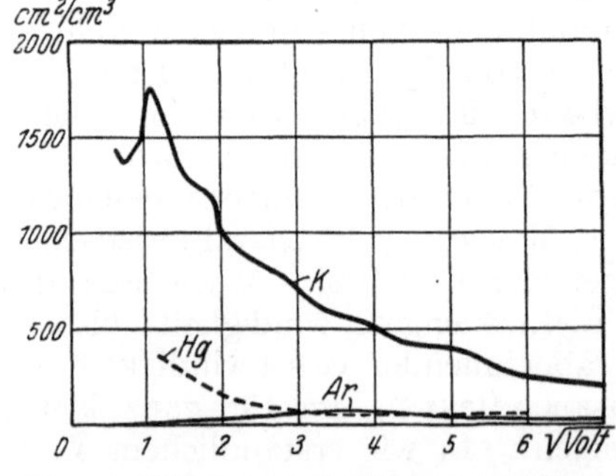

Abb. 203. Wirkungsquerschnittskurven der Edelgase. Nach RAMSAUER und KOLLATH.

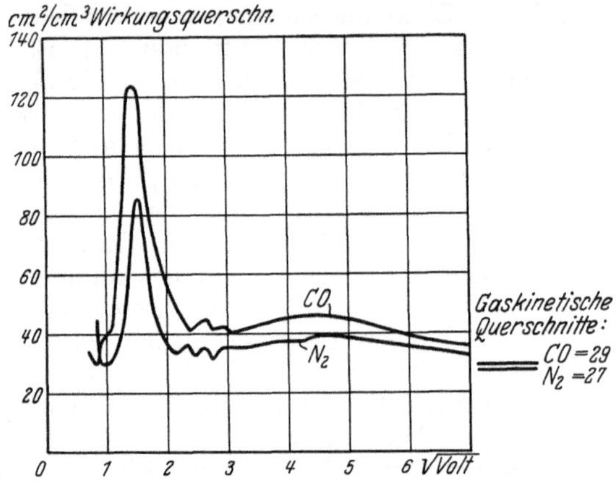

Abb. 204. Wirkungsquerschnittskurven von Stickstoff und Kohlenoxyd. Nach NORMAND.

Abb. 205. Wirkungsquerschnittskurven von Argon, Quecksilber und Kalium in gleichem Maßstab.

z. B. auch Verbindungen, wie H_2O, NH_3 und die Kohlenwasserstoffe CH_4, C_2H_6, C_3H_8 usw., angehören; ferner eine Stickstoffgruppe, welcher z. B. auch Azetylen und Kohlenoxyd zuzuordnen sind (Abb. 204); ferner die CO_2-Gruppe mit N_2O; ferner die Hg-Gruppe mit Zn und Cd; ferner eine Alkalimetallgruppe und andere Gruppen mehr. Es sei in bezug auf Einzelheiten darauf hingewiesen, daß die Wirkungsquerschnitte der einzelnen Moleküle zum Teil sehr verschiedene absolute Größen aufweisen, wie z. B. aus der Zusammenstellung in Abb. 205 deutlich wird. Weiter sei die Aufmerksamkeit auf charakteristische Feinstrukturen[2] einiger Wirkungsquerschnittskurven gelenkt, wie sie z. B. in Abb. 204 zwischen 2 und 3 $\sqrt{\text{Volt}}$ sichtbar sind.

---

[1] BRÜCHE, E.: Ann. Physik Bd. 83 (1927) S. 1065; Bd. 1 (1929) S. 93; Bd. 2 (1929) S. 909.
[2] NORMAND, C.: Physic. Rev. Bd. 35 (1930) S. 1217 (Methode von Abb. 198).

Von den in Gruppen einander zugeordneten Atomen bzw. Molekülen läßt sich zeigen, daß die manchmal bis zur Übereinstimmung gehende Ähnlichkeit der Wirkungsquerschnittskurven dann vorhanden ist, wenn die Moleküle in ihrem ganzen Aufbau einander ähnlich sind, wie z. B. N_2 und CO (Abb. 204), ferner, daß schon eine Ähnlichkeit der Querschnittskurven bemerkt wird, sobald die Moleküle nur in ihrer Außenschale ähnlich gebaut sind, wie z. B. bei den Edelgasen. Der spezifische Verlauf der Wirkungsquerschnittskurven ist also durch den elektrischen Potentialverlauf hervorgerufen, welcher durch die Elektronenkonfiguration in den äußeren Bezirken des Moleküls bedingt ist. Wie es anderweitig gelingt, solchen Potentialverlauf abzuschätzen, wurde bereits in Kap. 16 diskutiert; wie das Elektron unter Ablenkungen einen solchen Potentialverlauf passiert, wurde bei der Einzelstreuung in Kap. 17 besprochen.

§ 4. Zusammenhänge der Wirkungsquerschnittskurven mit Elektronenstreuungs-, Ionisierungs- und Anregungsfunktionen. Die Wirkungsquerschnitte werden im wesentlichen durch die Elementarakte der Streuung charakterisiert, während alle übrigen Elementarakte zurücktreten. Denken wir uns beispielsweise den Wirkungsquerschnitt im Sinne des Schemas in § 1 dieses Kapitels zerlegt,

$$Q_{\text{Wirk}} = Q_{\text{Abl}} + Q_{\text{Ionis}} + Q_{\text{Anreg}} + Q_{\text{Absorp}} \tag{6}$$

in einen ablenkenden, einen ionisierenden, einen anregenden und einen absorbierenden Querschnitt. Den ablenkenden Querschnitt erhalten wir aus Streuungsmessungen. In Kap. 17 haben wir in Abb. 136 Beispiele für die in den Einheitskegel $d\Omega$ gestreuten Elektronen als Funktion des Ablenkungswinkels ϑ gegeben. Multiplizieren wir die Ordinaten dieser Kurven mit $(2\pi \sin\vartheta)$, so erhalten wir Kurven, welche die Streuung in die Einheitszone $d\vartheta$ als Funktion der Ablenkungswinkel ϑ darstellen. Der Flächeninhalt einer solchen Kurve

$$q_{\text{Abl}} = 2\pi \int_{\vartheta_1}^{\vartheta_2} N(\vartheta) \cdot \sin\vartheta \, d\vartheta \tag{7}$$

von $\vartheta_1 \to 0^0$ bis $\vartheta_2 = 180^0$ gibt den streuenden Querschnitt q_{Abl} eines Einzelatoms bei gegebener Elektronengeschwindigkeit an[1]. Bei der Elfzonenapparatur in Abb. 131 (S. 209) würde man z. B. q_{Abl} als direktes Resultat erhalten, wenn man die Summe der gestreuten Elektronenmengen auf alle elf Auffangezonen zusammen messen würde.

Die Ergebnisse von Integrationen im Sinne der Gl. (7) haben zwei wichtige Resultate gezeitigt: 1. Die aus den Streuungsmessungen erhaltenen Kurven Q_{Abl} als Funktion der Elektronengeschwindigkeit waren für die meisten Moleküle bei allen Elektronengeschwindigkeiten identisch mit den nach § 2 dieses Kapitels direkt gemessenen Wirkungsquerschnittskurven[2, 3]. 2. Bei keinem Gase ließen sich irgendwelche Zusammenhänge zwischen der Form einer Winkelverteilungskurve der Streuung und der Größe des Wirkungsquerschnittes feststellen[3].

Nur in seltenen Fällen wird im Gegensatz zu Resultat (1) die Wirkungsquerschnittskurve durch Elementarakte des Geschwindigkeitsverlustes beeinflußt. Beispielsweise kann angeführt werden, daß in den Kurven für CO und N_2 von Abb. 204 das flache zweite Maximum bei etwa 20 e-Volt durch Geschwindigkeits-

---

[1] Es scheint — entgegen den klassischen Erwartungen von Gl. (3) in Kap. 17 — nur von geringem Einfluß auf q zu sein, ob man in Gl. (7) die Integration von $\vartheta_1 = 0^0$ oder erst von einigen Grad an aufwärts durchführt.

[2] ARNOT, F. L.: Proc. Roy. Soc., Lond. Bd. 133 (1931) S. 615.

[3] RAMSAUER, C., u. R. KOLLATH: Ann. Physik Bd. 12 (1932) S. 529.

verluste erzeugt ist[1]. Immerhin besteht auch an der Stelle dieses Maximums die Größe des Wirkungsquerschnittes zum überwiegenden Teil aus dem Ablenkungsquerschnitt.

Tabelle 50. Wirkungsquerschnitte, gaskinetische Querschnitte, Ionisierungs- und Anregungsquerschnitte von Gasen in cm^2/cm^3 bei 1 mm Hg Druck und 0^0 C.

Element	Im Maximum Q_{Wirk}	Dieses Maximum liegt bei e-Volt	Bei 30 e-Volt Q_{Wirk}	Gas-kinetisches Q	Im Maximum Q_{Ionis}	Dieses Maximum liegt bei e-Volt	Q_{Anreg}	Bei e-Volt
He	20	2,2	8	10	(2)	—	≈0,01	20
Ne	10	25	10	15	2,5	150	—	—
Ar	85	11	40	23	11	50	(< 15)	13,7
Xe	140	6	60	33	—	—	—	—
H_2	50	2,2	15	15	(3)	60	—	—
N_2	90	2,2	40	27	(10)	(60)	(< 7)	9,5
O_2	35	9	35	24	—	—	—	—
CO	120	2,2	40	29	10	100	—	—
CO_2	50	3,6	60	29	—	—	(< 13)	10,2
Na	1300	1,4	300	40	29	10	—	—
K	1750	1,2	300	62	11	8	—	—
Hg	> 360	< 1	60	(100)	21	60	(≈ 1)	6

Um einen größenordnungsmäßigen Überblick über die Verschiedenheit der Wirkungsquerschnitte einzelner Moleküle und über die Anteile der Ionisierungs- und Anregungsquerschnitte zu geben, haben wir in Tabelle 50 einige Daten zusammengestellt. Dort ist in Spalte 1 das untersuchte Gas notiert. In Spalte 2 folgt der dem Ramsauereffekt entsprechende maximale Wirkungsquerschnitt dieses Gases gegenüber langsamen Elektronen, wie er z. B. aus den Kurven in Abb. 203, 204 und 205 entnommen werden kann; in der folgenden Spalte steht der diesem Maximum entsprechende Wert der Elektronenvoltgeschwindigkeit. In Spalte 4 folgen dann die Wirkungsquerschnitte der betrachteten Gase gegenüber 30 e-Volt schnellen Elektronen. In der nächsten Spalte sind die gaskinetischen Wirkungsquerschnitte enthalten, welche man aus der inneren Reibung der Gase nach Anbringung der SUTHERLANDschen Temperaturkorrektion erhält[2]. Wo solche Reibungsmessungen nicht vorliegen (hier bei K und Na), ist Q aus dem Molekularvolumen bei einer Raumerfüllung durch die tetraedrisch dichteste Kugelpackung ausgerechnet worden[3]. Die folgenden Spalten enthalten die maximalen Ionisierungsquerschnitte und die Elektronenvoltgeschwindigkeiten, bei denen diese erreicht werden. Diese Ionisierungsquerschnitte entsprechen den Primärionisationen s_0 für den Elementarakt der Ionisation des ersten Atomelektrons, wie sie z. B. in Abb. 102 von Kap. 13 aufgezeichnet sind[4]. Die Ionisierungsquerschnitte Q_{Ionis} in cm^2/cm^3 sind identisch mit der Anzahl s_0 der pro Zentimeter Weg bei 1 mm Hg-Druck primär herausgeschlagenen Elektronen. Schließlich sind in den beiden letzten Spalten einige Anregungsquerschnitte und die ihnen zukommenden Elektronengeschwindigkeiten angegeben. Diese Anregungsquerschnitte entsprechen den in Kap. 20 gemachten Angaben, die Werte sind durchaus unsicher und sollen hier nichts weiter als eine größenordnungsmäßige Vorstellung vermitteln. Diese wie alle anderen mit Unsicherheit behafteten Werte wurden in der Tabelle eingeklammert. Noch unbekannt

---

[1] KOLLATH, R.: Ann. Physik Bd. 5 (1930) S. 1017.
[2] Werte Q_{corr} aus LANDOLT-BÖRNSTEINS Phys. Chem. Tabellen, 5. Aufl. S. 119. 1923.
[3] Siehe z. B. K. F. HERZFELD in GEIGER-SCHEEL: Handb. d. Phys. Bd. 22 (1926) S. 435.
[4] FUNK, BLEAKNEY: Kap. 13 a. a. O.

ist die Größe des absorbierenden Querschnitts, welcher wahrscheinlich bei dem Anstieg der Wirkungsquerschnittskurven gegen kleinste Elektronengeschwindigkeiten hin eine entscheidende Rolle spielt.

§ 5. Elektronendiffusion in Gasen. Diffusionsgleichungen. Fortschreitungsgeschwindigkeit. Experimente über Diffusion. Ausbreitung der diffundierenden Elektronen in elektrischen und in magnetischen Feldern. Die Kenntnis des Wirkungsquerschnitts gibt uns Aufschluß über die freie Weglänge des Elektrons und über die Zahl seiner Zusammenstöße mit den Molekülen. Da wir über die Art der einzelnen Zusammenstöße (Streuung, Geschwindigkeitsverlust, Absorption) auch bereits Wesentliches wissen, so können wir aus der gegebenen Kenntnis der Elementarerscheinungen auch Aussagen über kompliziertere Bewegungsvorvorgänge machen, wie z. B. über die Diffusion langsamer Elektronen in dichten Gasen und besonders über die Fortschreitungsgeschwindigkeit dieser Diffusion unter dem Einfluß eines elektrischen bzw. magnetischen Feldes. Betrachten wir den Spezialfall, daß sich in einem relativ dichten Edelgas oder Metalldampf Elektronen kleiner Geschwindigkeit — unterhalb der Erstanregungsspannung (siehe Kap. 20) — unter dem Einfluß eines schwachen elektrischen Feldes fortbewegen, dann können mit sehr großer Annäherung folgende vier Annahmen gelten:

1. Bei Zusammenstößen verlieren die Elektronen keinerlei Energie.

2. Der Energiezuwachs, den ein Elektron beim Durchlaufen seiner mittleren freien Weglänge in Richtung des elektrischen Feldes erfährt, ist klein gegen seine kinetische Energie.

3. Alle Bewegungsrichtungen von Elektronen nach einem Stoß sind gleich wahrscheinlich.

4. An einer jeden bestimmten Stelle haben alle Elektronen die gleiche Energie.

Unter diesen Voraussetzungen allein berechnet sich[1] die Elektronenzahl, welche pro Sekunde durch die zur x-Achse senkrechte Einheitsfläche hindurchtritt (Stoßzahl):

$$N = \tfrac{1}{3} \cdot \frac{n\gamma l}{u} - \frac{u l}{3} \cdot \frac{dn}{dx}, \tag{8}$$

wo u die Anfangsgeschwindigkeit der Elektronen, $\gamma = \frac{e}{m} \mathfrak{E}$ ihre längs der positiven x-Achse durch die elektrische Feldstärke $\mathfrak{E}$ bewirkte Beschleunigung, und n ihre Dichte bedeutet, welche so klein sein soll, daß Raumladungseffekte zu vernachlässigen sind. In Gl. (8) resultiert das erste Glied aus der Beschleunigung der diffundierenden Elektronen während ihrer freien Weglängen durch das elektrische Feld, das zweite Glied kommt durch die Wirkung der Diffusion als Funktion des Konzentrationsgefälles dn/dx zustande. Die Fortschreitungsgeschwindigkeit, d. h. die Geschwindigkeit, mit der ein Elektron sich im Mittelwert in der x-Richtung vorwärts bewegt, ergibt sich aus Gl. (8) zu

$$U = \frac{N}{n} = \tfrac{1}{3} \cdot \frac{\gamma l}{u} - \frac{u l}{3n} \cdot \frac{dn}{dx}. \tag{9}$$

Berechnete man die mittlere Verschiebung der Elektronen im Gase in der Weise, daß man einfach über die auf den freien Weglängen unter dem Einfluß des Feldes frei durchfallenden Stücke mittelt und summiert — also unter Vernachlässigung der Diffusion —, so würde man: $U = \gamma \frac{l}{u}$, also das Dreifache des ersten Glieds von Gl. (9) erhalten[2]. Daraus geht die große Bedeutung des Diffusionsvorganges auf die Fortschreitungsgeschwindigkeit hervor.

---

[1] HERTZ, G.: Z. Physik Bd. 32 (1925) S. 298. — Siehe auch H. BARTELS: Ebenda Bd. 55 (1929) S. 507.

[2] HERTZ, G.: Verh. dtsch. physik. Ges. Bd. 19 (1917) S. 268.

Gl. (8) gibt uns richtige Auskunft über die Diffusionsvorgänge in den verschiedensten experimentellen Anordnungen. Man kann z. B.[1] im Neongas an einem Punkt in der Mitte zwischen zwei ebenen Metallplatten Elektronen von einer bestimmten Anfangsgeschwindigkeit V_0 e-Volt erzeugen und dann die Elektronenströme J_1 und J_2 beobachten, welche auf die Platten hindiffundieren, wenn diese auf den Potentialen V_1 und V_2 gegen die z. B. geerdete Elektronenquelle ($V = 0$) gehalten werden. Zu diesem Zweck wird im Raume zwischen den planparallelen Platten ein enges Metallröhrchen angebracht, in dessen Achse ein Glühdraht gespannt ist; bei der Mitte des Glühdrahtes befindet sich im Röhrchen ein Schlitz (Äquipotentialkathode Abb. 13 in Kap. 1). Wird das Röhrchen geerdet und der Glühdraht auf die negative Spannung V_0 gebracht, so verlassen die Elektronen den Schlitz mit nahezu einheitlicher Geschwindigkeit V_0. Abb. 206

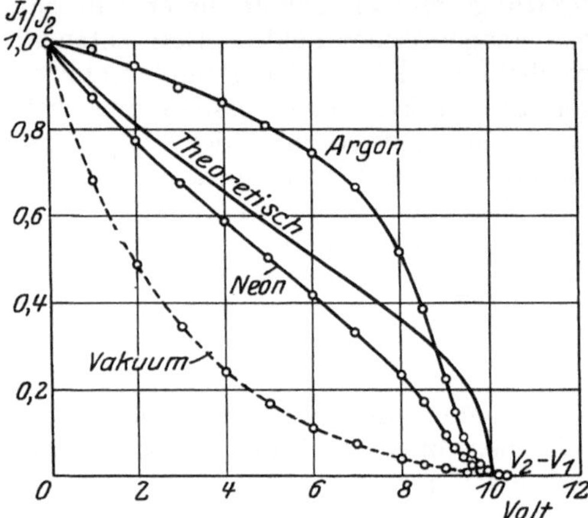

Abb. 206. Diffusion langsamer Elektronen nach zwei planparallelen Metallplatten. Nach HERTZ.

zeigt den Stromquotienten J_1/J_2 als Funktion der Potentialdifferenz (V_2-V_1) zwischen beiden Platten für die Anfangsgeschwindigkeit $V_0 =$ 5 e-Volt bei einem Neondruck von 1,5 mm Hg. In Abb. 206 sind einerseits die experimentellen Werte eingetragen, andererseits die theoretisch erwarteten Werte, welche man unter Berücksichtigung der vorliegenden Grenzbedingungen durch Integration der Differentialgleichung Gl. (8) bei der für Neon zutreffenden Annahme einer geschwindigkeitsunabhängigen mittleren freien Weglänge ableiten kann. Schließlich ist noch die ohne Gasfüllung (Vakuum) erhaltene Stromquotienten-Spannungsdifferenz-Kurve eingetragen. Wie man sieht, wird durch die Gasfüllung eine ganz bedeutende Veränderung der Stromverteilung bewirkt; die angenäherte Übereinstimmung zwischen theoretischer und experimenteller Kurve in Neon zeigt, daß der Mechanismus, welcher diese Verschiebung bewirkt, durch die skizzierte Theorie im großen und ganzen richtig verstanden werden kann. Beiläufig sei auf eine ebenfalls in Abb. 206 eingezeichnete Meßkurve an Argon hingewiesen, welche infolge der starken Weglängen-GeschwindigkeitsAbhängigkeit der Elektronen in Argon von der „theoretischen" Kurve stark abweicht.

In einer besonders einfachen und zugleich für Gasentladungsexperimente besonders bedeutungsvollen Spezialanordnung gelingt es gerade, den Einfluß der Geschwindigkeits-Weglängen-Abhängigkeit auf Diffusionsvorgänge zu fassen. Betrachtet man nämlich zwei im Abstande a befindliche ebene parallele Platten A und B, zwischen welchen ein homogenes elektrisches Feld liegt und deren Zwischenraum z. B. mit Edelgas gefüllt ist. Von der Platte A möge pro Flächeneinheit eine gegebene Zahl von Elektronen starten, von denen ein Teil durch Diffusion im Felde zur Platte B gelangt, während der Rest zur Ausgangsplatte A zurückdiffundiert. Während die Zahl der zur Auffangeplatte B gelangenden Elektronen in hohem Maße von der Feldstärke abhängt, wird die mittlere Stoßzahl der Elektronen durch das Feld nur wenig beeinflußt, und zwar stets vergrößert, unabhängig davon, ob die Diffusion in Richtung des Feldes oder gegen

---

[1] HERTZ, G.: Physik. Z. Bd. 26 (1925) S. 868.

das Feld stattfindet[1]. Das Verhältnis der zu den Platten A und B gelangenden Elektronenströme ergibt sich theoretisch zu:

$$\frac{N_B}{N_A} = \frac{4}{3a} \cdot l \cdot \frac{[(V_B/V_A) - 1]}{\ln (V_B/V_A)}, \tag{10}$$

wo V_A bzw. V_B die Elektronenenergien an den Platten A bzw. B bedeuten. Für den feldfreien Raum ist $V_A = V_B$, und der Stromquotient (N_B/N_A) wird $\frac{4\,l}{3\,a}$, also proportional der freien Weglänge der Elektronen und umgekehrt proportional dem Plattenabstand.

Die experimentelle Untersuchung der Gl. (10) geschieht am besten mit einer Anordnung, wie sie in Abb. 207 abgebildet ist[2]. Von der Glühkathode K aus werden Elektronen durch einen engen Kanal r in der Platte A in den Raum zwischen A und B hineingeschossen. Da die mittlere Stoßzahl unabhängig sein muß vom Orte auf der Platte A, kann Gl. (10) auch ohne weiteres auf den Fall angewendet werden, daß die Elektronen nicht von allen Punkten der Platte A gleichmäßig emittiert werden, sondern daß sie nur von einem Punkte dieser Platte ausgehen. Von A gelangen dann die Elektronen zur Platte B, die in verschiebbarem Abstand zu dieser angeordnet ist[3]. Man läßt nun zweckmäßig die Zahl der von A ausgehenden (d. h. der durch den Kanal geschossenen) Elektronen konstant $N_0 = N_A + N_B$. Dann mißt man in verschiedenen Edelgasen die zur Platte B gelangenden Elektronen N_B als Funktion des Plattenabstandes, des Gasdrucks, der Elektronengeschwindigkeit und der elektrischen beschleunigenden oder verzögernden Feldstärke. Die Ergebnisse zahlreicher Messungen zeigen, daß die Bewegungen langsamer Elektronen durch die Diffusionstheorie richtig dargestellt werden. Befriedigend sind hier auch die Versuche in Argon. Sie zeigen für die indirekt nach Gl. (10) erhaltenen freien Weglängen l als Funktion der Elektronengeschwindigkeiten ganz ähnlichen Verlauf, wie er nach

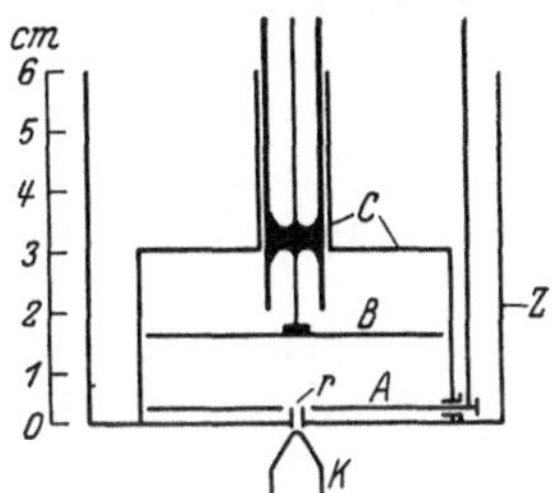

Abb. 207. Messung der Elektronendiffusion zwischen planparallelen Platten im Edelgase. Nach Pose.

den in § 2 dieses Kapitels erläuterten, direkten Methoden erhalten wird. Gewisse Abweichungen hierbei lassen sich vollständig durch die vorliegende unprogrammmäßige Verteilung der Einfallsrichtungen der Elektronen und durch ihre doch nicht zu vernachlässigende Reflexion an den Auffangeplatten erklären[4].

Ohne explizite Einführung der freien Weglänge der Elektronen läßt sich auf Grund der aus der kinetischen Gastheorie bekannten Diffusionsgleichung eine Diffusionstheorie der Elektronen aufbauen[5], welche sich vornehmlich auf solche Gase anwenden läßt, wo die Elektronen Geschwindigkeitsverluste erleiden, so daß ihre mittlere Energie auch im elektrischen Felde $\mathfrak{E}$ hinreichend rasch einen konstanten Endwert E_e erreicht. Man erhält als grundlegende Differentialgleichung:

$$\Delta n = \tfrac{3}{2} \frac{e \cdot \mathfrak{E}}{E_e} \frac{\partial n}{\partial x}. \tag{11}$$

---

[1] Harries, W., u. G. Hertz: Z. Physik Bd. 46 (1928) S. 177.

[2] Pose, H.: Z. Physik Bd. 52 (1928) S. 428.

[3] Für Diffusionsmessungen im Felde ist dieser Apparat in einigen unwesentlichen Stücken abgeändert.

[4] Bartels, H., u. H. Noack: Z. Physik Bd. 64 (1930) S. 465.

[5] Townsend, J. S., in Marx: Handb. d. Radiol. Bd. 1 (1920) Kap. 5 S. 141 ff., 164 ff. — Townsend, J. S., u. V. A. Bailey: Philos. Mag. Bd. 42 (1921) S. 873; Bd. 44 (1922) S. 1039. — Bailey, V. A.: Z. Physik Bd. 68 (1931) S. 834.

Hier bedeuten e die Elektronenladung, n die Elektronenzahl/cm³. Ohne uns auf weitere Begründungen einzulassen, führen wir nur an, daß sich mit Hilfe der Gl. (11) zwei Beziehungen ableiten lassen:

$$U = \frac{\mathfrak{E}}{\mathfrak{H}} \cdot \operatorname{tg} \delta. \tag{12}$$

$$U = \tfrac{1}{8} \cdot \left(\frac{l \cdot \mathfrak{E}/p}{\sqrt{K}} \right) \cdot 10^9. \tag{13}$$

Aus Gl. (12) kann man die Fortschreitungsgeschwindigkeit U eines Elektronenstroms gewinnen, der durch das Feld $\mathfrak{E}$ vorwärts getrieben wird; $\mathfrak{H}$ bedeutet eine zu $\mathfrak{E}$ transversal gerichtete magnetische Feldstärke, durch welche der Elektronenstrom im Mittelwert um einen gewissen Winkel δ aus der Richtung von $\mathfrak{E}$ abgelenkt wird. δ kann experimentell mit dem in Abb. 201 gegebenen Apparat bestimmt werden; entsprechende Erklärungen haben wir schon in § 2 gegeben.

In Gl. (13) ist die Fortschreitungsgeschwindigkeit U des Elektronenstroms mit der mittleren freien Weglänge l der Elektronen bei der elektrischen Feldstärke $\mathfrak{E}$, welche die Elektronen im Molekülgase vom Druck p vorwärts treibt und mit einer gewissen Größe K verknüpft[1]. Die Größe K wird als „Townsendscher Temperaturfaktor" bezeichnet; sie ist der Quotient zwischen dem oben erläuterten Endwert E_e der Elektronenenergie und der mittleren thermischen Energie der Moleküle; K ist zahlenmäßig etwa 27mal größer als die mittlere e-Voltgeschwindigkeit im Elektronengase. Experimentell läßt sich K mit Hilfe des in Abb. 201 angegebenen Apparats aus dem in § 2 erläuterten Ausbreitungsverhältnis A/A_2 gewinnen.

Durch Elimination von U aus Gl. (12) und Gl. (13) folgt, daß man die mittlere freie Weglänge l auf experimentellem Wege aus den genannten Diffusionsmessungen erhalten kann; darauf haben wir bereits in § 2 dieses Kapitels hingewiesen. Die relativ gute Übereinstimmung[2] dieser freien Weglängenwerte mit solchen, die aus direkten Wirkungsquerschnittsmessungen erhalten werden, beweist aber, daß die eben skizzierte Diffusionstheorie den Sachverhalt im großen und ganzen richtig darstellt.

§ 6. Wirkungsquerschnitte der Atome in festen Körpern gegenüber langsamen Elektronen. Während wir über Ausbreitung und freie Weglängen langsamer Elektronen in Gasen relativ gut Bescheid wissen, sind unsere Kenntnisse hierüber in bezug auf feste Körper noch ganz mangelhaft. Bei den kleinsten Elektronengeschwindigkeiten, bis zu einigen e-Volt, die z. B. bei der metallischen Elektrizitätsleitung vorkommen[3], kann ein in das Metall hineingeschossenes Elektron dieses nicht mehr verlassen. Die Metallatome sind bereits so dicht gepackt bzw. ihre Wirkungsquerschnitte gegenüber diesen ganz langsamen Elektronen sind so groß, daß sie sich auch bei den dünnsten Folien gegenseitig überdecken. Bei steigender Elektronengeschwindigkeit schrumpfen dann diese Wirkungsquerschnitte mehr und mehr zusammen. Bei einigen 10 e-Volt Geschwindigkeit ist bereits ein Durchgang von Elektronen durch dünnste Metallfolien ohne wesentliche Geschwindigkeitsverluste beobachtet worden[4]. Absolute Wirkungsquerschnitte lassen sich dabei jedoch nicht messen, denn man kennt weder die betreffende genaue Folien-

---

[1] Townsend, J. S.: Proc. Roy. Soc., Lond. Bd. 86 (1912) S. 571.

[2] Bröse, W. L., u. E. H. Saayman: a. a. O. — Kollath, R.: a. a. O.

[3] Die zusätzliche Geschwindigkeit, welche die Leitungselektronen infolge der an den Leiter angelegten elektrischen Potentialdifferenz erwerben, ist — infolge ihrer relativ sehr kleinen mittleren freien Weglängen im Metall — stets klein gegenüber ihrer mittleren Nullpunktsgeschwindigkeit, die wir in Kap. 6, § 6 erläutert haben.

[4] Becker, A.: Ann. Physik Bd. 84 (1927) S. 779. — Rupp, E.: Z. Physik Bd. 58 (1929) S. 145.

dicke[1], noch kennt man die genaue Geschwindigkeit des einzelnen Elektrons im festen Körper. Das Elektron erfährt beim Eintritt in den festen Körper einen Zuwachs an kinetischer Energie bis zum Betrag W_a der äußeren Austrittsarbeit (siehe Kap. 7 und Kap. 19), dessen Größe zwischen 10 und 20 e-Volt liegt. Bei einem Durchgang der Elektronen durch die kompakten Metalle muß man wohl auch, ebenso wie bei den Gasen, Ramsauereffekte und Wirkungsquerschnittskurven mit charakteristischen Maxima und Minima vermuten. Darauf lassen möglicherweise auch die in Kap. 18, § 5 bei der Streuabsorption besprochenen Durchlässigkeitsversuche an dünnsten Metallfolien gegenüber Elektronengeschwindigkeiten zwischen 2 und 7 $\sqrt{\text{Volt}}$ schließen (vgl. Abb. 152).

§ 7. **Abschätzung des Wirkungsquerschnitts von Atomen, freien Elektronen und Atomkernen gegenüber schnellen Elektronen.** Nach größeren Elektronengeschwindigkeiten zu nehmen die Wirkungsquerschnitte aller Atome monoton ab, es sind hier keine besonderen Eigentümlichkeiten der speziellen Wirkungsquerschnittskurven zu erwarten. Vielleicht deshalb liegen auch keine exakten Messungen in diesem Gebiet vor. Nur bis zu etwa 400 e-Volt Geschwindigkeit besitzen wir genauere Kenntnis von Wirkungsquerschnitten in Gasen[2]. Darüber hinaus müssen wir uns mit Schätzungen aus andersartigen Messungen begnügen. Betrachtet man einerseits Gl. (1) dieses Kapitels, andererseits Gl. (4) von Kap. 18, so wird man schließen, daß die LENARDschen Streuabsorptionskoeffizienten (Kap. 18, Tabelle 35) größenordnungsmäßig mit den hier gesuchten Wirkungsquerschnitten übereinstimmen müssen[3]. Da jedoch bei der Messung der Streuabsorption weder die in kleinere Ablenkungswinkel gestreuten Elektronen noch die mit geringen Geschwindigkeitsverlusten durchgegangenen Elektronen ausgesondert werden, und da ferner die Eintrittsrichtungen der eintretenden Elektronen nicht einheitlich sind, so muß man annehmen, daß sich in quantitativer Hinsicht die Werte der Streuabsorptionskoeffizienten noch merklich von den Werten der entsprechenden Wirkungsquerschnitte unterscheiden.

Eine untere Grenze der Wirkungsquerschnitte würde analoge Messungen der Streuabsorption ergeben, bei welcher aber die einfallenden Elektronen ein schmales paralleles Bündel bilden. Mißt man in dieser Anordnung das Verhältnis der gesamten durch die Folie hindurchtretenden Elektronenmenge N_1 zur auffallenden Menge N_0, so nimmt hier $\lg \dfrac{N_1}{N_0}$ zunächst linear mit der Foliendicke ab, so daß sich auch hier im Sinne von Gl. (4) des Kap. 18 eine Art Absorptionskoeffizient ermitteln läßt, von welchem wiederum gezeigt werden kann, daß er angenähert umgekehrt proportional dem Quadrat der e-Voltgeschwindigkeit V_{Volt} der Elektronen wächst[4]. Es ergibt sich so für Aluminium gegenüber Elektronen zwischen 20 und 50 e-KV eine untere Grenze des Wirkungsquerschnittes Q, nämlich

$$Q > \frac{2{,}5 \cdot 10^{12}}{V^2_{\text{Volt}}}, \tag{14}$$

während sich nach den LENARDschen Streuabsorptionskoeffizienten $Q \approx \dfrac{8 \cdot 10^{12}}{V^2_{\text{Volt}}}$ für Aluminium gegenüber allen großen Elektronengeschwindigkeiten abschätzen

---

[1] Die dünnsten herstellbaren Folien haben eine Dicke von ca. 10^{-6} cm, eine exakte Methode der Dickenbestimmung existiert in diesem Gebiet noch nicht.

[2] Siehe z. B. R. B. BRODE: Proc. Roy. Soc., Lond. Bd. 125 (1929) S. 134; Physic. Rev. Bd. 34 (1929) S. 673.

[3] Diese Streuabsorptionskoeffizienten wurden in dieser Hinsicht schon von LENARD als „absorbierende Querschnitte" bezeichnet.

[4] WHIDDINGTON, R.: Proc. Roy. Soc., Lond. Bd. 89 (1914) S. 554 (10 bis 20 e-KV). — SCHONLAND, B. F.: Ebenda Bd. 104 (1923) S. 235 (10 bis 50 e-KV). — TERRILL, H. M.: Physic. Rev. Bd. 24 (1924) S. 616 (20 bis 50 e-KV).

läßt. Schließlich scheinen aber die in Kap. 19 § 4 erwähnten Experimente über die Durchlässigkeit sehr dünner Glimmereinkristalle auf Wirkungsquerschnitte hinzuweisen, welche noch beträchtlich größer als die LENARDschen Streuabsorptionskoeffizienten sind.

Die Wirkungsquerschnitte der verschiedenen Atome im Gebiet höherer Elektronengeschwindigkeiten sind nach den im Kap. 17 beschriebenen Erfahrungen über Einzelstreuung in erster Annäherung proportional deren Ordnungszahl zu setzen. Nach den Erfahrungen über die Streuabsorption (Kap. 18) ist es aber nicht ausgeschlossen, daß bei größeren Ansprüchen auf Genauigkeit gewisse durch die Atomelektronen bedingte Periodizitäten des Wirkungsquerschnitts mit wachsender Atomnummer ähnlich wie in Abb. 149 zu verzeichnen sind, und ferner, daß das Anwachsen des Wirkungsquerschnitts mit steigender Atomnummer ein wenig hinter der Proportionalität zurückbleibt.

Nach all unseren Erfahrungen ist es sicher, daß der Wirkungsquerschnitt aller Atome mit wachsender Elektronengeschwindigkeit gewaltig zusammenschrumpft. Schon im Jahre 1903 hat LENARD diesen Sachverhalt erkannt und besonders anschaulich ausgedrückt: „Beispielsweise ist der Raum, in welchem 1 m³ festes Platin sich findet, leer in dem Sinne, wie etwa der vom Licht durchquerte Himmelsraum leer ist, bis auf höchstenfalls 1 mm³ als gesamtes wahres Dynamidenvolumen[1]."

Als wahres Dynamidenvolumen wurde damals das undurchdringliche Volumen der Kraftzentren, d. h. der Atomelektronen und der Atomkerne, bezeichnet. Natürlich werden die schnellsten Elektronen durch atomare Kraftfelder nicht mehr merklich beeinflußt, sondern sie treten nur noch mit den einzelnen als frei zu betrachtenden Atomelektronen und Atomkernen in Wechselwirkung.

Über die Wechselwirkung zwischen zwei freien Elektronen haben wir heute schon beachtenswert genaue Vorstellungen, die sich aus der DIRACschen Theorie bzw. der Quantenelektrodynamik ergeben haben[2]. Wir können mit Sicherheit voraussagen, daß der Wirkungsquerschnitt der gegeneinander bewegten Elektronen als Funktion der Geschwindigkeit bei etwa $1^1/_2$ Millionen e-Volt ein Minimum erreicht, um mit weiter zunehmender Geschwindigkeit unbegrenzt zu wachsen.

Der Wirkungsquerschnitt eines Atomkerns gegenüber einem schnellen Elektron wird nach Kap. 17 § 2 zunächst angenähert proportional $\dfrac{1 - \beta^2}{\beta^4}$ abnehmen (β = Elektronengeschwindigkeit zu Lichtgeschwindigkeit). Mit aller Vorsicht darf aber wohl die Spekulation ausgesprochen werden, daß oberhalb einer gewissen vielleicht gar nicht sehr hohen Elektronengeschwindigkeit, über deren Größe wir bisher freilich gar nichts wissen, die Wahrscheinlichkeit für das Eindringen des Elektrons in den Kern merklich groß wird. Vermutlich werden dann Kernzertrümmerungen oder Kernumwandlungen möglich sein — doch über dies alles ist heute noch gar nichts bekannt; wir müssen unsere Hoffnung auf die zukünftige Forschung richten, die wohl auch diese dunklen Gebiete bald aufklären wird.

---

[1] LENARD, P.: Ann. Physik Bd. 12 (1903) S. 714.

[2] BREIT, G.: Physic. Rev. Bd. 34 (1929) S. 553; Bd. 39 (1932) S. 616. — MØLLER, CHR.: Z. Physik Bd. 70 (1931) S. 786; Ann. Physik Bd. 14 (1932) S. 531. — BETHE, H., u. E. FERMI: Z. Physik Bd. 77 (1932) S. 296.

Verzeichnis der Tabellen im Text.

C. G. Röder A.-G., Leipzig.

Résumés of Recent Research

Chemical Methods for Increasing the Transparency of Glass Surfaces

"Chemical methods for increasing the transparency of glass surfaces" were discussed by Frank L. Jones and Howard J. Homer in the *Journal of the Optical Society of America* (Volume 31, pages 34–37, January, 1941). The chemical treatment involves the formation of a transparent surface film of low refractive index by selective solution of some of the elements present in the glass. Such removal is possible without damage to the surface polish if the solvent does not dissolve silica. A dilute solution of nitric acid is suitable for leaching most glasses. The rate of film formation is fast for glasses containing large amounts of lead or barium and slow for borosilicate glass. Soda-lime-silica glass reacts so slowly with nitric acid that treatment with this solution is not practical. The rate of film formation approximately doubles for each 10°C rise in temperature. To obtain the maximum transmission and minimum reflection for white light the treatment should be continued until the surface appears purple when examined under water in daylight. Freshly polished surfaces will form a surface layer of uniform thickness and color. Old surfaces usually react unevenly with leaching solutions due to the protective effect of thin films formed accidentally by handling and made acid resistant by dehydration. By following the chemical treatment with a baking operation, the durability of the glass surface can be greatly increased.

Induction Electron Accelerator

The development of a new induction electron accelerator in which it is possible to trap electrons in somewhat circular orbits which miss the injection cathode, and to accelerate these electrons in a doughnut-shaped vacuum tube to an energy of about 2.35 Mev, is expected to facilitate the performance of physics experiments formerly requiring much larger apparatus and great insulation.[1] The instrument, shown in Fig. 1, utilizes a magnetic field oscillating at 600 cycles and reaching a peak value of about 1600 gauss. The accelerator's magnet, surrounding the glass vacuum chamber, is composed of thousands of pieces of iron so that it can be used on alternating current.

FIG. 1.

After the electrons have been thus accelerated to an energy of approximately 2.35 Mev, they are directed against a target. In the present laboratory model of the accelerator, small enough for use on a table, x-radiation somewhat in excess of the radiation from ten millicuries of radium is produced.

---

[1] This resumé was prepared from reports of a paper, "Induction electron accelerator," given by Donald W. Kerst of the General Electric Company at a recent meeting of the American Physical Society at the University of Chicago; Phys. Rev. **59**, 110A (1941).

For May

Special Issue on Applied X-Rays

X-Ray Physics and X-Ray Tubes, by VICTOR HICKS

X-Rays in Medicine, by BENEDICT CASSEN

X-Ray Diffraction Methods, by B. E. WARREN

The Evaluation of the Avogadro Number N and the Charge on the Electron e, by X-Rays, by J. A. BEARDEN

Determination of Constitution Diagrams with X-Rays, by CHARLES S. BARRETT